先进功能材料丛书

钙钛矿结构铁性功能材料

于 剑 褚君浩 著

科学出版社

北 京

内 容 简 介

本书系统论述了钙钛矿结构铁性功能材料的物理、化学与材料学基础，介绍了数据科学范式新材料设计方法以及相关研究进展。本书以量子力学为基础、以结构相变为中心，基于材料数据的不同内涵与层次梳理了材料性质与化学组成和结构、制备工艺参数以及使役环境条件间的关系，重构了钙钛矿结构铁性功能材料知识的逻辑框架。全书共十章，主要内容可分为三个模块：第一模块（第2章）以钙钛矿结构材料为例讨论了数据科学范式材料设计方法；第二模块（第3～第5章）讨论了原子密堆系统的组成、结构与实现，包括原子结构、原子间的结合和晶体结构，陶瓷的显微结构与断裂力学性质，陶瓷的制备原理与工艺设计；第三模块（第6～第10章）分别讨论了钙钛矿结构材料的铁电、压电、铁磁、磁电、光伏和光催化等功能特性、典型材料及其应用举例。

本书可用作凝聚态物理、电介质物理、材料物理与化学、功能材料等专业的教学参考书，也可供钙钛矿材料及其相关领域人员参考。

图书在版编目（CIP）数据

钙钛矿结构铁性功能材料 / 于剑，褚君浩著. —北京：科学出版社，2022.3

（先进功能材料丛书）

ISBN 978-7-03-071400-8

Ⅰ. ①钙… Ⅱ. ①于… ②褚… Ⅲ. ①钙钛矿型结构—功能材料 Ⅳ. ①TB34

中国版本图书馆 CIP 数据核字（2022）第 016002 号

责任编辑：许 健 / 责任校对：谭宏宇
责任印制：黄晓鸣 / 封面设计：殷 靓

科学出版社 出版
北京东黄城根北街 16 号
邮政编码：100717
http://www.sciencep.com

南京展望文化发展有限公司排版
上海时友数码图文设计制作有限公司印刷
科学出版社发行 各地新华书店经销

*

2022年3月第 一 版 开本：B5（720×1000）
2024年6月第四次印刷 印张：23 3/4
字数：468 000

定价：150.00 元

（如有印装质量问题，我社负责调换）

丛书序

功能材料是指具有一定功能的材料，是涉及光、电、磁、热、声、生物、化学等功能并具有特殊性能和用途的一类新型材料，包括电子材料、磁性材料、光学材料、声学材料、力学材料、化学功能材料等等，近年来很热门的纳米材料、超材料、拓扑材料等由于它们具有特殊结构和功能，也是先进功能材料。人们利用功能材料器件可以实现物质的多种运动形态的转化和操控，可以制备高性能电子器件、光电子器件、光子器件、量子器件和多种功能器件，所以其在现代工程领域有广泛应用。

20 世纪后半期以来，关于功能材料的制备、特性和应用就一直是国际上研究的热点。在该领域研究中，新材料、新现象、新技术层出不穷，相关的国际会议频繁举行，科技工作者通过学术交流不断提升材料制备、特性研究和器件应用研究的水平，推动当代信息化、智能化的发展。我国从 20 世纪 80 年代起，就深度融入国际上功能材料的研究潮流，取得众多优秀的科研成果，涌现出大量优秀科学家，相关学科蓬勃发展。进入 21 世纪，先进功能材料依然是前沿高科技，在先进制造、新能源、新一代信息技术等领域发挥着极其重要的作用。以先进功能材料为代表的新材料、新器件的研究水平，已成为衡量一个国家综合实力的重要标志。

把先进功能材料领域的科技创新成就在学术上总结成科学专著并出版，可以有效地推动科学与技术学科发展，推动相关产业发展。我们基于国内先进功能材料领域取得众多的科研成果，适时成立了“先进功能材料丛书”专家委员会，邀请国内先进功能材料领域杰出的科学家，将各自相关领域的科研成果进行总结并以丛书形式出版，是一件有意义的工作。该套丛书的实施也符合我国“十三五”科技创新的需求。

在本丛书的规划理念中，我们以光电材料、信息材料、能源材料、存储材料、智能材料、生物材料、功能高分子材料等为主题，总结、梳理先进功能材料领域的优秀科技成果，积累和传播先进功能材料科学知识、科学发现和技术发明，促进相关学科的建设，也为相关产业发展提供科学源泉，并将在先进功能材料领域的基础理论、新型材料、器件技术、应用技术等方向上，不断推出新的专著。

希望本丛书的出版能够有助于推进先进功能材料学科建设和技术发展，也希望业内同行和读者不吝赐教，帮助我们共同打造这套丛书。

中国科学院院士

2020 年 3 月

序

钙钛矿结构铁性功能材料集成了自旋、轨道、电荷、晶格等多种物理自由度及其交叉耦合,具有结构简单、组成多变、功能丰富等特点,既为材料的理论研究提供了巨大空间,又可以满足电子、信息、光学、催化、能源等不同领域的工程应用需求。钙钛矿结构铁性功能材料旧材新用与新材开发都需要优化设计,而材料设计当前正从经验、试错向工程设计、按需设计和数据驱动飞跃变革。与试错式、筛选式组分试验耗时费力不同,数据科学范式将专家知识和数据驱动相结合、正向设计和逆向设计相结合,最终将实现材料的按需设计。

数据是数据驱动材料设计的基本要素。材料数据包含材料的化学组成、相结构、显微结构、性质、制备工艺和服役表现等。对于钙钛矿材料,计算、实验和工业生产可以提供它的结构、电、磁、光等基本物理性质和宏观性能的各类数据,为基于数据科学范式的材料研究提供了必要条件。材料信息学将利用结合专家知识的人工智能、机器学习从材料数据中发现材料性质与材料化学成分、显微结构、制备工艺参数以及使役环境条件之间的量化关系,从而加速旧材新用与新材开发的过程。

本书以钙钛矿结构铁性功能材料为例,展示了材料设计系统工程和数据驱动设计方法的相关成果。基于材料数据的不同内涵与层次,本书的组织架构分为三大模块:第一模块讨论材料设计方法研究进展,以钙钛矿高温压电陶瓷、无铅压电陶瓷、铁电半导体、室温铁磁半导体和多重铁性体为例,讨论了基于小数据挖掘驱动的新材料设计与验证研究范式；第二模块讨论原子密堆系统的组成、结构与实现，第 3～第 5 章分别简述了原子结构、原子间的结合和晶体结构，陶瓷的显微结构与断裂力学性质，陶瓷的制备原理与工艺设计——相结构与显微结构的实现与调控；第三模块讨论钙钛矿材料的铁电、压电、铁磁、磁电、光伏和光催化等几种功能特性、典型材料及其应用，该部分以量子理论为基础、以结构相变为中心重构了相关知识的逻辑框架，包含材料性质与组成和结构间的关系、材料性质与使役环境条件间的关系两条主线。

本书总结了作者在基于物理模型和数据驱动的钙钛矿结构铁性功能材料设计方法及其应用方面的阶段性研究成果。我相信本书的出版将有助于促进钙钛矿结构铁性功能材料及其相关材料领域的研究与应用，也将大大推动材料信息学在钙钛矿结构铁性功能材料领域的蓬勃发展。

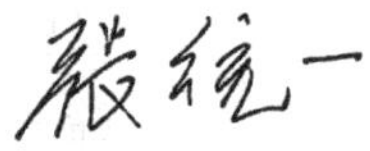

2021 年 11 月

前　言

工程实践中常常遇到急需的新材料找不到、能找到的做不出、做得出的又做不好等问题。传统的材料研究方式是试错式，通过观测和分析不同材料对象来发现知识，揭示原子系统的决定性特征、相互作用以及对外场响应的原理，理解材料的变化规律、探索新的材料对象。试错式的思维逻辑通常是沿着数据-规律-机制-模型-理论螺旋线条进行的，不仅耗时费力，认知还难免碎片化、局域化。材料设计的概念始于 20 世纪 80 年代初，目前尚处于从以经验、试错为主向以工程设计、按需设计为主的变革阶段。探索新材料的系统工程设计方法、预测式设计方法是实现新材料按需设计的一条必由之路。

材料是一个多学科、交叉学科研究对象。材料研究涵盖了物理、化学、制备加工、电子、机械、系统应用等多门学科，涉及从发现到应用再到退役的全生命周期。《易经 · 系辞》言曰“形而上者谓之道，形而下者谓之器，化而裁之谓之变，推而行之谓之通，举而措之谓之事业”。如图 0－1 所示，材料研究有“道”“器”之分，有“变”“通”之法。本书尝试采用数据科学研究范式，通过理论导引的小数据挖掘发现材料数据背后隐藏的因果关系与关联关系，建立以“道”为宗、以“器”为旨，基于物理模型的新材料预测式“变”“通”设计方法。

在种类繁多、功能各异的材料中，化学通式为 ABX_3 的钙钛矿材料结构简单、组成多变、功能丰富。由于钙钛矿晶格的每个格点都具有非常大的包容性、可以同时容纳多种离子，钙钛矿化合物因此

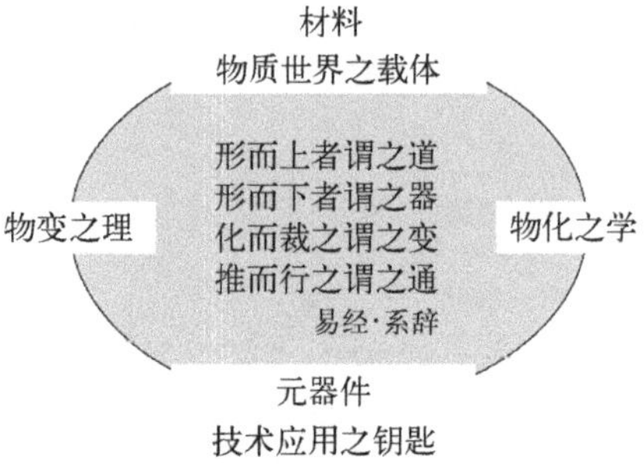

图 0－1　材料的多学科逻辑关系示意图

呈现出介电、铁电、热释电、压电、磁性、磁电、巨磁电阻、超导、输运、光学非线性、光电转换、光催化等丰富多样的功能特性。对于钙钛矿化合物，量子力学理论已成功用于描述它的结构、电、磁、光等物理性质，超过半世纪的实验研究业已积累了相当多的数据，为数据科学范式材料研究准备了基本条件。基于材料数据的不同内涵与层次，本书的组织架构为：第 1 章是总体简介，第 2 章讨论数据科学范式材料设计方法与研究进展，第 3～第 5 章分别简述材料化学组成的原子结构及其几何排列方式、陶瓷的显微结构与断裂力学性质、陶瓷材料的制备原理与工艺设计，第 6～第 10 章分别讨论钙钛矿化合物的铁电、压电、铁磁、磁电、光电性质及其相关应用。

在东京工业大学伊藤满教授研究室断断续续的两年半时光酝酿了本书的写作思想与逻辑框架，那是值得铭记的日子。感谢家人和同事的鼓励与宽容，才能潜心研究工作并有此阶段性成果。二十多年来，在褚君浩先生的悉心指导与支持下，才有了今天的成就、才有了本书的问世。在国家自然科学基金(61771122)、纤维材料改性国家重点实验室、东华大学材料科学与工程学院资助下本书得以付梓。

于剑

2021 年 11 月

目　录

丛书序

序

前言

第1章 绪 论

钙钛矿(perovskite)是以俄罗斯地质学家佩罗夫斯基(Perovski)的名字命名的矿物。狭义钙钛矿是指钛酸钙($CaTiO_3$)矿物,广义钙钛矿指的是具有钙钛矿结构、化学通式为ABX_3的化合物。钙钛矿化合物种类繁多、结构多变、性能丰富,在地质、电子、信息、光学、催化、能源等许多领域都有广泛的应用[1-5]。

1.1 钙钛矿材料

钙钛矿结构由BX_6八面体在三维空间共顶点连接而成,大尺寸离子位于十二面体间隙(A位)、小尺寸离子位于八面体间隙(B位)。A位和B位既可以是一种离子,也可以是遵守电中性原则的一组离子;由于A位、B位和X位可容纳不同种类的离子,通过改变化学组成能够人工创制不同功能的新材料。除了共顶点连接,氧八面体还可以共棱连接成氯化钠结构、共面连接成钛铁矿结构、共角连接成钨青铜结构或焦绿石结构,或者与其他结构单元交替排列成铋层状结构、尖晶石结构等类钙钛矿。

硅酸盐钙钛矿氧化物($MgSiO_3$)是地球下地幔的主要组成部分,是地球上最丰富的矿物。它的重要性现已扩展到外星球,硅酸盐钙钛矿也是火星地幔的主体组成部分[3]。由于人造钙钛矿化合物具有晶格、电荷、自旋、轨道等多种物理自由度,不同自由度之间还可能存在交叉耦合作用,因此,钙钛矿材料具有表1-1所示的丰富多彩的物理化学性质。与此同时,材料合成与制备技术的发展为钙钛矿材料带来了超结构、薄膜、异质结、纳米结构等新维度,通过掺杂、应变等不同手段也可以调控钙钛矿材料的物理化学行为,钙钛矿材料的功能因此更加多变与丰富。

表1-1 钙钛矿材料常见的功能特性及其典型体系一览表

功能特性	典型化合物
铁电(反铁电)	$BaTiO_3$、$PbTiO_3$、$PbZrO_3$、$Pb(Mg_{1/3}Nb_{2/3})O_3$
压电	$Pb(Zr,Ti)O_3$、$Pb(Mg_{1/3}Nb_{2/3})O_3-PbZrO_3-PbTiO_3$、$(K,Na)NbO_3$、$BiFeO_3-BaTiO_3$
巨磁电阻	$(La,Sr)MnO_3$、$(La,Ca)MnO_3$、Sr_2FeMoO_6
多重铁性	$BiFeO_3$、Bi_2NiMnO_6、$BiFeO_3-(Sr,Pb)(Cr_{1/2}Nb_{1/2})O_3$固溶体双钙钛矿
电介质	$BaTiO_3$、$SrTiO_3$、$CaTiO_3$、$BaZrO_3$、$SrZrO_3$、$Pb(Mg_{1/3}Nb_{2/3})O_3-PbTiO_3$
热释电	$Pb(Zr,Ti)O_3$、$(Ba,Sr)TiO_3$、$Pb(Ta,Sc)O_3$
导体	$SrFeO_{3-\delta}$、$(La,Sr)CoO_3$、$LaNiO_3$、$LaCrO_3$、$SrRuO_3$、$Nb:SrTiO_3$
PTC电阻	$(Ba,Sr,Pb)TiO_3$

续表

功能特性	典型化合物
离子导体	(La,Ca)AlO_3、(La,Sr)(Ga,Mg)O_3、$BaZrO_3$、$SrZrO_3$、$BaCeO_3$
光催化	$LaCoO_3$、$LaMnO_3$、$BaCeO_3$、$SrFeO_{3-\delta}$、$Ba_{0.5}Sr_{0.5}Co_{0.8}Fe_{0.2}O_{3-\delta}$
电光陶瓷	(Pb,La)(Zr,Ti)O_3、Pb($Mg_{1/3}Nb_{2/3}$,Ti)O_3
激光晶体	$YAlO_3$
透明导电氧化物	(Ba,La)SnO_3、$SrVO_3$、$SrMoO_3$、Ba_2BiTaO_6
微波介质	(Ba,Sr)TiO_3、$CaTiO_3$-La($B_{1/2}Ti_{1/2}$)O_3(A=Mg、Zn)、$LaAlO_3$、Ba($Zn_{1/3}Nb_{2/3}$)O_3
光电转换	$CH_3NH_3PbX_3$(X=Cl、Br、I)、(Bi,La)(Fe,Mn)O_3

从钛酸钙矿物开始进行化学组成设计,已人工合成制备出5 000多种钙钛矿化合物。从中发现了介电材料、压电材料、电致伸缩材料、正温度系数(PTC)热敏电阻材料、铁电材料、热释电材料、微波介质材料,并获得大规模工业应用。近年来,太阳能光伏材料、光催化材料、固体燃料电池材料、巨磁电阻材料、铁磁半导体、铁磁电材料等的研究也方兴未艾。

1.2　铁性材料

铁电性、铁磁性、铁弹性是材料中常见的铁性(ferroic)性质。如图1-1所示,一个铁性晶体具有一个稳定的、可在共轭场作用下反转的铁性序参量:自发电极化可在电场下反转、自发磁矩可在磁场下反转、自发应变可在应力场下反转。多重铁性(multiferroic)是指化合物中同时存在两种或两种以上的铁性序参量,不同铁

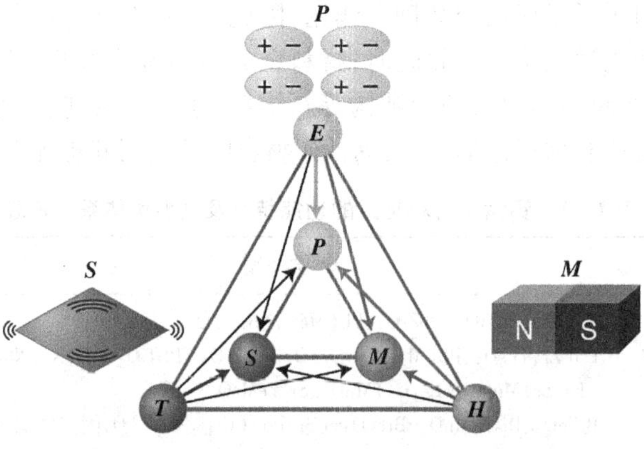

图1-1　铁性体和多重铁性体的相控制。在铁性体中,电场(***E***)、磁场(***H***)和应力场(***T***)分别控制电极化强度(***P***)、磁化强度(***M***)和应变(***S***)。在多重铁性体中,可能存在压电效应、磁电效应、压磁效应及其逆效应

性序参量之间还可能存在交叉耦合作用。例如，铁电-铁弹共存的多重铁性晶体具有力-电交叉耦合作用——压电效应或电致伸缩效应；铁磁-铁弹共存的多重铁性晶体可能有磁-力交叉耦合作用——压磁效应或磁致伸缩效应；铁电-铁磁共存的多重铁性晶体可能有磁电效应[6,7]。电场 E_j、磁场 H_j 和应力 T_{kl} 为强度量，电极化 P_i、磁化强度 M_i 和应变 S_{ij} 为共轭广延量，它们之间的耦合系数见表 1-2。

表 1-2 几种重要的张量物理性质及其定义[8]

物理性质	定义	张量阶数和性质
介电极化	$D_i = \varepsilon_{ij} E_j$	二阶极矢
磁化	$M_i = \chi_{ij} H_j$	二阶轴矢
磁电效应	$M_i = \alpha_{ij} E_j$	二阶轴矢
压磁效应	$M_i = Q_{ijk} T_{jk}$	三阶轴矢
压电效应	$P_i = d_{ijk} T_{jk}$	三阶极矢
弹性顺度	$S_{ij} = s_{ijkl} T_{kl}$	四阶极矢

钙钛矿氧化物是铁电、磁性、多重铁性功能材料家族中的重要成员。钙钛矿结构是铁电与磁性材料晶体结构的最大交集，通过组成元素设计可以发展多种多样的铁性功能材料。高温时钙钛矿氧化物大都是点群 m3m 的立方相。随温度或者其他热力学边界条件变化，当涨落与某种铁性序参量的大小可比时，晶体对称性自发破缺发生结构相变，低温有序相可以是铁弹相、铁电相、铁磁相或者多重铁性相。图 1-2 简略描述了介电-铁电-磁性-铁磁-多重铁性-磁电等不同种类材料之间的

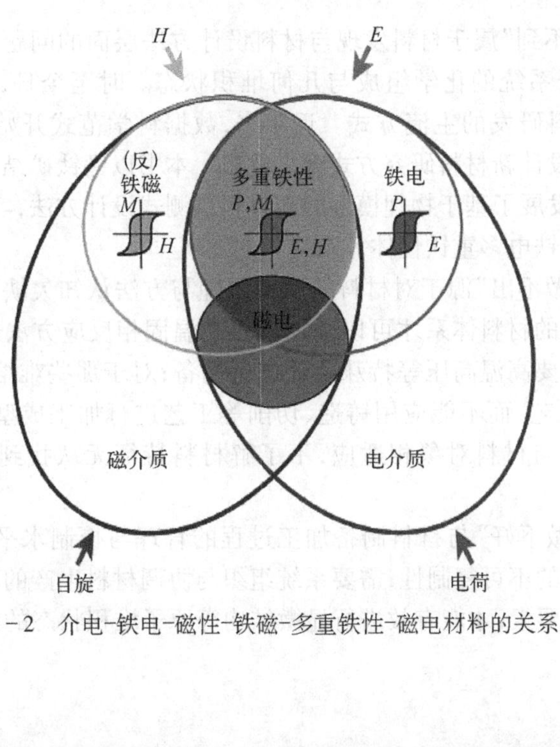

图 1-2 介电-铁电-磁性-铁磁-多重铁性-磁电材料的关系[9]

关系。狭义的多重铁性体指的是磁性铁电体,它们中仅一小部分具有磁电效应。

从信息的感知、存储、处理、反馈到环境监测、物联网、医学诊断、健康护理、过程监控等都离不开钙钛矿结构铁性功能材料。根据化学组成元素不同,钙钛矿多重铁性晶体可具有压电、压磁、磁致伸缩、磁电、电光、磁光、弹光、磁电阻等交叉耦合效应,既为材料理论研究提供了巨大的空间,又可以满足不同的工程应用需求。例如,铁磁电体——具有一级磁电效应的铁磁-铁电多重铁性体,它们不仅具有铁电体、铁磁体的特性,磁电效应还允许磁场反转铁电极化或者电场反转(旋转)自发磁矩,可用于研制电写-磁读高密度非易失存储器、电场调控自旋电子学元件、磁电传感器等新型器件;铁磁-铁电多重铁性体在共振回路中可用单一元件取代分立的电容和电感元件,进一步缩小移动智能终端的体积和功耗。到目前为止,室温铁磁-铁电多重铁性材料、室温铁磁电材料仍然是一个“零”问题[9-13]。为了尽快发现实用的铁磁电功能材料,需要发展预测式材料设计方法,尤其是反向材料设计方法——设计铁磁序和铁电序室温共存并具有耦合特性的钙钛矿氧化物的化学组成。

1.3 本书内容安排

工程实践中,人类经常面临的新材料问题可以用急需的找不到、找到了又做不出、能做出但做不好三句话来概括,它们从不同层面描述了材料研究的困境与挑战。

“急需的找不到”属于材料发现与材料设计方法层面的问题,重点在于设计具有目标功能原子系统的化学组成与几何堆积状态。时至今日,试错式(trial-and-error)仍然是材料研发的主流方式。近年来,数据科学范式开始引入材料研究领域,预测式按需设计新材料研究方式呼之欲出。本书以钙钛矿结构材料为例,应用数据科学范式,发展了基于物理模型的新材料预测式设计方法,实现了室温铁磁半导体、室温铁磁-铁电多重铁性体等新材料的发现。

“找到了又做不出”源于对材料的制备原理与方法认知欠缺。在自然界,对于那些热力学稳定的材料体系才可以采用常压高温固相反应方法进行合成与制备,热力学亚稳相需要高温高压等特殊条件进行制备;对于那些难熔脆性材料需要粉末冶金(陶瓷)工艺,而不能应用铸造、切削等工艺进行加工成型。材料制备方法与工艺过程必须与材料对象相适应,不了解材料特征无从找到合适的制备加工方法。

“能做出但做不好”与材料制备加工过程的管理与控制水平有关。由于原子扩散动力学过程的不可复制性,需要系统组织与协调材料生产的原料、方法、设备、人力、监测“5M”要素,才能有效进行显微结构等原子堆积状态的裁剪、稳定地生产出高品质的材料制品。逆向工程很难看到材料制备的动力学过程及其5M决策组合,不进行再创造是很难“仿制”出高品质材料产品的!

运用数据科学范式,人们需要在不断滚动的材料数据生产过程中,采用数据科学的观点、原理和方法来挖掘材料数据之间的因果关系和关联关系,建立相应的规律与数据库,据此进行新材料的预测和验证工作。从系统工程出发,材料数据分属于材料的化学组成、相结构、显微结构、性质、制备、使役六个不同的内涵。进行数据挖掘时必须对材料数据进行分层分类梳理,在领域知识指导下定义合适的描述符和分类数据集,运用机器学习等人工智能方法建立相关的物理模型或者统计算法模型。在创制集成自旋、轨道、电荷、晶格等多种物理自由度并期待呈现交叉作用的多功能钙钛矿新材料时,需要材料研究范式变革、需要对现有物质存在知识进行颠覆性再认知,唯有如此才能加速新材料的发现与应用进程。

根据材料数据的不同内涵与层次,本书主要内容分为三大模块:

第一模块(第2章)以钙钛矿高温压电陶瓷、无铅压电陶瓷、铁电半导体、室温铁磁半导体和多重铁性体为例,讨论小数据挖掘驱动的新材料预测式设计与验证研究范式。

第二模块讨论原子密堆系统的组成、结构与实现。从系统工程观点看,材料是按一定几何方式堆积的原子系统。第3章将讨论原子结构、原子间的结合和晶体结构;第4章讨论陶瓷的显微结构与断裂力学性质;第5章讨论陶瓷的制备原理和方法——相结构与显微结构的实现与调控。

第三模块讨论钙钛矿材料的几种典型性质。材料性质建立了材料的使役与材料的组成和结构之间的映射,从材料发现到工程应用的快速实现离不开材料性质与材料的组成和结构、与制备工艺参数、与使役环境条件间的量化关系与数据库。材料性质与制备工艺之间的关系已在第5章讨论。第6至第10章分别讨论铁电、压电、铁磁、磁电、光伏和光催化等不同性质、典型材料及其应用举例,该部分包含了材料性质与组成和结构间的关系、材料性质与使役环境条件间的关系两条主线。

关于本书的使用,如果已具备一些钙钛矿材料的相关基础,可以直接进入第一模块的阅读、并根据兴趣和需要选读第二模块和第三模块的相关内容;如果初次接触钙钛矿材料,建议首先阅读第二模块、根据兴趣选读第三模块的内容后再进入第一模块的研读。

第2章 数据科学范式材料设计

运用实验观测范式,新材料从发现到应用的研发周期统计平均为18年。为了大幅缩短研发周期并降低成本,材料研究需要范式变革。数据科学范式的兴起正在使新材料的预测式按需设计成为现实。

2.1 材料研究范式

科学研究始于观测、跟随直觉和逻辑,构建量化理论以解释所观察到的现象和数据,再根据新的观测进一步完善理论。科学研究范式(paradigm)是指科学研究群体赖以运作的理论基础和实践规范,是关于研究的一系列基本观念、方法和规范。人类在对自然的认知与利用过程中,已发展出实验观测、理论建模、计算仿真三种范式。实验观测范式以记录和描述自然现象和实验现象为主,采用的是归纳法;理论建模范式是由观察现象经逻辑推论得到某种理论,采用的是演绎法,不再局限于描述经验事实;计算仿真范式是以计算机为工具、通过模拟仿真以揭示自然和物质的演化规律。在材料研究历史中,大都以试错的方式提出新思想新方案,数据分析多采用从机制(mechanism)到模型(model)再到理论(mechanics),从下到上的事后解释思维,对物质存在原理的认知难免碎片化、局部化,抑或似是而非。例如,室温铁磁电体和铁磁半导体之所以难发现就受"铁电性与磁性在钙钛矿氧化物中化学不兼容(exclusion)[12]、化学禁忌(contraindication)[13]"以及"铁磁性和半导性源于不同的晶体结构和化学键[14]"等矛盾认知的束缚,人们转而寻找新机制以期绕开上述障碍。随着计算机与人工智能技术的快速发展,数据科学范式应运而生,目前已引入材料研究领域[15,16]。为了早日发现室温铁磁半导体和铁磁电体,与其绕开矛盾不如变革材料研究范式、重新审视现有认知,以期更接近物质存在的本质。

2.1.1 材料研究范式进化

2011年,美国总统奥巴马宣布启动材料基因组计划(Materials Genome Initiative, MGI)。MGI的总目标拟通过集成计算、理论与实验方法,将材料从发现、开发、制造到使用的周期缩短一半,将成本降为原来的一小部分[17,18]。MGI倡导的研究理念、关键技术、研究目标等要素及其关系见图2-1。

为了因应不同的工程需求,材料的物理化学特性需要进行相应的调整。材料

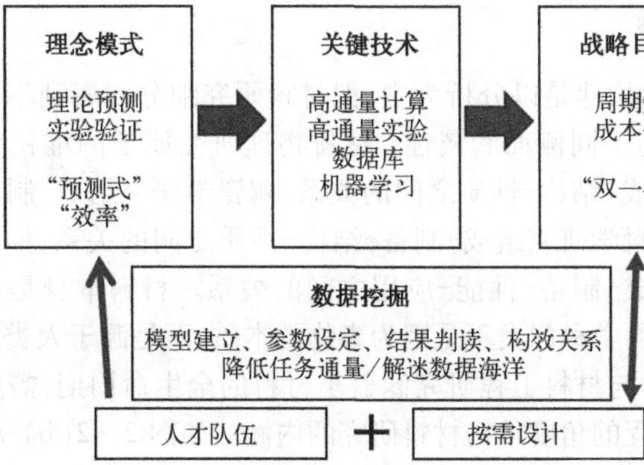

图 2-1　材料基因组计划推行的研究理念、关键技术、研究目标等要素及其相互关系[16]

特性在合成、生产和使用过程中会发生改变,对这些特性进行跟踪是一项艰巨的任务,产生了大量的数据。传统方式是通过调整材料配方、检验与测试,筛选出满足需求的材料。MGI 倡导材料研究理念与模式的转变,提倡和推进由经验指导实验转向计算预测、实验验证。目前,由于计算材料学尚不具备计算所有材料性能的能力,根据特定材料对象组合使用各种工具才能获得较好的效果。事实上,实验观测、仿真计算和数据管理等活动都属于材料研究“器”的层面,侧重于数据生产和管理,而数据挖掘才能提供构建计算模型的原则、设定合适的计算输入参数、提供判读计算结果的依据、发现材料的演化规律,属于“道”的层面。道的认知是实现预测、降低任务通量、达到材料研发“周期与成本双减半”战略目标的强有力保障。

在 MGI 的推动下,高通量实验和高通量计算技术改变了“一次一个任务”的数据生产方式,材料数据量将爆炸性地增长,传统数据收集与管理工具面临挑战。数据科学范式将促使材料研究活动从传统的假设驱动探索向数据驱动探索转变。计算机将不再仅仅是数据采集、管理和仿真的工具,还需要进行分析总结、知识发现等人工智能操作。数据科学范式的主要活动是应用计算机进行数据采集、传输、存储与管理,进行数据清洗和整合,运用机器学习等人工智能对数据进行挖掘,揭示隐藏的制备-组成-结构-性质关系与知识,达到减少计算与实验试错工作量、实现新材料的快速筛选。数据科学范式是以数据的生产和利用为中心进行材料探索,是在实验观测、理论建模和计算仿真基础上集成统一的新范式。在数据→信息→知识→智慧框架中,通过对材料数据的挖掘获得有价值的信息、转化为可靠的知识、上升为能够辅助决策的智慧,通过控制与裁剪原子系统的堆积状态实现材料的按需设计与应用。

2.1.2　材料研究内涵

近代科学体系的构建是以分析为主,把材料研究细分归属到不同的学科。不同的学科关注材料的不同侧面和属性：材料物理研究原子的堆积结构与运动规律;材料化学研究组成-结构-性质之间的关系;陶瓷学研究组成-制备-显微结构-性质之间的关系;材料学研究组成-制备-结构-性质之间的关系,如图2-2(a)所示;材料工程研究组成-制备-性能-应用之间的关系。材料本身是一个内在的整体,它被分解成不同的学科门类不是因为事物的本质,而是源于人类个体认知能力的局限性。材料科学与材料工程研究涵盖了材料的全生命周期,需要从材料的整体性出发,从系统工程的角度重构材料研究的内涵。如图2-2(b)所示,功能材料与器件研究包含了丰富的内容。

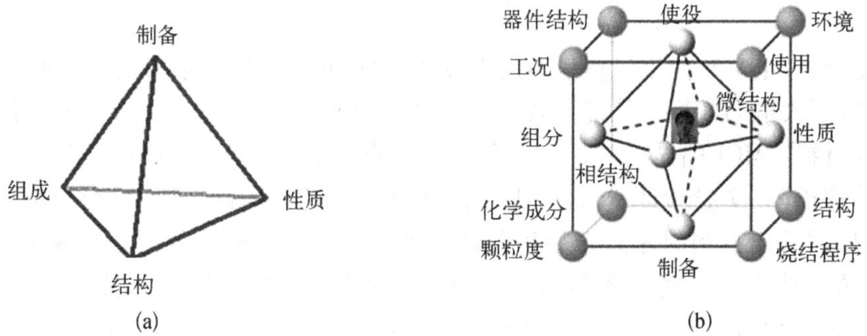

图2-2　材料研究的内涵[16]：(a) 传统版和(b) 系统工程版

自然界的万物是通过物理进化、化学进化、生物进化由物质、能量、信息(物质三维)有序积聚形成的。对材料而言,按某种几何方式排列堆积的原子集合是其物质维;不同的排列方式具有不同的自由能是其能量维;材料性质是特定堆积状态的原子系统对外界刺激的响应,属于信息维。人类对材料的认知就是不断探索物质、能量、信息三维存在的因果关系和关联关系。因此,原子的性质和空间排列方式(包括晶体结构和显微结构)、人造"准原子"的性质和空间排列方式决定了材料的性能。材料科学的任务是发现和建立原子(准原子)系统的化学组成及其排列方式与材料性能之间的因果关系,发现和建立原子(准原子)系统结构与性能、不同性能之间的关联关系,发现和建立制备工艺、使役环境对原子(准原子)堆积状态的裁剪与干预规律。

在核能领域,原子核的裂变和聚变反应(核化学)涉及原子种类的变化;高能粒子对材料的辐照损伤涉及晶体结构、缺陷、显微结构等原子排列状态的变化。而在非核能领域,化学反应和物理变化不涉及原子种类的变化,材料制备与加工工艺条件的不同、使役环境的变化改变的仅仅是晶体结构、缺陷、显微结构等原子系统的排列方式与堆积状态。由此可见,在非核能领域,选定组成材料的元素种类与比例后,材料的制备、加工、使役环境等条件变化导致的材料性能变化都源于原子堆积状态的变化,“化而裁之、推而行之”变通的只是原子的堆积状态。

基于元素周期表、晶格对称性、量子力学、物理化学等基础理论,在元素组合与原子空间排列方式确定后,通过结构仿真与物理性质计算可以进行材料性能预测和实验验证。图2-3从数据科学范式的角度给出了MGI高通量技术在材料数据流与信息流中的位置。海量数据会超出人类的处理能力,迫切需要机器学习等人工智能技术来提升数据的管理与利用能力。要实现材料的预测设计,既需要正向发现材料的组成单元-组装机理-协同响应性质之间的关系,又需要反向确定材料的应用需求-结构与组成-制备工艺之间的关系。在图2-3所示的循环迭代过程中,探明原子系统的元素组成,确定原子系统在不同尺度的堆积状态,直到开发出适用的材料体系及其制备加工工艺。由此可见,数据科学范式材料研发活动表现为材料数据的生产、挖掘与利用的循环迭代过程。

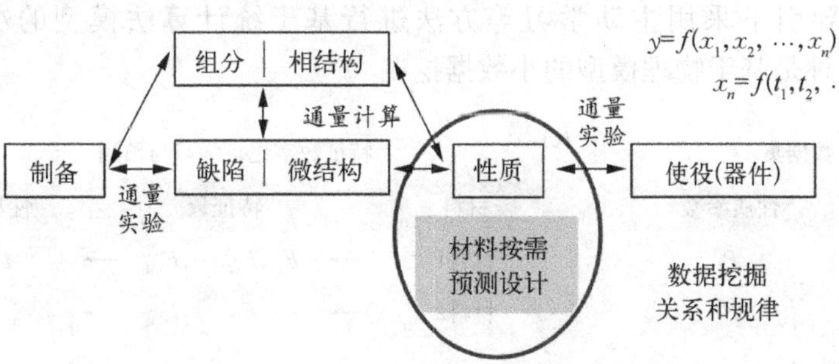

图2-3 系统工程版材料研究内涵、数据流、信息流和MGI关键技术以及它们之间的关系,箭头向右和向左分别表示数据流和信息流方向[16]。数据科学范式材料研究是采用高通量实验和高通量计算等技术生产数据,沿着数据流的方向、挖掘材料不同内涵之间的量化关系和规律。材料设计是从使役需求、材料组成与结构和制备工艺三条线出发,以量化关系和数据库为基础,相关信息流在材料性质处交汇、实现新材料预测式的按需设计和生产

在工程实践中,材料的选择不仅与材料的性能指标组合有关,还要考虑性能的稳定性、可靠性与可重复性,考虑合成制备的简易程度与加工成本。同时,与产品市场价值有关的准则也不能忽视,一些准则属于完全的经济准则,在某种程度上与科学原理和工程实践无关,但可以使商品更具市场竞争力。另一些准则与环境和社会有关,包括污染、处置、再循环、毒性以及能耗等。因此,材料设计不仅是运用科学原理设计出令人满意且可靠的原子堆积系统,同时还需要确保这种设计所制造的产品及其价格能够吸引消费者、能够给公司带来可观的经济回报。

2.1.3 材料预测方法与模型

除试错式、筛选式外,人们也在探索预测式新材料研发方式。预测式存在两种

不同的技术路线：一种是第一性原理等高通量理论计算预测、实验检测验证[19,20]，采用该技术路线可以进行正向材料预测，预测能力取决于软件包的计算能力[21-23]；另一种是通过构建选择数字化描述符，挖掘目标性质与描述符之间的量化关系与规律，据此进行化学组成与性质预测和实验验证[24-26]。如图 2－4 所示，数据挖掘的主要工作是通过为每一种类的材料构建选择合适的数字化描述符、运用机器学习等人工智能方法梳理数据之间的隐显关系，挖掘目标性质与其组成和结构、缺陷和显微结构、工艺参数、使役条件之间的量化关系与规律，发现数据背后隐藏的知识与思想、建立新材料按需设计和可控制备的数据库。其中，数字化特征描述符的构建与选择至关重要，它不仅关系到挖掘的效率，还关系到模型的物理可解释性与预测的准确性，甚至可能省去复杂的计算仿真工作而直接得到所需结果[16,27]。当前，数据挖掘主要有三种技术方案：第一种是基于大数据思想的多变量统计算法模型，采用深度学习、自适应学习等方法进行数据挖掘[28-30]；第二种是在领域知识导引下采用主动学习等方法进行基于统计算法模型的小数据挖掘[31,32]；第三种是基于物理模型的小数据挖掘[33-36]。

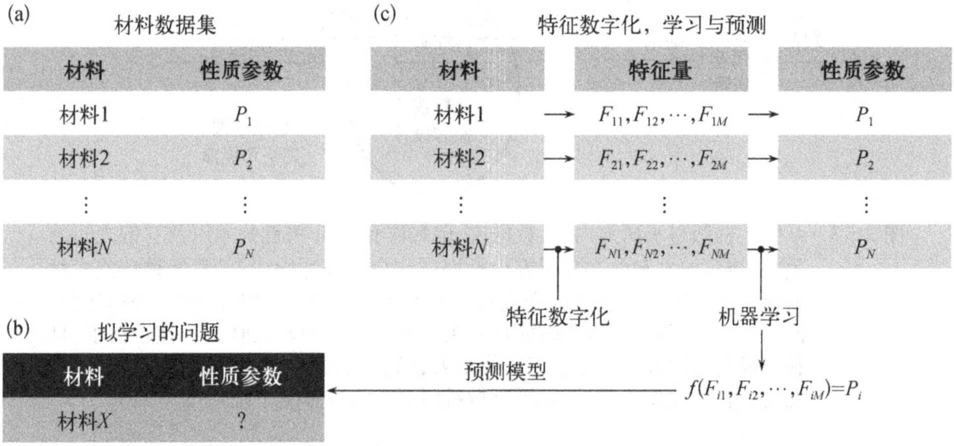

图 2－4　数据挖掘框架图[24]：(a) 建立材料数据集；(b) 确定要学习的问题；(c) 选择数字化特征描述符并进行关系挖掘，最终建立材料预测模型(统计算法模型或者物理模型)。在进行新材料预测时，要充分考虑目标材料是否与初始材料具有相同的化学和结构类型，还要评估预测结果的不确定性

构建选择数字化特征描述符是执行数据挖掘的第一步，也是非常关键的一步，模型的可解释性、预测的准确性是检验数据挖掘成效的最终标准。描述符的构建不应该有预先假设条件，但又能提供有关材料的化学组成与结构变化趋势的物理思想，提供因果关系或者数据背后隐藏的微观机制。数字化特征描述符通常不是那么直观和显而易见，需要借助材料物理和化学领域的专业知识与经验，并且与所

关注的问题性质及其准确度、精度紧密相关[24-27]。表 2-1 所示为多变量统计算法模型挖掘磁性双钙钛矿氧化物时所用的输入参数(描述符)与输出参数(物理性质),它代表了当前选择描述符的主流做法。实践表明这样选择描述符常常过于冗余,首先需要对各描述符与问题的关联性进行机器学习,以减少描述符的数量,找到最关键的变量。例如,Tiittanen 等对表 2-1 所示特征量执行机器学习后发现 B 位磁性离子对的电子组态是双钙钛矿氧化物自旋磁序以及相变温度的关键预测描述符[28]。Pilania 等对一百多万个可能的特征量机器学习后发现原子的电负性和最低占据 Kohn-Sham 能级是双钙钛矿材料禁带宽度最可几的预测描述符[29]。

表 2-1 磁性双钙钛矿氧化物多变量数据挖掘所用描述符(X)与目标性质(Y)一览表[28]

输入变量(X)	物理意义	输出变量(Y)	物理意义
A, B′, B″	金属元素	T_C/T_N	相变温度
r_A, $r_{B'}$, $r_{B''}$, r_{Bave}, r_{Bdiff}	Shannon 离子半径	μ_{eff}	有效磁矩
t	结构容忍因子	M_s	饱和磁化强度
ff	匹配度($=\sqrt{2}r_A/(r_B+r_O)$)	自旋序	PM/FM/AFM/FiM/未知
c_A, $c_{B'}$, $c_{B''}$, c_{Bdiff}	阳离子电荷		
d_A, $d_{B'}$, $d_{B''}$	d 电子组态		
E_{iA}, $E_{iB'}$, $E_{iB''}$	电离能		
χ_A, $\chi_{B'}$, $\chi_{B''}$	电负性		
sys, spg	晶体对称性、点群		
a, b, c, α, β, γ	晶格常数		
V	原胞体积		
B-O	键长		
B′-O-B″	键角		
S	B 位阳离子有序度		

对于钙钛矿氧化物催化剂,Hong 等运用机器学习方法评估了本征催化活性的特征描述符[30]。如图 2-5 所示,他们发现描述催化性能的特征量可以分为 5 个描述符族,每一族描述符代表同一物理现象:共价性描述金属离子与氧离子之间的轨道杂化程度;静电能描述电子与离子之间的静电相互作用;晶体结构描述原子之间的几何排列关系;电子关联描述多电子的交换作用;d 轨道电子填充数描述过渡金属离子的电子组态。不同描述符族并不像表面上看的那样相互独立,它们之间存在强烈的关联,例如 M-O-M 键角虽然被定义为结构描述符,但它与过渡金属离子–氧离子的共价结合能密切关联。最终,机器学习发现过渡金属离子的 e_g 轨道电子数和过渡金属离子–氧离子的共价结合能是描述析氧反应本征催化活性最重要的描述符[30]。

现阶段,绝大多数数据挖掘工作基于统计算法模型、尝试运用机器学习方法建立材料性质与组成元素、结构、工艺参数等描述符之间的量化关系。由于描述符选择的不确定性,基于统计算法模型的机器学习常常存在过拟合问题——虽然可以准确拟合手头的材料数据、却无法合理解释其关联性[31,32],由此导致一些不正确

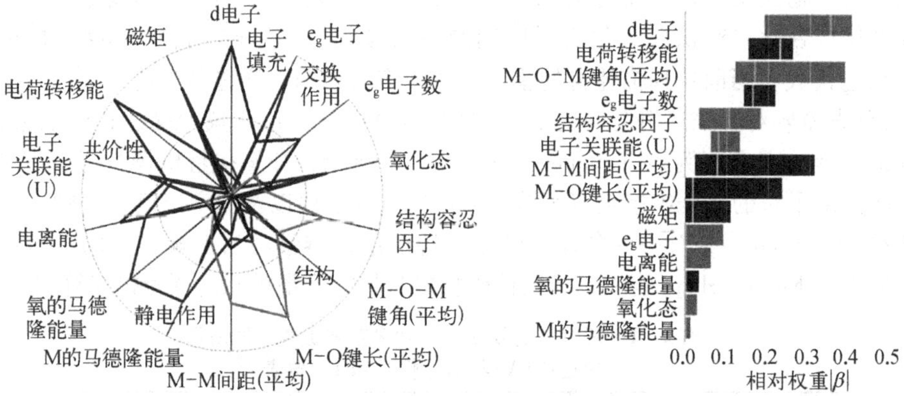

图 2-5　析氧反应催化活性描述符机器学习示例[30]。(左)描述析氧反应催化活性的 14 个描述符及其相对重要性,相对权重由应用 Kaiser 判据得到的极性分量的大小来表示。这些描述符分为 5 个族:共价性(绿色)、静电能(灰色)、晶体结构(黄色)、电子关联作用(红色)和 d 轨道电子填充数(暗灰色)。(右)惩罚回归模型中不同描述符的相对权重。描述符按中位数(金色线段)排序,暗灰色表示系数的符号为负、浅灰为正。与优化拟合模型相比,回归模型的代价函数对描述符的权重更加敏感

的预测。长久以来,实验观测范式让人们形成了材料的化学组成-晶体结构-显微结构不同自由度之间具有复杂的交互作用、材料性能难以预测的印象。事实上,许多物理化学性质不仅受化学组成与晶体结构本征因素的控制,还受两类非本征因素的影响[27]:一是微观尺度的晶粒大小与分布、表面与界面、晶格缺陷、晶粒各向异性与夹持等因素;二是实验测量信号常常是多个物理过程共同作用的结果。如何合理量化分割不同因素、不同物理过程的贡献对数据挖掘来说是一大挑战。这一复杂局面提醒我们,在执行数据挖掘任务时不能只是运用机器学习进行数据间的关系拟合,应该认识到:即使是同一物理性质也可能源于不同的材料种类。例如,磁电效应包括单相材料和复合材料两类,压电效应包括铁电材料和非铁电材料两种。因此,数据挖掘首先需要按照图 2-3 所示对材料数据分层分类后再构建选择描述符,需要区分数据之间的因果关系和关联关系,挖掘目标性质与其因果描述符(原子系统的组成和结构)、工艺参数、使役条件之间的量化关系和规律,经循环迭代获得物理的预测模型,由此建立新材料预测专家系统,采用内插、外推等方法进行新材料预测设计。

虽然我们生活在大数据时代,但在许多特定的材料领域数据量还是非常有限的,材料数据通常没有成千上万。如果不能清晰识别哪些数据是重要的、可靠的,大数据往往徒增干扰。现实中,如何发挥人的能动性通过小数据挖掘实现材料的预测式设计、降低任务通量才是材料工作者面临的最大挑战。在利用机器学习等人工智能方法进行数据挖掘时,不能过分夸大人工智能的效用、忽略人的主观能动性。与计算机的大容量、快速计算不同,人会算计,能把对立的、看似风马牛不相及

的数据进行整合。人会忽略那些非关键数据、忘记那些不重要信息,游刃有余地提取特征、发现关联、跟随变化、定义概念和规范、把握因果。人类智慧既包含对充足数据进行理性的逻辑推理,也包含对零散数据进行通情达理的直觉梳理。与基于大数据的统计算法模型不同,通过对材料数据进行分层分类、在领域知识导引下构建选择合适的具有材料化学组成与结构变化趋势的特征描述符,小数据挖掘也能够快速发现目标性质与描述符之间的因果关系,能够准确揭示结构与物性的调控机制,直接预测材料的化学组成并协助规划工艺流程。从下述两个例子即可管窥领域知识导引下小数据挖掘的魅力。

对于类钙钛矿结构铜氧化物,物理研究表明库珀电子对凝聚的能量尺度可以揭示库珀电子对的结合强度与配对机理[37,38]。铜氧化物莫特绝缘体的反铁磁态对应于电子局域在实空间铜原子上,移除一部分电子后(空穴掺杂)铜氧化物将转变为超导体——对应于库珀电子对离域在整个动量空间。在绝缘-超导相变过程中存在两种电子激发过程:一种为赝禁带电子激发,赝禁带宽度 E_{pg} 与单电子激发能量 Δ_{pg} 的关系为 $E_{pg} = 2\Delta_{pg}$;一种为库珀电子对激发,超导能带宽度 E_{sc} 与超导相变温度 T_C 的关系为 $E_{sc} \approx 5k_B T_C$。如图 2-6 所示,以空穴浓度(x)为每一铜氧化物的描述符,赝禁带和库珀电子对两种电子激发过程的能量分别满足 $E_{pg} = E_{pg}^{max}(0.27 - x)/0.22$ 和 $E_{sc} = E_{sc}^{max}[1 - 82.6 \times (0.16 - x)^2]$ 量化关系,图中虚线分别为线性和非线性回归拟合结果,系数 $E_{pg}^{max} = 152 \pm 8$ meV、$E_{sc}^{max} = 42 \pm 2$ meV。图 2-6 所示数据挖掘表明,空穴掺杂类钙钛矿结构铜氧化物的超导相变温度存在一个上限。

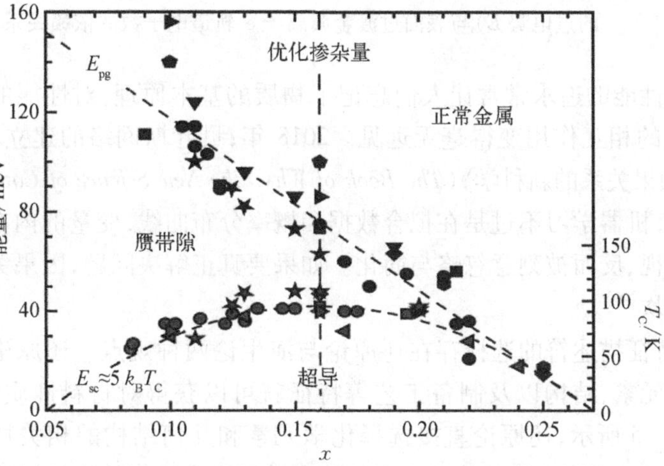

图 2-6 类钙钛矿结构铜氧化物库珀电子对激发能(E_{sc})和赝禁带宽度(E_{pg})与空穴浓度(x)的关系。不同形状图标对应角分辨光电子能谱、拉曼散射、非弹性中子散射等不同实验方法测量结果[38]

过渡金属钙钛矿氧化物是一类重要的催化剂,理解阴极氧化还原反应过程是设计电化学水解制氢催化剂的关键。由于水解制氢生产效率受析氧反应动力学过程的制约,过渡金属离子的 e_g 轨道电子与表面吸附含氧基团之间的 σ 键合能力决定了本征催化活性[30,39]。如图 2-7 所示,钙钛矿氧化物析氧反应的本征催化活性与表面过渡金属离子 e_g 轨道电子数具有火山锥形(Volcano-shaped)依赖关系,催化活性峰值的 e_g 轨道电子数为 1.25。由此可以预测一种新催化剂——$Ba_{0.5}Sr_{0.5}Co_{0.8}Fe_{0.2}O_{3-\delta}$ 钙钛矿氧化物,实验证明它在碱性介质中析氧反应本征催化活性比氧化铱催化剂高一个数量级以上。

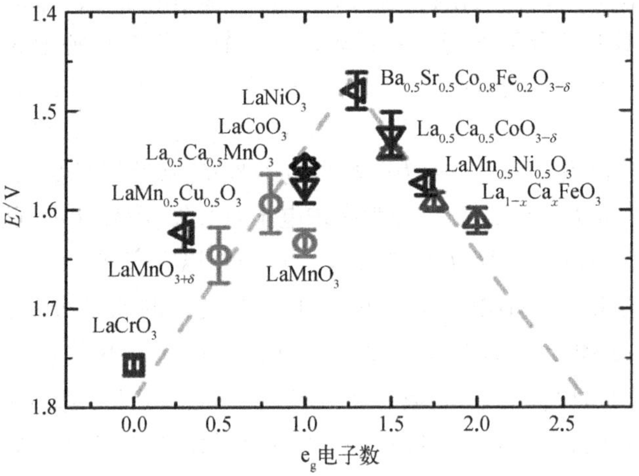

图 2-7　钙钛矿氧化物电化学析氧反应本征催化活性(50 μA/cm² 电流时的过电势 E)与表面过渡金属离子 e_g 轨道电子数的依赖关系[39]

对材料性能的追求常常让人们忘记了物质的基本原理,对性能的迷恋让人们对原子体系的相互作用变得毫无远见。2018 年,贝叶斯网络的建立者 J. Pearl 在《为什么:因果关系的新科学》(*The Book of Why: the New Science of Cause and Effect*)一书中认为,机器学习不过是在拟合数据和概率分布曲线,变量的内在因果关系不仅没有被重视、反而被刻意忽略与简化。如果要真正解决问题,因果关系是必然要迈过的一道坎[40]。

目前,特征描述符的选择存在还原论与演生论两种观点。还原论认为了解了物质的组成元素、结构以及制备工艺等特征就可以获得对材料性质的认知,如表 2-1 和图 2-5 所示,还原论直接选择化学元素和几何结构的相关特征作为描述符[28]。实践中,还原论能否获得物理的预测模型取决于所关注的问题[37-39]。与还原论不同,演生论认为凝聚态原子系统的集体行为不能用组成原子——离子和电子的特征直接描述,物质在不同时间-空间尺度每一层次都有自己的基本规律,并不是下一层次规律的简单应用;高层次的规律是在从低层次向高层次呈展过程中出现的新规律,向低层次规律还原仅仅是原则上的[41,42]。凝聚态物质的相变和临界现象是演生论的最好例证。在量子力学理论框架下,晶体的结构与性质之间的构效关系事实上只是一种关联关系,它们是原子系统在一定热力学边界条件下的结果,并没有回答为什么。因此,执行凝聚态物质数据挖掘时,首先需要为不同任务构建选择合适的系综描述符(ensemble descriptor),不管是统计算法模型还是物理模型都需要建立材料结构和性质与它们之间的因果关系,这是提升材料预测设计能力的关键。有关钙钛矿氧化物系综描述符的定义以及小数据挖掘实践详情见本章 2.3 节。

2.2 对称性原理

在科学研究范式的演变进程中,对称性的角色发生了一次从被动到主动、从结果到原理的革命性转变[43-45]。本节简要回顾一下有关对称性的研究历史,以加深对称性原理是物质世界一个基本原理的理解,并突出对称性原理在铁性晶体物理中的主动作用。

2.2.1 物质的运动规律

物质运动是自然界广泛存在的运动现象,包括力、热、声、光、电、磁、放射性、生物等运动现象。通过对自然的观察和实验测量,人们归纳总结出一系列有关物质运动的定律。粗看,每一种自然现象都有一些专门的定律来描述,力学、热学、光学、电学、磁学、化学、生物学有许多各自为政的定律。这些现象表面上看毫不相关,它们在深层次上却可以用同一种理论去描述[43]。牛顿用万有引力定律统一了天上和地上的力,麦克斯韦用电磁场方程组统一了电、磁和光。宏观上风马牛不相及的支持力、弹力与摩擦力微观上都是原子间的电磁作用力造成的。热现象是一种微观世界的力学现象,原子布朗运动的快慢在宏观上表现为温度。针对麦克斯韦方程组与牛顿力学框架之间存在的矛盾,爱因斯坦创立了狭义相对论和广义相对论。

物理学定律在统一的道路上已经走过上百年的历程。在此过程中,爱因斯坦颠倒了物理学的研究方式。以他为分水岭,理论物理学家探索世界的方式经历了一次变革[44]。

在爱因斯坦之前,物理学家通过各种实验测量获得数据,然后从数据归纳总结规律、用数学公式拟合数据,从而得到描述物理现象的定律、发现隐藏在理论里的某些性质,例如某种对称性。上述方式可以概括为实验-理论-对称性路线。开普勒从天文观测数据里归纳出行星运动三大定律,牛顿“猜出”了引力与距离的平方呈反比关系,建立了万有引力定律。爱因斯坦发现该技术路线在处理比较简单的问题时比较适合,但当问题变得复杂或实验不能提供足够多数据时,按照这条路线简直是一种灾难。水星近日点进动是极少数不符合牛顿引力理论的问题。经过一连串深度碰壁之后,爱因斯坦尝试首先找到一个对称性,然后要求新理论满足这种对称性,直接从数学上“写出”它的运动方程,再用实验数据来验证理论是否正确。该尝试将实验-理论-对称性路线变成了对称性-理论-实验路线,对称性从原来的理论结果变成了决定理论的核心,实验从构建理论的基础变成了验证理论的工具[43,44]。不理解这一转变对后继的理论发展将会出现各种不适应。

爱因斯坦通过引入时间-空间对称性,在惯性坐标系中从洛伦兹坐标变换不变性导出了狭义相对论(1905 年);突破惯性坐标系后,从广义坐标变换不变性导出了广义相对论(1915 年)。与爱因斯坦从对称性原理出发导出相对论不同,牛顿力学和麦克斯韦方程组都是从实验数据与经验定律中总结出来的。1918 年,诺特定理的发现表明对称性跟守恒定律是一一对应的:牛顿力学的动量守恒与位移不变性相对应,角动量守恒与转动对称性相对应;爱因斯坦为时间和空间在抽象数学上对称这一概念铺设了道路,在相对论力学里坐标不变性保持能量和动量守恒。在电磁理论里,外尔和泡利发现 U(1)群代表的整体规范对称性对应电荷守恒,从局域规范对称性出发可以推导出麦克斯韦方程组,即规范不变性决定了全部电磁相互作用。从数学观点看,引力场和规范(相位)场是几何概念。杨振宁把这种从对称性原理出发推导动力学系统的性质称为“对称支配相互作用(symmetry dictates interaction)”,并在这种思想驱动下创立了精妙绝伦的杨-米尔斯理论[43,45]。

1. 整体对称和局域对称

整体对称,顾名思义,如果一个物体所有的部分都按照一个步调变换,那么这种变换是整体的。比如,舞台上所有的演员都同步向前走或者都做同样的动作,就像是一个人的复制品,这种变换是整体的。如果经过一种整体变换后还能保持某种不变性就说它具有整体对称性。相对的,如果一个物体的不同部分按照不同的步调变换,那么这种变换是局域的。为了使舞蹈表演具有波浪、千手观音或者各种不断变化的图案,这时候每个人都有特有的变换规则。如果经过某种局域变换后还能保持不变性就说它具有局域对称性。从数学上讲,局域变换是时空坐标函数的变换,在不同的时空点这个函数值不一样、变换不一样;整体变换是与时空坐标无关的变换,是一个不同时空坐标点函数值都相同的变换,是局域变换的特例。

在电磁理论里整体规范对称只能得到电荷守恒,一旦要求它具有局域规范对称,就可以得到整个麦克斯韦方程组。电荷守恒和麦克斯韦方程组是整体对称和局域对称的不同回报。在 20 世纪 20 年代中后期,这种关系的重要性才真正开始显露。在量子力学中,动力学系统的态是用指明态的对称性的量子数标记的。与量子数一起还出现了选择定则,它支配着态间跃迁量子数的变化。量子数和选择定则虽然是在量子力学之前通过实验发现的,但它们的物理意义借助对称性才变得一目了然。由于量子力学的数学基础是线性希尔伯特空间,量子力学存在叠加原理,由此,对称性在量子力学中大大扩展了作用。在经典物理中,椭圆轨道没有圆轨道对称。在量子力学中,叠加原理使得人们能够在与圆轨道对称性等同的立足点上讨论椭圆轨道的对称性;正是在库仑力转动对称基础上建立了对元素周期表最深刻的理解。

2. 对称支配相互作用

外尔和泡利把 U(1)群的整体对称推广到局域对称并推导出了全部的电磁理论。与 U(1)阿贝尔群(1×1 矩阵)相比,SU(2)群(2×2 矩阵)是非阿贝尔群。在研究强力作用时,杨振宁试图把 SU(2)群的整体对称也推广到局域对称。直到 1954 年,杨振宁和米尔斯才完成这一工作,使得规范对称性可以在电磁理论之外也大展拳脚。杨-米尔斯方程是一套非常基础的、精确的数学框架,使得“对称支配相互作用”在数学上有了落脚之地。

在粒子物理中,整数自旋的规范玻色子是传递作用力的粒子,如光子、胶子;半整数自旋的费米子是组成物质的基本粒子,如电子、夸克。电磁力的本质是电子和光子的相互作用。在杨-米尔斯理论中,每一个对称群都有与它相对应的规范玻色子。只要确定了这个对称群,这些规范玻色子的性质和数目就完全确定了。例如,U(1)群对应的规范玻色子只有一种——光子;理论计算发现 SU(3)群的规范玻色子有 8 种,实验物理学家据此真的只找到了 8 种胶子。在物理学史上,以前经常是实验发现了新粒子,然后理论物理琢磨着怎么去解释;现在则是理论物理预言新粒子后实验去找。至此,爱因斯坦颠倒的物理研究范式终于从蹊径变成了主流。

需要指出的是,杨振宁是从 SU(2)群作为强力的对称群出发“写出”了杨-米尔斯方程。后来发现强力的精确对称群是 SU(3)群,而夸克的概念直到 1964 年才由盖尔曼和茨威格提出来。如今,夸克模型与杨-米尔斯方程构成了描述强力的理论——量子色动力学的核心;基于杨-米尔斯方程和 SU(2)×U(1)群对称破缺的弱电理论统一了弱力与电磁力[43,45]。虽然杨-米尔斯理论统一了强力、弱力和电磁力,但爱因斯坦在统一引力与电磁力时所遇到的困难直到今天仍然没有结果。

诺特发现对称性与守恒律的关系打开了现代物理学中对称性原理的大门。爱因斯坦在此之前就敏锐地意识到了这点并应用它成功创立了相对论。杨-米尔斯方程是“对称支配相互作用”的完美代表、是描述相互作用的精确数学框架。从此,对称支配相互作用成为了物理学家们的共识和最基本的指导思想,极大地促进了量子物理学的发展。对称性在量子力学里完成了华丽转身,成为决定动力学系统相互作用的基本原理。

2.2.2 晶体中的对称性

晶态物质由元素(原子)组成,原子在空间按一定的对称性周期排列。原子论、元素周期表和晶格对称性是晶态物质研究的三大理论支柱,自发对称破缺导致的结构相变是晶态物质功能呈展的物理基础。

1. *原子论*

公元前 4 世纪,针对“黄金可以分割多少次就不再是黄金”这个问题,亚里士多德指出物质存在决定其属性的最小分割单元,如果继续分割将失去决定其属性的特征。德谟克利特首次提出了“原子”(atom)的概念。18 世纪以前,即使借助光学显微镜人们也无法观测物质的结构和组成,研究工作停留在理论构想、模型解释物质现象阶段。18 世纪,从 J. Priestley 在英格兰分离气体到 A. Lavoisier 在法国设计化学物质称量仪,实验技术与理论洞察相结合促使一幅崭新的原子模型呈现在世人面前。近代化学认为物质的最小可分单元是原子,原子具有质量、大小、形状等属性,物质是原子的织构堆积体[46]。

19 世纪,通过在定量分析中引入原子论方法,化学走向了系统化。1803 年,道尔顿将古希腊哲学的原子论改造成了定量的化学原子论。化学反应、物理相变和材料加工都是对原子系统堆积状态的调控和剪裁。随着大量元素的发现以及原子量的精确测定,人们开始讨论元素性质与原子量之间的关系。门捷列夫在 1869 年发表论文“元素性质与原子量的关系”,提出了第一张化学元素周期表。

元素周期表是 19 世纪的一项伟大发现。它不仅体现了化学的本质,也体现了物理学、生物学等物质世界的本质;它不仅对所有已知原子进行排序,还展现出人类对物质多样性的认识。

2. *元素周期表*

门捷列夫虽然不是按原子重量的升序进行元素排列的第一人,但他首次完成了当时已知的 63 种元素的排序,更重要的是他预测了镓、锗、钪等几个未知元素。镓(1876 年)、钪(1879 年)和锗(1886 年)的相继发现证明了门捷列夫元素周期表的预测能力,它不再仅仅是一份化学目录。在接下来的一个多世纪里,化学家用元素周期表预测原子的性质并激发出一些划时代的实验,物理学家用它作为验证原子结构和量子力学理论的工具[47]。20 世纪 40 年代,镧系元素和锕系元素相继发现。1950 年前后逐渐开始形成今日常见的元素周期表。2016 年,当 115~118 号四个人造元素正式确认后,元素周期表最后一行的空位终于填满。从门捷列夫提出基于原子量和化学亲和力的元素分类体系到如今国际纯粹与应用化学联合会(IUPAC)批准的元素周期表,元素周期表从根本上改变了人类对物质的理解。

在19世纪中叶,惰性气体、放射性、同位素、亚原子粒子、量子力学等都是未知的。在尚未发现电子和质子,尚不知道原子结构的情况下,门捷列夫的成就是引人注目的,是数据挖掘的一个成功案例。当时,门捷列夫并不知道元素为什么呈现周期性。后人通过比较各种元素的化学性质发现了2、8、18等经验数的元素周期。20世纪,原子结构实验探索与量子力学理论发展表明这些经验数不是偶然的数目,它们是库仑力转动对称性的自然结果。这一发现不仅展示了数学推理的美妙和完美、物理结果的深刻和复杂,更增强了人们对对称性原理重要性的认识[43]。原子结构决定了元素次序,IUPAC元素周期表上的数字代表原子序数。原子序数是原子核内质子的数目,这些带正电的粒子数决定了原子核外的电子数以及原子在周期表中的位置。元素的化学性质取决于最外层电子(价电子)的反应性。同族元素具有相似的电子结构,最外层有相同数量的电子,它们具有相似的化学性质。

自然界天然存在的最重的元素是原子序数92的铀。根据量子理论,原子序数超过172后,原子核将会吞噬电子,并将电子与质子融合辐射中子;这个过程将一直持续下去直到质子数降回到172。因此,量了理论的原子序数上限是172[47]。现阶段,人造元素的努力目标是119号以及其后的元素。

3. 晶格对称性

晶体是长程有序周期排列的原子集合体。宏观对称性是晶体在旋转、反演、镜面反射等对称操作下保持不变的性质,不仅表现在整体外形上,还表现在宏观物理性质上。晶体结构按照宏观对称性分为7大晶系、14种布拉维点阵。由于平移对称性的限制,晶体的8个宏观对称操作(1、2、3、4、6、$\bar{1}$、m、$\bar{4}$)组合形成32种点群。考虑原子种类时晶体还包括平移、平移与旋转结合的螺旋对称、平移与镜面反射结合的滑移等微观对称操作,32种点群扩展为230种空间群。X射线晶体衍射实验使晶体的结构对称性从理论推断变成了现实存在。

在量子力学中,与原子系统一样,原子密堆系统的电子状态同样遵守波函数叠加原理。根据对称支配相互作用原理,晶体的哈密顿量在数学形式上是对称的,晶体的动力学行为是对称破缺的结果。例如,铁电性是原子晶格空间反演中心对称破缺的结果,磁性是电子自旋时间反演中心对称破缺的结果。根据Curie-Neumann原理,晶体的物理性质具有对称性、张量系数满足晶体点群的所有对称操作[8]。例如,制作红外传感器的热释电晶体是1、2、m、mm2、4、4mm、3、3m、6和6mm中某一点群的绝缘晶体;铁电极化可以随外电场反转、点群为2、m、mm2、4、4mm、3、3m、6或6mm。通过点群对称性分析能够获得晶体力学、电学、磁学、光学等许多物理性质的一般特征,可以提升研究工作的预测性并降低实验任务量。因此,新材料研究可以从设计具有特定点群对称性晶体的化学组成出发来进行[48,49]。

4. 自发对称破缺

由不同数量的质子、中子和电子堆积成原子，由大量原子堆积成晶体，由大量晶粒堆积成陶瓷，晶态材料在每一时空层次都有不同的对称性。因此，晶态材料在每一层次上都存在不同的概念、原理和规律，系统整体不仅大于部分之和而且迥异于部分之和[41]。如图 2－8 所示，经典力学中对称性与守恒律之间的关系是确定的，运动方程的不同解满足系统的对称变换，这些解代表不同的物理态；量子力学中量子数和选择定则与对称性分别是物理态的表与里，运动方程的不同解同样满足系统的对称变换，但它们代表的是同一物理态[43,45]。不管是原子、砌成原子的基本粒子还是晶体，都可以用对称性原理决定的量子数对动力学系统进行分类。对于这些规范对称系统，同一物理态下晶体结构与物理性质之间的关系仅仅是一种关联关系，系统的化学组成与原子排列方式才是导致这些结果的缘由；系统状态及其相应的精细结构和物理化学性质都随热力学边界条件的改变发生相应的变化。

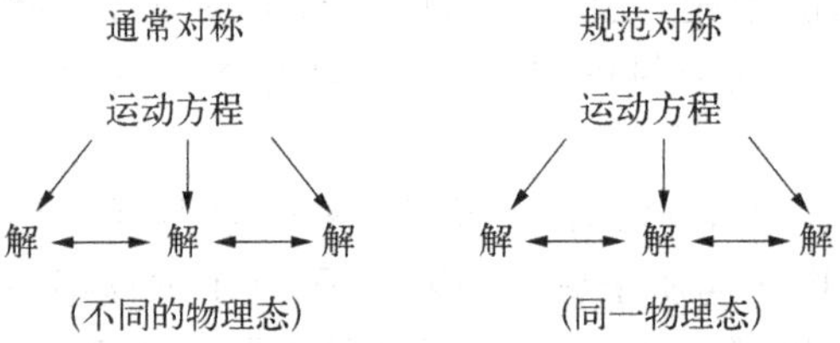

图 2－8　通常对称与规范对称的差异示意图[43,45]。水平箭头表示联系各个解的对称变换。对通常对称来说，这些解表示不同的物理态；对规范对称来说，它们表示相同的物理态

在晶体物理中，热力学边界条件变化导致的晶体对称性突变现象称为结构相变。对于晶体材料，元素的种类与比例是动力学系统的物质维，原子的质量、核电荷、电子的电荷和自旋、轨道半径、角动量等量子特性是描述晶体物质维的特征量；对称性与热力学边界条件决定了原子系统的能量维，原子系统总是自发地呈现具有最低自由能的堆积状态，不同对称性具有相同自由能时的热力学边界条件为相变临界点；丰富多彩的物理、化学性质是原子密堆系统与环境相互作用的结果——信息维，原子密堆系统的物理性质在临界点附近具有奇异性。在钙钛矿氧化物中，对称破缺能够产生净电偶极矩、磁矩、应变等铁性序，铁电、铁磁、巨磁电阻、超导等都是对称破缺产生的物理现象。材料设计不仅要关注晶体的化学组成及其点群对称性，还要充分考虑对称破缺的临界条件。例如，基于电子自旋的量子计算机不能忽略室温使役环境，因此，需要重点设计居里温度高于室温的铁磁半导体、铁磁电体等量子功能材料。

量子力学中，除非对称禁戒，从一个宏观态转变为另一个宏观态的路径总是存在的。在外场作用下铁性序的方向能够反（旋）转，这是进行极化、磁化等人工操控物质宏观态的理论基础。当势垒足够大时热效应或者量子隧穿效应不能使它们在有限的时间内从一个宏观态转变为另一个宏观态，相应的材料具有良好的热稳

定性和老化稳定性。压电陶瓷、永磁体等功能材料因此而获得了工程应用。

2.3 物理预测设计模型

进行材料的化学组成设计需要知道目标性质的物理化学原理、变化规律以及预测目标三个要素。材料设计目标源于技术发展趋势、工程应用需求或者政策法规的变化。例如,室温铁磁半导体和室温铁磁电体材料需求源自量子技术的发展,以期实现自旋电子学器件和量子计算机的室温应用;高温压电陶瓷、高温电容器用铁电陶瓷需求来自高温苛刻环境在线监控;无铅压电陶瓷需求来自政策法规变化,以期取代 PZT 压电陶瓷。工程应用关注材料的综合性能,因此,材料设计是一个多目标协同的工程设计。小数据挖掘的重点在于通过构造选择具有化学组成与结构变化趋势的数字化系综描述符,挖掘目标性质与描述符之间的因果关系,挖掘不同物性之间的关联关系,以建立相关材料的物理预测设计模型。

2.3.1 量子力学理论架构

对于钙钛矿氧化物,运用实验观测范式发现了钛酸钡的铁电性,发现了铁电陶瓷的压电性,发现了高性能 PZT 压电陶瓷。在实验观测基础上发展起来的朗道热力学唯象理论、软模理论、电子轨道杂化理论属于理论建模第二范式,重点对实验结果进行了事后解释与微观机制理解。量子力学应用于结构模拟和性质计算属于计算仿真研究范式,离子势函数越准确仿真结果越可靠。否则,计算结果与观测事实之间的差别会过大,计算数据没有实际意义。

在现行铁电理论中,朗道热力学唯象理论把实验可观测的铁电极化作为参数,在假定热力学自由能对极化强度展开系数的前提下进行相关物理性质参数之间的关系演算。由于朗道理论没有直接包含化学组成的相关信息,因此无法进行材料组成与显微结构的预测。类似的,软模理论分别通过布里渊区中心和边界的光学声子模软化来描述铁电与铁弹相变,也缺少化学组成与显微结构的直接信息;第一性原理理论计算通过对比原子系统在不同点群对称条件下的自由能大小来确定晶体的稳态构型,进而计算相关物理性质,并未包含对称性变化与化学组成之间的直接关系。因此,“理论计算、实验验证”新材料研究本质上依然是试错式,计算机技术与计算技术的应用使得人们从物理试错过渡到了数值试错。

钙钛矿氧化物可以看作是氧离子的体心立方密堆体,其中 1/4 八面体间隙被 B 阳离子占据、八面体围成的间隙被 A 阳离子占据。由于 A 和 B 既可以是一种元素也可以是复杂的元素组合,在选定钙钛矿结构后,众多可能的组成元素构成了一个巨大的化学相空间。由于组成元素与含量的不同,低温低对称相有可能是铁弹、铁电、铁磁等铁性相。如图 2－9 所示,从量子力学哈密顿量可见,原子质量控制系统的动能项,离子大小、价电子的交换作用控制系统的势能项,电子在周期势场中的运动形成能带结构,内层d、f电子间的间接交换作用形成自旋磁序,自旋-轨道-晶格之间的交叉作用控制着系统不同自由度之间的耦合效应。虽然钙钛矿结构中原子间的相对位置保持不变,但不同的组成元素对系统自由能的贡献不同,导致钙钛矿材料的低温相具有不同的精细结构。此时,人们自然会问钙钛矿氧化物什么时候发生相变?有序相是什么?序参量大小几何?不同性质参数之间如何关联?性能如何调控?

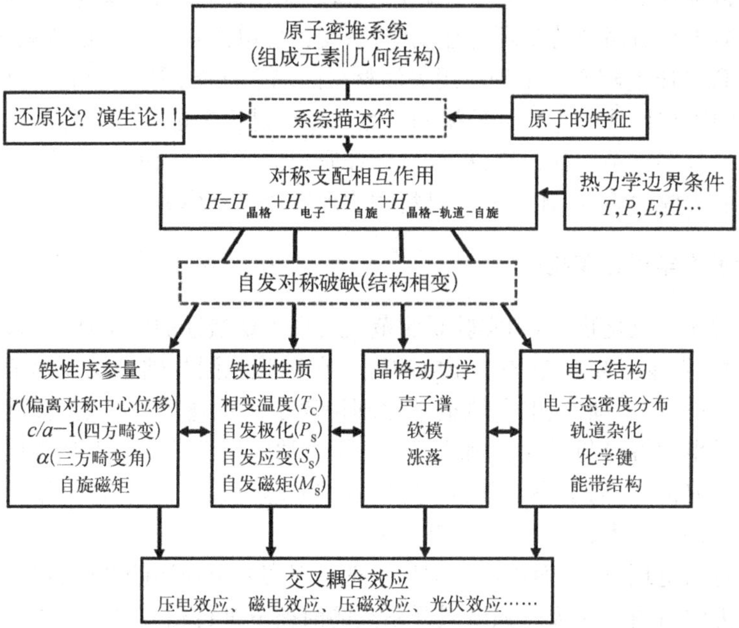

图2-9　量子力学框架下钙钛矿氧化物原子密堆系统的数据层次结构图。从主动的观点看,原子密堆系统的相互作用是由对称性支配的,铁性相是自发对称破缺结构相变的产物。纵向箭头与横向箭头分别表示因果关系和关联关系。T、P、E、H分别表示温度、压强、电场、磁场

晶体材料的结构、电、磁、光等物理性质都可以用量子力学进行描述和计算,因此,从量子理论出发探讨不同铁性序在钙钛矿氧化物中的共存与耦合是可行的[9,50-52]。如图2-9所示,选定钙钛矿结构、变换元素组合、输入哈密顿量的计算参数,可以计算不同钙钛矿氧化物在不同晶格对称性下的自由能,从而获得稳态晶格构型。从晶格对称性可以判断有序相的本质;针对特定系统的稳态构型可以进一步计算声子谱、电子能带结构、电子态密度分布、极(磁)化强度、外场响应等性质;从这些计算结果中可以筛选合适的体系进行样品合成与实验测试[20,53]。上述迭代过程即计算预测-实验验证正向材料设计。近年来,凝聚态物理和高性能计算

虽然取得长足发展,第一性原理已经可以计算钙钛矿氧化物的晶体结构、能带结构、弹性常数、铁电极化、自旋磁序等物理性质,但钙钛矿氧化物仿真计算的效果仍然差强人意,尚有较大的努力空间。由于钙钛矿氧化物的化学相空间巨大,具有太多的可能组合,试错式的高通量计算和高通量实验工作任务甚为艰巨。

经过七十多年的发展,钙钛矿氧化物的研究与应用已经积累了一定量的实验数据,运用数据科学范式进行新材料的预测设计正成为值得尝试的一条蹊径。自然(nature)是一台优异的"计算机",虽然不知道它如何选择势函数、如何设定输入参数,但却可以直接给出选定体系的"计算"结果,直接测量稳态构型及其物理性质。本书将从已有的实验数据出发,在理论导引下为钙钛矿氧化物原胞构建合适的数字化系综描述符,小数据挖掘材料性质与描述符之间的因果关系与规律,挖掘不同性质数据之间的关联关系,为新材料的化学组成预测设计和制造提供指南[33-36]。该方法不对原子系统复杂的相互作用进行近似与数值计算、直接发掘目标性质实验数据与系综描述符之间的因果关系和规律用于材料的预测设计,属于从理论到机制、从上到下的思维逻辑。

2.3.2 铁性相变温度

居里温度(T_C)是铁性相存在的温度上限,是决定铁性材料的工作温度、使役温度范围、热老化等性能的关键材料参数,也是调控铁电极化强度、饱和磁矩、热释电、微波介质非线性响应等性质的重要材料参数。T_C的高低需要根据具体的工程需求进行设定。

在相变动力学理论中,当涨落(包括热涨落和量子零点涨落)与铁性序参量的大小可比时钙钛矿氧化物将发生结构相变[54]。因此,相变临界温度可以用涨落的描述符或者铁性序参量的描述符进行量化描述,铁性相的性质由相应的序参量决定。

1. 铁电相变居里温度

量子力学中,原子晶格的哈密顿量:

$$H_{\text{eff}}(\text{ion}) = \sum_i p_i^2/2m_i + U(R_i,\ R_j,\ \cdots) + E(R_i,\ R_j,\ \cdots) \qquad (2-1)$$

可以描述包括结构相变在内原子密堆系统的动力学行为。方程右边第一项为原子的动能项;$U(R_i,\ R_j,\ \cdots)$和$E(R_i,\ R_j,\ \cdots)$分别为离子-电子间的势能和价电子的交换关联能;R_i, R_j, …表示离子的中心位置。演生论认为凝聚态系统的宏观物理行为是大量相互作用粒子的呈展现象,系统的整体行为不能直接用组成粒子的特征量——原子序数、原子量、离子半径、电负性、化学价、电子自旋组态等进行描述[41]。从方程(2-1)可知,涨落只与动能项相关,仅与原子的质量特征量有关。因此,可以定义钙钛矿氧化物原胞的约合质量(μ)为涨落的数字化描述符:

$$\mu^{-1} = \sum_{i=A,\ B,\ 3O} 1/m_i$$
$$m_{i=(A\ or\ B)} = \left(1 - \sum_j x_j\right) m_{M0} + \sum_j x_j m_{Mj} \quad (2-2)$$

式中，m_{Mj}是 A 位(B 位)第j种金属元素的原子量。与约合质量类似，A/B 位离子半径比 (r_A/r_B)、结构容忍因子(t)、离子键/共价键比例等系综描述符都可以直接从原(离)子的特征量计算得到，它们单独或者组合起来可以用作钙钛矿氧化物原胞的系综描述符[33,34,55–57]。

对于二元固溶体钙钛矿氧化物，实验发现铁电相变居里温度 T_C与浓度(x)存在线性 $T_C(x)=a+bx$ 或者非线性 $T_C(x)=a+bx+cx^2$ 量化关系[58–66]。与浓度仅仅衡量化学元素的含量、并未包含原子的任何特征信息相比，μ 描述符包含了化学元素的特征信息。如图 2－10 所示，最小二乘法拟合发现二元固溶体钙钛矿的 T_C与 μ 满足二次多项式关系：

$$T_C(\mu) = a + b\mu + c\mu^2 \quad (2-3)$$

方程(2－3)中的系数(a、b 和 c)与固溶体组元有关，变化趋势分为三类：① T_C单调上升，例如简单钙钛矿 $ATiO_3$ (A = Ca、Sr、Ba、Pb) 及其固溶体、$PbTiO_3$－$Bi(Zn_{1/2}Ti_{1/2})O_3$、$PbTiO_3$－$BiFeO_3$、$BaTiO_3$－$BiFeO_3$、$SrTiO_3$－$BiFeO_3$、$(Pb_{0.6-x}Bi_{0.4}Ca_x)(Ti_{0.75}Zn_{0.15}Fe_{0.10})O_3$ ($x \leqslant 0.18$)等固溶体；② T_C在 μ_m处存在一个极大值，偏离 μ_m后 T_C下降，例如 $PbTiO_3$－$BiBO_3$ ($B = Mg_{1/2}Ti_{1/2}/Mg_{3/4}W_{1/4}$、$Ni_{1/2}Ti_{1/2}$、$Zn_{2/3}Nb_{1/3}$、Sc、In)等固溶体；③ T_C在 μ_m处存在一个极小值，偏离 μ_m后 T_C增大，例如 $BiFeO_3$－$PbZrO_3$、$BiFeO_3$－$PbZrO_3$－$PbTiO_3$等固溶体。方程(2－3)不仅可以量化描述固溶体钙钛矿的铁

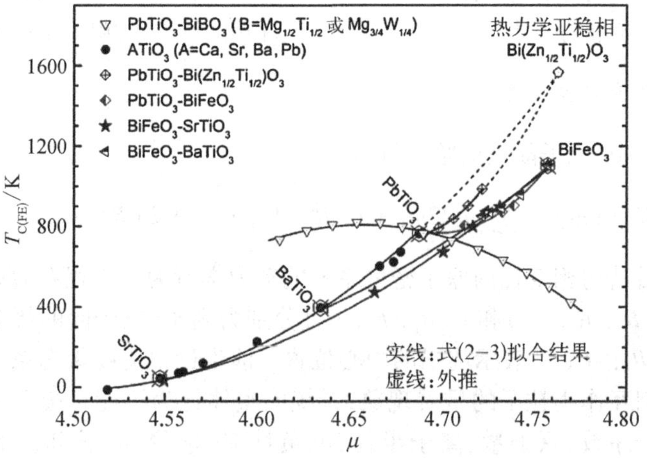

图 2－10　部分固溶体钙钛矿铁电相变居里温度 $T_{C(FE)}$与约合质量 μ 的量化关系

电相变温度变化趋势,也可以量化描述固溶体钙钛矿的铁弹相变温度变化趋势[56,67]。

我们进一步挖掘了简单钙钛矿和复杂钙钛矿氧化物的(反)铁电相变温度 T_C 与 μ、r_A/r_B、$\mu\times r_A/r_B$、t 以及 $\mu\times t$ 之间的关系[34]。从 T_C 对不同描述符的分布趋势看,μ 对固溶体组元 T_C 的量化描述能力明显不足;当采用 r_A/r_B 或者 t 描述符时,固溶体组元可以分为不同的组、每一组的 T_C 都随描述符的增大而降低;当采用 $\mu\times r_A/r_B$ 描述符时,如图 2-11 所示,应用二次多项式对 T_C 拟合具有更小的方差且不改变分组;当采用 $\mu\times t$ 描述符时,不仅没有降低拟合方差还改变了分组情况。因此,与 μ、r_A/r_B、t、$\mu\times t$ 等描述符相比,$\mu\times r_A/r_B$ 是描述固溶体组元相变温度的好描述符。从离子半径的定义和 Shannon 标度可知,$\mu\times r_A/r_B$ 描述符已计入了离子的质量、大小、配位数、价电子的结合性质等化学元素的主要特征,在一级近似条件下可以忽略温度影响。需要说明的是,图 2-11 仅仅描述了钙钛矿氧化物空间中心反演对称破缺结构相变的临界温度,与相变前后晶格点群的具体类型无关、与低温相具体的原子序无关。

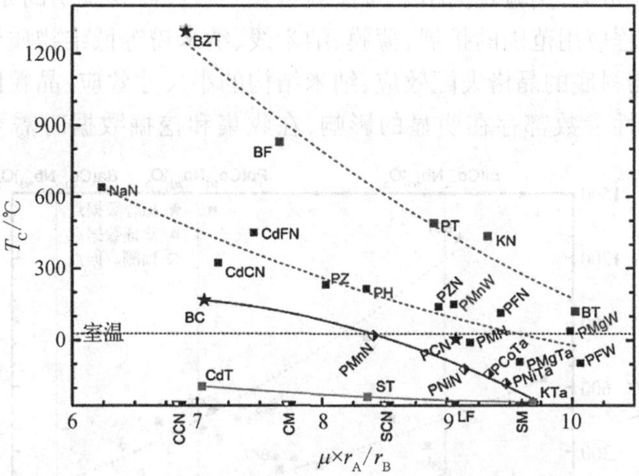

图 2-11 简单钙钛矿和复杂钙钛矿氧化物的(反)铁电相变居里温度 T_C 与 $\mu\times r_A/r_B$ 系综描述符之间的关系。图中曲线为二次多项式拟合结果(虚线仅具有统计意义)。钙钛矿氧化物包含 $BiFeO_3$(BF)、$Bi(Zn_{1/2}Ti_{1/2})O_3$(BZT,亚稳态)、$BiCrO_3$(BC,亚稳态)、$PbTiO_3$(PT)、$Pb(Zn_{1/3}Nb_{2/3})O_3$(PZN)、$Pb(Mg_{1/3}Nb_{2/3})O_3$(PMN)、$Pb(Fe_{1/2}Nb_{1/2})O_3$(PFN)、$Pb(Cr_{1/2}Nb_{1/2})O_3$(PCN,亚稳态)、$Pb(Fe_{2/3}W_{1/3})O_3$(PFW)、$KNbO_3$(KN)、$BaTiO_3$(BT)、$CdTiO_3$(CdT)、$Cd(Fe_{1/2}Nb_{1/2})O_3$(CdFN)、$Cd(Cr_{1/2}Nb_{1/2})O_3$(CdCN)、$Pb(Mn_{1/2}Nb_{1/2})O_3$(PMnN)、$Pb(Ni_{1/3}Nb_{2/3})O_3$(PNiN)、$Pb(Co_{1/3}Ta_{2/3})O_3$(PCoTa)、$Pb(Mg_{1/3}Ta_{2/3})O_3$(PMgTa)和 $Pb(Ni_{1/3}Ta_{2/3})O_3$(PNiTa)铁电体,$NaNbO_3$(NaN)、$PbZrO_3$(PZ)、$PbHfO_3$(PH)、$Pb(Mn_{1/2}W_{1/2})O_3$(PMnW)和 $Pb(Mg_{1/2}W_{1/2})O_3$(PMgW)反铁电体,$SrTiO_3$(ST)和 $KTaO_3$(KTa)量子顺电体,$Ca(Cr_{1/2}Nb_{1/2})O_3$(CCN)、$Sr(Cr_{1/2}Nb_{1/2})O_3$(SCN)、$CaMnO_3$(CM)、$SrMnO_3$(SM,亚稳态)和 $LaFeO_3$(LF)线性介质

虽然结构容忍因子计入了氧离子的贡献，然而，计算表明 $\mu \times r_A/r_B$ 与 t 在数值上线性相关，从数学上讲这两个描述符具有等效性。从晶格结构畸变的角度看，r_A/r_B 描述符衡量的是十二面体与氧八面体的相对压缩率（化学压效应）[55]、侧重于氧八面体的畸变趋势而 t 侧重于原胞的整体畸变趋势。从方程（2－1）哈密顿量可知，μ 只计入了动能项贡献、描述离子间的相对振动，是从涨落的角度解析 T_C；而 $\mu \times r_A/r_B$ 不仅计入了动能项贡献、还包含了离子−电子势能项的贡献，衡量的是氧八面体的结构畸变、具有化学压物理意义。事实上，除了动能项和势能项的贡献，钙钛矿氧化物能否发生铁电相变以及 T_C 的高低取决于原子间结合能的控制——图 2－11 所示分组与方程（2－1）价电子的交换关联项密切相关。

图 2－12 进一步证明了 $X=\mu \times r_A/r_B$ 描述符的适用性和预测能力。从图 2－12 所示 T_C-X 关系出发，可以预测 $Ba(Co_{1/3}Nb_{2/3})O_3$ 不是铁电体，$Pb(Co_{1/3}Nb_{2/3})O_3$ 和 $Bi(Co_{2/3}Nb_{1/3})O_3$ 的 T_C 分别为－78℃和 164℃。实验测量表明 $Ba(Co_{1/3}Nb_{2/3})O_3$ 是常用的微波介质，直到 0 K 仍是顺电相[68]，而 $Pb(Co_{1/3}Nb_{2/3})O_3$ 陶瓷的 T_C = －70℃[69]。由此可见，实验观测结果与预测结果一致。需要说明的是，由于材料制备技术以及工程应用范围的扩展，薄膜、纳米线、纳米粉等低维物质形态变得越来越普遍，薄膜与衬底的晶格失配效应、纳米结构的小尺寸效应、晶粒间的夹持效应等对结构与物性参数都存在明显的影响，在收集和挖掘数据时需要注意样品状

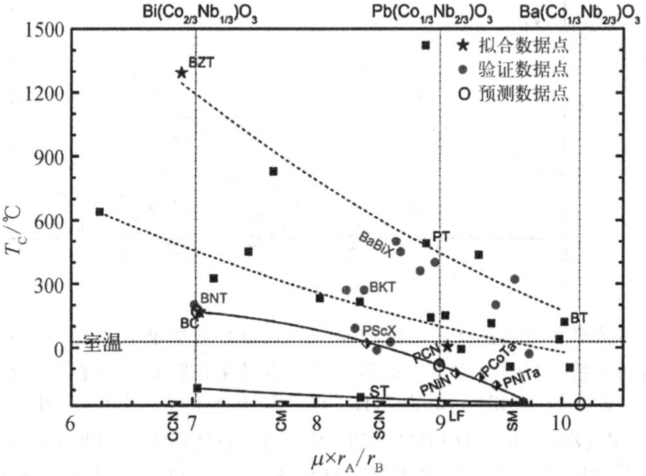

图 2－12　钙钛矿氧化物 T_C 与 $\mu \times r_A/r_B$ 描述符的关系。以图 2－11 所示数据为训练集；以实心圆点所示数据为验证集，验证集包括 $(Bi_{1/2}Na_{1/2})TiO_3$（BNT）、$(Bi_{1/2}K_{1/2})TiO_3$（BKT）、$Pb(Sc_{1/2}Nb_{1/2})O_3$、$Pb(Sc_{1/2}Ta_{1/2})O_3$ 和 $Pb(Sc_{2/3}W_{1/3})O_3$（PScX）、$Ba(Bi_{1/2}Nb_{1/2})O_3$、$Ba(Bi_{1/2}Ta_{1/2})O_3$、$Ba(Bi_{1/2}V_{1/2})O_3$、$Ba(Bi_{2/3}Mo_{1/3})O_3$ 和 $Ba(Bi_{2/3}W_{1/3})O_3$（BaBiX）、$Pb(Cd_{1/3}Nb_{2/3})O_3$、$Pb(Fe_{1/2}Ta_{1/2})O_3$ 和 $Pb(Mn_{2/3}W_{1/3})O_3$；空心圆圈为预测集，包括 $Pb(Co_{1/3}Nb_{2/3})O_3$、$Ba(Co_{1/3}Nb_{2/3})O_3$ 和 $Bi(Co_{2/3}Nb_{1/3})O_3$

态[70-74]。图 2-10 至图 2-12 所示为陶瓷或单晶样品的数据。

在量子力学理论中,对称性支配着原子系统中离子-电子和电子-电子间的相互作用、决定着钙钛矿氧化物离子键与共价键的相对比例。与实验直接测定晶格对称性不同,计算仿真通过比较原子系统在不同点群条件下的自由能大小来确定稳态构型[75]。在相变临界点,虽然不同对称性晶体的自由能相等,但晶格结构参数与化学键的性质却存在较大的差别。实验已在 $BaTiO_3$、$PbTiO_3$、$BiFeO_3$ 等钙钛矿的相变临界点观测到原胞体积[62,76]和化学键[77,78]存在突变;第一性原理计算表明 B 位离子 d 轨道与部分氧离子 p 轨道的杂化增强(共价结合成分增大)软化了离子间的短程静电排斥作用,使得铁电活性离子产生偏离对称中心的位移[79-81]。在临界点以下,随温度降低铁电位移、铁弹畸变与不对称分布价电子 p-d 轨道杂化自洽地同步增大。化学键与原子的电负性(内因)以及热力学边界条件(外因)紧密关联——既受原子系统约束又受环境影响,相变临界点与化学键性质的突变一一对应。自然地,我们可以选择相变温度 T_C 作为钙钛矿氧化物化学键性质突变临界点的数字化描述符。

选择 $X=\mu\times r_A/r_B$ 为钙钛矿氧化物原子系统动能项和势能项的系综描述符、选择 T_C 为价电子交换关联项的系综描述符,在 T_C-X 二维平面图上,一个坐标点表示一个钙钛矿氧化物,例如 $PbTiO_3$ 的坐标为(8.897, 490℃)、$SrTiO_3$ 为(8.363, -236℃)、$BiFeO_3$ 为(7.656, 830℃)、$SrMnO_3$ 为(9.595, -273℃)。与简单(复杂)钙钛矿氧化物一样,如图 2-13 所示,T_C-X 图也完全适用于量化描述固溶体钙钛矿氧化物 T_C 的变化趋势。对于绝大部分固溶体,已知 3 个以上组分点即可确定 $T_C = a + bX + cX^2$ 方程的系数,此时 T_C-X 关系可直接用于预测该固溶体其他组分点的相变温度。如图 2-13(a)所示,可以直接读出 $0.67BiFeO_3-0.33PbTiO_3$ 固溶体($X=8.092$)的 $T_C=625℃$, $0.67BiFeO_3-0.33SrTiO_3$ 固溶体($X=7.954$)的 $T_C=493℃$。

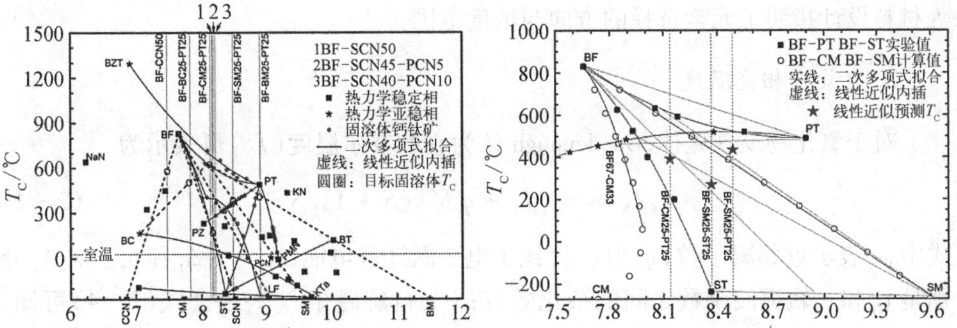

图 2-13　固溶体钙钛矿氧化物的结构相变居里温度 T_C 与 $\mu\times r_A/r_B$ 描述符之间的关系。图中实线直接用于确定固溶体钙钛矿氧化物的居里温度;虚线表示内插法线性近似预测

在缺少实验数据时，可以采用 Vegard 定律线性估算 T_C。如图 2－13 所示，对于 $0.50BiFeO_3-0.50Ca(Cr_{1/2}Nb_{1/2})O_3$ 和 $0.50BiFeO_3-0.50Sr(Cr_{1/2}Nb_{1/2})O_3$ 二元固溶体，采用内插法线性近似估算 T_C 分别为约 585℃和约 150℃；对于 $0.50BiFeO_3-0.25PbTiO_3-0.25ABO_3$ 三元固溶体，T_C 的预测分两步进行：第一步根据已有实验数据准确预测 $0.67BiFeO_3-0.33PbTiO_3$ 二元固溶体的 $T_C=625$℃，第二步采用内插法线性近似估算 $0.75(0.67BiFeO_3-0.33PbTiO_3)-0.25ABO_3$ 准二元固溶体的 T_C，由此得到 $T_C\approx500$℃（$BiCrO_3$）、$T_C\approx416$℃（$BaMnO_3$）、$T_C\approx390$℃（$SrMnO_3$）。对于 $0.50BiFeO_3-0.25PbTiO_3-0.25CaMnO_3$ 三元固溶体，它的 X 在 $0.67BiFeO_3-0.33PbTiO_3$ 与 $CaMnO_3$ 的坐标区间之外，如图 2－13（b）所示，此时需采用 $0.75(0.67BiFeO_3-0.33CaMnO_3)-0.25PbTiO_3$ 准二元固溶体进行估算，两次线性近似估算得到 $T_C\approx470$℃。另外，如果某一固溶组元不是铁电体，固溶体存在一个从顺电体转变为铁电体的临界浓度。如图 2－13（a）所示，实验发现 $(Bi,La)FeO_3$ 固溶体的结构相变按组分分成三个区域：在富 Bi 区和中间区，随镧组分增加 T_C 降低但变化趋势不同；在富镧区固溶体是 $T_C=0$ K 顺电体[82]。采用线性近似预测固溶体的 T_C 时，估算值与实际值之间可能存在较大的偏差。通过数据的生产与挖掘循环，T_C 的预测能力将显著提高。

从图 2－11 至图 2－13 所示数据挖掘发现 Bi、Pb、Cd、K、Ba 等又重又大的 A 位离子和 Fe、Ti、Zn、Nb、Zr、Cr、Mg 等又轻又小的 B 位离子（典型但不是所有）组成的化学相空间——$(Bi,Pb,Cd,K,Ba)(Fe,Ti,Zn,Nb,Zr,Cr,Mg)O_3$ 固溶体钙钛矿中存在室温铁电体，其中 $(Bi,Pb,Ba)(Fe,Ti,Zn,Nb)O_3$ 中存在 $T_C>500$℃的高温铁电体，$(Bi,Ba)(Fe,Ti,Zn,Nb,Zr,Mg)O_3$ 中存在室温无铅铁电体[33,34]。即使含有少量的 Sr、Ca、La、Mn 等元素，如图 2－13 所示，固溶体钙钛矿的 T_C 仍然可以高于室温。综上所述，对 T_C 的数据挖掘为高温压电陶瓷、无铅压电陶瓷、室温磁性铁电体等材料设计指明了元素选择的方向与浓度范围。

2. 自旋磁相变温度

对于氧化物反铁磁体，Goodenough 认为它的奈尔温度（T_N）可表示为

$$k_BT_N\approx z\{q_tb_t^2+q_eb_e^2\}(S+1)/S \tag{2-4}$$

式中，z 表示近邻离子数；q_t 和 q_e 反比于电子跃迁静电能；$b_t\approx\varepsilon_0\Delta_t$ 和 $b_e\approx\varepsilon_0\Delta_e$ 分别是 t_{2g} 和 e_g 轨道波函数之间的杂化效应；S 为自旋磁矩[83]。由公式（2－4）可知，过渡金属磁性离子的 d 电子数（n）是决定自旋磁相变温度的首要因素，而 p－d 轨道杂化积分是决定相变温度的次要因素。与铁电相变温度数据挖掘类似，同样可以用 $\mu\times r_A/r_B$ 描述符表示每一个磁性钙钛矿氧化物的化学组成。如图 2－14 所示，钙钛矿氧化物自旋磁相变温度主要是根据 B 位过渡金属磁性离子对的 d 电子

组态进行分组：$RFeO_3$、$RCrO_3$、$RMnO_3$反铁磁绝缘体和R_2NiMnO_6铁磁半导体每一组的自旋磁相变温度都与$\mu \times r_A/r_B$描述符线性相关，而A_2CrReO_6、A_2CrMoO_6、A_2CrWO_6（A = Ca、Sr）每一组的自旋磁相变温度随$\mu \times r_A/r_B$也呈增大趋势；A_2FeReO_6、A_2FeMoO_6（A = Ca、Sr、Ba）双钙钛矿分别按线性和二次多项式关系变化：随$\mu \times r_A/r_B$增大A_2FeReO_6系列的T_C单调减小、A_2FeMoO_6系列中T_C在A = Sr时为极大值。

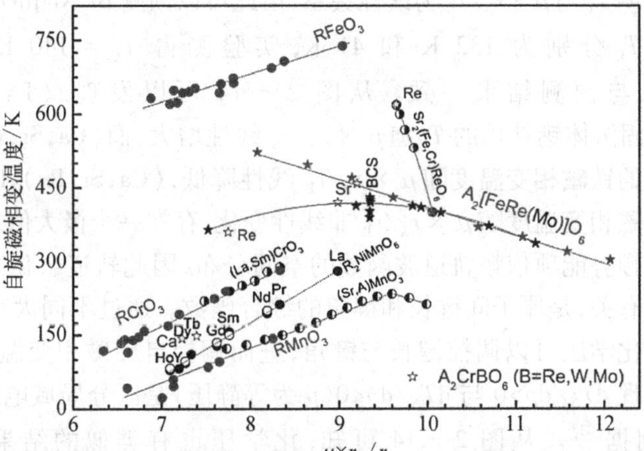

图 2-14 钙钛矿氧化物的自旋磁相变温度T_C、T_N与$\mu \times r_A/r_B$描述符之间的关系，图中数据包括$RFeO_3$、$RCrO_3$、$RMnO_3$简单钙钛矿的T_N[84-87]、(Sr, A)MnO_3[87,88]和(La, Sm)CrO_3[89]固溶体钙钛矿的T_N、R_2NiMnO_6双钙钛矿的T_C[90,91]、A_2FeReO_6和A_2FeMoO_6（A = Ca、Sr、Ba）、A_2CrReO_6、A_2CrMoO_6和A_2CrWO_6（A = Ca、Sr）、$Sr_2(Fe, Cr)ReO_6$、$(Ca, Sr, Ba)_2FeBO_6$（B = Re、Mo）、$(Ba_{0.45}Ca_{0.55}, Sr)_2FeReO_6$（BCS）双钙钛矿或固溶体双钙钛矿的$T_C$[92-97]，其中R为镧系稀土元素、钇或铋。虚线为拟合曲线

与$\mu \times r_A/r_B$描述符相比，A位离子半径和结构容忍因子由于未计入系统动能项的贡献，它们不是描述自旋磁相变的好描述符[85,92,98]，即使r_A与$\mu \times r_A/r_B$在数值上线性相关。由于M-O-M键角和M-O键长是原子密堆系统的几何结构状态参数，是温度等热力学变量的函数，它们与自旋磁相变温度不是因果关系[87,88,99]。从图2-11和图2-14数据分布趋势可见，价电子和磁性离子内层电子与氧离子的轨道杂化程度都是$\mu \times r_A/r_B$描述符的函数，二者具有不同的变化趋势，不同的铁性相变温度对应不同的轨道杂化强度突变临界点。

现有数据表明$LaCrO_3$的T_N = 282 K，La_2NiMnO_6的T_C = 280 K，$RFeO_3$（R = 镧系稀土元素、Y或者Bi）、A_2CrReO_6（A = Ca、Sr）、Sr_2CrBO_6（B = Mo、W）、A_2FeReO_6和A_2FeMoO_6（A = Ca、Sr、Ba）的自旋磁相变温度高于室温。也就是说，以电子自旋组态为$t_{2g}^3e_g^2$（例如Fe^{3+} $3d^5$）、$t_{2g}^3e_g^0$（例如Cr^{3+}、Mn^{4+} $3d^3$）等过渡金属磁性离子为主组成

的钙钛矿氧化物有望获得室温或接近室温的自旋磁序。由于铁离子的 e_g 电子是通过 d－p 轨道 σ 键结合，而铬离子 t_{2g} 电子是通过 π 键结合，前者的轨道杂化积分远大于后者，因此，$RFeO_3$ 系列钙钛矿的自旋磁相变温度高于 $RCrO_3$ 和 $RMnO_3$ 系列。例如，$BiFeO_3$ 的 $T_N = 640$ K、$BiCrO_3$ 的 $T_N = 110$ K、$BiMnO_3$ 的 $T_C = 105$ K，与图 2－14 和方程（2－4）预测的趋势一致。除了变化趋势，图 2－14 还可以用于预测自旋磁相变温度。例如，对于 R_2NiMnO_6 双钙钛矿铁磁半导体，如图 2－14 虚线所示，最小二乘法拟合表明 T_C 与 $\mu \times r_A/r_B$ 为线性关系，由此可以预测 Bi_2NiMnO_6 和 Lu_2NiMnO_6 双钙钛矿的 T_C 分别为 132 K 和 41 K，实验测得 T_C = 140 K（Bi）[100,101]、45 K（Lu）[102]，与预测结果一致。从图 2－14 可以发现，（La，Sm）CrO_3 和（Sr，Ca）MnO_3 固溶体钙钛矿的 T_N 随 $\mu \times r_A/r_B$ 线性增大，而（Ca，Sr，Ba）$_2FeReO_6$ 固溶体双钙钛矿的铁磁相变温度随 $\mu \times r_A/r_B$ 线性降低，（Ca，Sr，Ba）$_2FeMoO_6$ 固溶体双钙钛矿的铁磁相变温度随 $\mu \times r_A/r_B$ 非线性变化，存在一个极大值。

由于哈密顿势能项依赖轨道波函数的空间分布，因此轨道杂化强度 Δ 与轨道的局域对称性有关，是原子间键长和键角的综合函数。通过不同大小 A 位离子/B 位离子引入的化学压可以调控键长与键角，进而调控自旋磁相变温度[83,92,103,104]。静水压实验发现 $dT_N/dp>0$ 与 $dT_N/dp<0$（p 为等静压）是区分局域电子和巡游电子自旋磁性的判据[83]。从图 2－14 可知，化学压也有类似的结果。在 $RFeO_3$、$RCrO_3$、$RMnO_3$ 简单钙钛矿、R_2NiMnO_6 双钙钛矿、（La，Sm）CrO_3 和（Sr，Ca）MnO_3 固溶体钙钛矿中，实验观测到 T_N（T_C）随 A 位离子半径增大而增大，即 $dT_N/dr_A>0$（$dT_C/dr_A>0$）。理论计算和输运性质测量表明它们都是绝缘体。与此相反，在（Ca，Sr，Ba）$_2FeReO_6$ 和（Sr，Ba）$_2FeMoO_6$ 固溶体双钙钛矿铁磁半金属中，T_C 随 A 位离子半径增大而减小，即 $dT_C/dr_A<0$。Sr（Fe，Cr）ReO_6 固溶体双钙钛矿也是铁磁半金属、T_C 随 B 位离子半径减小而降低。与离子半径相比，如图 2－14 所示，$\mu \times r_A/r_B$ 系综描述符具有普适性，可以统一描述不同格点引入化学压导致的自旋磁相变温度变化趋势。另外，实验还观测到（$Sr_{1-x}Ca_x$）$_2FeReO_6$（$0.4 \leqslant x \leqslant 1.0$）、$Sr_2Fe_{1-x}Cr_xMoO_6$（$x \geqslant 0.25$）在 T_C 温度以下存在铁磁金属－铁磁绝缘相变[92,93]。

在混合价锰钙钛矿氧化物中，自旋磁序与电子输运性质之间存在复杂的关系。一方面，随组分变化（R，A）MnO_3 钙钛矿自旋磁序发生反铁磁－铁磁变化、电子结构发生金属－绝缘相变；另一方面，在一定的组分范围内，（R，A）MnO_3 钙钛矿随温度降低发生顺磁绝缘－铁磁金属－铁磁绝缘相变。与（Sr，A）MnO_3 反铁磁绝缘体的 T_N－$\mu \times r_A/r_B$ 线性相关不同，如图 2－15 所示，（La，Sr）MnO_3 固溶体的自旋磁相变温度随 $\mu \times r_A/r_B$ 变化具有台阶型趋势，而（La，Ca）MnO_3 的自旋磁相变温度随 $\mu \times r_A/r_B$ 变化具有 M 型趋势。对于相同浓度不同离子组成的 $R_{0.7}A_{0.3}MnO_3$ 固溶体，自旋磁相变温度随 $\mu \times r_A/r_B$ 在较大范围内发散。理论研究表明锰钙钛矿氧化物的自旋磁相变温度与 d 空穴浓度(x_h)和 d 空穴在 Mn^{4+}(d^3, t_{2g}^3, $S=3/2$) − O − Mn^{3+}(d^4, $t_{2g}^3e_g^1$, $S=2$)网络的跃迁能力(t_{pd})密切相关[105]：$k_BT_C \propto x_ht_{pd}$。从图 2 − 15 所示(R,A)MnO_3 自旋磁相变温度与 $\mu \times r_A/r_B$ 描述符复杂的变化趋势可见，t_{pd} 应该是化学压和 d 空穴浓度的复杂函数，这需要进一步细致计算与分析。

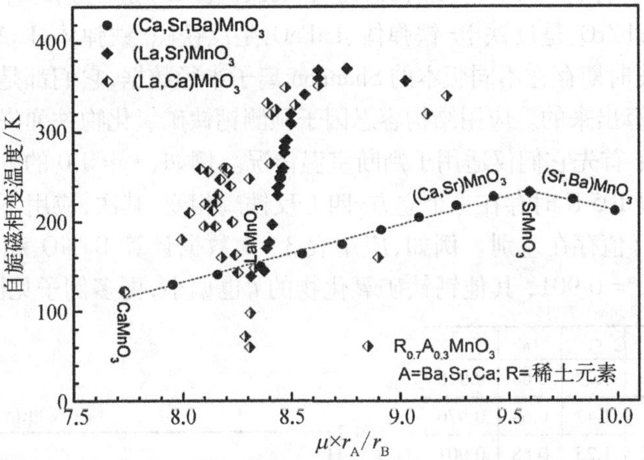

图 2 − 15 锰钙钛矿氧化物自旋磁相变温度 T_C、T_N 与 $\mu\times r_A/r_B$ 描述符之间的关系：(Sr,A)MnO_3[87,88]、(La,Sr)MnO_3[106−109]、(La,Ca)MnO_3[110] 和 $R_{0.7}A_{0.3}MnO_3$[111−114]，其中 R 为镧系稀土元素、A 为碱土金属 Ca、Sr、Ba 或者它们的组合

虽然双交换模型成功描述了电子迁移与自旋铁磁序之间的耦合作用，然而，铁磁绝缘态的存在表明电子是否在不同离子间迁移并不是自旋铁磁序存在的前提条件。从图 2 − 14 和图 2 − 15 所示钙钛矿氧化物组分-温度相图可以发现，自旋磁序与电子输运性质的耦合存在一个合适的化学组成与温度范围。

2.3.3 铁性序参量

铁性相变是对称点群改变的结构相变[115]。原子晶体的铁电性是由空间中心反演对称破缺定义的，铁弹性是由低于立方点群对称性定义的，自旋磁序是由时间反演中心对称破缺定义的，铁电相变同时是铁弹相变但铁弹相变却不一定是铁电相变[8,116]。图 2 − 11 至图 2 − 13 所示 $T_C - X$ 关系仅仅表明在什么温度发生铁电−顺电结构相变，图 2 − 14 和图 2 − 15 所示 $T_C - X$ 关系仅仅表明在什么温度发生自旋磁相变，与相变前后晶体的对称性没有直接关系。那么，产生铁性序背后的化学组成与晶体结构原理又是什么呢？

1. 铁弹序

从晶体结构与对称性关系看，钙钛矿氧化物铁弹相变与氧八面体的畸变有关，与空间中心反演对称操作没有必然关系[117]。结构容忍因子 $t \neq 1$ 常常被看作钙钛矿氧化物铁弹失稳的充要条件：当 $t = 1$ 时晶体处于立方相；$t > 1$ 时发生立方−四方铁弹相变；$t < 1$ 时发生立方−三方（或正交、单斜）铁弹相变。在已知钙钛矿氧化物中，$BaTiO_3$ 和 $PbTiO_3$（$t>1$）、$KNbO_3$（$t<1$）是铁电−铁弹体，$BiFeO_3$（$t < 1$）是铁电−反铁磁−铁弹体；$SrTiO_3$（$t \approx 1$）、$CaTiO_3$ 和 $KTaO_3$（$t<1$）是量子顺电−铁弹体；$t < 1$ 的 $NaNbO_3$ 和 $PbZrO_3$ 是反铁电−铁弹体、$LaFeO_3$ 是反铁磁−铁弹体、$LaAlO_3$ 是铁弹体。然而，不同历史时期存在不同版本的 Shannon 离子半径数据，它们都是从室温晶体结构实验数据推算出来的。应用结构容忍因子预测钙钛矿氧化物铁弹失稳时需要当心数据的适用性：首先它们仅适用于判断室温情况。例如，$t \approx 1.0$ 的 $SrTiO_3$ 是室温立方相，它在低温 105 K 时存在一个立方−四方反铁畸相变；其次，应用不同版本离子半径数据计算的 t 值存在差别。例如，应用表 3 − 1 数据计算 $BaTiO_3$ 和 $PbTiO_3$ 的 $t < 1.0$、$SrTiO_3$ 的 $t = 0.901$，其他钙钛矿氧化物的 t 也偏小，更多例子见图 2 − 16。

ABO_3	r_A	r_B	t
$PbTiO_3$	1.29	0.68	0.915
$BaTiO_3$	1.47	0.68	0.976
$SrTiO_3$	1.25	0.68	0.901
$CaTiO_3$	1.07	0.68	0.84
$BaZrO_3$	1.47	0.79	0.927
$PbZrO_3$	1.29	0.79	0.869
$LaFeO_3$	1.23	0.64	0.912
$LaAlO_3$	1.23	0.51	0.974
$NaNbO_3$	1.04	0.69	0.826
$KNbO_3$	1.44	0.69	0.961
$KTaO_3$	1.44	0.68	0.966
$BiFeO_3$	1.03	0.64	0.842
$Pb(Ni_{1/3}Nb_{2/3})O_3$	1.29	0.69	0.91
$Pb(Mg_{1/3}Nb_{2/3})O_3$	1.29	0.68	0.915

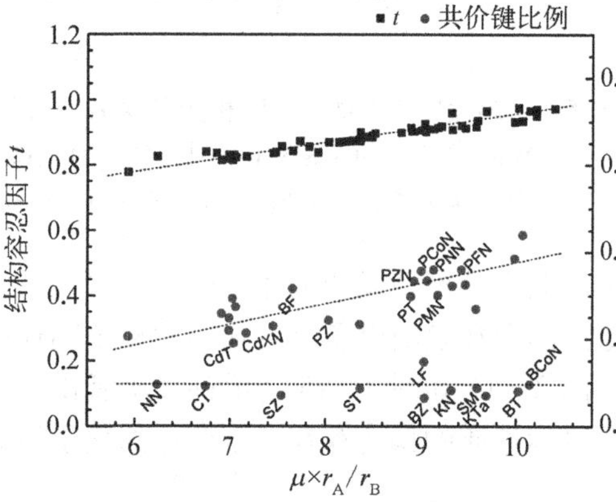

图 2 − 16　钙钛矿氧化物的结构容忍因子（t）和共价键比例与 $\mu \times r_A/r_B$ 描述符之间的关系。化学式采用金属元素的首字母简略表示，首字母相同时用完整的元素符号表示

如图 2 − 16 所示，$BaZrO_3$、$LaFeO_3$ 和 $LaAlO_3$ 的 t 值大于 $SrTiO_3$，$BaZrO_3$ 和 $LaAlO_3$ 的 t 值甚至大于 $PbTiO_3$，它们是中心对称的三方相或正交相。图 2 − 16 同时也给出了大部分体系的室温共价成分——应用 A 位、B 位和氧原子的电负性通过 $\exp[-(X_A - X_O)^2/4] \cdot \exp[-(X_B - X_O)^2/4]$ 式计算。虽然 $BaTiO_3$ 比 $SrTiO_3$、$PbTiO_3$ 比 $Pb(Ni_{1/3}Nb_{2/3})O_3$ 的共价成分要低，但 $BaTiO_3$ 和 $PbTiO_3$ 在室温是四方铁电相，而 $SrTiO_3$ 和 $Pb(Ni_{1/3}Nb_{2/3})O_3$ 在室温是立方顺电相、低温铁性相。从图 2 − 16 还可以发现结构容忍因子和共价成分与钙钛矿氧化物的室温晶格对称性没有什么必然

关联。

同时,相似的数据挖掘发现钙钛矿氧化物的室温原胞体积与$\mu \times r_A/r_B$ 描述符也满足二次多项式非线性关系、多项式的系数由 B 位离子决定,也就是说钙钛矿氧化物按 B 位离子进行分组,每一组满足一个确定的二次多项式非线性关系;对于每一组钙钛矿氧化物,室温对称点群不同并不影响二次多项式的系数,也就是说钙钛矿氧化物的室温原胞体积主要由原子系统化学组成和热力学边界条件决定。进一步挖掘发现,热力学边界条件变化不同化学组成原子系统的对称点群及其原胞体积有不同的演化行为。

从 Shannon 离子半径、原子电负性的定义与标度可知,两者的数值大小都是温度的函数。与$\mu \times r_A/r_B$ 描述符可以忽略温度效应不同,元素的电负性随温度动态变化,因此,晶体的动态化学键是决定结构相变性质的关键因素;不同化学组成原子系统的化学键具有不同的动态行为,随温度、压强等热力学条件变化晶体具有不同的结构演化与相变行为。

铁弹序参量是自发应变。四方相的铁弹序参量(δ)可以用四方结构畸变(c/a)来表示:$\delta \propto c/a - 1$; 三方相用氧八面体的旋转角(α)表示:$\delta \propto \pi/2 - \alpha$。对于钛酸钡和钛酸铅,实验发现居里温度 $T_{C(FE)}$ 与室温铁弹序参量δ之间存在正比关系[118]。进一步数据挖掘发现四方钙钛矿铁电体的 $T_{C(FE)}-\delta$ 存在线性和非线性两种关系,如图 2-17 所示,前者包括 $PbTiO_3-BiFeO_3$、$PbTiO_3-Bi(Zn_{1/2}Ti_{1/2})O_3$等固溶体[58,59,119,120],后者包括$(Pb,Ba,Sr)TiO_3$、$(Pb_{0.6-x}Bi_{0.4}Ca_x)(Ti_{0.75}Zn_{0.15}Fe_{0.10})O_3$(简称 PCBTZF,$x \leqslant 0.18$)等固溶体[57,121]。基于 $PbTiO_3-Bi(Zn_{1/2}Ti_{1/2})O_3$固溶体 $T_{C(FE)}-\delta$ 的线性关系,应用四方晶格畸变的理论值 $c/a \approx 1.28$[122],外推得到

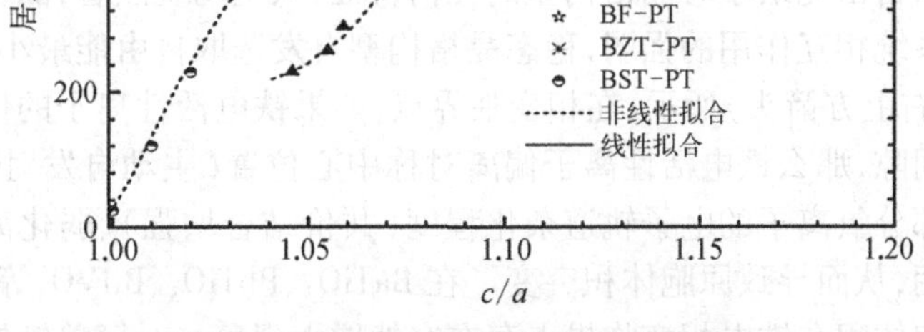

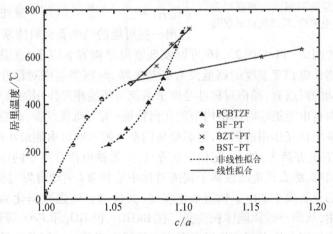

图 2-17 四方钙钛矿氧化物居里温度与室温 c/a 轴比之间的关系[57]

$Bi(Zn_{1/2}Ti_{1/2})O_3$钙钛矿亚稳相的 $T_{C(FE)} \approx 1\,300$℃，它与方程(2－3)$T_{C(FE)}-\mu$ 关系外推得到的结果一致。对于四方结构固溶体钙钛矿，$T_{C(FE)}$越高室温铁弹序参量越大，实验与理论研究都表明共价结合增强是增大室温铁弹畸变的主导因素。

2. 铁电序

钙钛矿晶体中能满足铁电极化反转的点群只有 2、m、mm2、3、3m、4 和 4mm 这 7 个。铁电序存在的必要条件是铁电活性离子偏离对称中心位置产生不可逆位移(r)[123]，Abrahams 曾给出一个未经证明的铁电体的判据：$0<r<0.01$ nm，该不等式中上限设定存在一定的随意性，但它远小于近邻离子间的键长[124]。这是因为铁电位移量 r 受配位氧离子笼间隙的限制，后者不仅与原子密堆系统的组成原子种类有关，还受温度、压强等热力学边界条件的影响。如图 2－18(右上方箭头)所示，只有当铁电活性离子的体积小于配位氧离子笼的间隙时，铁电活性离子才能自发偏离笼隙的对称中心位置以降低自由能、空间中心反演对称破缺产生铁电极化[57]。因此，采用铁电位移量 r 作为铁电序参量的结构描述符，不仅提供了原子尺度铁电性的物理起源，还可以直接描述铁电极化的强度。在 $BaTiO_3$和 $PbTiO_3$四方相中，实验观测到铁电极化强度(P_s)与 r 呈正比($P_s \propto r$)，相变温度与 r 的平方呈正比($T_{C(FE)} \propto r^2$)[118,124]。应用 r 描述符也确实筛选出一些可能的铁电新材料体系[49,125,126]。

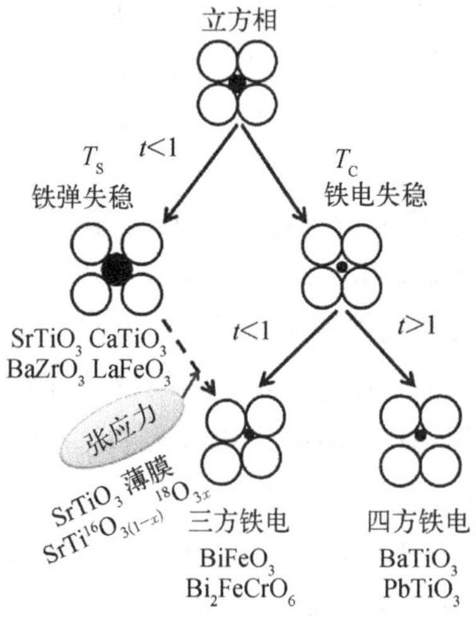

图 2－18　阳离子大小与配位氧离子笼隙的不同匹配情况以及铁电失稳、铁弹失稳示意图

通过对比图 2－11 与图 2－16 可以发现室温结构容忍因子、室温共价成分与钙钛矿氧化物铁电相变温度的高低没有必然关联，与室温晶格对称性也没有必然关联。从被动的观点看，晶格对称性是原子系统与环境相互作用的结果，是原子密堆系统吉布斯自由能最小时晶格构型的几何特征；从主动观点看，晶格对称性控制着原子密堆系统相互作用的强弱，稳态晶格构型自发选取自由能最小时的对称性。如图 2－18(右上方箭头)所示，在相变临界点，如果铁电活性离子的体积小于配位氧离子笼的间隙，那么铁电活性离子偏离对称中心位置(主动自发对称破缺)将增大阳离子与部分氧离子的电子轨道杂化程度(共价结合增强)、弱化离子间的短程静电排斥作用，从而导致原胞体积突变。在 $BaTiO_3$、$PbTiO_3$、$BiFeO_3$等钙钛矿中，实验观测到原胞体积在铁电相变临界点存在突然增大现象。对简单钙钛矿和固溶体钙钛矿氧化物电子态密度的实验观测与仿真计算都表明，B 位离子 d 轨道与部分

氧离子 2p 轨道杂化以及 A 位离子 $6s^2$ 孤对电子与部分氧离子 2p 轨道杂化增强只出现在铁电相中[77-79,127]，典型例子如图 2-19 和图 2-20 所示。理论计算发现共价结合增强对稳定铁电畸变至关重要，如果只有离子性结合钙钛矿氧化物将始终保持在高对称的顺电相[79,80]。

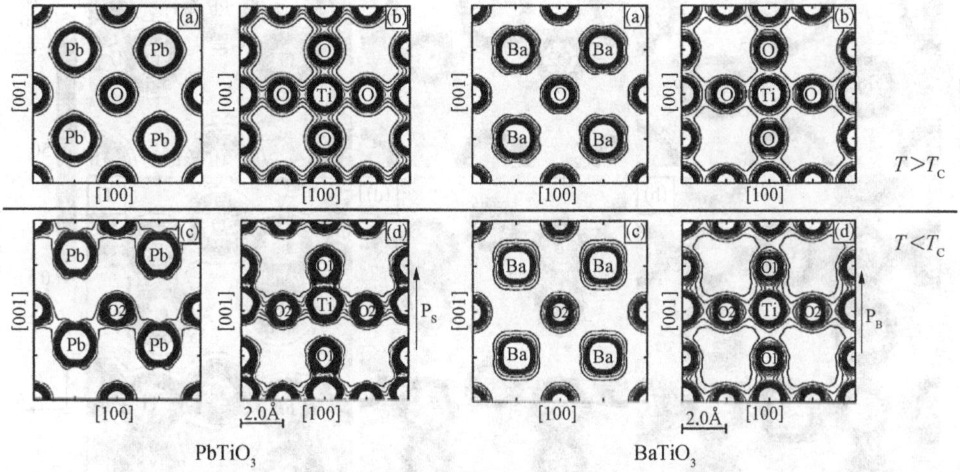

图 2-19 采用同步辐射 X 射线衍射测量、Rietveld 结构分析和最大熵方法计算得到的 $PbTiO_3$ 和 $BaTiO_3$ 电子态密度分布图，其中四方相为 300 K、立方相分别为 573 K（$BaTiO_3$）和 800 K（$PbTiO_3$）时的状态[77]。与立方顺电相相比，非中心对称电子态密度分布只在铁电相中出现

在铁电相变临界点，与空间中心反演对称破缺对应的轨道杂化增强增大了原胞体积，进一步增大了铁电位移量 r。当且仅当 $r > r_0$ 时长程自发极化才能产生，其中 r_0 为临界位移量，数值大小由原子系统的量子零点涨落决定[54]。实验测得 $BaTiO_3$ 中 Ti 离子位移量的阈值为 0.1 Å、$KNbO_3$ 和 $SrTiO_3$ 中 B 位离子阈值都为 0.08 Å[128]。基于此物理图像，图 2-11 所示的居里温度与 $\mu \times r_A/r_B$ 描述符间的非线性量化关系可以从 $T_C \propto (r - r_0)^2$ 经验关系类推获得[34]。在同步辐射 X 射线衍射和拉曼散射光谱实验中，实验发现有些钙钛矿氧化物是局域非中心对称的，但电学测试并未观测到铁电极化的存在。$SrTiO_3$ 就是这样一个例子[129]。采用 ^{18}O 同位素替代 ^{16}O，超过临界浓度后 $SrTi^{16}O_{3(1-x)}{}^{18}O_{3x}$ 由量子顺电体转变为量子铁电体[130-132]。这是因为 ^{18}O 同位素替代增大了约合质量 μ、降低了量子零点涨落能，通过降低 r_0 临界值 $SrTi^{16}O_3(1-x)^{18}O_{3x}$ 转变为量子铁电体。同理，如图 2-18 虚线箭头所示，运用张应力或者化学膨胀压也可以产生铁电性，该思想已分别在 $SrTiO_3$ 薄膜[133]和 $CaTiO_3$、$SrTiO_3$、$LaFeO_3$、$BaZrO_3$ 等固溶体[134,135]实验中得到证实。综上所述，钙钛矿氧化物的铁电性是原子密堆系统体积失配导致的集体效应，由与原子大

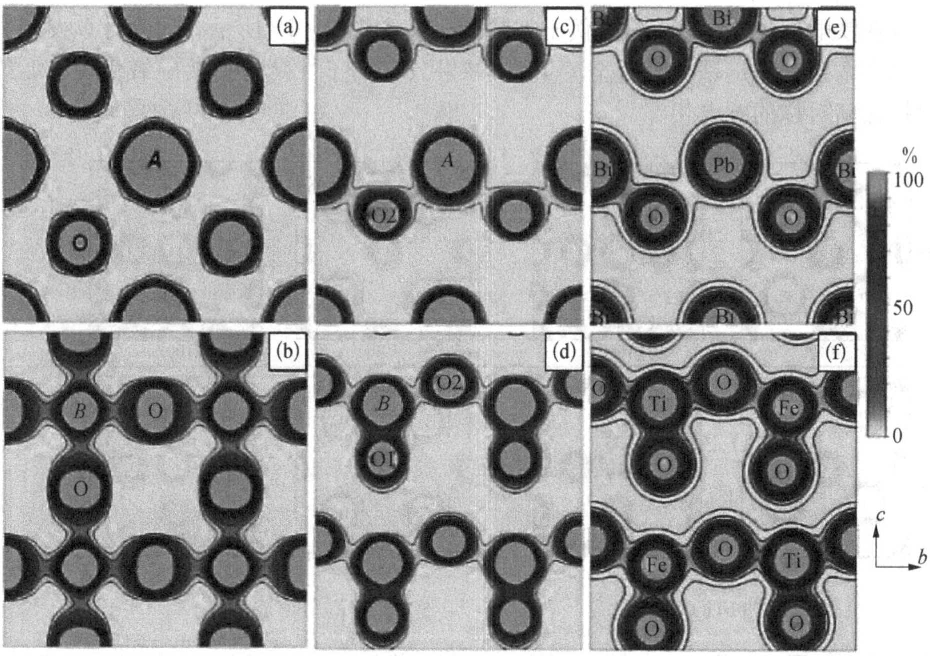

图 2－20　0.4$PbTiO_3$－0.6$BiFeO_3$固溶体钙钛矿电子态密度分布的实验与仿真计算结果[127]：(a)、(b)为高温立方顺电相(1 000 K)实验结果；(c)、(d)为室温四方铁电相实验结果；(e)、(f)为 $Pb_4Bi_8Ti_4Fe_8O_{36}$四方铁电相第一性原理计算结果

小和质量关联的化学压以及与动态电负性关联的化学键共同决定。铁电极化的化学键模型认为自发极化强度与价电子的数量、非对称密度分布、结合强度以及离子的共价半径等特征参数密切相关[136]。由此可见，铁电性与过渡金属离子的内层电子构型没有直接关系。

与铁电相变类似，铁弹相变的原子尺度物理起源也是一种体积失配效应。如图 2－18(左上方箭头)所示，在相变临界点，如果阳离子的体积大于配位氧离子笼的间隙，那么配位氧离子的位置及其相互之间的距离调整将导致原胞发生弹性畸变，此时原子系统铁弹失稳但保持了中心反演对称操作、系统自由能降低。钙钛矿氧化物在铁电失稳的同时氧八面体也需要协同弹性畸变。事实上，铁电位移、铁弹畸变与不对称轨道杂化增强是原子系统在临界点以下三位一体势能降低的自洽协同过程[123,137,138]，铁电活性离子的位移方向与铁弹畸变原胞伸长的方向一致。如图 2－21 所示，对 $PbTiO_3$和 $BaTiO_3$基态结构的仿真计算表明，原子系统的自由能对原胞体积、间隙体积等局域结构非常敏感，铁弹畸变和轨道杂化增强有助于增大铁电位移量。在四方 0.7$PbTiO_3$－0.3$BiBO_3$($B=Zn_{1/2}Ti_{1/2}$和 Fe)固溶体钙钛矿中，如图 2－22 所示，随温度变化实验观测到铁弹畸变与铁电位移的平方呈正比关系[139]。图 2－22 横轴存在一个正的截距，它表明在铁电相中确实存在一个非零的位移量。

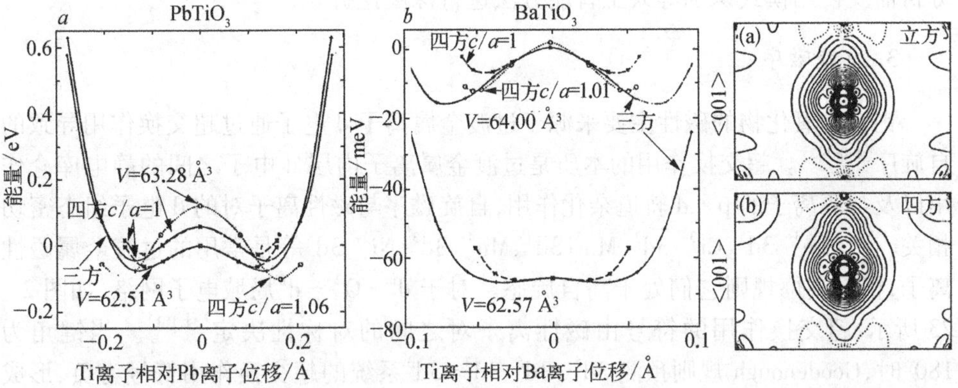

图 2－21 $PbTiO_3$和 $BaTiO_3$钙钛矿氧化物的晶格畸变与电子态密度的理论仿真结果[79,80]。(左)在不同原胞体积、不同四方结构畸变条件下自由能随 Ti 离子偏离对称中心位移量的计算结果。原胞体积增大三方相的铁电位移量增大，相应的势阱深度增加；由于 $BaTiO_3$的势阱较浅，$BaTiO_3$的势阱深度对体积变化的敏感度比 $PbTiO_3$高。在无铁弹畸变时，$PbTiO_3$和 $BaTiO_3$的三方铁电畸变比四方铁电畸变的自由能更低；铁弹畸变进一步降低了自由能，使得 $PbTiO_3$的四方相比三方相更加稳定。(右)与立方顺电相相比，四方铁电相的电子态密度存在非中心对称的不均匀分布、共价成分增强

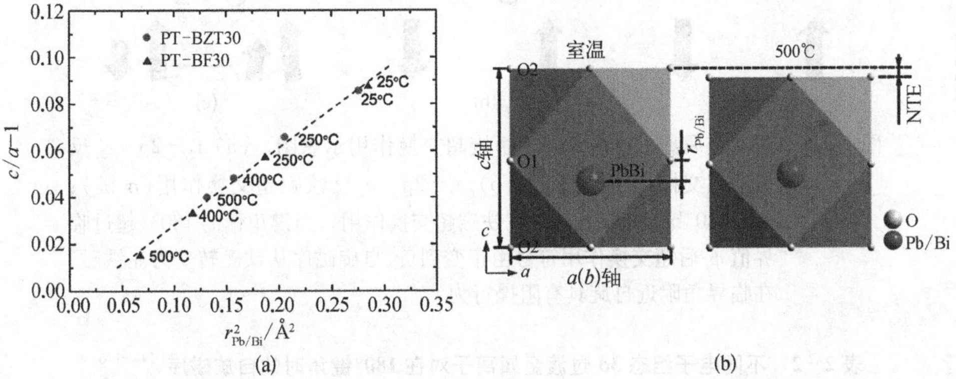

图 2－22 四方 $0.7PbTiO_3-0.3Bi(Zn_{1/2}Ti_{1/2})O_3$(PT－BZT30)和 $0.7PbTiO_3-0.3BiFeO_3$(PT－BF30)固溶体钙钛矿铁性序参量间的相关性[139]：(a) 不同温度四方结构畸变 ($c/a-1$)与 A 位离子铁电位移量的平方(r^2)线性相关；(b) A 位 Pb/Bi 离子的铁电位移(r)示意图。图中所示 Pb/BiO_{12}十二面体沿 b 轴方向投影，NTE 表示负热膨胀

对于铁电序参量，朗道热力学唯象理论分析与实验测量已观察到一些量化关系。然而，由于实验对象通常是“脏”(dirty)的：一方面很难获得纯净的实验对象，实际样品或多或少都含有带电缺陷、局域应变等不完整性；另一方面，为调控使用

性能常常人为引入杂质、缺陷等晶格不完整性。因此实验测量得到的极化强度通常是铁电极化、缺陷偶极子、应变诱导极化等多种因素的综合结果，对它们的量化分析需要使用模式识别等人工智能方法进行深度挖掘。

3. 自旋磁序

钙钛矿氧化物的磁性主要来源于过渡金属离子 d 电子通过超交换作用导致的自旋序[140-142]。超交换作用的本质是过渡金属离子内层 d 电子之间的静电库仑作用以及与氧离子的 p－d 轨道杂化作用，自旋磁序与磁性离子对的 d 电子组态密切相关[143]。Fe^{3+} $3d^5$、Cr^{3+} $3d^3$、Mn^{3+} $3d^4$、Mn^{4+} $3d^3$、Ni^{2+} $3d^8$ 等是常用的过渡金属磁性离子，根据洪德规则它们处于高自旋态。对于 $d^m - O^{2-} - d^n$ 局域电子网络，如图 2－23 所示，超交换作用的符号由磁性离子对之间的对称性决定[34,101]。当键角为 180°时，Goodenough 规则预测 $3d^5-3d^5$、$3d^3-3d^3$ 系统的超交换作用符号为负、形成反铁磁绝缘体，而 $3d^5-3d^3$、$3d^8-3d^3$ 系统的超交换作用符号为正、形成铁磁绝缘体[144-147]。更多的结果见表 2－2。

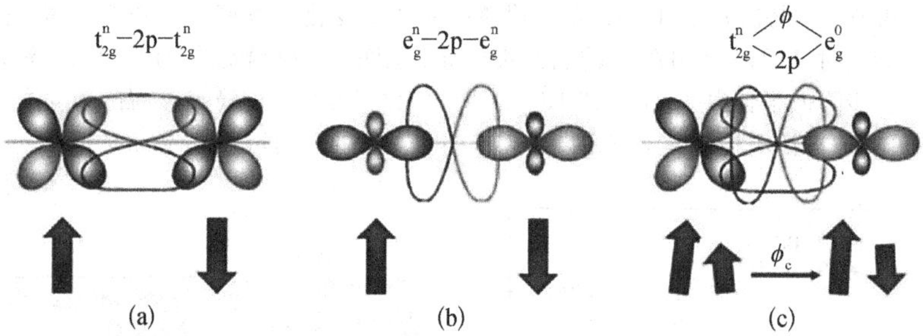

图 2－23　过渡金属离子通过氧离子桥接超交换作用示意图。(a) $t_{2g}^n-2p-t_{2g}^n$ 反铁磁超交换作用（π 键）；(b) $e_g^n-2p-e_g^n$ 反铁磁超交换作用（σ 键）；(c) 180°键角时 $t_{2g}^n-2p-e_g^0$ 铁磁超交换作用。当键角偏离 180°、超过临界值 ϕ_c 后超交换作用符号由正变到负、自旋磁序从铁磁转变为亚铁磁，在临界角附近自旋具有阻挫行为

表 2－2　不同电子组态 3d 过渡金属离子对在 180°键角时的自旋磁序[144-146]

3d 电子组态	磁性离子对	自旋磁序	3d 电子组态	磁性离子对	自旋磁序
d^3-d^3	$Mn^{4+}-Mn^{4+}$ $Cr^{3+}-Cr^{3+}$	反铁磁	d^8-d^3	$Ni^{2+}-Mn^{4+}$	铁磁
d^5-d^5	$Mn^{2+}-Mn^{2+}$ $Fe^{3+}-Fe^{3+}$	反铁磁	d^5-d^3	$Fe^{3+}-Cr^{3+}$ $Fe^{3+}-Mn^{4+}$	铁磁
			d^6-d^6	$Fe^{2+}-Fe^{2+}$	反铁磁
d^8-d^8	$Ni^{2+}-Ni^{2+}$	反铁磁	d^7-d^7	$Co^{2+}-Co^{2+}$	反铁磁

采用模式识别主成分分析法数据挖掘发现磁性离子对的电子组态是决定自旋磁序的首要因素，而键长、键角等结构参数也对自旋磁序存在深刻影响[28,34,35]。对于B位只有一种磁性离子的简单钙钛矿，如$BiFeO_3$、$LaFeO_3$、$LaMnO_3$和$BiCrO_3$，它们是自旋反铁磁序；当存在自旋-轨道-晶格耦合时Goodenough规则需要修正，如$BiMnO_3$中e_g轨道反对称有序导致自旋铁磁序[148,149]。对于B位无序分布两种或两种以上过渡金属离子的复杂钙钛矿或者固溶体钙钛矿，如$BiFe_{0.5}Cr_{0.5}O_3$、$LaFe_{0.5}Cr_{0.5}O_3$固溶体是自旋反铁磁序[150-154]，而(Bi，La)FeO_3、$BiFeO_3$－$ATiO_3$、$BiFeO_3$－A′($Zn_{0.5}Ti_{0.5}$)O_3－$ATiO_3$(A＝Sr、Ca，A′＝Bi、La)固溶体在一定浓度范围内自旋倾斜产生寄生铁磁性[82,155-158]。如表2－3所示，钙钛矿氧化物中存在反铁磁序、寄生弱铁磁序、亚铁磁序、铁磁序等不同类型的自旋磁序。由于对称性约束，自旋铁磁序和亚铁磁序主要存在于双钙钛矿氧化物中。例如，B位离子部分有序Pb($Fe_{2/3}W_{1/3}$)O_3是室温亚铁磁体[159]，R_2NiMnO_6(R为镧系稀土元素、钇、铋)双钙钛矿是低温铁磁半导体[90,100,101]。

表2－3　钙钛矿氧化物中可能存在的自旋磁序及其宏观变温磁性特征、典型体系一览表

自旋构型	M/χ－T关系	材料体系
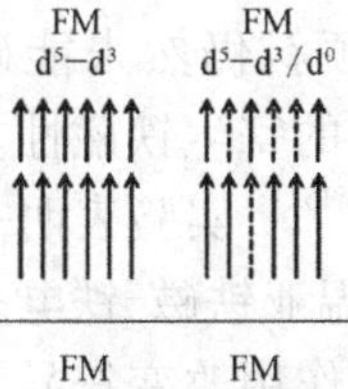	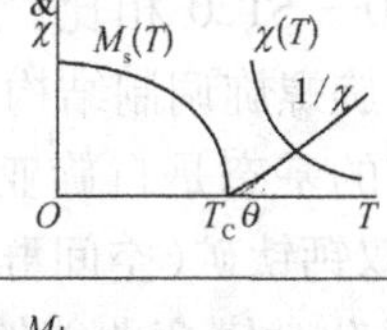	(Bi_2NiMnO_6) $BiFeO_3$－A($Cr_{1/2}Nb_{1/2}$)O_3 (A＝Sr/Pb/Ba) (自旋阻挫)
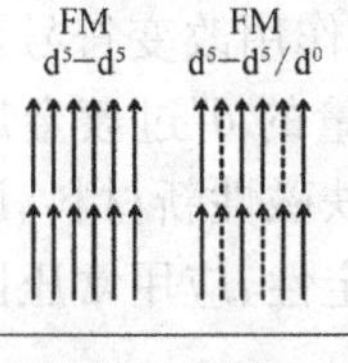	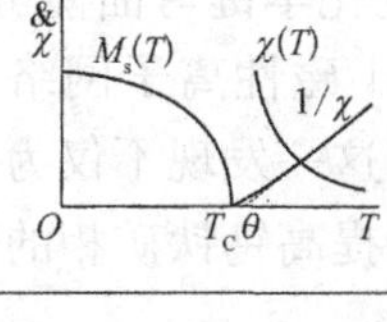	($BiMnO_3$) 负压诱导$BiFeO_3$ 从AFM到FM转变 (3m→3m′)
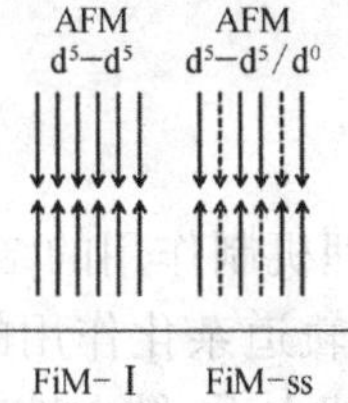	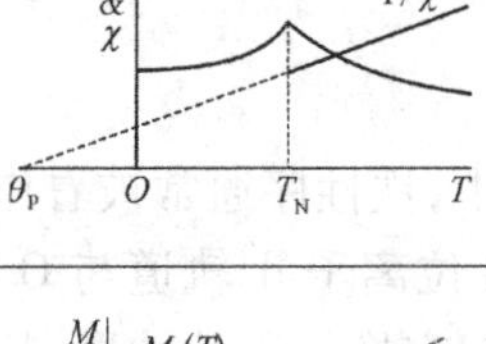	$BiFeO_3$ (Bi，La)FeO_3(三方) $BiFeO_3$－$ATiO_3$(A＝Pb，Ba)
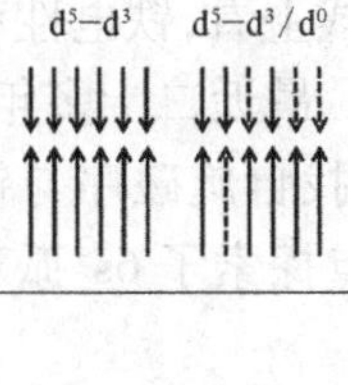	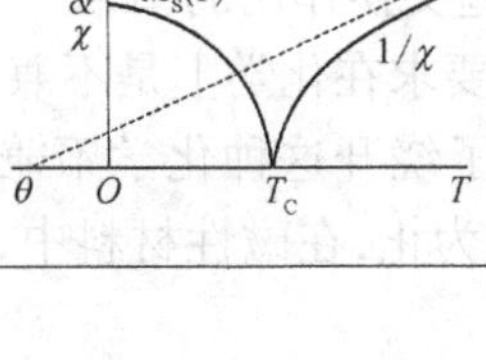	Bi_2FeCrO_6 $BiFeO_3$－$BiCrO_3$－$PbTiO_3$ $BiFeO_3$－$AMnO_3$－$ATiO_3$ (A＝Ca、Sr、Ba、Pb) (自旋阻挫)

续表

自旋构型	$M/\chi-T$ 关系	材料体系
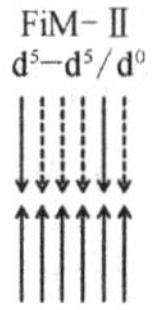	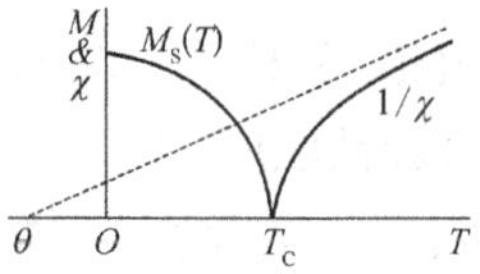	$Pb(Fe_{2/3}W_{1/3})O_3$
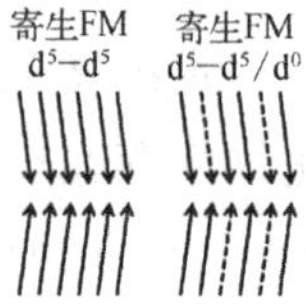	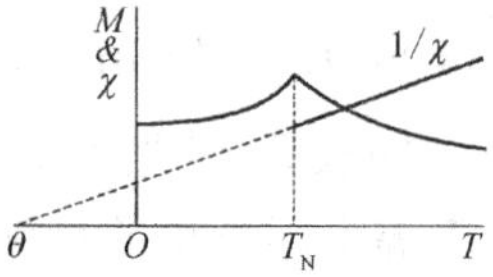	$(Bi,La)FeO_3$(正交) $BiFeO_3-ATiO_3(A=Sr,Ca)$ $BiFeO_3-A(Zn_{1/2}Ti_{1/2})O_3-SrTiO_3$ $(A=Bi,La)$

注：自旋取向以 3 或 3m 点群的〈111〉晶向为基准。长实线、短实线和虚线分别表示 $3d^5$、$3d^3$ 和 d^0 磁性离子，箭头方向表示自旋取向。

理论计算表明自旋倾斜源于氧八面体的铁弹畸变而不是 B 位离子的铁电位移，倾斜程度可以通过元素替代、薄膜应变、晶粒尺寸等方法进行调控[160]。如图 2－24 所示，变温与变磁场宏观磁性测量表明 $Bi_{0.98}La_{0.02}Fe_{0.99}Ti_{0.01}O_3$（BF98－LF1－LT1）、$0.7BiFeO_3-0.1La(Zn_{0.5}Ti_{0.5})O_3-0.2SrTiO_3$（BF－LZT10－ST20）和 $0.45BiFeO_3-0.25BiCrO_3-0.30PbTiO_3$（BF－BC－PT）固溶体钙钛矿分别是室温反铁磁体、倾斜反铁磁体和亚铁磁体。与 BF－LZT10－ST20 相比，氧八面体倾斜仍然未能破坏 BF98－LF1－LT1 固溶体中的空间自旋螺旋调制结构、释放潜在的寄生铁磁性。理论计算表明 Bi_2FeCrO_6 三方双钙钛矿的基态是自旋亚铁磁序[161,162]，实验表明一定组分范围内的 BF－BC－PT 固溶体双钙钛矿（空间群 R3）是室温亚铁磁-铁电多重铁性体[34]。也就是说，B 位离子间的化学键弯曲能够使超交换作用改变符号。图 2－24 实验结果同时表明，在 $3d^5-3d^3$ 磁性离子网络中添加少量的 d^0 过渡金属离子，磁相变温度仍然可以高于室温。这一发现不仅为探索室温铁磁性新材料、调控磁性能扩展了化学组成相空间，还为提高钙钛矿相的热力学稳定性、应用常压固相反应法进行材料制备铺平了道路。

4. 多重铁性序

在实验观测与计算仿真范式中，铁性序通常被看作某种物理机制作用的结果。例如，钙钛矿氧化物的铁电性是 B 位离子 d^0 轨道与 O 离子 $2p^6$ 轨道杂化作用的结果[79,80]、磁性是 B 位离子 d^n 电子超交换作用的结果[140-145]。形式上看，铁电性和磁性对 B 位离子 d 电子组态的不同要求在化学上是不兼容的[12]。最近二十多年来，多重铁性材料研究的注意力放在了绕开这种化学不兼容性、寻找自旋磁序与铁电序共存的新机制方面[13]。到目前为止，在磁性材料中，人们重点探索了 $6s^2$ 孤对电

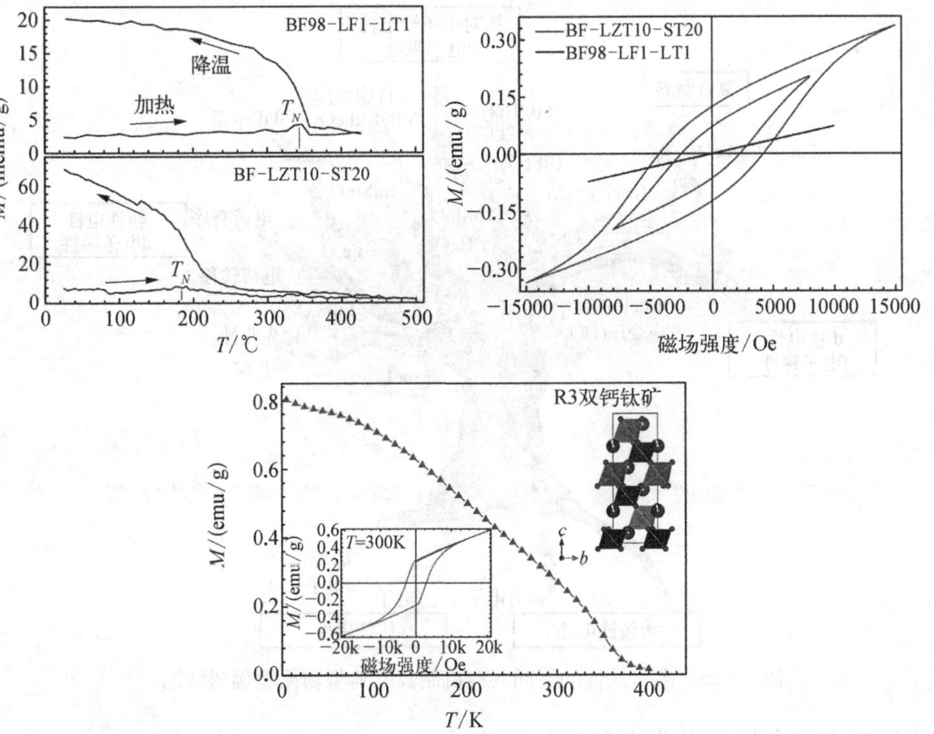

图 2 - 24　$Bi_{0.98}La_{0.02}Fe_{0.99}Ti_{0.01}O_3$(BF98 - LF1 - LT1)、0.2%质量百分比 MnO_2 掺杂 $0.7BiFeO_3$-$0.1La(Zn_{0.5}Ti_{0.5})O_3$ - $0.2SrTiO_3$(BF - LZT10 - ST20)和 $0.45BiFeO_3$ - $0.25BiCrO_3$-$0.30PbTiO_3$(BF - BC25 - PT25)固溶体钙钛矿陶瓷粉末样品的变温磁性与室温磁滞回线实验测量结果。插图为空间群 R3 双钙钛矿结构晶胞示意图。*M* 为磁化强度

子杂化、几何倾斜、场致对称破缺等不同铁电序产生新机制(图 2 - 25)。

在对称性主动支配相互作用的理论框架下,铁电性、磁性和多重铁性都是原子密堆系统自发对称破缺的结果,多重铁性与铁电性钙钛矿晶体的点群相同,只可能是 2、3、4、m、mm2、3m 和 4mm 中的一种[163]。本节所述数据挖掘表明,铁电序是原子密堆系统体积失配导致的集体效应,由原子的质量、大小和价电子等特征量决定,而自旋磁序是磁性离子内层电子自旋的集体行为。那些 B 位由相同磁性离子占据,点群为 m、mm2、3m 或 4mm 的钙钛矿铁电体的自旋磁序只可能是反铁磁或倾斜反铁磁,而 B 位由两种磁性离子占据,点群为 2、3 或 4 的双钙钛矿铁电体能够形成自旋铁磁序或亚铁磁序。也就是说,具有 m、mm2、3m、4mm 晶体点群的钙钛矿氧化物允许自旋反铁磁/寄生铁磁序与铁电序共存,对称性决定了它们的净剩磁矩方向与铁电极化方向互相垂直;具有 2、3、4 晶体点群的双钙钛矿氧化物允许自旋铁磁/亚铁磁序与铁电序共存,自

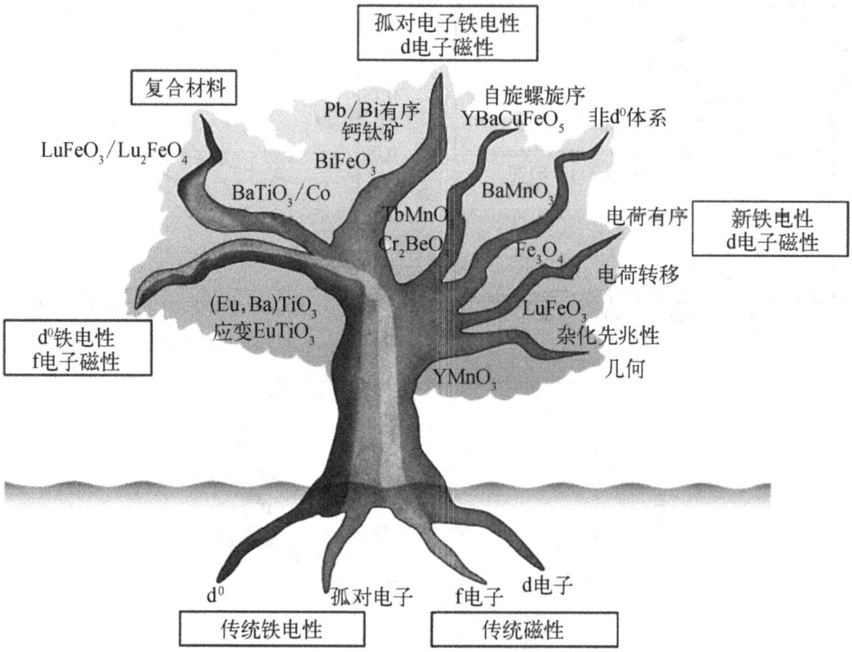

图 2 - 25　多重铁性的不同共存机制及其典型物质案例树状图[13]

旋磁矩方向和铁电极化方向都与极轴平行。

在双钙钛矿氧化物中，氧八面体的铁弹畸变和离子的铁电位移都将引起 d^m-O^{2-}-d^n 键角偏离 180°。在考虑自旋-轨道-晶格耦合的情况下，化学键对电子轨道的空间取向非常敏感，由此导致阻挫(frustrating)超交换作用与不同自旋磁序间的竞争[164]。调控 $\mu \times r_A/r_B$ 可以使 B 位离子间的键角弯曲，如表 2 - 4 所示，附加的 t_{2g}^3 - O 2p - e_g^2 键不改变 $3d^n$ - $3d^n$ 系统超交换作用的符号，但存在一个临界角自旋不再反平行，自旋倾斜产生寄生弱铁磁性。然而，附加的 t_{2g}^3 - O 2p - e_g^2 键却可能使 $3d^5$ - $3d^3$ 系统的超交换作用符号由正变负，自旋磁序由铁磁变为亚铁磁[34,35]。在 $3d^5$ - $3d^3$ 系统中，由顺磁相外斯温度(θ)描述的超交换作用的符号强烈依赖于键角(ϕ)的大小，存在一个临界值(ϕ_c)θ 由正变为负。根据外斯温度 θ 与居里温度 $T_{C(FM)}$ 的关系，自旋磁序存在以下三种：铁磁序($180° > \phi \gg \phi_c$、$\theta \sim T_{C(FM)}$)、自旋阻挫铁磁序($\phi \sim \phi_c$、$0\ K \leqslant \theta < T_{C(FM)}$)和亚铁磁序($\phi \ll \phi_c$、$\theta < 0\ K$)。Heesch - Shubnikov 点群除描述自旋平行或反平行共线磁结构外，还允许自旋倾斜形成非共线(non-collinear)、螺线状(helical)、正弦状(sinusoidal)、摆线状(cycloidal)等不同的自旋空间调制结构[165]。由此可见，从单纯的对称性分析不能完全确定钙钛矿氧化物具体的自旋磁结构，还需要详细的晶格结构数据以及深入考察静态的、动态的相互作用细节。当存在自旋-轨道-晶格耦合作用时，理

论研究表明简并轨道-自旋之间的量子纠缠将导致动态自旋超交换作用，它的符号在正负之间起伏[166]。

表 2-4 多重铁性钙钛矿氧化物(Ⅰ)和双钙钛矿氧化物(Ⅱ)中的自旋工程。在多重铁性体中通过元素选择实现了反铁磁、寄生铁磁、亚铁磁、铁磁等各种自旋磁序。对于由 d^n 和 d^0 过渡金属离子组成的体系，下表结果为 d^n 离子超过渗流浓度阈值的情况；低于阈值时晶体为顺磁性或自旋玻璃

类别	自旋网络	超交换作用	对称性分析结果	自旋磁序		实际案例
Ⅰ	$3d^3-3d^3$	$t_{2g}^3-O-t_{2g}^3$	–	反铁磁		$BiCrO_3$
	$3d^5-3d^5$	$e_g^2-O-e_g^2$ (主) $t_{2g}^3-O-e_g^2$ (次)	–	反铁磁	摆线状调制	$BiFeO_3$，$(Bi_{1-x}La_x)FeO_3$(三方)
	$3d^5-3d^5/d^0$				共线	$0.8BiFeO_3-0.2BaTiO_3$
				寄生弱铁磁		$(Bi_{1-x}La_x)FeO_3$(正交) $0.7BiFeO_3-0.3SrTiO_3$ $0.7BiFeO_3-xA(Zn_{1/2}Ti_{1/2})O_3-(0.3-x)SrTiO_3(A=Bi,La;x=0.02\sim0.06)$ $0.85BiFe_x(Ti_{1/2}Mg_{1/2})_{1-x}O_3-0.15CaTiO_3$ $(x=0.6\sim0.8)$
				亚铁磁		$Pb(Fe_{2/3}W_{1/3})O_3$
Ⅱ	$3d^5-3d^3$	$e_g^2-O-e_g^0$ (主) $t_{2g}^3-O-e_g^2$ (次)	$+\sim-(\phi)$	铁磁 $(180°>\phi\gg\phi_c)$		$0.5BiFeO_3-0.5(Sr_{1-x}A_x)(Cr_{1/2}Nb_{1/2})O_3$ $(A=Pb,Ba)$
	$3d^5-3d^3/d^0$			自旋阻挫铁磁 $(\phi\sim\phi_c)$		$0.5BiFeO_3-0.5Sr(Cr_{1/2}Nb_{1/2})O_3$ $BiFeO_3-(Ca,Sr)MnO_3-PbTiO_3$
				亚铁磁$(\phi\ll\phi_c)$		$BiFeO_3-BaMnO_3-PbTiO_3$ $BiFeO_3-xBiCrO_3-yPbTiO_3(0.25\leqslant x\leqslant 0.33,\ 0.25\leqslant y\leqslant 0.40)$

注：超交换作用符号：负(-)和正(+)。ϕ_c 表示 d^5-d^3 或者 d^5-d^3/d^0 双钙钛矿氧化物中铁磁与反铁磁超交换作用竞争的临界键角。

综上所述，晶体点群为 2、3、4 的双钙钛矿氧化物是探索铁磁/亚铁磁-铁电多重铁性体的富矿区，并可能具有场致反转极化等一级磁电效应。需要注意的是，对称性分析仅仅表明磁电效应的可能性及其非零张量系数；一个多重铁性体是否真实存在磁电效应，需要从自旋-轨道-晶格不同自由度之间的交叉耦合强度去分析判断。通过数据的生产与挖掘循环、建立双钙钛矿氧化物关键物性参数与化学元素特征量之间的因果关系，能够实现室温铁磁-铁电多重铁性体、铁磁电体、铁磁半导体等新材料的预测式设计。

2.3.4 外场响应性能

铁性材料对外场的响应分两种：一种是对共轭场的响应。例如：铁电极化对电场的响应，用介电常数或极化反转来描述；应变对应力的响应，用弹性模量或弹性顺度（刚度）来描述；自旋磁矩对磁场的响应，用磁化率或磁矩反转来描述。另一种是交叉响应。例如：铁电极化对应力的响应——压电效应、对磁场的响应——磁电效应；应变对电场的响应——电致伸缩效应或逆压电效应、对磁场的响应——磁致伸缩效应；自旋磁矩对电场的响应——磁电效应、对应力的响应——压磁效应等；铁电极化对光场的响应——光折变效应等。钙钛矿氧化物的交叉耦合效应是原子动力学系统对非共轭场的响应，本质上源于自旋、轨道、电荷、晶格等多种物理自由度的共存及其交叉耦合作用，如图 2－9 所示，它们之间存在一定的关联关系，结构-性能间的构效关系是其中一种最常见的关联关系。

1. 压电性质与介电性质的关联

铁电材料的介电性质描述外电场作用下极化强度的变化，压电性质描述应力场作用下极化强度的变化。既然介电性质和压电性质都描述的是极化强度对外场的响应，它们之间必然存在关联。朗道热力学唯象理论导出压电常数 d_{33} 与电致伸缩系数 Q_{11}、诱导极化强度 P_3 以及介电常数 ε_{33} 存在以下关系：

$$d_{33} = 2Q_{11}P_3\varepsilon_{33} \tag{2-5}$$

由于电致伸缩效应是二级效应，Q_{11} 通常比较小并且与温度关系不大。根据电介质理论，诱导极化强度包括极化强度的变化（ΔP_{rp}）以及与退极化场关联的变化［$\Delta P_i = \chi \cdot \Delta E = \varepsilon_0(\varepsilon_{33} - 1) \cdot \Delta E$］两部分：

$$P_3 = \Delta P_{\mathrm{rp}} - \Delta P_i = \Delta P_{\mathrm{rp}} + \varepsilon_0(1 - \varepsilon_{33}) \cdot |\Delta E| \tag{2-6}$$

把方程（2－6）代入方程（2－5）整理如下：

$$\begin{aligned} d_{33} &= 2Q_{11}(\Delta P_{\mathrm{rp}} - \Delta P_i)\varepsilon_{33} = 2Q_{11}(\Delta P_{\mathrm{rp}} \\ &\quad + \varepsilon_0 |\Delta E|)\varepsilon_{33} - 2Q_{11}\varepsilon_0 |\Delta E| \varepsilon_{33}^2 \end{aligned} \tag{2-7}$$

基于方程（2－7），采用模式识别之主成分分析法可把 d_{33} 与 ε_{33} 之间的关系降维为

$$d_{33} = \alpha\varepsilon_{33} - \beta\varepsilon_{33}^2 \tag{2-8}$$

式中 α 和 β 不是常数，由方程（2－7）可知它们与电致伸缩系数等物理量有关。收集铁电压电陶瓷材料的工厂和文献数据，如图 2－26 所示，最小二乘法拟合发现 d_{33}与 ε_{33}满足 $d_{33} = 0.24\varepsilon_{33} - 0.000\,018\varepsilon_{33}^2$ 统计关系[167]。由于制备过程决定了陶瓷材料的化学计量比、晶格缺陷、晶粒尺寸等显微结构，材料的表观性能与制备工艺参数之间遵循统计关系。

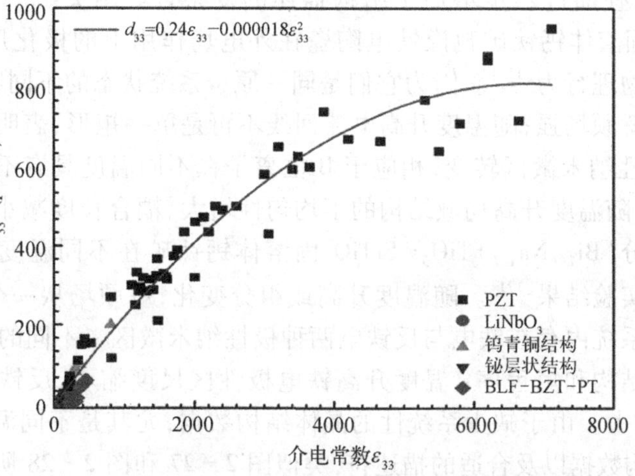

图 2-26　铁电陶瓷压电常数 d_{33} 与介电常数 ε_{33} 的关联关系，图中实线为方程(2-8)的拟合结果[167]

基于方程(2-8)所示 d_{33} 与 ε_{33} 之间的量化关系可知：一方面，要想获得大压电响应就需要提高介电常数。PZT 压电陶瓷即综合应用元素组成、结构相界、掺杂、显微结构等方法形成了不同规格的系列化商用材料。其中，铁电陶瓷组成元素的极化能力、固溶体浓度是否在结构相界附近是获得高性能的本征因素，缺陷种类与浓度、陶瓷显微结构等是调控响应性能的非本征因素。另一方面，$d_{33} = 0.24\varepsilon_{33} - 0.000\,018\varepsilon_{33}^2$ 统计关系还可用于判断铁电陶瓷极化处理是否饱和[33,168-170]。

基于方程(2-8)，压电性能的探索可分为对介电性质的探索和对压电性质的验证两步进行，这样至少可以带来三方面的好处[171]：① 省去许多高温极化处理工作。极化处理的成效与铁电陶瓷样品质量紧密相关，成功的极化处理需要许多耗时费力的样品制备工艺优化工作；② 从"坏"样品实验获得有用的材料信息。对那些未掺杂、未优化工艺条件所获得的介电损耗较大的样品，能够通过介电性质评估压电响应水平；③ 在庞大的钙钛矿氧化物化学组成相空间可以采用机器学习和第一性原理计算等方法进行组分筛选、介电性能的计算预测[172]，从而降低实验筛选工作量，实现新材料的快速发现。

2. 电学性质与晶体结构的关联

构效关系是材料研究中最常见的一种关联关系，好的结构数据可以提升物理性质描述的准确性。由于电磁力存在局域对称与整体对称之分，按空间尺度划分对称性有晶胞、极性纳米微区、多畴、单畴等之分；除此之外还存在晶粒、晶界等结构畴;两者的叠加进一步增加了结构描述的复杂性。图 2－27 所示为某组分 PMN－PZT 固溶体钙钛矿弛豫铁电陶瓷在外电场作用下的极化反转、应变和位移电流宏观物理行为[173]。因为它们是同一原子系统状态的不同物理响应,所以具有相同的矫顽场强;随温度升高电滞回线不再是单一矩形,表明铁电极化从长程有序向极性纳米微区转变,相应于 B 位离子在不同温度具有不同的局域结构与耦合长度,随温度升高局域结构的不均匀性增大、耦合长度减小。图 2－28 所示为两种组分($Bi_{1/2}Na_{1/2}$)TiO_3－$SrTiO_3$ 固溶体钙钛矿在不同温度下的电滞回线与位移电流实验结果[174]。随温度升高或组分变化,矫顽场从一个变为两个,表明同一原子系统内存在铁电与反铁电两种极性纳米微区。不同的 A 位离子导致不同的局域结构和短程序：温度升高铁电极性区尺度缩小,反铁电极性区数量增多、尺度增大。由于缺少系统性的晶体结构数据,尤其是不同温度和电场条件下的晶体结构数据以及合适的描述符,类似图 2－27 和图 2－28 所包含的构效关系研究还只是停留在定性描述阶段。

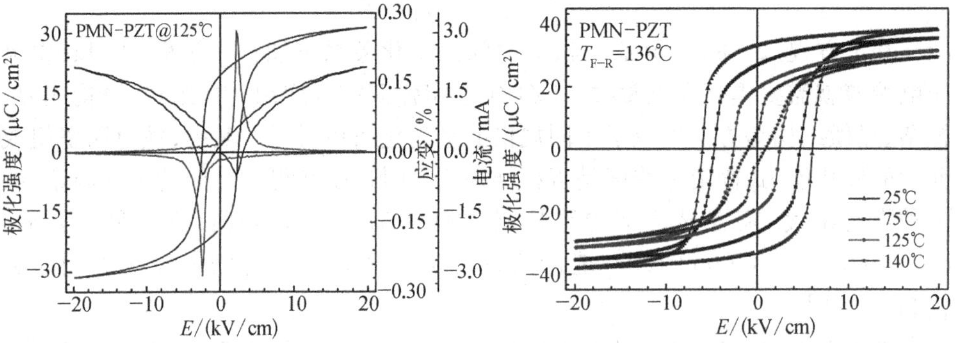

图 2－27　PMN－PZT 铁电陶瓷(a)在 125℃的电滞回线、电致应变和位移电流以及(b)不同温度电滞回线实验结果[173]

源于技术手段和装备的不同,实验观测常常发现同一物理过程会在不同条件或不同样品状态下存在不同的微观结构变化。因此,需要仔细核对材料数据获得的条件及其隐含的样品状态,量化分析不同微观结构变化行为的相对贡献大小。例如,对于 $0.64BiFeO_3$－$0.36BaTiO_3$ 铁电陶瓷,如图 2－29 所示,通过原位电场同步辐射 X 射线衍射结构测试与分析发现,虽然晶格畸变、场致相变、畴反转等不同微观结构变化行为在不同的电场强度下对铁电陶瓷电致应变的贡献不同,由晶格常数计算得到的微观应变却与实验直接测量的宏观应变趋势一致[175-177]。

3. 钙钛矿相图的统一标度

传统的组成-结构相图采用组元浓度作为自变量。对于固溶组元以及不同的

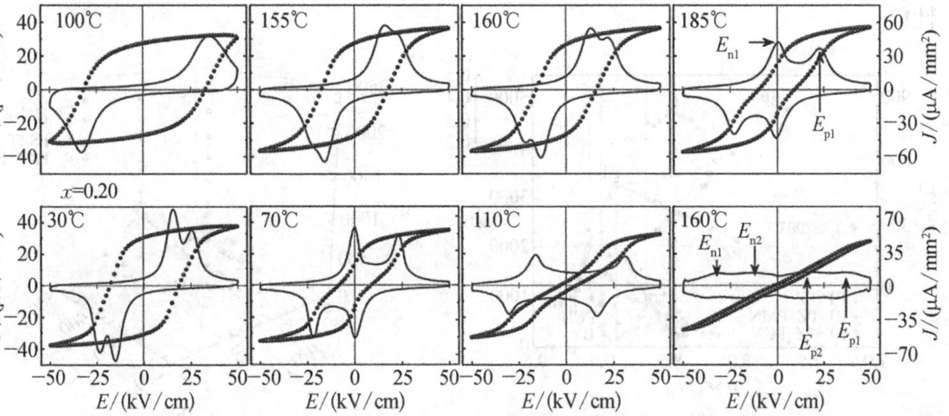

图 2-28 不同组分$(Bi_{1/2}Na_{1/2})TiO_3-xSrTiO_3$铁电陶瓷变温电滞回线与位移电流实验测试结果[174]

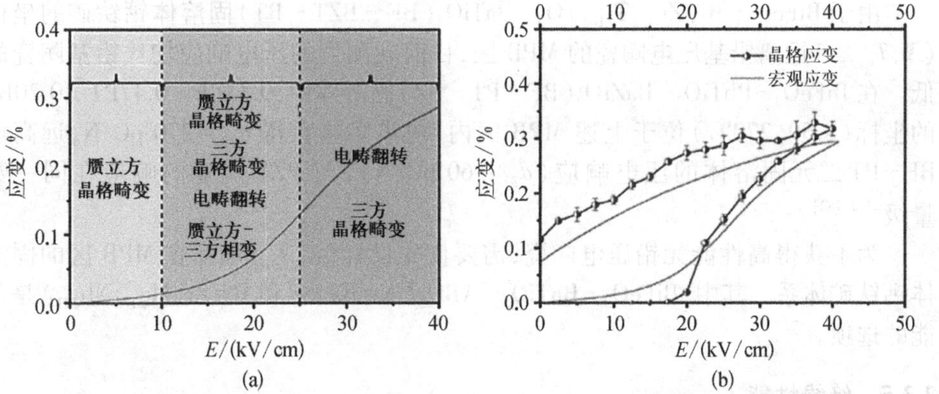

图 2-29 $0.64BiFeO_3-0.36BaTiO_3$弛豫铁电陶瓷(a)不同电场强度下的晶格结构变化机制以及(b)宏观电致应变与微观电致晶格应变对比图[175]

固溶体系,该方法无法在统一标度下进行晶体结构与材料性能的比较。选用 $X = \mu \times r_A/r_B$ 作为化学组成标度,如图 2-12 和图 2-13 所示,在同一标度下可以表示简单(复杂)钙钛矿、二元固溶体、三元固溶体甚至多元固溶体钙钛矿的组成-结构相图;采用 T_C和 X 两个参数时一个铁电体对应 T_C-X 二维平面上的一个点,由此,钙钛矿的物理性质可以在 T_C-X-Z 三维图中进行表示(Z 表示每一物理性质)。如图 2-30 所示,初步数据挖掘发现 $Pb(Zr,Ti)O_3$(PZT)[178]、$(Pb,Sr)(Zr,Ti)O_3$(PSZT)[179]、$Pb(Zr,Ti)O_3-Pb(Mg_{1/3}Nb_{2/3})O_3$(PZ-PT-PMN)[180]、$Pb(Zr,Ti)O_3-Pb(Co_{1/3}Nb_{2/3})O_3$(PZ-PT-PCN)[69]等铅基固溶体钙钛矿的准同型结构相界分布

在 X 从 8.45 到 9.10、T_C 从 200℃ 到 400℃ 范围（MPB 区），铁电陶瓷具有优异的压电性能。

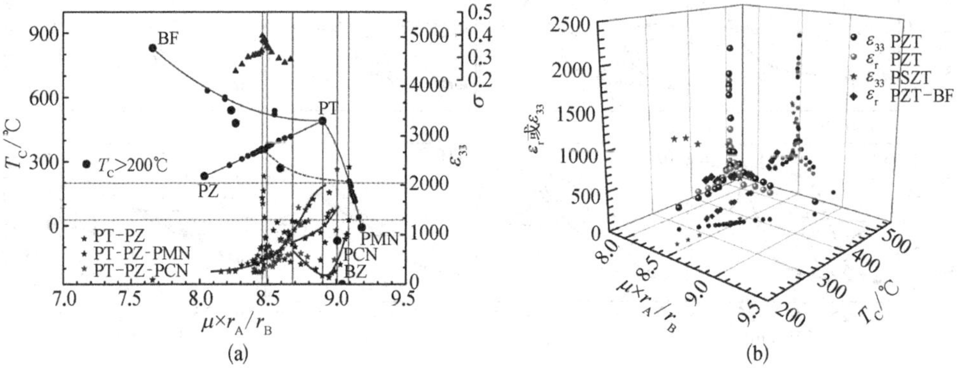

图 2－30　钙钛矿氧化物铁电陶瓷在 T_C－X 二维平面上的结构相图以及介电响应（ε_{33}）、泊松比（σ）与 X、XT_C 的关系

由于 $BiFeO_3$－$Bi(Zn_{1/2}Ti_{1/2})O_3$－$BaTiO_3$（BF－BZT－BT）固溶体钙钛矿的坐标（X，$T_{C(FE)}$）远离铅基压电陶瓷的 MPB 区，目前观测到的压电响应均比铅基陶瓷的低。在 $BiFeO_3$－$PbTiO_3$－$BaZrO_3$（BF－PT－BZ）固溶体中，0.33BF－0.47PT－0.20BZ 的坐标（8.59，270℃）位于上述 MPB 区内，初步实验获得 d_{33} = 270 pC/N，远高于 BF－PT 二元固溶体的压电响应（d_{33} ~ 60 pC/N），与 PZT 陶瓷的响应在同一数量级[181,182]。

为了获得高性能无铅压电陶瓷，需要优先设计（X，T_C）坐标在 MPB 区的固溶体钙钛矿体系。其中，$BiFeO_3$－$BaTiO_3$－ABO_3（A = Ba、Sr 和 B = Zr、$Mg_{1/3}Nb_{2/3}$）是可能的选项。

2.3.5　绝缘性能

钙钛矿氧化物的绝缘性能研究有两个目标相反的需求：铁电压电应用需求大禁带宽度与高电阻率以承载足够强的直流电场，铁电半导体光伏应用需求窄禁带宽度以尽可能宽地吸收太阳光谱、提高光生电流密度。与铁电体不同，铁磁半导体自旋电子学器件需要不同的禁带宽度以实现自旋传输和电场调控自旋功能[183]。建立化学组成与禁带宽度的关系能够为不同应用需求材料设计提供元素选择信息。

电子能带结构与输运性质研究发现绝缘体的本征体电阻率和电导率受禁带宽度（E_g）控制，两者之间的关系可用 Arrhenius 方程描述：

$$\rho = \rho_0 \exp\left(\frac{E_g}{2k_B T}\right) \quad 和 \quad \sigma = \sigma_0 \exp\left(-\frac{E_g}{2k_B T}\right) \tag{2-9}$$

式中，ρ_0 和 σ_0 分别是与温度无关的本征电阻率和电导率。由此可见，E_g 是设计铁电压电陶瓷与铁性半导体新材料的核心指标。当存在缺陷时，方程(2-9)中的禁带宽度 E_g 用热激活能 E_a 代替。

在半导体物理中，直流电导率常常用下式表示：

$$\sigma = \sum_i n_i e_i \mu_i \tag{2-10}$$

其中，n_i 表示第 i 种载流子的浓度，e_i 和 μ_i 分别为相应载流子的电荷与迁移率。通常，载流子的浓度与迁移率是温度的函数。离子迁移率与外电场关系不大，但载流子浓度却强烈地受外电场影响。在强电场作用下，离子电离和缺陷簇分离可以增大电导率，甚至发生电击穿。

1. 电子能带结构

在量子力学第一性原理计算中，Heyd-Scuseria-Ernzerhof(HSE)屏蔽杂化密度泛函为大部分 3d 过渡金属氧化物的复杂物理行为仿真提供了有效近似[184]。对于 $LaMO_3$(M=Sc-Cu)3d 过渡金属钙钛矿氧化物，如图 2-31 所示，HSE 近似电子能带结构计算表明 d^0体系的 $LaScO_3$是能带型绝缘体，它的价带由 O 离子 2p 轨道组成，导带由 Sc 离子 3d 轨道组成；当 d 轨道开始填充电子时，高度局域化的 t_{2g}能态位于费米能级以下，从 t_{2g}^1 的 $LaTiO_3$ 到 t_{2g}^3 的 $LaCrO_3$，d 电子数的增加导致 t_{2g} 能带逐渐变宽，在晶体场驱动下能级分裂增大，钙钛矿氧化物从莫特型绝缘体向电荷转移型绝缘体过渡；$LaMnO_3$中半填满的 t_{2g} 能带进一步下压，价带顶由 e_g^1能带组成；$LaFeO_3$中的 e_g轨道半填满，电子能带转变为电荷转移型，价带由 Fe 3d-O 2p 杂化轨道组成；3d 轨道继续填充电子将导致能带结构突变，费米能级附近 O 2p-M 3d 轨道杂化增强、能带宽度增大，导致 $LaNiO_3$和 $LaCuO_3$转变为金属。

对于 $LaMO_3$和 YMO_3系列 3d 过渡金属钙钛矿氧化物，光学测量表明禁带宽度大小由 M^{3+}离子的 d 轨道填充电子数决定，随 3d 轨道电子数增加，钙钛矿氧化物从能带型绝缘体转变为莫特型绝缘体，转变为电荷转移型绝缘体，直至金属，A 位元素的影响非常小[185]。对于 $LaTiO_3$($3d^1$)和 $LaVO_3$($3d^2$)，在 2 eV 以下能量区存在一个弱光吸收，对应于电子在莫特能带间的跃迁，在 4 eV 以上的强光吸收对应于电荷转移带间的电子跃迁。$LaVO_3$比 $LaTiO_3$的莫特禁带宽度大，这与原子序数增大、电子关联作用增强的趋势一致。原子序数进一步增大电子禁带从莫特型转变为电荷转移型，转折点为元素 Cr；$LaCrO_3$、$LaMnO_3$、$LaFeO_3$和 $LaCoO_3$都是电荷转移型禁带，E_g在 0.1~3.4 eV 范围内。

如图 2-31 和图 2-32 所示，过渡金属离子 3d 轨道电子填充数是决定能带性质与大小的主描述符，E_g可在 0~6.0 eV 范围调控，涵盖了从金属到强绝缘体。当 B

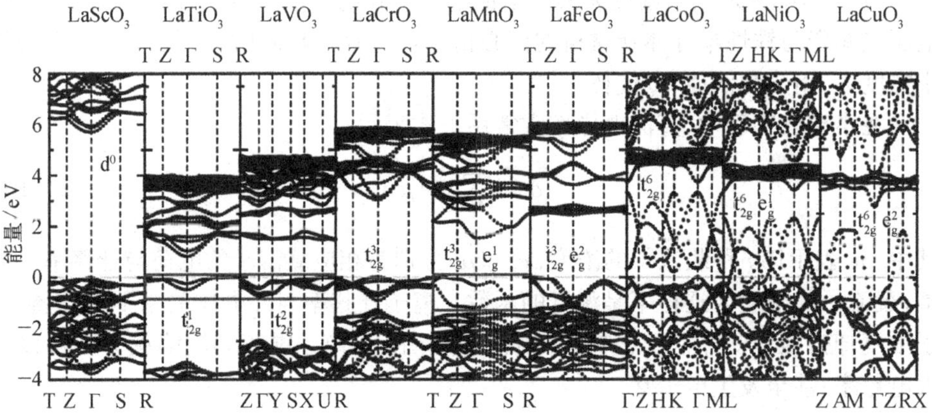

图2-31　HSE屏蔽杂化密度泛函近似第一性原理计算所得$LaMO_3$(M=Sc-Cu)系列3d过渡金属钙钛矿氧化物的电子能带结构[184]。红色线框代表$LaTiO_3$(t_{2g})、$LaVO_3$(t_{2g})和$LaMnO_3$(e_g)轨道序的d能带

位阳离子为d^0电子组态时,钙钛矿氧化物是能带型绝缘体,价带顶由氧离子的2p轨道组成,导带底由过渡金属离子的d轨道组成。对于$BaTiO_3$、$PbTiO_3$、$KNbO_3$、$Pb(Zr,Ti)O_3$、$Pb(Zn_{1/3}Nb_{2/3})O_3$、$(Ba,La)SnO_3$等B位由d^0、d^{10}阳离子组成的钙钛矿氧化物,它们的$E_g \geqslant 3.0$ eV,与是否具有中心反演对称操作没有必然关联。传统钙钛矿铁电体多由d^0电子组态过渡金属离子组成源于强绝缘性需求。

如图2-32所示,E_g大小首先按B位过渡金属离子d轨道电子填充数进行分组[36,186]。对于一定替代量的(Bi,A)(Fe,B)O_3(A=Ba^{2+}、Pb^{2+}、La^{3+},B=Ti^{4+}、Ti^{3+}、Nb^{5+}、Mg^{2+}、Ni^{2+}、Zn^{2+}、Al^{3+})固溶体钙钛矿,它们的E_g由Fe^{3+}离子决定、$E_g \approx 2.0$ eV,与$AFeO_3$(A=Bi、Y、La)简单钙钛矿$E_g \approx 2.2$ eV相近。对于$(0.75-x)BiFeO_3$-$0.25BiCrO_3$-$xPbTiO_3$和$0.5BiFeO_3$-$0.5(Sr_{1-x}A_x)(Cr_{1/2}Nb_{1/2})O_3$(A=Pb、Ba)固溶体,它们的$E_g$由Cr离子决定、大小约为1.63 eV。现有的实验证据表明BF-BC-PT固溶体中Cr离子化学价高于+3,因此E_g低于$ACr^{3+}O_3$(A=Y、La)的3.5 eV。$0.5BiFeO_3$-$0.25AMnO_3$-$0.25ATiO_3$(A=Pb、Ba、Sr、Ca)固溶体的E_g由锰离子决定,大小约为0.9 eV。$0.49BiFeO_3$-$0.26BaTiO_3$-$0.25(Sr_{1-x}Ba_x)(Co_{1/3}Nb_{2/3})O_3$固溶体的$E_g$由钴离子决定,$E_g \approx 0.9$ eV。在一定浓度范围(Bi,A)(Fe,B)O_3和$0.5BiFeO_3$-$0.5(Sr_{1-x}A_x)(Cr_{1/2}Nb_{1/2})O_3$固溶体钙钛矿中,$E_g$受化学压影响的变化幅度不大。

在$PbTiO_3$-$xBi(Co_{2/3}Nb_{1/3})O_3$(PT-Co)、$KNbO_3$-$xBiFeO_3$(KN-Fe)、$(Bi_{0.96-x}La_{0.04})FeO_3$-$AMnO_3$(A=La、Sr;BLF-Mn)固溶体中,B位替代磁性离子(Co、Fe、Mn)的d电子数是E_g大小的决定因素,随替代浓度增加,E_g非线性减小[186-188]。例如,在PT-Co固溶体中,E_g从3.20 eV($x=0.0$)突降到2.60 eV($x=0.1$)、缓降到

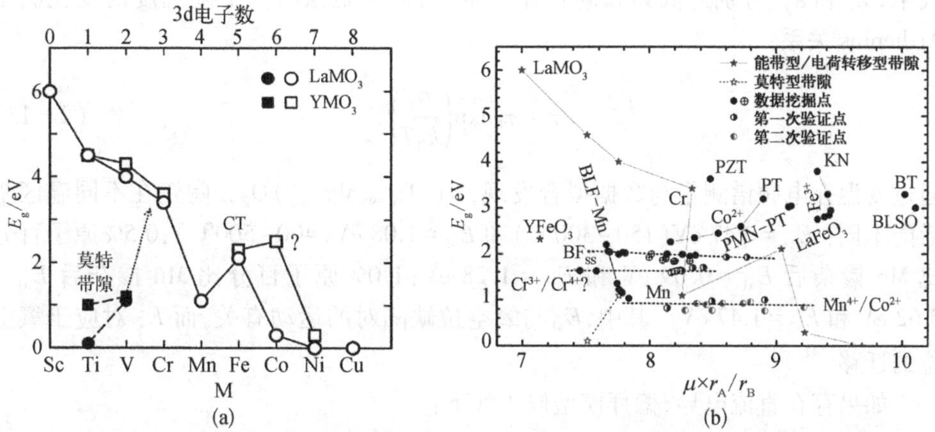

图 2-32 钙钛矿氧化物的禁带宽度。(a) $LaMO_3$与YMO_3系列3d过渡金属钙钛矿氧化物的禁带宽度E_g与原子序数的关系[185]。●和■分别为$LaMO_3$与YMO_3的莫特型禁带宽度,○和□分别为$LaMO_3$与YMO_3电荷转移型禁带宽度。(b) 钙钛矿氧化物E_g与$\mu\times r_A/r_B$描述符间的关系[35,36,186]。阳离子的d轨道电子填充数是决定E_g分组的因果描述符,它的大小同时受磁性离子的浓度和化学压影响。图中线段和虚线是为了观察方便

2.26 eV($x=0.4$);在KN-Fe中,E_g从3.66 eV($x=0.0$)突降到2.97 eV($x=0.1$)、缓降到2.75 eV($x=0.25$);在BLF-Mn中,6%的Mn^{3+}离子替代E_g从2.20 eV($x=0.0$)突降到1.22 eV,而Mn^{4+}离子替代E_g突降到了1.03 eV(BLF-SM6)。超过一定替代浓度后PT-Co、KN-Fe和BLF-Mn固溶体钙钛矿E_g的变化幅度不大。由于$\mu\times r_A/r_B$描述符并未直接包含过渡金属离子的d电子组态特征,所以出现图2-32所示钙钛矿有相同的$\mu\times r_A/r_B$但不同的禁带宽度。

2. 点缺陷

晶体材料的绝缘性能不仅受电子能带结构的控制,还受空位等点缺陷非本征因素的影响。介电频谱是探测晶格点缺陷的一种有效手段。复介电常数可以用德拜公式描述[189-193]:

$$\varepsilon^*(\omega)=\varepsilon_\infty+\frac{\varepsilon_s-\varepsilon_\infty}{1+i\omega\tau} \qquad (2-11)$$

复介电常数的实部和虚部分别为

$$\varepsilon'=\varepsilon_\infty+\frac{\varepsilon_s-\varepsilon_\infty}{1+(\omega\tau)^2} \qquad \varepsilon''=\frac{\varepsilon_s-\varepsilon_\infty}{1+(\omega\tau)^2}\omega\tau \qquad (2-12)$$

式中，ε_s 和 ε_∞ 分别为低频和高频介电常数，德拜弛豫时间 τ 随温度的变化满足 Arrhenius 关系：

$$\tau = \tau_0 \exp\left(\frac{E_a}{k_B T}\right) \tag{2-13}$$

通过变温介电频谱测量与数据拟合发现，$Ba(Ti_{0.995}Mg_{0.005})O_{2.995}$ 陶瓷在不同温区激活能不同：$E_{a1}=0.47$ eV（150～300℃）和 $E_{a2}=1.08$ eV（400～500℃）；0.5%原子百分比 Mn 掺杂后 $E_{a1}=0.69$ eV 和 $E_{a2}=1.28$ eV；1.0%原子百分比 Mn 掺杂后 $E_{a1}=0.62$ eV 和 $E_{a2}=1.47$ eV。其中，E_{a1} 与氧空位缺陷对的运动有关，而 E_{a2} 对应于氧空位的迁移[194]。

如果存在直流电导，德拜模型修正如下：

$$\varepsilon^*(\omega) = \varepsilon_\infty + \frac{\varepsilon_s - \varepsilon_\infty}{1 + (i\omega\tau)^\alpha} - i\frac{\sigma}{\omega} \tag{2-14}$$

指数 α 用来描述弛豫时间的分布。综合不同频段的介电极化机制，介电频谱的一般趋势如图 2-33 所示。在数千赫兹以下的低频部分空间电荷是主要的介电极化机制，介电损耗源于直流电导、离子跃迁、偶极子弛豫等离子迁移。不同类型的缺陷导致的介电损耗具有不同的频率与温度特征，可通过缺陷化学与工艺控制进行调控。在数千赫兹以上高频部分，介电损耗峰分别来自电偶极子、离子的形变与极化、价电子和内层电子的谐振，它们是材料的本征行为，只能通过材料的化学组成进行调控。

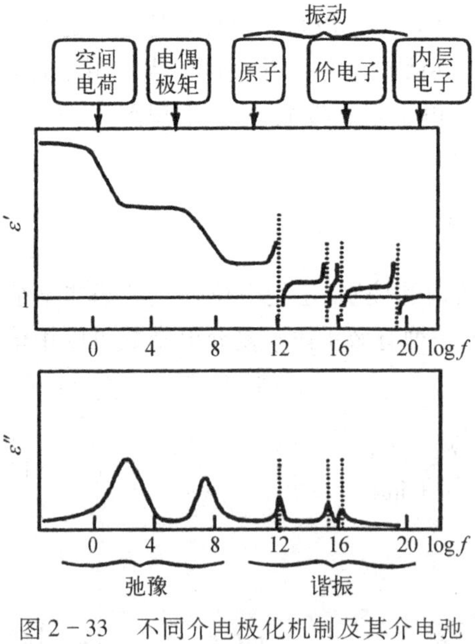

图 2-33　不同介电极化机制及其介电弛豫频谱示意图[190]，f 单位为 Hz

$BiFeO_3$ 自发现以来，陶瓷样品的高漏电、大损耗一直困扰着它的电学测量与分析。为此，人们相继提出了铋元素挥发、$Bi_{25}FeO_{39}$ 和 $Bi_2Fe_4O_9$ 杂相生成、Fe^{2+}/Fe^{3+} 离子共存、钙钛矿相热力学稳定性低等多种机制[195]。在考虑漏电机制时需要注意它们成立的条件。例如 Fe^{2+}/Fe^{3+} 离子共存在还原气氛生长薄膜时成立，在空气气氛烧结陶瓷时并不成立；采用光电子能谱分析离子价态时需要正确处理数据[196]。与单元素掺杂相比，基于三元固溶体的两种元素协同掺杂可以有效提高钙钛矿相的热力学稳定性，改变强场下的漏电机制[197,198]。如图 2－34 所示，通过协同掺杂提高钙钛矿相的热力学稳定性并仔细控制配料和工艺过程能够获得高阻、低损耗铁酸铋陶瓷样品。如图 2－35 所示，A 位与 B 位两种离子协同掺杂降低了高场漏电流，铁酸铋薄膜具有类欧姆输运性质。对 $Bi_{1-x}La_xFe_{1-y}Ti_yO_3$、$BiFeO_3-Bi(Zn_{1/2}Ti_{1/2})O_3-ATiO_3$（A = Pb、Ba、Sr）等多种三元固溶体的实验表明，即使存在少量的 $Bi_{25}FeO_{39}$、$Bi_2Fe_4O_9$ 杂相，依然能够获得高阻、低损耗铁酸铋基陶瓷[56,158,167-170,199]。

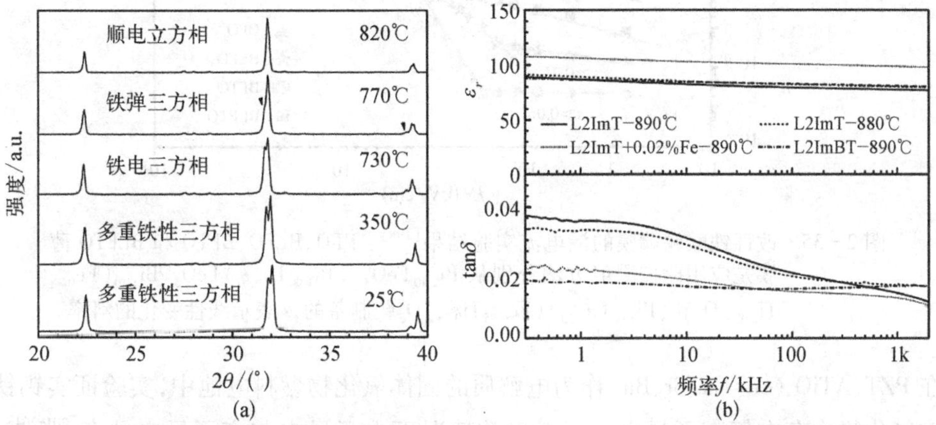

图 2－34 改性铁酸铋陶瓷的结构与介电性质。(a) $Bi_{0.92}La_{0.08}Fe_{0.96}Ti_{0.04}O_3$ 陶瓷变温粉末 X 射线衍射谱[56]。高温实验未观测到 $Bi_{25}FeO_{39}+Bi_2Fe_4O_9 \leftrightarrow BiFeO_3$ 可逆反应，表明铁酸铋钙钛矿结构相的热力学稳定性可通过基于三元固溶体掺杂策略得到显著提升。(b) 不同原料纯度制备 $Bi_{0.98}La_{0.02}Fe_{0.99}Ti_{0.01}O_3$ 陶瓷的室温介电频谱[199]。对于 L2ImT 陶瓷，所用 TiO_2 原料纯度 98%、其余 99.9% 以上，0.02%Fe 补偿即可获得介电损耗因子 $\tan\delta \approx 0.02$ 的低损耗。对于 L2ImTB 陶瓷，TiO_2 原料纯度 98%、Bi_2O_3 纯度 98%、其余 99.9% 以上，不同原料间的杂质协同补偿即可获得 $\tan\delta \approx 0.017$ 的低损耗。ε_r 为相对介电常数

缺陷补偿是调控陶瓷绝缘性能的一种常见手段[200]。例如，对于 $0.6BiFeO_3-0.4SrTiO_3$ 铁电陶瓷，实验分析表明它是 p 型导电机制、激活能 $E_a \approx 0.40$ eV；3% 原子百分比 Nb 掺杂增大了电阻率、E_a 提高到了 1.18 eV。与二元固溶体相比，3% Nb 掺杂 $0.54BiFeO_3-0.40SrTiO_3-0.06Bi(Mg_{2/3}Nb_{1/3})O_3$ 三元固溶体陶瓷的 $E_a = 1.19$ eV、3%Nb 掺杂 $0.50BiFeO_3-0.40SrTiO_3-0.10Bi(Mg_{2/3}Nb_{1/3})O_3$ 陶瓷的 $E_a = 1.28$ eV，电阻率和击穿场强同时获得非常大的提升。

3. 氧离子电导

氧空位的存在常常使材料 n 型半导化，不利于形成 p 型半导体。通常情况下，钙钛矿氧化物是电子导电，但在一些特殊情况下电子导电又经常伴随着离子导电。

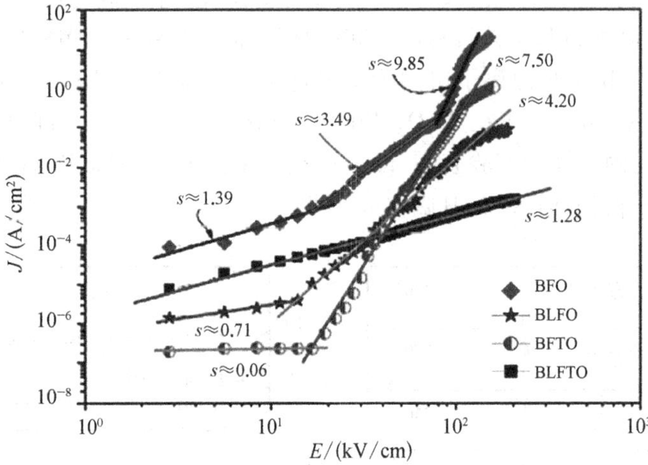

图 2-35　改性铁酸铋薄膜的漏电流实验结果[198]：BFO、BLFO、BFTO 和 BLFTO 薄膜是应用磁控溅射方法分别从 $Bi_{1.10}FeO_3$、$(Bi_{1.00}La_{0.10})FeO_3$、$Bi_{1.10}(Fe_{0.95}Ti_{0.05})O_3$ 和 $(Bi_{1.00}La_{0.10})(Fe_{0.95}Ti_{0.05})O_3$ 靶制备的，s 表示线性变化的斜率

在 PZT、$ATiO_3$(A=Ca、Sr、Ba)作为电解质的固体氧化物燃料电池中，实验证实钙钛矿氧化物中存在氧离子导电——大多数情况下电子导电与离子导电共存[201-204]。电子导电贡献率随杂质含量、气氛与温度变化，高温条件下随氧分压降低 n 型导电性增加，随氧分压增大 p 型导电性增加。

与电子电导用 Arrhenius 方程描述不同，离子电导可用 Nernst - Einstein 方程描述：

$$\sigma = \frac{\sigma_0}{T}\exp\left(-\frac{E_a}{2k_B T}\right) \tag{2-15}$$

温度较低时由缺陷产生的电子电导占主导地位；温度升高大量本征缺陷被热激活，此时离子电导贡献增大。对于 $CH_3NH_3PbI_3$ 钙钛矿，实验发现离子迁移激活能在多晶薄膜中为 0.2~0.5 eV、在单晶中为 1.05 eV；光照条件下激活能降低，多晶薄膜为 0.08~0.14 eV、单晶为 0.47 eV。光照条件下激活能的降低可归结于光生载流子中和了离子迁移留下的带电空位[205]。

离子-空位交换跃迁机制是已被普遍接受的离子导电机制。最近，精细结构分析发现了钙钛矿离子导体的结构无序现象以及离子的迁移扩散路径[206]。对于 $(La_{0.8}Sr_{0.2})(Ga_{0.8}Mg_{0.15}Co_{0.05})O_{2.8}$ 钙钛矿晶体，Rietveld 结构精修发现原子位移参数具有明显的各向异性，简单的球状模型不再适用于描述氧离子的空间分布。如图 2-36 所示，立方相中氧离子呈现出明显的结构无序和各向异性分布、分别沿

[110]、[011]和[101]方向扩展形成三维网络，扩散路径并非沿[110]方向的氧八面体边缘（O1 和 O2 理想位置之间的直虚线）而是呈弧形（有箭头指向的弧形实线），与 B 位阳离子保持了恒定距离。从不同温度离子核密度图可知，在低温三方相中氧离子靠近平衡位置，但高温立方相中氧离子却分布在理想位置周围较大的区域内。随温度升高氧离子的各向异性位移参数较阳离子的各向同性位移参数更大。这种现象表明立方钙钛矿晶体中氧离子具有较低的激活能、较高的扩散能力，与高温氧离子电导率测量结果一致。

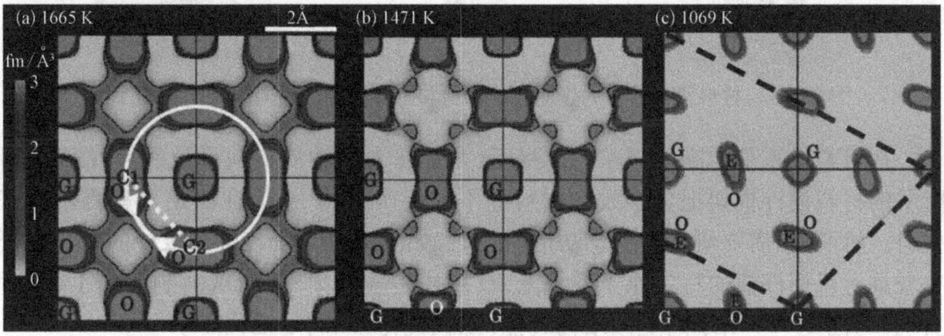

图 2-36　最大熵法计算所得(100)面核子密度分布图[206]

综上所述，在考虑钙钛矿氧化物陶瓷的绝缘性与介电损耗性质时，既要考虑禁带宽度本征因素，又要考虑空位、掺杂等点缺陷非本征因素。选择合适的固溶体组元、设计大禁带宽度是获得强绝缘性材料的前提，降低空位等点缺陷浓度或者通过掺杂进行缺陷补偿是实现高绝缘性材料的保证。

2.4　材料的预测式设计

材料设计具有不同层次：最基础的是量子设计，它是由电子和自旋引起的多种现象，包括电子学、光学、磁学等；其次为原子设计，原子排列方式是决定材料物理性质、力学性质与化学性质的基础，比如铁电性、铁弹性、晶体结构相变等；第三个层次是微观设计，即亚微米-微米级的显微结构设计，超材料、铁电畴工程、晶界控制、断裂属于这一范畴；第四个层次是宏观设计，即毫米到厘米尺度的多相结构设计，不连续固溶体的相分离、固溶体的亚稳相分解、复合材料等属于此范畴。

材料的结构可以在从原子尺度到数厘米尺度范围内变化，调控方法主要有成分控制、制备和加工工艺控制、后热处理控制等。如图 2-37 所示，材料性能建立了材料的组成和结构与应用之间的映射关系。材料科学通过认识和控制材料的组成和结构来提供所需的材料性能，探索可能的应用前景。材料工程通过分析服役条件来确定所需的材料性能，进而选择材料的组成和结构以及相应的制备加工工艺。

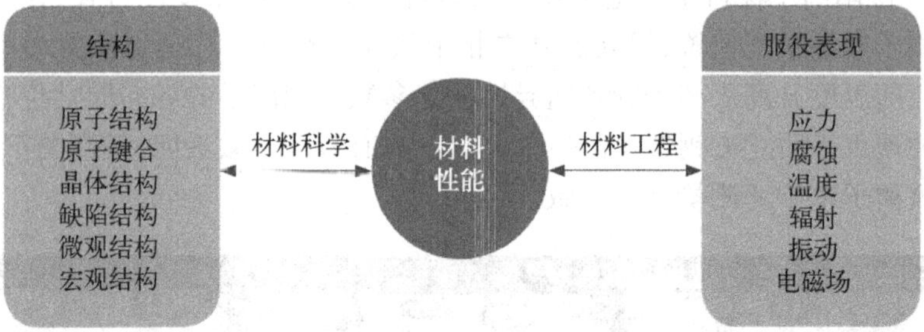

图 2－37　材料科学导引的正向设计和材料工程导引的逆向设计示意图[207]

在材料体系基本满足需求的前提下，尤其在力学功能材料设计领域，图 2－37 所示的材料设计框架把重心放在材料的不同层次结构上，旨在满足工程需求用好材料。然而，当需要研发新概念功能材料时，如图 2－9 所示，材料设计的重心在于发现具有目标性能的特定原子系统上，其次才是按图 2－3 所示的制备加工（工程实现）与图 2－37 所示的显微结构调控（工程优化）以满足工程需求。

2.4.1　铁性材料新需求

在 2.3 节中，基于晶体的量子力学理论，通过为钙钛矿氧化物构造选择既能提供物理化学机制又能指导材料化学组成设计的数字化描述符，小数据挖掘发现了相变温度、铁性序、禁带宽度等物理性质与数字化描述符之间的因果关系，初步建立了钙钛矿氧化物铁性功能材料的物理预测设计模型。本小节重点讨论三种铁性材料发展的新趋势，并进行相关材料的预测式设计与验证。

1. 铁电压电陶瓷材料

PZT 铁电压电陶瓷具有优异的力、电综合性能，能够灵活设计以满足不同应用需求[208]。一方面，由于 PZT 陶瓷中氧化铅的质量含量高达 60%以上，在生产、使用和报废过程中不可避免会对人体和环境带来一定危害。随着环境保护与可持续性发展的理念深入人心，人们迫切希望找到环境友好的无铅压电陶瓷来替代铅基压电陶瓷[209,210]。另一方面，由于 PZT 压电陶瓷较低的居里温度，限制了它们在诸如航空发动机、燃气轮机、核反应堆、石油测井、石油化工等高温环境中的应用[211-213]。高灵敏、小型化、低成本、高稳定性压电传感器的飞速发展要求压电陶瓷更新快、性能好、增值高、污染少。因此，设计开发不同温度环境应用、高压电响应、高温度稳定性钙钛矿型无铅压电陶瓷和高温压电陶瓷新材料是当前非常活跃的一个研究方向。

通过调控温度诱导的多晶型结构相界，铌酸钾钠（KNN）、钛酸铋钠-钛酸钡（BNT－BT）等无铅陶瓷的压电响应得到了显著提升[210,214]。然而，采用温度诱导多晶型相界技术在提高响应性能的同时注定了温度不稳定性和热老化不稳定性。循此技术路线，它们极难在智能传感器市场获得应用。与 KNN、BNT－BT 等体系相比，铁酸铋-钛酸钡（BF－BT）无铅压电陶瓷在居里温度以下不存在温度诱导的多晶型相界，具有更高的居里点和更好的温度稳定性[170,215]。与 PZT 相比，BF－BT 陶瓷的不足之处在于组分诱导结构相界附近压电响应性能偏低，尚未展示出系列化调控能力。事实上，不管是组分诱导的准同型相界还是温度诱导的多晶型相界，结构相界调控背后的技术手段都是改变陶瓷的化学组成。

为了尽早实现无铅压电陶瓷新材料的突破与产业化应用目标，需要发现“PZT 为啥好用、BF－BT 如何能用”化学组成背后隐藏的调控原理。虽然学界广泛采用准同型结构相界不同取向极化态的自由能相等或者极化旋转等结构模型来解释 PZT 陶瓷的优异压电性能，然而，一个结构特征因素无法充分解释 PZT 压电陶瓷为什么具有优异的综合性能，无法解释同样具有准同型结构相界的不同体系千差万别的压电响应性能。PZT 为 BF－BT 使用性能的设计树立了标杆，应综合运用元素组成、结构相界、掺杂、显微结构等技术手段以达到实用目标。

2. 铁电半导体材料

生态保护和可持续发展需要开发太阳能高效利用技术。在多种太阳能光伏电池技术中，金属有机卤化物钙钛矿光伏电池技术发展迅速，2020 年认证的能量转换效率已超过 25%、达到商用 CdTe（22.1%）和 $CuIn_xGa_{1-x}Se_2$（23.4%）薄膜太阳能电池的水平[216,217]。金属有机卤化物钙钛矿面临的最大挑战是材料的化学稳定性低、太阳能电池寿命短[218-222]。

与卤化物钙钛矿相比，氧化物钙钛矿材料的化学稳定性不仅足以达到商业应用的寿命需求，而且铁电体光伏效应（bulk photovoltaic effect）还提供了一种与半导体 p－n 结内建电场不同的光生载流子空间电荷分离机制[223-225]。与半导体 p－n 结光伏效应相比，铁电体光伏效应具有高于禁带宽度的开路电压。由于大禁带宽度，铁电材料只吸收太阳光谱的紫外波段，高电阻率也限制了光生电流密度，实际的光电能量转换效率非常低[226,227]。因此，铁电体光伏效应大多停留在物质现象阶段。

理论上，单片式集成铁电极化和半导体 p－n 结两种光生载流子分离物理过程，太阳能光伏电池的能量转换效率有望突破传统 p－n 结电池的 Shockley－Queisser 理论极限[36]。由 3d 过渡金属元素组成的钙钛矿氧化物是电荷转移型半导体，兼具铁电性与窄禁带宽度，可用于光伏和光催化领域。根据需求优化氧化物钙钛矿材料的吸收光谱、电荷分离与传输性能有助于发展高效清洁能源利用技术。

3. 室温铁磁性量子功能材料

硅半导体材料的发现与场效应晶体管的发明奠定了电子计算机的物质基础。由于制程工艺水平不断提升,以 10 nm 以下工艺芯片的市场投放为标志,硅集成电路在 2019 年已抵达经典-量子物理边界。基于量子态的叠加性和相干性重构信息编码、传输、运算基本原理的量子计算机呼声不断高涨[228-232]。在各种量子比特物理载体中,许多两态量子系统属于微观系综,量子态的存在与调控需要低温、激光、磁场等庞大的外部设备。现实世界不能忽视量子计算机的室温运行环境、固态宏观物理架构、电学界面、小型化等技术特征。铁磁性是自然界少有的室温宏观量子现象,电子的自旋磁序具有足够长的退相干时间与环境稳定性,容易操控与测量。因此,铁磁性量子功能材料有助于实现室温、全固态、小型化自旋量子逻辑元件与电路系统。

近三十多年来,采用半导体量子点、稀磁半导体、铁磁金属、铁磁半金属等自旋量子材料,自旋二极管、自旋晶体管等量子逻辑元件技术相继获得验证[233-238]。与铁磁金属、铁磁半金属相比,铁磁绝缘体(半导体)能够提供局域电子自旋流;铁磁电体还允许电场直接反转自旋,为自旋提供不同于磁场、光场、电流场的调控途径。然而,自旋量子材料家族中缺少室温铁磁半导体和铁磁电体等功能材料[10,13,14]。现有报道假象丛生、尚需经过晶体对称性原理的检验。

2.4.2　新材料设计策略

量子力学理论导引的小数据挖掘发现,钙钛矿氧化物的铁电序是由化学压和化学键综合决定的体积失配效应导致的,化学压与化学键的突变点可以分别用 $X=\mu\times r_A/r_B$ 和 T_C 描述符来量化表示。在 T_C-X 二维平面上,如图 2-12 和图 2-13 所示,一个钙钛矿氧化物对应一个坐标,固溶体可以通过在相应组元之间的连线上内插预测。采用固溶体组合方式代替元素组合方式(指南 1)不仅可以极大地降低筛选工作量,还可以直接预测固溶体的化学组成及其铁性相变温度。与传统相图不同,$\mu\times r_A/r_B$ 系综描述符赋予了钙钛矿化学组成一定的物理化学意义,相图不再仅仅是一种数据的关联表达方式,可以用它进行更多的因果关系数据挖掘和材料性质预测,比如钙钛矿相的热力学稳定性(指南 2)、准同型结构相界背后的物理化学机制(指南 3)、B 位离子有序(指南 5)。自旋磁序是由过渡金属离子对的 d 轨道电子组态和晶格对称性共同决定的(指南 4 和指南 5)。决定钙钛矿氧化物绝缘性的本征因素是过渡金属离子 d 轨道电子填充数(指南 6)。离子性-共价性结合是元素外层轨道价电子的动力学行为,与内层轨道电子组态和填充数没有直接关系。由此可见,范式变革颠覆了“铁磁性和半导性源于不同的晶体结构和化学键”以及“铁电性与磁性在钙钛矿氧化物中化学不兼容”等传统认知,为室温铁磁半导体、室温铁磁电体等新材料的 0-1 创制铺平了道路。

从图 2-13 所示铁电相变温度与图 2-32 所示禁带宽度数据挖掘结果可知,在(Bi,Pb,Ba,Sr)(Fe,Ti,Nb,Zn,Mg,Zr,Cr,Mn)O_3化学相空间存在高温铁电体、无铅铁电体、双钙钛矿多重铁性体、铁磁半导体、铁电半导体。如果采用试错式,该化学相空间存在海量的组分点需要筛选。从图 2-14 所示自旋磁相变温度和表 2-2 所示自旋磁序数据挖掘可知 A_2FeBO_6(B 为 $n \leqslant 3$ 的过渡金属离子)双钙钛矿氧化物中存在高温自旋铁磁序。运用下述领域知识辅助化学组成设计可以极大地降低合成与测试工作量。

1) 电中性原则。运用该原则可以把简单的元素组合转换为固溶体组合。例如 $BiFeO_3-BiCrO_3-ABO_3$(A = Pb、Ba 和 B = Ti、$Zn_{1/3}Nb_{2/3}$、$Mg_{1/3}Nb_{2/3}$)、$BiFeO_3-A(Cr_{1/2}Nb_{1/2})O_3$(A = Pb、Ba、Sr)、$BiFeO_3-AMnO_3-ATiO_3$(A = Pb、Ba、Sr、Ca)等固溶体是高温多重铁性材料的可能选项;$BiFeO_3-Bi(Zn_{1/2}Ti_{1/2})O_3-ATiO_3$(A = Pb、Ba),$BiFeO_3-PbTiO_3-PbBO_3$(B = $Zn_{1/3}Nb_{2/3}$、$Mg_{1/3}Nb_{2/3}$、$Fe_{1/2}Nb_{1/2}$)、$BiFeO_3-PbTiO_3-BiBO_3$(B = $Mg_{2/3}Nb_{1/3}$、$Zn_{2/3}Nb_{1/3}$、$Co_{2/3}Nb_{1/3}$)、$BiFeO_3-PbTiO_3-BaTiO_3$等是高温铁电压电陶瓷的可能选项;$BiFeO_3-BaTiO_3-ABO_3$(A = Ba、Sr 和 B = Zr、$Mg_{1/3}Nb_{2/3}$)等是无铅压电陶瓷的可能选项;$BiFeO_3-LaFeO_3-AMnO_3$(A = Ba、Sr、La)等是铁电半导体材料的可能选项。

2) 热力学稳定性。由于 $Bi(Zn_{1/2}Ti_{1/2})O_3$[59]、$BiCrO_3$[150,151]、$Pb(Cr_{1/2}Nb_{1/2})O_3$[239]等钙钛矿是热力学亚稳相,包含它们的固溶体是不连续固溶体。如图 2-38 所示,$BiFeO_3-BiCrO_3-PbTiO_3$(BF - xBC - yPT)和 $BiFeO_3-Bi(Zn_{1/2}Ti_{1/2})O_3-ATiO_3$(A=Pb、Ba)是不连续固溶体。对于 BF - xBC 二元固溶体,实验观测到 x>0.12 时类 β - Bi_2O_3结构相与钙钛矿相共存,当 x=0.25 和 0.50 时固溶体形成单一类 β - Bi_2O_3结构相;在 BF - BC - PT 三元固溶体中,加入 PT 稳定了钙钛矿相,随 PT 含量增加固溶限增大。

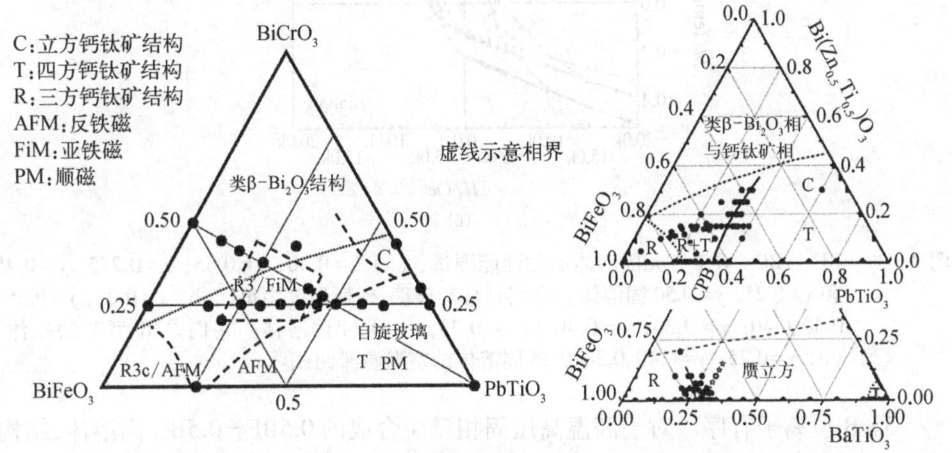

图 2-38 $BiFeO_3-BiCrO_3-PbTiO_3$和 $BiFeO_3-Bi(Zn_{1/2}Ti_{1/2})O_3-ATiO_3$(A=Pb、Ba)三元相图,圆点为实验组分点

3）结构相界。结构相界附近组分固溶体的铁电、压电响应增强。与二元固溶体相界为一个点不同，三元固溶体的结构相界是一条线，极大地扩展了性能调控范围。参照二元系的结构相界位置并结合相图知识可以快速确定三元固溶体的相界，从而降低试验工作量。如图 2－38 所示，压电陶瓷新材料的实验探索主要在相界附近进行。

4）磁渗流阈值[240]。在 $Fe^{3+}(3d^5)/Cr^{3+}(3d^3)/Ti^{4+}(3d^0)$ 组成的渗流网络中，如图 2－39 所示，宏观磁性测量表明 BF－xBC－yPT 固溶体钙钛矿在 y 小于 0.45 时才可能具有长程自旋磁序，否则 BF－xBC－yPT 固溶体是自旋玻璃。提高 $PbTiO_3$ 或降低 $BiFeO_3$ 浓度，铁磁相变居里温度 $T_{C(FM)}$ 降低。由此可见，Bi_2FeCrO_6 基双钙钛矿的自旋磁相变温度介于 $BiFeO_3$ 与 $BiCrO_3$ 之间，实现了室温自旋磁序[34]。

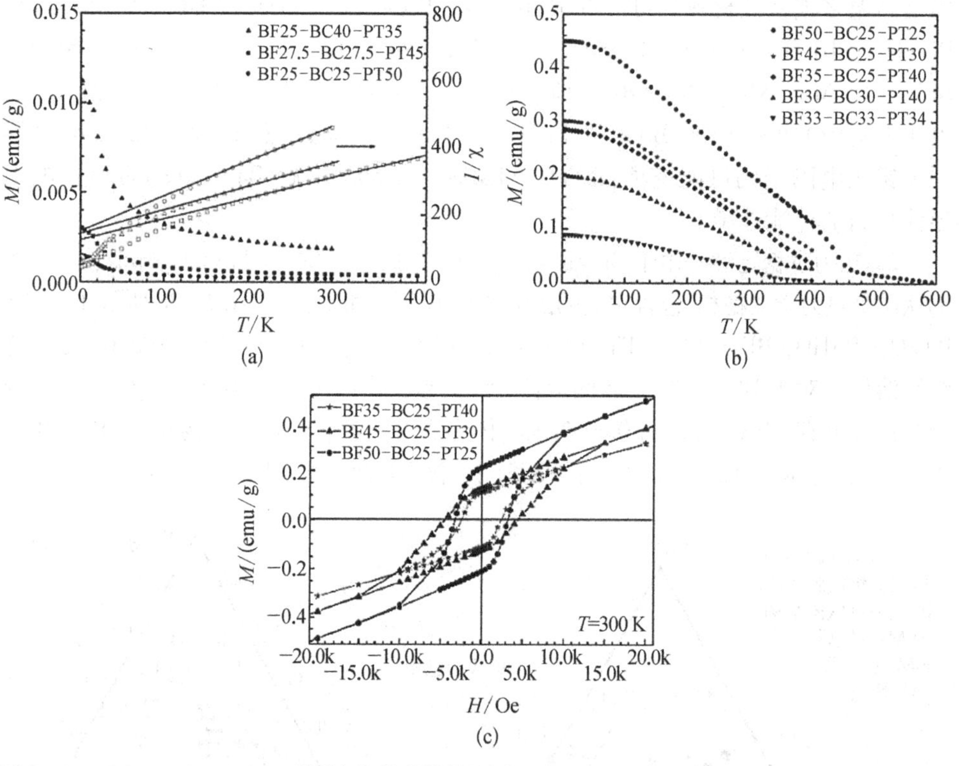

图 2－39　BF－xBC－yPT 三元固溶体的磁性能测试：（a）$x=0.40$，$y=0.35$；$x=0.275$，$y=0.45$ 和 $x=0.25$，$y=0.50$ 固溶体。它们是自旋玻璃，外斯温度为负。（b）$x=0.25$，$y=0.25$、0.30、0.40；$x=0.30$，$y=0.40$ 和 $x=0.33$，$y=0.34$ 固溶体。它们是 R 型亚铁磁体。（c）$x=0.25$，$y=0.40$、0.30、0.25 固溶体的室温磁滞回线

5）B 位离子有序。对于高温高压固相反应合成的 0.5BF－0.5BC 固溶体，结构与磁性测量表明它是 B 位无序的 $BiFe_{0.5}Cr_{0.5}O_3$ 复杂钙钛矿，是反铁磁耦合的自旋玻璃[150,151]。1/1 周期堆垛的 $LaFeO_3/LaCrO_3$ 人工超晶格是 $T_{C(FM)}=375$ K 的铁磁

体,而 $LaFe_{0.50}Cr_{0.50}O_3$ 陶瓷是反铁磁体[152,153]。

6) 绝缘性。三元固溶体可以提高铁酸铋系钙钛矿相的热力学稳定性,与固溶体结构相界调控压电响应的材料设计指南自然统一。然而,如图 2-31 和图 2-32 所示,能否获得高阻与具体的化学组成选择密切相关,过渡金属离子 t_{2g}、e_g 轨道全空或者半满是获得大电子带隙的必要条件。E_g 的大小需要根据不同的应用需求进行相应的元素选择。

2.4.3 新材料设计实践

数据挖掘对材料的预测分为方向预测与组分预测两个层次。在数据稀缺的情况下,首先预测的是设计方向,根据功能需求给出可能的材料体系;随着数据生产与挖掘的循环进行,材料组分能够准确预测。

1. 铁电压电陶瓷新材料设计

根据上述 1)、2)、3) 和 6) 设计指南,$BiFeO_3-Bi(Zn_{1/2}Ti_{1/2})O_3-ATiO_3$($A=Pb$、Ba)三元固溶体是高温铁电陶瓷候选体系。对不同组分 BF-BZT-PT 和 BF-BZT-BT 三元固溶体陶瓷,在 120℃ 硅油中 5~8 kV/mm 直流电场下极化处理 15 min,室温老化 24 h 后测试压电常数 d_{33} 和介电常数 ε_{33}。

在对图 2-40 所示 BF-BZT-BT/PT 铁电陶瓷做极化处理时,实验发现存在以下三种情况[16,33]:

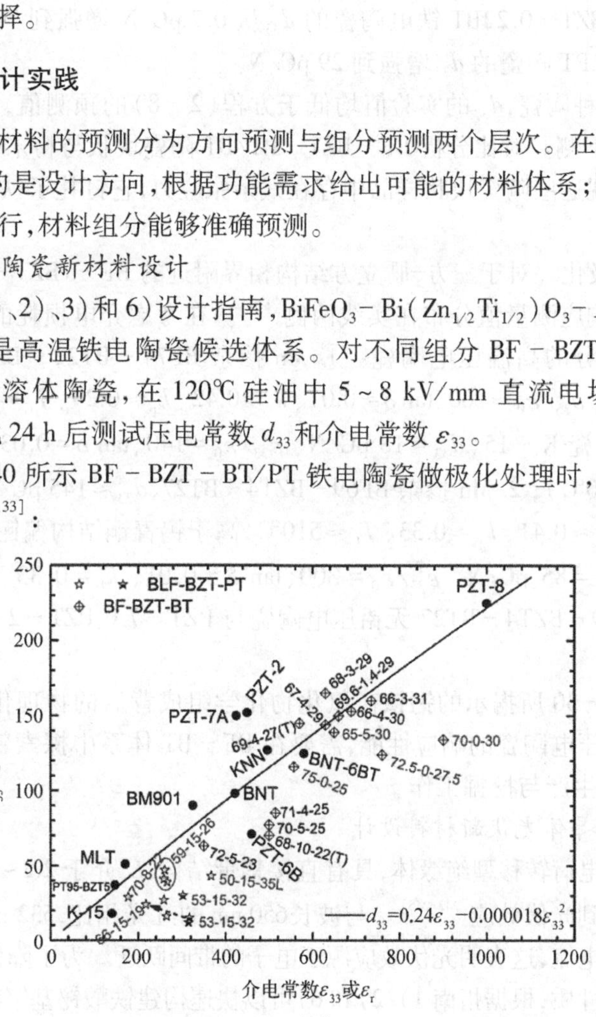

图 2-40 压电陶瓷 d_{33} 与 ε_{33} 的关联[33]。xx-xx-xx 数字代表三元固溶体的组分。图中同时给出了一些商用压电陶瓷和无铅压电陶瓷的数据,化学式简写采用压电陶瓷领域的通用方式

1) 极化困难。对于 BF-xBZT-yPT($x\geqslant0.10$,$0.16\leqslant y\leqslant0.40$)粗晶铁电陶瓷,在 120℃ 硅油中 8 kV/mm 直流电场下极化 15 分钟,$d_{33}\approx2$ pC/N 或更低。如果晶

粒尺寸减小到数百纳米，压电响应增强[167-169]。例如，0.66BF－0.15BZT－0.19PT细晶陶瓷的d_{33}增强到24 pC/N。

2）淬火处理增强压电响应。对于BF－xBZT－yBT（$x \geqslant 0.05$，$y \leqslant 0.25$）和BF－xBZT－yPT（$x<0.10$）铁电陶瓷，与随炉冷却样品相比，在600～650℃温度热处理10 min后在空气中快速冷却，经此淬火处理的样品压电响应得到增强[170]。例如，0.68BF－0.10BZT－0.22BT铁电陶瓷的d_{33}从0.7 pC/N增强到70 pC/N，0.70BF－0.08BZT－0.22PT陶瓷的d_{33}增强到29 pC/N。

对于这两种陶瓷，d_{33}的实验值均低于方程（2－8）的预测值，它们都分布在图2－40实线的下侧。对比分析BF－BZT－PT/BT陶瓷块状与粉末样品的X射线衍射谱，实验发现这些陶瓷块状样品中存在残余张应力，它钉扎了铁电畴的反转和再取向[241]。

3）完全极化。对于三方-赝立方结构相界附近的BF－xBZT－yBT（$x<0.05$）铁电陶瓷，压电响应测量值分布在实线两侧[170]。在考虑介电损耗的基础上，从中可以选出两个组分的高温压电陶瓷：① Mn掺杂BF74－BT22－BZT4，压电性能为$d_{33} \approx 75$ pC/N、$\varepsilon_{33}^{T}/\varepsilon_0 \approx 260$、$\tan\delta \approx 0.01$、$k_t \approx 0.42$、$k_p \approx 0.29$、$T_C \approx 630$℃，高于商用铋层状压电陶瓷K－15（$d_{33}=18$ pC/N、$\varepsilon_{33}^{T}/\varepsilon_0=140$、$\tan\delta=0.03$、$k_t=0.23$、$k_p=0.025$、$T_C=600$℃）；② Mn掺杂BF69－BZT4－BT27，$d_{33} \approx 145$ pC/N、$\varepsilon_{33}^{T}/\varepsilon_0 \approx 570$、$\tan\delta \approx 0.03$、$k_t \approx 0.41$、$k_p \approx 0.33$、$T_C \approx 510$℃，高于钨青铜结构偏铌酸铅商用压电陶瓷K－81（$d_{33}=85$ pC/N、$\varepsilon_{33}^{T}/\varepsilon_0=300$、$\tan\delta=0.01$、$k_t=0.33$、$k_p=0.04$、$T_C=460$℃）。BF69－BZT4－BT27无铅压电陶瓷与PZT－7A、PZT－2等铅基压电陶瓷的性能相当。

根据图2－30所揭示的钙钛矿氧化物化学组成背后的物理化学原理，为了提升BF－BT系压电陶瓷的响应性能，需要在BF－BT体系中探索新的元素组合，需要更多的数据生产与挖掘工作。

2. 铁电半导体光伏新材料设计

$BiFeO_3$是电荷转移型绝缘体，具有直接禁带结构，E_g介于2.2～2.7 eV，在可见光照射下已观测到光伏效应[242-245]。与波长650 nm的红光相比，532 nm的绿光照射具有更大的光生电流，这表明光伏效应源于电子的带间跃迁。为了降低禁带宽带、提高电导率等光电性质，根据指南1）、2）和6）可以快速构建铁酸铋基窄禁带铁电半导体。

如图2－32所示，Mn^{3+}、Mn^{4+}、Co^{3+}、Ni^{2+}等离子替代Fe^{3+}离子形成的固溶体钙钛矿E_g可以在0.7～2.2 eV较大范围内调控[36]。例如，在一定Mn/Co离子浓度范围内$BiFeO_3$－$LaFeO_3$－$AMnO_3$（A＝La、Sr）、$BiFeO_3$－$AMnO_3$－$ATiO_3$（A＝La、Sr、Ca、Ba、Pb）、0.49$BiFeO_3$－0.26$BaTiO_3$－0.25$(Sr_{1-x}Ba_x)(Co_{1/3}Nb_{2/3})O_3$等固溶体钙钛矿$E_g \approx 0.9$ eV。吸光度测量发现锰替代铁酸铋基三元固溶体在300～1 400 nm紫外-

可见–近红外宽光谱范围内都存在强烈的吸收，通过 A 位元素选择以及浓度调整还可以进一步增大吸光度[36,186]。与 $CH_3NH_3PbI_3$ 钙钛矿相比，锰替代铁酸铋氧化物钙钛矿具有更宽的太阳能吸收光谱。与级联太阳能电池的分段光谱吸收相比，应用宽光谱吸收功能元能够简化太阳能光伏电池的结构并降低工艺成本。

3. 室温铁磁–铁电多重铁性新材料设计

图 2－41 总结了双钙钛矿氧化物多重铁性材料的设计原理与操作指南。选择那些具有目标晶格对称性的化学组成是多重铁性材料设计的核心，样品合成与测试不仅验证预测的准确性，还为下一轮挖掘生产数据。

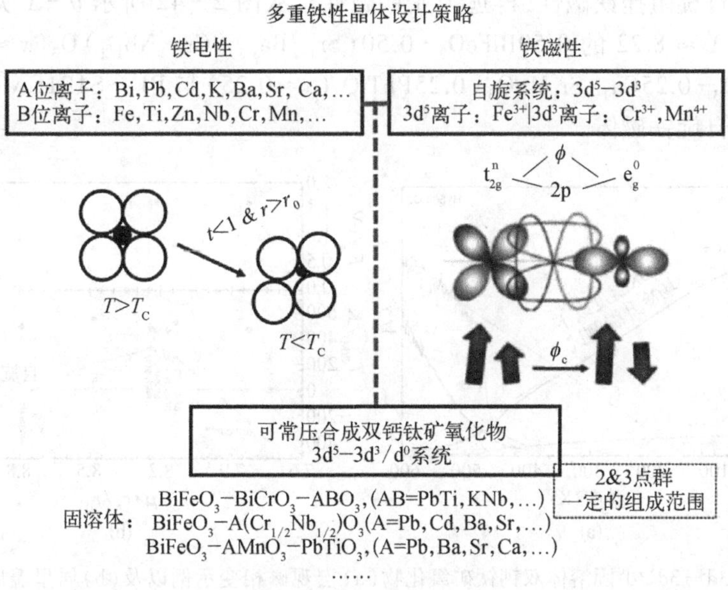

图 2－41 双钙钛矿氧化物多重铁性材料设计策略。在数据挖掘得到的化学相空间，运用领域知识可快速设计出点群为 2 或 3 的双钙钛矿氧化物的化学组成，极大地提高了预测的准确性，降低了人工合成与验证工作量

如图 2－39 所示，BF－xBC－yPT($0.25 \leqslant x \leqslant 0.33$，$0.25 \leqslant y \leqslant 0.40$)固溶体是 B 位离子有序的室温 R 型亚铁磁体[34]。结构测试分析表明，0.40BF－0.25BC－0.35PT 固溶体的化学式为$(Bi_{0.65}Pb_{0.35})_{1.85}\square_{0.15}[(Fe_{0.8}Ti_{0.2}),(Cr_{0.5}Ti_{0.5})]O_6$、空间群为 R3(A－146)、室温存在 168.6°和 157.5°两种 B－O－B′键角。与理论计算 Bi_2FeCrO_6 双钙钛矿的自旋亚铁磁序结果[161,162]一致。

如表 2－3 和表 2－4 所示，在 $3d^5-3d^3/d^0$ 系固溶体双钙钛矿氧化物中改变 B－O－B′键角能够调控自旋磁序。在 $0.5BiFeO_3-0.5(Sr_{1-x}Pb_x)(Cr_{1/2}Nb_{1/2})O_3$ 和 $0.5BiFeO_3-0.25AMnO_3-0.25ATiO_3$(A=Pb、Ba、Sr、Ca；化学式以元素首字母简称，比

如 $0.50BiFeO_3-0.25CaMnO_3-0.25PbTiO_3$ 简称为 BF－CM－PT）固溶体中，如图 2－42 所示，宏观磁性测试表明 BF－S4P1CN 固溶体是 $T_{C(FM)}\approx470$ K、$\theta=462$ K 自旋铁磁序，而 BF－SCN（$T_{C(FM)}\approx470$ K、$\theta=145$ K）和 BF－S7P3CN（$T_{C(FM)}\approx480$ K、$\theta=320$ K）是自旋阻挫铁磁序。在 $Fe^{3+}-Mn^{4+}/Ti^{4+}$ 固溶体中，磁相变温度 $T_{C(FM)}>470$ K，BF－CM－PT、BF－SM－PT、BF－SM－BT 和 BF－BM－PT 固溶体的外斯温度 θ 分别为 250 K、200 K、−43 K 和−164 K。外斯温度 θ 与 $X=\mu\times r_A/r_B$ 描述符之间存在火山锥型依赖关系[35]。以 $X\approx8.22$ 为中心向两侧延伸，θ 逐渐从约等于居里温度，小于居里温度的正值变到负值，即自旋磁序在 $X\approx8.22$ 附近为铁磁性，两侧近邻为自旋阻挫铁磁性，再远为亚铁磁性。从图 2－42 所示 $\theta-X$ 关系出发，可以预测 $X\approx8.22$ 的 $0.50BiFeO_3-0.50(Sr_{1-x}Ba_x)(Cr_{1/2}Nb_{1/2})O_3(x\approx0.06)$ 和 $0.50BiFeO_3-0.25Ca_{1-x}Sr_xMnO_3-0.25PbTiO_3(x\approx0.25)$ 与 BF－S4P1CN 一样也应该是室温自旋铁磁体。

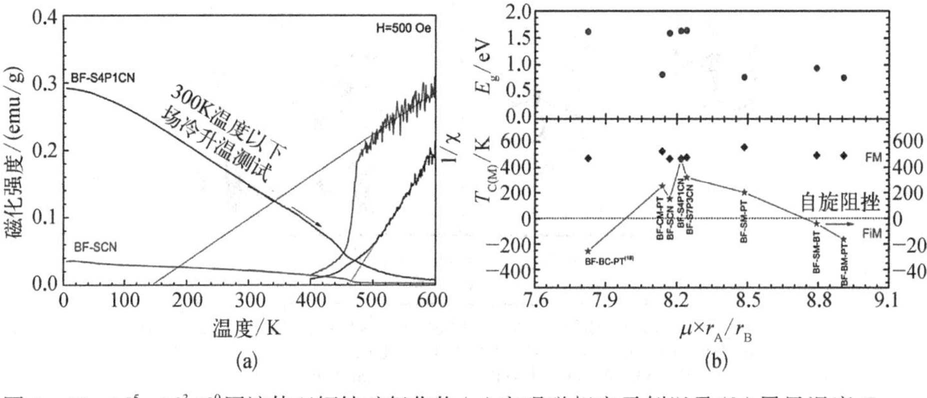

图 2－42　$3d^5-3d^3/d^0$ 固溶体双钙钛矿氧化物（a）宏观磁相变示例以及（b）居里温度 $T_{C(M)}$、外斯温度 θ、禁带宽度 E_g 与 $X=\mu\times r_A/r_B$ 描述符的关系[35]。θ 与 X 之间存在火山锥形依赖关系，可用于预测铁磁、自旋阻挫铁磁和亚铁磁双钙钛矿氧化物的化学组成

结合晶体结构、禁带宽度、变温电阻率等性能测试可知，在 $0.5BiFeO_3-0.5(Sr_{1-x}Pb_x)(Cr_{1/2}Nb_{1/2})O_3$ 和 $0.5BiFeO_3-0.25AMnO_3-0.25ATiO_3$（A＝Pb、Ba、Sr、Ca）固溶体钙钛矿中发现了带隙可调的室温铁磁半导体新材料，发现了一类新的室温自旋阻挫铁磁半导体，实现了室温铁磁-铁电序的共存（$T_{C(FM)}>450$ K）。晶格畸变导致 $3d^5-3d^3$ 过渡金属离子对间存在竞争性的铁磁-反铁磁超交换作用，不同自旋磁序的发现预示着这些固溶体双钙钛矿氧化物中存在着较强的自旋-轨道-晶格交叉耦合作用[246]，它奠定了磁电效应、压磁效应呈展（emerging）的物理基础。

总体而言，数据挖掘驱动的新材料预测设计工作尚处于起步阶段。本章仅展示了冰山一角，数据背后还有更多的关系、思想等待着人们去挖掘和利用。

第3章　材料的组成与结构

晶体材料是不同元素按一定几何方式有序排列的原子系统。为了降低原子系统的自由能，原子倾向于最密堆积方式排列。原子间的势能受对称性支配，随温度、压力、电磁场等热力学边界条件变化，原子系统的堆积状态会发生变化，包括几何结构参数的量变甚至对称性的突变[247,248]。本章将简要描述组成晶体的基元——原子的性质及其几何排列方式。

3.1　原子与元素

19世纪初，英国物理化学家道尔顿确立了原子在化学中的实体地位：一切物质都是由原子组成的，原子是化学反应中不可分割、不可破坏的最小单元；给定元素所有原子的原子量与物理化学性质相同；化合物由两种或多种元素组成，化学反应是不同元素原子重新进行几何排列的过程与结果。道尔顿的原子论奠定了现代材料化学的理论基础。近现代以来，即使对原子结构有了进一步深入认知，但道尔顿的原子论依然适用于材料的化学反应与制备加工。虽然原子可以通过核化学反应进行裂变或聚变，但绝大多数化学反应并没有破坏原子。本书对钙钛矿氧化物的叙述不涉及核化学部分。

3.1.1　原子的结构

原子是由原子核以及围绕原子核持续运动的核外电子构成的，整体呈电中性。原子核由质子和中子组成，质子数与核外电子数相等，带正电质子与带负电电子的电荷大小相等，质子和中子的质量相近、远远大于电子的质量。原子系统和原子密堆系统中电子的运动行为都要用量子力学进行描述，详细信息参考相关量子力学与固体物理书籍，本节只简要描述原子核外电子的运动特征。

原子的玻尔模型假设核外电子是在一些分立的、能量不连续的轨道上运行，电子的位置与能量由其所处的轨道定义；电子向较高能量轨道跃迁伴随着能量吸收、向较低能量轨道跃迁伴随着能量释放。实验测量得到的分立原子光谱对应于电子在不同轨道间的跃迁。历史上，电子轨道是为了解释原子光谱等物理现象提出的概念，它是不可测量的物理量。对于单电子的氢原子，电子轨道基本上是严格的；对于多电子原子，它是单电子近似的结果。量子力学认为电子具有波粒二象性，不再把电子视为在离散轨道上运动的粒子，而是采用概率分布或电子云密度来描述电子运动。图3－1给出了电子轨道与电子云密度两种原子模型的主要特征，电子轨道为化学键理论提供了简单的物理图像，电子云密度为凝聚态扩展系统能带理论提供了简洁的物理图像。

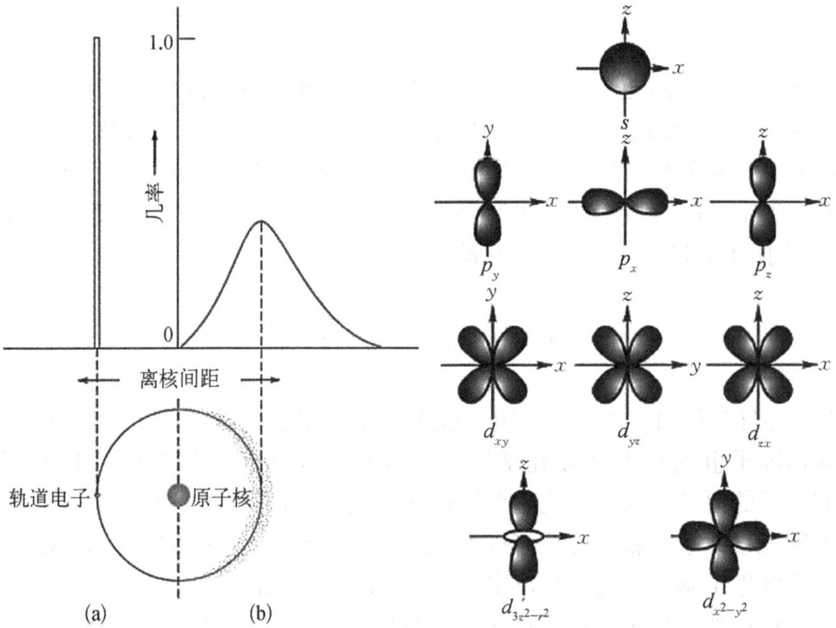

图 3-1　核外电子轨道和电子云密度两种模型的主要特征示意图以及不同轨道电子云的角度分布

量子力学中，孤立原子的电子能级是量子化的，核外电子的状态由四个量子数完全确定：主量子数 $n=1$、2、3、…；轨道量子数 $l=0$、1、2、…、$(n-1)$；角量子数 $m_l=0$、±1、±2、…、$\pm l$；自旋量子数 $m_s=\pm1/2$。根据原子的构造规则，核外电子是能量和空间分立的一系列壳层，主量子数 n 与电子到原子核的距离有关，角量子数表示每一壳层内电子轨道的形状，用小写字母 s、p、d 或 f 表示。主量子数和轨道量子数对应的电子壳层常常表示为 1s2s2p3s3p3d4s…。每一壳层内电子的轨道数受主量子数限制，每个轨道的能级简并数取决于轨道量子数：s 轨道只有 1 个能级，而 p、d 和 f 分别有 3 个、5 个和 7 个简并能级。图 3-2(左)所示的能级图描述了不同轨道电子能级的相对高低，由库仑势的转动对称性决定。泡利不相容原理决定了这些轨道能够填充电子的数目：由主量子数、轨道量子数和角量子数描述的每个轨道不能超过两个电子，并且这两个电子的自旋方向必须相反。因此，s、p、d、f 轨道能容纳的最大电子数分别为 2、6、10 和 14。当外磁场存在时轨道能级发生塞曼分裂。

电子分布遵循能量最低原理、泡利不相容原理以及洪德规则。根据泡利不相容原理，一个原子中不能有两个电子具有完全相同的四个量子数。如果两个电子

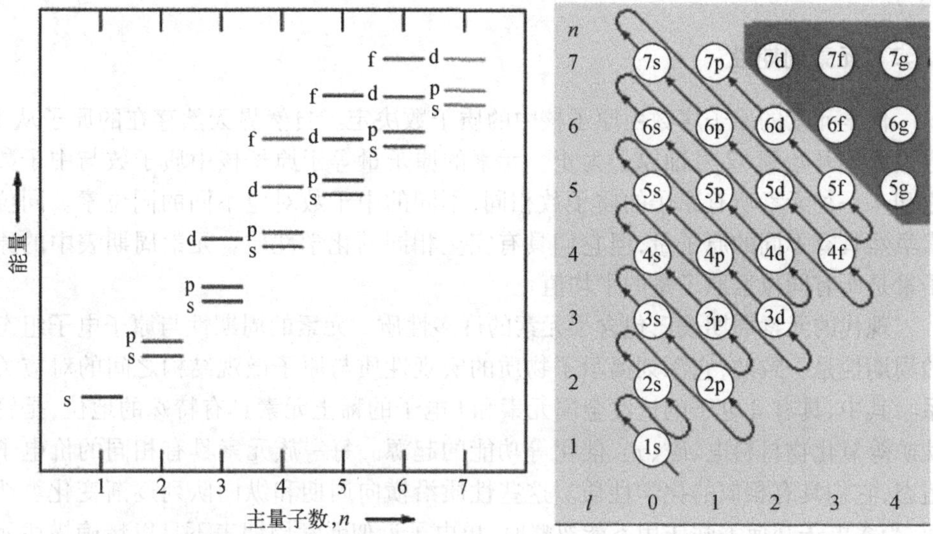

图 3-2 原子核外电子轨道能级相对位置示意图(左)及其电子填充次序(右)[248]

的 n、l、m_l 量子数相同,那么自旋量子数必须相反。这是因为两个全同费米子不能同时占据相同的量子态、两个全同费米子的总波函数必须是反对称的。Madelung 应用简单的数值规则描述了核外电子的轨道填充次序。如图 3-2(右)所示,这个填充次序对只有 s 和 p 轨道的前三周期的元素来说是直观的,从铝到氩 3p 轨道逐渐填充至满;到了第四周期,钾和钙的电子顺序填充 4s 轨道,从钪开始电子不是填充 4p 轨道而是 3d 轨道。对于包含 d 轨道的过渡金属和 f 轨道的稀土元素来说,Madelung 规则有时会失效。例如,Madelung 规则预测铬的 3d 轨道有 4 个电子、4s 轨道有 2 个电子,而光谱实验测量的结果却是 3d 轨道有 5 个电子、4s 轨道只有 1 个电子。目前,已知 20 种元素不完全遵守 Madelung 规则。即使如此,从元素周期表的整体结构来看,原子的构造规则和 Madelung 规则在区分元素、决定其位置时还是有效的。

原子的电子组态描述了不同轨道填充电子的数目,如氢原子的电子组态为 $1s^1$、氧原子为 $1s^2 2s^2 2p^4$、铬原子为 $1s^2 2s^2 2p^6 3s^2 3p^6 3d^5 4s^1$、铁原子为 $1s^2 2s^2 2p^6 3s^2 3p^6 3d^6 4s^2$。2006 年,在量子力学概率分布计算中 Wang 等发现一个原子同时存在几种电子组态[249]。对于给定能量的原子,电子以不同的概率分布在多个轨道上;考虑所有可能的轨道及其分布概率,稳态结构的平均结果与 Madelung 规则一致。特别是,对那些电子组态异常原子的计算获得了与实验观测一致的结果。该计算揭示了多电子关联作用对电子组态的重要性。最外层的轨道电子通常被称为价电子。对于最外层不满的原子,可以通过价电子的得失或者共有形成稳定的电子组态;化学键中不同的电子组态决定了分子或原子密堆系统对外界刺激具有不同的响应行为与能力。

3.1.2　元素周期性

化学元素的原子序数由原子核中的质子数决定。自然界天然存在的原子从 1 号氢原子开始到 92 号铀原子为止。元素的原子量等于原子核中质子数与中子数之和。一种元素所有原子的质子数相同,不同的中子数对应不同的同位素。同位素虽然具有不同的原子量,但它们具有完全相同的化学性质。元素周期表中的原子量是所有同位素原子量的平均值。

现代的元素周期表已包含了元素的许多性质。元素的周期性与原子电子组态的周期性是一致的,它深刻揭示了物质的宏观性质与原子微观结构之间的对应关系。其中,具有 d 电子的过渡金属元素和 f 电子的稀土元素具有特殊的地位,是钙钛矿等氧化物材料电、磁、光、催化等功能的起源。每一族元素具有相同的价电子组态,它们具有相似的化学性质。这些性质沿横向周期和纵向队列逐渐变化。然而,当多电子交换关联作用不能忽略时,单电子近似元素周期表不足以精确描述元素与物质的相关性质。

从量子力学波函数看,原子和离子并没有确定的半径。然而,晶体中离子间存在确定的平衡距离。通过构建原子的近似波函数,Slater 建立了原子半径、离子半径与原子波函数之间的联系,根据实验数据经验地确定了各原子的屏蔽常数,应用这些波函数量化分析了原子的大小、离子的大小、抗磁磁化率等物理性质[250]。在典型离子晶体中,当离子极化和共价成分可以忽略时,可以把离子近似看成球形对称的粒子,这时正、负离子都有一定的空间范围,可以半经验地确定这个空间尺度,称为离子半径。实验确定离子半径的方法是应用衍射方法测定晶体中两个相邻离子的中心间距 r_0,假定这个距离为两个离子半径之和:$r_0 = r_+ + r_-$。事实上,离子间的极化作用导致外层电子云发生形变,离子并不是正负电荷中心重合的球对称粒子,而且大部分离子晶体还包含不同程度的共价成分,离子间存在一定程度的电子云重叠,很难明确讲晶体中正、负离子的分界线在何处。当离子处于稳态电子构型时,Pauling 认为离子半径与外层电子所能感受到的有效核电荷呈反比。应用 Slater 方法可以从原子波函数估算屏蔽常数,由此得到有效核电荷。后来,Shannon 等运用上千种金属氧化物和氟化物实验数据,以氟离子半径 $r_{F^-} = 1.33$ Å、氧离子半径 $r_{O^{2-}} = 1.40$ Å 为基准,并在考虑离子的配位数、电子自旋组态、氧化态、多面体结构畸变、共价性与金属性等因素后对离子半径数据进行了校正[251,252]。随着实验数据量增加,不同时期的离子半径数据有不同的版本,在引用它们进行材料分析时需要注意这一差异。表 3－1 为钙钛矿氧化物常用元素的 Shannon 离子半径数据[253]。

如表 3－1 所示,阳离子的大小首先与离子配位数有关。离子半径随着最近邻阴离子配位数的增加而增大。配位数为4的离子半径比配位数为6的小一些，配位数为8的半径更大一些。其次，离子的电荷数也影响离子大小。例如，Fe^{2+}和Fe^{3+}离子半径分别为0.74 Å和0.64 Å。当原子失去价电子后，剩下的电子会被原子核束缚得更紧，导致离子半径减小。相反，当原子得到电子时，离子半径会增加。

表3-1 部分阳离子的Shannon离子半径 （单位：Å）

4配位（理想的尺寸范围0.316~0.580 Å）									
B^{3+}	0.22	Be^{2+}	0.33	Si^{4+}	0.40	Se^{6+}	0.40	Mn^{7+}	0.44
As^{5+}	0.44	Al^{3+}	0.49	Cr^{6+}	0.49	Ge^{4+}	0.50	As^{3+}	0.55
Te^{4+}	0.57	V^{5+}	0.56	Mn^{4+}	0.57	Ni^{3+}	0.57	W^{6+}	0.59
Ga^{3+}	0.59	Mo^{6+}	0.59	Sb^{5+}	0.59	Cr^{4+}	0.60	Co^{3+}	0.60
Fe^{3+}	0.61	Mg^{2+}	0.62	Ti^{4+}	0.64	Li^{+}	0.64	Ni^{2+}	0.65
Cr^{3+}	0.65	Mn^{3+}	0.65	Co^{2+}	0.68	Cu^{2+}	0.68	Fe^{2+}	0.70
Zn^{2+}	0.71	Cd^{2+}	0.91						
6配位（理想的尺寸范围0.580~1.026 Å）									
Si^{4+}	0.47	Al^{3+}	0.51	Ge^{4+}	0.53	Re^{6+}	0.56	As^{3+}	0.57
Fe^{4+}	0.58	V^{5+}	0.59	Mn^{4+}	0.60	Ni^{3+}	0.60	W^{6+}	0.62
Ga^{3+}	0.62	Mo^{6+}	0.62	Sb^{5+}	0.62	Cr^{4+}	0.63	Co^{3+}	0.63
Fe^{3+}	0.64	Pd^{4+}	0.65	Pt^{4+}	0.65	Mg^{2+}	0.66	V^{4+}	0.66
Ru^{4+}	0.67	Ta^{5+}	0.68	Ti^{4+}	0.68	Li^{+}	0.68	Sb^{4+}	0.69
Nb^{5+}	0.69	Ni^{2+}	0.69	Cr^{3+}	0.69	Mn^{3+}	0.70	Sn^{4+}	0.71
W^{4+}	0.72	Co^{2+}	0.72	Cu^{2+}	0.72	Bi^{5+}	0.74	V^{3+}	0.74
Fe^{2+}	0.74	Zn^{2+}	0.74	Nb^{4+}	0.74	Sb^{3+}	0.76	Ti^{3+}	0.76
Hf^{4+}	0.78	Zr^{4+}	0.79	Pd^{2+}	0.80	Pt^{2+}	0.80	Mn^{2+}	0.80
Ru^{3+}	0.80	In^{3+}	0.81	Sc^{3+}	0.81	Sn^{3+}	0.81	Gd^{4+}	0.83
Pb^{4+}	0.84	Bi^{4+}	0.85	Lu^{3+}	0.85	Eu^{4+}	0.85	Sm^{4+}	0.86
Yb^{3+}	0.86	Y^{3+}	0.92	Sn^{2+}	0.93	Ce^{4+}	0.94	Bi^{3+}	0.96
Gd^{3+}	0.97	Cd^{2+}	0.97	Eu^{3+}	0.98	Ca^{2+}	0.99	Nd^{3+}	1.04
Gd^{2+}	1.07	Ce^{3+}	1.07	La^{3+}	1.14	Sr^{2+}	1.16	Ce^{2+}	1.17
Pb^{2+}	1.19	K^{+}	1.33	Ba^{2+}	1.36				
8配位（理想的尺寸范围1.026~1.400 Å）									
Hf^{4+}	0.81	Zr^{4+}	0.82	Sc^{3+}	0.84	Gd^{4+}	0.86	Yb^{3+}	0.89
Y^{3+}	0.96	Sn^{2+}	0.97	Bi^{3+}	1.00	Gd^{3+}	1.01	Cd^{2+}	1.01
Ca^{2+}	1.03	Gd^{2+}	1.11	La^{3+}	1.18	Sr^{2+}	1.21	Pb^{2+}	1.24
K^{+}	1.38	Ba^{2+}	1.43						
12配位（理想的尺寸范围1.400 Å以上）									
Sc^{3+}	0.87	Lu^{3+}	0.92	Yb^{3+}	0.93	Er^{3+}	0.96	Lu^{2+}	0.97
Nd^{4+}	0.97	Ho^{3+}	0.98	Y^{3+}	0.99	Dy^{3+}	0.99	Ce^{4+}	1.01
Bi^{3+}	1.03	Gd^{3+}	1.04	Na^{+}	1.04	Cd^{2+}	1.04	Eu^{3+}	1.06
Sm^{3+}	1.06	Dy^{2+}	1.07	Ca^{2+}	1.07	Nd^{3+}	1.12	Pr^{3+}	1.14
Gd^{2+}	1.15	Ce^{3+}	1.15	Eu^{2+}	1.17	La^{3+}	1.23	Sr^{2+}	1.25
Pb^{2+}	1.29	K^{+}	1.44	Ba^{2+}	1.47	Rb^{+}	1.60	Cs^{+}	1.82

为了衡量原子在形成化学键时吸引电子的相对强弱，Pauling 引入了元素电负性（X）概念。电负性是相对值，没有单位，可以通过多种实验的和理论的方法建立标度。同一个物理量，标度不同数值有所不同。常用的电负性标度有以下 3 种：

1）Pauling 标度。根据热化学数据和分子的键能，指定氟的电负性为 4.0（后人改为 3.98），计算其他元素的相对电负性（稀有气体未计）。

2）Mulliken 标度。从电离能 E_I 和电子亲和能 E_A 计算绝对电负性：$X = 0.168(E_I + E_A - 1.23)$。

3）Allred - Rochow 标度。通过公式 $X_{AR} = 0.744 + 0.359Z_{eff}/r^2$ 计算，其中 Z_{eff} 为离子的有效电荷数，r 为原子的共价半径。

在上述标度中，Allred - Rochow 标度与 Pauling 标度电负性数值一致。元素电负性数值越大，表示原子在化合物中吸引电子的能力越强；反之，电负性数值越小，原子吸引电子能力越弱。如表 3 - 2 所示，同周期主族元素电负性从左到右逐渐增大、从上到下逐渐减小。

需要说明的是，表 3 - 2 电负性数值是在孤立原子、特定热力学边界条件下获得的。当热力学边界条件和化学环境改变时，离子的有效核电荷与半径都会发生变化，元素的电负性随之动态变化。因此，在分析温度、压强等驱动的结构相变时需要充分考虑化学键的动态特征。最近，基于电离能和离子半径定义的有效离子势，Li 和 Xue 重新量化计算了 82 种元素的电负性[254]。该标度计入了不同氧化态、不同自旋组态、不同配位数对离子电负性的影响。计算发现，对于给定阳离子，随氧化态增加电负性增大，随配位数增大电负性减小；对于过渡金属离子，低自旋组态的电负性高于高自旋组态。该标度的电负性已用于量化评估化学键的性质，预测材料的结构与力学等性质[255]。

3.2　原子间的结合与配位构型的稳定性

晶体的几何结构、物理、化学性质与原子间的结合形式存在密切的联系。一般来讲，原子间的结合可以分为离子性、共价性、金属性和范德瓦尔斯结合四种基本形式。其中，离子性结合是以离子而不是原子为结合的单元，要求正负离子相间排列。NaCl 是最简单常见的离子晶体。形成晶体的正负离子通过得失电子形成满壳层电子结构。库仑吸引作用使正负离子聚合在一起，当它们之间的距离接近到电子云发生显著重叠时就会产生强烈的静电排斥作用。这种排斥力源于泡利不相容原理。实际的离子晶体便是在离子间的静电排斥作用增强到与库仑吸引作用正好抵消时的平衡状态。自然界，氧化物以离子性结合为主，它们通常具有高熔点、高电阻率等物理性质。

表 3-2 按元素周期表排列的元素电负性数值(Pauling 标度)

H 2.20																	He
Li 0.981 1	Be 1.57											B 2.041 3	C 2.551 4	N 3.041 5	O 3.441 6	F 3.981 7	Ne
Na 0.931 9	Mg 1.312 0											Al 1.613 1	Si 1.903 2	P 2.193 3	S 2.58	Cl 3.163 5	Ar
K 0.823 7	Ca 1.003 8	Sc 1.363 9	Ti 1.544 0	V 1.634 1	Cr 1.664 2	Mn 1.554 3	Fe 1.834 4	Co 1.884 5	Ni 1.914 6	Cu 1.904 7	Zn 1.654 8	Ga 1.814 9	Ge 2.015 0	As 2.185 1	Se 2.555 2	Br 2.965 3	Kr
Rb 0.825 5	Sr 0.955 6	Y 1.225 7	Zr 1.337 2	Nb 1.673	Mo 2.167 4	Tc 1.975	Ru 2.276	Rh 2.287 7	Pd 2.207 8	Ag 1.937 9	Cd 1.698 0	In 1.788 1	Sn 1.968 2	Sb 2.058 3	Te 2.1	I 2.66	Xe
Cs 0.79	Ba 0.89	La 1.189	Hf 1.3	Ta 1.5	W 2.36	Re 1.9	Os 2.2	Ir 2.20	Pt 2.28	Au 2.54	Hg 2.00	Tl 1.62	Pb 2.33	Bi 2.02	Po 2.070	At 2.2	Rn

镧系	La 1.189	Ce 1.12	Pr 1.13	Nd 1.14	Pm 1.13	Sm 1.17	Eu 1.2	Gd 1.2	Tb 1.1	Dy 1.22	Ho 1.23	Er 1.24	Tm 1.25	Yb 1.1	Lu 1.27

共价性结合是两个原子各贡献一个电子,自旋相反配对的一对电子为其共有。氢分子和金刚石是共价结合的典型例子。共价键有饱和性和方向性两个基本特征:饱和性是指一个原子只能形成一定数目的共价键,共价键的数目取决于未配对价电子的数目;方向性是指原子只能在特定的方向上成键。共价键的强弱取决于电子轨道杂化的程度,因此,原子是在价电子波函数最大的方向上成键。过渡金属元素的d轨道与氧元素2p轨道可以头对头形成σ键或者肩并肩形成π键。如图2-16所示,钙钛矿氧化物大都不是单纯的离子性结合,而是混合有一定成分的共价性结合。经典半导体以共价结合为主。钙钛矿氧化物兼具离子性与共价性结合的特点,也为氧化物半导体新材料的开发奠定了基础。

金属性结合的基本特点是电子的共有化。原属各原子的价电子转变为在整个晶体内运动,电子波函数遍历整个晶体。金属性晶体由共有化电子形成负电子云,带正电的各离子实浸泡在这个负电子云中。晶体体积越小负电子云越密集,负电子云与正离子实间的库仑作用能量越低。金属性结合首先是一种体积效应,原子越紧凑库仑能越低。因此,许多金属性晶体具有面心立方或六角密排结构,它们是原子排列最密集的晶体结构,配位数为12。与离子性和共价性结合相比,金属性结合对原子的几何排列没有特殊要求,容易造成不规则排列,晶体具有较大的范性,容易塑性形变。良好的导电性、导热性等物理性质与共有化电子在整个晶体内的运动紧密相关。

由于不同结合形式之间存在一定的联系,实际的晶体常常具有两种结合形式之间的过渡性质。包括钙钛矿结构在内的许多氧化物晶体兼有离子性结合与共价性结合的混合形式。晶体究竟采取哪一种结合形式取决于组成晶体的原子,取决于原子束缚电子的能力强弱,同时还受温度、压力等外界条件的影响。价电子的束缚强弱与原子在周期表中的位置密切相关,元素的电负性大小可查看表3-2。

对于扩展系统中原子间的结合,化学提供了一个简单但强大的概念——化学键。然而,为了理解固态物质的电子性质,化学必须学习并适应固体物理语言——电子能带结构理论。应用前线轨道概念,Hoffmann建立了化学键理论与能带结构理论之间的对应关系。通过重新阐述轨道杂化与分布、电子态密度、态密度分解等概念,从离域化的能带过渡到了局域化的化学键[256]。其中,前线轨道控制着固体扩展系统和分子分立系统的结构与化学活性。当原子密堆系统中存在悬挂键、存在未配对的电子轨道时,化学家预测该系统的几何排列将会发生变化直至电子配对形成化学键——电子占据成键轨道时系统能量降低;物理学家发现几何结构的变化对应于费米能级处电子态密度的降低过程,成键轨道对应价带而反键轨道对应导带。不同原子之间通过轨道杂化演化为晶体能带,能带宽度与轨道杂化程度密切相关。如果所有能带都很窄,也就是说电子轨道几乎没有杂化,此时原子间尚未成键;如果某些能带较宽,相应于价电子通过轨道杂化在不同原子之间共有、原子间成键形成固体。通过元素替代、原子添加、非化学计量比等方法改变原子密堆系统的电子数量既是固体化学调控氧化还原性质的一个常用策略,也是固体物理调控物理性质的常用方法。

值得注意的是,原子间的结合关注的是原子外壳层价电子的行为,而物质的磁性关注的却是原子未满内壳层电子的行为。当两个原子的核间距与 3d 内壳层的半径之比在一定范围时,Slater 发现金属晶体具有铁磁性,满足这个条件的最可几金属是 Fe、Co、Ni 和 MnCu 合金(Heusler 合金)[250]。与 Heusler 合金不同,Mn 原子太大而 Cu 原子太小,它们的晶体都是抗磁体。

3.2.1 氧化物的化学键

无论哪种类型的化学键都与原子的价电子有关,化学键使原子获得稳定的电子构型——像惰性元素那样完全填满最外电子层。根据元素的电负性大小可判断氧化物化学键的性质。从阳离子与阴离子电负性差可以计算离子键与共价键的比例,Pauling 曾经提出如下经验公式以量化化学键的性质[257]:

$$P_{AB} = 1 - \exp[-(X_A - X_B)^2/4] \tag{3-1}$$

式中,P_{AB}表示 AB 型化合物离子键的比例;X_A、X_B分别代表元素 A 和 B 的电负性。两种元素的电负性差越大化学键的极性越强,反之共价键比例越大,当 $X_A = X_B$ 时共价键为 100%。表 3-3 列出了几种典型物质的电负性差、离子键与共价键成分计算结果。由此可见,化学键的性质可在较大范围内变化: MgO 主要是离子性结合,SiC 主要是共价性结合。由 IV 族元素组成的单质材料,电负性差为零,化学键是纯共价键。化学键不同陶瓷材料的熔点、弹性常数、硬度、塑性等力学性质在较大的范围内变化[255]。

表 3-3 几种典型物质离子键与共价键的成分计算

化合物	LiF	CaO	MgO	ZrO_2	Al_2O_3	ZnO	SiO_2	TiN	Si_3N_4	BN	SiC	WC	Si
电负性差	3.00	2.44	2.13	2.10	1.83	1.79	1.54	1.50	1.14	1.00	0.65	0.19	0
离子键比例	0.89	0.77	0.68	0.67	0.57	0.55	0.45	0.43	0.28	0.22	0.10	0.01	0.00
共价键比例	0.11	0.23	0.32	0.33	0.43	0.45	0.55	0.57	0.72	0.78	0.90	0.99	1.00

元素之间的电负性差虽然提供了一种简单的衡量化学键性质的方法,但要准确计算并不容易。由于离子价态、有效核电荷数、轨道杂化等因素都会影响原子吸引电子的能力,因此电负性的实际表现不是一成不变的。在晶体学中,价键理论建立了化学键的强度(化学价)与离子对间距的关系。从结晶学结构数据出发,通过对阴阳离子对的键强 s_{ij} 求和可以得到阳离子的化学价 V_i,计算公式如下:

$$V_i = \sum_j s_{ij}, \quad s_{ij} = (r_{ij}/r_0)^{-N} \text{或者} s_{ij} = e^{\frac{(r_{ij}-r_0)}{B}} \tag{3-2}$$

式中 r_0、N 和 $B = 0.37$ Å 是结晶学结构数据中特定阴阳离子对的性质参数；r_{ij} 为离子对的间距。Brown 等通过拟合实验数据得到 750 个离子对的上述参数，并建立了直到今天仍然有效的化学价表[258,259]。Brese 和 O'Keeffe 得到了 969 个离子对的化学价参数[260]。从方程(3-2)可知，随原子间距减小，键强按指数规律增大。因此，随热力学边界条件和化学环境不同，钙钛矿氧化物中离子的化学价与化学键都随之变化。例如，在铁电相变临界点，由于铁电活性离子存在欠键合，它们不再能保持在配位氧离子笼隙的对称中心位置；由于铁电活性离子偏离对称中心位置导致其与配位氧离子的间距不再相等，从而导致铁电活性离子不同方向的键强以及化学价发生动态变化[77,260]。价键理论还可以用于研究钙钛矿氧化物的电荷歧化[261]、价键各向异性与动态变化等物质现象。

不管从元素电负性数据还是从结晶学结构数据判断，钙钛矿氧化物都是离子性-共价性混合化学键。目前，从电子的局域性出发第一性原理理论计算已可以处理混合化学键氧化物[256,262,263]。

3.2.2　离子的配位构型与稳定性

晶体结构取决于原子(离子或分子)的性质及其相互之间的结合形式。以离子键为主的陶瓷材料是由带电离子组成的，金属离子失去价电子带正电，非金属离子得到电子带负电。组成离子对晶体结构的影响主要体现在以下两个方面。

1) 晶体必须电中性。阳离子所带正电荷的数目必须与阴离子所带负电荷的数目相等，化学式描述了电中性时的元素组成。例如，在 ABO_3 氧化物中，每个氧离子带两个负电荷，因此 A 位和 B 位阳离子所带正电荷数目之和等于 6。自然界存在三种阳离子组合满足电中性条件：$A^{2+}B^{4+}O_3$、$A^{3+}B^{3+}O_3$ 和 $A^{1+}B^{5+}O_3$。从 $CaTiO_3$ 天然矿物出发，人工相继合成了 $SrTiO_3$、$BaTiO_3$、$PbTiO_3$、$PbZrO_3$、$KNbO_3$、$BiFeO_3$、$LaMnO_3$、$LaGaO_3$、$YAlO_3$ 等众多钙钛矿氧化物[1,2,264,265]。

2) 阳离子与阴离子的相对大小，即阳离子/阴离子半径比(r_C/r_A)。离子最密堆集时自由能最小，因此每个阳离子倾向于获得尽可能多的最近邻阴离子，阴离子也希望获得最大数目的最近邻阳离子。采用钢球模型可以计算形成特定配位数的离子半径范围。当 r_C/r_A 值在 0.225~0.414 范围时配位数为 4，阳离子位于四面体中心，阴离子在四面体的 4 个顶角；在 0.414~0.732 范围时，阳离子处于 6 个阴离子围成的八面体中心，每个顶角一个阴离子；在 1.0 附近时，配位数为 12。钙钛矿氧化物中 A 位离子的配位数为 12，B 位离子的配位数为 6。由于配位数与 r_C/r_A 之间的关系仅考虑了几何因素，这种关系是近似的。对于某些离子-共价混合键陶瓷材料，即使 $r_C/r_A>0.44$，由于共价键的影响它的配位数是 4，而不是 6。

对于每一配位数，r_C/r_A存在一个临界值，此时阳离子与阴离子的联系是稳健的；当r_C/r_A偏离临界值时，配位结构会发生畸变以降低势能[57,189]。如图3－3所示，当离子间相互接触时形成的晶体结构是稳定的；当离子大小失配时晶体结构将发生铁性失稳。因为离子大小失配，钙钛矿氧化物大都不是理想的立方结构，常常存在晶格畸变。

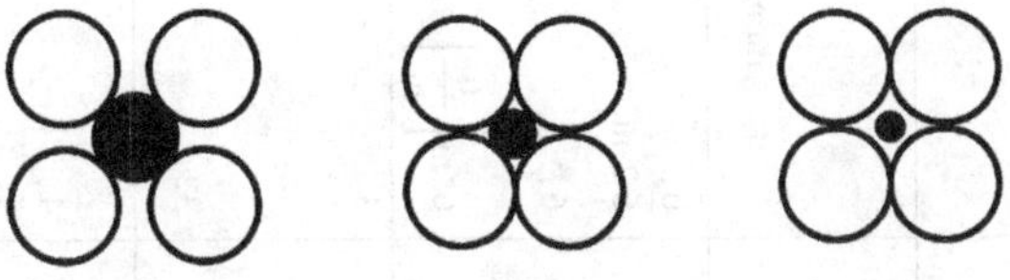

图3－3　阴离子与阳离子的配位构型及其稳定性示意图：白圈代表阴离子、黑圈代表阳离子

原子的实际排列与元素的化合价、离子大小、电负性等特征量密切相关，与原子间的化学键密切相关。共价晶体中化学键的方向性占主导地位。例如，β－SiC每个原子周围有四个其他元素的近邻原子，晶体结构类似于金刚石结构。离子晶体中化学键没有方向性，离子的化合价与大小起主导地位。在大多数氧化物中，氧离子形成密堆阵列，尺寸较小的金属离子占据间隙位置。当金属阳离子与氧离子半径比介于0.732～0.414时通常为六配位。例如，Mg^{2+}与O^{2-}离子半径比为0.47，MgO为六配位的立方NaCl结构。Al^{3+}与O^{2-}离子半径比为0.36，然而，α－Al_2O_3为六配位的刚玉结构、γ－Al_2O_3为六配位与四配位混合的尖晶石结构。虽然离子大小提供了有意义的指导，但离子的极化畸变、共价成分、原子系统的化学组成与形成条件等因素对几何配位与晶体结构的影响不能忽视，需要综合考虑多种因素的影响。

3.3　晶体的对称性

对称性包括物质的对称性、外场的对称性与物理性质的对称性。晶体的宏观对称性不仅深刻影响原子在空间的几何排列形式，还影响晶体的弹性、介电、压电、铁电、磁性、非线性光学等物理性质。根据Neumann原理，晶体物理性质的对称性必须包含其点群的所有对称操作、张量系数在对称变换后保持不变。对称性分析可以确定哪些张量系数为零、哪些系数相等[8,266,267]。对称性分析不仅可以减少材料性质测量时的工作量，对工程应用也是非常重要的。例如，选择合适的压电晶体取向可以去除温度和应力效应，提高器件的温度稳定性等使役性能[268]。

自然界存在的晶体成千上万种。在不考虑原子种类的情况下，如表3－4所示，三维空间晶体的宏观对称性分为7大晶系、14种布拉维点阵、32种结晶学点

表 3-4　晶系、布拉维点阵与结晶学点群一览表

晶　系	晶格常数	简单(P)	底心(C)	面心(F)	体心(I)	S 符号	H-M 符号
三斜 (triclinic)	$a \neq b \neq c$ $\alpha \neq \beta \neq \gamma \neq 90°$	*a*P 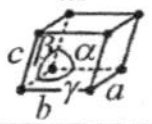				C_1 $C_i = S_2$	1 $\bar{1}$
单斜 (monoclinic)	$a \neq b \neq c$ $\alpha = \gamma = 90°$ $\beta > 90°$	*m*P 	*m*C 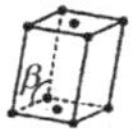			C_2 C_s C_{2h}	2 m $2/m\left[\frac{2}{m}\right]$
正交 (orthorhombic)	$a \neq b \neq c$ $\alpha = \beta = \gamma = 90°$	*o*P 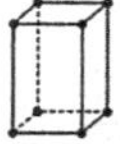	*o*C 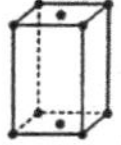	*o*F 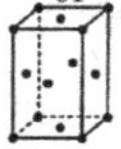	*o*I 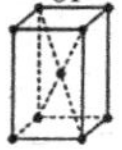	C_{2v} $D_2 = V$ $D_{2h} = V_h$	m m 2 2 2 2 $mmm\left[\frac{2}{m}\frac{2}{m}\frac{2}{m}\right]$
六方 (hexagonal)	$a = b \neq c$ $\alpha = \beta = 90°$ $\gamma = 120°$	*h*P 				C_{3h}, C_{6v} D_{3h}, D_6 C_6, D_{6h} C_{6h}	$\bar{6}$,　6 m m $\bar{6}$ 2 m,　6 2 2 6,　$6/mmm\left[\frac{6}{m}\frac{2}{m}\frac{2}{m}\right]$ $6/m\left[\frac{6}{m}\right]$
菱方 (rhomhohedral) 三方 (trigonal)	$a = b = c$ $\alpha = \beta = \gamma \neq 90°$	*h*R 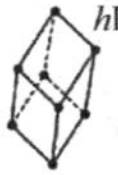				C_3 $C_{3i} = S_6$ C_{3v} D_3, D_{3d}	3 $\bar{3}$ 3 m 32,　$\bar{3}\,m\left[\bar{3}\frac{2}{m}\right]$
四方 (tetragonal)	$a = b \neq c$ $\alpha = \beta = \gamma = 90°$	*t*P 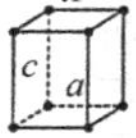			*t*I 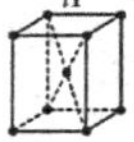	$D_{2d} = V_d$ S_4, C_{4v} C_4, D_4 C_{4h}, D_{4h}	$\bar{4}$ 2 m $\bar{4}$,　4 m m 4,　4 2 2 $4/m\left[\frac{4}{m}\right]$, $4/mmm\left[\frac{4}{m}\frac{2}{m}\frac{2}{m}\right]$
立方 (cubic)	$a = b = c$ $\alpha = \beta = \gamma = 90°$	*c*P 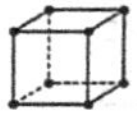		*c*F 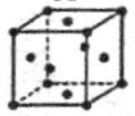	*c*I 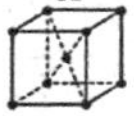	T, O T_d, O_h T_h	2 3,　4 3 2 $\bar{4}$ 3 m,　$m\,3\,m\left[\frac{4}{m}\bar{3}\frac{2}{m}\right]$ $m3\left[\frac{2}{m}\bar{3}\right]$

群；在考虑原子种类后，晶体的微观对称性组成230个空间群。晶体宏观对称性的高低及其点群之间的相互关系如图3-4所示。

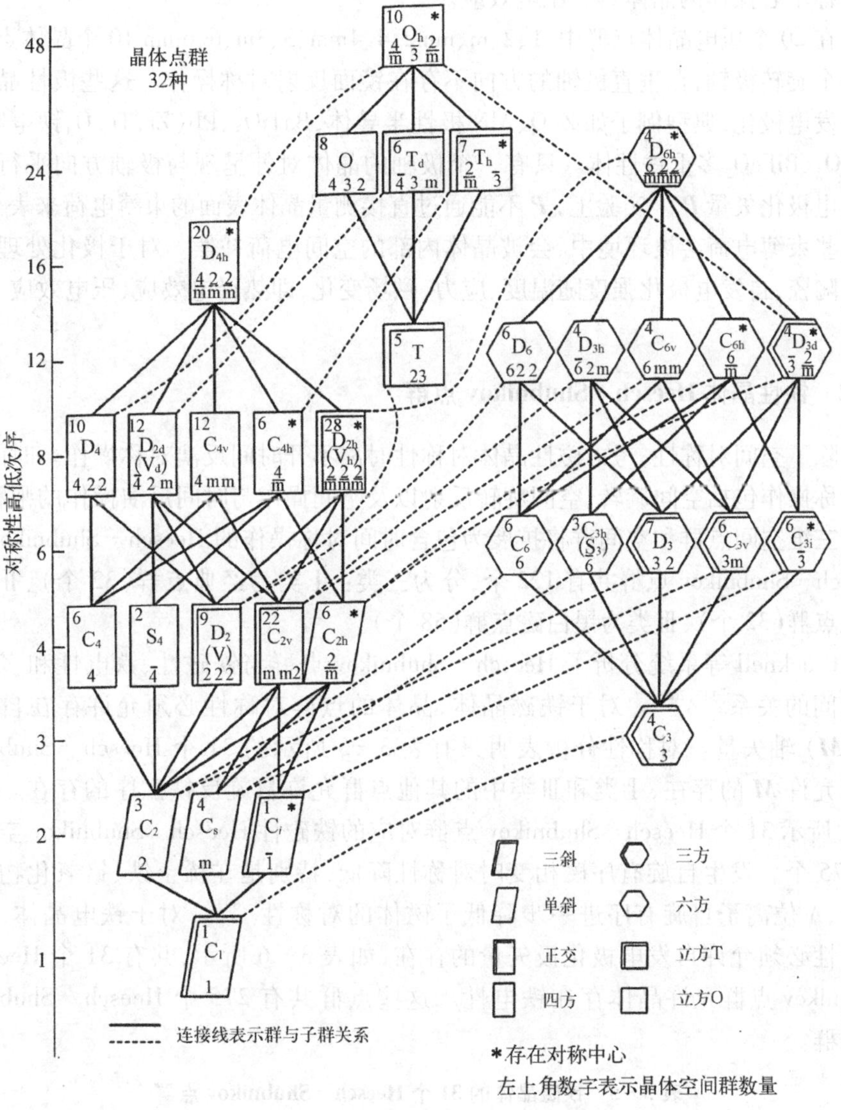

图3-4　结晶学点群的对称性高低次序以及群与子群关系[144]

3.3.1　介电晶体点群

对于介电晶体，32个晶体点群可以分为两类：一类是包含对称中心的11个点群：$\bar{1}$、2/m、mmm、4/m、4/mmm、$\bar{3}$、$\bar{3}$m、3/m、6/m、6/mmm和m3m；另一类是不包含对称中心的其余21个点群。不包含对称中心操作的晶体通常有一个或几个极轴，没有任何一个对称操作可以让极轴两端保持不变。除了432点群，其余20个不包含对称中心操作的晶体具有压电效应。

在20个压电晶体点群中，1、2、m、mm2、4、4mm、3、3m、6、6mm 10个晶体点群只有一个旋转极轴，在垂直极轴的方向不存在镜面反射对称操作。这些极性晶体具有自发电极化，典型例子如ZnO、AlN极性半导体，$BaTiO_3$、$Pb(Zr,Ti)O_3$铁电陶瓷，$YMnO_3$、$BiFeO_3$多重铁性体。只有一个极轴的晶体对外呈现与极轴方向平行的净自发电极化矢量$\boldsymbol{P}$。实验上，$\boldsymbol{P}$不能通过直接测量晶体表面的束缚电荷来表征，因为这些束缚电荷会被环境中、会被晶体内部的空间电荷补偿。对于极化处理后的铁电陶瓷，自发电极化强度随温度、应力、磁场变化，即热释电效应、压电效应、磁电效应。

3.3.2　铁性晶体 Heesch - Shubnikov 点群

除了空间对称性，考虑磁性晶体对称性时离不开时间反演对称操作。时间-空间对称操作包括空间旋转、空间旋转反射以及空间操作与时间反演操作的乘积，晶体的三维空间点群和空间群将扩展为包含时间对称操作的 Heesch - Shubnikov 群。Heesch - Shubnikov 点群共有122个，分为三类：Ⅰ类为经典点群（32个）、Ⅱ类为灰色点群（32个）、Ⅲ类为黑白磁点群（58个）。

Cracknell 等系统分析了 Heesch - Shubnikov 点群与铁磁性、铁电性和多重铁性之间的关系[117,267]。对于铁磁晶体，晶体的点群对称性必须允许存在自发磁矩（$\boldsymbol{M}$）轴矢量。对称性分析表明只有表3-5所示的31个 Heesch - Shubnikov 点群允许$\boldsymbol{M}$的存在，Ⅰ类和Ⅲ类中的其他点群允许自旋反铁磁序的存在。与表3-5所示31个 Heesch - Shubnikov 点群对应的铁磁性 Heesch - Shubnikov 空间群有275个。发生自旋有序磁相变时对称性降低，特别是在稀土铁、铬氧化物钙钛矿中，A位离子自旋有序进一步降低了磁体的对称性[269]。对于铁电晶体，点群对称性必须允许自发电极化极矢量的存在，如表3-6所示，共有31个 Heesch - Shubnikov 点群允许晶体存在铁电性。这些点群共有275个 Heesch - Shubnikov 空间群。

表3-5　铁磁晶体的31个 Heesch - Shubnikov 点群

Ⅰ　类	Ⅲ　类
1　$\bar{1}$	
2　m　2/m	2′　m′　2′/m′　22′2′　m′m′2　m′m2′　mm′m′
3　$\bar{3}$	32′　3m′　$\bar{3}$m′
4　$\bar{4}$　4/m	42′2′　4m′m′　$\bar{4}$2′m′　4/mm′m′
6　$\bar{6}$　6/m	62′2′　6m′m′　$\bar{6}$2′m′　6/mm′m′

表 3-6 铁电晶体的 31 个 Heesch-Shubnikov 点群

Ⅰ 类	Ⅱ 类	Ⅲ 类
1	1′	
2	21′	2′
m	m1′	m′
mm2	mm21′	m′m2′ m′m′2
4	41′	4′
4mm	4mm1′	4′mm′ 4m′m′
3	31′	
3m	3m1′	3m′
6	61′	6′
6mm	6mm1′	6′mm′ 6m′m′

3.3.3 铁磁-铁电多重铁性晶体点群

从表 3-5 铁磁晶体和表 3-6 铁电晶体的点群对称性可知,某些点群允许铁磁序和铁电序共存。对比分析发现共有 13 个 Heesch-Shubnikov 点群允许铁电序和铁磁序共存,结果见表 3-7,点群对称性约束了自发电极化 $\boldsymbol{P}$ 和自发磁矩 $\boldsymbol{M}$ 矢量的方向[270]。如表 3-7 所示,在 Heesch-Shubnikov 点群为 2、3、4 的双钙钛矿氧化物中,$\boldsymbol{M}$ 和 $\boldsymbol{P}$ 的方向都与极轴平行,它们可具有电场反转 $\boldsymbol{M}$ 或磁场反转 $\boldsymbol{P}$ 的一级磁电效应,可用于制作电写磁读存储器、磁电传感器、电场调控自旋电子学器件。

表 3-7 铁电-铁磁共存 Heesch-Shubnikov 点群及其自发电极化、自发磁矩方向与极轴的关系

点 群	$\boldsymbol{M}$ 和 $\boldsymbol{P}$
2 m′m′2 3 3m′ 4 4m′m′ 6 6m′m′	$\boldsymbol{M} \parallel z$ $\boldsymbol{P} \parallel z$
m′m2′	$\boldsymbol{M} \parallel y$ $\boldsymbol{P} \parallel z$
2′	$\boldsymbol{M} \perp z$ $\boldsymbol{P} \parallel z$
m	$\boldsymbol{M} \parallel z$ $\boldsymbol{P} \perp z$
m′	$\boldsymbol{M} \perp z$ $\boldsymbol{P} \perp z$
1	无特定方向

由于铁磁序是时间中心反演对称破缺的结果而铁电序是空间中心反演对称破缺的结果,$\boldsymbol{M}$ 与 $\boldsymbol{P}$ 遵守不同的对称操作,因此对称性分析无法直接判断它们之间是否存在耦合。如果存在磁电效应,部分 Heesch-Shubnikov 点群对应的磁电张量见表 3-8。

与晶体类似,各向异性织构材料的物理性质可用居里群描述。居里群有时又称为连续群,包括∞、∞m、∞2、∞/m、∞/mm、∞∞、∞∞m 七个群。晶体材料和织

表 3－8　部分 Heesch－Shubnikov 点群对应的磁电张量系数表[8]

点　群	磁电耦合系数张量	点　群	磁电耦合系数张量
3,4,6	$\begin{bmatrix} \alpha_{11} & \alpha_{12} & 0 \\ -\alpha_{12} & \alpha_{11} & 0 \\ 0 & 0 & \alpha_{33} \end{bmatrix}$	2,m′	$\begin{bmatrix} \alpha_{11} & \alpha_{12} & 0 \\ \alpha_{21} & \alpha_{22} & 0 \\ 0 & 0 & \alpha_{33} \end{bmatrix}$
m,2′	$\begin{bmatrix} 0 & 0 & \alpha_{13} \\ 0 & 0 & \alpha_{23} \\ \alpha_{31} & \alpha_{32} & 0 \end{bmatrix}$	m′m′2	$\begin{bmatrix} \alpha_{11} & 0 & 0 \\ 0 & \alpha_{22} & 0 \\ 0 & 0 & \alpha_{33} \end{bmatrix}$
3m′,4m′m′,6m′m′	$\begin{bmatrix} \alpha_{11} & 0 & 0 \\ 0 & \alpha_{11} & 0 \\ 0 & 0 & \alpha_{33} \end{bmatrix}$	mm2,m′m2′	$\begin{bmatrix} 0 & \alpha_{12} & 0 \\ \alpha_{21} & 0 & 0 \\ 0 & 0 & 0 \end{bmatrix}$
3m,4mm,6mm	$\begin{bmatrix} 0 & \alpha_{12} & 0 \\ -\alpha_{12} & 0 & 0 \\ 0 & 0 & 0 \end{bmatrix}$	1	$\begin{bmatrix} \alpha_{11} & \alpha_{12} & \alpha_{13} \\ \alpha_{21} & \alpha_{22} & \alpha_{23} \\ \alpha_{31} & \alpha_{32} & \alpha_{33} \end{bmatrix}$

构材料的物理性质与方向有关,通过对称变换数学分析可以简化张量矩阵,减少实验测量工作量。张量系数的大小与组成原子的特征密切相关,经常考虑下述问题对新材料设计是有益的[8]：晶体由哪些原子组成？原子的电子组态是什么？形成什么类型的化学键？原子如何分布？不同分布对原子和电子的运动、对结构畸变有何影响？如何与物理性质关联？哪些性质对工程应用是重要的？这些问题需要晶体化学与固体物理学的相关知识,对称性约束的物理机制分析有助于预测式选择所需晶体的化学组成,有助于新材料的快速发现。

3.4　钙钛矿结构

钙钛矿结构的化学通式为 ABX_3,其中 A 和 B 阳离子可以是单一金属元素,也可以是复杂的金属元素组合,还可以是有机分子;X 位阴离子可以是氧离子,也可以是卤素离子等其他阴离子。根据 A 位和 B 位离子的组合情况钙钛矿可以分为简单钙钛矿(A 位和 B 位各只有一种离子)、复杂钙钛矿(A 位或 B 位由两种或两种以上离子组合而成)和固溶体钙钛矿。广泛研究的有氧化物钙钛矿、有机-无机杂化钙钛矿、无机卤化物钙钛矿。需要注意的是,并不是所有的 ABO_3 氧化物都形成钙钛矿结构。如果 A 和 B 阳离子大小相似,两者都处于八面体间隙,晶体为刚玉结构。例如 $LiNbO_3$ 和 $LiTaO_3$ 晶体为刚玉结构,Li^+ 与 Nb^{5+}(Ta^{5+})离子在氧八面体间隙交替分布。

3.4.1 简单钙钛矿结构

理想的钙钛矿氧化物是简单立方晶格[265]。如图 3－5 所示，钙钛矿氧化物可以看成是由氧八面体共顶点连接而成：半径较大的 A 阳离子占据立方体的顶点，位于八个氧八面体围成的笼子间隙，周围有 12 个配位氧离子；半径较小的 B 阳离子占据立方体的体心，位于 6 个氧离子组成的八面体中心，氧离子占据面心位置。理想钙钛矿属于 $Pm\bar{3}m$(A－221)空间群，Wyckoff 坐标分别为 A：(0,0,0;1a)、B：(1/2,1/2,1/2;1b)、O：(1/2,1/2,0;3c)，正氧八面体有 3 个四重、4 个三重、6 个二重旋转轴。

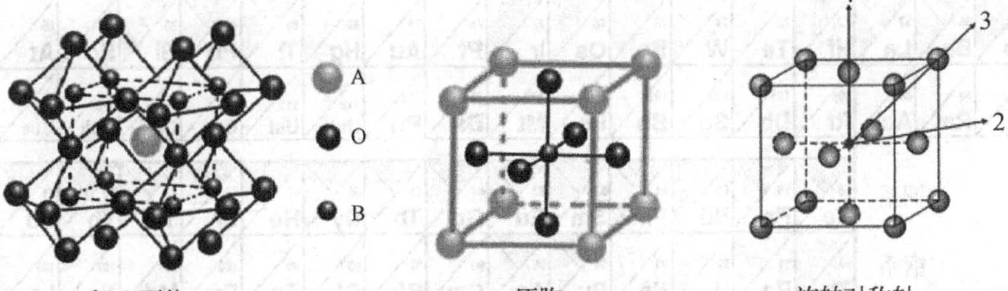

图 3－5 理想钙铁矿氧化物的结构示意图：氧八面体、原胞及其二重、三重、四重旋转对称轴

钙钛矿氧化物中氧离子为体心立方密堆，其中 1/4 八面体间隙被 B 阳离子占据，八面体围成的间隙被 A 阳离子占据。如图 3－6 所示，绝大多数元素均可填充在钙钛矿晶格的相应位置。与钙钛矿结构不同，钛铁矿和刚玉结构的氧离子为六方密堆，其中 2/3 八面体间隙被阳离子占据。氧化物具有哪种晶体结构不仅取决于 A、B 阳离子的大小，还与 A、B 阳离子的相对大小有关。对于钙钛矿结构 $BaTiO_3$，Ba^{2+}离子半径为 1.47 Å、O^{2-}离子半径为 1.40 Å，Ba^{2+}离子与 O^{2-}离子大小接近，也可以看作 Ba^{2+}离子与 O^{2-}离子形成面心立方密堆；Ti^{4+}离子远小于 O^{2-}离子和 Ba^{2+}离子，位于氧八面体的间隙。在进行结构分析时不能忽视热力学边界条件与氧化物的形成条件，例如，在 1 460℃以上温度直到熔点 $BaTiO_3$晶体是六方晶格，空间群为 $C6_3/mmc$，高温六方亚稳相可以在室温存在[271]。

在室温常压环境中立方钙钛矿氧化物比较少，绝大多数都存在晶格畸变、对称性降低。如表 3－9 所示，钙钛矿氧化物分属不同晶系，具有多种晶格对称性。为了理解钙钛矿结构的晶格畸变，Goldschmidt 定义了一个量化系综参数——结构容忍因子(t)：

$$t = (r_A + r_O) / \sqrt{2}(r_B + r_O) \tag{3-3}$$

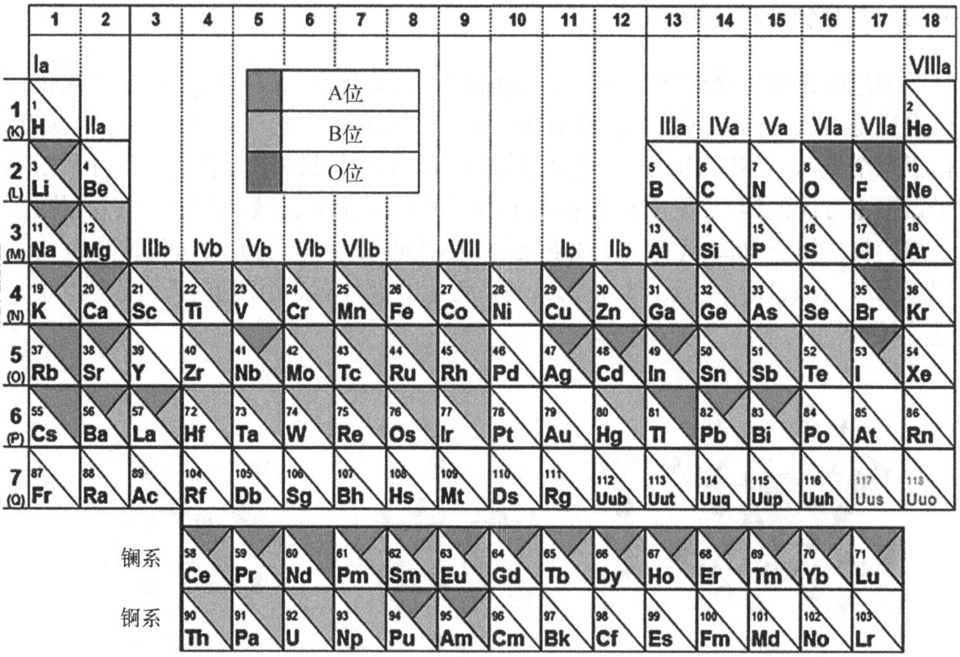

图 3－6　各元素在钙钛矿结构中的占位分析结果：青色为 A 位、橙色为 B 位、绿色为 X 位、白色不能形成钙钛矿相[210]

式中，r_A、r_B和 r_O分别为 A 离子、B 离子和 O 离子的离子半径。采用 Shannon 离子半径[252]，理想钙钛矿氧化物的结构容忍因子 t 接近 1.0，例如，$SrTiO_3$的 $t=1.002$（$r_O=1.40$ Å，$r_{Sr}=1.44$ Å，$r_{Ti}=0.605$ Å），在较宽的温度范围内它是立方晶格。由于钙钛矿结构具有非常强的包容性，A 位和 B 位可以容纳多种不同大小和化合价的阳离子，t 在 0.78～1.05 较大范围内变动。通常，$t<0.78$ 的氧化物具有钛铁矿结构，例如 $MgTiO_3$（$t=0.747$）和 $FeTiO_3$（$t=0.723$）为钛铁矿结构；而 $t>1.05$ 时以方解石结构存在。

表 3－9　典型钙钛矿氧化物及其晶格常数

化合物	晶格常数/Å		
	a	*b*	*c*
	立方晶系		
$KTaO_3$	3.989		
$SrTiO_3$	3.904		
$BaZrO_3$	4.193		
$GdMnO_3$	3.82		
$SmCoO_3$	3.75		

续表

化合物	晶格常数/Å		
	a	b	c
		四方晶系	
$BaTiO_3$	3.994		4.038
$PbTiO_3$	3.899		4.153
$PbSnO_3$	7.86		8.13
		三方晶系	
$LaAlO_3$	5.357	$\alpha = 60.06°$	
$LaNiO_3$	5.461	$\alpha = 60.05°$	
$BiFeO_3$	5.632	$\alpha = 60.06°$	
$KNbO_3$	4.016	$\alpha = 60.06°$	
		正交晶系	
$CaTiO_3$	5.381	5.443	7.645
$YFeO_3$	5.283	5.592	7.603
$LaCrO_3$	5.479	5.516	7.756
$LaMnO_3$	5.536	5.747	7.693
$LaFeO_3$	5.565	5.556	7.855
$GdFeO_3$	5.346	5.616	7.668

由于 Shannon 离子半径是从室温结晶学结构数据中计算得到的,不同历史时期有不同的版本,因此,上述 t 窗口不是绝对的,仅有参考意义。基于同样的原因,结构容忍因子也不能预测钙钛矿氧化物在偏离室温和常压条件后的结构变化趋势。例如,实验发现 $SrTiO_3$在 105 K 从立方相转变为空间群 I4/mcm 的四方相[272];$CaTiO_3$和 $SrRuO_3$ 随温度升高结构相变次序为 Pbnm→I4/mcm→Pm$\bar{3}$m[273-275],$SrZrO_3$为 Pbnm→Cmcm→I4/mcm→Pm$\bar{3}$m[276];$Ca_{1-x}Sr_xTiO_3$ 固溶体钙钛矿随 x 增加晶体结构依 Pbnm→I4/mcm→Pm$\bar{3}$m 次序转变[277,278]。

钙钛矿结构的稳定性是由热力学自由能描述的。为简便起见,人们探索了钙钛矿氧化物的形成能力与组成离子的大小以及结构容忍因子等特征量之间的关系[279-282]。例如,当 A 位离子是 La 或者 Ce - Dy 时 $AMnO_3$氧化物形成钙钛矿结构;当 A = Ho - Lu 或者 Y 时 $AMnO_3$形成六方结构,Mn 离子和 A 离子的配位数分别为 5 和 7。在稀土元素与 Mn^{3+}离子组成的 ABO_3型氧化物中,A 位离子尺寸大有利于形成钙钛矿相[282]。然而,在碱土金属离子与 Mn^{4+} 离子[283]、$(Cr_{1/2}Nb_{1/2})^{4+}$复合离子[239]组成的 ABO_3氧化物中,A 位离子尺寸大时钙钛矿相却是热力学亚稳相。除了离子半径,化学价和化学键也影响阳离子配位数。例如,如果 B 位离子的共价性较强,它的配位数会低于 6。尽管 t 接近 1.0,$BaGeO_3$并不是钙钛矿结构而是一种硅酸盐型结构,Ge 优先采用 4 配位数。到目前为止,由元素特征量判断钙钛矿相的热力学稳定性依然是一个开放课题。

压力对物相结构的影响是复杂的，目前仍缺少系统的 P－T－x 数据[265]。通常，升高压力可以稳定钙钛矿结构相。例如，$SrRuO_3$在高压下从焦绿石结构转变为钙钛矿结构，$MgSiO_3$从链状硅酸盐结构经钛铁矿结构转变为钙钛矿结构。在钙钛矿氧化物中，压力升高晶体并不总是转变为高对称立方相。例如，$SrZrO_3$在 25GPa 从正交转变为立方，但 $SrTiO_3$在 6GPa 却从立方转变为四方，正交 $CaTiO_3$直到 36GPa 仍然保持稳定，$MgSiO_3$直到 94GPa 仍然为正交钙钛矿相。

3.4.2　双钙钛矿结构

作为一类特殊的钙钛矿，典型的 1∶1 有序双钙钛矿 B 位由两种不同元素组成并按 NaCl 型排列，存在 B 和 B′两套子晶格[265,284]。图 3－7 所示为无序分布的复杂钙钛矿和 1∶1 有序分布的双钙钛矿结构示意图，化学通式分别为 $A(B_{0.5}B'_{0.5})O_3$和 $A_2BB'O_6$。与简单钙钛矿相比，双钙钛矿的原胞边长加倍，立方相空间群为 $Fm\bar{3}m$。对于像 Sr_2AlTaO_6、Ba_2InTaO_6等 B 位部分有序钙钛矿，它们的空间群也是 $Fm\bar{3}m$；如果 B 位离子完全无序分布，空间群则退化为 $Pm\bar{3}m$。B 位离子的有序度可以用参数 $S = 2x_B - 1$ 表示，其中 x_B表示 B 阳离子占据 B 子晶格的分数。$S = 1$ 表示完全有序（$x_B = 1$）、$S = 0$ 表示完全无序（$x_B = 1/2$）。通过比较超晶格衍射峰的强度可以估算离子的有序度，$S = 0$ 时不存在超晶格衍射峰。S 的大小不仅受 B 位阳离子的大小、电荷、极化性质等原子特征量的影响[285]，还受氧化物的粉料制备方法、合成温度、烧结温度与时间等工艺因素的影响。

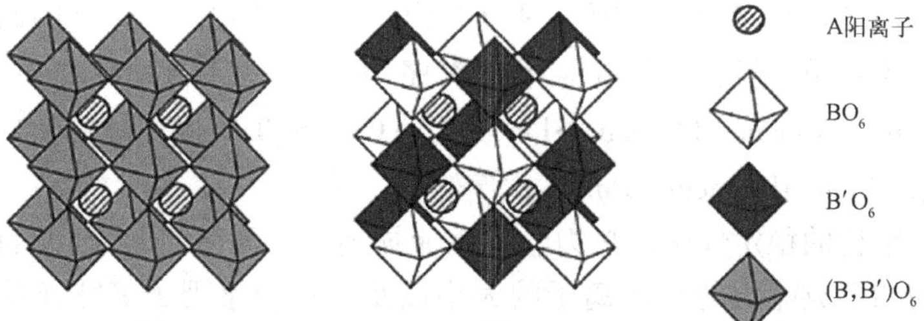

图 3－7　不同 B 位离子分布钙钛矿氧化物的结构图[286]：
（a）无序分布和（b）NaCl 型有序分布

双钙钛矿氧化物早在 20 世纪 60 年代就已发现[94]。直到 80 年代，应用中子衍射实验技术才无异议地确认了它们的晶体结构。至今，已合成了上千种双钙钛矿氧化物并发现许多引人注目的性质[286-289]。例如，在 Sr_2FeMoO_6双钙钛矿中发现了铁磁半金属性；Sr_2MgMoO_6是一种有效的固态氧化物燃料电池阳极材料；$Sr_2CuB'O_6$是研究低维自旋阻挫的经典体系，在 $Sr_2Cu(Te,W)O_6$中发现了自旋液态。不同元素形成双钙钛矿的能力有所不同。例如，常压下 La_2MgGeO_6、A_2FeReO_6（A = Ca、Sr、Ba）

能形成双钙钛矿[96,290]，但 Pb_2FeReO_6是带缺陷的焦绿石结构[291]。通过改变组成元素、应用高温高压等合成方法，双钙钛矿氧化物将呈现更多的种类与新奇的物理化学性质。

双钙钛矿氧化物在磁性材料研究方面具有特殊价值。要理解钙钛矿材料的磁性必须清楚离子的排列方式，B 位离子的种类和分布是自旋磁序的决定因素[285]。理论和实验研究都表明在双钙钛矿氧化物中能够发现室温铁磁半导体、室温铁磁-铁电多重铁性体、室温铁磁电体等新材料[34,35]。

3.4.3 晶格畸变

立方钙钛矿在各个方向具有等同的 B－O 键长和键角。与立方相不同，绝大部分钙钛矿氧化物都存在氧八面体的倾斜、旋转、伸长、压缩（铁弹畸变）或者阳离子偏离对称中心位置（铁电畸变）等晶格畸变，此时 B－O 键长不再相等、键角偏离 180°。由于 AO_{12}十二面体与 BO_6八面体的相对变化率随温度、压强、电场不同，晶格畸变趋势不同[55,292-294]。晶格畸变不改变原子之间的相对位置，只涉及结构参数与对称性的变化[265,295]，导致原子之间的电子轨道杂化强度改变与过渡金属离子能级分裂，钙钛矿氧化物呈现出丰富多样的结构相变与功能特性。钙钛矿晶格畸变主要有两种类型：一种是空间中心对称破缺的铁电-铁弹畸变，如钛酸钡在 120℃以下温度存在空间群 P4mm 的铁电畸变，Wyckoff 坐标分别为 Ba 离子(0,0,0)、Ti 离子$(1/2,1/2,1/2+\delta_1)$、氧离子$(1/2,1/2,-\delta_2)$、$(1/2,0,1/2-\delta_3)$、$(0,1/2,1/2-\delta_3)$；另一种是保持空间中心对称操作的铁弹畸变，组成元素不同晶格畸变各异。

20 世纪 70 年代初，Glazer 设计了一套标号系统描述氧八面体沿三个结晶学主轴的旋转与倾斜，并总结了不同低对称结构的空间群以及它们之间的子群关系[296,297]，结果如表 3－10 和图 3－8 所示。与简单钙钛矿相比，两种阳离子的有序排列意味着相邻氧八面体中心位置不再等价，晶格对称性进一步降低、点群是无序分布点群的子群[298-303]。例如，对于 $a^0a^0c^-$倾斜的 I4/mcm 空间群，阳离子的有序分布将移除对称镜面与 c 滑移面、空间群退化为 I4/m。表 3－10 和图 3－8 同时给出了 1∶1 有序双钙钛矿氧化物的晶格畸变类型及其空间群。

表 3－10 无序和 1∶1 有序钙钛矿结构氧八面体的倾斜及其空间群

	符 号	无 序	1∶1 有序
3-轴倾转系统			
1	$a^+b^+c^+$	Immm(71)	Pnnn(48)
2	$a^+b^+b^+$	Immm(71)	Pnnn(48)
3	$a^+a^+a^+$	$Im\bar{3}$(204)	$Pn\bar{3}$(201)

续表

	符　号	无　序	1∶1 有序
4	$a^+b^+c^-$	Pmmn(59)	P2/c(13)
5	$a^+a^+c^-$	$P4_2$/nmc(137)	$P4_2$/n(86)
6	$a^+b^+b^-$	Pmmn(59)	P2/c(13)
7	$a^+a^+a^-$	$P4_2$/nmc(137)	$P4_2$/n(86)
8	$a^+b^-c^-$	$P2_1$/m(11)	P$\bar{1}$(2)
9	$a^+a^-c^-$	$P2_1$/m(11)	P$\bar{1}$(2)
10	$a^+b^-b^-$	Pnma(62)	$P2_1$/n(14－2)
11	$a^+a^-a^-$	Pnma(62)	$P2_1$/n(14－2)
12	$a^-b^-c^-$	F$\bar{1}$(2)	F$\bar{1}$(2)
13	$a^-b^-b^-$	I2/a(15)	F$\bar{1}$(2)
14	$a^-a^-a^-$	R$\bar{3}$c(167)	R$\bar{3}$(148－2)
2-轴倾转系统			
15	$a^0b^+c^+$	Immm(71)	Pnnn(48)
16	$a^0b^+b^+$	I4/mmm(139)	$P4_2$/nnm(134)
17	$a^0b^+c^+$	Cmcm(63)	C2/c(15－1)
18	$a^0b^+b^-$	Cmcm(63)	C2/c(15－1)
19	$a^0b^-c^-$	I2/m(12)	I$\bar{1}$(2)
20	$a^0b^-b^-$	Imma(74)	I2/m(12－3)
1-轴倾转系统			
21	$a^0a^0c^+$	P4/mbm(127)	P4/mnc(128)
22	$a^0a^0c^-$	I4/mcm(140)	I4/m(87)
0-轴倾转系统			
23	$a^0a^0a^0$	Pm$\bar{3}$m(221)	Fm$\bar{3}$m(225)

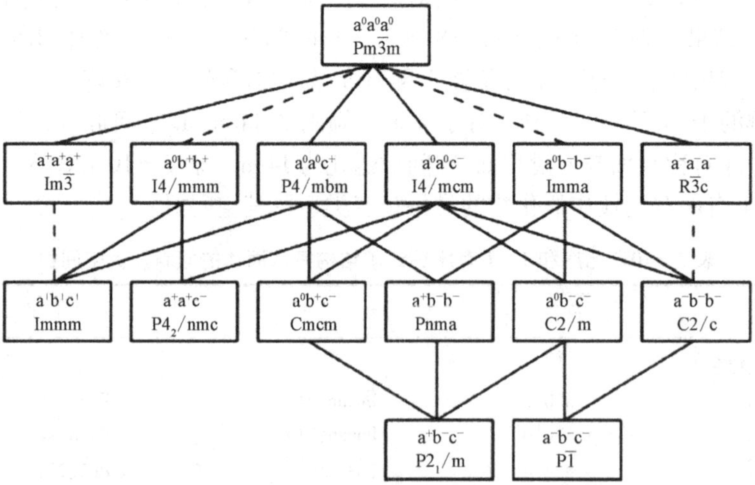

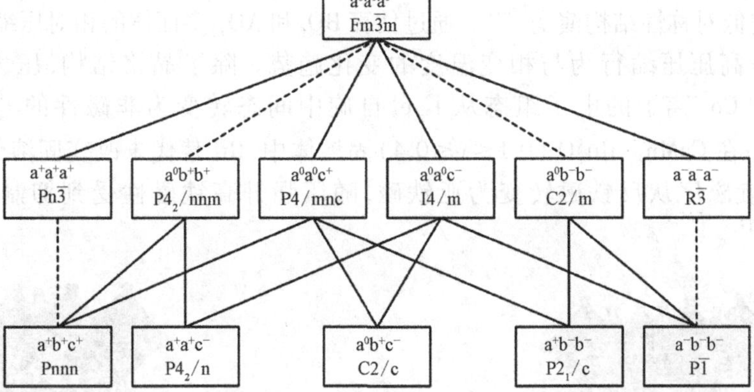

图 3-8 钙钛矿氧八面体倾斜旋转的不同类型及其所属空间群之间的子群关系[296,301-303]。虚线连接的子群关系表示朗道一级相变

晶格畸变可以通过替代不同大小离子引入的化学压进行调控,B-O 键长、B-O-B 键角与氧八面体倾斜角随化学压变化[96,280-282,304]。例如,$LaAlO_3$、$LaScO_3$、$LaCrO_3$、$LaFeO_3$、$LaGaO_3$、$YAlO_3$、$SmAlO_3$、$YScO_3$、$GdScO_3$、$YFeO_3$、$NdFeO_3$、$SmFeO_3$、$EuFeO_3$、$GdFeO_3$等许多 $A^{3+}B^{3+}O_3$钙钛矿氧化物都具有 $GdFeO_3$型结构畸变,但它们的晶格常数、键长与键角随组成离子变化。钙钛矿氧化物的铁电畸变主要源于 B 位铁电活性离子不可逆偏离氧八面体的对称中心位置,沿图 3-5 所示的某一旋转轴产生铁电位移。虽然铁电畸变同时导致钙钛矿晶格的铁弹畸变,但铁电畸变与氧八面体是否倾斜旋转没有必然关联[137,305]。在四方铁电相中,氧八面体沿 c 轴方向伸长,没有倾斜和旋转,空间中心反演对称破缺导致一个短 B-O 键、一个长 B-O 键和四个等长的中等长度 B-O 键。其中,短 B-O 键的共价结合程度比其他 B-O 键大,晶体的整体共价结合增强并呈现出各向异性[77,306]。

温度、压力、电场、磁场等外场都会驱动钙钛矿氧化物的晶格、自旋、电荷、轨道等自由度发生量变以至结构相变[164,307-310]。例如,$LaCrO_3$ 和 $LaFeO_3$ 钙钛矿晶体分别在 260℃和 960℃温度发生 Pbnm 正交-$R\bar{3}c$ 三方铁弹相变[292],$LaAlO_3$和 $SmAlO_3$ 晶体分别在 650℃和 850℃发生 Pbnm 正交-$R\bar{3}m$ 三方铁弹相变[280]。在 8 GPa 压强 $PrAlO_3$晶体从 $a^-a^-a^-$旋转的三方结构转变为 $a^0b^-b^-$倾斜的正交结构,而 $GdFeO_3$ 和 $GdAlO_3$在高压下从三方转变为立方。双钙钛矿 Ba_2BiSbO_6 和 Ba_2BiTaO_6 在室温常压下是 $R\bar{3}$三方相,交替分布的 BiO_6 和 $Sb(Ta)O_6$八面体绕立方[111]轴 $a^-a^-a^-$旋转;降低温度或外加高压,它们转变为 $a^0b^-b^-$倾斜的 I2/m 单斜相[311-313]。图 3-9 所示分别为 Ba_2BiTaO_6双钙钛矿的 $Fm\bar{3}m$、$R\bar{3}$和 I2/m 晶格结构。实验发现钙钛矿氧化物高压下的晶格畸变趋势与 AO_{12} 和 BO_6 多面体的相对压缩率紧密相关:当

BO_6比 AO_{12}多面体更易压缩时，压力导致晶体向高对称性结构演变；反之，压力导致晶体向低对称性结构演变[294]。通过估算 BO_6和 AO_{12}多面体的相对压缩率，可以正确预言高压压缩行为与相变温度的变化趋势。除了晶格结构，压力作用下 $LaCoO_3$中 Co^{3+}离子的电子组态从 $t_{2g}^5 e_g^1$ 自旋中间态转变为非磁性的 t_{2g}^6 低自旋态[314,315]；在 $CaMn_{1-x}Ru_xO_3(0.1 \leqslant x \leqslant 0.4)$ 固溶体中，Ru 替代未改变固溶体的晶格结构，自旋磁序从反铁磁转变为亚铁磁，随压强升高铁磁性受到抑制、电阻率升高[316,317]。

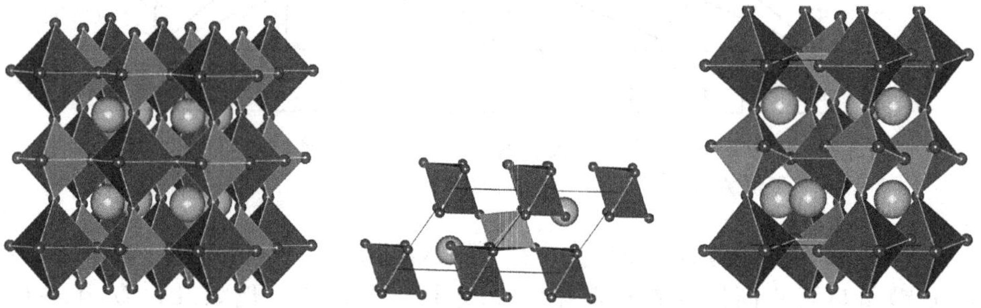

图 3－9　双钙钛矿氧化物的 $Fm\bar{3}m$、$R\bar{3}$和 I2/m 晶体结构图

3.4.4　钙钛矿衍生结构

除了化学计量比钙钛矿氧化物之外，还有许多氧化物是具有缺陷的钙钛矿结构或者氧八面体以其他方式连接的衍生结构。

1. 非化学计量比钙钛矿

非化学计量比钙钛矿氧化物包含阳离子空位、氧空位或者氧过剩等多种情况[318]：① A 位全空，这是 ABO_3的极限状态，ReO_3、WO_3属于此类；② A 位部分空位，在 $Na_{0.75}WO_3$中空位有序分布；③ B 位空位，实际情况比较少见，$Ba_2Sm_{2/3}O_3$是已知的一个例子；④ 氧空位，例如 $SrCoO_{3-\delta}$、$CaFeO_{3-\delta}$；⑤ 氧离子过剩，例如 $LaMnO_{3+\delta}$，随缺陷浓度变化晶格中将出现长程缺陷序、超结构或者共生结构。

在过渡金属钙钛矿氧化物中，B 位阳离子常常需要离子价态或者 d 电子组态调整以适应化学环境的变化。Mn、Cr、Fe、Co、Ni 等大多数过渡金属元素具有这种能力。B 位元素的变价对晶体结构、电子结构、自旋磁序具有不同的效果。目前发现的情形包括：① B 位阳离子的价态变化或者 A 位元素变化引发配位多面体结构变化。② B 位离子存在歧价时，d 电子交换作用会发生质变[319]。例如，$La_{1-x}Ca_xMnO_3$在一定浓度范围内 Mn 离子间的超交换作用转变为双交换作用，导致磁性和输运性质发生反铁磁绝缘-铁磁绝缘-铁磁金属相变。③ B 位离子价态调整伴随着氧空位的生成。例如,在 $La_{1-x}Sr_xCoO_{3-\delta}$固溶体中,$La^{3+}$替代 Sr^{2+}促使氧空位形成并引起 Co 离子价态变化——从 Co^{4+}价变为 Co^{4+}/Co^{3+}混合价。随组分变化 $La_{1-x}Sr_xCoO_{3-\delta}$表现出丰富的磁、输运和催化性能。

2. 类钙钛矿

自然界存在一些与钙钛矿结构类似的晶体结构,例如钨青铜结构、铋层状结构、焦绿石结构、K_2NiF_4结构、Ruddelsden - Popper 层状结构、钙铁石结构、层状钙钛矿结构、尖晶石结构等,如图 3 - 10 所示,它们的一个共同特征是都包含氧八面体结构单元。

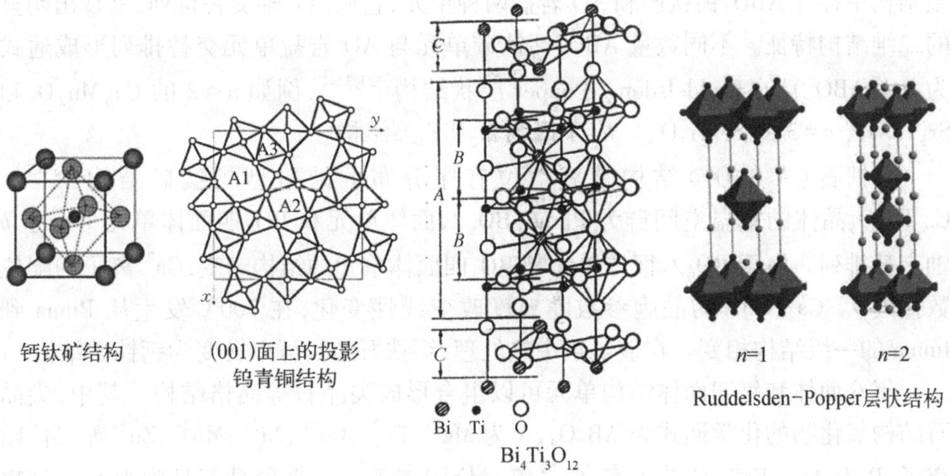

图 3 - 10 钙钛矿结构与类钙钛矿结构示意图

钨青铜结构是由氧八面体共角相连形成的,化学通式为 AB_2O_6。与钙钛矿结构氧八面体形成一种间隙不同,钨青铜结构存在三种间隙: 四边形的 A1、五边形的 A2 和三边形的 A3。钨青铜结构的晶胞为$(A1)_2(A2)_4(A3)_4B_{10}O_{30}$,每个晶胞含五个 AB_2O_6单元,一个晶胞包含两个 A1 五边形间隙、四个 A2 四边形间隙、四个 A3 三角形间隙和十个 BO_6八面体。其中,A1 和 A2 位能够被离子半径较大的一价阳离子(如 K^+、Na^+、Rb^+)、二价阳离子(如 Ba^{2+}、Sr^{2+}、Ca^{2+}等)或者三价阳离子(如 La^{3+}、Nd^{3+}、Sm^{3+}等)占据,而 A3 位则只能被 Li^+、Be^{2+}、Mg^{2+}等离子半径较小的阳离子占据,B 位通常被四价、五价离子占据,整体满足电中性要求。根据间隙填充情况,钨青铜结构分为三类: ① 完全充满型,A1、A2 和 A3 三种间隙被阳离子完全填充;② 充满型,A3 间隙空缺,而 A1 和 A2 被阳离子完全填充;③ 非充满型,A3 空缺,A1 和 A2 被部分填充。$K_6Li_4Nb_{10}O_{30}$中的六个钾离子和四个锂离子占据 A1、A2 和 A3 十个位置,为完全充满型钨青铜结构,$Ba_4Na_2Nb_{10}O_{30}$中四个钡离子和两个钠离子占据 A1 和 A2 六个位置、为充满型钨青铜结构，$PbNb_2O_6$只有五个铅离子占据 A1 和 A2 间隙、为非充满型钨青铜结构。

铋层状结构氧化物是由钙钛矿层$(A_{n-1}B_nO_{3n+1})^{2-}$和氧化铋层$(Bi_2O_2)^{2+}$结构单元交替排列，形成类似云母的二维结构[320-322]。其中，A 为 Bi、Pb、Ba、Sr、Ca、Na、K、稀土元素等半径较大的阳离子，B 为 Ti、Nb、Ta、W、Co、Mo、Fe、Cr 等半径较小的阳离子。钙钛矿层厚度随整数 n 变化：Bi_2WO_6是 $n=1$，Bi_3TiNbO_9和 $ABi_2Nb_2O_9$(A = Ca、Sr、Ba、Pb)是 $n=2$，$Bi_4Ti_3O_{12}$是 $n=3$、$Bi_5FeTi_3O_{15}$和 $ABi_4Ti_4O_{15}$(A = Ca、Sr、Ba、Pb)是 $n=4$ 的铋层状结构。

K_2NiF_4型结构包含了 B 位和氧缺陷的有序组合、化学通式为 A_2BO_4。K_2NiF_4型结构中存在 ABO_3钙钛矿和 AO 岩盐两种单元，它们沿 c 轴交替排列、呈现出明显的二维结构特征。不同数量 ABO_3钙钛矿单元与 AO 岩盐单元交替排列形成通式为 $AO(ABO_3)_n$的 Ruddelsden－Popper 层状结构[323,324]，例如 $n=2$ 的 $Ca_3Mn_2O_7$和 $Sr_3Ti_2O_7$、$n=3$ 的 $Sr_4Ti_3O_{10}$。$n=1$ 即为 K_2NiF_4型结构。

钙铁石($A_2B_2O_5$)结构是氧空位有序分布的缺氧型钙钛矿结构[325-327]。$Ca_2Fe_2O_5$晶体的室温空间群为 Pnma，BO_6八面体单元和 BO_4四面体单元平行于 b 轴交替排列。由于 BO_6八面体单元和 BO_4四面体单元的结构畸变，Ca^{2+}离子的配位数接近 9。$Ca_2Fe_2O_5$的晶胞参数随温度改变线性变化，在 700℃ 发生从 Pnma 到 Imma 的一级结构相变。在氧气氛中热处理，钙铁石结构可以转变为钙钛矿结构。

氧八面体和氧四面体结构单元可以组合形成尖晶石等晶格结构。其中，尖晶石结构氧化物的化学通式为 AB_2O_4，A 为 Mg^{2+}、Fe^{2+}、Co^{2+}、Ni^{2+}、Mn^{2+}、Zn^{2+}等二价阳离子，B 为 Al^{3+}、Fe^{3+}、Co^{3+}、Cr^{3+}、Ga^{3+}等三价阳离子。一个尖晶石晶胞由 8 个氧离子面心立方晶格密堆形成，共有 64 个四面体间隙和 32 个八面体间隙。在正尖晶石结构中，二价阳离子填充 1/8 四面体间隙，三价阳离子填充 1/2 八面体间隙。在反尖晶石结构中，二价阳离子填充 1/4 八面体间隙，三价阳离子分别充填于 1/8 四面体间隙和 1/4 八面体间隙。

3.5　材料设计与结构验证

原子堆积方式是深入理解材料物理化学性质的关键。其中，晶体密度与结构之间的关系有时可以解释晶体化学如何用于预测物理性质[8]。对于同质异构材料，高压相比低压相密度高，因为 PV 项对自由能的贡献大；基于同样的原因，低温相通常比高温相密实。当温度较低时，PV 项对自由能的贡献可能超过 TS 项。由此可见，原子密堆系统的体积受原子系统化学组成控制，随温度、压强等热力学条件变化不一定单调变化，晶体对称性及其物理性质发生相应的变化。例如，对于具

有负热膨胀系数的 $PbTiO_3$ 四方相，随温度降低 PV 项与 TS 项的竞争导致晶胞体积不可能永远单调膨胀，体积塌缩导致热膨胀系数、晶体结构、铁电性都发生突变[328]。对于 $SrTiO_3$ 钙钛矿，立方相晶胞体积随温度降低单调收缩，在 105 K 以下温度晶胞体积反常膨胀，发生反铁畸结构相变[329]。

化学组成变化导致钙钛矿晶体具有不同的晶格畸变与对称性，物理与化学性质千变万化。对于一个原子密堆系统，依据化学组成进行晶体结构与物理化学性质预测是物理、化学、材料等学科领域的一个长期挑战。如果把它看作正问题的话，那么从所需物理化学性质以及晶体结构出发探索材料的化学组成就是一个逆问题。从结构对称性和热力学边界条件出发预测目标物理化学性质所需的化学组成即是材料反向预测设计。对于所预测的化学组成，能否合成钙钛矿相、是否具有所需对称性就成为验证材料设计成效的首要任务。采用粉末 X 射线衍射、中子衍射、电子衍射进行测试分析即可完成结构验证任务[84,330,331]，再根据组成-结构-性能关系即可初步判断钙钛矿氧化物的功能特性。

X 射线衍射和电子衍射仅能确定原子的晶格结构，中子衍射在确定原子晶格结构的同时还可以确定自旋结构。不同晶体有不同的特征衍射花纹，其中，衍射峰的位置与布拉维晶系以及测试用波长有关，它们之间的关系由布拉格公式描述。一束波长为 λ 的入射波被某一间距为 d_{hkl} 的晶面族(hkl)反射，镜面反射条件下反射角等于入射角 θ。当它们满足布拉格条件

$$2d_{hkl}\sin\theta = n\lambda \tag{3-4}$$

时不同原子面的反射束干涉增强(n 表示衍射级数)。布拉格公式是原子晶格周期性的直接结果，通过测量衍射峰的位置可以计算晶面间距，根据晶面间距可以计算晶格常数。不同布拉维晶系晶面间距与晶格常数的关系见表 3-11。

表 3-11 不同布拉维晶系晶格常数的计算公式，*hkl* 为米勒指数[330]

立方	$\frac{1}{d^2} = \frac{h^2+k^2+l^2}{a^2}$ 或者 $d = \frac{a}{\sqrt{h^2+k^2+l^2}}$
四方	$\frac{1}{d^2} = \frac{h^2+k^2}{a^2} + \frac{l^2}{c^2}$ 或者 $d = \frac{a}{\sqrt{h^2+k^2+l^2/(c/a)^2}}$
正交	$\frac{1}{d^2} = \frac{h^2}{a^2} + \frac{k^2}{b^2} + \frac{l^2}{c^2}$
六方	$\frac{1}{d^2} = \frac{4}{3}\left(\frac{h^2+hk+k^2}{a^2}\right) + \frac{l^2}{c^2}$ 或者 $d = \frac{a}{\sqrt{4(h^2+hk+k^2)/3+l^2/(c/a)^2}}$
菱方	$\frac{1}{d^2} = \frac{(h^2+k^2+l^2)\sin^2\alpha + 2(hk+kl+lh)(\cos^2\alpha-\cos\alpha)}{a^2(1-3\cos^2\alpha+2\cos^3\alpha)}$

续表

单斜	$\frac{1}{d^2}=\frac{1}{\sin^2\beta}\left(\frac{h^2}{a^2}+\frac{k^2\sin^2\beta}{b^2}+\frac{l^2}{c^2}-\frac{2hl\cos\beta}{ac}\right)$
三斜	$\frac{1}{d^2}=\frac{1}{V^2}(S_{11}h^2+S_{22}k^2+S_{33}l^2+2S_{12}hk+2S_{23}kl+2S_{13}lh)$
	$V=abc\sqrt{1-\cos^2\alpha-\cos^2\beta-\cos^2\gamma+2\cos\alpha\cos\beta\cos\gamma}$
	$S_{11}=b^2c^2\sin^2\alpha \quad S_{22}=a^2c^2\sin^2\beta \quad S_{33}=a^2b^2\sin^2\gamma$
	$S_{12}=abc^2(\cos\alpha\cos\beta-\cos\gamma)$
	$S_{23}=a^2bc(\cos\beta\cos\gamma-\cos\alpha)$
	$S_{13}=ab^2c(\cos\gamma\cos\alpha-\cos\beta)$

晶胞是三维晶体的最小对称操作与周期平移结构单元。晶胞的几何结构采用晶格常数描述,晶胞中原子的位置采用满足点群对称操作的分数坐标(Wyckoff 坐标)描述。衍射峰的强度不仅与原子在晶胞中的位置和填充数以及原子对入射波的散射能力有关,还与样品温度、样品对 X 射线的吸收、测试系统的几何光学配置等多种因素相关[330]。在综合考虑各种因素后,X 射线衍射峰的积分强度 $I(hkl)$ 由下式描述:

$$I(hkl)=K(hkl)\mid F(hkl)\mid^2 \tag{3-5}$$

系数 $K(hkl)$ 包含了样品温度、样品对 X 射线的吸收、测试系统配置等多种因素的贡献。衍射束的结构因子 $F(hkl)$ 为

$$\begin{aligned}F(hkl)&=\sum_{j=1}^{N}f_jT_j\exp\{2\pi\mathrm{i}(hx_j+ky_j+lz_j)\}\\&=\mid F(hkl)\mid\exp\{\mathrm{i}\phi(hkl)\}\end{aligned} \tag{3-6}$$

其中,x_j、y_j、z_j 是晶胞内第 j 个原子的 Wyckoff 坐标;N 是晶胞中原子的个数;f_j 是第 j 个原子对 X 射线的散射因子;T_j 表示原子的热振动效应;$\mid F(hkl)\mid$ 与 $\phi(hkl)$ 分别表示结构因子的振幅和相位。

X 射线与电子碰撞发生散射,原子的散射因子 f_j 是由电子的密度分布决定的。晶胞中某一位置的电子密度 $\rho(xyz)$ 与结构因子 $F(hkl)$ 之间的关系可以用傅里叶变换表示为

$$\rho(xyz)=\frac{1}{\Omega}\sum_{hkl}F(hkl)\exp\{-2\pi\mathrm{i}(hx+ky+lz)\} \tag{3-7}$$

式中,Ω 是晶胞体积。在实验测量衍射谱后,通过 Rietveld 拟合计算能够确定样品

结构因子的振幅，再通过傅里叶变换就可以获得晶体的电子态密度分布。由于原子之间存在价电子的得失与轨道杂化作用，晶体的电子态密度分布与自由原子不同，方程(3-7)计算得到的 ρ 表示的是离子的电子态密度分布。

Rietveld 精细分析是一种通过对粉末样品衍射谱进行数值拟合确定晶体精细结构的分析技术。目前，已有不同版权、多种版本的软件包可以执行 Rietveld 分析。在执行精细结构分析之前，首先进行粉末 X 射线衍射或者中子衍射测量以获得满足分析精度所需的衍射谱，对测试角度范围、扫描步长、信噪比等具体要求需参考相应的软件包；然后，为拟合计算输入元素的种类和比例、选择合适的空间群、设定计算所需参数的近似值；在软件包执行过程中将运用最小二乘法拟合实验谱，通过对衍射峰位置、高度和宽度的拟合获得晶体结构的细节参数。Rietveld 精细分析是粉末衍射数据分析的一大进步，通过量化处理不同晶面族反射束的叠加实现了衍射峰的分离并获得晶格常数、Wyckoff 坐标、等价位置的占据几率、原子热运动参数等准确的结构信息[330]。对于含有两种或者两种以上物相的情况，Rietveld 精细分析也能够量化确定各相的含量及其结构信息。

在 2.4 节中，通过对钙钛矿氧化物进行数据挖掘，我们预测 $BiFeO_3-BiCrO_3-PbTiO_3$ 固溶体是可能的高温(亚)铁磁-铁电多重铁性体。图 3-11 和表 3-12 所示为室温 X 射线衍射测量 0.40BF-0.25BC-0.35PT 固溶体陶瓷粉末样品的 Rietveld 拟合结果与拟合参数。实验测试表明 0.40BF-0.25BC-0.35PT 固溶体确实是 B 位阳离子有序的双钙钛矿结构，R3 空间群允许亚铁磁-铁电多重铁性序共

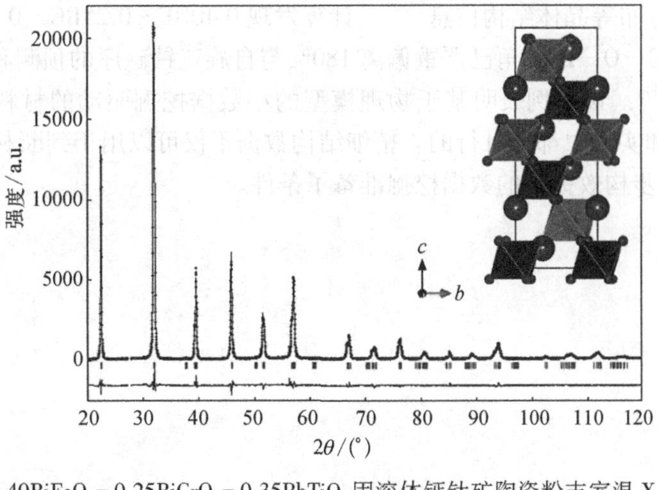

图 3-11 $0.40BiFeO_3-0.25BiCrO_3-0.35PbTiO_3$ 固溶体钙钛矿陶瓷粉末室温 X 射线衍射的 Rietveld 分析结果。采用 RIETRAN-FP 软件包按 $(Bi_{0.65}Pb_{0.35})_2((Fe_{0.8}Ti_{0.2}),(Cr_{0.5}Ti_{0.5}))O_6$ 化学式与 R3(A-146)空间群计算。插图是 Bi_2FeCrO_6(空间群 R3)双钙钛矿晶胞，其中紫色代表 Bi、棕色代表 Cr、蓝色代表 Fe 和红色代表 O

存。需要说明的是,根据 R3 空间群的消光规则,在 $2\theta \approx 19°$ 位置应该有一个三方双钙钛矿相的超结构衍射峰。然而,该衍射峰能否被观测到取决于以下几个条件:原子的 X 射线散射强度、B 位离子的有序度和测试系统的信噪比。应用 VESTA 软件[332]对 0.40BF－0.25BC－0.35PT 固溶体双钙钛矿的 X 射线衍射谱进行理论计算,仿真结果发现该超结构衍射峰非常弱,实验室 X 射线衍射系统很难探测到。与晶体结构测量相比,磁性测量对 B 位离子是否有序更加灵敏。如果 BF－BC－PT 固溶体的 B 位离子完全无序,那么自旋为反铁磁序;只有 B 位离子有序时才能观测到自旋亚铁磁序。

表 3－12　图 3－11 所示固溶体双钙钛矿氧化物的 Rietveld 分析结果

空间群	R3(A－146),$a=5.5732(4)$ Å,$c=13.7531(7)$ Å,$R_B=1.36\%$,$R_F=1.41\%$					
原子	位置	g	x	y	z	$B/\text{Å}^2$
Bi65/Pb35	3a　0 0 z	0.92(1)	0.0	0.0	0.25[a]	1.691
Bi65/Pb35	3a　0 0 z	0.93(1)	0.0	0.0	0.749(1)	1.691
Cr50/Ti50	3a　0 0 z	1.0	0.0	0.0	0.017(1)	0.642
Fe80/Ti20	3a　0 0 z	1.0	0.0	0.0	0.522(2)	0.783
O1	9b　x y z	1.0	0.147(5)	0.310(6)	0.114(2)	0.501
O2	9b　x y z	1.0	0.227(3)	0.898(4)	0.617(2)	0.501
$R_{wp}=7.49\%$,$R_p=5.32\%$,$R_e=5.26\%$,$S=1.42$						

[a] 位置锁定。

应用表 3－12 所示的这些结构信息,可以进一步计算获得键长、键角、化学价、电子态密度分布等晶体结构信息[330]。计算发现 0.40BF－0.25BC－0.35PT 固溶体双钙钛矿的 B－O－B′键角已严重偏离 180°,与自旋亚铁磁序的预测和宏观磁性测量结果一致[34]。该案例表明基于物理模型的小数据挖掘驱动的材料预测设计方法在理论上和实践中都是可行的。精细结构数据不仅可以用于判断材料设计的成效,还为下一步构效关系的数据挖掘准备了条件。

第4章 陶瓷显微结构与断裂力学

与物质科学不同,材料科学的一个主要任务是桥接不同的空间尺度[333]。在原子尺度上认识了元素及其相互作用,并不意味着就能描述物质的宏观行为。化学键源于不同原子间的电磁力,在此基础上原子聚集成了分子、晶体或玻璃。现实世界中,固体材料通常是由含有缺陷的小晶粒在微-纳尺度上形成显微结构多样的致密固体。材料科学主要包括以下空间尺度:

1）原子。除了第三章介绍的量子力学原子模型外,原子的典型模型还有钢球模型、外层电子绕核运动的核-壳模型。选择哪种原子模型取决于所要阐述问题的精度。

2）原子的空间排列。原子可以完全随机地稀疏排列(气体),可以严格按照某种规律排列成长程有序的宏观对称结构(晶体、准晶),或者在随机排列的基础上不同原子优先成为近邻原子形成短程有序结构(玻璃、非晶)。铁电体是原子晶格空间中心反演对称破缺的一类特殊晶体,铁磁体是电子自旋时间反演对称破缺的一类特殊晶体。热力学和动力学是描述原子聚集行为的主要理论方法。

3）陶瓷。陶瓷是由大量细小晶粒与晶界组成的多晶体,单个晶粒存在诸如晶格空位、间隙原子、位错等晶格缺陷,晶粒内部和晶界包含局域微观应变。固体中的这些缺陷深刻影响着机械强度、断裂韧性、耐腐蚀性、输运性能、铁性材料的矫顽场强等宏观性能。

4）器件。由不同材料制作的具有特定几何形状与尺寸的零部件及其组合体。为保证工程系统的安全性、可靠性,需要对所用材料的宏观行为有基本认识。例如,压电陶瓷作动器需要陶瓷功能元具有一定的机械强度和断裂韧性,需要一定的温度稳定性和抗老化行为。

在纳米-微米-毫米微观尺度上理解材料的整体行为是材料科学的核心,是材料科学区别于固体物理和晶体化学的本质所在。跨越不同空间尺度之间的过渡区也是材料科学不可忽视的挑战。本章主要讨论陶瓷材料的显微结构和断裂力学性能。

4.1 陶瓷的显微结构

显微结构在陶瓷材料中扮演着中心角色,它是连接材料制备与材料性质的桥梁[333,334]。如图 4－1 所示，原料、粉料的加工和热处理、烧结等制备工艺影响陶瓷材料的显微结构，从而影响材料的物理性质。温度、湿度、测试条件等外部环境因素也对材料的物理性质有影响。

图 4－1　陶瓷材料物理性质的控制因素

陶瓷是一种多晶烧结体。晶粒可以有一种或几种晶相，有时还存在玻璃相。晶相的化学组成与结构、数量、几何形态以及分布不同，陶瓷的性能存在差异。玻璃相通过填充晶粒间隙、黏结晶粒提高陶瓷的致密度。玻璃相的存在可以降低烧结温度、抑制晶粒生长，改善陶瓷制备工艺。

陶瓷的制备工艺过程虽然可能千变万化，但显微结构主要考虑晶粒尺寸大小及其分布，晶界的化学组成、结构、含量与分布，气孔、瑕疵和微裂纹的大小及其分布。晶粒大小通常在纳米到毫米尺度范围内分布。对于各向异性晶粒，还需要考虑晶粒的取向与分布。晶粒细化使晶界数量大幅增加、表面能急剧增加，必将引起物理化学性质的一系列变化。例如，晶粒细化减小了初始裂纹尺寸、提高了临界应力，可以提高陶瓷的韧性、产生超塑性。铁电体在临界尺寸以下发生晶粒尺寸驱动的铁电-顺电结构相变。磁性材料在临界尺寸以下产生超顺磁性。气孔有开口有闭口，尺寸有大有小，可分布在晶界也可分布在晶粒内部。陶瓷材料的许多电性能和热性能随气孔率、气孔尺寸及其分布不同在较大范围内变化。气孔和微小裂纹很难从工艺上完全避免。对于化合物陶瓷，显微结构还包括成分的不均匀性，相的种类、含量、形态与分布。

晶粒内通常存在晶格缺陷。现实中，钙钛矿氧化物常常会偏离 ABO_3化学计量比、晶格中将形成相应的空位以保持电中性。离子替代可以形成 $A_{1-x}M_xBO_{3-\delta}$ 或 $AB_{1-x}M_xO_{3-\delta}$固溶体。如果 M 离子的价态与 A 或 B 不同，为了维持整体电中性，高价 M 离子替代通常引入 A 位空位、低价 M 离子替代形成氧空位。由于离子大小和价态失配，离子替代常常存在固溶限。异价离子的电荷补偿机制还与 B 位离子的铁电位移以及 B 位离子与氧离子间的化学键性质密切相关[335]。例如，La 掺杂 $SrTiO_3$通常形成 A 位空位进行电荷补偿，但 $BaTiO_3$却是形成 B 位空位进行电荷补偿。电荷补偿可以是电子的也可以是空位的，二者应该加以区别。与铅相比，钡不易挥发缺失，因此在钛酸钡系陶瓷中不易形成 A 位空位进行电荷补偿。为了调控无铅压电陶瓷的响应性能，A 位空位的形成能力需要格外关注。

点缺陷的存在对陶瓷性能有有利的一面，例如 A 位空位有利于降低 PZT 压电陶瓷的机械品质因数 Q_m、氧空位有利于提高压电陶瓷的 Q_m。偏铌酸铅是非充满型钨青铜结构，天然的 A 位空位使得压电陶瓷具有较低的 Q_m，适合研制宽带超声探测器。点缺陷也有不利的一面，空位超过一定浓度将恶化铁电陶瓷的绝缘性能，增大介电损耗。氧空位还会增大载流子复合率，减小载流子的扩散自由程和寿命。

晶界通常是异质相析出、杂质聚集、晶格缺陷汇聚的地方，也是气孔常见的分布位置。晶界层中的原子排列方式不同于晶粒内部，原子密度也稍低于晶粒内部[336]。由于原料的纯度问题，非常纯净的单相陶瓷在现实世界是不存在的；如果考虑原料和陶瓷制品性价比的话，无限提高原料纯度也没有必要。工程实践中，经常会加入少量杂质原子用以调控材料的力、电性能或者作为烧结助剂降低烧结温度。大多数时候，这些杂质原子或烧结助剂偏聚在晶界处，虽然现有检测手段有时未必能探测到这些分散的异质相。晶界层的组成、结构变化可以导致整个陶瓷力、电性能的显著变化。例如，人为掺杂可以造成晶粒表面组分偏离，在晶粒表层产生固溶、偏析、晶格缺陷等，形成核-壳显微结构。通过控制晶粒与晶界层的电学性质可以制作晶界势垒层电容器、正温度系数(PTC)热敏电阻等元器件[337,338]。

要建立显微结构与陶瓷性能之间的量化关系，首先要对显微结构进行观测，对显微结构信息进行数字化描述。近年来，显微结构信息学已开始在这方面进行着有益尝试[339-341]。

4.2 负热膨胀与残余张应力

热胀冷缩是自然界材料受热时的普遍现象。然而，零膨胀和热缩冷胀(负热膨胀)现象在固体材料中也经常遇到。在古代，人类就已发现青铜、纯铁、锑、铋、镓、硫化镍等许多热缩冷胀物质，并在生产活动中利用了负热膨胀的奇特性质。例如，活字印刷术中的铅字是铅与锑的合金。当熔化了的铅锑合金浇铸进铜模冷却凝固时，由于锑的热缩冷胀，铅字的笔画会十分清晰而且经久耐用。

热膨胀系数主要有线膨胀系数 α 和体积膨胀系数 γ 两种，定义如下：

$$\alpha = \frac{1}{L} \times \frac{\Delta L}{\Delta T} \quad 和 \quad \gamma = \frac{1}{V} \times \frac{\Delta V}{\Delta T} \tag{4-1}$$

式中，ΔL 为温度变化 ΔT 时物体长度的改变，L 为初始长度；ΔV 为温度变化 ΔT 时物体体积的改变，V 为初始体积；α 和 γ 的单位为℃$^{-1}$。近零热膨胀材料在精密仪器和热管理系统中具有重要的工程价值[342]。Invar 合金(Fe64Ni36，室温附近平均热膨胀系数为 1.6×10^{-6}℃$^{-1}$)[343]和 $Fe[Co(CN)_6]$(-0.44×10^{-5}℃$^{-1}$)[344]是目前已知的少数几种近零膨胀单相材料。

钙钛矿氧化物大多数情况下是热胀冷缩，然而有部分钙钛矿铁电体却是热缩冷胀，而且负热膨胀系数可以在较大的范围内调控[64,187,345-348]。如图 4-2 所示，实验发现 $PbTiO_3$ 四方铁电相在 25~490℃ 温度范围内的平均体积膨胀系数 $\gamma=-1.99\times10^{-5}℃^{-1}$；添加不同的固溶组元可以在较大范围内调控四方铁电相负热膨胀系数的大小与温度范围：$PbTiO_3-x$Bi$(Zn_{1/2}Ti_{1/2})O_3$、$PbTiO_3-x$La$(Zn_{2/3}Nb_{1/3})O_3$ 固溶体的负热膨胀系数随 x 增加减小，$PbTiO_3-xBiFeO_3$ 固溶体随 x 增加增大。$0.6PbTiO_3-0.3Bi(Zn_{1/2}Ti_{1/2})O_3-0.1BiFeO_3$、$0.7PbTiO_3-0.3Bi(Zn_{1/2}Ti_{1/2})O_3$ 和 $0.4PbTiO_3-0.6BiFeO_3$ 固溶体在 25~500℃ 温度范围内 γ 分别为 $-0.31\times10^{-5}℃^{-1}$、$-0.60\times10^{-5}℃^{-1}$ 和 $-3.92\times10^{-5}℃^{-1}$。$PbTiO_3$ 基固溶体钙钛矿的负热膨胀系数与四方晶格畸变的大小没有必然关系。

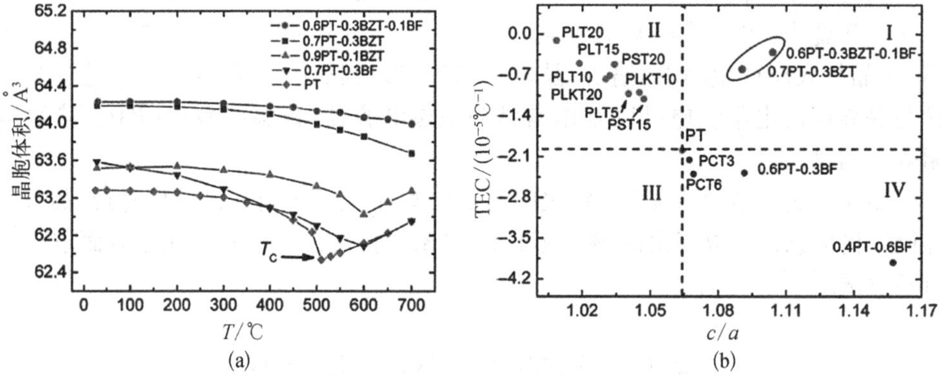

图 4-2　钙钛矿四方铁电体的负热膨胀特性[346]：(a) 不同组分 $(1-x-y)PbTiO_3-x$Bi$(Zn_{1/2}Ti_{1/2})O_3-y$$BiFeO_3$ 固溶体的晶胞体积变温实验测量结果和(b)钛酸铅系固溶体钙钛矿平均体积热膨胀系数(TEC)与四方结构畸变(c/a)关系图

由于钛酸铅四方铁电相具有较大的负热膨胀系数，在冷却过程中会产生张应力，造成钛酸铅陶瓷具有恶劣的机械性能，很容易发生粉化现象。因此，对热膨胀系数进行调控以获得良好机械性能的铁电陶瓷是进行力、电性能实验测量与工程应用的前提。如图 4-3 所示，与钛酸铅 $\alpha=-6.0\times10^{-6}℃^{-1}$ 相比，Gd 替代 Pb 后固溶体的 α 与钛酸铅相近，Sm 替代 α 降低为 $-5.48\times10^{-6}℃^{-1}$，La 替代 α 显著降低到 $-0.6\times10^{-6}℃^{-1}$。对于 $(Pb_{0.76}Ca_{0.24})((Co_{0.5}W_{0.5})_{0.04}Ti_{0.96})O_3$ 铁电陶瓷，在 25~250℃ 温度范围内 α 平均值为 $-2.5\times10^{-6}℃^{-1}$[349]。采用正热膨胀系数的 $PbZrO_3$ 与 $PbTiO_3$ 形成 PZT 固溶体，α 实现了从负到正调控，其中 $PbZr_{0.25}Ti_{0.75}O_3$ 在室温到 400℃ 温度范围内平均线膨胀系数为零，处于热膨胀系数从负到正的临界点；MPB 附近组分 PZT 固溶体具有正的近零热膨胀系数[76]。从热膨胀系数与残余应力的相关性可知，近零热膨胀系数是那些已经广泛工程应用的 PZT、(Pb, La)(Zr, Ti)O_3、$(Pb_{0.76}$

$Ca_{0.24}$)(($Co_{0.5}W_{0.5}$)$_{0.04}Ti_{0.96}$)O_3等压电陶瓷具有优异机械性能和高温度稳定性的一个重要原因。

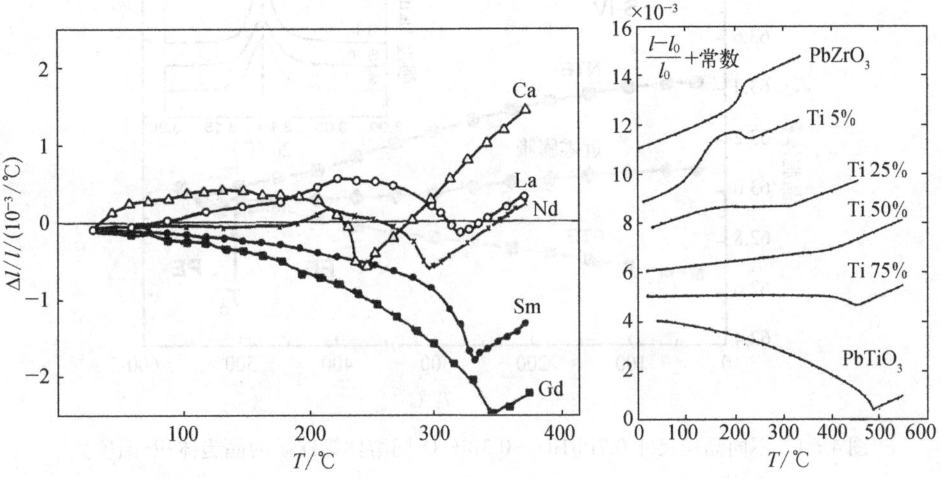

图 4-3 ($Pb_{0.76}Ca_{0.24}$)(($Co_{0.5}W_{0.5}$)$_{0.04}Ti_{0.96}$)O_3、($Pb_{0.88}R_{0.08}$)($Ti_{0.98}Mn_{0.02}$)O_3(R=La,Nd,Sm 和 Gd)[349]和 Pb($Zr_{1-x}Ti_x$)O_3[76]固溶体钙钛矿铁电陶瓷的变温线膨胀系数 $\Delta l/l$ 实验测量结果

除了元素替代,改变晶粒尺寸也是调控钛酸铅系铁电体热膨胀系数的一个重要方法。例如,粗晶 0.7$PbTiO_3$-0.3$BiFeO_3$ 固溶体在室温到 550℃温度范围内 γ 平均值为-2.38×10^{-5}℃$^{-1}$[347]。减小晶粒尺寸,实验观测到 γ 可以从负变为正[348]。如图 4-4 所示,当晶粒大小为 160 nm 时,$\gamma=-0.92\times10^{-5}$℃$^{-1}$;当晶粒大小为140 nm 时,$\gamma=-0.46\times10^{-5}$℃$^{-1}$;当晶粒尺寸进一步减小到 110 nm 时,$\gamma$ 变为正的 0.96×10^{-5}℃$^{-1}$。与钛酸铅不同,ZrW_2O_8 的负热膨胀系数几乎不随晶粒尺寸减小而改变[350]。

与钛酸铅铁电相热缩冷胀、顺电相热胀冷缩不同,钛酸钡的铁电相与顺电相都表现为热胀冷缩,只是在相变临界点存在一个不连续的体积突变——铁电相的晶胞体积大于顺电相的晶胞体积。锆酸铅的反铁电相和顺电相也都为热胀冷缩,然而,在相变临界点反铁电相的晶胞体积小于顺电相的晶胞体积。相变时晶胞体积突变和热膨胀系数的变化是一种普遍存在的物质现象,它蕴含了丰富的物理化学信息,值得深入研究[351,352]。例如,A 位有序 $LaCu_3Fe_4O_{12}$钙钛矿在金属间电荷转移相变($3Cu^{2+}+4Fe^{3.75+}\leftrightarrows3Cu^{3+}+4Fe^{3+}$)临界点存在一个不连续的体积突变——受热收缩冷却膨胀。在 $LaCu_3Fe_{4-x}Mn_xO_{12}$固溶体中,Mn 替代在室温附近实现了负热膨胀和近零膨胀。当 Mn 含量 $x=0.75$ 时,在 300~340℃温度范围实验测得 $\alpha=-2.2\times10^{-5}$℃$^{-1}$;当 $x=1$ 时,在 240~360℃范围 $\alpha=-1.1\times10^{-6}$℃$^{-1}$。与此同时,Mn 替代导

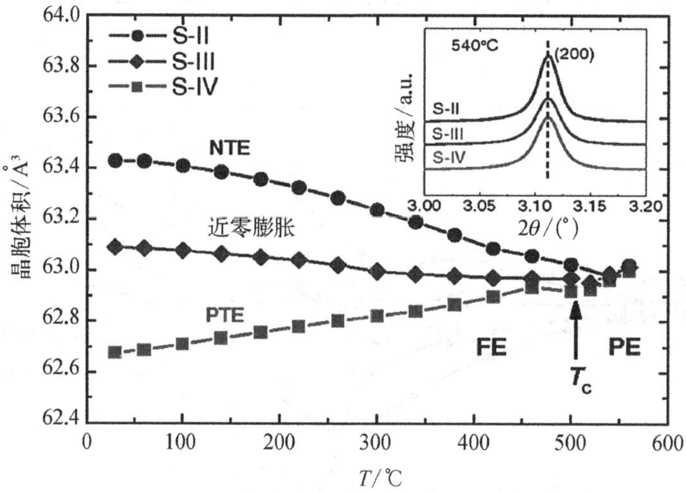

图 4-4　不同晶粒尺寸 $0.7PbTiO_3-0.3BiFeO_3$ 固溶体钙钛矿的晶胞体积-温度关系[348]：S-II，160 nm；S-III，140 nm；S-IV，110 nm。晶胞体积由 X 射线衍射测量计算，插图为 540℃ 时立方相的(200)衍射峰。FE 和 PE 分别代表铁电相和顺电相。NTE 和 PTE 分别表示负热膨胀和正热膨胀，T_C 表示 $PbTiO_3$ 体材料的铁电相变居里温度

致金属间电荷转移相变的性质由一级弛豫为二级，反铁磁相变温区随 Mn 含量增加宽化。

铁酸铋多重铁性体的铁电相和顺电相都是热胀冷缩，在 830℃ 临界温度铁电相晶胞体积存在一个反常膨胀[353]。当铁酸铋与铁酸镧（$LaFeO_3$）、钛酸镧（$LaTiO_3$）形成三元固溶体时，它们在 500～900℃ 温度区间出现两个结构相变[56]。如图 4-5(a) 所示，差热分析测量发现不同组分 $Bi_{1-x}La_xFe_{1-y}Ti_yO_3$（$x \leqslant 0.12$，$y \leqslant 0.08$）三元固溶体在 T_C 和 T_S 处存在两个一级晶体结构相变。随着 La、Ti 组分增加，这两个相变的临界温度都向低温移动，同时 T_C 与 T_S 的间距增大。结合介电温谱和 X 射线衍射测量可知，T_C 处的结构相变是铁电-顺电相变、T_S 处的相变初步指认为铁弹相变。对于 $Bi_{0.92}La_{0.08}Fe_{0.96}Ti_{004}O_3$（L8T4）陶瓷，如图 4-5(b) 所示，实验测量表明它在 T_C 以下的铁电相和 T_S 以上的顺电相具有热胀冷缩行为，但在 T_C～T_S 温度区间的铁弹顺电相却是热缩冷胀。对于图 4-5 所示不同组分固溶体，与粉末样品相比，X 射线衍射测量发现陶瓷样品存在约 2% 的晶胞体积膨胀，即陶瓷中存在宏观残余张应力[241]。与 $BiFeO_3-LaFeO_3-LaTiO_3$ 三元固溶体类似，$BiFeO_3-Bi(Zn_{1/2}Ti_{1/2})O_3-ATiO_3$（A=Pb、Ba、Sr）三元固溶体也存在两个结构相变，中间相具有热缩冷胀行为[158,167-170]。对于这些体系，宏观残余张应力对铁电极化具有钉扎效应，表现为铁电极化在电场作用下很难反转，铁电陶瓷很难进行极化处理。

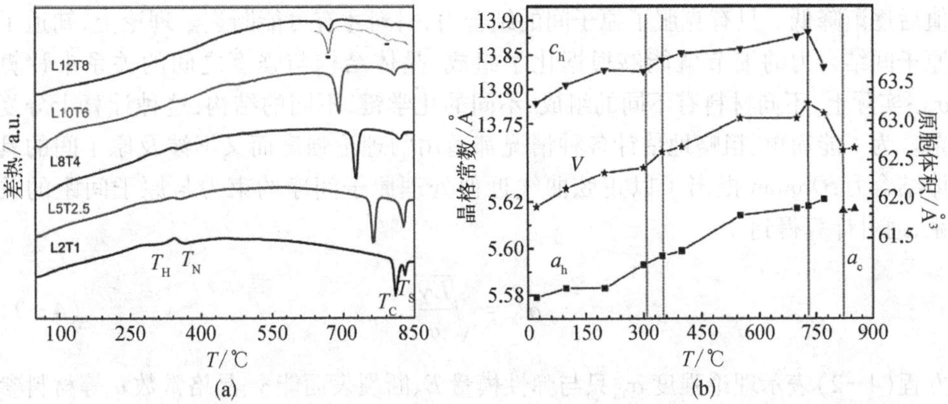

图 4-5　不同组分 $Bi_{1-x}La_xFe_{1-y}Ti_yO_3$（简称 L100xT100y）固溶体钙钛矿的结构相变与热膨胀行为[56]：(a) 差热分析结果。图中细线为相应温度范围测试结果的标度放大图。与 $BiFeO_3$ 相比，$Bi_{1-x}La_xFe_{1-y}Ti_yO_3$ 在 500~900℃ 温区存在两个晶格结构相变（T_S 与 T_C），T_H 与 T_N 表示磁相变温度。(b) 变温粉末 X 射线衍射测试所得 L8T4 样品的晶格常数和原胞体积，铁电相、铁弹顺电相和顺电相的体积膨胀行为分别为热胀冷缩、热缩冷胀和热胀冷缩

4.3　陶瓷断裂力学

断裂是材料设计与使用过程中必须慎重考虑的问题。由于陶瓷以共价键和离子键为主，陶瓷在断裂之前晶格难以发生位错滑移运动，仍然处于弹性形变状态。当受力超过一定限度后，陶瓷发生脆性断裂。对于铁电陶瓷，特殊的力-电耦合效应和晶体的各向异性使得材料的断裂行为变得更加复杂。对于陶瓷电容器、陶瓷封装基板、压电陶瓷作动器、电致伸缩陶瓷元件等电子器件，如果与金属部件的热膨胀匹配不好，一个较低的热应力就可能使陶瓷元件发生脆断从而影响整个部件的正常工作。铁电陶瓷的脆性特征以及孔洞、微裂纹等显微结构瑕疵，常常导致压电元件、压电智能结构在工作过程中发生介电击穿或者断裂破坏。一个极端例子是铁电陶瓷在极化处理过程中就发生碎裂。

研究材料断裂问题的理论工具是断裂力学。它起源于 Griffith 在 20 世纪 20 年代初提出的脆性断裂理论[354-356]。事实上，断裂力学产生伊始，Griffith 在验证微裂纹断裂理论时采用的就是陶瓷材料。

4.3.1　微裂纹断裂理论

固体材料的理论结合强度 σ_{th} 是原子间净约束力可能达到的峰值，是材料断裂强度在理论上可能达到的最高值。随着原子间距增大，净约束力在达到一个极大

值后逐渐降低。只有克服了原子间的结合力,材料才有可能断裂。理论上,知道了原子间结合力的细节就能够根据化学组成、晶体结构与强度之间的关系来计算 σ_{th};实际上,不同材料有不同的组成、不同的化学键、不同的结构,这种计算十分复杂。为了能简单、粗略地估计各种情况都适用的理论强度而又不涉及原子间的具体结合力,Orowan 提出了以正弦曲线近似处理原子间净约束力与原子间距的关系,通过计算得到

$$\sigma_{th} = \sqrt{\frac{E\gamma}{a}} \tag{4-2}$$

方程(4-2)表示理论强度 σ_{th} 只与弹性模量 E、断裂表面能 γ、晶格常数 a 等材料参数有关,属于材料的本征性质[356]。断裂表面能大约为弹性模量与晶格常数乘积的百分之一,因此,理论强度 σ_{th} 约为弹性模量 E 的十分之一。

方程(4-2)表明弹性模量大、断裂表面能大、晶格常数小的固体理论强度也高。然而,实际材料中却只有那些精心制作的极细的纤维和晶须的断裂强度接近这一理论估算值。例如,熔融石英纤维强度达 24.1 GPa,约为 $E/3$(E = 72 GPa);碳化硅晶须强度 6.47 GPa,约为 $E/70$(E = 470 GPa);氧化铝晶须强度 15.2 GPa,约为 $E/25$(E = 380 GPa)。块体陶瓷的抗拉强度在 $E/100 \sim E/1\,000$ 范围内波动,并具有尺寸效应——试样尺寸越大强度一般越低。材料的抗压强度高于抗拉强度,大约为抗拉强度的 10 倍。

如果材料是各向同性的均匀连续体,在均匀外应力作用下,所有的化学键都将承受同样的外应力;当外应力达到理论断裂强度时,化学键将同时断裂,材料的破坏应表现为如同爆炸一般的粉碎。然而,实际的材料断裂常常是沿着比较确定的平面开裂。Griffith 提出的微裂纹理论成功解释了实际强度与理论强度的巨大差异,解释了强度的分散性以及断裂强度的尺寸效应[354]。在低应力条件下,陶瓷、玻璃等脆性材料的断裂源于微裂纹尖端的巨大应力集中效应,当尖端处的应力超过理论结合强度时裂纹便开始扩展。除了裂纹扩展使自由表面能增大外,脆性材料几乎不存在其他能量耗散机制。因此,裂纹扩展即意味着陶瓷断裂。Griffith 在玻璃纤维强度实验中发现: 精心制作的新鲜玻璃纤维强度特别高,与预测的理想无缺陷体一样,最后的破坏表现为如同爆炸一般的碎裂;当把样品暴露在空气中静置老化一段时间后再进行相同的试验,纤维强度有所下降,下降的幅度随老化时间延长而增大;老化几个小时后,纤维强度开始趋于稳定,与普通玻璃的断裂基本一致。

Griffith 微裂纹理论认为,材料的断裂不是两个原子面间的整体分离而是裂纹扩展的结果。实际材料均带有或大或小、或多或少的微裂纹,形成原因包括: ① 晶体存在缺陷和瑕疵,外力作用会在这些缺陷与瑕疵处引起应力集中、裂纹成核。

② 材料表面在加工、搬运以及使用过程中极易造成表面裂纹。用手触摸新制备材料的表面就能使强度降低约一个数量级；从几十厘米高落下的一粒沙子就能在玻璃表面形成微裂纹。如果处在腐蚀性环境中情况将变得更加严重。③ 热应力裂纹。大多数无机材料是多晶多相体，材料内部晶粒取向不同、热膨胀系数也不同。膨胀与收缩的各向异性会导致晶界、相界出现应力集中，从而生成如图 4－6 所示的微裂纹。在制造与使用过程中，不同部位间的温差会引起热应力、也会导致微裂纹的生成。此外，温度驱动的晶型转变也会因体积变化诱导微裂纹。裂纹扩展常常是从表面微裂纹开始的，所以表面裂纹最危险。

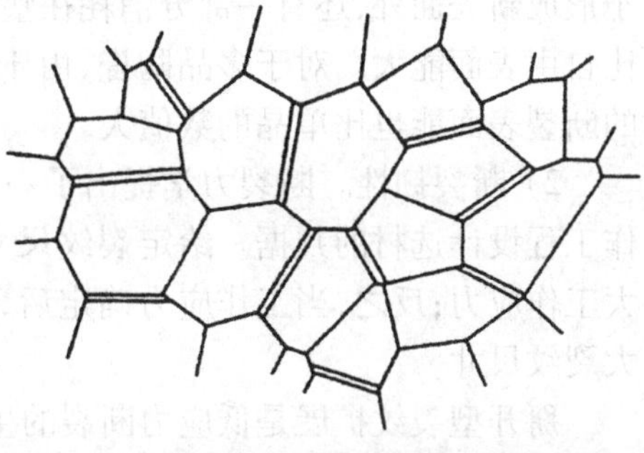

图 4－6 由晶体结构或热膨胀系数各向异性导致的晶界微开裂示意图[356]

微裂纹的成因很多，要制造没有微裂纹的材料极其困难。根据 Griffith 微裂纹理论，材料的断裂强度取决于裂纹大小而不取决于裂纹数量，由最危险的裂纹尺寸决定材料的断裂强度。一旦裂纹超过临界尺寸就迅速扩展、材料发生断裂。描述断裂性能的两个主要物理量是断裂强度和断裂韧性。

1）断裂强度。Griffith 从能量角度研究了裂纹扩展的条件。对于有裂纹的材料，裂纹扩展的动力是材料内部储存的弹性应变能。当开裂所释放的弹性应变能与形成两个新表面所需的表面能相等时，裂纹处于扩展的临界状态。从弹性理论出发可以得到临界条件：

$$\frac{\pi c \sigma_c^2}{E} = 2\gamma \tag{4-3}$$

由此推出临界应力

$$\sigma_c = \sqrt{\frac{2E\gamma}{\pi c}} \tag{4-4}$$

如果是平面应变状态，则

$$\sigma_c = \sqrt{\frac{2E\gamma}{(1-\mu^2)\pi c}} \tag{4-5}$$

式中 μ 为泊松比。这是 Griffith 从能量观点分析得到的结果，称为断裂强度。断裂强度和理论强度的公式很类似，方程(4－2)中的 a 为原子间距，方程(4－3)至方程(4－5)中的 c 为裂纹半长。由此可见，如果能够控制裂纹长度与原子间距在同一数量级，材料就可达到理论强度。这一目标很难实现，但它指出了制备高强度材料的方向：E 和 γ 要大，裂纹尺寸要小。上式中的 σ_c 是从平板模型推导出来的，因此必须注意试样几何条件变化对结果的影响。

实际工作中，断裂强度式中的 γ 常采用断裂表面能。由于弹性应变能除了用于形成新表面外，还有一部分消耗在塑性形变、声能、热能等方面，因此断裂表面能比自由表面能大。对于多晶陶瓷，由于裂纹扩展路径不规则、阻力较大，实际测得的断裂表面能也比单晶的数值大。

2）断裂韧性。断裂力学提出了一个新的材料固有性能指标——断裂韧性，用作工程设计选材的判据。给定裂纹尺寸时，它表示不会发生脆性断裂所允许的最大工作应力；反之，当工作应力确定后，可根据断裂韧性确定不发生脆性断裂的最大裂纹尺寸。

掰开型裂纹扩展是低应力断裂的主要原因。用不同裂纹尺寸 c 的试样做拉伸实验，测出断裂应力 σ_c，可以发现断裂应力与裂纹长度的关系为 $\sigma_c = Kc^{-1/2}$，K 是与材料种类、试样尺寸、形状、受力状态有关的系数。当应力 $\sigma = \sigma_c$ 或 $K = \sigma_c c^{1/2}$ 时断裂立即发生。该实验表明断裂应力受裂纹长度的制约。

裂纹尖端的集中应力 σ 可改写为用应力场强度因子 K_I、几何形状因子 Y 和裂纹半长 c 表示：$K_I = Y\sigma c^{1/2}$，其中几何形状因子 Y 与裂纹形式、试样的几何形状有关，求 K_I 的关键在于求 Y。从断裂破坏方式出发，平面应变断裂韧性 K_{IC} 定义为

$$K_{IC} = Y\sigma_c c^{1/2} \tag{4-6}$$

当 K_I 小于或等于 K_{IC} 时构件才是安全的。该判据考虑了裂纹尺寸和构件的几何形状，可以通过实验测量确定。需要指出的是，平面应变断裂韧性在连续介质断裂过程中表现为一个常数，它是裂纹尺寸超出显微结构影响前提下的宏观材料参数。测试方法不同断裂韧性 K_{IC} 的计算公式不同[357]。

4.3.2 影响断裂的材料参数

影响断裂的材料参数包括以下几种[356]：

1）弹性模量。弹性模量是弹性体在应力作用下线性应变响应的比例因子，衡量的是原子间净约束力在离开平衡位置时的回复能力。原则上，知道了组成相的弹性模量就可以计算复合材料的弹性模量。对于简单的多晶陶瓷，Voigt 和 Reuss 分别计算了均匀应变和均匀应力两种极限情况下的弹性模量，对应多晶陶瓷模量的极大值与极小值，采用二者的算术平均就能获得实际材料的真实值。弹性模量也可以由实验直接测量。不管采用哪种方法，知道了陶瓷材料的平均弹性模量就可以用于后续的工程计算。

多孔陶瓷是两相复合材料的一个极限，其中一相的刚度为零。实验发现弹性模量与气孔率 p 之间存在一个经验关系[358]：

$$E = E_0(1 - f_1p + f_2p^2) \tag{4-7}$$

式中，f_1和f_2是常数；E_0是完全致密材料的弹性模量。对于泊松比 0.3 左右的材料体系，假设孤立球形气孔随机分散在连续基体中，方程（4－7）中的系数$f_1=1.9$、$f_2=0.9$。大多数陶瓷都有 2%～7%的气孔，与理论密度材料相比弹性模量降低4%～13%。由方程（4－7）可知，由于p^2项贡献很小，每个气孔近似等于两倍体积的贡献。当气孔率约为 10%时，强度将下降一半。除了气孔率，气孔的形状及分布对材料性质的影响也是显著的，比如圆盘状气孔比球形气孔的贡献要大得多。

2）断裂表面能。断裂表面能是裂纹扩展单位面积所消耗的总能量，包括自由表面能（γ_S）和裂纹尖端区域消耗的塑性功等多种能量。自由表面能描述的是表面原子与内部原子在承受原子间约束力方面存在的差异，相当于固体材料内部新生单位面积表面原子所吸收的能量。材料断裂必须首先支付这部分能量。在多晶材料中，断裂往往沿晶界、相界等薄弱界面扩展，在形成两个自由表面的同时破坏了一个界面（γ_i），实际消耗的能量为 $2\gamma_S-\gamma_i$。一方面，气孔率增大将导致断裂面积减小；另一方面，由气孔诱导的微裂纹也可以分散主裂纹尖端的能量。

3）内应力。热膨胀系数和弹性模量不同将引起应变失配，多晶陶瓷内部或多或少都存在内应力。对于机加工表面约 20 μm 深划痕的 $BaTiO_3$陶瓷，在居里温度上下断裂强度相差超过 50%，原因就在于四方铁电相存在内应力而立方顺电相内应力几乎为零[359]。在陶瓷的晶界、相界上，内应力的大小取决于界面两侧晶粒之间的应变失配程度，它们可以是张应力也可以是压应力。当内应力本身足以克服界面结合力时，界面将产生如图 4－6 所示的微开裂。实验观测发现，当冷却速度超过一个阈值或者晶粒尺寸超过一个阈值时，微裂纹将自发生成。超过晶粒尺寸阈值时，微裂纹形成能力随晶粒增大而增加。实际上，材料体内总会有一些区域存在残余张应力而在其他区域存在残余压应力，张应力与压应力交替分布、总体保持平衡。残余张应力将降低断裂表面能，残余压应力则提高断裂表面能，微裂纹倾向于在张应力集中的区域优先扩展。在主裂纹扩展过程中界面微裂纹也将扩展，导致额外的能量消耗。

4）结构相变。结构相变对断裂表面能的影响有两种情况：① 如果在裂纹扩展前相变已发生，将在材料内部引起显著的残余应力，裂纹扩展将绕过压应力区而在张应力区进行，断裂表面能降低；② 如果材料体内含有一些亚稳相，当裂纹扩展到这些区域时，这些亚稳相会在应力作用下发生相变，相变引起的体积膨胀相当于在裂纹尖端施加了一个压应力，提高了断裂表面能。应力诱导相变的同时也会产生微裂纹，这些次生微裂纹与主裂纹的同步扩展将消耗更多的能量，提高断裂表面能。

5）晶粒尺寸。除了立方相陶瓷，几乎所有陶瓷的断裂表面能都随晶粒尺寸增大而增加；当晶粒尺寸增大到一定程度后，断裂表面能将随晶粒尺寸增大而急剧降低[360,361]。造成这一变化的原因在于热膨胀的各向异性以及其他可能导致内应力的因素都与陶瓷的晶粒大小密切相关。由于相邻晶粒间的应变失配随晶粒尺寸增大而加剧，在应变能足以支付形成微裂纹所需的能量时微裂纹将自发产生。一方面，微裂纹数量增加导致能量的额外消耗，提高了材料的表观断裂表面能；另一方面，应变失配加剧将降低不计微裂纹在内的基体材料的断裂表面能。

陶瓷材料固有微裂纹尺寸主要由晶粒尺寸和气孔尺寸决定，取决于它们的相对大小[355]。如图 4－7 所示，陶瓷材料存在以下几种典型的显微结构：(a) 完全致密和(b) 气孔尺寸远小于晶粒尺寸，一般来说这两种材料的固有微裂纹尺寸与最大晶粒尺寸相当；(c) 气孔尺寸与晶粒尺寸相当，固有微裂纹尺寸相当于最大晶粒尺寸与最大气孔尺寸之和；(d) 气孔尺寸远大于晶粒尺寸，固有微裂纹尺寸由最大气孔尺寸决定。实验已证实，显微结构确实可以成为 Griffith 微裂纹并在外力作用下导致陶瓷断裂。对于图 4－7 所示的典型显微结构，气孔在前两种类型中起较小作用、第三种类型中起中等作用、第四种类型中起主导作用。从图 4－7(e) 所示的 PZT 陶瓷断面电镜图中可以清楚看到晶界开裂形成的微裂纹。

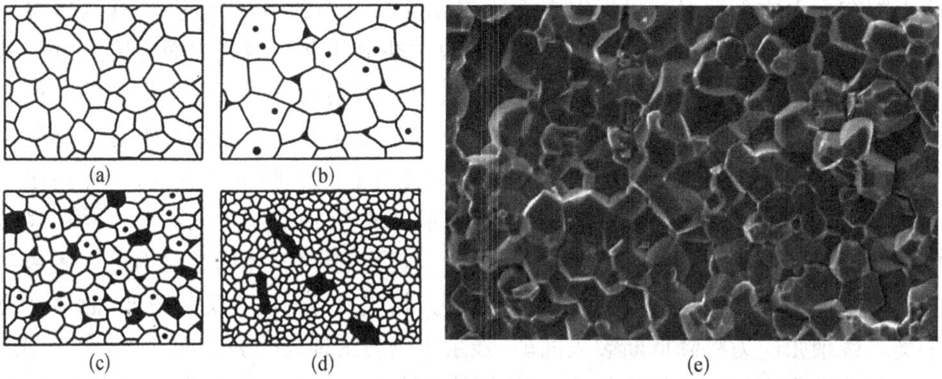

图 4－7　几种典型的陶瓷显微结构示意图[355]和一个 PZT 压电陶瓷断面电镜形貌图：(a) 完全致密；(b) 具有均匀分散小气孔的多孔结构；(c) 气孔尺寸与晶粒尺寸相当的多孔结构；(d) 具有大尺寸桥型孔洞的多孔结构；(e) 实例

4.3.3　工艺缺陷的断裂效应

根据形成机制陶瓷的微裂纹可分为本征裂纹和非本征裂纹两大类[356]。本征裂纹是那些在材料制备过程中引进的缺陷和瑕疵，包括气孔、夹杂、分层、异常晶粒长大以及烧结过程中由于各向异性热膨胀、相变等原因导致的内部裂纹；机加工表面损伤原则上属于本征裂纹。非本征裂纹是在材料的运输、装配、使用过程中由于外力和环境作用产生的,包括与环境中的微颗粒碰撞形成的表面裂纹,使用过程中由相变、蠕变、热冲击、腐蚀、氧化等原因产生的微裂纹。微裂纹尺寸是影响材料断裂性能的关键参数。

1）气孔微裂纹系统。烧结致密化不完全导致陶瓷体内存在气孔。气孔多数时候分布在晶界上,与晶界结合成为开裂源。材料的破坏可能源于大尺寸气孔,也可能起源于应力集中效应显著的气孔群。在外应力水平较低的情况下,气孔本身并不成为导致材料破坏的直接原因。当气孔附近还存在其他显微结构缺陷时,例如一个球形气孔处于三交晶界处,与晶粒内原子结合力相比界面结合力要弱得多,在气孔周围的应力集中有可能克服晶界结合力使晶界产生松动。宏观上看,这相当于在气孔边缘附着了一条尖锐的裂纹。尖锐裂纹的出现无疑大大提高了气孔所在区域的应力集中程度,从而使该区域成为材料内最薄弱的区域,断裂首先在该区域发生。图 4-7(b)和(c)所示的气孔一般不能单独作为裂纹看待,大多数情况下仅是一种诱发裂纹的机制;但图 4-7(d)所示的桥型孔洞可以直接作为微裂纹源。气孔在特定的情况下也有有利的一面,如存在应力梯度时,气孔能起到容纳变形、阻止裂纹扩展的作用。

2）夹杂导致的微开裂。陶瓷材料中的夹杂通常源于粉料制备过程和成型过程。在这些工艺过程中严格保证环境的清洁,如空气净化除尘、精选球磨介质、尽可能提高原料纯度等能够防止夹杂现象。造成夹杂现象的一个次要因素是烧结过程中炉膛的污染。为改善材料性能人为引进的第二相粒子、纤维、晶须等夹杂,通常不作为夹杂现象来处理。

夹杂导致的微开裂有两种可能：① 在材料制备过程中,由于夹杂物与基体之间的热膨胀和弹性形变失配,夹杂物界面附近残留有显著的内应力,如果失配程度较大会导致微开裂。在材料制备过程中,夹杂物诱发微裂纹一般有三种情况：一是在烧结的冷却阶段微开裂自发发生;二是自发微开裂发生后,裂纹经历一个瞬时扩展,在距离界面一定位置停止;三是微开裂是否发生取决于夹杂物的尺寸。微裂纹的形成将缓解夹杂物与基体界面处的应变失配、裂纹扩展导致残余内应力减小直至开裂终止。微开裂对夹杂物尺寸的依赖只与温差线性关联。② 即使微开裂在材料制备过程中没有发生,工作过程中夹杂物界面附近的残余内应力将对外应力起补充作用,原先因为残余内应力较低、夹杂物尺寸较小等原因而未能发生的微开裂将在外应力作用下开裂。外应力作用下微开裂存在一个夹杂物的临界尺寸。

3）其他工艺缺陷。在非立方相中热膨胀和弹性各向异性是导致陶瓷材料本征裂纹的根源之一。这些微裂纹主要出现在晶界,尤其是三交晶界处。类似于夹杂物导致的微开裂,晶粒也存在一个临界尺寸。当晶粒尺寸小于临界值时,微开裂不会自发发生[362]。这是研制细晶陶瓷的一个主要理论基础。

坯体成型也可能导致陶瓷体内产生微裂纹。可塑成型工艺经常添加有机增塑剂来提高粉体的可塑性,这些有机物可能在陶瓷体内留下均匀分布的气孔。在干压成型工艺中,成型压力不均匀、成型压力过大可能导致坯体出现裂缝或分层现象。烧结过程中异常长大的晶粒影响整体均匀性并导致局部应力集中,有可能成为微裂纹核从而导致材料强度降低。

4) 表面接触损伤。陶瓷材料与环境中的微颗粒发生接触或撞击,表面通常会产生局部的不可逆形变或微开裂。这种接触损伤在陶瓷材料的切削、磨削、钻孔等机加工过程中最为常见,在运输、装配及使用过程中也经常发生。灰尘中常见的成分是石英,它可以在金刚石和碳化硼之外的其他材料表面造成接触损伤。通常,空气中颗粒的形状是不规则的,很可能以锐角与制品表面接触。这种尖锐接触会造成更为显著的应力集中,不但加剧了微裂纹的形成,还将诱发一定程度的局部不可逆形变。

陶瓷表面机加工通常使用金刚石、碳化硼或者氧化铝磨料作为磨削介质。在机加工过程中,磨料会在材料表面引进机加工裂纹和一道道的划痕。表面损伤深度大约在 18~30 μm。这一厚度无法用研磨或抛光处理去除,更何况研磨、抛光处理本身还可能引进新的表面接触损伤。大多数情况下,机加工过程导致陶瓷材料强度降低。就陶瓷机加工而言,机加工质量显然比加工效率更为重要。通过控制磨削作用力尽可能少地引起材料表面微开裂可以提高机加工质量。

4.3.4 陶瓷的断裂模式

用扫描电子显微镜观察陶瓷断面,首先看到的是断裂模式,它反映了各种显微结构不均匀因素对裂纹扩展路径的影响结果。在陶瓷材料中,裂纹尖端遭遇最频繁的是晶界。当裂纹扩展到晶界时,进一步扩展有两种可能:穿过晶界进入到下一个晶粒内部继续扩展,或者沿着所遇到的晶界继续扩展。按照裂纹扩展路径,前者为穿晶裂纹扩展,断裂模式为穿晶断裂;后者为沿晶裂纹扩展,断裂模式为沿晶断裂。图 4-8 所示为穿晶断裂和沿晶断裂裂纹扩展路径以及在 PZT 压电陶瓷中的实例。

1) 穿晶断裂。具有小角度晶界或者高强度晶界的陶瓷裂纹倾向于穿晶扩展。穿晶断裂的断口比沿晶断裂的断口相对平整。在超薄或多层压电陶瓷作动器中,具有穿晶断裂模式的压电陶瓷作动器容易获得平整的几何面,如图 4-8(c)所示,这样的材料对器件使用性能是有益的。

2) 沿晶断裂。多晶陶瓷中晶界起协调相邻晶粒的作用。受伤晶界的变形协调能力受到削弱,晶界容易开裂。如图 4-8(d)所示,晶粒较细时沿晶断裂形成结晶状断口。

晶界是缺陷、杂质、烧结助剂等的汇聚池。大多数情况下,受溶解度和制备工艺限制,烧结结束后添加元素、杂质元素偏析于晶界,导致晶界弱化,陶瓷的断裂模

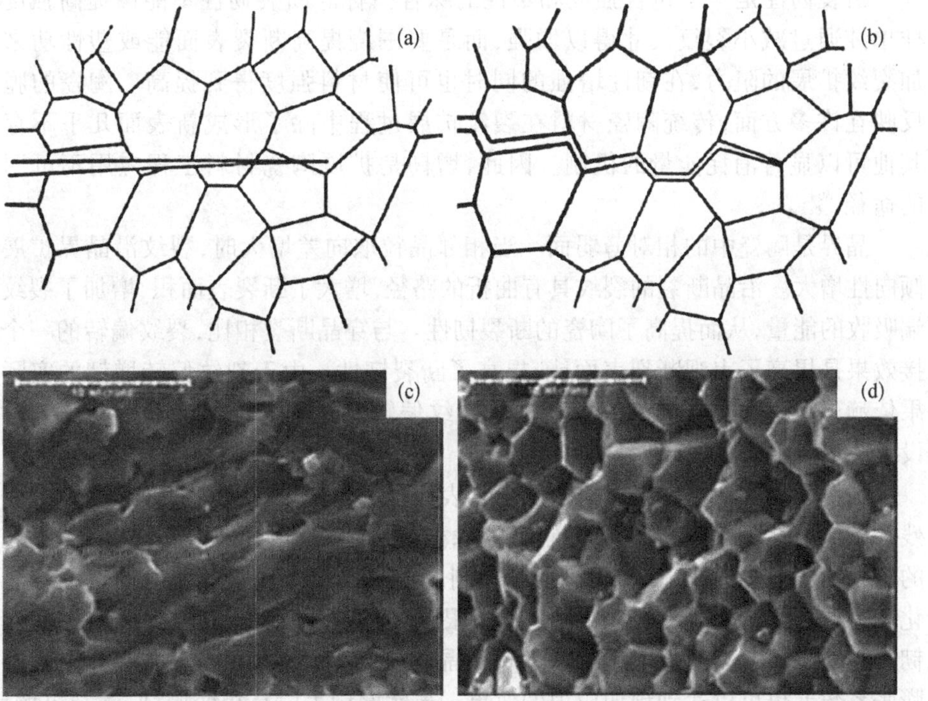

图 4-8 陶瓷的断裂模式：(a)和(b)分别为穿晶断裂和沿晶断裂的裂纹扩展路径示意图；(c)和(d)分别为 PZT 压电陶瓷穿晶断裂和沿晶断裂的扫描电镜观测结果[363]

式为沿晶断裂；少数情况下，晶界的结合强度提高，陶瓷发生穿晶断裂。在陶瓷制备过程中，当粉料的化学成分、颗粒度均匀性控制得较差时，沿晶断裂和穿晶断裂会同时发生，陶瓷为混合断裂模式。断裂模式从沿晶→穿晶→韧性断裂转变可增加材料的韧性、塑性等力学特性。因此，通过晶粒尺寸与晶界性质可以控制铁电压电陶瓷的断裂模式，提高陶瓷的机械强度与动态性能。

4.4 显微结构调控陶瓷增韧

断裂力学为陶瓷材料注入了一个全新的内涵：裂纹扩展的显微结构效应。陶瓷设计应该在保持相对较高断裂强度的前提下具有绝对较高的断裂韧性。为了提高陶瓷的断裂强度，工程师们在追求最小缺陷尺寸和最窄缺陷尺寸分布两个方面付出了持续不断的努力，已发展了许多工艺方法，通过减小裂纹尺寸或者改变裂纹尖端的应力状态来抑制裂纹的扩展，提高陶瓷材料的强度。然而，单纯提高断裂强度并非解决工程应用可靠性问题的根本途径，更现实更迫切的要求是提高陶瓷的断裂韧性。

断裂韧性是一个包含强度和塑性的综合指标。断裂韧性不能像提高强度那样单纯通过减小裂纹尺寸得以增强，而是要围绕提高断裂表面能或塑性功来增加裂纹扩展的阻力，在韧性增强的同时也可使材料强度得到提高。陶瓷的脆性反映在许多方面，传统陶瓷材料在裂纹扩展过程中除了形成新表面几乎不存在其他可以显著消耗能量的机制。因此，增韧是扩展陶瓷材料工程应用不可回避的途径[364]。

晶界是陶瓷中的相对薄弱面。当相邻晶粒取向差增大时，裂纹沿晶界扩展的倾向性增大。沿晶断裂的裂纹具有曲折的路径，增大了断裂表面积、增加了裂纹尖端吸收的能量，从而提高了陶瓷的断裂韧性。与穿晶断裂相比，裂纹偏转的一个直接效果是提高了表观断裂表面能，提高了断裂韧性。由于裂纹偏转增韧的实际效果依赖于材料的受力状态，严格来说，裂纹偏转不能作为一种增韧机制用于材料设计。

脆性断裂通常是在张应力作用下自表面开始。如果在材料表面人为产生一层残余压应力就可以提高材料的抗张强度，这是因为在拉伸破坏前首先要克服表面的残余压应力。通过一定的加热、冷却制度在表面引入残余压应力的过程叫热韧化。这种技术最初用于制造钢化玻璃、眼镜玻璃，现已开始用于其他结构陶瓷增韧。淬冷不仅在表面造成压应力还可使晶粒细化。另外，利用表面层与内部的热膨胀系数差也可以达到预加应力的效果。虽然增韧手段有相变增韧、微裂纹增韧、弥散增韧等不同的技术方案，但单相陶瓷的中心问题依然是通过工艺控制来优化陶瓷的显微结构[257]。

细晶强化是通过减小晶粒度来提高材料的力学性能：一方面，晶粒越细裂纹沿晶界扩展时迂回曲折的道路越长；另一方面，多晶材料中初始裂纹尺寸与晶粒尺度相当。晶粒越细初始裂纹尺寸越小，材料的强度越高。当晶粒尺寸细化到纳米量级时，材料性能还会出现异常变化。例如，当四方氧化锆陶瓷的晶粒尺寸减小到 130 nm 时，在 1 250℃温度出现了 400%的变形量，即氧化锆纳米陶瓷在中温具有超塑性，彻底改变了陶瓷的脆性。对陶瓷材料强度与显微结构关系的实验研究表明：陶瓷材料的固有裂纹与显微结构尺寸相当，在一定的晶粒尺寸范围内材料的断裂韧性将随晶粒尺寸增大而增大；当晶粒尺寸增大到一定程度后，断裂表面能基本上为一个材料常数。因此，断裂强度和断裂韧性对晶粒尺寸的依赖是一个权衡关系，存在一个合适的晶粒尺寸范围陶瓷具有最佳的机械性能[365]。

对于采用气溶胶方法制备的致密 PZT 陶瓷，如图 4－9 所示，维氏硬度 H_V 随晶粒尺寸 d 增大而减小，在 0.09～2.3 μm 晶粒尺寸范围内满足 Hall－Petch 关系（$H_V = H_{V0} + kd^{-1/2}$）；而杨氏模量（E）和断裂韧性（K_{IC}）却存在一个优化的晶粒尺寸范围。对于传统固相反应电子陶瓷工艺制备的铁电陶瓷，通过优化致密度、晶粒尺寸等显微结构能够获得优异的机械性能。

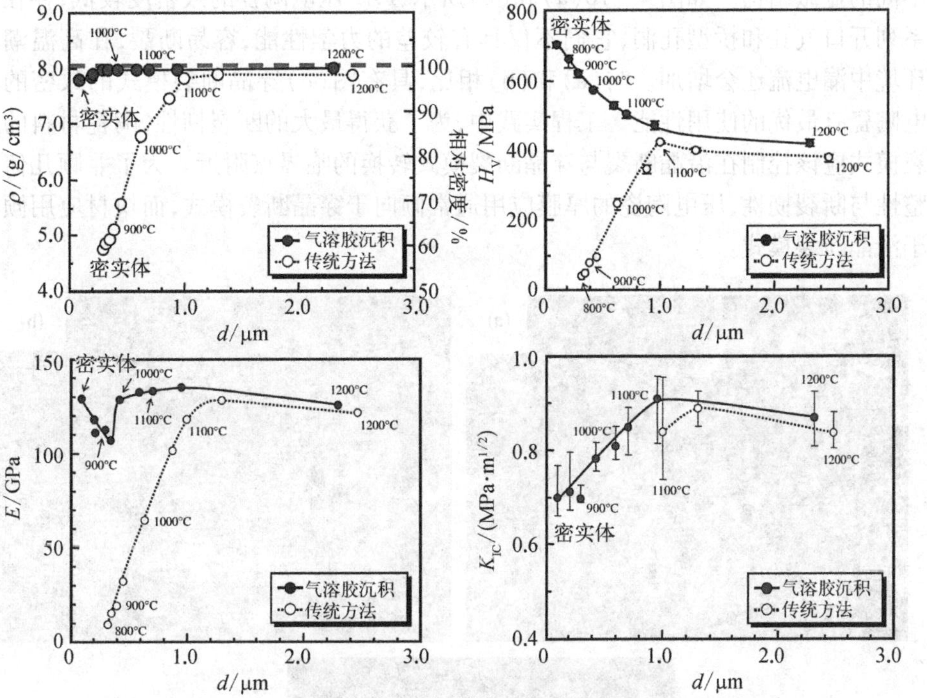

图 4-9　不同晶粒尺寸 PZT 陶瓷的密度(ρ)、致密度、维氏硬度(H_V)、杨氏模量(E)和断裂韧性(K_{IC})实验结果[366]：●与○分别表示气溶胶沉积和传统固相反应电子陶瓷工艺制备的 $PbZr_{0.52}Ti_{0.48}O_3$ 陶瓷；每个数据点旁的温度为烧结温度

由于铁电相结构的各向异性，不同晶粒间的弹性形变与热膨胀失配使得铁电陶瓷在制作、加工过程中很容易形成残余内应力[367]；在裂纹扩展过程中，这些残余内应力改变了材料的表观断裂表面能。外电场作用下，180°畴的反转基本上不改变陶瓷的应变状态，非 180°畴的旋转能产生较高的局部应变场。由于压电效应，外应力和电场都能引起非 180°畴的旋转，会在陶瓷内部产生应力场[368,369]。畴旋转造成的内应力可以削弱或加强裂纹尖端的应力强度，这就是畴旋转增韧或畴旋转降韧[370]。如果内应力足够高，畴旋转足以使陶瓷损伤[371]。实验发现电场可以促使压电陶瓷中的裂纹扩展出现偏折；钛酸钡和锆钛酸铅陶瓷在极化电场作用下会产生晶间开裂和损伤，裂纹数随晶粒尺寸与极化电场增大都增加[372,373]。在铁电陶瓷制作的多层共烧作动器中存在分层、剪切缺陷、陶瓷与电极层开裂、陶瓷层内开裂四种典型现象，通过合适的工程设计与制备工艺控制能够提高器件的可靠性[374,375]。

综合力、电两方面的研究成果可以发现晶粒尺寸在 1～5 μm 范围时铁电陶瓷的综合性能最优[366,376-380]。如图 4-10 所示，不同工艺制作的 PZT 压电陶瓷具有不同的显微结构。如图 4－10(a)和(b)所示,PZT 压电陶瓷的致密度较低,存在一系列开口气孔和桥型孔洞,它们不仅具有较差的力学性能,容易断裂,在高温潮湿环境中漏电流还会增加。与(a)和(b)相比,具有图(c)穿晶断裂模式的致密的压电陶瓷有最优的使用性能。工程实践中,为了获得最大的断裂韧性,陶瓷材料的断裂模式应该控制在沿晶断裂与穿晶断裂模式转换的临界点附近。为了兼顾几何平整性与断裂韧性,压电陶瓷的厚膜应用通常倾向于穿晶断裂模式,而块材应用倾向于沿晶断裂模式。

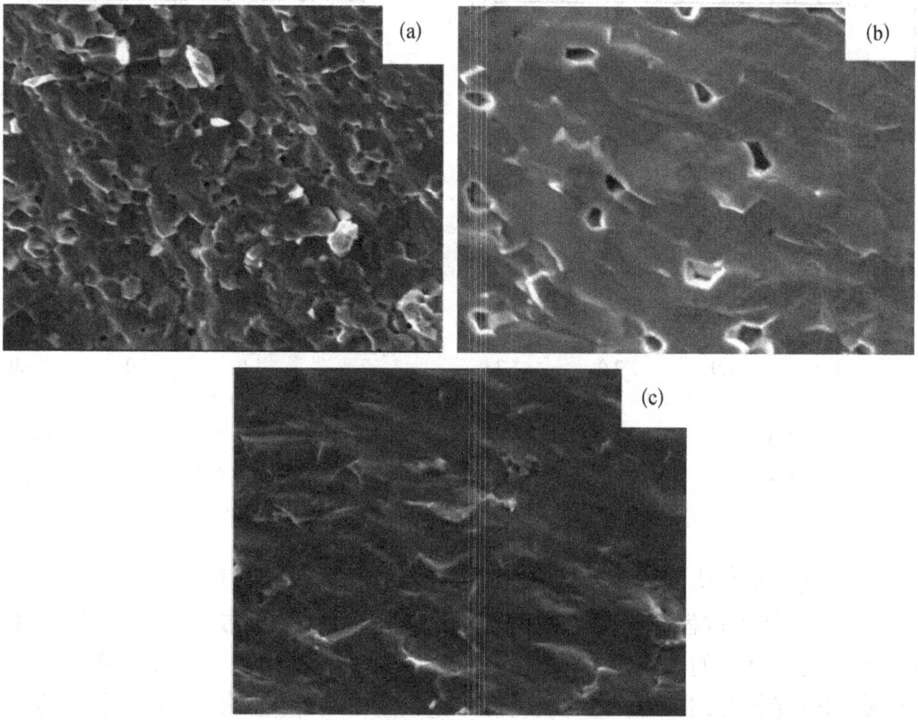

图 4－10　不同公司生产的贾卡梳用 PZT 压电陶瓷断面显微结构图

铁电压电陶瓷换能器在工作时首先是一个力学系统！要提高铁电压电陶瓷的机械强度和力学性能、提高铁电压电陶瓷换能器的功率特性,获得高致密细晶陶瓷是关键。在陶瓷制备过程中,要通过原料组成、粉料处理、热处理程序等工艺的协同组合来控制气孔、晶粒、晶界等显微结构,其中孔隙率要尽可能低、晶粒要细化(1~5 μm)、晶界结合力要加强。陶瓷制品的不可复制性正是源于这些工艺组合的多样性和不确定性。

第5章　陶瓷材料制备基础

陶瓷工艺是一门古老的技艺。在对天然原料的化学组成和结构未有科学认知之前,在材料的化验分析工作繁琐费时面前,人们常把陶瓷制品的性能与工艺过程参数的变化直接相联系,陶瓷材料的性能与可靠性强烈依赖于原料品质和有关工艺的经验知识。直到20世纪上半叶,新产品仍然被看成发明创造,而不是有计划的产品研发。20世纪后半叶,随着物质原子论和各种成分、结构分析手段的建立,陶瓷工艺背后隐藏的科学原理逐步获得认知,各种工艺设备也日新月异,陶瓷工艺逐渐发展成为一门应用学科。工程需求的不断扩展使得陶瓷制备工艺越来越重要,对陶瓷工艺原理的深入认知必将推动功能陶瓷与无源集成模块的快速发展。

如图5-1所示,不管是材料的结构与性能评估还是工程应用都离不开材料制备。陶瓷材料存在单晶、多晶、粉末、薄膜、纤维、复合材料等多种形态,制备方法不一而同。其中,多晶陶瓷一般是通过对粉料高温烧结固化而成,选择合适的粉料制备方法与工艺条件、仔细控制研磨和烧结过程可以对陶瓷材料的显微结构与性能进行有效调控。在工程系统的小型化、微型化浪潮中,很多功能模块不再采用分立元件制造与组装的方式,材料与器件需要集成一体化制造。本章主要讨论陶瓷材料的制备科学与技术基础,以原子扩散为中心的陶瓷制备科学原理适用于不同物质形态的制备过程。

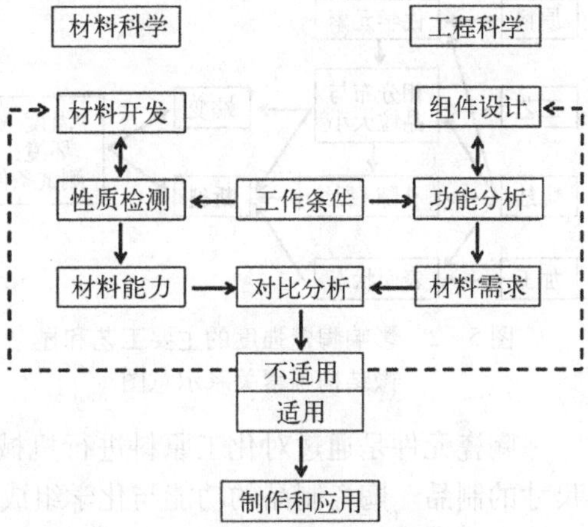

图5-1　材料科学与工程科学互动示意图[334]

5.1　多学科视角材料制备工艺

材料的化学组成确定后,它的本征性能是由化学键和晶体结构决定的;然而,它的表观性能或使用性能受杂质、晶格缺陷、显微结构、瑕疵等多重因素的影响。与材料化学重点关注原子的键合-晶体结构-材料性质之间的关系不同,陶瓷学更注重材料组成-制备-显微结构-性质之间的关系。因此,在化学家眼里,材料制备是完成原子晶格排列的过程，该过程中的不完整性主要是缺陷化学、表面和界面化学；而在陶瓷学家眼里，制备和加工过程导致的不完整性包括晶格缺陷、位错、层错，杂质、元素的不均匀分布，晶粒和气孔的形状、大小与分布，相的组成与分布，晶界、相界，瑕疵和微裂纹等。陶瓷中的不完整性对材料使用性能的影响并不都是负面的。

对于一个给定的原子系统，热力学自由能和化学势是描述原子系统几何排列状态变化趋势的指针，状态方程建立了可测量的系统性质与热力学函数之间的关系。通常，化学家通过材料的组成元素与微量添加元素去思考问题。化学家通过电子结构、晶格结构、原子占位、化学键控制、离子替代、氧化物的平衡氧分压等因素调控材料性能，主要关心化学成分决定的材料本征性能的优化，包括结构相变、居里温度、铁电极化强度、饱和磁化强度、介电常数、压电系数、磁电系数、磁致伸缩系数、磁晶各向异性、能量转换系数、电阻率、禁带宽度、杨氏模量、泊松比、热膨胀等性能。

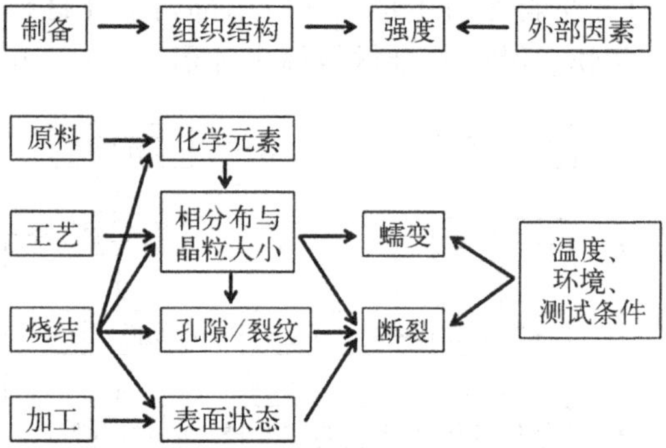

图5-2　影响陶瓷强度的主要工艺和显微结构因素关系示意图[334]

陶瓷材料工程师不仅用显微结构信息来解释力、热、光、电、磁等物理性质，也通过制备工艺来调控显微结构、优化材料性能。如图5-2所示，断裂力学给出了影响陶瓷力学性能的那些通过工艺条件可以调控的一些显微结构特征，同时也列出了温度、环境、测试条件等主要外部影响因素。由于压电陶瓷元器件是一个力-电耦合系统，从显微结构控制同时提高电学和力学性能就显得格外重要。

陶瓷元件是通过对化工原料进行机械、化学和热处理制备加工成所需形状和尺寸的制品。陶瓷制品的功能与化学组成、晶体结构和显微结构密切相关，它们综合决定了材料的性质、决定了制品的功能。图5-3给出了陶瓷元件的典型制作步骤及每一步骤中需要考虑的因素[381]，它对于理解陶瓷科学与工程中的热力学、动力学、工艺操作、原子扩散、物相演化与材料性质之间的复杂关系很有帮助。材料工程师需要掌握材料的热力学平衡态、相图、相转变动力学等知识。在陶瓷材料的研究与生产中，原料和工艺操作都需要加以仔细控制，通过对晶粒和晶界的化学组成、结构、形状、大小与分布，气孔的形状、大小与分布等显微结构调控来获得高品质的陶瓷制品。陶瓷学家不仅仅是相信工艺技术的提高可以改进制品的产量和质量、提高工程应用可靠性、扩展市场应用范围，他们也确实是这样进行工程实践的[382]。

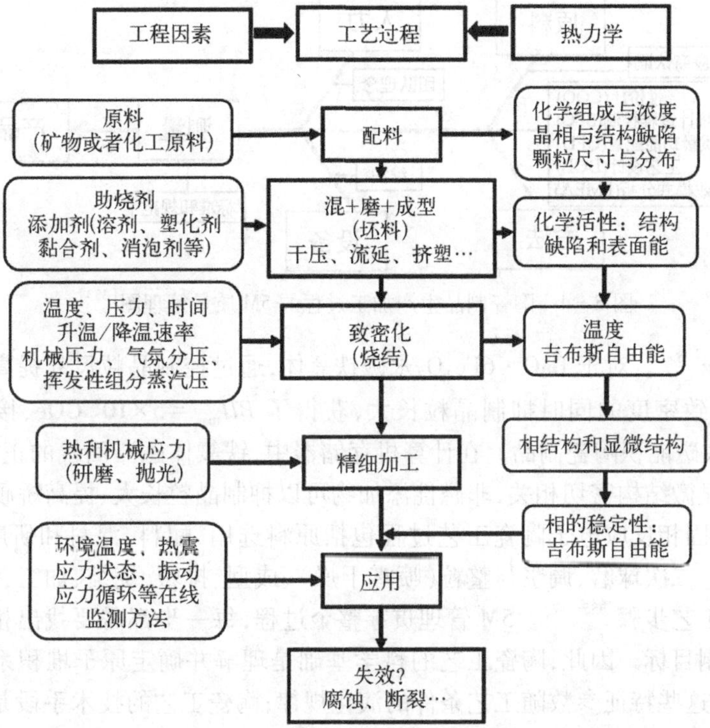

图 5-3　陶瓷元件制备的典型步骤及其物理化学与工程基础[381]

从原子论观点出发，材料制备工艺过程就是有目的地、系统地通过机械、化学、物理等方法改变原子系统的堆积状态。陶瓷制品的原子堆积状态既受原子系统的化学组成、温度、压强等控制，又受原子扩散的起始状态和动力学过程影响。工程上，可以通过初始颗粒显微结构、缺陷、表面化学、热处理温度和时间等参数控制原子扩散的动力学过程以获得所需的显微结构。陶瓷工艺过程包括原料、方法、设备、人力和监测五个要素(5M)[383]，如图 5-4 所示，这五个要素的组合与互动是生产高品质陶瓷制品的关键。5M 要素的组合多样性导致陶瓷材料原子扩散过程具有不可复制性，导致陶瓷制品“仿制”非常困难，需要工艺过程的再创造。

例如，早在 20 世纪 50 年代人们就已注意到了磁导率与晶粒尺寸的相关性，通过提高致密度、降低气孔率并抑制晶粒长大可有效提高磁导率；通过晶界二次氧化、降低 Fe^{2+} 离子的移动可有效降低磁损耗。Goldman 从化学工程师和陶瓷工程师的视角仔细分析了影响铁氧体材料性能的因素后，提出了图 5-4 所示的陶瓷工艺 5M 质量管理综合控制策略，铁氧体工业产品的磁导率从 2 000 左右提升到了 18 000，实验室产品磁导率提升到了 40 000，功率铁氧体的工作频率从 16 kHz 提升

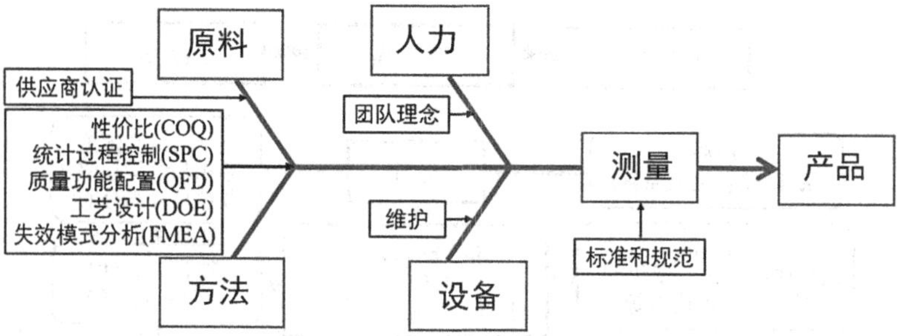

图 5-4　陶瓷制品生产加工过程的 5M 质量管理图[383]

到了 1 MHz[383]。对于 $BaO \cdot 6Fe_2O_3$ 永磁铁氧体，通过控制晶粒尺寸提高了矫顽场强；在提高致密度的同时抑制晶粒长大，获得了 $BH_{max}=5\times10^6$ GOe、接近理论值 90% 的最大磁能积陶瓷制品。在计算机存储器中，铁氧体磁滞回线的正方性、开关速度也与显微结构密切相关，非磁性添加物可以抑制晶粒长大、提高矫顽场强[384]。

通常，固相反应电子陶瓷工艺过程包括原料选用、配料、混料和研磨（球磨）、干燥、预烧、二次球磨、调浆与整粒（喷雾干燥）、成型、排塑、烧结、加工、烧银、检测等具体的工艺步骤[385-387]。5M 管理贯穿整个过程，每一步都需要找出相应的特征参数和控制目标。因此，陶瓷工艺的科学基础是理解并确定原子堆积系统的特征参数，发现这些特征参数随工艺条件的演化规律；陶瓷工艺的技术手段是采用合适的技术设备与工艺参数控制原子系统的堆积状态与扩散过程，最终获得所需显微结构（堆积状态裁剪）的高品质陶瓷制品。如图 5-5 所示，陶瓷工艺的科学与技术应提供对每一步骤原子系统物理化学特征的认知、堆积状态的调控原理、方法与技术手段，以获得满足工程应用需求的制品。

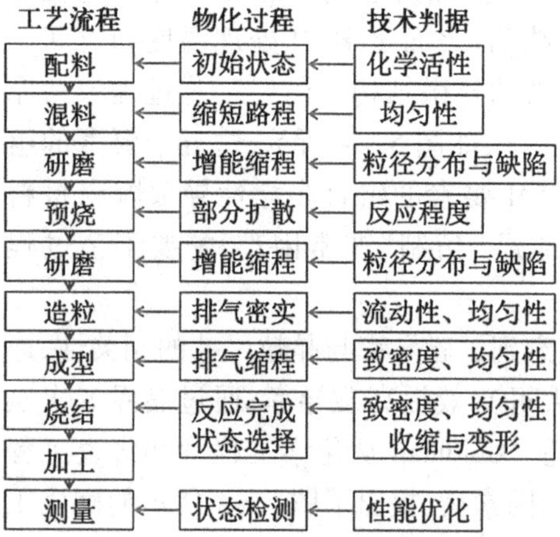

图 5-5　陶瓷制备工艺的科学与技术基础一览

在图 5-5 所示的陶瓷材料生产过程中，配料是选择原子的种类、比例以及初始堆积状态，混合和研磨是对原子堆积状态进行再造，成型是对原子宏观堆积状态进行塑造，预烧和高温烧结是对原子微观堆积状态进行重塑与剪裁。其中，成型方法、制品的几何形状和尺寸与具体的工程应用相关。预烧和烧结都是高温热处理过程，原子通过扩散进行固相化学反应以及颗粒之间的固接、致密化、晶粒长大等显微结构演化。由此可见，陶瓷制备的关键工艺是粉料处理与烧结。材料工程师更多关注粉料处理与烧结对陶瓷制品显微结构的影响,关注如何通过工艺调节来控制显微结构以获得所需的性能。成型工程师更多关注材料应用需求与成型方法,关注烧结过程与形状和尺寸的控制问题,以获得合格的元件。

5.2 热力学与动力学

不同物质混合在一起,化学反应的方向及其生成物的稳定性分别由热力学化学势与自由能描述,而原子的扩散过程则由动力学描述,两种状态之间的自由能差是原子扩散的驱动力[189,387]。钙钛矿氧化物的热力学研究涉及钙钛矿相的形成能力与合成方法选择,实验试错会浪费不少精力与资源。例如,Bi_2CrFeO_6双钙钛矿是热力学亚稳相,采用常压固相反应法无法获得钙钛矿相,即使采用高温高压固相反应得到的也是B位无序复杂钙钛矿相[150]。对于$Pb(Cr_{1/2}Nb_{1/2})O_3$钙钛矿热力学亚稳相,在大气气氛下固相反应无法合成钙钛矿相,但在高氧气氛条件下固相反应能够获得钙钛矿相[239]。

5.2.1 热力学与相图

相图是研究材料组成-结构关系的实用工具,它描述了热力学平衡态时原子系统中存在的相以及相的组成、结构、含量等信息[333,387]。相是指原子系统中化学成分和物理化学性质均匀一致的部分,热力学平衡态时相是不随时间变化的原子系统特定的堆积状态。例如铁酸铋的室温三方钙钛矿相、钛酸铅的室温四方钙钛矿相、钛酸铅的高温立方钙钛矿相是热力学稳定相。组元是组成原子系统的一系列不同元素或物质。例如,铁酸铋可以看作由铋-铁-氧三种组元(元素)形成的钙钛矿氧化物,也可以看作由氧化铋-氧化铁两种组元(氧化物)形成的化合物;锆钛酸铅可以看作由氧化铅-氧化锆-氧化钛三种组元形成的化合物,也可以看作由锆酸铅-钛酸铅两种组元形成的固溶体。自由度是指在不改变系统中相数目的条件下,可以在一定范围内独立变化的影响原子系统堆积状态的外部热力学变量。相律是指原子系统处在平衡态时自由度数(F)、组元数(C)和相数(P)之间的数量关系,它们满足$F=C-P+2$,式中的“2”指的是温度和压力两个热力学变量。

温度、压强和组分是常见的三个影响原子系统相结构的调控参数,相图通常采用其中任意两个参数组合而成。一元相图是最简单的相图,系统的组成不变,只有温度和压强是变量。例如$BaTiO_3$的温度(T)-压强(P)相图,它是由温度-压强组成的二维平面图[388]。二元相图常常以温度和组分作为变量,压力设定为常数,用来表示温度和组分变化时系统中相的变化趋势。杠杆规则和组成规则是二元相图中的两个重要规则。杠杆规则回答两个相的含量各是多少?组成规则回答在某一温度下,体系中存在哪些相?每一相的化学组成是什么?温度升高相的晶格对称性会发生变化(结构相变)、相的化学组成有时也会变化(化学反应)。如图 5-6 所示,Bi_2O_3-Fe_2O_3二元系中存在$Bi_{25}FeO_{39}$、$BiFeO_3$和$Bi_2Fe_4O_9$三个化合物,温度升高$Bi_{25}FeO_{39}$存在一个 α-γ 结构相变、$BiFeO_3$存在一个 α-β 结构相变,$BiFeO_3$钙钛矿相在 934℃以上温度热分解[353,389]。在材料制备加工过程中,如果实际过程进行得非常缓慢,就可以近似按相图进行分析;如果没有给予足够长的时间进行弛豫,原子系统往往会偏离平衡态,但二者的趋势相同。

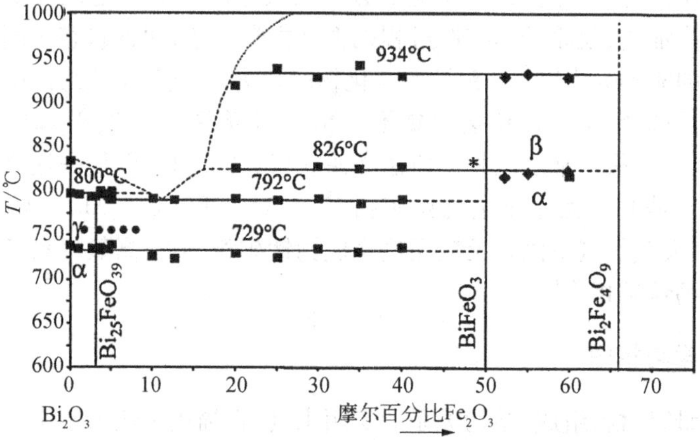

图 5-6　Bi_2O_3-Fe_2O_3二元相图[389]。729℃、792℃和 826℃等温线表示可逆化学反应,934℃等温线表示钙钛矿相热分解化学反应;α-γ 和 α-β 分别表示$Bi_{25}FeO_{39}$和$BiFeO_3$温度驱动的晶体结构相变

在元素种类有限、晶体结构类型有限的现实世界中,为了满足不断增长的工程需求,采用多种组元进行不同组合以拓展物质的化学组成相空间是开发新材料的一种有效方法,由此三元、多元系统应运而生。例如,永磁合金材料从钐-钴二元系拓展到钕-铁-硼三元系,压电陶瓷从锆酸铅-钛酸铅二元系拓展到锆酸铅-钛酸铅-铌镁酸铅等三元系。为便利起见,多元系常常简化为准三元、准二元系。三元相图采用等边三角形坐标系表示:每个顶点代表某组元浓度 100%,三角形中的某一点即代表三元系的组分。由等边三角形内任意一点分别向三条边作平行线,即可读取每个组元的浓度。在三角形内任取两点 a 和 b,它们可能是单相也可能是多相混合物,a 与 b 混合反应产物 c 的组分位于 ab 连线上,此即直线规则;任取三点 a、b 和 c,它们的混合反应产物 d 的组分位于 abc 三角形的物理重心上,此即重心规则。直线规则和重心规则可以确定混合反应产物的化学组成与相组成。

钙钛矿氧化物常常采用简单氧化物固相反应进行合成。由于 $BaTiO_3$、$Pb(Zr_{1-x}Ti_x)O_3$、$La_{1-x}Sr_xMnO_3$等钙钛矿相是热力学稳定相,它们在常压下可以合成。因此,高温煅烧 $BaCO_3$ 和 TiO_2 固相反应即可合成 $BaTiO_3$,煅烧 PbO、TiO_2 和

ZrO_2合成$Pb(Zr_{1-x}Ti_x)O_3$，煅烧La_2O_3、$SrCO_3$和MnO_2合成$La_{1-x}Sr_xMnO_3$。由于Bi_2CrFeO_6、$BiCrO_3$、$Bi(Zn_{1/2}Ti_{1/2})O_3$等钙钛矿是热力学亚稳相，它们需要在高温高压条件下进行合成。如果存在竞争反应，则需要改变合成反应的路径以获得单一钙钛矿相。例如，由于$Pb_2Nb_2O_7$焦绿石相比$Pb(Mg_{1/3}Nb_{2/3})O_3$钙钛矿相更稳定，合成$Pb(Mg_{1/3}Nb_{2/3})O_3$时需要MgO和Nb_2O_5预先固相反应生成铌铁矿相再与PbO反应以制备单一钙钛矿相。

除了固相反应，水热反应等液相合成法也常常用于制备钙钛矿陶瓷粉料。在$Ba-Ti-CO_2-H_2O$水热系统中，如图5-7所示，热力学理论分析表明在pH>12且CO_2分压$p_{CO_2}<4.5$条件下室温就可以晶化生成钛酸钡；如果p_{CO_2}增大，钛酸钡晶体需要在更强的碱性条件下才能稳定[390,391]。实验研究表明，在图5-7所示水热系统中，钛酸钡晶体可以在室温合成；当温度提高到60℃以上时，钛酸钡结晶速度明显加快[392,393]。与固相反应法批处理不同，水热法可以在100℃以下温度连续制备钛酸钡纳米粉[394,395]。应用钛酸钡纳米粉可以进一步制备钛酸钡纳米陶瓷、制备钛酸钡独石电容器等产品[396]。

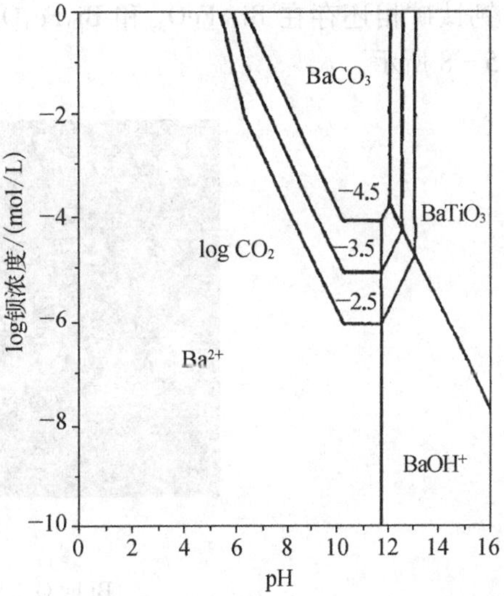

图5-7 $Ba-Ti-CO_2-H_2O$水热系统热力学稳定性理论分析结果[390]

5.2.2 原子扩散动力学

在固相反应和坯体致密化过程中，不同物质之间存在互扩散，互扩散过程可以通过不同微区离子浓度随时间的变化进行识别。在相内部也存在原子的自扩散，自扩散过程需要通过同位素标定才能进行观测。自扩散与陶瓷的晶粒长大、离子输运、离子导电等过程密切相关。空位辅助原子迁移扩散需要满足两个条件：临近存在空位、原子有足够的能量挣脱周围原子的束缚并克服迁移过程中引发的晶格畸变。原子的扩散能力随温度升高增大，扩散系数D对温度的依赖关系为

$$D = D_0\exp\left(-\frac{E_a}{k_B T}\right) \tag{5-1}$$

式中，D_0为与温度无关的常数；E_a为激活能；k_B为玻尔兹曼常数。由于表面/界面原子比体原子具有较高的自由能，所以表面/界面原子扩散速率高于体扩散[397,398]。根据原子扩散的空位机制，在粉粒中引入高浓度空位可以提高反应活

性和烧结活性。由于空位是在粉料研磨过程中引入的，是通过减小晶粒尺寸增加比表面积、增加晶格缺陷浓度两个途径实现的，因此，粉料研磨过程控制是陶瓷工艺的核心。

对于两种物质间的互扩散，Kirkendall 效应表明原子的互扩散速率是不相等的[399]。例如，在 Bi_2O_3 – Fe_2O_3扩散偶中，由于铋离子向 Fe_2O_3中的扩散速度远小于铁离子向 Bi_2O_3中的扩散速度，在原料颗粒较大、部分固相反应时除了生成 $BiFeO_3$钙钛矿相还存在 $Bi_{25}FeO_{39}$和 $Bi_2Fe_4O_9$相[400-402]。一个典型的实验观测结果如图 5 – 8 所示。

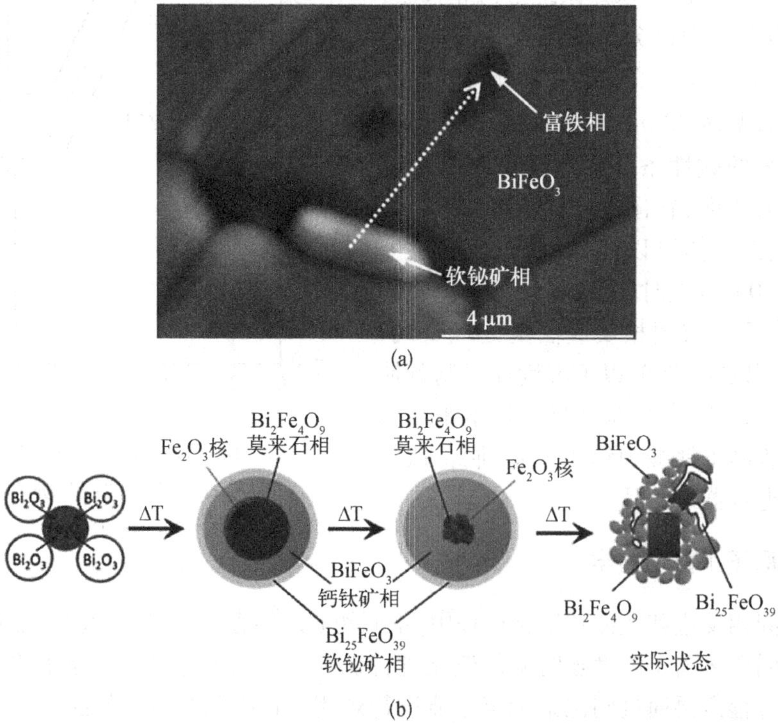

图 5 – 8　Bi_2O_3 – Fe_2O_3固相反应合成 $BiFeO_3$陶瓷的原子扩散机制：
(a) 扫描电镜观测结果和(b) 动力学过程示意图[402]

原子互扩散的净物质流由反向空位流平衡，这些空位将集聚形成空孔或在位错、晶界处湮灭。也就是说，Kirkendall 效应的一个直接后果是在扩散速率高的物质体内形成晶格空位，这些空位逐渐团聚最终形成空孔。Kirkendall 孔在不同场合有不同的效果。在纳米材料领域，Kirkendall 效应已发展成一种自模板技术用于制备不同形态和尺寸的空心纳米结构，通过对扩散偶形状的控制已成功制备了空心纳米球[403,404]和纳米管[397,405]。在焊接、镀膜、钝化、固相反应合成多组元陶瓷时，

Kirkendall 孔的形成降低了界面结合强度、降低了陶瓷致密度。为了避免 Kirkendall 孔的负面效果，在焊接、镀膜、钝化处理等场合需要控制反应进程避免 Kirkendall 孔的生成[406]，在陶瓷材料制备场合需要通过预化学反应和二次粉碎处理来消除 Kirkendall 孔。

采用固相反应法制备复杂钙钛矿或固溶体钙钛矿时，除了考虑热力学稳定性还要关注动力学反应历程，避免竞争反应形成更稳定的焦绿石结构等非钙钛矿相。例如，虽然 $Pb(Zn_{1/3}Nb_{2/3})O_3$ 是热力学稳定相，采用 PbO、ZnO、Nb_2O_5 直接固相反应得到的却是焦绿石结构相，采用熔融法才可以获得钙钛矿相[407]；在制备 $0.5BiFeO_3-0.5(Pb_{0.6}Sr_{0.4})(Cr_{1/2}Nb_{1/2})O_3$ 固溶体钙钛矿时，采用氧化物原料直接固相反应得到是类 $\beta-Bi_2O_3$ 结构相，通过两步固相反应——第一步采用氧化物原料分别按 $0.5BiFeO_3-0.5Sr(Cr_{1/2}Nb_{1/2})O_3$ 和 $0.5BiFeO_3-0.5Pb(Cr_{1/2}Nb_{1/2})O_3$ 配料与预烧，第二步把预烧料再按所需比例混合进行预烧和烧结——能够得到单一钙钛矿相。

5.3 粉 料 制 备

电子陶瓷的原料品质包括：① 化学成分，纯度、杂质的种类与含量、化学计量比等；② 颗粒度，尺寸大小、粒度分布、颗粒外形、比表面积等，如图 5-9 所示，原料颗粒有一次颗粒与二次颗粒之分，一次颗粒存在单晶与多晶之别、二次颗粒存在堆积形态与密度之异；③ 结构，结晶形态、稳定性、缺陷、裂纹、致密度、多孔性等[408]。粉料的化学成分关系到电子陶瓷的电气性能是否达标，粒度和结构主要决定坯体的堆积密度、成相、可成型性与烧结特性。原料品质是由供应商决定的，必须仔细了解并做出审慎选择。如果原料不合格，纵使工艺再好也无法获得优质的陶瓷制品。

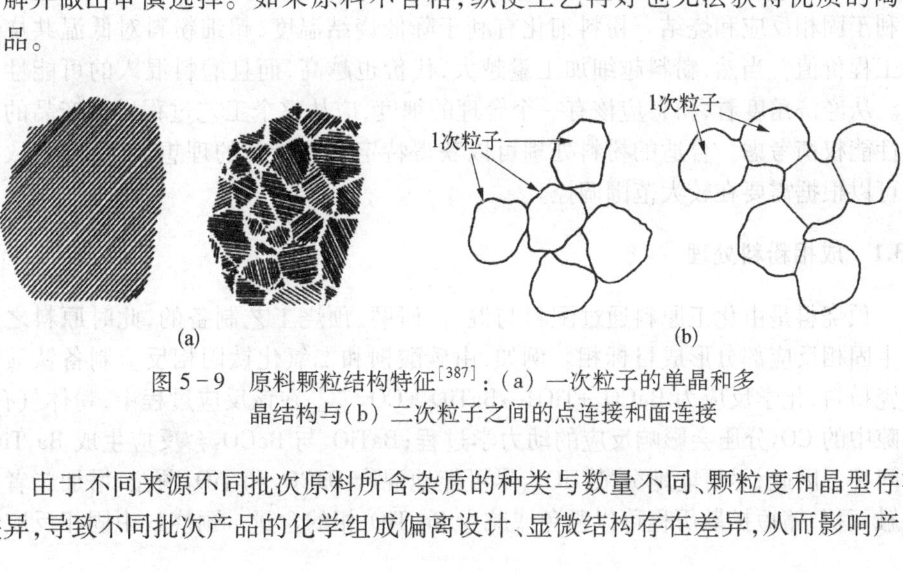

图 5-9　原料颗粒结构特征[387]：(a) 一次粒子的单晶和多晶结构与(b) 二次粒子之间的点连接和面连接

由于不同来源不同批次原料所含杂质的种类与数量不同、颗粒度和晶型存在差异，导致不同批次产品的化学组成偏离设计、显微结构存在差异，从而影响产品品质。原料并不是越纯越好,这需要从固溶体的组成、缺陷化学、扩散动力学对显微结构的影响等角度进行综合分析判断。单一杂质元素可能会少量扩散进入晶格,此时按缺陷化学起作用;超过溶解度时会残留在晶界或者形成杂相改变晶界的性质。有些杂质元素起正面作用,例如 Ba^{2+}、Sr^{2+} 等碱土金属杂质有利于提高 PZT 陶瓷的物理化学性能;有些杂质元素起负面作用,例如 K^+、Na^+ 等碱金属杂质降低了 PZT 陶瓷的电阻率、增大了介电损耗、极化时易击穿;异价杂质离子能够进行电荷补偿改变电学性能。有时候,不同种类的杂质元素能够互相协同增大溶解度,后者按固溶体规律演化影响陶瓷的性能。过渡金属元素存在变价,进行缺陷化学分析时需要特别注意。杂质离子对原子扩散速率与烧结过程的影响需要具体分析:那些降低扩散速率的杂质有利于制备细晶陶瓷,那些提高扩散速率的杂质有利于降低烧结温度和工艺能耗,有些杂质还能与主成分形成低共熔液相促进烧结。尽管杂质不一定都有害,但电子陶瓷对原料还是有一定的纯度要求。

原料的选择与最终产品的性能要求、市场因素、技术指标、供应商以及价格有关。原料纯度必须审慎确定,追求不必要的纯度将造成经济上的浪费。如果工艺附加值高,原料成本占很小比例,那么高品质高价格的原料是可以接受的;如果能降低工艺成本、提高产品品质,合适的高价原料是必须的。当配方确定后,能否达到预期性能的关键取决于工艺及其过程控制。新工艺的出现,不仅可以收到可观的经济效益,甚至能跨越式提升制品性能。

陶瓷的原料、预烧料和坯料统称为粉料,表现为大量固体粒子的集合。陶瓷制品的显微结构主要由粉料的颗粒度、颗粒形状、粒度分布、比表面积等特性决定。其中,固体颗粒的粒径大小对粉体的各种性质有很大的影响,其中最敏感的有粉体的比表面积、可压缩性和流动性。粉料的粒度越细、结构越不完整化学活性越大,有利于固相反应和烧结。粉料细化有利于降低烧结温度,超细粉料对低温共烧具有工程价值。当然,粉料越细加工量越大,代价也越高,而且磨料混入的可能性也大。从经济角度看,粉料应该有一个合理的细度,应从整个工艺过程以及产品的最终性能权衡考虑。合适的粉料处理可以获得特定应用所需的理想显微结构,致密度可以根据需要在较大范围调控。

5.3.1　成相粉料处理

预烧料是由化工原料通过配料与混合、研磨、预烧工艺制备的,此时原料之间发生固相反应部分形成目标相。例如,由碳酸钡和二氧化钛固相反应制备钛酸钡陶瓷粉料,化学反应为 $BaCO_3+TiO_2 \rightarrow BaTiO_3+CO_2\uparrow$。在该反应过程中,粉体气孔、间隙中的 CO_2 分压会影响反应的动力学过程;$BaTiO_3$ 与 $BaCO_3$ 会反应生成 Ba_2TiO_4 中间相。因此,尽可能地分散 TiO_2、尽可能地混合 $BaCO_3$ 和 TiO_2 颗粒,增加二者的接触面积、缩短扩散历程可以避免或减少 Ba_2TiO_4 相的含量。预烧料中固相反应的完成度与原料的颗粒大小和混合程度、反应温度、时间及气氛密切相关。

粉料处理工艺包括那些改变原料、预烧料颗粒度与结构特征的操作、改变成型时粉料流变学特征的操作。配料和混合需要仔细控制以实现颗粒润湿和添加剂的分散、获得分散均匀的浆料。搅拌常常用于降低偏聚提高均匀性。搅拌机的选择与粉料的流动性和粒度分布、所要求的均匀性和批处理能力有关。混合效率和均匀性与搅拌机的机械运动方式、进料、混合物的物理化学特性有关。

粉碎与研磨是将磨球的机械能转变为粉料表面能或内能的能量转换过程。通过撞击、碾压、摩擦等机械运动将固体颗粒砸碎、破裂、变形以减小颗粒尺寸、调整尺寸分布、改变形状、消除孔隙,研磨过程也可以进一步提高粉料混合的均匀性。材料工程师必须熟悉这些操作对粉料的化学活性、流变性、成型能力、烧结行为、制品显微结构的影响。球磨机有滚动球磨、振动球磨、行星球磨、气流磨、砂磨等不同种类。除了产能,选择球磨机时必须考虑研磨效率和混杂问题。研磨到一定细度所用能量少、时间短,研磨效率高。混杂是指球磨罐和磨球的磨损混入粉料中的状况,一般情况下这种杂质是有害的。

研磨是粉料处理的主要物理操作。磨球质量和尺寸、进料颗粒尺寸、浆料中固相含量和分散性是保证在最短时间获得所需粉料尺寸、降低污染的重要因素。固体颗粒的破碎与撞击的频率和能量有关,也与颗粒的断裂韧性有关。滚动球磨常用于大批量研磨、颗粒尺寸分布相对较宽、混合分散效率相对较低的场合。振动磨和搅拌磨具有更高粉碎效率、更细颗粒尺寸、更窄尺寸分布,混合分散效率也较高。

当罐内只放磨球和粉料时,由于粉料对磨球的黏附性差,球磨以击碎为主、研磨为辅。后期细磨时,由于粉粒之间黏结成块而失去研磨作用。适量添加一些水、酒精或者其他液体进行湿磨,研磨效率会大大提高,特别是有利于后期细化、获得细小圆润的粉粒。对于那些有水解反应的粉料,要么干磨,要么选择其他有机溶剂。液体的量以粉料能够均匀黏附于罐壁和磨球为准,此时研磨效率最佳。采用表面活性剂(助磨剂)是研磨工艺的一大发现。同等作用下,小于1%的助磨剂就可能使球磨效率成倍增长。这是因为表面活性剂在粉料表面的吸附作用,增加了粉料的分散性、减小了团聚和黏结机会,从而强化了研磨效果。在物理研磨的同时,溶剂与表面活性剂还可以通过毛细管作用渗入缝隙中,使粉料胀大变软从而提高颗粒破裂的机会与程度。实际操作中,要根据粉料的吸附特性、磨球的质料、液体的性质选定料、球与液体比例,以获得最佳研磨效率。当粉料与表面活性剂之间的作用力大于表面活性剂本身分子间的作用力时,表面活性剂的助磨效果明显;反之,助磨效果较差。如图 5-10 和图 5-11 所示,选择合适的球磨工艺可以提高研磨效率,湿磨和表面活性剂的助磨作用非常明显;一段时间后比表面积下降源于研磨后期粉料的黏结与团聚,此时颗粒不再细化[408]。

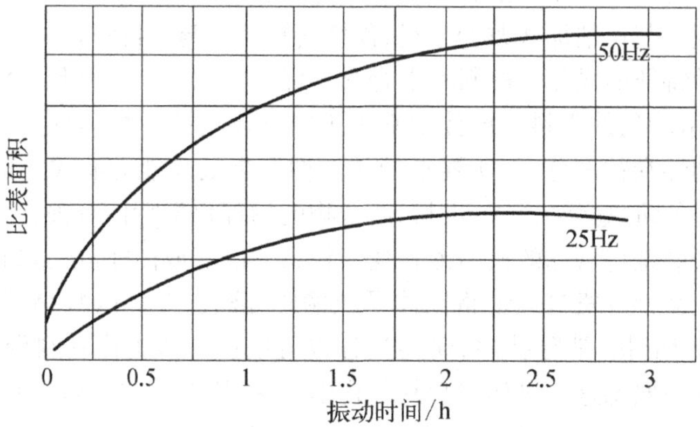

图 5 - 10　粉料比表面积在不同频率下随振磨时间变化示意图[408]

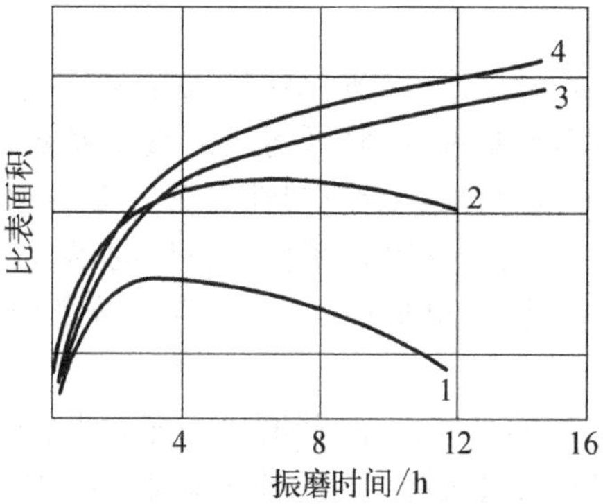

图 5 - 11　粉料比表面积在不同条件下随时间变化示意图[408]：1. 干振，2. 加油酸干振，3. 加水湿振，4. 加亚硫酸废液湿振

预烧温度与时间选择要兼顾预烧温度对固相反应进程的影响、部分成相量对陶瓷致密度的影响、粉体的反应活性对烧结温度的影响，如果存在挥发性组分时还得考虑对化学配比的影响。较细的颗粒度可以增加元素分布的均匀性、增加反应活性、缩短原子扩散历程，有利于在相对较低的预烧温度、较短的保温时间获得预定的化学反应完成量。对陶瓷制品致密度的影响要从坯体致密度和烧结活性两个角度同时分析，二者是权衡关系。预反应完成量过大虽然可以提高坯体致密度，却降低了粉料的反应活性，需要更高的烧结温度。

除了固相反应粉料制备方法，水热法[392-395,409]、溶胶-凝胶法[396,410-412]、共沉淀法[413]等各种湿化学粉料制备新方法新技术也在蓬勃发展。化学溶液法是一种制备高纯和超微细粉料的简便方法。该方法首先制备包含所需金属离子的溶液，随后通过共沉淀、溶剂蒸发、溶剂萃取等方法获得固相粉体。获取固相粉体时需要防止化学偏析降低元素分布的均匀性。这些固相粉体是可以在较低温度热分解的一些盐类物质，这些多孔的预烧块很容易研磨到亚微米大小。化学溶液法的主要特征包括超过三个九的化学纯度、可重复的化学组成、原子级的混合均匀性、精确控制的颗粒大小。光学薄膜和电子陶瓷厚膜的成功商业应用增加了这些方法在工业领域的兴趣。

5.3.2 成型粉料处理

成型是把松散的粉料加工转变成具有一定强度、一定几何形状和尺寸的坯体。坯体的质量控制参数包括填充密度、分布均匀性、残余应力、机械强度、成型助剂和烧结助剂等方面[387]。成型工艺的选择依赖于产品的形状、尺寸大小和性能要求，瓷料的化学成分和物理性质，批量大小，经济价值等因素。其他因素还包括成型后的表面特性、模具要求、能源要求、安全性等。成型主要分为干法成型和湿法成型两种。与干法成型相比，湿法还可以用于自由固体表面成型[414]。坯体与生带的力学性质依赖于粉体的特征以及溶剂和添加剂的数量、分布和性质。成型所用粉料是预烧料经球磨加工制备的。一次颗粒的几何与物理特征对二次颗粒的结构、堆积密度、间隙大小与形状、液体的渗流阻力、二次颗粒的流动与形变、干燥与烧结过程中显微结构的发育都有显著影响。高致密的细晶陶瓷要求粉料的一次颗粒度在亚微米量级，同时要避免烧结时的异常晶粒长大。

一次颗粒越细小表面活性越大，它们常常团聚为二次颗粒。一次颗粒自发团聚的原因主要有分子间范德华力、颗粒间静电引力、吸附水分产生的毛细管力、颗粒间磁引力、颗粒表面不平滑引起的机械纠缠力等。二次颗粒的结构取决于一次颗粒的大小、形状、表面性质等，它们协同决定了粉料的凝聚性、流动性和填充性。二次颗粒的空隙可以用表观密度或气孔率来描述。如果一次颗粒偏离球状形成板状、棒状等不规则形状，提高二次颗粒的表观密度将变得困难；即使一次颗粒形状差别不大，但粗糙的表面会增大摩擦阻力，有可能形成如图 5-12 所示的桥拱结构，最终在瓷体中形成桥型孔洞。球形的一次颗粒容易流动和填充，能够提高二次颗粒和烧结体的致密度。

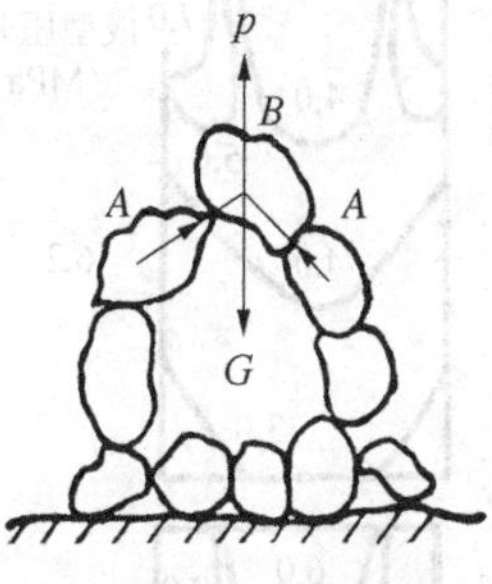

图 5-12 二次颗粒堆积时的桥拱现象

造粒工艺用于制备流动性好、粒度配合合适的二次颗粒团聚体。可以直接混合一定浓度的黏结剂溶液制备，或者与黏结剂、溶剂等形成浆料、通过喷雾干燥获得。合适的喷雾干燥工艺能够制备粒径相对均匀的球形二次颗粒，这是因为在浆料的调制和干燥过程中避免了形成不规则的、具有内部孔隙的二次颗粒。喷雾干燥的效率也较高，这是因为粉料溶液在干燥腔中雾化分散并具有较高的比表面积。良好的二次颗粒在干压成型时可以提高堆积密度、减少压缩时的排气量，得到如图 5-13 所示比较高坯体密度与烧结体密度。一方面，球形粉料流动性好，堆积过程中可相互滑动、不易架空，获得较大的填充密度。含水过多、黏合剂使用不当会影响粉料的流动性。另一方面，振动加料能够提高堆积密度。不论粒径大小，粉料堆积的相对密度在 60% 左右。采用合适粒径比搭配的两种颗粒可以进一步提高坯体的填充密度。不管采用哪一种粒径比，在粗粒体积比

70%左右时填充率最高。在单轴压力成型中,如图 5－14 所示,应力分布与表观密度是不均匀的。

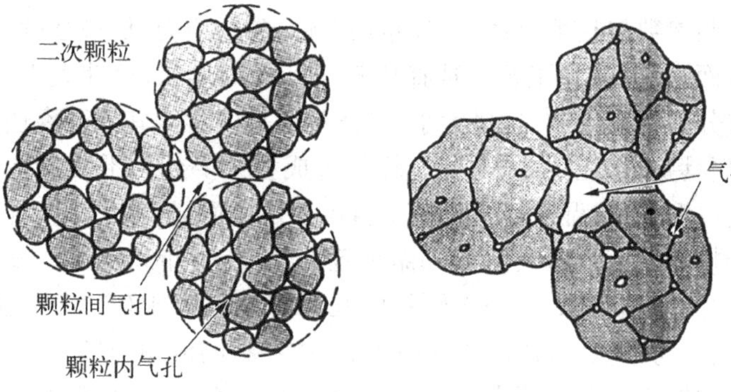

(a)　　(b)

图 5－13　固体颗粒在(a)成型粉料与(b)烧结体中的堆积状态[415]

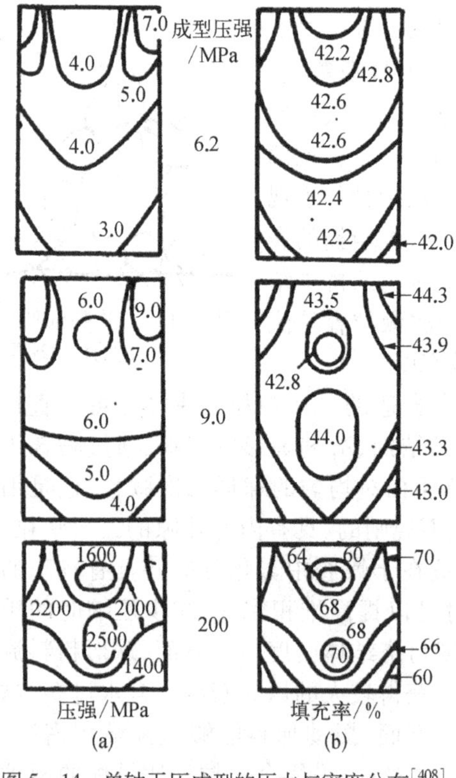

图 5－14　单轴干压成型的压力与密度分布[408]:(a) 等压线;(b) 等密度线

湿法成型经常会添加一些工艺助剂来调控浆料的流体行为[416-420]。这些添加剂包括溶剂、表面活性剂、抗絮凝剂、黏合剂、增塑剂、润滑剂、防泡剂、杀菌剂等。虽然这些工艺添加剂的用量很少,并在排黏阶段去除,不会进入最终产品,但从工艺角度看它们是非常重要的原料。选择合适的添加剂、控制用量是提升成型工艺水平与生带质量的关键。与此同时,一定细度的粉料才能使浆料达到必要的流动性、可塑性,才能保证生带具有足够的光洁度、均匀性和必要的机械强度。

溶剂是为了润湿陶瓷颗粒、溶解分散那些有机或无机添加助剂。与溶剂混合改变了粉料的分散性,表面活性剂的加入旨在降低液体的表面张力、提高润湿和分散性能。陶瓷工艺中最常用的溶剂是水,其品质由陶瓷工艺和产品性能需求决定。如果陶瓷原料与水反应——

例如$(K,Na)NbO_3$陶瓷的钾、钠原料会与水发生溶解反应,或者水会引起粉料的分散与干燥工艺问题时,必须选用乙醇或其他有机溶剂。有机溶剂通常易燃有毒,操作过程中要小心谨慎。溶剂需要足够的溶解能力,可以充分溶解添加剂又不妨碍添加剂在陶瓷颗粒表面的吸附或影响颗粒的分散性,还要具有合适的黏度、易于干燥和排除。与水相比,有机溶剂具有较低的介电常数和表面张力,常用于电子陶瓷流延浆料的制备。

抗絮凝是通过表面化学在颗粒表面吸附合适的电解质或有机分子,通过如图5-15所示的静电排斥或者空间阻挫调控颗粒的分散-凝结行为,以获得合适的流体性能[387,416]。絮凝剂可以改善颗粒的润湿性、增加表观黏度、降低沉降速率,调整表观黏度对流速和温度的依赖关系。在二次颗粒、生带和坯体中,黏结剂可以提高塑性、降低液体迁移率、调整湿度,从而增加坯体强度。通常使用一种黏结剂,在一些特殊场合也使用两种或多种黏结剂。黏结剂的分解会产生气体和孔隙,必须在烧结阶段予以去除以获得致密的烧结体。从工艺和经济的角度考虑,黏结剂必须易于分散到粉料系统中,在后续工艺过程中又有足够的稳定性。为了改善生带的黏弹性还会加入一些塑化剂,为了消除浆料中的气泡会加入一些消泡剂,为了降低陶瓷颗粒与金属模具的摩擦系数也会添加少量的润滑剂。水溶性黏结剂是通过吸潮塑化的,因此需要控制湿度来控制塑性。比水蒸气压低的有机液体也常常用作塑化剂。增塑的坯体具有相对较低的强度,易于形变。干燥过程中,塑化剂的挥发将增加坯体的强度。

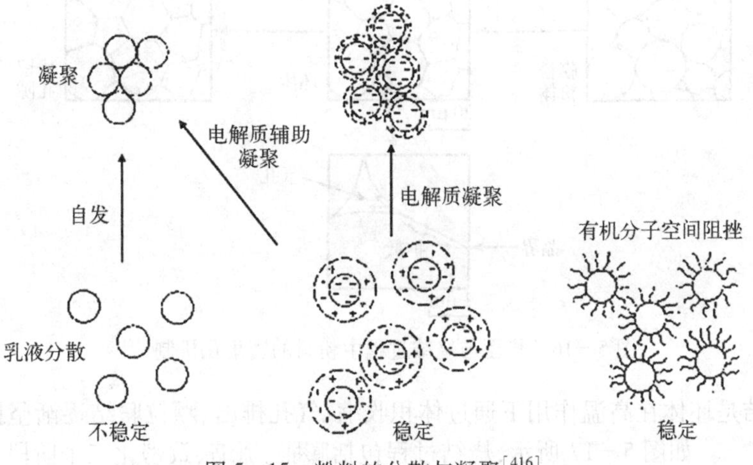

图5-15 粉料的分散与凝聚[416]

胶体化学和界面科学是发展成型粉料处理技术的基础,通过研磨控制预烧料粉体的尺寸和形状,通过添加合适的表面活性剂、电解质或抗絮凝剂能够降低一次颗粒的团聚。对不同工艺阶段的粉料需要进行一些必要的检测。例如,二次颗粒有特定的堆积密度、热导率、弹性模量、介电常数、流动性与形变、化学吸附、结合力等性质。需要根据不同阶段的粉料性质,选择相应的特征量来监控粉料的状态及其对后续工艺和制品性能的影响。近年来,胶体化学和界面科学已成功应用于独石电容器的粉料制备,介质层厚度已降到 2.5 μm,介电击穿强场和可靠性获得极大提升。

5.4 陶瓷烧结

坯体必须经过高温烧结才能成为陶瓷。如图 5－16 所示,不管是否存在外加压力,通过原子扩散和气孔排出,坯体将完成致密化,颗粒联结形成坚硬固体。烧结过程是陶瓷显微结构的演化过程,烧结模型的探索是为了指导烧结程序的设计,对显微结构进行控制和剪裁。

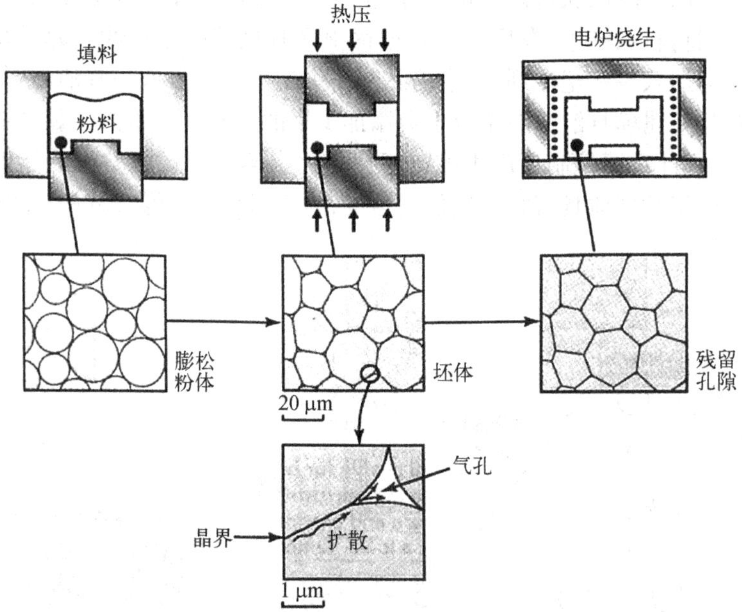

图 5－16　热压与烧结过程中粉料的密集化机制[421]

烧结是坯体在高温作用下通过体积收缩、气孔排出、颗粒联结逐渐坚固成瓷的过程[385,422]。如图 5－17 所示,烧结过程包括膨胀、坍缩、致密化三个阶段。烧结温度通常低于陶瓷的熔点,保温时间 1～2 小时或更长。宏观上,瓷体的致密度提高、机械强度增加;微观上,元素分布发生变化(多组元陶瓷还存在固相反应完全成相)、气孔形状和大小改变、晶粒长大。陶瓷的烧结原理主要包括原子扩散动力、物质传递机构、气孔收缩与致密化过程三个方面。陶瓷烧结是一个许多因素共同决定的复杂过程,不过,对坯体线收缩现象的深入理解却抓住了烧结过程的要点;对晶粒、气孔等显微结构演化的理解抓住了烧结温度与烧结程序的要点,最终实现陶瓷显微结构及其性能的控制。

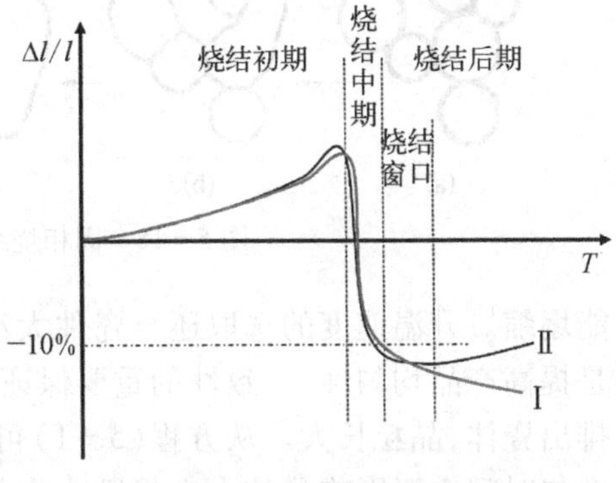

图 5 - 17 烧结过程中坯体的线收缩率随温度变化示意图: Ⅰ. 正常收缩; Ⅱ. 高温反常膨胀

烧结程度可以用收缩率、气孔率或者致密度等指标来描述。为某一瓷料确定烧结温度首先应该参考热力学相图。由于相图反映的是主要成分而不是所有成分,所以根据熔点确定烧结温度只具有参考价值。事实上,粉料的粗细与粒度配比,成型压力与坯体密度,烧结助剂的类型与用量、分布情况等因素都会影响烧结温度的选择。应用超细粉料、液相辅助、热压等方法可以降低烧结温度。实践中,确定烧结温度的主要依据是坯体的线收缩率,它与瓷体的气孔率和致密度直接对应。提高烧结温度虽然可以增大收缩率,但也付出了晶粒生长的代价,对机械强度、断裂韧性等力学性能不利;对于那些高温反常膨胀的陶瓷体系,烧结温度过高在晶粒长大的同时致密度反常降低。因此,烧结需要选择合适的温度窗口。

5.4.1 烧结理论

按照烧结过程中坯体尺寸的变化,烧结主要分为三个阶段: ① 烧结前期,该阶段包括黏结剂等成型助剂的烧除、气体排出,坯体体积会反常增大;② 烧结中期,该阶段颗粒间距缩小形成连续网络,原子向接触面迁移形成烧结颈部,坯体体积急剧收缩致密度增大、可达理论密度的 90%以上;③ 烧结后期,该阶段颗粒间由点接触转变为面接触,气孔缩小、封闭并孤立分布。随着孔隙数量的减少,晶粒长大与致密化持续进行、坯体进一步收缩[387,408,415]。如图 5 - 18 所示,随着烧结的进行,颗粒数减少,气孔消失最终形成三交晶界。对于图 5 - 18(b) ~ (d)所示的气孔,它们既是烧结过程的中间态,也是烧结终止时经常观察到的实际的气孔形态。对于图 5 - 17 所示类型Ⅱ瓷料,烧结温度过高大量的晶粒二次长大、闭口气孔长大,瓷体反常膨胀、致密度下降,产品出现过烧。

坯体的致密化是在坍缩与晶粒长大两个阶段完成的[387,408,415,423]。如图 5 - 19 所示,坯体坍缩主要发生在升温阶段,合适的升温速度可以有效排出气体达到最大塌缩。如果升温速度过快,必然出现表层与体内温度梯度过大,热膨胀失配可能导致坯体炸裂;即使没有炸裂,由于表层气孔快速封闭,将在瓷体内部形成闭口气孔,大量气体来不及排出。如果升温过慢,晶粒间形成硬连接后不再

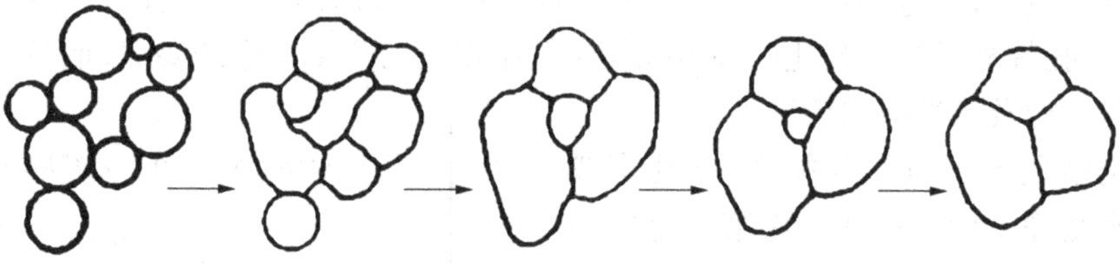

图 5 - 18　固相烧结过程的多球模型[408]

能塌缩。升温速度的选取还与瓷件大小和薄厚密切相关，平稳升温与均匀热场是提高产品均匀性、一致性的重要保证。在保温阶段，原子扩散导致气孔沿晶界排出瓷体，晶粒长大。从方程（5 - 1）可见，温度越高扩散系数越大，因此保温温度与时间主要影响晶粒大小与尺寸分布。鉴于坯体坍缩和晶粒长大发生在不同的烧结阶段，两步烧结程序可用于制备高致密细晶陶瓷[424]。一步烧结与两步烧结的温度-时间曲线主要特征见图 5 - 20。目前，两步烧结技术已成功应用于制备细晶陶瓷和纳米陶瓷[424-426]。

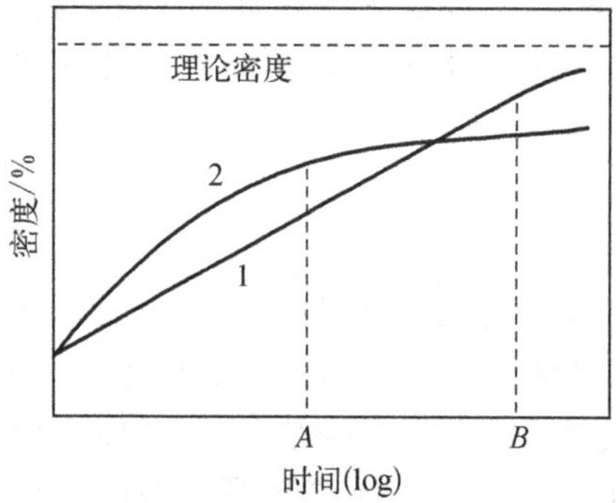

图 5 - 19　不同升温速度瓷体密度与烧结时间的关系示意图：1. 升温合适；2. 升温过快[408]

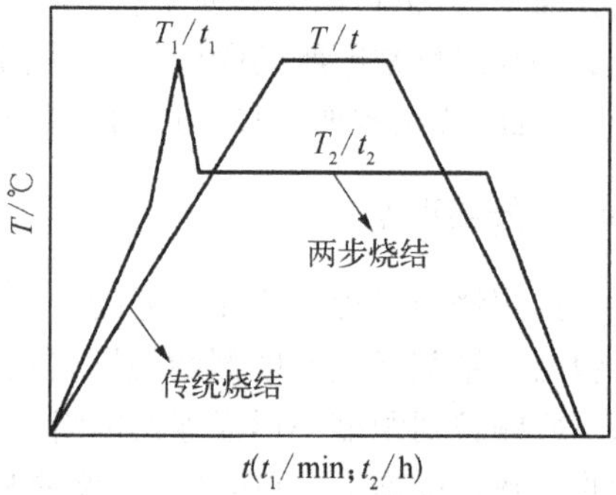

图 5 - 20　陶瓷烧结温度-时间曲线案例[427]

烧结前粉料的表面能大于烧结体的界面能，二者之差是烧结过程中原子的扩散动力，原子系统自发地向能量更低的状态演变。根据烧结过程中是否存在液相，烧结可以分为固相烧结和液相烧结两种。固相烧结的初期主要通过烧结颈部的表面原子扩散进行传质，有些体系在表面扩散的同时还有蒸发-凝聚辅助传质方式；烧结中后期以界面原子扩散和体原子扩散传质为主。液相烧结过程包括烧结助剂熔化、晶粒重排、溶解-沉淀、气孔排出等微观过程。影响烧结的因素众多，包括以下几种。

1）粉料颗粒度。粉料越细活性越高，不仅增加烧结动力还缩短了原子的扩散历程。然而,过细的颗粒容易吸附大量气体,妨碍颗粒间的接触,阻碍烧结。过细的颗粒还需要更高的温度、更长的时间才能获得所需的致密度与晶粒尺寸。如图5-21所示,粉料粒度与烧结制度是一对权衡因素。

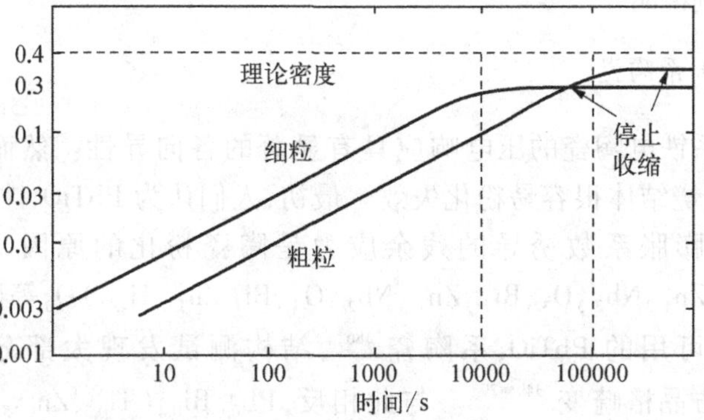

图5-21 不同粒度坯体的收缩率与烧结时间的关系示意图[408]

2)烧结助剂。固相烧结中烧结助剂通过增加晶格缺陷促进烧结,液相烧结中通过改变液相的性质促进烧结。有的烧结助剂在改善烧结性能的同时能控制晶粒大小、提高致密度;有的烧结助剂会固溶于晶格、在降低熔点的同时改变陶瓷的电学性质[386]。例如,添加铌可使PZT陶瓷晶粒细化、提高致密度;添加铌和铝能够促进晶粒长大但不利于致密度提升。有时,几种氧化物进行复合添加可以协同提高固溶限,在更大范围调控性能。

3)烧结温度和时间。陶瓷元件必须致密、无孔,能够耐受一定的热冲击、机械冲击。为了获得合适的陶瓷致密度和显微结构,需要协同组合初始颗粒度、坯体密度、烧结温度与时间等工艺条件参数[408,415]。烧结温度不能太低,否则辅助成型的有机添加剂、电极浆料中的溶剂和有机添加剂来不及挥发与排出,可导致碳残留(俗称黑心现象);烧结温度过高容易造成晶粒二次长大、瓷体过烧。

4)烧结气氛。烧结气氛需要根据材料体系进行相应选择和调整。例如,为防止PZT陶瓷中的Pb损失,需要添加氧化铅等气氛片并密闭坩埚;在还原气氛中烧结$BaTiO_3$,氧可以直接从体内逸出形成晶格缺陷、促进烧结;对于易变价的过渡金属氧化物,需要控制气氛以获得所需离子价态与电磁性能;在压电陶瓷与铜等贱金属电极共烧时,既需要氧气氛以烧除黏结剂等成型助剂,又需要还原气氛以防止金属电极氧化,因此需要动态调控氧化还原气氛[428]。

5)压力。提高成型压力可以提高坯体致密度,有利于提高陶瓷致密度;然而,过高的成型压力又会造成坯体分层,降低陶瓷制品成品率。热压烧结有利于降低烧结温度、缩短烧结时间,但不能生产形状复杂的制品,生产规模小,成本高[385]。

5.4.2　钙钛矿氧化物陶瓷烧结

在制定烧结工艺时,除了一般性的烧结知识与经验,还必须考虑烧结对象的特性。下面举例说明。

1. $PbTiO_3$系陶瓷

$PbTiO_3$系铁电陶瓷的压电响应具有显著的各向异性。然而,$PbTiO_3$陶瓷机械性能恶劣,烧结体很容易粉化失效。最初,人们认为$PbTiO_3$铁电相的结构各向异性和负热膨胀系数诱导的残余应力是陶瓷粉化的原因。通过添加少量$La_{2/3}TiO_3$、$PbZn_{1/3}Nb_{2/3}O_3$、$Bi_{2/3}Zn_{1/3}Nb_{2/3}O_3$、$Bi(Zn_{1/2}Ti_{1/2})O_3$等固溶组元能够制备机械性能可用的$PbTiO_3$系陶瓷[386],结构测试发现大部分添加物降低了$PbTiO_3$的四方晶格畸变[349,429]。与此相反,$Pb_{0.6}Bi_{0.4}(Ti_{0.75}Zn_{0.15}Fe_{0.10})O_3$铁电陶瓷具有更大的四方畸变($c/a = 1.105$),却也获得了机械性能优良的陶瓷制品[430,431]。如 4.2 节所述,从热膨胀系数与内应力关系可知,负热膨胀诱导的残余张应力是$PbTiO_3$系铁电陶瓷粉化的主因[334,356]。降低负热膨胀系数可以获得不同四方晶格畸变的$PbTiO_3$系铁电陶瓷,在保证机械性能的前提下在较大范围调控压电性能的各向异性。

与钛酸铅陶瓷不同,ZrO_2、石英、滑石等陶瓷的碎裂是由马氏体相变导致的。例如,ZrO_2在室温是单斜晶系、在 1 100℃以上高温是四方晶系,温度升高时单斜-四方结构转变是马氏体相变、存在约 8%的体积收缩。因此,制备这些陶瓷必须采用掺杂固溶或者高温煅烧稳定晶型以抑制马氏体相变。

2. PZT 系陶瓷

锆钛酸铅系陶瓷是压电器件的主要功能元。烧结 PZT 陶瓷时,若坩埚是敞开的,温度超过 900℃后陶瓷表面逐渐变白,失重明显。如图 5－22 所示,一方面,Zr/Ti 比增大 PbO 蒸气压增大、PZT 陶瓷失重增大;另一方面,烧结温度升高 PbO 蒸气压增大、失重加剧。目前,学界广泛接受的观点是 PbO 的挥发造成多余的ZrO_2游离出晶格,使得 PZT 陶瓷的化学组成偏离配方、性能恶化[432]。PbO 的挥发也影响瓷体的致密化。以$Pb_{0.95}Sr_{0.05}(Zr_{0.54}Ti_{0.46})O_3$+0.5%重量百分比$La_2O_3$+0.5%重量百分比$Nb_2O_5$试样为例,如图 5－23 所示,烧结温度升高瓷体失重急剧增大,烧结温度在 1 140℃以下时失重曲线是抛物线型、在 1 140℃以上时失重为直线型。因此,烧结 PZT 陶瓷时需要采取措施防止 PbO 的损失,降低烧结温度虽然能够减少失重但却无法获得所需的物理性能。

关于 PZT 陶瓷烧结过程中 PbO 的损失问题,长久以来存在一个因果关系的认

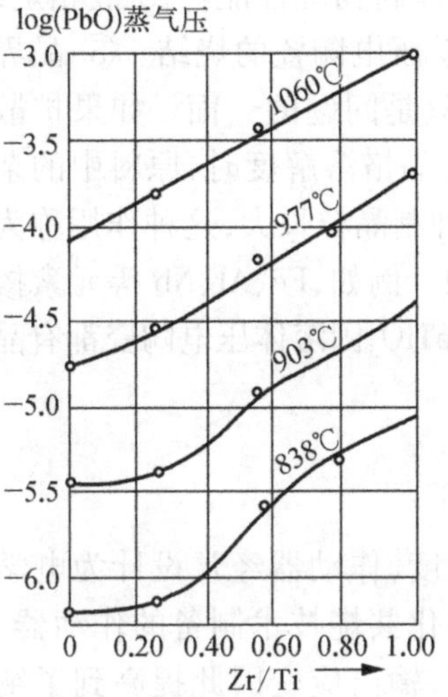

图 5-22 PbO 饱和蒸气压与 PZT 陶瓷的组成以及温度的关系

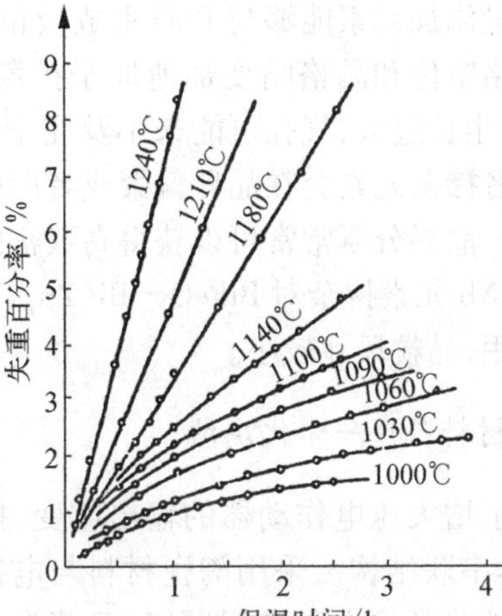

图 5-23 不同温度烧结 $Pb_{0.95}Sr_{0.05}(Zr_{0.54}Ti_{0.46})O_3$ + 0.5% La_2O_3 + 0.5% Nb_2O_5 陶瓷的失重与保温时间的关系

知错误。事实上,瓷体中 PbO 的损失主要源于 PZT 钙钛矿相的化学稳定性随 Zr 含量增加而降低[433]。在封闭系统中,PbO 饱和蒸气压能够稳定 $PbZrO_3$ 和 PZT 钙钛矿相。如图 5-22 所示,PbO 饱和蒸气压与材料的化学组成和烧结温度密切相关,这是在密闭坩埚内加 PbO 气氛片烧结工艺的理论基础。类似的例子还有 $AgNbO_3$ 体系,由于银金属比 Ag^+ 离子在高温稳定,所以烧结时需要保持合适的氧分压来稳定 $AgNbO_3$ 钙钛矿相,否则钙钛矿相受热分解析出金属银。

与 PZT 二元固溶体相比,添加第三组元降低锆含量能够提高 PZT 系钙钛矿相的化学稳定性,降低烧结时 PbO 的损失量。例如,在密闭坩埚内,不需要 PbO 气氛片也可在 1 250℃温度烧结 $PbZrO_3$ - $PbTiO_3$ - $Pb(Mg_{1/3}Nb_{2/3})O_3$ 三元固溶体陶瓷。配料时适当的铅过量就可获得更优的材料性能,大大简化了工艺操作的复杂性。鉴于化学组成(Zr 含量)不同 PZT 系钙钛矿相的化学稳定性不同,制备过程中坩埚敞开、加盖、密封条件不同,在相同烧结条件下 PbO 的损失程度不同。通过控制 PbO 的损失,可以提高 PZT 系压电陶瓷的致密度和晶格缺陷浓度,从而提高元件的片间、片内一致性。

添加微量元素不仅系列化了 PZT 系压电陶瓷的物理性能,也影响它们的烧结性能[386,434]:① La、Nb、Bi 等"软性"添加元素能够加速离子扩散、促进烧结,在提高致密度的同时细化晶粒。"软性"掺杂 PZT 压电陶瓷,在氧化气氛烧结或者在氧化气氛后热处理都有利于提高机电耦合系数等电学性能。②"硬性"添加元素降低了离子扩散速度,烧结变得不易。③ 离子半径不同的等价离子替代提高了 PZT

系钙钛矿相的热力学稳定性，可以简化烧结操作并提高物理性能。④ 液相烧结。有些微量添加元素能够与 PbO 形成液相促进 PZT 系压电陶瓷的烧结。⑤ 晶界分凝。晶格空位和晶格畸变加速原子扩散促进烧结只是问题的一面。如果扩散过快、晶粒生长过大，气孔可能来不及完全排出。超过晶格溶解度时，原料中的杂质元素或者掺杂元素会在晶界偏聚或者形成第二相，抑制晶粒长大，这种作用称为晶界分凝。晶界分凝常常可以获得高致密的微晶结构。例如，Fe、Al、Nb 等元素掺杂对 PZT、Nb 元素掺杂对 $BiFeO_3-Bi(Zn_{1/2}Ti_{1/2})O_3-BaTiO_3$ 固溶体压电陶瓷都有晶界分凝作用，晶粒尺寸较小。

3. 材料器件一体化烧结

为了增大压电作动器的输出应变、提高控制精度，作动器经常设计为电学并联、力学串联结构。采用陶瓷材料与电极材料一体化共烧技术制备的作动器，可以极大地降低压电陶瓷层厚度，显著降低驱动电压，输出应变因此提高到了纳米尺度与更高精度，响应速度低于毫秒量级，适用于更高水平的动态控制。同时，一体化集成制作还可以提供更好的封装，改善耐湿性、提高作动器的寿命和可靠性。没有高分子绝缘层使得作动器能够适用于超高真空或者 100℃ 以上的高温环境。

为了与电极材料相适应，需要降低压电陶瓷的烧结温度[435]。银电极材料的熔点是 961℃，如果要制备与银电极共烧的多层压电陶瓷作动器，PZT 陶瓷的烧结温度需要降低到银电极的熔点以下。当烧结温度在 1 000～1 100℃ 时，可以使用高性价比的 Ag/Pd(70/30) 合金内电极材料。

为了降低 PZT 陶瓷的烧结温度，目前已发展了高能球磨、砂磨、液相烧结、高压烧结、化学反应烧结等多种工艺技术[436-439]。其中，液相烧结是使用最广泛的技术方案，一种方案是添加 $CdO-SiO_2-MnO_2$、$B_2O_3-Bi_2O_3-CdO$ 等低熔点玻璃相，降低陶瓷的烧结温度；另一种方案是添加 CuO、V_2O_5 等简单氧化物，与原料中的 PbO 形成低熔点共熔液相来降低烧结温度。这些非压电性的异质相烧结结束后通常集聚在晶界处，降低了陶瓷材料的力、电性能。如图 5－24 所示，烧结温度下降也常常降低了压电陶瓷的电学性能。

瞬态液相烧结也能够降低压电陶瓷的烧结温度。例如，添加 ZnO 和 Bi_2O_3 简单氧化物 $PbTiO_3-PbZrO_3-Pb(Mg_{1/3}Nb_{2/3})O_3$ 陶瓷的烧结温度降低到了 1 020℃[435]；添加 PbO、MgO、NiO、ZnO 等氧化物也可以低温烧结 $Pb(Ni_{1/3}Nb_{2/3})O_3-PbTiO_3-PbZrO_3$ 压电陶瓷[440-442]。烧结前期这些烧结助剂能够与原料中的 PbO 形成液相，在烧结中后期这些烧结助剂扩散进入晶格，避免生成非压电性的异质相，从而减轻了烧结温度降低带来的压电性能的下降幅度。通过优化烧结助剂的离子种类与浓度，可以获得较高的力-电综合性能。

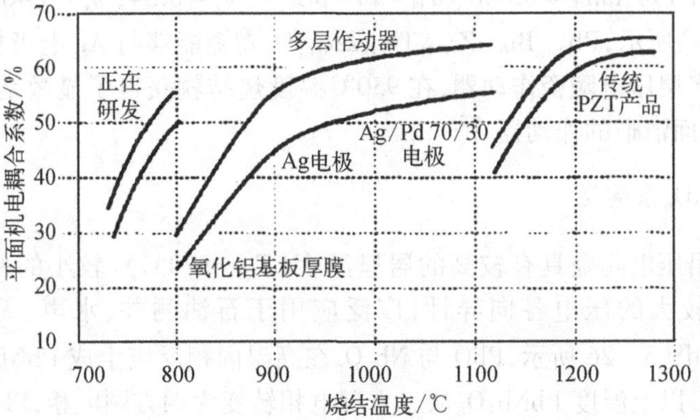

图 5-24 不同烧结温度 PZT 压电陶瓷的平面机电耦合系数轮廓图[435]

为了权衡烧结温度与压电性能，利用不同氧化物间的低熔点共熔行为能够发现具有本征低烧结温度、高压电活性的铁电陶瓷材料[443-446]。例如，最终组分为 $Pb(Zr_{0.47}Ti_{0.53})_{0.6}(Zn_{1/3}Nb_{2/3})_{0.4}O_3$的压电陶瓷在880℃烧结4 h致密度达到了97%，d_{33}=460 pC/N、k_p=0.6。对于$Pb_{0.98}Bi_{0.02}Zr_{0.51}Ti_{0.48}Zn_{0.01}O_3$压电陶瓷，如图5-25(a)所示，扫描电镜断面观察表明900℃烧结5 h就获得了致密的陶瓷，收缩率大于12%、致密度达到理论密度的94%。提高烧结温度在致密度增大的同时晶粒也长大[446]。如图5-25(a)~(d)所示，900℃烧结平均晶粒尺寸为1 μm、950℃为3 μm、1 000℃为8 μm；添加过量的PbO有助于在较低的烧结温度下获得更高的致密度和更大的晶粒尺寸。通过对烧结温度、掺杂元素及其含量探索，实验发现950℃烧结0.5%原子百分比Co掺杂$Pb_{0.98}Bi_{0.02}Zr_{0.51}Ti_{0.48}Zn_{0.01}O_3$压电陶瓷的性能

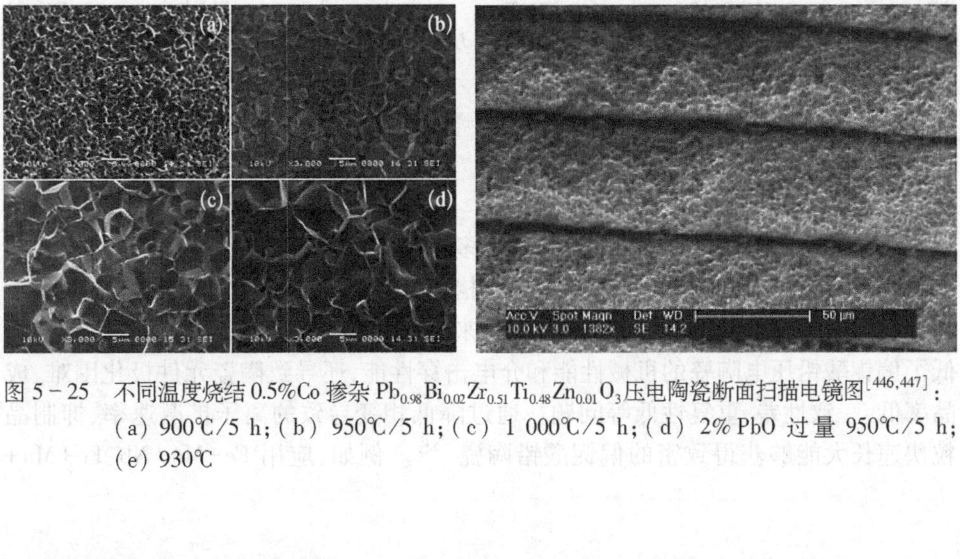

图 5-25 不同温度烧结0.5%Co掺杂$Pb_{0.98}Bi_{0.02}Zr_{0.51}Ti_{0.48}Zn_{0.01}O_3$压电陶瓷断面扫描电镜图[446,447]：(a) 900℃/5 h；(b) 950℃/5 h；(c) 1 000℃/5 h；(d) 2% PbO 过量 950℃/5 h；(e) 930℃

为：$\varepsilon_{33}^{T}/\varepsilon_0 = 1\ 190$、$\tan\delta = 0.006$、$d_{33} = 270$ pC/N、$k_p = 0.54$、$k_t = 0.46$、$T_C = 346$℃。如图 5－25(e)所示，$Pb_{0.98}Bi_{0.02}Zr_{0.51}Ti_{0.48}Zn_{0.01}O_3$陶瓷能够与 Ag 电极材料低温共烧制备单片式多层压电陶瓷作动器，在 930℃温度烧结就获得了显微结构致密、晶粒大小均匀、界面清晰的作动器[447]。

4. $PbNb_2O_6$系陶瓷

偏铌酸铅压电陶瓷具有较高的居里温度（$T_C \approx 570$℃）、较小的机械品质因数（$Q_m \approx 20$）、较大的压电各向异性，广泛应用于石油测井、水声、无损检测等领域[448–450]。如图 5－26 所示，PbO 与 Nb_2O_5在高温固相反应生成 $PbNb_2O_6$三方顺电相，在 1 250℃以上温度 $PbNb_2O_6$从三方顺电相转变为四方顺电相；$PbNb_2O_6$在室温存在三方顺电相和正交铁电相两个同质异构相。从高温四方顺电相快速冷却能够得到低温正交铁电相[451]。与 $PbNb_2O_6$相比，采用 Ba、Ca、Sr、La 等元素替代 Pb 可以简化热处理工艺、稳定低温正交铁电相。如图 5－27 所示，X 射线衍射结构测量表明在1 200℃以上温度烧结、随炉冷却的 $PbNb_2O_6$是三方顺电相，而 $Pb_{1-x}Ba_xNb_2O_6$是正交铁电相。对于 $Pb_{1-x}Ba_xNb_2O_6$固溶体，正交－四方准同型结构相界位于 $x \approx 0.40$ 组分处[452,453]。

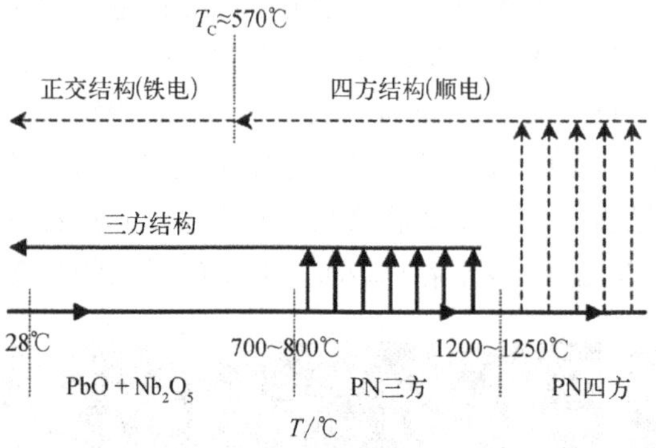

图 5－26　热处理过程中钨青铜结构 $PbNb_2O_6$相的形成以及相转变示意图[451]

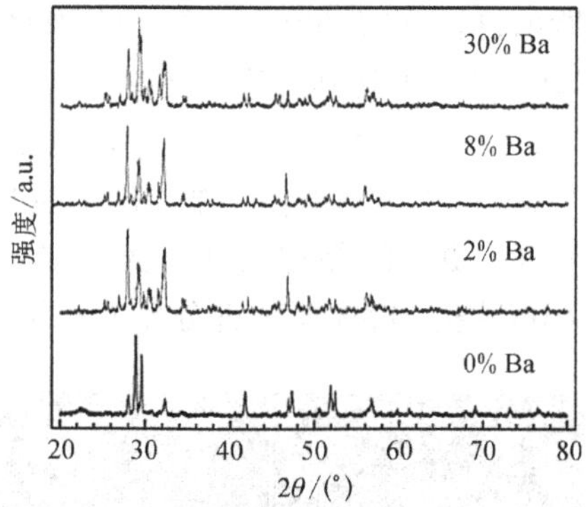

图 5－27　不同 Ba 含量 $Pb_{1-x}Ba_xNb_2O_6$陶瓷的室温粉末 X 射线衍射谱

通常，偏铌酸铅压电陶瓷表现为疏松多孔的显微结构。一个典型的结果如图 5－28(a)所示，它源于烧结过程中晶体结构相变导致的原子扩散速率较快[454]，不同颗粒之间过早过快形成固态联接、气孔来不及排出。疏松多孔显微结构不仅降低了偏铌酸铅压电陶瓷的机械性能和介电击穿性能，还导致陶瓷元件极化困难、成品率低、一致性差、重复性低等问题。通过降低相变导致的离子扩散速率、抑制晶粒快速长大能够获得致密的偏铌酸铅陶瓷[455]。例如，应用 Fe+Mn+Nb、Fe+Mn+

La、Fe+W+La+Nb 等多种元素组合协同掺杂，在不改变工艺条件下即获得了图 5－28(b)所示的高致密 $Pb_{1-x}Ba_xNb_2O_6$陶瓷。

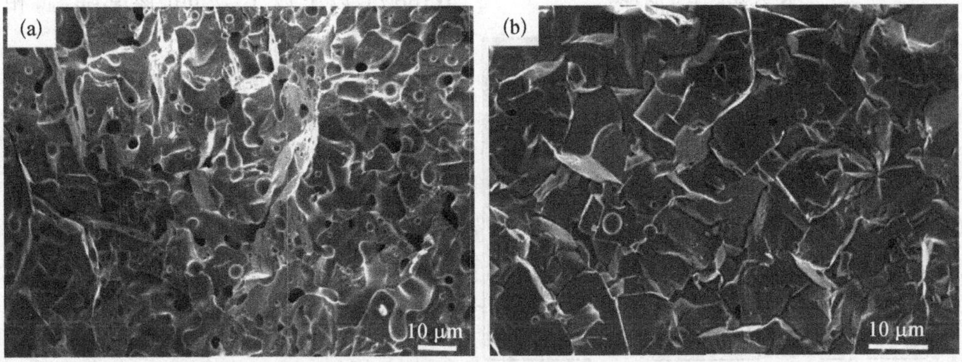

图 5－28　$(Pb_{0.92}Ba_{0.08})Nb_2O_6$压电陶瓷(a)疏松多孔和(b)高致密显微结构对比图，烧结条件为 1 260℃保温 2 h

图 5－29 所示为三种组合元素协同掺杂高致密$(Pb_{0.92}Ba_{0.08})Nb_2O_6$压电陶瓷的室温频谱。对于极化前的陶瓷样品，较大的低频介电常数源于陶瓷体内存在空间电荷，极化处理时升压速度需要放慢；极化后陶瓷体内空间电荷消失、介电常数随频率升高线性变化，与压电效应对应的谐振峰清晰可见。对于 Fe+W+La+Nb 协同掺杂的$(Pb_{0.92}Ba_{0.08})Nb_2O_6$陶瓷，压电性能测试结果为：$\varepsilon_{33}^T/\varepsilon_0 = 290$、$d_{33} = 90$ pC/N、$k_t = 0.35$、$Q_m = 15$、$N_t = 1\,578$ Hz·m、$T_C \approx 500$℃。压电常数和频谱测试表明在显微结构致密条件下陶瓷元件的片间一致性显著改善。

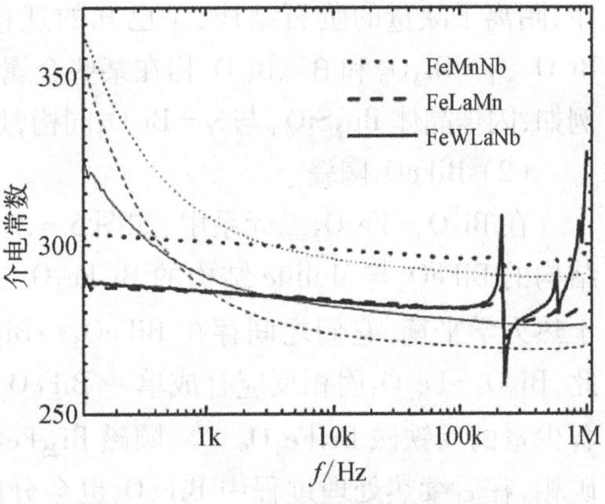

图 5－29　组合元素掺杂高致密$(Pb_{0.92}Ba_{0.08})Nb_2O_6$压电陶瓷的室温介电频谱(细线和粗线分别表示样品极化前后的结果)

5. Bi 系钙钛矿陶瓷

对高温压电陶瓷、无铅压电陶瓷和磁电材料的关注使得含 Bi 钙钛矿氧化物变得越来越重要。

(1) Bi_2O_3同质异构现象

Bi_2O_3具有丰富的晶体结构。在加热升温过程中，$\alpha-Bi_2O_3$在 730℃附近转变为$\delta-Bi_2O_3$；在降温过程中，Bi_2O_3的相结构转变与降温的起始温度和降温速率密切相关[456,457]。如图 5－30 所示，880℃以上温度开始以任何速率降温，相结构次序为熔融－δ－α；880℃以下以 2.5～10℃/min 速率降温，相结构次序为熔融－δ－β－α；880℃以下以 1℃/min 速率降温，相结构次序为熔融－δ－γ－α。

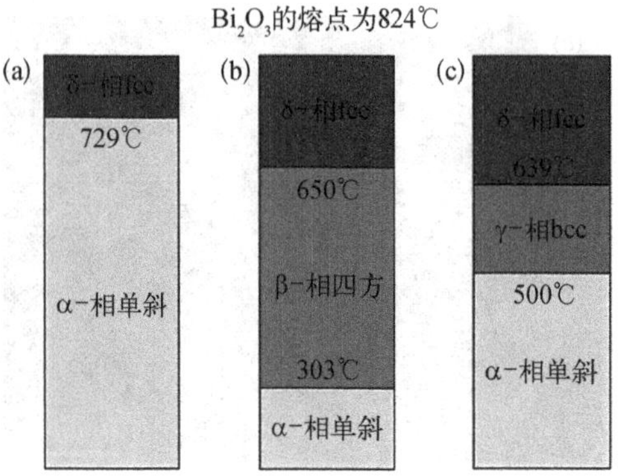

图 5－30　Bi_2O_3固相结构转变次序[456]

α－Bi_2O_3低温相是空间群$P2_1/c$（A－14）单斜相，晶格常数为 a＝5.848 Å、b＝8.166 Å、c＝7.502 Å、β＝112.8°、Z＝4，密度为 9.39 g/cm^3。β－Bi_2O_3是空间群 $P\bar{4}2_1c$（A－114）亚稳四方相：a＝7.741 Å、c＝5.634 Å、Z＝4，密度为 9.17 g/cm^3[458]。γ－Bi_2O_3体心立方亚稳相空间群为 I23（A－197）：a＝10.268 Å、Z＝12。δ－Bi_2O_3简单立方相是空间群 $Fm\bar{3}m$（A－225）的高温稳定相：a＝5.525 Å、Z＝2。δ－Bi_2O_3是无序、阴离子缺量的萤石结构，是已知的迁移率最高的氧化物离子导体[457,459]。δ－Bi_2O_3、γ－Bi_2O_3和 β－Bi_2O_3相在某些金属离子辅助下可以在室温稳定存在[460-463]。例如，闪烁晶体 $Bi_{12}SiO_{20}$与 γ－Bi_2O_3同构，是一种重要的粒子探测功能材料。

（2）$BiFeO_3$陶瓷

在 Bi_2O_3－Fe_2O_3二元系中，如图 5－31 所示，Sillenite 结构的 $Bi_{25}FeO_{39}$、钙钛矿结构的 $BiFeO_3$与 Mullite 结构的 $Bi_2Fe_4O_9$三个化合物在 447～767℃温度范围内处于热力学平衡，它们之间存在 $BiFeO_3 \leftrightarrow Bi_{25}FeO_{39}+Bi_2Fe_4O_9$可逆化学反应[464]。因此，$Bi_2O_3$－$Fe_2O_3$固相反应合成单一 $BiFeO_3$钙钛矿相的热力学窗口很窄，常常伴随着少量的反铁磁 $Bi_2Fe_4O_9$[465]、顺磁 $Bi_{25}FeO_{39}$杂相；即使合成了单一的 $BiFeO_3$钙钛矿相，在后续热处理过程中 $BiFeO_3$也会分解产生 $Bi_2Fe_4O_9$和 $Bi_{25}FeO_{39}$杂相。与 X 射线衍射结构测试相比，变温磁性测量更容易探测顺磁性 $Bi_{25}FeO_{39}$与反铁磁性 $Bi_2Fe_4O_9$杂相是否存在[466-469]。

在 $BiFeO_3$粉料合成与陶瓷烧结时，一方面，Bi_2O_3的挥发或缺失将导致 $Bi_2Fe_4O_9$相的形成；另一方面，过量的 Bi_2O_3又会导致 $Bi_{25}FeO_{39}$相的出现。为了抑制$Bi_2Fe_4O_9$相的形成，固相反应合成 $BiFeO_3$陶瓷或者单晶生长实验中通常采用 Bi_2O_3原料大过量[470-473]。这种方法形成了大量的 $Bi_{25}FeO_{39}$杂相，即使酸洗也很难分离出纯 $BiFeO_3$钙钛矿相。对 Bi_2O_3－Fe_2O_3扩散偶的研究发现，由于 Bi 离子向 Fe_2O_3中的扩散速度远小于 Fe 离子向 Bi_2O_3中的扩散速度，在 675℃以下温度固相反应常常是不完全的。有些杂质元素能够稳定 $BiFeO_3$钙钛矿相，但 Si、Al 等杂质却优先稳定 $Bi_{25}FeO_{39}$相[461]。热力学和动力学研究表明 $BiFeO_3$陶瓷的合

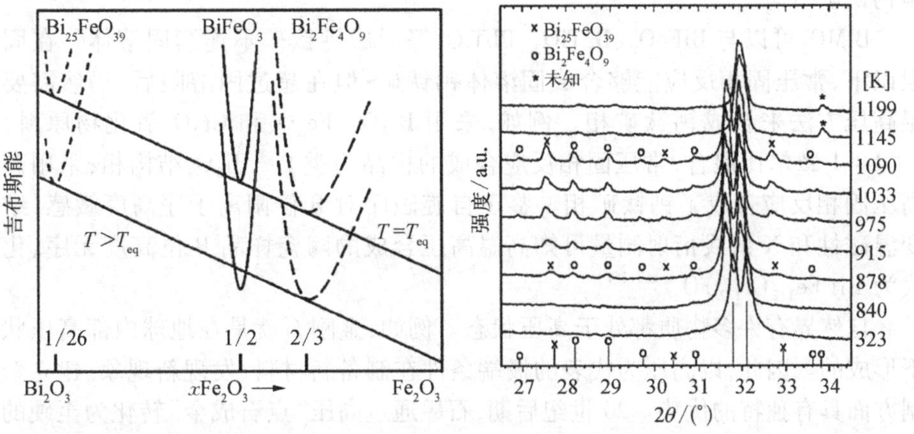

图 5-31 $BiFeO_3$ 钙钛矿相的热力学稳定性分析[464]。(左) $Bi_2O_3-Fe_2O_3$ 二元系中 $Bi_{25}FeO_{39}$、$BiFeO_3$ 和 $Bi_2Fe_4O_9$ 化合物的吉布斯自由能分析，T_{eq} 表示热力学平衡温度。(右)不同温度粉末 X 射线衍射测试。实验观测到 $BiFeO_3$ 的分解与 $Bi_{25}FeO_{39}+Bi_2Fe_4O_9$ 转化为 $BiFeO_3$ 钙钛矿相的可逆化学反应

成与烧结窗口非常窄，制备单 $BiFeO_3$ 钙钛矿相是一个不容易的任务。

目前，实验报道铁酸铋陶瓷样品的电阻率和介电损耗在较大范围内波动，样品状态的不同进而导致介电、铁电、压电、磁性等物性参数的测量结果也在较大范围变化，给构效关系分析增加了许多困惑与无谓的争论。对于铁电极化反转等电学测量，获得强绝缘样品是外加强直流电场的前提条件。由于铁酸铋钙钛矿相相对较低的热力学稳定性以及较窄的烧结窗口，铁酸铋陶瓷常常具有复杂的缺陷状态。不同温度、不同电场强度漏电流测试表明，铁酸铋陶瓷具有欧姆电流($J\propto E$)、空间电荷限制电流($J\propto E^2$)、Schottky 电流($\ln J\propto E^{1/2}$)、Poole-Frenkel 电流($\ln(J/E)\propto E^{1/2}$)、场致离子输运电流($\log J\propto E$)等多种漏电机制[474-479]。与工艺调控相比，采用基于三元固溶体的两种元素协同掺杂技术，通过提高钙钛矿相的热力学稳定性更容易获得纯相、高阻、低介电损耗 $BiFeO_3$ 系陶瓷[56,199]。

(3) $BiMO_3$ 钙钛矿亚稳相的合成

对于 3d 过渡金属 $BiMO_3$ 系列氧化物，除 $BiFeO_3$ 外其他 $BiMO_3$ 钙钛矿都是热力学亚稳相，需要高温高压固相反应或者水热法才能合成[480-484]。例如，常压固相反应合成的 $BiCrO_3$ 是与 $\beta-Bi_2O_3$ 同构的四方相；在 6GPa 高压、1 380℃高温固相反应合成了 $BiCrO_3$ 钙钛矿相[483]。在 600~900℃温度、40~50 kbar 压力范围高温高压固相反应制备了 $BiMnO_3$ 钙钛矿陶瓷样品[484]。由于残余应力与化学计量比的影响，高压合成 $BiMO_3$ 钙钛矿的晶体结构指认仍有待统一。在大气条件下，温度升高 $BiMO_3$ 钙钛矿亚稳相热分解。例如，$BiMnO_3$ 在 600℃开始热分解、在 650℃就不再

是钙钛矿结构。

$BiMO_3$可以与$BiFeO_3$、$BaTiO_3$、$PbTiO_3$等形成钙钛矿不连续固溶体。在固溶限以下，常压固相反应能够合成固溶体钙钛矿；但在超过固溶限后，仍然需要高温高压方法来合成钙钛矿相。例如，采用Bi_2O_3、Fe_2O_3和Cr_2O_3氧化物原料，以2∶1∶1摩尔比混合，常压固相反应合成的样品为类$\beta-Bi_2O_3$结构相；采用高温高压固相反应合成了钙钛矿相。鉴于自旋磁序对B位阳离子序高度敏感，结合变温磁性和X射线衍射测量可知高温高压合成的陶瓷样品B位高度无序、化学式为$Bi(Fe_{1/2}Cr_{1/2})O_3$[150,151]。

自然界有许多物质都处于高压状态。例如，金刚石就是在地球内部高压状态下形成的。因此，以高压为代表的极端条件在制备新材料、发现新现象、建立新机制方面具有独特的优势。20世纪后期，石墨通过高压"点石成金"转化为至硬的金刚石，实现了人造金刚石的梦想。随着高压科学与技术的发展，包括多重铁性功能材料在内势必有越来越多的新材料呈现于世人面前。

5.5　陶瓷工艺设计

陶瓷工艺的进步主要体现在对显微结构的形成过程及其与材料性能的关系有了深刻理解，对显微结构的控制从经验直觉走向了有目的的主动控制，显微结构调控提升了陶瓷材料的力、热、电、磁、光等性能。陶瓷工艺设计应综合考虑包括工程应用需求、性能局限性、工艺局限性、成本限制、工程可靠性等因素。在材料的化学组成选定后，陶瓷材料性能的调控主要是通过显微结构控制来实现的。

陶瓷工艺设计首要目标是陶瓷制品的几何形状和尺寸。通过协调坯体密度、收缩率与模具尺寸可以得到所需尺寸的陶瓷制品。要求精密公差的陶瓷制品在烧结后还需要机加工。坯体密度由预烧料的物理化学性质、粉体特性、黏结剂含量和成型压力决定。烧结时的收缩率取决于粉料的反应活性、黏结剂含量和烧结条件(温度、时间和气氛)，瓷坯的线收缩率一般在12%~20%范围变化。错误的模具设计或压力设置、不恰当的粉体工艺对陶瓷制品的影响包括：① 尺寸不正确；② 元件变形；③ 瓷体开裂；④ 内部气孔；⑤ 表面粗糙度。

陶瓷工艺设计的核心是考虑显微结构对陶瓷制品性能的影响。原子间的结合、晶体结构与性能之间的关系研究表明陶瓷材料的理论强度由化学键强度控制；由于存在这样那样的缺陷，实际制造出来的陶瓷部件往往达不到理论强度。因此，要确定那些在制造过程中可能产生的缺陷和瑕疵，在工艺过程中提供控制或避免这些缺陷和瑕疵的方法。为了获得合适的断裂强度和断裂韧性，除了对晶粒尺寸与分布以及气孔形状、大小与分布等常见的显微结构因素进行控制外，还需要根据工程应用需求对断裂模式进行控制。如图5－32所示，对于相同的陶瓷粉料，烧结温度不同压电陶瓷的断裂模式由沿晶断裂转变为穿晶断裂。断裂模式转变的临界显微结构适用于大部分压电陶瓷工程应用领域，临界条件稍后的显微结构适用于多层共烧压电陶瓷作动器、贾卡梳双晶片等应用厚膜的工程领域。

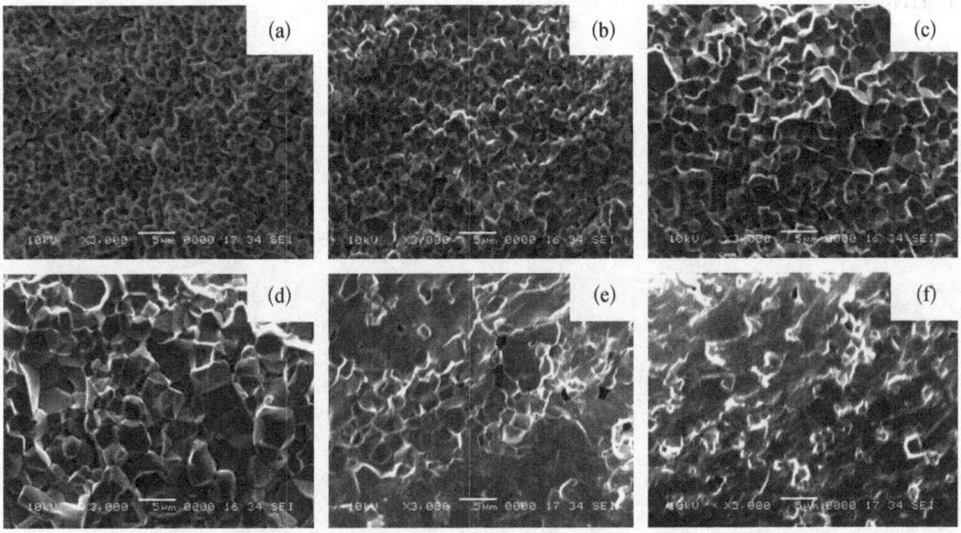

图 5-32 不同温度烧结 2 小时 $Pb_{0.96}Sr_{0.04}(Mg_{1/3}Nb_{2/3})_{0.37}Zr_{0.24}Ti_{0.39}O_3+3\%Bi(Zn_{0.5}Ti_{0.5})O_3+2\%NiO$压电陶瓷断面扫描电镜显微结构图[447]：(a) 950℃；(b) 980℃；(c) 1 000℃；(d) 1 020℃；(e) 1 050℃；(f) 1 080℃

由于显微结构对陶瓷力、热、电、磁、光等性质的影响趋势并不相同，具体的显微结构状态需要根据不同的应用需求进行设定。陶瓷材料显微结构状态的观测参素及其控制策略总结见图 5-33，只有综合考虑并仔细组合粉料的各种控制参数与烧结工艺参数才能获得所需的显微结构。目前尚无系统性的指导原则，还需持续积累数据、发现规律。

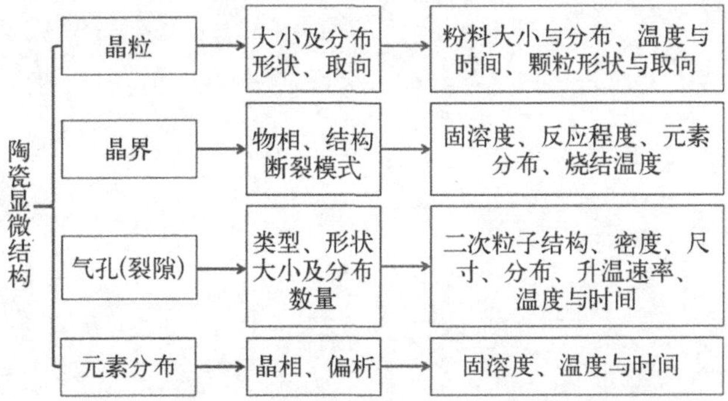

图 5-33 陶瓷材料显微结构的观测要素及其控制对策

很久以来，一个特定的化学组成被看作一个材料。对于现代工业来说，材料的化学组成与显微结构同等重要，通过协同化学组成设计与显微结构状态裁剪可以获得所需的材料使用性能。“偷工增料”并不是材料工业与社会发展所需的高性价比行为。

第6章　铁电材料及其应用

钙钛矿氧化物铁电性的发现源于高介电常数新材料探索。20世纪30年代中期,为了提高氧化钛陶瓷的介电性能,人们开始探索不同碱土金属与氧化钛的化合物。第二次世界大战期间,在研究介电常数的温度特性与陶瓷材料组成-结构关系过程中,美国、日本和苏联学者各自独立观察到钛酸钡陶瓷的介电异常、发现了钛酸钡的铁电性。铁电性(ferroelectricity)术语是从铁磁性(ferromagnetism)类比得名的,但它们的物理机制大不相同。直到今天,钛酸钡的主要工程应用依然与发现它的初衷一致——高介电常数陶瓷电容器材料。

钛酸钡($BaTiO_3$)是典型的钙钛矿结构,B位离子偏离体心位置产生了铁电性[123,485]。从晶体化学出发在钙钛矿氧化物中相继发现了$PbTiO_3$、$Pb(Mg_{1/3}Nb_{2/3})O_3$、$PbZrO_3$等上百种铁电体和反铁电体[2,386]。钙钛矿氧化物铁电材料发展的历史表明,简单的晶体结构激发了理论研究工作,优良的物理性能激发了元器件工程设计与制造,由此创造了电子材料与元器件工业的一大分支[208]。

6.1　铁电极化

铁电极化是铁电物理学的核心。铁电体是指在一定的温度、压强范围内存在自发电极化,并且极化方向可以被外电场反转的化合物。从构效关系看,铁电极化是原子晶体空间中心反演对称破缺的结果。从晶体的点群对称性看,不同介质材料之间关系为介电材料⊃压电材料⊃热释电材料⊃铁电材料。铁电晶体是热释电晶体的一个亚族,它具有热释电效应和压电效应,是一种非线性电介质。

6.1.1　铁电体的基本特征

温度升高铁电体会发生铁电-顺电结构相变,伴随着铁电极化的消失与晶格对称性的改变。如图6-1所示,铁电-顺电结构相变的临界温度称为居里温度$T_{C(FE)}$,相变可能是一级、也可能是二级、还可能是弛豫相变。一级相变时,铁电极化、晶胞体积和熵发生突变,相变存在热滞现象;二级相变时,铁电极化逐渐变化到零。在居里温度以上,顺电相介电常数的变化遵守居里-外斯定律:

$$\varepsilon = \varepsilon_0 + C/(T-\theta)\ (T > T_{C(FE)}) \tag{6-1}$$

式中,C是居里常数;θ是外斯温度。一级相变时$T_{C(FE)} > \theta$、二级相变时$T_{C(FE)} = \theta$,

弛豫相变时介电常数的峰值温度与测试频率有关。少数铁电体未到相变点就已经熔化，$LiNbO_3$即是这种晶体。

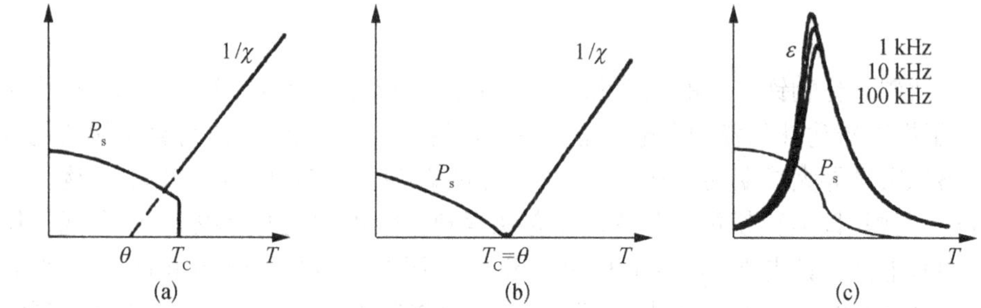

图 6－1　钙钛矿氧化物的铁电相变类型：(a) 一级相变；(b) 二级相变；(c) 弛豫相变

在铁电-顺电结构相变临界点伴随着铁电极化、介电常数、热释电系数、比热容、热膨胀系数、弹性模量、压电系数等的异常变化。特别是，介电常数和热释电系数在相变点存在一个异常峰值，实验上常常通过介电温谱或者热释电系数测量来确定铁电相变温度。

在居里温度以下，铁电体自发形成由许多极化方向不同的微区构成的电畴结构，不同电畴之间极化方向存在由点群对称性决定的确定关系。例如，四方钙钛矿相邻畴的极化方向呈 90°或 180°，三方钙钛矿呈 71°、102°或 180°。铁电畴的分布及其形态可以通过外电场、应力场等进行调控。对于四方铁电体，实验测量表明外应力只能引起 90°畴的极化转动，而电场能引起 90°畴和 180°畴的极化旋转或反转，只有 90°畴旋转时存在应变。外电场作用下极化方向将通过旋转、反转等运动与外电场方向趋于一致，铁电极化(P)随外电场(E)的变化表现出如图 6－2 所示的电滞回线行为。铁电性质常常用饱和极化强度 P_s、剩余极化强度 P_r、矫顽场强 E_c 等参数进行描述。

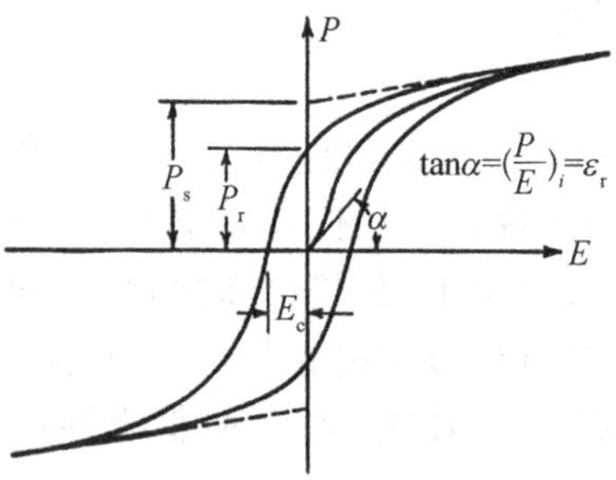

图 6－2　$P-E$ 电滞回线示意图[208]，P_s、P_r、E_c 和 ε_r 分别为饱和极化强度、剩余极化强度、矫顽场强和相对介电常数

铁电体的极化强度、应变和位移电流随外电场同步变化。以 PMN－PZT 铁电陶瓷为例，图 2－27 所示为实验测量电极化强度、应变和位移电流随外电场变化的响应结果，它们均表现为非线性关系：电极化强度与外电场形成滞后回线、应变与电场关系为蝶状环，在经过矫顽场时有脉冲状位移电流产生。虽然物理量不同，但它们是铁电体一体三面的外场响应。随温度升高饱和极化强度、剩余极化强度和矫顽场强都降低。

在钙钛矿氧化物中,反铁电体是与铁电体同等重要的另一类电有序晶体。反铁电晶体中铁电活性离子位移方向相反,至少存在自发电极化反平行的两个子晶格,总极化强度等于零。在反铁电-顺电结构相变临界点,介电常数也存在一个异常峰。从顺电相进入反铁电相,伴随着晶胞扩大,X 射线衍射将观测到超结构衍射峰。由于存在宏观对称中心,反铁电晶体没有压电效应。如果外电场足够强,反铁电相将转变为铁电相。图 6-3 所示的双电滞回线行为是这种场致相变的结果,E_a 和 E_f 是场致相变的临界场强。在反铁电晶体中,电偶极子也可以不共线、不共面排列,但总极化强度等于零。有时候,两个子晶格的自发电极化强度不相等,这样的晶体称为亚铁电体(ferrielectrics)。

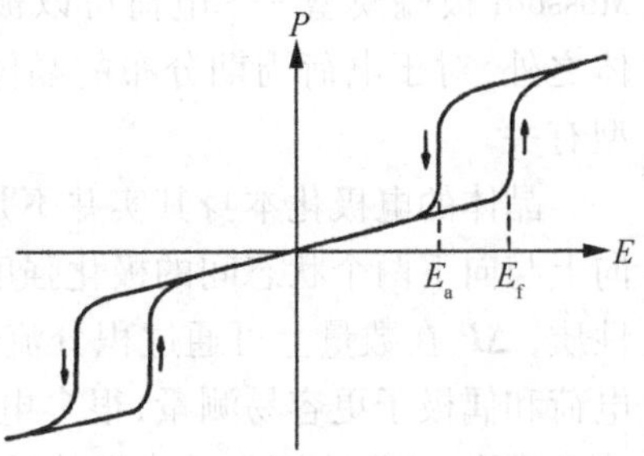

图 6-3 反铁电体的双电滞回线示意图[208]

现实中,$P-E$ 测量结果极易受样品质量的影响。对于低阻、高损耗陶瓷样品,$P-E$ 测量得到的结果看起来像一个漏电介质。虽然电滞回线是铁电体的一个核心物理特征,但并不是有电滞回线的固体就是铁电体:驻极体中带电缺陷的运动也表现出电滞回线行为、p-n 结也存在回滞行为。本质上,晶格对称性才是认定铁电性、区分驻极体的根本因素[115,486]。

6.1.2 自发极化

电介质可测量的一些宏观物理性质要么是极化 P 对微扰的响应(如极化率、压电系数、热释电系数、波恩有效电荷等,它们分别是极化对电场、应力、温度、原子位移微扰的响应),要么是极化的有限变化——铁电极化反转。这些物理性质都与极化矢量的方向有关。宏观电极化是介电物理的一个核心概念,也是朗道热力学唯象理论的基础。极化的经典定义是单位体积内电偶极矩的大小、数量上等于晶胞电偶极矩除以晶胞体积。基于点电荷模型和原子位置信息,钙钛矿氧化物自发极化计算的常用公式为

$$P_s = -\frac{1}{\Omega}\sum_i m_i \times \Delta z_i \times Q_i e \tag{6-2}$$

式中,Ω 为晶胞体积;m_i 为晶胞中第 i 个位置等价离子的数量;Δz_i 为第 i 个位置离子沿极轴方向的位移量;Q_i 为第 i 个位置离子的化学价;e 是电子电荷[116,487]。方程(6-2)描述了离子的位移极化,对于极性晶体,极化还包含电子云畸变导致的非线性离子极化。对于一片有限尺寸宏观物质,极化可写为

$$\boldsymbol{P} = \frac{1}{V}\int \boldsymbol{r}\rho(\boldsymbol{r})\,\mathrm{d}\boldsymbol{r} = \frac{1}{V}\left[-e\sum_l Q_l \boldsymbol{R}_l + \int \boldsymbol{r}\rho_e(\boldsymbol{r})\,\mathrm{d}\boldsymbol{r}\right] \tag{6-3}$$

式中, V 是物质的体积; $\rho(\boldsymbol{r})$ 与 $\rho_e(\boldsymbol{r})$ 分别代表总电荷密度和电子密度; l 是对所有的离子位置求和。在固体中,由于电子的共有化运动,电荷密度在空间是连续分布的,很难单一分割电子密度用于计算晶胞的电偶极矩。除了 Clausius - Mossotti 极端模型——电荷可以被明确地分解为局域的、电中性分布的电荷集合体之外,对于电荷周期分布的晶体,式(6-3)不仅在数量上不可测,还与所用模型有关。

晶体的电极化本身其实并不是一个物理可观测量,如图 6-4 所示,铁电极化向上与向下两个状态间的极化强度变化 ($\Delta\boldsymbol{P}$) 才是可观测、可定义、可计算的物理性质, $\Delta\boldsymbol{P}$ 在数量上可通过积分流过样品的电流精确计算[488,489]。实验上,电流比电荷和偶极子更容易测量,很多电学测量也确实是通过对电流积分进行的。从电流角度讲, $\Delta\boldsymbol{P}$ 是与电子波函数的相位密切相关的物理性质。量子力学提供了计算电子波函数几何相位(Berry 相位)的方法,通过对电子波函数的几何相位积分可以计算出流过绝缘体的电流。因此,电子波函数的几何相位为宏观电极化提供了量子力学理论基础与计算方法[490,491]。

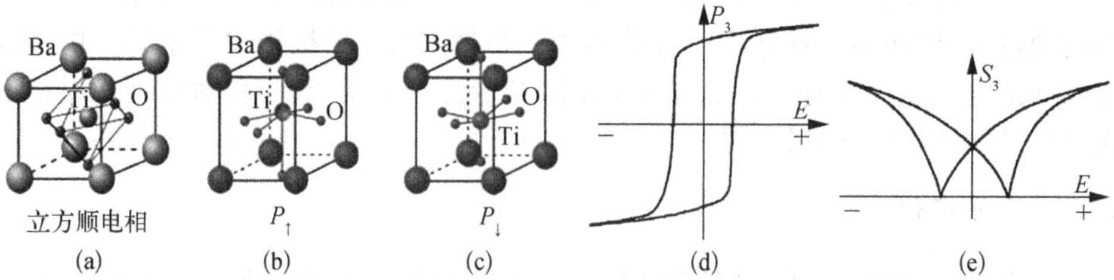

图 6-4　$BaTiO_3$ 的晶体结构及其微观极化状态与实验测量示意图: (a) 立方顺电相; (b) 铁电极化向上; (c) 铁电极化向下; (d) 电滞回线; (e) 电滞应变。外电场使铁电极化在(b)与(c)两种状态之间反转

铁电体的通用定义是具有可反转的自发电极化,基本结构特征是空间反演中心对称破缺。为此,陈孝琛提出了一种铁电极化的化学键模型——铁电极化源于化学键的极性。在居里点以上温度,由于结构对称性,化学键的偶极矩互相抵消;而在居里点以下温度,空间反演中心对称破缺使得化学键的偶极矩不能完全抵消,由此出现了自发电极化[136]。作为平衡态性质,实验从来没有直接测量过铁电极化,实际测量的都是自发极化的变化量。如图 6-4 所示,钙钛矿铁电体中极化向上与极化向下的晶体状态是对称的: $P_\uparrow = P_\downarrow = P_S$。在外电场作用下自发极化从 $\boldsymbol{P}$ 反转到 $-\boldsymbol{P}$, 电滞回线测量的是两个状态之间的极化强度差;应用对称性原理可知,极化强度差等于两倍的自发极化 ($|\Delta\boldsymbol{P}| = 2P_S$)。与自发极化强度的绝对定义相比,极化强度差定义在实验测量与理论计算时都是有效可行的,实验测量的极化变化是与边界条件有关的材料的体性质[50]。

6.1.3 几何相位极化理论

电滞回线实验测量的极化强度 $\boldsymbol{P}$ 是铁电晶体在两个镜像态之间的变化量（$\Delta\boldsymbol{P}$），既包括离子的位移极化（$\Delta\boldsymbol{P}_{\mathrm{i}}$）又包括由离子位移引起的电子极化（$\Delta\boldsymbol{P}_{\mathrm{e}}$），即 $\Delta\boldsymbol{P}=\Delta\boldsymbol{P}_{\mathrm{i}}+\Delta\boldsymbol{P}_{\mathrm{e}}$[78]。在固体量子力学理论中，电荷密度分布是空间位置的连续函数，因此不能把电荷密度唯一分割以计算晶胞的电偶极矩，只有极化变化才是量子力学可计算量，几何相位方法为此提供了相关算法。如同线性响应理论计算宏观张量性质所展示的那样，极性晶体的电子波函数携带着物质的动力学信息。

在量子力学框架下，电极化是与电子波函数几何相位相关的性质，而电荷密度是与电子波函数模量相关的性质。20 世纪 90 年代初，Resta 认为刨除了相位信息的电荷密度与宏观极化没有关系，采用电子波函数的几何相位重构了宏观电极化的概念，由此澄清了电极化的量子力学本质、并提供了介质极化及其相关物理性质的第一性原理理论计算方案[50,488-490]。

由电子波函数几何相位定义的宏观电极化量子理论，不仅适用于线性介质的感应极化，也适用于铁电晶体的自发极化。极化强度变化与电流之间的物理关联是极化量子理论的基石，因为电流可以通过绝缘态电子波函数的几何相位积分进行计算，从而计算不同态之间的极化变化量 $\Delta\boldsymbol{P}$。电子极化对哈密顿量 λ 参数的一阶导数定义如下：

$$\frac{\partial\boldsymbol{P}_{\mathrm{e}}}{\partial\lambda}=\frac{-\mathrm{i}e\hbar}{N\Omega m_{\mathrm{e}}}\sum_{k}\sum_{n=1}^{M}\sum_{m=M+1}^{\infty}\frac{\langle\psi_{nk}^{(\lambda)}\mid\boldsymbol{p}\mid\psi_{mk}^{(\lambda)}\rangle\langle\psi_{mk}^{(\lambda)}\mid\partial V_{\mathrm{KS}}^{(\lambda)}/\partial\lambda\mid\psi_{nk}^{(\lambda)}\rangle}{(\epsilon_{nk}^{(\lambda)}-\epsilon_{mk}^{(\lambda)})^{2}}+\mathrm{c.c.}\tag{6-4}$$

式中，λ 是描述离子位移的参数；m_{e} 和 e 分别为电子的质量和电荷；N 是晶胞数量；M 是计入自旋的电子能级数量；$\boldsymbol{p}$ 是动量算符；$V_{\mathrm{KS}}^{(\lambda)}$ 是密度泛函理论中的 Kohn-Sham 势函数；c.c.代表复数共轭[492-495]。方程(6-4)可以看作 λ 缓慢变化时流过固体的体电流，在绝热条件下 λ 有限变化时单位体积电子极化强度的变化 $\Delta\boldsymbol{P}_{\mathrm{e}}$ 可以通过电流积分进行计算：

$$\Delta\boldsymbol{P}_{\mathrm{e}}=\int_{\lambda_1}^{\lambda_2}\frac{\partial\boldsymbol{P}_{\mathrm{e}}}{\partial\lambda}\mathrm{d}\lambda\tag{6-5}$$

标量 λ 可看作是 Kohn-Sham 哈密顿量的离子位移路径。方程(6-5)要求系统在该路径上任何位置都保持绝缘态，这是因为在绝热条件下绝缘体的电流响应仅仅依赖局域环境而与表面状态无关。因此，方程(6-5)所定义的极化强度变化量是与具体模型无关的可观测的物理量。

King - smith 和 Vanderbilt 证明了绝缘体的极化电流具有几何相位不变性[493]，方程(6-5)所示的任意路径极化强度变化可以通过绝热系统的初态与终态之差进行计算：

$$\int_{\lambda_1}^{\lambda_2} \frac{\partial \boldsymbol{P}_e}{\partial \lambda} d\lambda = \boldsymbol{P}_e(\lambda_2) - \boldsymbol{P}_e(\lambda_1) \tag{6-6}$$

$\boldsymbol{P}_e(\lambda)$ 可用 Bloch 电子波函数 $u_{nk}^{(\lambda)}$ 进行计算：

$$\boldsymbol{P}_e(\lambda) = -\frac{ie}{(2\pi)^3}\sum_{n=1}^{M}\int_{BZ}\langle u_{nk}^{(\lambda)} \mid \nabla_k \mid u_{nk}^{(\lambda)}\rangle d\boldsymbol{k} \tag{6-7}$$

其中，Bloch 电子波函数 u_{nk} 与 $u_{n,k+G}$ 之间的相位关系由 $\psi_{nk} = \psi_{n,k+G}$ 来确定。换句话说，$\boldsymbol{P}_e$ 的几何相位不变性可以用能带电子 Wannier 函数 $W_n^{(\lambda)}(\boldsymbol{r})$ 的电荷中心表示：

$$\boldsymbol{P}_e(\lambda) = -\frac{e}{\Omega}\sum_{n=1}^{M}\int \boldsymbol{r} \mid W_n^{(\lambda)}(\boldsymbol{r}) \mid^2 d\boldsymbol{r} \tag{6-8}$$

在方程(6-7)和方程(6-8)中，u_{nk} 的相位自由度不影响 $\boldsymbol{P}_e$ 对 $e\boldsymbol{R}/\Omega$ 模量($\boldsymbol{R}$ 是晶格矢量、Ω 是原胞体积)的不变性。考虑自旋简并时 $\boldsymbol{P}_e$ 用 $2e\boldsymbol{R}/\Omega$ 模量进行标度。方程(6-7)与方程(6-8)都可以计算晶体中电子对极化的贡献。它们表示在参数哈密顿空间沿某绝缘路径绝热变化时系统中的电荷输运，极化变化量的数值大小等于电流积分，等于表面累积的电荷密度[494]。对于绝缘晶体，二者本质上是等价的。通过几何相位计算的极化只是电子部分的贡献，在考虑总极化时还必须计入离子的贡献。

King - Smith 和 Vanderbilt 进一步提出了由价带波函数计算铁电极化强度的方法[493]。在保持平移对称条件下，假定势函数 V_{KS} 绝热经历了从初态($\lambda=0$)到终态($\lambda=1$)的变化。对于 λ 从 0~1 的任一状态都可写出 $\Delta \boldsymbol{P}_e$ 的分量[496-498]。同时期，Resta 等也提出了类似的方法并计算了 $KNbO_3$ 的自发极化。如图 6-5 所示，令极性结构为 $\lambda_2=1$、中心对称结构为 $\lambda_1=0$，内应变随 λ 线性变化。由于中心对称结构的自发极化为零，故极性结构与中心对称结构极化强度之差 $\Delta \boldsymbol{P}$ 即为所要计算的自发极化 $\boldsymbol{P}$。采用线性缀加平面波近似方法计算价带结构，再用数值法计算 $\Delta \boldsymbol{P}_e$ 式中的梯度和积分，最后得出 $KNbO_3$ 在 270℃ 温度四方相的自发极化强度为 $P_s=0.35\ C/m^2$，与实验结果 $0.37\ C/m^2$ 相吻合[495]。

综上所述，量子力学理论认为绝缘晶体的自发极化源于离子位移引起的电流、源于电子波函数的几何相位变化，可以用能带电子 Wannier 函数的电荷中心位移来定义。King - Smith 和 Vanderbilt 证明了宏观极化对电子波函数的相位具有规范

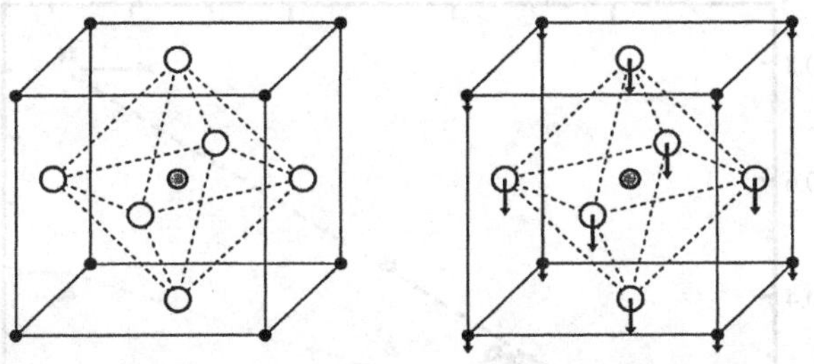

图 6-5 钙钛矿氧化物参数哈密顿量的初态与终态示例。实心、阴影、空心球分别代表 A、B 和 O 离子。中心对称四方结构($c/a \neq 1$)作为 $\lambda=0$ 初始结构,箭头表示 $\lambda=1$ 终态结构的离子位移矢量

不变性、与介质中周期分布的电荷——波函数的模量无关。目前,基于几何相位的极化计算已包含在许多第一性原理电子结构计算软件包中。第一性原理理论不仅可以计算铁电性与组分的关系,还可以计算介电常数、压电常数、波恩有效电荷、晶格动力学等与极化有关的物理性质[50,499,500]。需要说明的是,上述理论首先是在无外电场条件下定义和发展的。关于极化的理论发展过程以及存在的问题,读者可以参考相关文献深入探讨[490,491]。

1. 铁电-铁弹耦合

Miyazawa 等应用几何相位方法计算了钛酸钡铁电极化随四方应变的变化[501]。计算发现极化强度与 Ti 离子的位移线性相关、1%的四方晶格畸变极大地增强了极化强度;与顺电相相比,增大原子的位移自由度、Ti 3d－O 2p 之间的共价结合软化了 $BaTiO_3$铁电相的杨氏模量。也就是说,钛酸钡铁电相中 Ti－O 键的部分共价结合软化了原子间的静电排斥作用,使得与铁电极化和铁弹应变序参量关联的原子位移变得更加容易。在 $KNbO_3$中,应用几何相位方法计算发现 O 2p 价电子对极化贡献良多,与铁电畸变相应的不对称 Nb－O 键长变化导致了巨大的宏观电流流过样品、Nb 4d－O 2p 轨道杂化是诱导极化电流的主要因素[495]。Rappe 等计算了多种 $PbTiO_3$基固溶体钙钛矿化学组成与离子偏离对称中心位移量、与自发极化强度之间的关系,探索了铁电位移与铁弹畸变之间的关系。如图 6-6 所示,计算表明钙钛矿的四方轴比与 B 位离子的位移强烈线性相关、与 A 位离子的位移弱相关,四方晶格畸变增大有利于增强铁电极化,B 位阳离子与氧离子之间的轨道杂化是产生铁电极化的决定性因素[75]。

2. 玻恩有效电荷

玻恩有效电荷(Z^*)描述介电极化对离子位移的线性动态响应能力,是理解与

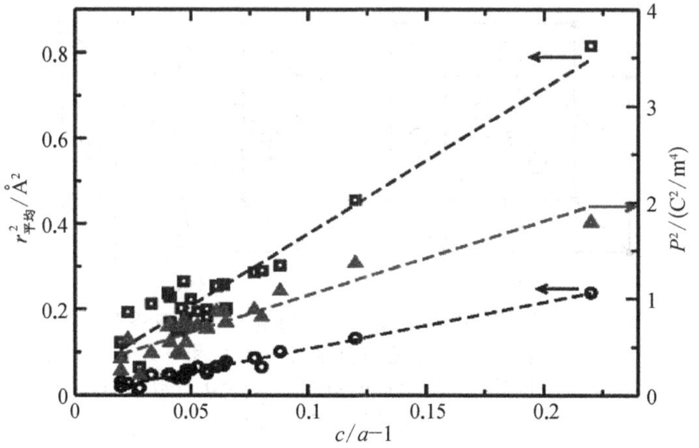

图 6-6　$PbTiO_3$基四方固溶体钙钛矿实验测量四方轴比(c/a-1)与局域密度泛函理论计算 B 位和 A 位平均离子位移的平方、理论计算自发极化强度的平方之间的关系[75]：圆圈代表 B 位离子位移的平方(r_B^2)、方块代表 A 位离子位移的平方(r_A^2)、三角代表自发极化强度的平方(P^2)、虚线表示线性回归结果。其中，四方轴比与 r_B^2 很好地满足线性回归、自然地经过零点

计算铁电极化和压电响应的重要参数。玻恩有效电荷与离子发生位移时的电荷移动有关，定义如下：

$$Z^*_{s,\alpha\beta} = \Omega \frac{\partial P_\alpha}{\partial u_{s,\beta}} \tag{6-9}$$

玻恩有效电荷与离子位移($u_{s,\beta}$)的方向有关，是张量；Ω 是晶胞体积。对玻恩有效电荷与离子位移量的乘积进行求和可以计算极化强度的变化：

$$\Delta P_\alpha = \frac{1}{\Omega}\sum_{s,\beta} Z^*_{s,\alpha\beta}\Delta u_{s,\beta} \tag{6-10}$$

在钙钛矿铁电体中，玻恩有效电荷远大于离子的化学价，与共价结合导致化学价降低的直觉预测正好相反。在核壳模型中，离子被看作带正电的核与带负电的壳并通过弹簧机械链接，当一个氧离子的核移动时，它的壳也将移动，通过连锁反应其他离子的壳与核也将发生移动。非线性离子极化可以描述为壳相对于核的位移。核壳模型通过连锁反应增强了玻恩有效电荷。在固体量子力学理论中，由于阳离子与部分氧离子的共价结合增强导致玻恩有效电荷远大于离子的化学价[502]。玻恩有效电荷可以通过光谱实验测量声子的振动强度或者纵向-横向光学声子分裂进行计算，实验也确实观测到玻恩有效电荷大于离子的化学价。因此，由方程

(6-10)计算得到的铁电极化强度大于方程(6-2)的计算结果。

在现代极化理论中,极化源于离子的微小位移诱导的电荷流动,玻恩有效电荷衡量了离子位移导致的电荷转移强度[50,493,503]。在铁电材料中,玻恩有效电荷常常用于衡量铁电结构失稳与声子模的软化[81,262,504]。例如,$BaTiO_3$中钛离子的Z^*为+7.52,几乎是化合价(+4)的近两倍。在$BaMO_3$(M=Ti、Zr、Hf)系列钙钛矿中,B位离子都是d^0电子组态,理论计算表明B-O离子间明显的d-p轨道杂化是Z^*异常高于化合价的物理原因。在$BaSnO_3$中,Sn^{4+}离子是d^{10}电子组态、Z^*接近化合价(+4),Sn-O离子间不存在d-p轨道杂化,价电子几乎完全局域在Sn离子上。

3. 压电系数

压电系数$e_{\alpha\beta\delta}$是极化P_α相对于应变$\epsilon_{\beta\delta}$的导数:

$$e_{\alpha\beta\delta}=\frac{\partial P_\alpha}{\partial \epsilon_{\beta\delta}}=\sum_{s,\,\mu} Z^*_{s,\,\alpha\mu}\frac{du_{s,\,\mu}}{d\epsilon_{\beta\delta}} \tag{6-11}$$

压电系数可以采用冻结声子模方法进行计算。Cohen课题组采用局域密度泛函微扰理论计算了$PbTiO_3$和$PbZr_{1/2}Ti_{1/2}O_3$四方相的弹性与压电性质,得到了不同压强下的弹性与压电系数[499,500]。计算发现压强能够诱导$PbTiO_3$发生四方-单斜-三方结构相变,与组分驱动PZT结构相变类似,压电响应在相变临界点具有极大值[505]。

目前,几何相位理论计算还存在以下局限:① 这些计算通常在零外电场条件下进行;② 大部分工作都是基态的结果;③ 计算程序包含的原子数太少;④ 不容易计入铁电氧化物的半导体特征,不容易计入氧空位等缺陷,不容易计入电极界面的梯度。即使如此,在必须计入离子的形变(非线性离子极化)的情况下,电极化的量子力学理论描述是其必然的归宿。与此同时,物质的磁性已公认是宏观量子现象,必须用量子力学理论进行描述。因此,铁电性与磁性的量子力学理论描述是研究多重铁性材料和磁电材料的必然归途。

6.2 铁电相变

晶格动力学相变理论认为铁电相变是铁电序参量与涨落竞争的结果[54]。采用经典统计与量子统计计算可知铁电相变居里温度T_C与铁电序参量的控制参数S具有以下标度关系:

$$T_C(S) \propto (S_C - S)^{1/\phi} \tag{6-12}$$

式中,S可以是晶体的化学组成,也可以是温度、压强等热力学边界条件;S_C是

$T_C = 0$ K 时控制参数的临界值。通常,高温区热涨落起主导作用;当 $T_C \to 0$ K 时,量子零点涨落取代热涨落起主导作用。不管是热涨落还是量子零点涨落,涨落与铁电序参量可比时的温度、压强、组分等为相变临界点。理论分析表明在量子极限临界指数 $\phi \equiv 2$, 在经典极限 $\phi \equiv 1$, 满足 $T_C = A(S_C - S)^{1/2}$ 关系的晶体为量子铁电体。

6.2.1　相变类型

在钙钛矿氧化物中已观察到正常铁电相变、弛豫铁电相变、量子铁电相变等多种类型,相应的铁电材料也称之为正常铁电体、弛豫铁电体、先兆性铁电体或者量子铁电体。

1. 正常铁电体

钛酸钡是历史上发现的第一个钙钛矿氧化物铁电材料[506,507]。在 1 618℃熔点以下、1 460℃以上温度 $BaTiO_3$晶体属于点群 6mm 的六方晶系;如图 6－7 所示,在 1 460～120℃ $BaTiO_3$转变为立方钙铁矿结构,Ti 离子位于氧八面体对称中心位置、属于顺电相;在 120℃发生结构相变进入点群 4mm 的四方铁电相;在 5℃发生四方铁电-正交铁电相变,正交相点群为 mm2;在-90℃发生正交铁电-三方铁电相变,三方相点群为 3m。在四方、正交和三方铁电相中,自发极化分别源于 Ti 离子沿四重轴、二重轴和三重轴偏离氧八面体的对称中心位置。$KNbO_3$与钛酸钡有相同的相变次序、二者的差别主要是相变温度不同,而 $PbTiO_3$具有不同的结构相变行为。

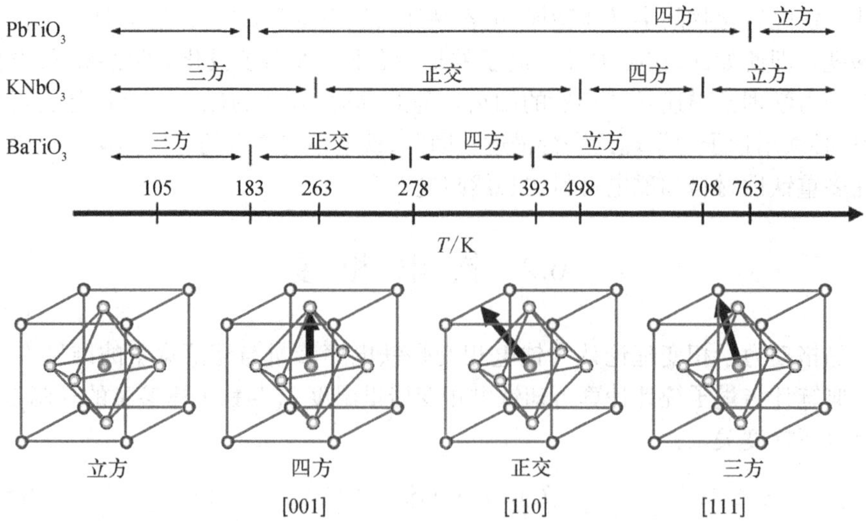

图 6－7　三种常见的钙钛矿氧化物铁电体的结构相变及其铁电极化方向示意图[123,506]

$PbTiO_3$钙钛矿是一种高温铁电体[508-510]。对于助熔剂法生长的单晶样品，介电温谱和比热测量在490℃发现一个一级铁电相变，顺电相介电常数随温度的变化遵守居里-外斯定律。如图6-8所示，晶体结构与热膨胀系数测量发现$PbTiO_3$晶体分别在490℃和-90℃存在两个结构相变[328]。应用自发极化强度与四方晶格畸变的量化关系推算，$PbTiO_3$的室温自发极化强度$P_s \approx 70\ \mu C/cm^2$[506]；应用X射线衍射与Rietveld精修获得的离子位置坐标和价电子态密度分布计算得到$PbTiO_3$的自发极化强度为$71.2\ \mu C/cm^2$，其中离子位移极化贡献为$47.4\ \mu C/cm^2$、电子极化贡献为$23.8\ \mu C/cm^2$[78]。与$BaTiO_3$铁电体相比，较大的四方铁弹畸变与铅离子价电子的各向异性空间分布导致的电子极化对$PbTiO_3$铁电体总自发极化强度的贡献较大（约为33%）。由此可见，对钙钛矿氧化物的物理与化学性质而言，价电子的空间分布比总电子分布更有意义。

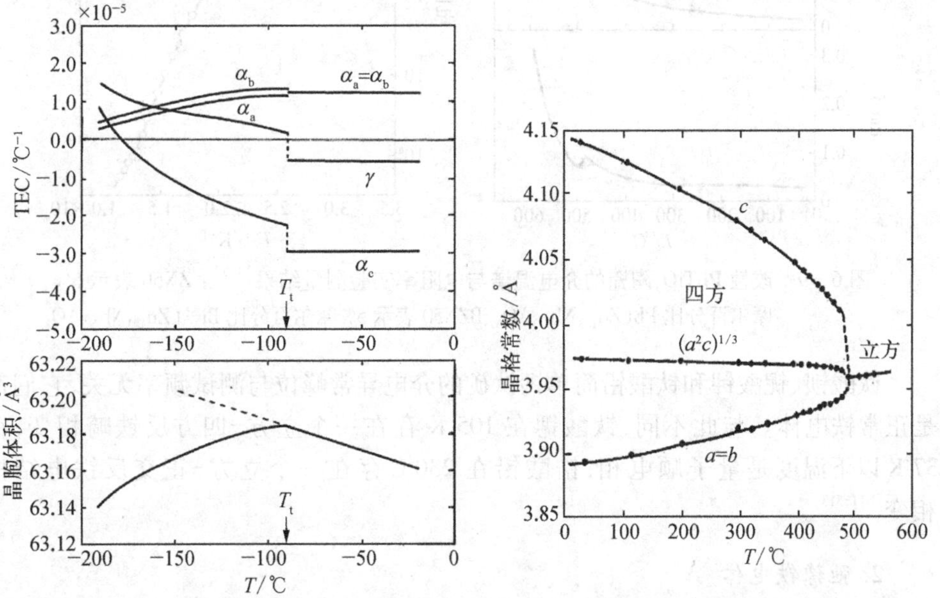

图6-8 不同温度$PbTiO_3$的晶格常数与热膨胀系数（TEC）实验结果[328,509]

与$BaTiO_3$不同，$PbTiO_3$铁电相不仅具有较大的四方晶格畸变——前者室温c/a轴比为1.01、后者为1.06，钛酸铅的四方铁电相还具有较大的负热膨胀系数。与纯钛酸铅陶瓷容易粉化不同，通过添加少量其他钙钛矿组元降低负热膨胀系数能够改善钛酸铅陶瓷的机械性能，电学测试得以进行。如图6-9所示，添加5%摩尔百分比$Pb(Zn_{1/3}Nb_{2/3})O_3$的钛酸铅陶瓷介电温谱存在明显的热滞，铁电-顺电相变为一级结构相变；添加5%摩尔百分比$Bi_{2/3}(Zn_{1/3}Nb_{2/3})O_3$钛酸铅陶瓷的室温电阻率高达$10^{12}\ \Omega \cdot cm$，即使在200℃温度电阻率仍有$10^8\ \Omega \cdot cm$[429]。与大部分添加物降低铁电相变温度相反，添加 $Bi(Zn_{1/2}Ti_{1/2})O_3$ 不仅提高了铁电相变温度，还增大了四方晶格畸变[59]。

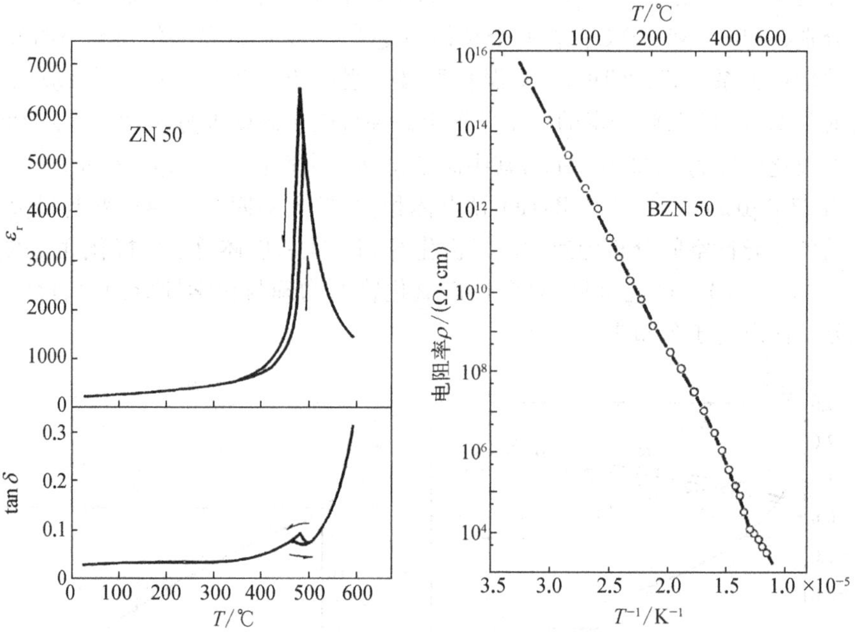

图 6-9　改性 $PbTiO_3$ 陶瓷的介电温谱与电阻率实验测量结果[429]：ZN50 表示 5%摩尔百分比 $Pb(Zn_{1/3}Nb_{2/3})O_3$、BZN50 表示 5%摩尔百分比 $Bi_{2/3}(Zn_{1/3}Nb_{2/3})O_3$

钛酸钡、铌酸钾和钛酸铅简单钙钛矿的介电异常峰位与测试频率无关，它们都是正常铁电体。与此不同，钛酸锶在 105 K 存在一个立方-四方反铁畸相变，在 37 K 以下温度是量子顺电相；锆酸铅在 230℃ 存在一个立方-正交反铁电结构相变[511-513]。

2. 弛豫铁电体

在化学通式为 $A(B1,B2)O_3$ 的复杂钙钛矿氧化物中发现一类弥散相变：与铁电-顺电结构相变对应的介电异常峰位随测试频率增加向高温移动。该现象最早由 Smolenskii 发现、Cross 把这类铁电体命名为弛豫铁电体[514]。如图 6-10 所示，当 $Pb(Sc_{1/2}Ta_{1/2})O_3$ 复杂钙钛矿的 B 位阳离子高度有序分布时介电异常峰位不随测试频率变化，它是正常铁电体，当 B 位阳离子无序分布时介电常数和介电损耗峰的位置都随测试频率增大向高温方向移动，转变为弛豫铁电体。对于复杂钙钛矿氧化物，以离子有序空间尺度不同铁电体可分为正常铁电体和弛豫铁电体两类，例如，长程有序分布的 $Pb(Sc_{1/2}Ta_{1/2})O_3$、$Pb(In_{1/2}Nb_{1/2})O_3$、$Pb(Mg_{1/2}W_{1/2})O_3$、

$Pb(Co_{1/2}W_{1/2})O_3$等是正常(反)铁电体,而短程有序/无序分布的$Pb(Sc_{1/2}Ta_{1/2})O_3$、$Pb(Sc_{1/2}Nb_{1/2})O_3$、$Pb(Mg_{1/3}Nb_{2/3})O_3$、$Pb(Zn_{1/3}Nb_{2/3})O_3$、$Pb(Ni_{1/3}Nb_{2/3})O_3$等是典型的弛豫铁电体[515]。

对于弛豫铁电体,Smolenskii 认为顺电相介电常数随温度的变化遵守 $1/\varepsilon = C(T-\theta)^2$ 关系[516]。为了统一描述铁电相变特征,Uchino 和 Nomura 提出一个普适关系[517]:

$$1/\varepsilon - 1/\varepsilon_m = C(T - T_m)^\gamma \tag{6-13}$$

式中,T_m 是介电常数峰值 ε_m 位置的温度;C 是常数;$1 \leqslant \gamma \leqslant 2$。临界指数$\gamma$表示相变的弥散度,$\gamma = 1$ 和 $\gamma = 2$ 分别代表正常铁电体和理想的弛豫铁电体。实验发现$Pb(Mg_{1/3}Nb_{2/3})O_3$复杂钙钛矿的 $\gamma = 1.64$,$Pb(Zn_{1/3}Nb_{2/3})O_3$ 的 $\gamma = 1.76$,而$BaTiO_3$的 $\gamma = 1.08$,$K(Ta_{0.55}Nb_{0.45})O_3$ 的 $\gamma = 1.17$。

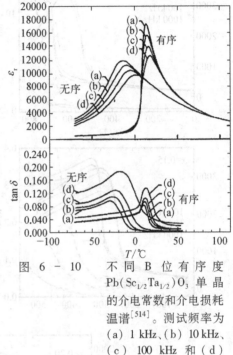

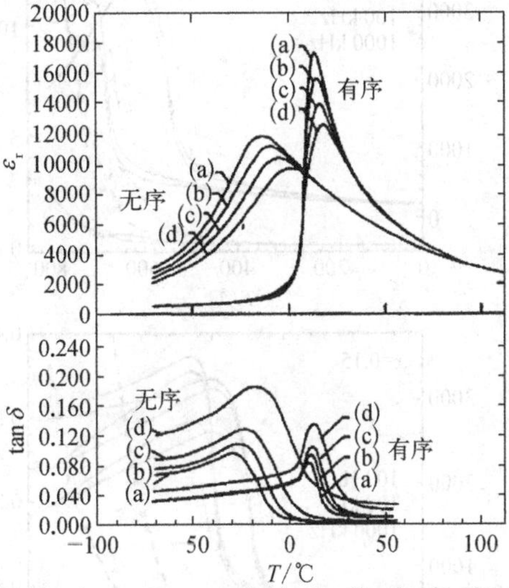

图 6-10 不同 B 位有序度 $Pb(Sc_{1/2}Ta_{1/2})O_3$ 单晶的介电常数和介电损耗温谱[514]。测试频率为 (a) 1 kHz、(b) 10 kHz、(c) 100 kHz 和 (d) 1 000 kHz

对于弛豫铁电体,假设晶体内部存在许多微区——每个微区都具有正常的铁电-顺电结构相变,不同微区相变温度存在一定的分布。在此图像下,晶体作为一个整体发生结构相变时,实验测试的介电常数是这些不同微区介电常数的包络。基于图 2-18 所示铁电失稳机制,化学元素不均匀分布的不同微区具有不同的铁电相变温度,不管是 A 位还是 B 位元素都可以诱导弛豫铁电体[34,56,57,518,519]。如图 6-11 所示,随 Ca 含量增加$(Bi_{0.7}Pb_{0.3-x}Ca_x)(Fe_{0.6}Ti_{0.35}Zn_{0.05})O_3$固溶体钙钛矿经历了一级、二级和弛豫铁电相变。与$Pb(Sc_{1/2}Ta_{1/2})O_3$、$Pb(Mg_{1/3}Nb_{2/3})O_3$等复杂钙钛矿 B 位无序分布诱导弛豫铁电相变不同,$(Bi_{0.7}Pb_{0.3-x}Ca_x)(Fe_{0.6}Ti_{0.35}Zn_{0.05})O_3$固溶体钙钛矿的弛豫铁电相变是由 A 位离子的无序分布诱导的。

在弛豫铁电体内,由于不同微区的临界温度不同,在一定的温度范围内陶瓷体内存在随机分布的极性微区,随温度降低极性微区尺寸增大,不同极性微区间的相干长度增加[173,520,521]。如图 6-12(a)所示,在极性微区长大的过程中存在两种情况:一种是极性微区很快变得足够大并扩展至整个样品,样品在居里点 T_C 将发生静态的、协同的铁电相变(虚线所示);另一种是极性微区随温度降低逐渐长大但尚未扩展至整个样品,对涨落的动态滞后使得样品整体表现为各向同性的弛豫

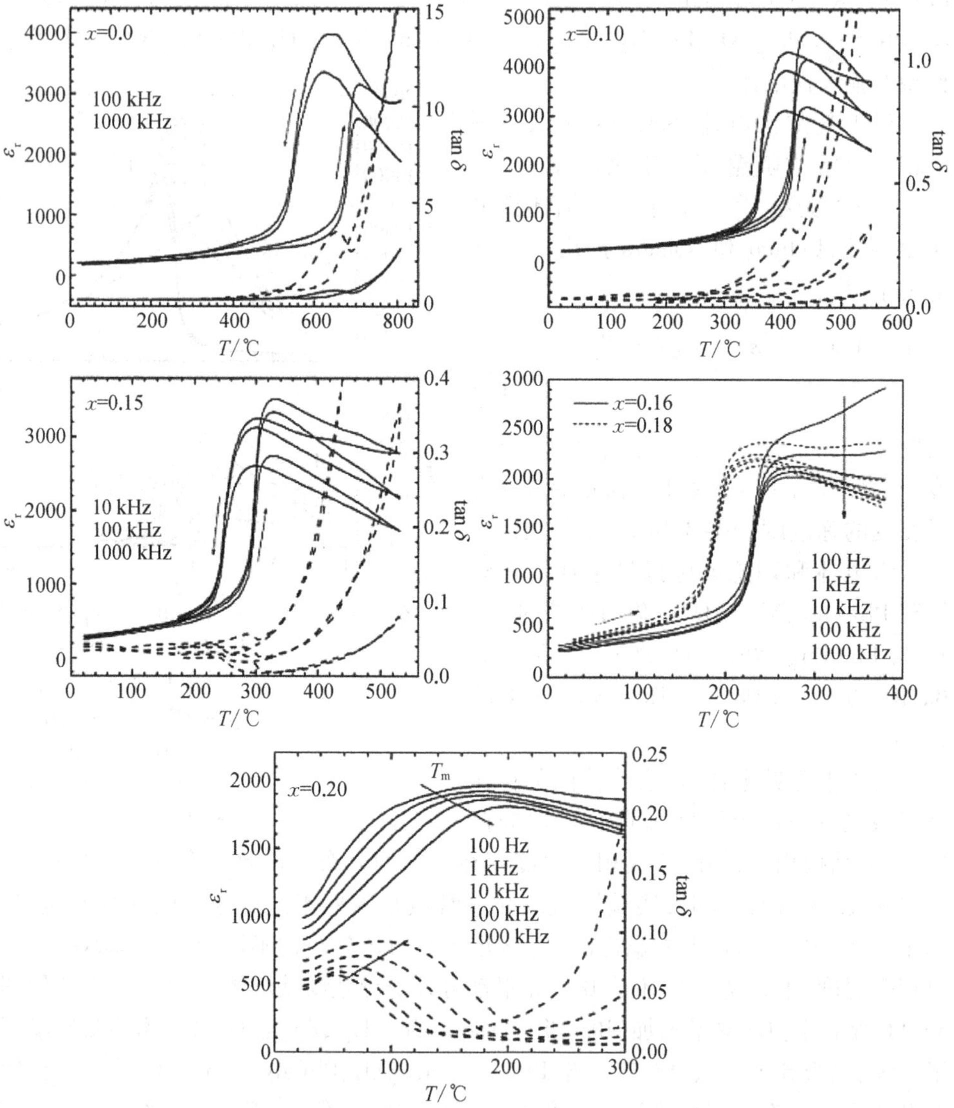

图 6－11　不同 Ca 浓度$(Bi_{0.7}Pb_{0.3-x}Ca_x)(Fe_{0.6}Ti_{0.35}Zn_{0.05})O_3$
固溶体钙钛矿陶瓷的介电温谱实验结果[57]

态——在低于介电峰值温度 T_m 时极性微区的取向随机分布(实线所示)。当存在直流偏置电场时，如图 6－12(b)和(c)所示，介电温谱测试表明弛豫铁电体存在一个场致正常-弛豫铁电相变，相变温度标示为 $T_{F\text{-}R}$。其中，图 6－12(b)表示偏置场低于矫顽场的情况，在升温过程中存在一个冻结温度 T_f，T_f 温度以下电畴是随机取向的，在 $T_f \sim T_{F\text{-}R}$ 温度范围内电畴择优取向，介电常数与频率无关。在降温测量过程中,由于电场极化作用 T_{F-R} 以下温度电畴已经择优取向,极性微区一旦形成宏畴就可以保持稳定到更低的温度,介电常数与频率无关。对于偏置场大于矫顽场的情况,升温过程测量的介电温谱与如图 6-12(c)降温过程测量的结果一致。理论计算表明弛豫-正常铁电相变是由纳米极性微区间的场致渗流作用驱动的[522]。

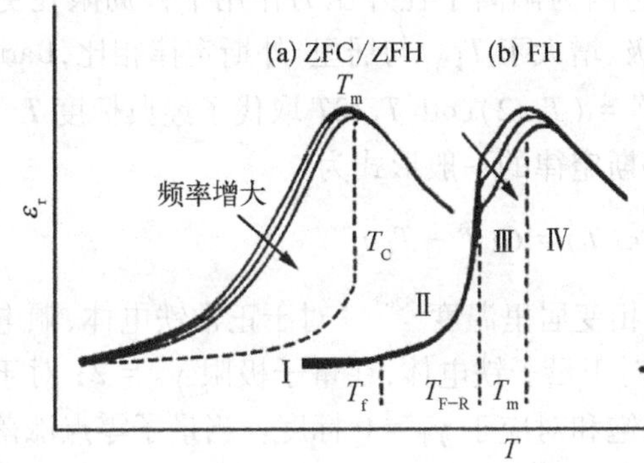

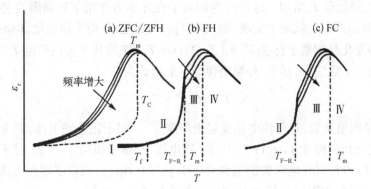

图 6-12 弛豫铁电体介电响应示意图[520]:ZFC/ZFH 表示零场测量;FH 和 FC 分别表示直流电场偏置加热和冷却

3. 量子铁电体

对于 $SrTiO_3$、$CaTiO_3$、$KTaO_3$、TiO_2 等氧化物中,如图 6-13 所示,介电常数在温度接近 0 K 时趋于饱和,并不像居里定律描述的那样发散、趋于无穷大[523]。这是因为量子零点涨落抑制了长程铁电序的产生,Müller 和 Burkard 把这种氧化物命名为量子顺电体或者先兆性铁电体[524]。

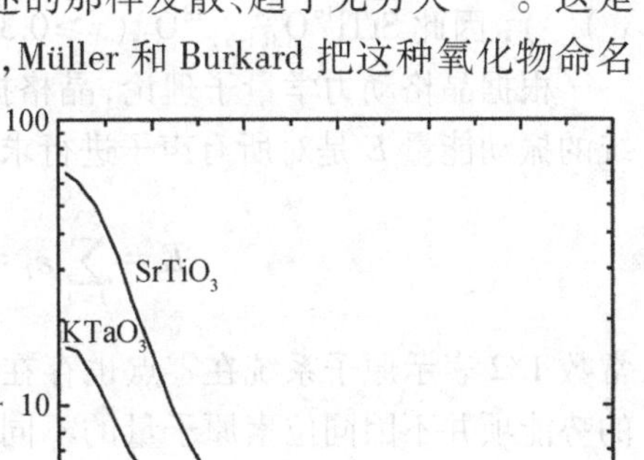

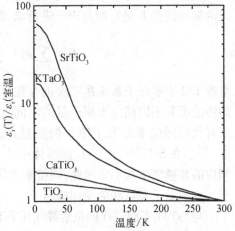

图 6-13 $SrTiO_3$、$CaTiO_3$、$KTaO_3$ 和 TiO_2 陶瓷的介电温谱实验结果[523]

为了解释 $SrTiO_3$ 等先兆性铁电体介电常数的低温饱和现象,Barrett 把描述 $BaTiO_3$ 极化的 Slater 平均场模型扩展到了量子领域[525]。Slater 模型是基于晶格振动经典统计的物理模型,Barrett 对晶格振动进行量子统计计算后获得介电常数的温度关系为

$$\varepsilon' = A + \frac{B}{(T_1/2)\coth(T_1/2T) - T_0} \tag{6-14}$$

$k_B T_1$ 表示离子振动的最低量子能级。当

$T < T_1$，离子占据最低能级，温度继续降低介电常数 $\varepsilon(T)$ 不变。Barrett 方程成功拟合了图 6－13 所示的介电温谱实验数据，其中 A、B、T_1 和 T_0 为拟合参数。其实，当 $T \to 0$ K 时方程(6－14)可以约化为 $\varepsilon' = A + B/(T_1/2 - T_0) =$ 常数；高温时约化为 $\varepsilon' = A + B/(T - T_0)$，即居里-外斯定律。因此，$T_0$ 是外斯温度，在 T_1 温度以下偏离居里-外斯定律。进一步研究发现，对于 $SrTiO_3$ 和 $KTaO_3$ 晶体，随压强增大拟合常数 B 和 T_0 降低但 T_1 增加。这是因为阳离子在外压力作用下被局限在更小的空间范围，从而抬升了最低量子能级、增大了 T_1。与居里-外斯定律相比，Barrett 方程中最重要的变化是用量子标度 $T^Q = (T_1/2)\coth T_1/2T$ 取代了经典标度 T[526]。

考虑量子效应后，居里-外斯定律的一般形式为

$$\varepsilon(T) = C(T - T_C)^{-\gamma_T} \tag{6-15}$$

式中，C 是居里常数，T_C 是铁电相变居里温度[526]。对于正常铁电体，顺电相介电常数随温度变化的标度 $\gamma_T = 1$；对于量子铁电体，在量子极限 $\gamma_T = 2$；对于先兆性铁电体，当 $T \to 0$ K 时介电常数的饱和对应于 $\gamma_T = 0$ 标度。当量子零点涨落与热涨落同时起作用时，方程(6－15)的标度 γ_T 介于 1~2。

对于 $SrTiO_3$ 晶体，直到 0 K 铁电序参量也未能超过量子零点涨落，量子零点涨落抑制了铁电序的产生，介电常数趋向一个与温度无关的饱和值[524]。在同位素替代实验中，如图 6－14 所示，实验观测到 ^{18}O 同位素浓度超过临界浓度 $x_c = 0.33$ 时 $SrTi^{16}O_{3(1-x)}{}^{18}O_{3x}$ 固溶体发生铁电-顺电结构相变，$x = 1.0$ 时相变温度 $T_C \approx 25$ K。由于居里温度随同位素浓度的变化关系满足方程(6－12)的量子标度 $(T_C = A(x - x_c)^{1/2})$，因此 $SrTi^{16}O_{3(1-x)}{}^{18}O_{3x}(x \geqslant 0.33)$ 晶体是量子铁电体。

根据晶格动力学量子理论，晶格振动模（格波）可用声子色散谱描述，晶格系统的振动能量 E 是对所有声子进行求和：

$$E = \sum_{l=1}^{3N} \varepsilon_l = \sum_{l=1}^{3N} \left(n + \frac{1}{2}\right)\hbar\omega_l \tag{6-16}$$

常数 1/2 表示原子系统在零点也存在振动。在同位素替代原子系统中，哈密顿量的势能项并不因同位素原子量的不同发生变化，仅仅是动能项发生变化。重同位素替代轻同位素增大了原子的质量，增大了原胞的约合质量，降低了零点振动能[129]。在 $SrTi^{16}O_{3(1-x)}{}^{18}O_{3x}$ 固溶体中，^{18}O 同位素替代导致原胞的约合质量增大，相应的软模频率减小。因此，同位素替代诱导的铁电失稳是一种量子效应，源于原子系统的量子零点涨落受到抑制。

与 $SrTiO_3$ 不同，^{18}O 同位素替代几乎不影响 $KTaO_3$ 量子顺电相的稳定性。理论分析发现，只有当量子零点振动的贡献能完全补偿软模声子的谐振贡献时、只有当铁电序参量足以克服涨落的竞争效应时，同位素替代才能诱导铁电相变[527]。与钛酸锶相

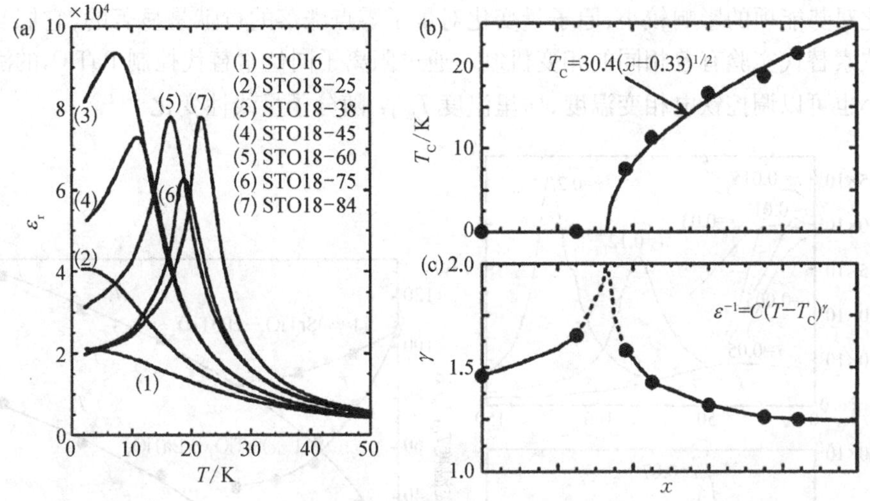

图 6－14　$SrTi^{16}O_{3(1-x)}{}^{18}O_{3x}$单晶的量子铁电相变实验结果[132]。(a) 不同浓度同位素替代样品的介电温谱,测试频率 f= 10 kHz;(b) 居里温度 T_C,图中实线是 $T_C = A(x-x_c)^{1/2}$ 方程的拟合结果;(c) 临界指数 γ,图中虚线是实验结果外推临界指数的变化趋势

比,$(R_{1/2}Na_{1/2})TiO_3$(R 为镧系稀土元素)钙钛矿是高温量子顺电体,15 K 温度的介电常数随 A 位平均离子半径增大而增加[528]。通过观察介电常数与 $\mu\times r_A/r_B$ 描述符的量化趋势,采用拨浪离子模型(rattling ion model)[138]可以很好地描述$(R_{1/2}Na_{1/2})TiO_3$ 系量子顺电体介电常数随 A 位离子的变化趋势——由于 B 位离子在氧八面体间隙的自由空间随化学压增大而增加,钙钛矿原胞的感应电偶极矩及其介电响应因而增大。

6.2.2　铁电相变的调控

铁电相变的首要特征参数是居里温度 T_C。通过改变钙钛矿氧化物原子系统的化学组成,外加压强、电场、磁场,控制原子系统的尺度(晶粒尺寸)与边界形态(纳米结构)都可以调控 T_C。

1. 组分调控

$SrTiO_3$和 $KTaO_3$钙钛矿是典型的量子顺电体,通过元素替代形成固溶体可以对它们的相变性质进行调控。目前,已在 $Sr_{1-x}A_xTiO_3$(A = Ca、Ba、Pb)、$KTa_{1-x}Nb_xO_3$二元固溶体中广泛发现了量子铁电相变[135,529-535]。如图 6－15 和图 6－16 所示,$Sr_{1-x}Ba_xTiO_3$固溶体转变为量子铁电体的临界浓度 x_c = 0.035,$Sr_{1-x}Pb_xTiO_3$的 x_c = 0.001 5,$KTa_{1-x}Nb_xO_3$的 x_c = 0.008。与同位素替代只影响涨落不同,不同元素阳离子替代不仅影响涨落还影响铁电序参量。在较低替代浓度时,同价阳离子的大小变化对势能项的影响较小，原子量变化对量子零点涨落的贡献是显著的，它们与氧同位素替代实验有着相同的相变机制。通过阳离子同位素替代控制 $BaTiO_3$ 的涨落大小也可以调控铁电相变温度，居里温度 $T_{C(FE)}$ 随分子量线性变化[536]。

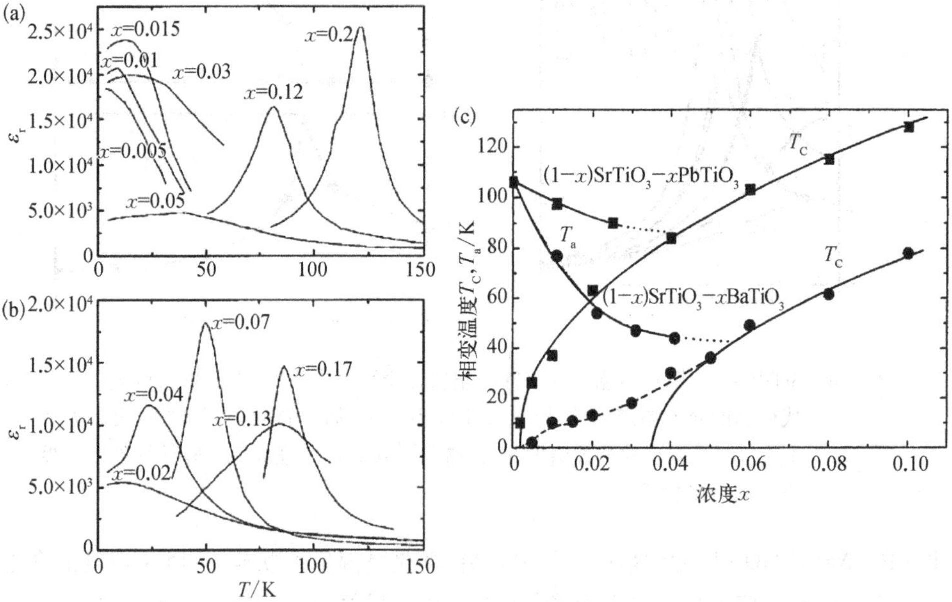

图 6-15　$Sr_{1-x}Ba_xTiO_3$ 固溶体钙钛矿(a)陶瓷样品和(b)单晶样品的介电温谱[529]，(c)$Sr_{1-x}Ba_xTiO_3$ 和 $Sr_{1-x}Pb_xTiO_3$ 固溶体的部分相图[135]。T_C 和 T_a 分别为铁电相变温度和反铁畸相变温度

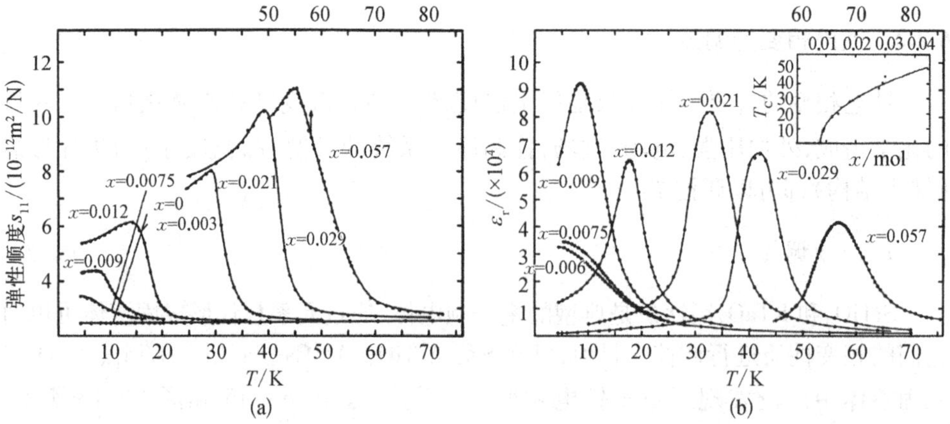

图 6-16　不同温度 $KTa_{1-x}Nb_xO_3$ 的弹性顺度系数 s_{11} 和介电常数 ε_r 实验结果[534]，插图为铁电相变温度 T_C 与浓度 x 的关系，实线为方程 $T_C=276(x-0.008)^{1/2}(x_c=0.008)$ 拟合结果。当 $x>0.05$ 时，$T_C=676x+32$ 线性变化

$BaTiO_3$具有丰富的结构相变。与$BaTiO_3$形成固溶体不仅可以调控铁电相变温度，还可以抑制低温结构相的行为[537-539]。如图6-17所示，添加$SrTiO_3$形成固溶体时不仅立方-四方、四方-正交、正交-三方结构相变温度降低，四方相和正交相的温区还同时变窄，$x<0.2$时$Sr_{1-x}Ba_xTiO_3$只有一个立方-三方相变[135-529]；添加$CaTiO_3$不超过25%摩尔百分比时立方-四方相变温度变化不大，但四方-正交、正交-三方结构相变温度同时降低，超过临界组分后$Ba_{1-x}Ca_xTiO_3$固溶体在居里温度以下只有四方铁电相[540]。与A位离子替代不同，$Ba(Ti_{1-x}M_x)O_3$(M=Zr、Sn、Hf)固溶体的铁电-顺电相变温度随替代量增加单调降低，而四方-正交相变温度和正交-三方相变温度都先增大后减小，超过临界浓度后固溶体只有一个三方铁电相[541]。对于压电效应而言，低温铁电-铁电相变的存在不利于压电性能的温度稳定性，需要抑制它们的存在或者移至工作温度范围外。

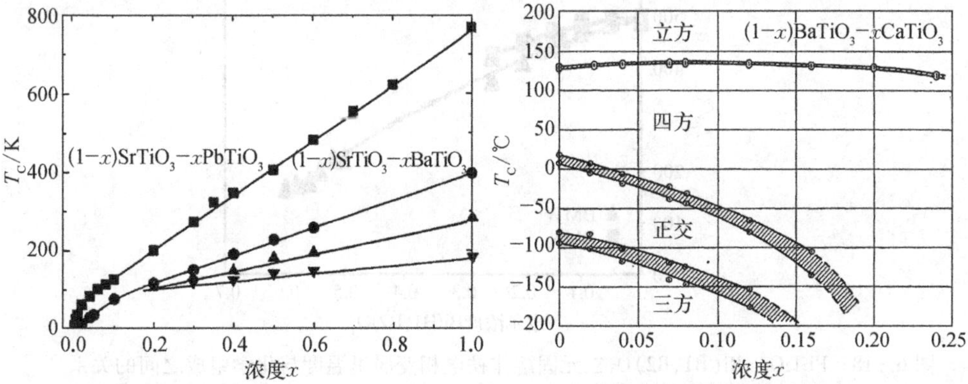

图6-17 $Sr_{1-x}Pb_xTiO_3$、$Sr_{1-x}Ba_xTiO_3$和$Ba_{1-x}Ca_xTiO_3$固溶体钙钛矿的相图[135,540]

$PbTiO_3$可以与许多钙钛矿氧化物形成固溶体。如图6-18所示，$(1-x)PbTiO_3-xBi(B1,B2)O_3$二元固溶体满足$T_C(x)=a+bx+cx^2$二次关系，$b$和$c$是依赖第二组元的常数[61]。第二组元不同$T_C$变化趋势可以分为三类：① $b>0$、$c>0$，T_C单调增加，包括$BiFeO_3$和$Bi(Zn_{1/2}Ti_{1/2})O_3$；② $b>0$、$c<0$且$2|c|>b$，T_C先增加后降低，存在一个极大值，包括$BiScO_3$、$Bi(Zn_{2/3}Nb_{1/3})O_3$、$Bi(Mg_{1/2}Ti_{1/2})O_3$等；③ $b<0$、$c<0$，T_C单调降低，包括$Bi(Mg_{3/4}W_{1/4})O_3$、$Bi(Mg_{2/3}Nb_{1/3})O_3$等。在目前已知的二元固溶体中，只有$BiFeO_3$和$Bi(Zn_{1/2}Ti_{1/2})O_3$两种组元可以单调增大$PbTiO_3$基二元固溶体的铁电相变温度。如图6-17所示，当$PbTiO_3$与$ATiO_3$(A=Ba、Sr、Ca)形成二元固溶体时，铁电相变温度单调降低[60,62,135]。

2. 压强调控

压强是独立于温度、化学组成的热力学变量，它可以显著减小原子间距，改

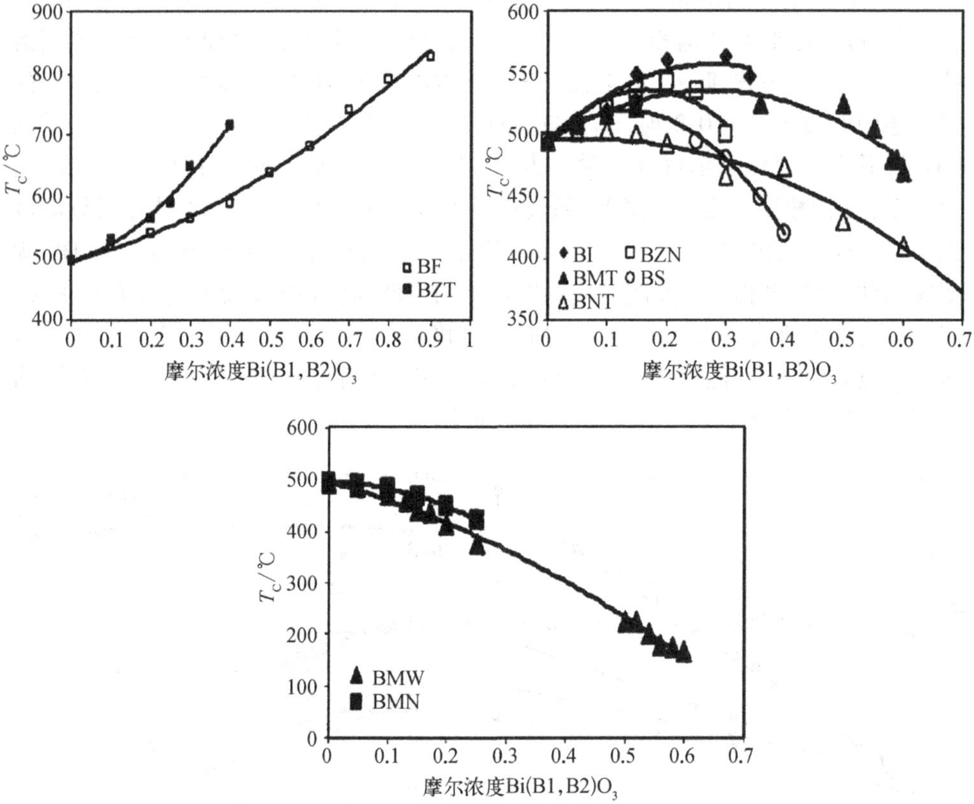

图 6－18　$PbTiO_3$－Bi(B1,B2)O_3二元固溶体铁电相变居里温度与化学组成之间的关系[61]

变原子间的结合与堆积状态,从而调控晶体结构、相变与物理性质。如图 6－19(a)所示,$BaTiO_3$在低静水压下是 $\phi = 1$ 的正常铁电体,在 4~7 GPa 高静水压下转变为 $\phi = 2$ 的量子铁电体[388]。采用第一性原理有效哈密顿计算 $BaTiO_3$的压强-温度相图。如图 6－19(b)所示,只有当包含量子零点涨落时,$BaTiO_3$的四方、正交和三方铁电相直到 0 K 都存在;否则仅仅三方铁电相是低温稳定相[542]。由此可见,热涨落与量子零点涨落在结构相变过程中的作用是等价的,量子零点涨落逐步取代热涨落主导了 $BaTiO_3$晶体在低温高压下的结构相变行为。理论计算发现在 200 K 温度量子零点涨落已与热涨落协同作用控制 $BaTiO_3$的高压相变行为。

与钛酸钡不同,理论计算发现外加压强增大了 $SrTiO_3$的反铁畸失稳、抑制了铁电失稳[543];实验发现 $SrTi^{18}O_3$的量子铁电性在高压下受到抑制: $T_C = A(1 - P/P_c)^{1/2}$($A = 23.9$ K、$P_c = 0.69$ kbar)[544]。广泛研究表明,外加压强和电场都能够抑制量子涨落与量子相变[130,544-546]。与静水压的压缩效应相反,在

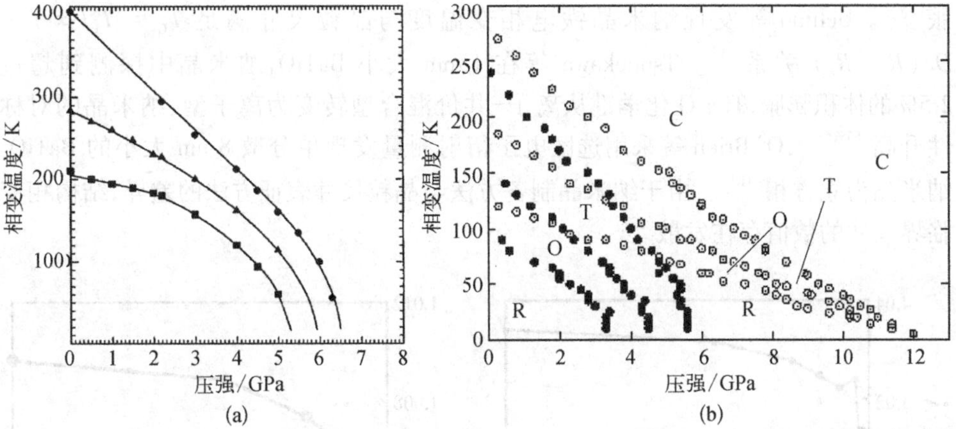

图 6-19 $BaTiO_3$钙钛矿的压强(P)-温度(T)相图:(a)实验结果和(b)理论计算结果[388,542]

$Sr_{1-x}A_xTiO_3$($A=Ba$、Pb)固溶体中化学压表现为伸张效应[277,540],随替代量增加反铁畸相变温度降低,在临界组分以上产生了量子铁电性、铁电相变温度随 x 增大升高[135,532,547,548]。

与静水压降低铁电相变温度相反,如图 6-20 所示,静水压提高了反铁电 $PbZrO_3$的相变温度[549]。在 6.4 kbar 临界点前后,相变温度随压强变化的系数分别为 4.1℃/kbar 和 1.1℃/kbar。采用较小离子半径的 Ti、Sn、Nb 等元素替代 Zr,化学压在降低 $PbZrO_3$ 反铁电相变温度的同时也诱导了新的反铁电相和铁电相,降低了场致反铁电-铁电相变的临界电场强度[433,550]。

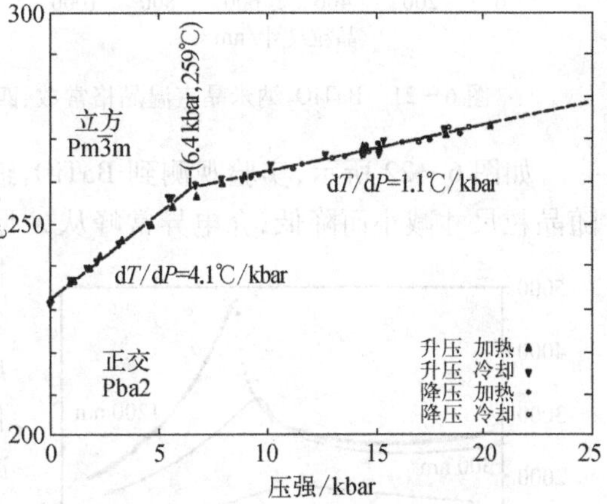

图 6-20 $PbZrO_3$的压强-温度相图[549]

3. 有限尺寸效应

钙钛矿氧化物的铁电失稳源于原子系统长程库仑吸引与短程静电排斥、部分共价结合之间的平衡[77,79,80]。长程库仑作用的相干长度在平行极轴方向为 10~50 nm、在垂直极轴方向为 1~2 nm[74]。当原子系统某一维度与相干长度可比时,长程库仑作用的减弱将驱动原子系统趋向新的平衡态,随尺寸减小铁电相变温度降低,在临界尺寸以下铁电性消失[551-554]。

对于 $BaTiO_3$纳米晶,如图 6-21 所示,随晶粒尺寸减小四方畸变降低,在临界尺寸以下钛酸钡发生四方-立方结构相变,纳米晶的原胞体积随晶粒减小反常膨胀[552]。Uchino 等发现纳米晶铁电相变温度与晶粒尺寸满足 $T_C = T_C(\infty) - D/(R - R_c)$ 关系[71]。Tsunekawa 等在 15nm 大小 $BaTiO_3$ 纳米晶中探测到超过 2.5%的体积膨胀，Ti－O 化学键从离子-共价混合型转变为离子型、纳米晶的对称性升高[555,556]，O' Brien 等采用选区电子衍射测量发现单分散 8 nm 大小的 $BaTiO_3$ 纳米晶为立方相[410]。由于纳米晶制备方法与晶粒尺寸表征方法的差异，结构相变临界尺寸的数值存在发散[557]。

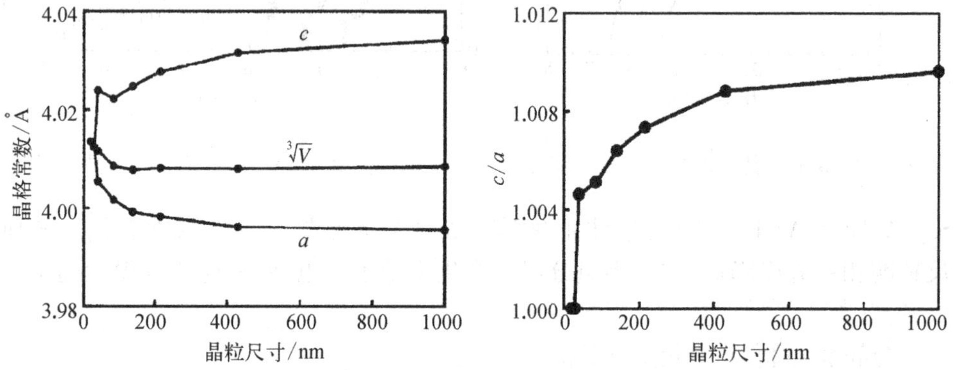

图 6－21　$BaTiO_3$ 纳米晶室温晶格常数、四方结构畸变与晶粒尺寸的关系[552]

如图 6－22 所示，实验观测到 $BaTiO_3$ 细晶陶瓷的介电常数和铁电相变温度随晶粒尺寸减小而降低，介电异常峰从 λ 形变得弥散，这一现象可归结于电畴结构的晶粒尺寸效应——畴尺寸减小与多畴-单畴转变[72,73,558-560]。在亚微米尺度，$BaTiO_3$ 陶瓷的介电常数、饱和极化强度和剩余极化强度都随晶粒尺寸减小而单调下降[74,558]。对于晶粒尺寸 2～10 μm 的 $PbZr_{0.415}Ti_{0.585}O_3$ 铁电陶瓷，晶粒尺寸减小矫顽场增大，自发极化强度、压电系数和介电常数都减小[378,379]。

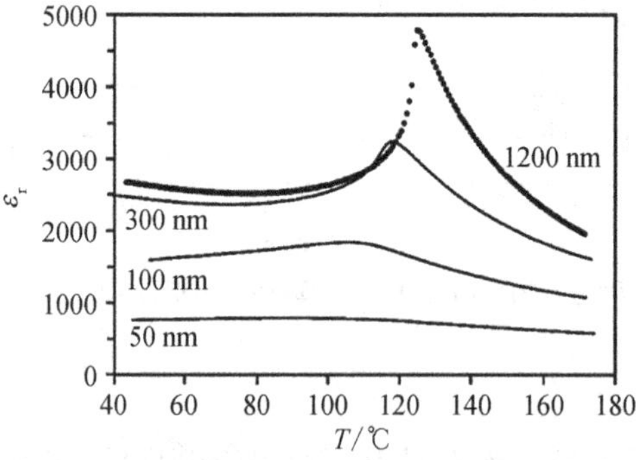

图 6－22　不同晶粒尺寸 $BaTiO_3$ 陶瓷的介电温谱实验结果[72]

在 $PbTiO_3$ 纳米晶中也观测到类似的晶粒尺寸驱动的铁电极化降低、铁弹畸变减小、四方-立方结构相变等现象[554]。在钛酸锶纳米晶中，实验观察到低温饱和介电常数减小、软模频率增大，这是因为晶粒尺寸减小导致量子涨落效应增强[561,562]。在钛酸锶钡薄膜中，同样观察到薄膜厚度、晶粒形貌与尺寸对介电常数存在显著影响[563,564]。

6.3 铁电相变的微观图像

在量子力学框架下,从方程(2-1)和方程(2-2)可知,涨落完全可用钙钛矿原胞的约合质量进行描述,它与点群对称性无关,而铁电序参量与原子系统的电磁相互作用、原子的空间几何构型以及点群对称性密切相关。铁电相变的微观机制研究在于揭示原子系统在热力学边界条件下的堆积状态及其演化规律,建立宏观物性参数与化学组成、几何结构参数之间的关系。此时,铁电相变何时发生、铁电极化何时呈展的问题由此转化为确定铁电活性离子产生非零位移的化学组成与热力学临界条件的关系问题,铁性结构畸变和声子模软化都是原子密堆系统的动力学性质。

6.3.1 晶格软模

20 世纪 60 年代,Ginzburg、Anderson 和 Cochran 基于晶格动力学一般理论相互独立地提出了铁电软模理论。在钙钛矿氧化物中,铁电-顺电结构相变与最低频率的横光学声子模——软模的动力学行为密切相关[565,566]。长程库仑引力与短程回复力间的竞争结果使得软模频率减小(软化)、晶格振动失稳,从而发生结构相变。晶格动力学理论把对铁电活性离子位移的关注转移到了对软模的关注,对晶格声子谱的完整分析可以获得与实验数据直接比较的结果。由于软模是原子密堆系统的一种集体行为,因此,铁电结构相变是原子系统的一种集体效应。

钙钛矿氧化物的铁电软模是波矢位于布里渊区中心的最低频横光学声子模。在位移型铁电体 $PbTiO_3$ 中,立方相软模是频率最低的 T_{1u}(TO)模,它的冻结产生铁电性;四方相软模是最低频率的 E(1TO)和 A_1(1TO)模,它们的冻结导致铁电性消失[118,567]。图 6-23 所示为 $PbTiO_3$-$BaTiO_3$ 固溶体钙钛矿的晶格常数和拉曼散射声子谱实验测量结果。由此可见,化学组成和温度变化都导致 E(1TO)软模频率减小。

从晶格动力学理论可知,离子晶体中存在 LST 关系[563]:

$$\frac{\varepsilon(0)}{\varepsilon(\infty)} = \prod_{j}^{N} \frac{\omega_{\mathrm{LO}j}^2}{\omega_{\mathrm{TO}j}^2}$$

由 LST 关系出发可以写出一般形式的复介电常数

$$\varepsilon^*(\omega) = \varepsilon(\infty) \prod_{j}^{N} \frac{\omega_{\mathrm{LO}j}^2 - \omega^2 + \mathrm{i}\omega\gamma_{\mathrm{LO}j}}{\omega_{\mathrm{TO}j}^2 - \omega^2 + \mathrm{i}\omega\gamma_{\mathrm{TO}j}}$$

式中,$\omega_{\mathrm{TO}j}$ 和 $\omega_{\mathrm{LO}j}$ 分别表示第 j 支横光学声子和纵光学声子的频率;$\gamma_{\mathrm{TO}j}$ 和 $\gamma_{\mathrm{LO}j}$ 表示

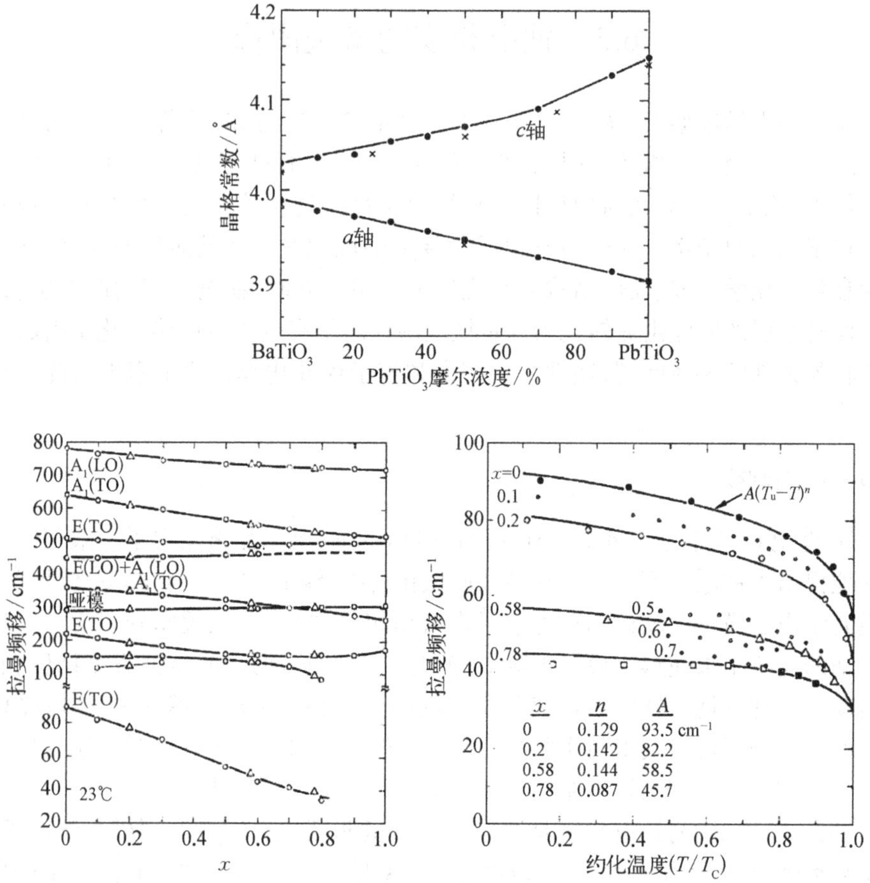

图 6－23　$PbTiO_3-xBaTiO_3$固溶体的室温(a) 晶格常数、(b) 拉曼声子模以及(c) 不同组分软模声子的温度谱[567]

相应的阻尼系数[568]。LST 关系建立了静态介电常数 $\varepsilon(0)$、高频介电常数 $\varepsilon(\infty)$ 与横光学声子(ω_{TO})、纵光学声子(ω_{LO})频率之间的联系，可用于拟合红外光谱实验结果。在 $PbTiO_3$、$SrTiO_3$、$KNbO_3$、$KTaO_3$等钙钛矿中已证明 LST 关系成立，相变时介电常数的异常变化与软模行为直接相关[118,563,567,569]。当温度趋近 T_C时，$PbTiO_3$四方铁电相 c 轴方向的介电常数 ε_c 主要由 A_1(1TO)软模决定、垂直 c 轴的介电常数 ε_a主要由 E(1TO)软模决定[118,567]。由于 LST 关系建立了钙钛矿晶体介电性质与软模之间的关联，因此，居里-外斯定律 $\varepsilon = C(T-T_C)^{-\gamma}$ 可以自然地退化到软模理论。当温度趋近临界点时，软模频率随温度的变化规律为：$\omega_{TO}^2 = A(T-T_C)^{\gamma'}$，$T > T_C$ 时常数 A 为正，$T < T_C$ 时常数 A 为负，经典相变 $\gamma' = 1$、量子极限 $\gamma' = 2$，当 $T_C \to 0$ K 时 $\gamma' = 0$。在 $PbTiO_3$铁电相中，实验还发

现 A_1(1TO) 软模声子频率与自发极化强度、四方轴比存在 $\omega^2(A_1(1TO)) \propto P_s^2 \propto (c/a-1)$ 正比关系[118]。

波矢 $\boldsymbol{q} \neq 0$ 的光学声子软模产生单纯的铁弹相变。如图 6-24 所示，$SrTiO_3$ 和 $LaAlO_3$ 铁弹相变的软模是位于布里渊区边界的声子模[570,571]。氧八面体旋转角正比于氧离子的位移，$SrTiO_3$ 在 105 K 温度发生立方-四方反铁畸相变、氧八面体绕赝立方[001]轴旋转，而 $LaAlO_3$ 绕赝立方[111]轴旋转。氧八面体旋转角是铁弹序参量，它们随温度变化的关系见图 6-25。

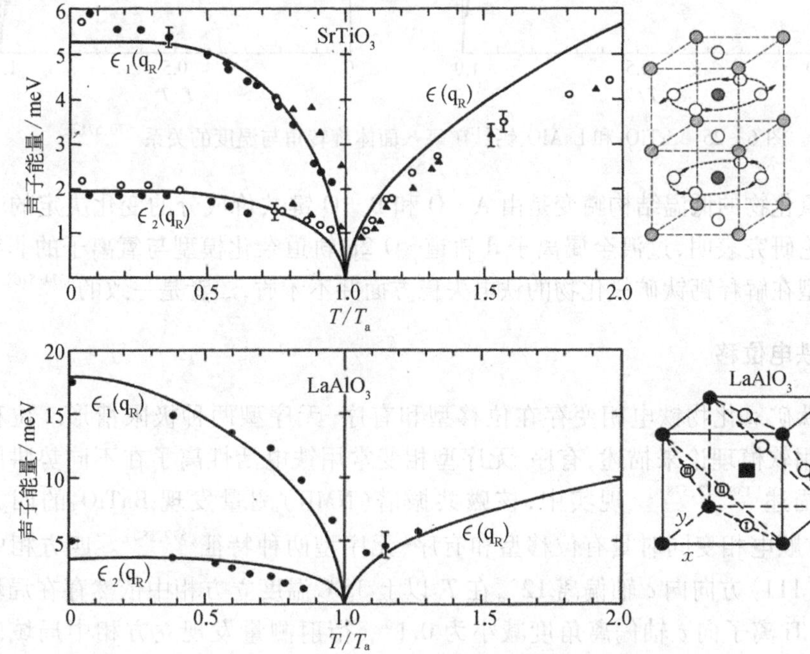

图 6-24 $SrTiO_3$ 和 $LaAlO_3$ 晶体的软模声子温度谱及其铁弹相变时的离子位移方向[570]

在 $BaTiO_3$ 四方铁电相中，E(1TO) 软模是过阻尼而 A_1(1TO) 软模是欠阻尼，二者都混有一定程度的无序特征。由于软模具有较大的阻尼系数，采用频域拉曼散射光谱很难探测这些软模。飞秒时域光散射技术虽然比频域光谱技术能够更加准确地测量软模频率，然而，由 LST 关系计算的静态介电常数在数量上依然与实验结果不一致[118,567,569]。上述事实说明，晶格子系统对介电常数的贡献只是一部分，还必须包含电子子系统的贡献。第一性原理理论计算发现 $BaTiO_3$ 中 Ti－O 键的共价成分对离子位移非常敏感，$PbTiO_3$ 中 Ti－O 与 Pb－O 键的共价成分都对离子位移敏感[572,573]。通过对比计算 $BaTiO_3$、$PbTiO_3$ 和 $PbZrO_3$ 的声子色散谱，Ghosez 等发现

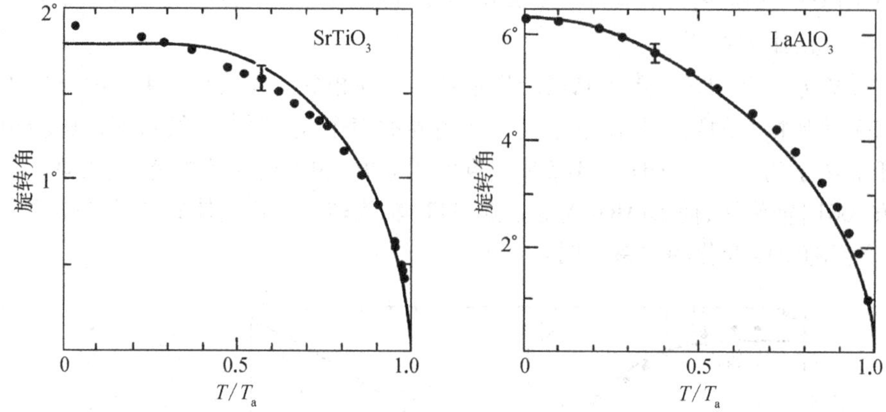

图 6-25　$SrTiO_3$和 $LaAlO_3$钙钛矿氧八面体旋转角与温度的关系[570,571]

钙钛矿氧化物的低温结构畸变是由 A-O 和 B-O 键共价成分的变化决定的[573]。现有理论研究表明,过渡金属离子 d 轨道-O 2p 轨道杂化模型与氧离子的非线性极化模型在解释钙钛矿氧化物的铁电失稳方面并不矛盾,二者是一致的[574-576]。

6.3.2　铁电位移

钙钛矿氧化物铁电相变存在位移型和有序-无序型两种极限情形。位移型相变多用软模理论来描述,有序-无序型相变常用铁电活性离子在不同势阱间的分布来描述[138,577,578]。现实中,核磁共振谱(NMR)测量发现 $BaTiO_3$的四方铁电-立方顺电相变同时具有位移型和有序-无序型两种特征[579,580]。四方相中 Ti 离子从〈111〉方向向 c 轴偏离 12°,在 T_C以上 35℃温度立方相中依然存在局域四方畸变,Ti 离子向 c 轴偏离角度减小为 0.1°。衍射测量发现立方相中局域四方位移是无序分布的,不存在长程相干作用。在 $BaTiO_3$的所有相中,X 射线吸收精细结构谱(XAFS)测量都观测到 Ti 离子沿立方晶格〈111〉方向产生偏离氧八面体对称中心的位移,差别只是立方相中无长程有序[581,582]。例如,$BaTiO_3$在750 K 温度时钛离子偏离氧八面体对称中心的位移量为 0.16 Å,在 35 K 温度钛离子位移量增大到0.19 Å。在立方-四方相变临界点,离子位移间的长程相干作用足以克服热涨落,离子位移与四方铁弹畸变间的耦合导致 Ti 离子的位移方向向 c 轴偏移;当温度低于 T_C时,铁弹畸变增大,势阱偏离〈111〉方向的角度和深度增大,导致铁电位移量增大[569]。皮秒软 X 射线激光光斑技术测试发现钛酸钡在 T_C以上温度存在微观尺度的动态极化团簇,它提供了不同原胞电偶极子存在空间涨落的直接证据[583]。动态极化团簇的发现还为理解弛豫铁电体和量子顺电体的相变过程提供了一种直观的微观图像。在 $PbTiO_3$、$KTa_{0.91}Nb_{0.09}O_3$、$NaTaO_3$、

$Na_{0.82}K_{0.18}TaO_3$、$PbZrO_3$等钙钛矿氧化物的（反）铁电相变过程中，XAFS 测量也观测到了类似 $BaTiO_3$晶体的局域三方畸变[584]。

值得注意的是，XAFS、拉曼散射谱与 NMR 三种技术的差别在于它们所探测物理过程的时间、空间尺度不同。XAFS 属于快速测量、时间短于 10^{-15}秒量级，拉曼激发的寿命在 10^{-9} 秒量级，NMR 则是低于 10^{-8}秒量级的平均结果。如果把 XAFS 测量看作静态的话，那么 NMR、拉曼散射、X 射线衍射测量的都是动态平均结果。XAFS 属于亚埃尺度局域结构测量，与晶体是否存在长程有序无关。假设钛离子在不同势阱间跳跃的时间介于拉曼散射、NMR 与 XAFS 寿命之间的话，那么不同势阱间的快速跳跃既解释了在 XAFS 实验中观测到的有序-无序特征，又不与长时间、大空间尺度的平均结果相矛盾[582,585]。

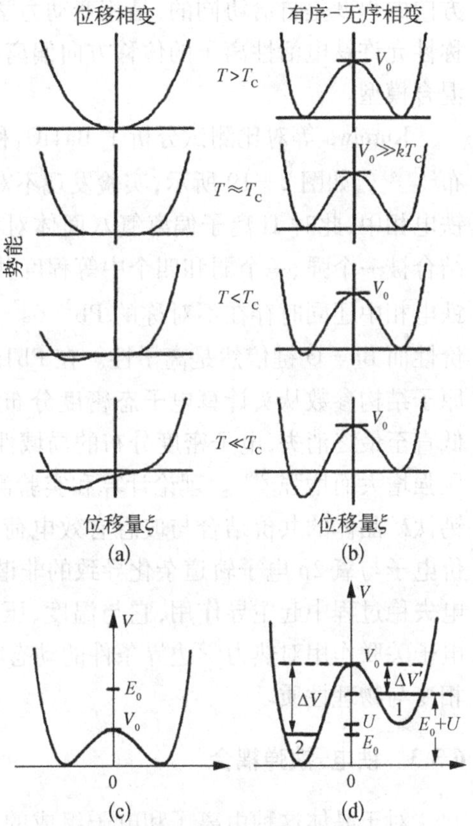

图 6-26 铁电相变模型[569]：(a) 位移型相变，在 T_C以下温度离子位移产生单势阱，势阱的深度和位置对应于晶格软模的振幅和频率。(b) 有序-无序型相变，势垒高度 $V_0 \gg k_B T_C$，T_C以上温度势阱深度相等、B 位离子等概率占据各个势阱，T_C以下温度选择性占据深势阱、铁电序出现。当 V_0远低于 $k_B T_C$或者量子零点涨落时离子将出现铁电位移。(c) 量子顺电体，由于势垒高度低于量子零点振动能 $V_0<E_0$，虽然 B 位离子存在无序分布，但离子运动是简谐振动、晶格动力学具有软模行为。(d) 位移型与有序-无序型混合型，由于 $V_0 \gg E_0$，B 位离子在不同深度势阱间存在热激发跳跃，铁电极化存在有序-无序特征，其动力学行为由弛豫软模描述

根据原子位移和势阱深度之间的关系，如图 6-26 所示，铁电相变存在位移型、有序-无序型、量子顺电体以及位移型与有序-无序型的混合型四种类型[580]。在低温、高压条件下经典铁电体可以转变为量子顺电体，相变性质由经典统计力学转变为量子统计力学控制。在大气环境中，钙钛矿氧化物通常为位移型与有序-无序型的混合型，随化学组成不同二者比例不同。

X 射线粉末衍射测量并结合 Rietveld 结构精修与最大熵方法可以获得钙钛矿氧化物的原子位置与电子态密度分布。例如，对 $PbTiO_3$和 $BaTiO_3$在室温高压下的电子态密度分布进行测量与计算，实验发现 $PbTiO_3$和 $BaTiO_3$四方铁电相中的 Ti 离子存在两个可能的位置，这与双势阱

位移模型的时间和空间统计平均结果一致[586]。在临界温度以下，铁弹畸变导致不同方向势阱深度不对称并向极轴方向偏转，铁弹应变的大小与势阱位置偏离〈111〉方向的程度是自洽协同的，是相变动力学过程的一体两面。理论上，晶格的点群对称性允许铁电活性离子的位移方向偏离旋转轴，支持图 6 - 26(d)所示铁电相变的混合模型。

Kuroiwa 等对比测试分析了 $BaTiO_3$ 和 $PbTiO_3$ 不同结构相的电子态密度空间分布[77,78]。如图 2 - 19 所示，实验发现不对称的 Ti^{4+} $3d^0$ − O^{2-} $2p^6$ 轨道杂化只存在于铁电相中，此时 Ti 离子偏离氧八面体对称中心位置，与六个近邻氧离子的弱共价结合被一个强、一个弱和四个中等程度共价结合代替。与 $BaTiO_3$ 不同，$PbTiO_3$ 四方铁电相中还同时存在不对称的 Pb^{2+} $6s^2$ − O^{2-} $2p^6$ 轨道杂化。Pb − O 键具有部分共价性而 Ba − O 键依然是离子性。在 $PbTiO_3$ 和 $BaTiO_3$ 高压立方顺电相中，采用实验原子结构参数从头计算电子态密度分布，随压强增大 Ti − O 键的轨道杂化逐渐降低直至最终消失，电子密度分布的局域性越来越强，也就是说 Ti − O 键的离子性随压强增大而增强[586]。理论计算和实验测量都表明空间中心反演对称破缺增强了钙钛矿晶体的共价结合与玻恩有效电荷，软模的动力学行为反映了过渡金属离子价电子与氧 2p 电子轨道杂化导致的非谐作用。由此可见，价电子的关联作用在铁电失稳过程中起主导作用，它与温度、压强、化学组成等条件密切相关——正是价电子关联作用对热力学边界条件的动态响应使得钙钛矿氧化物呈现出丰富的结构相变与物理性质。

6.3.3　铁电−铁弹耦合

对于晶体这种由离子和电子组成的多体系统，第一性原理从头计算是以密度泛函理论为基础、只借助基本常量和某些合理的近似进行的计算，通过求解系统总能量与原子几何排列构型的关系来确定系统的状态。在密度泛函理论中，系统的很多特性由电荷密度给出[587,588]。局域密度近似(LDA)以局域电荷密度为基础构造交换关联势，广义梯度近似(GGA)包含了局域密度中的梯度效应。通过对 $BaTiO_3$、$PbTiO_3$、$KNbO_3$ 等钙铁矿氧化物的电子态密度、声子谱、铁电极化等进行理论计算，在电子和原子水平上对铁电性有了全新的认识。

铁电体的许多特性对体积(压力)非常敏感，微小的体积偏差就可能导致错误的仿真结果。LDA 得到的晶胞体积通常小于实验值。尽管差别只有 1%左右，但这种差别已显著降低甚至抑制了铁电性的产生。Singh 和 Boyer 应用实验晶格常数计算表明 $KNbO_3$ 具有弱铁电性，但应用理论晶格常数计算时立方结构是稳定的。显然，采用实验晶格常数与第一性原理的仿真要求不完全一致。加权密度近似(WDA)能够给出较好的晶格常数与自由能计算结果，有望不依赖实验参数对铁电晶体进行更准确的仿真[589]。

理论计算表明，钛酸钡和钛酸锶的不同结构相变行为是一种体积效应。在 $BaTiO_3$立方晶格中，Ti－O 离子的实际间距大于它们的平衡间距，钛离子向氧离子移动在减小自由能的同时使得氧八面体发生畸变；与四方和正交畸变相比，氧八面体的三方局域畸变具有最小的自由能。晶格畸变改变了 B 位过渡金属离子与氧离子的轨道杂化状态，导致价电子由氧离子向过渡金属离子转移。由于 $SrTiO_3$的原胞体积小于 $BaTiO_3$，钛离子在氧八面体间隙的自由空间较小，热涨落使得 $SrTiO_3$在较低温度就平均为中心对称结构。局域中心反演对称破缺弛豫了钙钛矿晶体的拉曼选择定则，在 $BaTiO_3$和 $SrTiO_3$立方晶格中都存在拉曼活性声子模。X 射线衍射测试也发现 Ba^{2+}、Ti^{4+}和 O^{2-}并未形成完全密堆的钙钛矿结构，确实留下一些钛离子可以自由运动的空间。

Cohen 等系统研究了钛酸钡、钛酸铅的自由能与晶胞体积、铁弹应变之间的关系[79,80]。如图 2－21 所示，钙钛矿氧化物 B 位离子偏离对称中心位置的势阱深度随晶胞体积减小变浅。这与钛酸钡和钛酸铅铁电相变温度随压强增大而降低的实验结果一致。铁弹畸变对原子系统的自由能以及不同方向势阱深度的影响与化学组成和晶胞体积密切相关。理论计算表明 1%的四方晶格畸变使得钛酸钡的基态依然保持在三方相，但 6%的畸变却使得钛酸铅的基态稳定在四方相[79,80,590]。

铁弹应变与铁电位移之间的耦合不仅是铁电体具有压电效应的物理起源，也是 $BaTiO_3$和 $KNbO_3$呈现系列结构相变的关键因素。如果没有铁弹畸变，理论计算表明 $BaTiO_3$和 $KNbO_3$只存在立方顺电-三方铁电结构相变，这显然与实验结果大相径庭。实验测量和理论计算都表明 $PbTiO_3$基固溶体钙钛矿四方铁弹畸变大小与 B 位离子偏离对称中心的位移量强烈相关，A 位离子偏离对称中心也增大了铁弹畸变[75,122]。

对电子态密度计算分析后发现，钙钛矿氧化物的铁电失稳源于长程库仑引力与短程排斥力之间的精确平衡，前者倾向于钙钛矿结构产生低对称的铁电畸变，后者倾向于高对称的立方结构。在 $BaTiO_3$和 $PbTiO_3$中，Ti－O 离子间的轨道杂化是铁电失稳的必要条件——共价结合软化了离子间的静电排斥力，促使铁电活性离子偏离对称中心位置产生铁电极化[79-81]。钙钛矿氧化物在铁电相变临界点晶胞体积存在一个突变，相变前后不仅热膨胀系数的数值会发生变化，有时热膨胀系数的符号也发生变化。晶胞体积突变是化学键的突变——共价成分突增的结果[77]。第一性原理理论计算仅仅揭示了相互作用驱动离子的偏移趋势，并未回答在什么样的临界条件下产生铁电位移。这种局面是由理论计算还停留在处理基态问题的能力造成的。

6.3.4 铁电失稳

铁电物理的一个经典问题是钙钛矿氧化物铁电性的起源问题。1950 年,Slater 在研究钛酸钡介电性质时曾经提出一个拨浪离子模型[138],主要思想源于 $BaTiO_3$ 中 Ti 离子体积小于氧八面体笼隙体积,在库仑力驱动下 Ti 离子沿某些特定方向偏离氧八面体的对称中心位置,由此产生的离子位移极化和离子非线性极化是铁电相变临界点附近介电常数异常增大的微观机制[123,577,578]。计算表明极化率随温度的变化源于 Ti 离子偏离对称中心位置,在 Lorentz 修正场中势能项需要包含离子位移的二次项;与此同时,离子位移极化与原胞体积的弹性畸变之间存在耦合,该机-电耦合作用正是铁电体具有压电效应的物理基础,也是 $BaTiO_3$ 和 $KNbO_3$ 随温度变化呈现立方-四方-正交-三方结构相变次序的物理基础[577,578,585]。电子能带结构和态密度分布计算表明,经典 Clausius – Mossotti 模型中描述离子非线性极化的 Lorentz 局域场修正源于非中心对称的离子位移,源于部分 B – O 离子间轨道杂化增强[502,586,591]。

很长一段时间里,铁电失稳机制探索被导向了“为什么钙钛矿氧化物铁电体 B 位离子需要具有 d^0 电子组态”。许多钙钛矿铁电体确实包含 Ti^{4+}、Zr^{4+}、Nb^{5+}、Ta^{5+}、Sc^{3+} 等 d^0 电子组态过渡金属离子。然而,包含 d^0 过渡金属离子的铁电体仅是钙钛矿氧化物中的一小部分:一方面,并不是所有 B 位离子具有 d^0 电子组态的钙钛矿氧化物都是铁电体,$CaTiO_3$、$SrTiO_3$、$SrZrO_3$、$BaZrO_3$ 就不是铁电体;另一方面,如图 2 – 11 至图 2 – 13 所示,以 $\mu \times r_A / r_B$ 作为系综描述符,小数据挖掘发现钙钛矿氧化物的铁电相变温度与 B 位离子的 d 电子组态毫无关系,正如第一性原理计算揭示的那样,轨道杂化是价电子的行为,不是内层 d 电子的行为。在图 2 – 18 所示的铁电失稳模型中,钙钛矿原子密堆系统的体积失配对 B 位阳离子的 d 电子组态并无特殊要求。只要存在体积失配 B 位阳离子就会偏离八面体笼隙对称中心位置,当只有当偏离对称中心的位移量足以克服涨落时离子位移将被永久冻结,钙钛矿氧化物发生结构相变进入铁电相;在临界点以下,铁电位移、铁弹畸变与轨道杂化是钙钛矿原子密堆系统自由能降低三位一体相互耦合的自洽过程[543,591],铁电活性离子的位移方向与铁弹畸变原胞伸长方向一致,弹性应变正比于极化强度的平方[138]。

基于对钙钛矿氧化物铁电相变温度与铁电序的数据挖掘结果,铁电性起源于 B 位离子偏离氧八面体的对称中心位置且不同原胞间的离子位移存在长程相干耦合,结构失稳产生的必要条件是 B 位离子体积小于氧八面体的间隙体积。压缩晶胞体积能够抑制铁电失稳、提高铁弹失稳[543],扩张晶胞体积能够增强铁电失稳、提高铁电相变居里温度[529]。如方程(2 – 1)哈密顿量所示,氧八面体的间隙体积是由原子系统的动能项、势能项和电子关联项综合决定的,并受温度、压强等热力学边界条件的影响。如果B位离子体积与氧八面体间隙体积失配度较小,B位离子偏离对称中心位置产生的势阱深度小于离子的涨落,晶体虽然已经局域空间中心反演对称破缺但不足以产生铁电序。在钙钛矿结构中,B位离子沿三重旋转轴偏移时接触势能最大、自由能最小、原子系统最稳定,这是钙钛矿氧化物八势阱有序-无序模型的原子位像物理基础。在临界点附近,与铁电位移相伴的铁弹应变将破坏八势阱的对称性,使得B位离子占位产生选择性——铁弹应变越大铁电位移量越大、离子在不同势阱间的跳跃概率越小、离子偏离对角线的方向越大,铁电序的有序-无序机制将让位于位移机制。第一性原理仿真计算发现钛酸钡的结构相变介于有序-无序型与位移型的过渡态[592]。

6.3.5 极性纳米微区

在图2-18所示的体积失配模型中,氧八面体间隙大小与B位离子的体积失配是由化学组成与热力学边界条件共同决定的,空间中心反演对称破缺的临界条件随化学组成不同而相应改变。晶粒尺寸效应表明电偶极子的长程相干长度在纳米量级,因此,极性纳米微区(PNR)是复杂钙钛矿、固溶体钙钛矿铁电体中化学元素不均匀分布的一个自然反应,源于不同微区具有不同的化学组成及其相应的空间中心反演对称破缺临界条件[583]。例如,在钛酸铋钠(NBT)弛豫铁电体中,由于Bi^{3+}离子和Na^{+}离子随机分布,钙钛矿的整体平均结构与局域结构存在显著差异[593]。介电温谱测量观察到两个介电异常,一个是在200℃附近具有强烈频率依赖的弛豫峰,另一个是在320~340℃范围宽化的介电峰;在升温过程中电滞回线从正常的矩形变为束腰形。目前,广泛接受的观点是NBT的宏观相变序列是三方相-四方相-立方相,在顺电相与铁电相之间存在四方反铁电相;少数观点认为束腰电滞回线是铁电极性微区与反铁电极性微区共存的结果。NBT基固溶体中存在与NBT相似的结构特征与介电、铁电异常,$(Na_{0.5}Bi_{0.5})TiO_3-SrTiO_3$(NBT-ST)是一个典型例子[174]。如图6-27所示,Sr离子进一步增强了A位离子的紊乱分布,扩展了铁电与反铁电极性微区的共存温度范围。

介电和铁电性质都是原子系统对外电场的动力学响应行为,是不同电场强度与频率的函数,原子的堆积状态是原子系统动力学响应的基础。不同极性纳米微区共存与演化图像可以很好地描述图6-27所示介电温谱的异常与电滞回线的形态变化。

6.4 铁电材料的性能与应用

铁电材料的技术应用与铁电极化在不同外场激励下的响应能力紧密相关。例

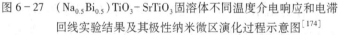

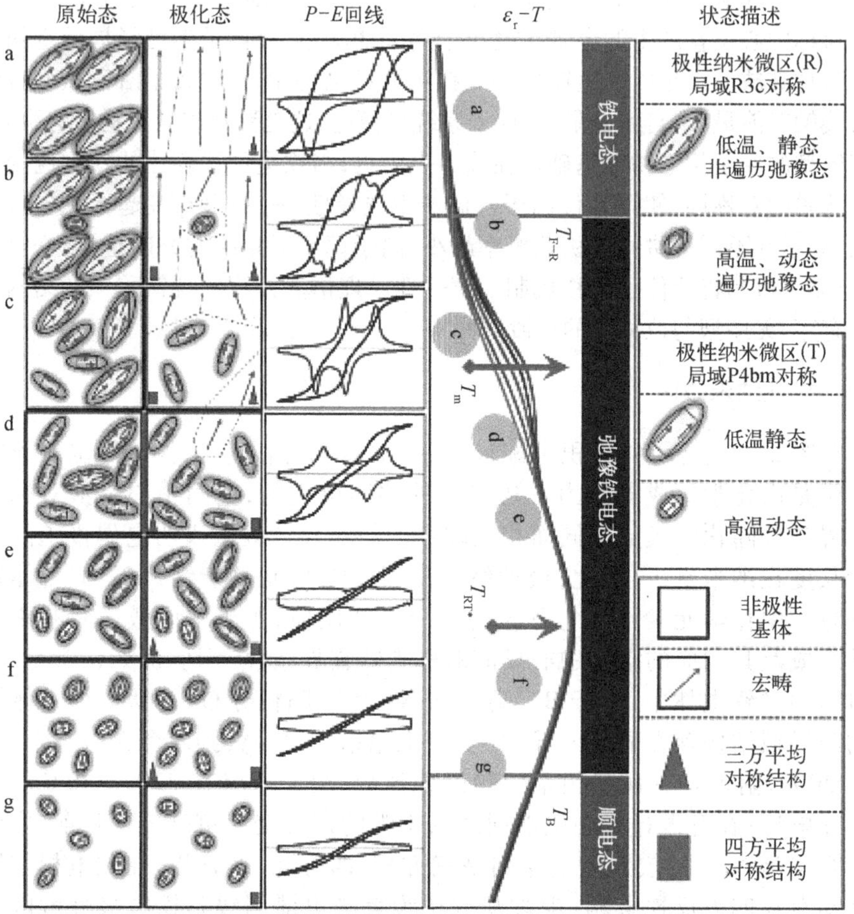

图 6－27　$(Na_{0.5}Bi_{0.5})TiO_3-SrTiO_3$ 固溶体不同温度介电响应和电滞回线实验结果及其极性纳米微区演化过程示意图[174]

如，铁电极化在直流电场下可以反转，利用铁电极化的开关性质可以制作非挥发性存储器。铁电陶瓷在弱交变电场下具有大介电常数，可用于制作小型电容器或多层电容器[594]；铁电陶瓷的介电常数在偏置场作用下可调，可用于制作微波移相器[595]。铁电陶瓷极化后具有压电效应，可用于制作换能器、传感器、作动器等多种功能器件。铁电陶瓷半导化后在居里温度附近电阻具有非线性正温度系数（PTCR 效应），可用于制作 PTC 电热调节器等热敏元件。热释电效应可用于制作非制冷红外探测器、非制冷红外热像仪。铁电晶体具有电光效应，可用于制作防闪盲护目镜、光学显示器、光学调制器。铁电晶体还具有非线性光学效应，可用于制作激光变频、光学非线性振荡等光学元件。随着铁电材料研究的扩展与深入，更多的性能将得到开发与应用。本节简要介绍铁电陶瓷在陶瓷介质、PTC 热敏电阻和微波介质方面的一些进展。

6.4.1 陶瓷介质

用作电容器介质的陶瓷统称为陶瓷介质。表 6－1 给出了电子工业联合会产品目录 II 不同类电容器的工作温度范围及其电容量的稳定性级别[596]。例如，X7R 型电容器要求在-55~125℃温度范围内电容量的变化率不超过±15%。与其他电介质材料相比，钙钛矿氧化物陶瓷的显著特点是高介电常数、介电常数的温度系数可变，特别是铁电陶瓷的介电常数能随电场强度变化，可制作非线性电容器，原料丰富、成本低、易大量生产，通过改变成分能够调控机械、热、绝缘、抗老化等综合性能以满足不同的应用需求[597]。例如，通过 Co、Nb 等元素掺杂，形成核-壳结构晶粒可以宽化 $BaTiO_3$ 铁电相变介电峰；改变 $BaTiO_3$ 的化学组成可以把工作温度上限扩展到 X9R 型电容器的 175℃；通过调控表面层、晶界层、致密度等显微结构还能够对电容量、耐压强度等性能进行调控。

表 6－1 不同类型电容器的技术指标[596]

第一个字母		数字		第二个字母	
符号	低温限/℃	符号	高温限/℃	符号	电容量最大变化率/%
Z	+10	4	+65	A	±1.0
Y	-30	5	+85	B	±1.5
X	-55	6	+105	C	±2.2
		7	+125	D	±3.3
		8	+150	E	±4.7
		9	+175	F	±7.5
				P	±10.0
				R	±15.0
				S	±22.0

1. 低介电瓷

介电常数(ε_r)低、介电损耗角正切($\tan\delta$)小、温度系数(TC_ε)小的陶瓷介质适合制作高频电容器，满足现代通信系统对频率稳定性的要求。钙钛矿低介电瓷温度系数为正的有：$CaZrO_3$，$\varepsilon_r=28$、$TC_\varepsilon=65\times10^{-6}℃^{-1}$(20~80℃温度范围)、$\tan\delta\approx0.0003$；$SrZrO_3$，$\varepsilon_r=30$、$TC_\varepsilon=60\times10^{-6}℃^{-1}$、$\tan\delta\approx0.0003$；$CaSnO_3$，$\varepsilon_r=16$、$TC_\varepsilon=115\times10^{-6}℃^{-1}$、$\tan\delta=0.0003$。温度系数为负的有：$CaTiO_3$，$\varepsilon_r=150$、$TC_\varepsilon=-1500\times10^{-6}℃^{-1}$、$\tan\delta\approx0.0003$；$SrTiO_3$，$\varepsilon_r=270$、$TC_\varepsilon=-3000\times10^{-6}℃^{-1}$、$\tan\delta\approx0.0003$；$BaZrO_3$，$\varepsilon_r=40$、$TC_\varepsilon=-500\times10^{-6}℃^{-1}$、$\tan\delta\approx0.0003$；$BaSnO_3$，$\varepsilon_r=20$、$TC_\varepsilon=-40\times$

10^{-6}℃$^{-1}$、tan δ = 0.000 4。工程应用经常采用复合、固溶等方式降低 TC_ε 至零附近，常用的包括钛酸镁-钛酸钙系、钛酸镁-钛酸镧-钛酸钙系、钛酸钡-钛酸铋系、钛酸钙-锆酸钙系、钛酸钙-锆酸锶系、锡酸钙-钛酸钙系[597]。其中，钛酸镁-钛酸钙系的 TC_ε 与组分呈线性关系，其他体系的 TC_ε 与组分呈非线性关系。

2. 强介电瓷

钙钛矿强介电瓷主要是铁电瓷，特点是介电常数随外电场强度非线性变化。弱非线性铁电瓷包括钛酸钡-钛酸盐系、钛酸钡-锆酸盐系、钛酸钡-锡酸盐系、钛酸钡-多种盐混合系等。在介电层厚度确定的条件下，介电常数越高、电容器比电容越大，越有利于电容器的小型化。如图 6－28 所示，MLCC 电容器（独石电容器）是由电介质陶瓷厚膜与内电极交替重叠而成的一种片式元件。独石电容器分低温烧结瓷和高温烧结瓷。低温烧结瓷有钨镁酸铅系、铌镁酸铅系，用银电极共烧制作；高温烧结瓷主要是钛酸钡系，用银-钯合金、铂-钯合金、镍等金属电极制作。前者室温介电常数最高、温度特性良好；后者室温介电常数较高、温度

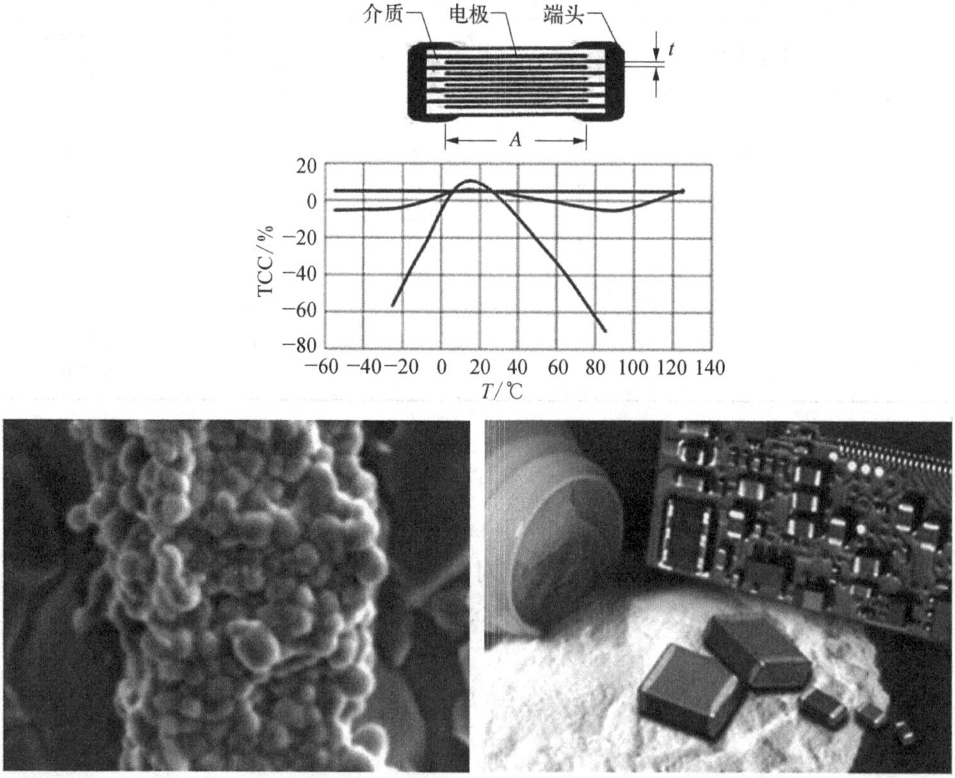

图 6－28　不同规格 MLCC 元件结构、性能、显微结构和实物图

特性良好，但容易老化。钙钛矿陶瓷还可制作晶界层型电容器，其中，半导化的晶粒具有导电性、厚度通常为0.5～2 μm的晶界绝缘层为介质，整体具有很高的表观介电常数[337]。

20世纪70年代，独石电容器的内电极材料从Ag－Pd合金改为贱金属镍，此时独石电容器需要在还原气氛中烧结。随氧分压降低$BaTiO_3$基陶瓷电阻率快速下降、独石电容器失效。村田公司发现$(Ba_{0.85}Ca_{0.15})_{1.01}(Ti,Zr)O_3$陶瓷电阻率随氧分压下降先增大后降低、氧分压在$10^{-6}$～$10^{-5}$ atm时电阻率达到10^{12} Ω·cm量级，相同烧结条件下$Ba(Ti,Zr)O_3$陶瓷电阻率低于10^4 Ω·cm量级。如图6－29所示，京瓷公司发现掺杂稀土元素Y并形成核壳结构时钛酸钡基陶瓷的电阻率可保持在10^{12} Ω·cm量级，器件可靠性最高[598]。这是因为Y元素掺杂提高了钛酸钡壳层与晶界的电子电导，降低了壳层与晶界的电场集中，降低了氧空位穿越晶界的驱动力，从而提高了钛酸钡独石电容器的可靠性[599]。

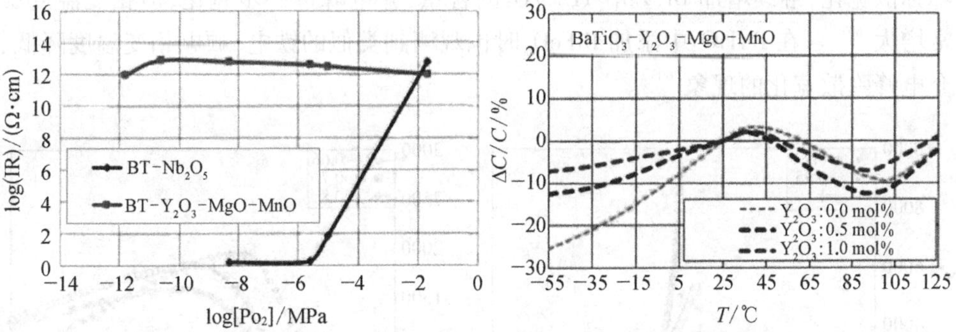

图6－29　独石电容器用钛酸钡陶瓷的电学性能[598]：(a)不同元素掺杂钛酸钡陶瓷电阻率与烧结气氛的关系和(b)不同浓度掺杂钛酸钡陶瓷变温电容变化率

独石电容器具有高电容量、低介电损耗、高抗击穿强度、优良的抗热震性和耐腐蚀性，是各种电子、通信、信息、测量仪器、汽车工业、航空航天、石油测井等产品的重要元件。自独石电容器问世以来，其比电容在不断上升，介电层厚度和元件尺寸在不断下降。以村田独石电容器为例，钛酸钡陶瓷层厚度已从2000年的2 μm降到2003年的1 μm、2009年的0.7 μm、2013年的0.5 μm，相应的体积容量增大到2003年的9 $\mu F/mm^3$左右、2009年的33 $\mu F/mm^3$左右、2013年的100 $\mu F/mm^3$左右。2013年后，陶瓷层厚度已降到0.5 μm以下、体积容量超过100 $\mu F/mm^3$。为了保持足够的晶界数以维持器件的可靠性，铁电瓷的晶粒尺寸效应成为器件进一步小型化的主要障碍。

3. 高温介电瓷

高容量电容器一方面要求小型化，另一方面要求高温环境应用[600]。高温铁电瓷的研究工作多集中在钙钛矿弛豫铁电体方面，几种离子共存使得居里点存在一定的分布范围，介电常数异常峰展宽成一个平台，相对变化不超过±15%。组分不同上限温度可扩展到 300℃、400℃、500℃。这类材料的难点之一是在保证上限温度的同时下限工作温度要低于-55℃，难点之二是在工作温度范围内介电常数要高。

目前，大部分工作还是围绕 $BaTiO_3$ 基陶瓷展开。例如，对于 $BaTiO_3-xBi(Zn_{2/3}Nb_{1/3})O_3$ 二元固溶体，结构测量发现 $x\leqslant0.034$ 时为四方相、$0.034<x<0.22$ 为四方-三方混合相、$x\geqslant0.22$ 为赝立方相；介电温谱测量发现 $x\leqslant0.04$ 时存在一个铁电相变、$x\geqslant0.06$ 时存在一个介电峰宽化平坦的弛豫相变[601]。如图 6-30 所示，与钛酸钡存在三个结构相变不同，添加 5%摩尔百分比 $Bi(Zn_{1/2}Ti_{1/2})O_3$ 时，四方-正交和正交-三方两个低温相变消失，四方-立方相变温度从 $BaTiO_3$ 的 130℃降低到了 104℃；当添加 10%$Bi(Zn_{1/2}Ti_{1/2})O_3$ 时，铁电-顺电相变温度降到室温附近，介电峰弥散宽化；继续增加 $Bi(Zn_{1/2}Ti_{1/2})O_3$ 的含量，介电峰进一步宽化，但相变温度反常增大[602]。在 $BaTiO_3$ 中添加 $BiFeO_3$ 时也观测到类似的铁电-顺电相变温度降低、介电峰弥散宽化的现象[603]。

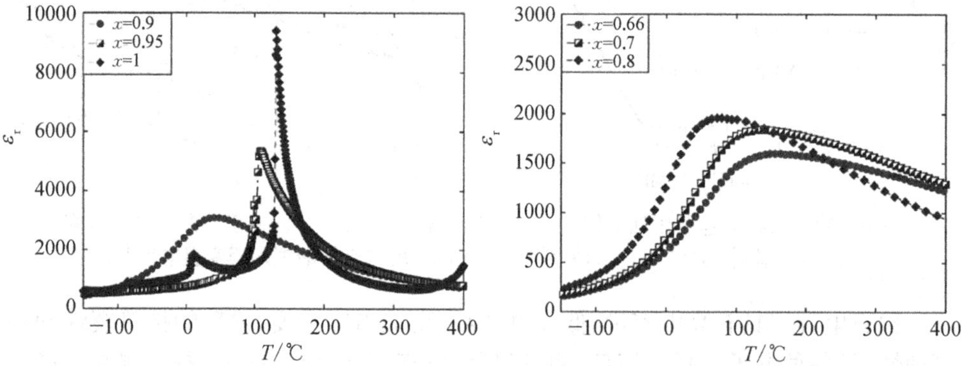

图 6-30　$Bi(Zn_{1/2}Ti_{1/2})O_3-xBaTiO_3$ 固溶体的介电温谱实验结果[602]

对于 $(1-x)(0.5BiScO_3-0.5Bi(Zn_{1/2}Ti_{1/2})O_3)-xBaTiO_3$ 固溶体钙钛矿陶瓷，当 $x<0.95$ 时晶体结构从四方相变为三方相或赝立方相[604,605]。例如，$0.5BaTiO_3-0.25Bi(Zn_{1/2}Ti_{1/2})O_3-0.25BiScO_3$ 固溶体陶瓷为赝立方相，$\varepsilon_r>1\,000$、$TC_\varepsilon=-182\times10^{-6}℃^{-1}$。引入 2%摩尔比 Ba 空位可以提高陶瓷的电阻率，尤其是 200℃以上温度的电阻率，335℃温度时 $\varepsilon_r=1\,120$、$\tan\delta=0.007$、电阻率为 4.1 GΩ·cm、电导激活能 $E_a\approx1.4$ eV。如图 6-31 所示，应用 $0.5BaTiO_3-0.25Bi(Zn_{1/2}Ti_{1/2})O_3-0.25BiScO_3$ 固溶体陶瓷制作的独石电容器与陶瓷体材料具有几乎相同的介电温谱特性，可用于制作高温电容器。

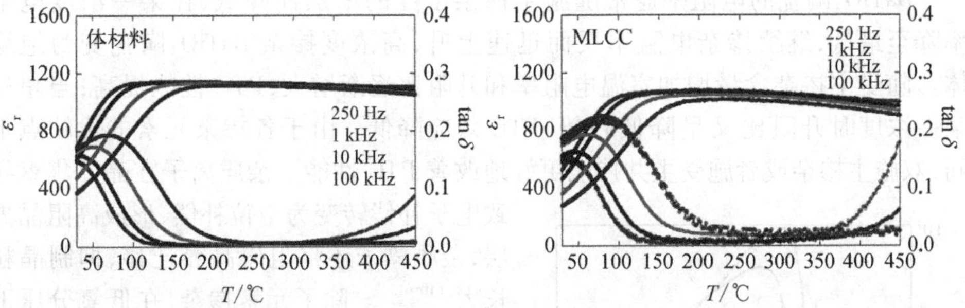

图 6-31 2%摩尔百分比 Ba 缺量 $0.5BaTiO_3-0.25Bi(Zn_{1/2}Ti_{1/2})O_3-0.25BiScO_3$ 固溶体陶瓷片和多层电容器的介电温谱[605]

6.4.2 热敏电阻

热敏陶瓷是一类电阻率、热释电系数、介电常数等物理性质随温度明显变化的材料,主要用于制造热敏电阻、红外传感器、温度传感器等元件。在铁电相变临界点附近电阻率、热释电系数、介电常数具有异常变化,调整化学组成铁电相变温度可以在较大范围内变化,以满足不同工作温度的应用需求。其中,正温度系数(PTC)热敏陶瓷的电阻率随温度升高而增大,某些掺杂 $BaTiO_3$ 钙钛矿陶瓷具有 PTC 效应,可制造 PTC 热敏元件;负温度系数(NTC)热敏陶瓷的电阻率随温度升高减小,常用的 NTC 热敏陶瓷是 Cu-Mn、Co-Mn、Ni-Mn、Mn-Co-Ni、Mn-Cu-Ni、Mn-Cu-Co、Cu-Fe-Ni、Cu-Fe-Co 等尖晶石结构氧化物。

PTC 热敏电阻是继电容器和压电器件之后铁电陶瓷的第三大应用领域。$BaTiO_3$是能带绝缘体,氧空位的存在导致电导率增大,但并未彻底破坏铁电性[606]。PTC 铁电半导体在室温是半导体,随温度升高电阻率有所降低,当达到铁电相变温度时,电阻率急剧增大几个数量级变为绝缘体。$BaTiO_3$ 陶瓷室温电阻率在 10^{12} Ω·cm量级,半导化后电阻率降到 10^4 Ω·cm 以下。常用的方法包括:① 非化学计量比半导化。在真空、惰性气体或还原性气氛中加热 $BaTiO_3$,由于失氧 $BaTiO_3$体内将产生氧空位。强制还原后,需要在氧化气氛下重新热处理才能得到较好的 PTC 特性。② 异价离子掺杂半导化。采用 La^{3+}、Ce^{3+}、Nd^{3+}、Sm^{3+}、Dy^{3+}、Y^{3+}、Bi^{3+}等置换 Ba^{2+},或者 Ta^{5+}、Nb^{5+}、Sb^{5+}等置换 Ti^{4+},采用传统电子陶瓷工艺也能获得 10^3~10^5 Ω·cm 电阻率的 n 型半导体。PTC 效应与施主离子的种类和浓度都有关系[338,607-609]。例如,小于 0.4%摩尔百分比 La 掺杂是合适的,大于 0.8%La 掺杂不呈现 PTC 特性;Sm 掺杂使 PTC 电阻率增大 6 个数量级,但 Y 掺杂电阻率温度系数始终为负。③ 复合掺杂法。添加 3%摩尔百分比 AST($1/3Al_2O_3+3/4SiO_2+1/4TiO_2$)、在 1 260~1 380℃烧成后,$BaTiO_3$陶瓷电阻率为 40~100 Ω·cm。

$BaTiO_3$陶瓷的电阻率通常随施主掺杂浓度的增加而降低，在某一浓度电阻率降至最低，继续掺杂电阻率反而迅速上升，高浓度掺杂 $BaTiO_3$ 陶瓷变为绝缘体。随受主掺杂含量增加室温电阻率和升阻比逐渐增大，PTC 性能提高；当超过某一浓度时升阻比又呈降低趋势，PTC 效应降低。由于各掺杂元素的优缺点不同，双施主掺杂或者施受主共掺能更好地改善 PTC 性能。杂质离子在晶界集聚导致电子补偿转变为空位补偿、形成高阻晶界层，杂质离子还将阻碍晶界迁移、抑制晶粒长大[610–613]。除了元素掺杂，在低氧分压下烧结异常晶粒长大能够获得高掺杂浓度半导体陶瓷，此时必须仔细控制晶界性质以优化 PTC 效应[338]。实验还发现烧结条件与冷却速率影响 $BaTiO_3$ 陶瓷的缺陷化学及其 PTC 性能。如图 6 – 32 所示，当冷却速度从 10℃/h 增大到 300℃/h 时，最大电阻率和最小电阻率同时减小；当冷却速度超过 900℃/h 时，最大电阻率与最小电阻率的差别急剧减小，PTC 效应降低[613]。与化学组成、烧结温度、保温时间、烧结气氛等工艺条件相比，冷却速度和后处理过程中的气氛选择对 PTC 效应影响较大。这是因为在冷却过程中氧空位与钡空位缺陷对的形成抑制了氧空位向晶界区外的扩散。

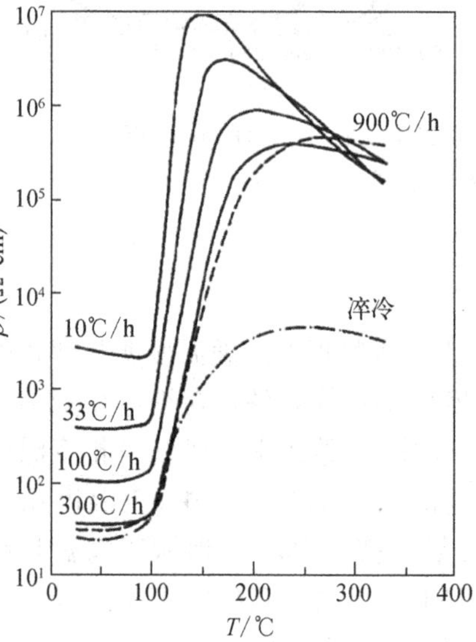

图 6 – 32　1 350℃温度烧结 2 h、不同速度冷却 $BaTiO_3$基 PTC 陶瓷的变温电阻测量结果[613]

$BaTiO_3$陶瓷的 PTC 效应是一种与铁电结构相变密切关联的晶界效应。关于 PTC 效应的产生机制，最早认为晶粒间的界面态是形成 PTC 效应的必要条件，后来了解到界面态的具体内容，如 Ba 空位、受主杂质、吸附氧等不仅影响 PTC 效应的大小，甚至能决定 PTC 效应的有无。只有当杂质元素和氧在无序晶界存在偏析与吸附、存在界面态时才出现 PTC 效应[614]。不同的晶粒生长动力学过程造成不同的晶界分布与性质，深刻影响 $BaTiO_3$陶瓷的半导性、PTC 特性以及耐压性。

PTC 热敏电阻集发热与温控于一体，可用于发热元器件、温度控制、过流保护、过热保护和热感应等系统。例如，利用室温与居里点之间的 NTC 特性，可以补偿电路中其他器件的正温度系数。用作自控发热体时，PTC 热敏电阻通过自身发热工作，达到设定温度后自动恒温，不需另加控制电路。PTC 器件同时起加热电阻与开关双重作用，可用于电热驱蚊器、恒温电熨斗、暖风机、电暖器等。$BaTiO_3$的居里点在 120℃，如图 2 – 10 所示，通过 Ca、Sr、Pb 元素替代可以按方程(2 – 3)量化调整居里温度[615]。如图 6 – 33 所示，钛酸钡系 PTC 热敏电阻的工作温度可以在–100~

400℃调控。需要指出的是,无铅 PTC 环保材料的研制进展缓慢,迄今尚未见工作温度在 120℃以上无铅 PTC 热敏陶瓷应用的报道。

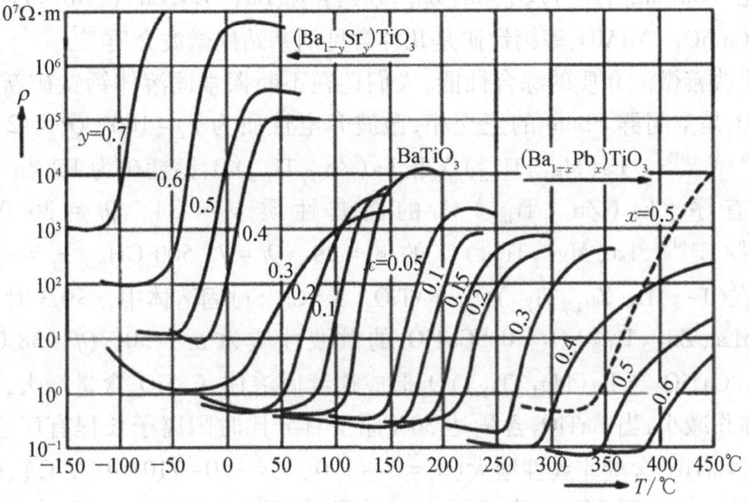

图 6-33 不同工作温度 PTC 热敏电阻性能一览[615]

6.4.3 微波介质

钙钛矿氧化物电介质是一类重要的微波介质[616,617]。对于谐振器、滤波器用介质陶瓷,介电常数 ε_r、谐振频率温度系数 τ_f、介电损耗或者品质因数 Q 是三个关键参数。谐振频率 f 与介电常数 ε_r 的关系为

$$f \approx \frac{c}{\lambda_d \sqrt{\varepsilon_r}} \approx \frac{c}{D\sqrt{\varepsilon_r}}$$

式中,c 为真空光速;λ_d 为直径 D 谐振器的驻波波长。由此可见,增大介电常数可以减小谐振器的尺寸,有利于器件小型化。通常,品质因数等于介电损耗角正切的导数($Q=1/\tan\delta$)。对于微波通信,Q 更直观有效的定义是谐振频率 f 除以峰值以下 3 dB 处的带宽(Δf),因此 Q 可看作衡量谐振器选波能力的量度。Q 值越高、串扰风险越低。理论上任一材料的 Qf 为常数,工程上常用它来比较不同材料的性能。

谐振频率温度系数 τ_f 定义如下:

$$\tau_f = -(1/2\tau_\varepsilon + \alpha_L) = -1/2(\tau_C + \alpha_L)$$

式中,τ_ε 和 τ_C 分别为介电常数和电容量的温度系数;α_L 为线膨胀系数。工程上要求 $\tau_f < \pm 2\times10^{-6}$/℃,这是因为需要一个较小的 τ_f 以补偿微波腔体的热膨胀。与

$ZrTiO_4$、$BaTi_4O_9$等非钙钛矿相比，钙钛矿陶瓷的介电性质调控范围更大。无线通信基站要求微波介质 $50>\varepsilon_r>25$、$40\,000<Qf<250\,000$，终端要求 $70<\varepsilon_r<120$ 以便元器件小型化。$Ba(Mg_{1/3}Ta_{2/3})O_3$、$Ba(Zn_{1/3}Ta_{2/3})O_3$、$Ba((Co,Zn)_{1/3}Nb_{2/3})O_3$、$SrTiO_3-LaAlO_3$、$CaTiO_3-NdAlO_3$等钙钛矿是几种常见的基站用微波介质[617]。

为了改善微波介质的综合性能，人们还在不断探索固溶体钙钛矿新体系。例如，$CaTiO_3$是空间群 Pbnm 的正交相，微波介电性质为 $\varepsilon_r=160$、$Qf=12\,000$、$\tau_f=850\times10^{-6}/℃$[618]。$La(Mg_{1/2}Ti_{1/2})O_3$和 $La(Zn_{1/2}Ti_{1/2})O_3$钙钛矿为 $P2_1/n$ 单斜相、B 位离子有序。$La(Zn_{1/2}Ti_{1/2})O_3$ 的微波性质 $\varepsilon_r=34$、$Qf=36\,090$、$\tau_f=-70\times10^{-6}/℃$[619]，$La(Mg_{1/2}Ti_{1/2})O_3$的 $\varepsilon_r=29$、$Qf=75\,500$ GHz、$\tau_f=-65\times10^{-6}/K$[620]。在$(1-x)La(Zn_{1/2}Ti_{1/2})O_3-xATiO_3$(A＝Ca、Sr)固溶体中，$x>0.3$ 时 B 位离子无序，$0.5La(Zn_{1/2}Ti_{1/2})O_3-0.5CaTiO_3$的微波性质为 $\varepsilon_r\approx50$、$Qf=38\,000$、$\tau_f\approx0$[621,622]。$CaTiO_3$与 $La(Mg_{1/2}Ti_{1/2})O_3$形成连续固溶体，$CaTiO_3$含量增大，晶格畸变与晶胞体积减小，当 $CaTiO_3$含量达 30%原子百分比时阳离子长程有序遭到破坏。ε_r和 τ_f随 $CaTiO_3$含量非线性增大($\varepsilon_r=29\sim170$、$\tau_f=-50\sim710\times10^{-6}/℃$)、$Qf$ 非线性减小(5 790～48 000 GHz)，当 $CaTiO_3$含量等于 55%时 $\varepsilon_r=44.6$、$Qf=32\,000$ GHz、$\tau_f=1.06\times10^{-6}/℃$[623,624]。$0.45La(Zn_{0.395}Ti_{0.385}Ta_{0.01}Al_{0.21})O_3-0.55CaTiO_3$的 $\varepsilon_r=49$、$Qf=29\,600$、$\tau_f=-0.4\times10^{-6}/℃$，$0.32Nd(Zn_{0.45}Mg_{0.05}Ti_{0.5})O_3-0.10NdAlO_3-0.58CaTiO_3$的 $\varepsilon_r=44$、$Qf=32\,200$、$\tau_f=0.8\times10^{-6}/℃$[618]。

第7章 压电材料及其应用

压电陶瓷的历史始于钛酸钡的发现。1947年,Roberts对钛酸钡陶瓷施加直流电场极化后,发现钛酸钡陶瓷呈现压电效应,采用光杠杆放大位移观察到了钛酸钡陶瓷的电致伸缩现象[625]。20世纪50年代,锆酸铅反铁电体的发现是第二个里程碑[76,550];通过研究不同组分$PbZrO_3-PbTiO_3$(PZT)固溶体,Jaffe等发现PZT陶瓷具有优异的压电性能[541],从此开始了压电陶瓷的大发展。20世纪60年代,Ouchi等发明了商品名为PCM的$PbZrO_3-PbTiO_3-Pb(Mg_{1/3}Nb_{2/3})O_3$三元固溶体压电陶瓷,不仅进一步提高了压电性能,还打破了美国公司对PZT压电陶瓷的专利垄断。在发现锆钛酸镧铅(PLZT)透明陶瓷后,压电陶瓷的应用范围进一步扩大到了光电领域[626,627]。

7.1 压电效应与压电陶瓷

压电效应是一种力-电耦合效应,它把力学量(应力和应变)与电学量(电场和电位移或极化强度)联系在一起,可以实现机械能与电能之间的相互转换。

7.1.1 压电效应

1880年,居里兄弟发现在天然石英晶体的特定方向上施加应力会在晶体表面产生电荷,电荷量与应力大小呈正比,此即压电效应。如图7-1所示,正压电效应是在应力作用下材料内部电偶极矩的方向与大小发生了改变,材料表面感应生成电荷以抵消电偶极矩的变化。逆压电效应是在外电场作用下电偶极矩方向与大小改变、晶体产生拉伸或收缩,宏观上表现为电致伸缩。

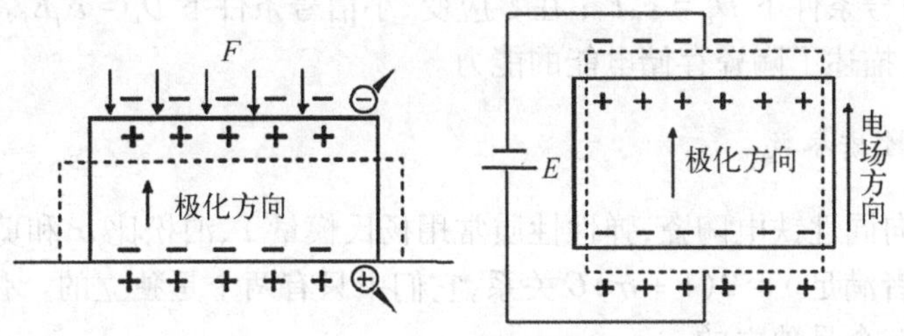

图7-1 压电效应示意图:(a)正压电效应;(b)逆压电效应

根据热力学唯象理论可以写出包含内能U的吉布斯自由能G状态方程:

$$G = U - TS - \boldsymbol{TS} - \boldsymbol{ED} \tag{7-1}$$

其中，温度（T）、应力（$\boldsymbol{T}$）和电场（$\boldsymbol{E}$）为独立变量，熵（S）、应变（$\boldsymbol{S}$）和电位移（$\boldsymbol{D}$）为共轭变量。在给定电场与应力边界条件下，对方程（7－1）微分得到应变 ΔS_α 与电位移 ΔD_i 分量的变化规律：

$$\Delta S_\alpha = \alpha_\alpha^E \Delta T + s_{\alpha\beta}^E \Delta T_\beta + d_{\alpha i} \Delta E_i \tag{7-2a}$$

$$\Delta D_i = p_i^T \Delta T + d_{i\alpha} \Delta T_\alpha + \varepsilon_{ik}^T \Delta E_k \tag{7-2b}$$

方程（7－2）中的系数分别为热膨胀系数（α_α^E）、弹性顺度系数（$s_{\alpha\beta}^E$）、压电常数（$d_{\alpha i}$）、热释电系数（p_i^T）和介电常数（ε_{ik}^T）。

32 个结晶点群中有 20 个是压电点群，在应力作用下晶体能够产生电极化，在外电场作用下晶体能够产生应变。其余 12 个非压电点群晶体也能产生电致伸缩，吉布斯自由能展开时必须包含高阶项：

$$S_\alpha = s_{\alpha\beta}^D T_\beta + Q_{ik\alpha} D_i D_k \tag{7-3}$$

式中，$Q_{ik\alpha}$ 为三阶电致伸缩系数。对于铁电晶体，当 $T_\beta = 0$、$E_i = 0$ 时，由方程（7－3）可知自发应变 S_α^s 为

$$S_\alpha^s = Q_{ik\alpha} P_i^s P_k^s \tag{7-4}$$

由方程（7－4）可见，自发应变与极化强度的平方呈正比。

热力学唯象理论为理解压电性能提供了一个简单方便的理论框架，它不依赖特定的物理模型。这些描述对压电陶瓷依然成立。

7.1.2　压电性能参数

描述压电性能的参数包括电学、力学与耦合三类。

1. 电学性质参数

压电陶瓷的电位移矢量包括自发极化和外场诱导两部分：$D_i = P_i^s + \Delta D_i$。在零应力、小信号条件下 $D_i = \varepsilon_{ij}^T E_j$；在零应变、小信号条件下 $D_i = \varepsilon_{ij}^S E_j$。介电常数 $\boldsymbol{\varepsilon}$ 是二阶张量，描述了陶瓷存储电能的能力。

2. 力学性质参数

对于各向同性铁电陶瓷，弹性性质常用杨氏模量 Y、泊松比 σ 和剪切模量 G 表示。由于三者满足 $Y = 2(1+\sigma)G$ 关系，它们中只有两个是独立的。弹性顺度张量系数也只有三个是独立的：

$$\begin{aligned} s_{11} &\equiv s_{33} = 1/Y \\ s_{12} &\equiv s_{13} = -\sigma s_{11} = -\sigma/Y \\ s_{44} &\equiv s_{66} = 2(s_{11} - s_{12}) = 1/G \end{aligned} \tag{7-5}$$

压电陶瓷具有单一极轴、对称群为∞mm,与6 mm点群等价。此时,$s_{11} \neq s_{33}$ 和 $s_{44} \neq s_{66}$。与各向同性陶瓷类似,通过测量不同方向的杨氏模量可以得到相应的弹性顺度张量系数。$\boldsymbol{s}^E$ 与 $\boldsymbol{s}^D$ 分别表示恒电场强度和恒电位移矢量边界条件下的弹性顺度。

3. 压电性质参数

假设外电场 E_k 和应力场 T_α 足够小,方程(7-2b)中诱导电位移 ΔD_i 远小于自发极化。在固定温度 $\Delta T = T$ 和固定电场 $\Delta E_k = E_k$ 条件下,把方程 $D_k = P_k^s + \Delta D_k$ 与方程(7-2b)代入方程(7-3),整理如下:

$$S_\alpha = S_\alpha^s + s_{\alpha\beta}^D T_\beta + 2Q_{ik\alpha} P_k^s d_{i\beta} T_\beta + 2Q_{jk\alpha} P_k^s \varepsilon_{ij}^T E_i \tag{7-6}$$

与固定温度、零应力场条件下的方程(7-3)比较,考虑到极性相的外场诱导应变 $\Delta S_\alpha = S_\alpha^s - S_\alpha$,由方程(7-6)可以得到

$$d_{i\alpha} = 2Q_{jk\alpha} P_k^s \varepsilon_{ij}^T \tag{7-7}$$

把方程(7-7)代入方程(7-6),当 $T_\beta \neq 0$ 时可以得到弹性顺度系数方程:

$$s_{\alpha\beta}^E = s_{\alpha\beta}^D + 4Q_{ik\alpha} Q_{jl\beta} P_k^s P_l^s \varepsilon_{ij}^T \tag{7-8}$$

从方程(7-7)可见,钙钛矿铁电体的压电效应是电致伸缩与铁电极化相乘的结果。从方程(7-7)和方程(7-8)可以发现,介电异常也直接体现在压电性质与弹性性质上——在结构相变临界点介电、压电与弹性性质都具有异常增大行为。压电系数的本征和非本征贡献同等重要,其中本征贡献来自如图7-2所示的晶格畸变,非本征贡献来自可逆电畴翻转。由于畴壁运动受晶格缺陷影响,因此可以通过掺杂进行调控。在材料工程实践中,通过不同元素掺杂形成了系列化PZT商用压电陶瓷。

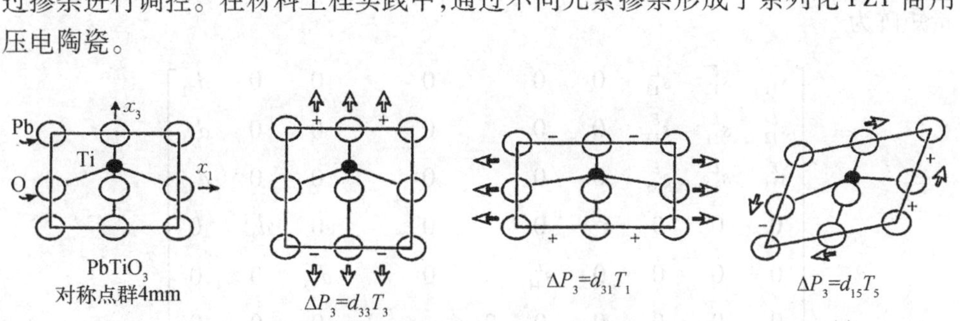

图7-2 四方钙钛矿铁电晶体本征压电效应示意图[8,628]

压电陶瓷共有五个非零压电分量 $d_{31} = d_{32}$、d_{33} 和 $d_{15} = d_{24}$。PZT陶瓷有低锆组分四方相和高锆组分三方相两种铁电相,它们的本征压电系数为

$$
\text{四方相}: \begin{aligned} d_{31} &= d_{32} = 2Q_{12}P^s\varepsilon_{33}^T \\ d_{33} &= 2Q_{11}P^s\varepsilon_{33}^T \\ d_{15} &= d_{24} = Q_{44}P^s\varepsilon_{11}^T \end{aligned} \qquad (7-9)
$$

$$
\text{三方相}: \begin{aligned} d_{31} &= d_{32} = \frac{1}{3}(2Q_{11} + 4Q_{12} - Q_{44})P^s\varepsilon_{33}^T \\ d_{33} &= \frac{2}{3}(Q_{11} + 2Q_{12} + Q_{44})P^s\varepsilon_{33}^T \\ d_{15} &= d_{24} = \frac{1}{3}(4Q_{11} - 4Q_{12} + Q_{44})P^s\varepsilon_{11}^T \end{aligned} \qquad (7-10)
$$

关于方程(7－9)和方程(7－10)中 P^s 的物理意义,目前存在自发极化、剩余极化、剩余极化在外场下的变化等不同解释[208,378,629,630]。根据电极化的量子力学理论定义,压电陶瓷的 P^s 取剩余极化在外场下的变化更加合理,方程(2－6)即是在该物理意义基础上进行的变换。

4. 机电耦合系数

从能量角度表征压电性质的参数是机电耦合张量 $\boldsymbol{k}$,张量系数定义如下:

$$
d_{33} = k_{33}\sqrt{\varepsilon_{33}^T s_{33}^E} \qquad d_{31} = k_{31}\sqrt{\varepsilon_{33}^T s_{11}^E} = \frac{1}{\sqrt{2}}k_p\sqrt{\varepsilon_{33}^T(s_{11}^E - s_{12}^E)} \qquad (7-11)
$$

$$
d_{15} = k_{15}\sqrt{\varepsilon_{11}^T s_{44}^E}
$$

由于对称性约束,压电陶瓷的力、电和耦合张量矩阵中存在五个独立的弹性系数、两个介电系数、三个压电系数 10 个非零分量[8,629,631,632]。d 形式的压电方程张量矩阵为

$$
\begin{bmatrix}
s_{11}^E & s_{12}^E & s_{13}^E & 0 & 0 & 0 & 0 & 0 & d_{31} \\
s_{12}^E & s_{11}^E & s_{13}^E & 0 & 0 & 0 & 0 & 0 & d_{31} \\
s_{13}^E & s_{13}^E & s_{33}^E & 0 & 0 & 0 & 0 & 0 & d_{33} \\
0 & 0 & 0 & s_{44}^E & 0 & 0 & 0 & d_{15} & 0 \\
0 & 0 & 0 & 0 & s_{44}^E & 0 & d_{15} & 0 & 0 \\
0 & 0 & 0 & 0 & 0 & 2(s_{11}^E - s_{12}^E) & 0 & 0 & 0 \\
0 & 0 & 0 & 0 & d_{15} & 0 & \varepsilon_{11}^T & 0 & 0 \\
0 & 0 & 0 & d_{15} & 0 & 0 & 0 & \varepsilon_{11}^T & 0 \\
d_{31} & d_{31} & d_{33} & 0 & 0 & 0 & 0 & 0 & \varepsilon_{33}^T
\end{bmatrix}
$$

工程设计选材时,除了关注压电陶瓷的力学、电学与耦合响应性能,元器件的可靠性、稳定性和安全性要求必须考虑介电损耗、机械品质因数、频率常数、电阻率、居里温度、线膨胀系数、机械强度、断裂韧性、硬度、比热、热传导率、声阻抗等诸多性能参数,考虑各物理量的温度系数与时间老化和环境老化行为。压电陶瓷的性能参数通常是在小信号条件下测量的,对于多层压电陶瓷作动器、功率超声换能器等场合还需要测试大信号条件下的性能参数[633]。特别是对于功率超声应用,压电陶瓷会因谐振幅度大引起应力破坏、工作时间长导致疲劳破坏,内摩擦和介电损耗发热导致性能恶化,因此要求压电陶瓷具有高力学强度、低损耗和高机械品质因数,特别是在强场条件下具有低损耗和高机械品质因数。

发热是影响压电陶瓷高功率应用的一个关键问题。在不同驱动条件下发热的损耗机制不同:在非谐振条件下发热主要是由介电损耗、而不是机械损耗导致的,在谐振条件下发热主要是由机械损耗导致的[634,635]。研究表明在较低振动速度下PZT压电陶瓷超过60%的机械损耗来源于弹性运动,剩余的来自介电弛豫,介电弛豫的贡献随振动速度增大而快速增加,在高振动速度下成为机械损耗的主要来源[636]。

7.1.3 压电陶瓷发展简介

压电陶瓷是外加直流电场极化处理后的铁电陶瓷。在从烧结温度冷却到室温过程中,铁电陶瓷通常存在一个顺电-铁电结构相变。如图7-3所示,晶粒内部通过形成电畴释放与铁电极化伴生的机械应力、电畴取向随机分布,铁电陶瓷宏观上各向同性、对外不显现电极化。在直流电场作用下电畴重新取向,铁电陶瓷具有宏观净剩余极化。与压电晶体相比,压电陶瓷机械强度高、可以承受更大的应力;陶瓷工艺比单晶生长简单便宜,可以方便地根据用户需求加工成如图7-4所示的各种形状与尺寸;陶瓷性能可以通过化学组成与显微结构进行调控、满足不同的应用领域。

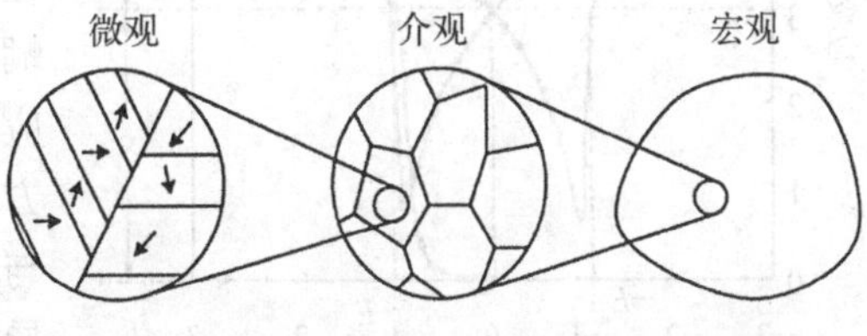

图7-3 不同空间尺度铁电陶瓷的结构特征[637]

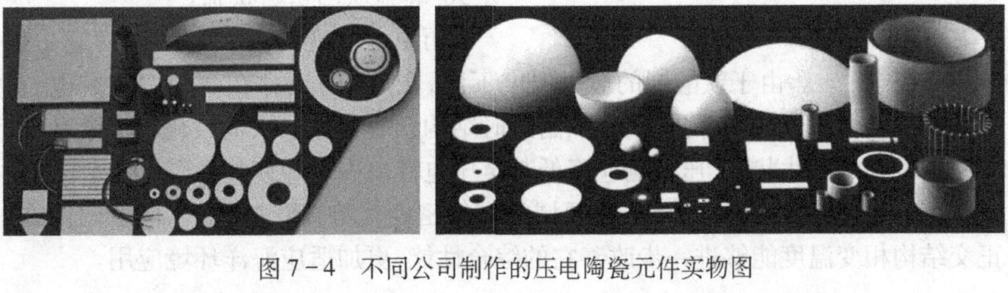

图7-4 不同公司制作的压电陶瓷元件实物图

极化处理通常是在低于居里温度、高于室温的热硅油中对铁电陶瓷施加一个较强的直流电场并保温保压一段时间，极化电场强度大于两倍矫顽场。如图7-5所示，在电场作用下样品伸长，电场撤除后存在剩余形变、宏观剩余极化。铁电畴的形态不仅受电畴反（旋）转自由能的控制，还受晶粒之间夹持作用的影响[637,638]。宏观形变与剩余极化主要源于非180°畴的旋转，极化条件不同铁电陶瓷的压电响应存在差异[639-641]。极化工艺需要根据陶瓷的化学组成进行相应的调整。对于某些“软性”压电陶瓷，也可以在空气中进行极化；对于某些“硬性”压电陶瓷，需要从居里点以上温度开始逐步降温、逐步升压进行极化；对于某些弛豫铁电陶瓷，采用交变电场进行极化可以获得更大的压电响应。

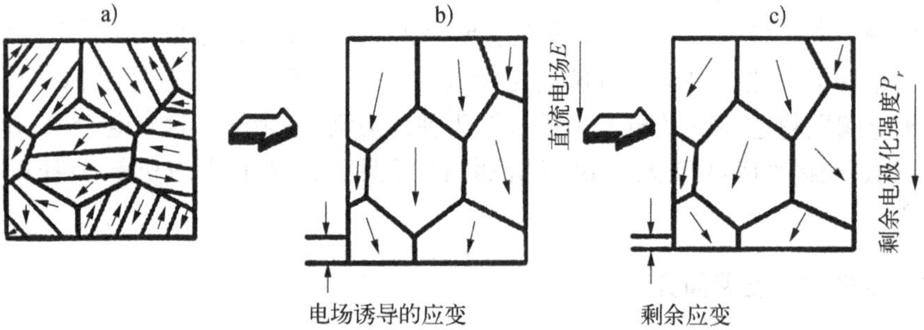

图7-5　铁电陶瓷在极化过程中的诱导应变以及极化电场撤除后的剩余应变[629,631]

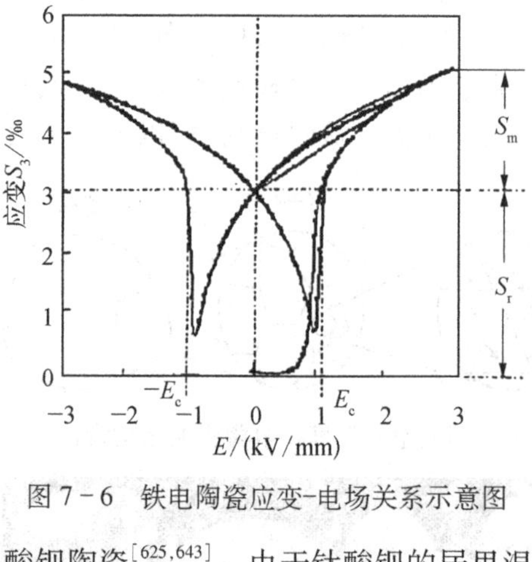

图7-6　铁电陶瓷应变-电场关系示意图

如图7-6所示，铁电陶瓷在极化场与周期场作用下的应变响应大不相同：在极化场作用下，应变响应包括S_r+S_m两部分；在正反向周期电场作用下应变响应表现为蝴蝶形回线；如果只改变电场强度，应变响应仅为S_m部分[642]。原位结构测试发现四方相陶瓷的电场诱导应变来自压电效应与90°畴旋转两部分[175-177,640]。极化处理导致90°畴旋转，撤除电场后只有一小部分90°畴弛豫回初始状态。

历史上发现的第一个压电陶瓷是钛酸钡陶瓷[625,643]。由于钛酸钡的居里温度不高，在5℃时还存在一个四方铁电-正交铁电相变，当环境温度降低到冰点附近时结构相变将导致铁电极化取向紊乱，破坏铁电陶瓷的极化状态，压电响应降低甚至压电性消失。即使如此，钛酸钡压电陶瓷在声呐、声制导雷达等海洋工程领域具有低密度优势，通过元素替代下调四方-正交结构相变温度能够进一步改善它的综合性能，更加适应海洋环境应用。

准同型结构相界附近组分 PZT 陶瓷具有优异的压电性能,这一发现奠定了压电陶瓷材料与器件的半壁江山。采用 Sr、Ba 等元素替代 Pb、掺杂 Nb、Cr、La、Fe 等微量元素成功研制了 PZT－4、PZT－5、PZT－8 等系列商用压电陶瓷。元素添加虽然造成样品纯度下降,不利于材料的物理分析,但却克服了纯试样电阻率低不能进行实验测试的问题,并使 PZT 陶瓷变成实用材料。添加微量元素和元素替代可以在较大范围内调控 PZT 陶瓷的电阻[644-647]、介电和压电[641,648-650]性能,增加 PZT 陶瓷的系列、细化满足不同应用需求。目前,PZT 陶瓷的改性包括以下几种情况。

1）软性添加。添加 Nb、La、Bi、W 等元素通常引入 A 位空位,可以提高电阻率、降低矫顽场[651]。压电响应提高、电学和机械品质因数减小,适用于制作传感器。

2）硬性添加。添加 Fe、Cr、Mn 等元素通常引入氧空位,矫顽场增大[380,652,653]。电学和机械品质因数增大,适用于制作功率超声器件。

有些添加物对 PZT 陶瓷的影响无法简单归于软性或硬性。例如,添加稀土元素铈能同时提高压电陶瓷的体电阻率、机械品质因数、强场老化和温度稳定性。除了添加单一元素,协同添加两种或两种以上元素常常可以扩大固溶限,在增大晶格畸变、调控电学性能的同时改善晶界性质与力学性能。例如,添加 Cr_2O_3,固溶限约为 1% 原子百分比,多余部分会以 Pb_2CrO_5形式析出在陶瓷晶界[654];按 1∶1 原子比添加 Bi_2O_3和 Cr_2O_3,以 $BiCrO_3$形式计溶解度大于 10%原子百分比[655];添加Nb_2O_5,以 $Pb_{0.5}NbO_3$形式计固溶限约为 11%原子百分比,Nb 原子进入 B 位析出 ZrO_2[656];同时掺杂 Nb 和 Al 可以提高晶格溶解度,改变陶瓷的显微结构与电学性能[434]。

3）等价置换。采用 Ca、Sr、Ba 等元素进行 A 位替代,用 Hf、Sn 等元素进行 B 位替代,在降低居里温度的同时提高了 PZT 的化学稳定性与介电、压电响应性能[179,657,658]。

4）添加简单钙钛矿或者复杂钙钛矿形成多元固溶体[180,655,658-660]。例如,添加 $Pb(Mg_{1/3}Nb_{2/3})O_3$、$Pb(Zn_{1/2}Nb_{2/3})O_3$、$Pb(Co_{1/2}W_{1/2})O_3$等可以扩展 MPB 的化学组成相空间,在更大的范围内调控压电性能。如图 7－7 所示,MPB 从二元固溶体的一个点扩展到三元固溶体的一条线、四元固溶体的一片面,扩大了化学组成选择与设计的相空间[208]。

如果添加的是热力学稳定的钙钛矿氧化物,$PbZrO_3-PbTiO_3-ABO_3$将形成连续固溶体;如果添加热力学亚稳钙钛矿氧化物,它们将形成不连续固溶体。除了简单钙钛矿组元,如表 7－1 所示,还有 A 位/B 位由两种或两种以上离子组成的复杂钙钛矿组元,它们通过化合价补偿保持电中性。由于离子组合的多样性,钙钛矿氧化物的化学组成相空间巨大。随 ABO_3添加量增加,绝大部分 PZT 基多元固溶体居里温度降低、压电响应提高。

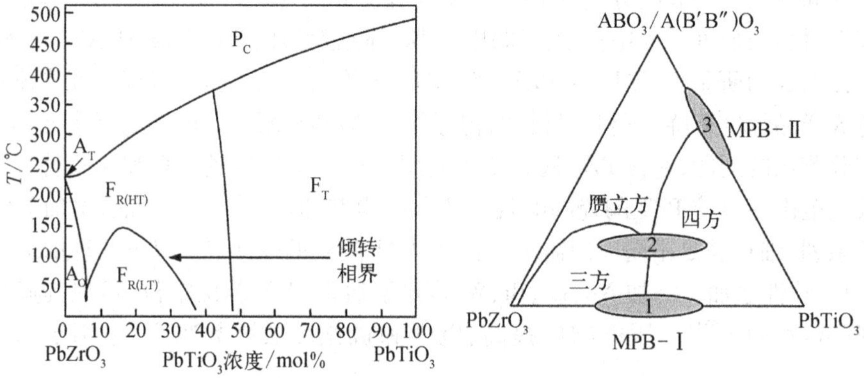

图 7-7　固溶体钙钛矿的结构相界：(a) PZT 的组分-温度相图[541]；(b) PZT 基三元固溶体结构相界示意图[661]

表 7-1　复杂钙钛矿氧化物实例[2,386]

化学式	化合物	居里点/℃	极性
$A^{2+}(B^{2+}_{1/3}B^{5+}_{2/3})O_3$	$Ba(Zn_{1/3}Nb_{2/3})O_3$		P
	$Ba(Mg_{1/3}Nb_{2/3})O_3$		P
	$Pb(Mg_{1/3}Nb_{2/3})O_3$	-8	F
	$Pb(Ni_{1/3}Nb_{2/3})O_3$	-120	F
	$Pb(Mg_{1/3}Ta_{2/3})O_3$	-98	F
	$Pb(Zn_{1/3}Nb_{2/3})O_3$	140	F
	$Pb(Mn_{1/3}Nb_{2/3})O_3$	-120	
	$Pb(Co_{1/3}Nb_{2/3})O_3$	-70	F
	$Pb(Co_{1/3}Ta_{2/3})O_3$	-140	F
	$Pb(Ni_{1/3}Ta_{2/3})O_3$	-180	F
	$Pb(Cd_{1/3}Nb_{2/3})O_3$	270	F
$A^{2+}(B^{3+}_{2/3}B^{6+}_{1/3})O_3$	$Pb(Fe_{2/3}W_{1/3})O_3$	-75	F
$A^{3+}(B^{2+}_{1/2}B^{4+}_{1/2})O_3$	$La(Mg_{1/2}Ti_{1/2})O_3$		P
	$Bi(Mg_{1/2}Ti_{1/2})O_3$		
	$Bi(Zn_{1/2}Ti_{1/2})O_3$	1294*	F
$A^{3+}(B^{2+}_{2/3}B^{5+}_{1/3})O_3$	$Bi(Mg_{2/3}Nb_{1/3})O_3$		
$A^{2+}(B^{3+}_{1/2}B^{5+}_{1/2})O_3$	$Ba(Fe_{1/2}Nb_{1/2})O_3$		P
	$Sr(Cr_{1/2}Nb_{1/2})O_3$		P
	$Pb(Cr_{1/2}Nb_{1/2})O_3$	5	F
	$Pb(Fe_{1/2}Nb_{1/2})O_3$	112	F
	$Pb(Ni_{1/2}Nb_{1/2})O_3$	-120	F
	$Pb(Fe_{1/2}Ta_{1/2})O_3$	-30	F
	$Pb(Sc_{1/2}Nb_{1/2})O_3$	90	F

续表

化学式	化合物	居里点/℃	极性
$A^{2+}(B^{3+}_{1/2}B^{5+}_{1/2})O_3$	$Pb(Sc_{1/2}Ta_{1/2})O_3$	26	F
	$Pb(Yb_{1/2}Nb_{1/2})O_3$	280	AF
	$Pb(In_{1/2}Nb_{1/2})O_3$	90	AF
$A^{2+}(B^{2+}_{1/2}B^{6+}_{1/2})O_3$	$Pb(Mn_{1/2}W_{1/2})O_3$	200	AF
	$Pb(Mg_{1/2}W_{1/2})O_3$	39	AF
	$Pb(Co_{1/2}W_{1/2})O_3$	32	AF
$(A^{3+}_{1/2}A^{+}_{1/2})B^{4+}O_3$	$(La_{1/2}Na_{1/2})TiO_3$		P
	$(Bi_{1/2}Na_{1/2})TiO_3$	320	F? AF
	$(Bi_{1/2}K_{1/2})TiO_3$	380	F

注：F 为铁电体；AF 为反铁电体；P 为顺电体；* 为外推居里温度。

对于多元固溶体钙钛矿，应用二元、三元相图知识与相界位置，可以快速估算多元相图的相界，节省试错时间与成本。一个典型例子是估算 $PbZrO_3-PbTiO_3-Pb(Sc_{1/2}Nb_{1/2})O_3-Pb((Ni,Mg)_{1/3}Nb_{2/3})O_3$ 多元固溶体 $T_{C(FE)}\approx200$℃ 结构相界附近的组分，目的是研发 $\varepsilon_{33}>5\,000$、$d_{33}>750$ pC/N、$k_p>0.70$ 的高性能压电陶瓷。经组分设计和实验验证 $(Pb_{0.952}Ba_{0.024}Sr_{0.024})((Sc_{1/2}Nb_{1/2})_{0.16}(Mg_{1/3}Nb_{2/3})_{0.17}(Ni_{1/3}Nb_{2/3})_{0.17}Zr_{0.13}Ti_{0.37})O_3$ 陶瓷的性能为 $\varepsilon_{33}=5\,500$、$k_p=0.72$、$d_{33}=850$ pC/N、$T_C=153$℃[662]，$(Pb_{0.965}Sr_{0.035})((Sc_{1/2}Nb_{1/2})_{0.08}(Mg_{1/3}Nb_{2/3})_{0.16}(Ni_{1/3}Nb_{2/3})_{0.26}Zr_{0.135}Ti_{0.365})O_3$ 陶瓷 $\varepsilon_{33}=7\,200$、$k_p=0.69$、$d_{33}=940$ pC/N、$T_C=135$℃[663]。

在材料性能研究的同时，压电陶瓷的应用研究也日益广泛，目前已涵盖了日常生活、工业生产、智能制造、医疗健康、国防军工、海洋工程、科学仪器等众多领域[268,386,629,631,632]。例如，在 10 毫米厚 PZT 压电陶瓷元件上施加机械冲击能够产生一万伏以上的高电压，可用于制作压电点火装置，压电打火机已走入千家万户的厨房与客厅。压电传感器、压电阀、压电雾化器等是汽车清洁能源计划中的关键元器件。随着人类触角的不断延伸，压电陶瓷新材料与新器件也在持续发展中。例如，光波和电磁波在水中传播距离有限，声波在水中却能长距离传播。压电水听器、声呐、水声通信设备是开展海洋资源普查与利用不可缺少的装备。压电陶瓷的应用具有小批量、多品种特征，不同应用对压电陶瓷有不同需求。例如，定位应用要求线性应变输出；频率控制要求温度稳定性；高温振动监测要求高温稳定性；等等。随着应用范围不断扩大和工作频率提高，必须研制均质、致密的系列化压电陶瓷以满足更加苛刻的使役需求。

生态环境保护运动与可持续社会发展规划提出了无铅压电陶瓷新需求[209,210,629]。受 PZT 陶瓷启发，人们在探索无铅压电陶瓷时也在试图构建准同型结构相界。然而，在 $KNbO_3$ - $NaNbO_3$(KNN)、$(Bi_{1/2}Na_{1/2})TiO_3$ - $(Bi_{1/2}K_{1/2})TiO_3$ - $BaTiO_3$(BNT - BKT - BT)等固溶体中，压电响应性能的提升却是通过调控温度诱导的多晶型相界位置实现的。事实上，组分诱导准同型结构相界一个因素并无法回答 PZT 为什么具有优异的力-电综合性能，而温度诱导多晶型相界在提高 KNN、BNT - BKT - BT 压电响应的同时注定了温度不稳定性。应用结构相界原理调控压电性能背后的技术都是改变化学组成。因此，发现钙钛矿氧化物化学组成背后隐藏的原理，通过为钙钛矿氧化物构建具有化学组成与结构趋势的数字化描述符，挖掘目标性质与描述符间的因果关系，才能快速实现相关材料的预测式设计。

7.2　锆钛酸铅系压电陶瓷

1952 年，Shirane 等首次制备出 $Pb(Zr_{1-x}Ti_x)O_3$ 固溶体钙钛矿氧化物[76]。构效关系研究表明 MPB 附近 PZT 陶瓷组分的微小变化能够引起介电常数、压电常数、机电耦合系数等显著变化，压电性能在 MPB 附近组分存在极大值。

7.2.1　锆钛酸铅二元固溶体

钛酸铅与锆酸铅能够形成连续固溶体，图 7 - 7 所示相图总结了早期 PZT 的研究成果。随钛含量增加 PZT 在 $x=0.05$ 和 $x=0.48$ 处存在一个组分诱导的正交反铁电(Pbam)-三方铁电(R3m)-四方铁电(P4mm)结构相变[550,664]。由于实验室 X 射线衍射仪的分辨率相对较低，$x=0.48$ 的结构相界被认为是三方-四方两相共存，因此被称为准同型结构相界[178,541]。20 世纪末，同步辐射光源提高了 X 射线衍射的分辨率，在 MPB 附近的狭窄组分范围内($0.46 \leqslant x \leqslant 0.51$)，Noheda 等发现 PZT 在室温以下是空间群 Cm 的单斜相[665-667]。修正后的 PZT 相图见图 7 - 8(a)，有关 MPB 结构研究的详细评述见文献[668]与[669]。如图 7 - 8(b)所示，PZT 陶瓷压电响应在 MPB 附近存在一个极大值，但介电常数 ε_{33}^T 与压电常数 d_{33} 的峰值组分不同，机电耦合系数 k_p 与单向应变 S_m 具有相同的峰值组分。虽然不同物理性质的峰值组分不相同，但它们都在富 Ti 四方相侧[178]。从方程(7 - 7)可知，铁电陶瓷的压电响应 $d_{i\alpha}$ 与介电常数 ε_{ij}^T 和铁电极化 P_k^s 的乘积密切相关。由于介电常数是极化的一级导数、二者的极大值具有不同的组分点，因此压电常数与介电常数的峰值组分不同是自然的结果。

如图 7 - 9 所示，压电常数 g_{33} 的峰值组分与铁电极化一致，位于三方相侧。这一相关性可以从 $g_{33} = d_{33}/\varepsilon_{33}^T = 2Q_{33}P^s$ 关系得到很好的描述。

图 7 - 10 所示为 PZT 陶瓷极化前后介电常数实验结果。结构测试发现 $PbZrO_3$ 含量为 53.6%原子百分比时固溶体四方相体积含量为 50%。极化前介电常数 ε_r 在 MPB 组分点存在一个极大值；极化后介电常数 ε_{33}^T 在四方相侧增加但

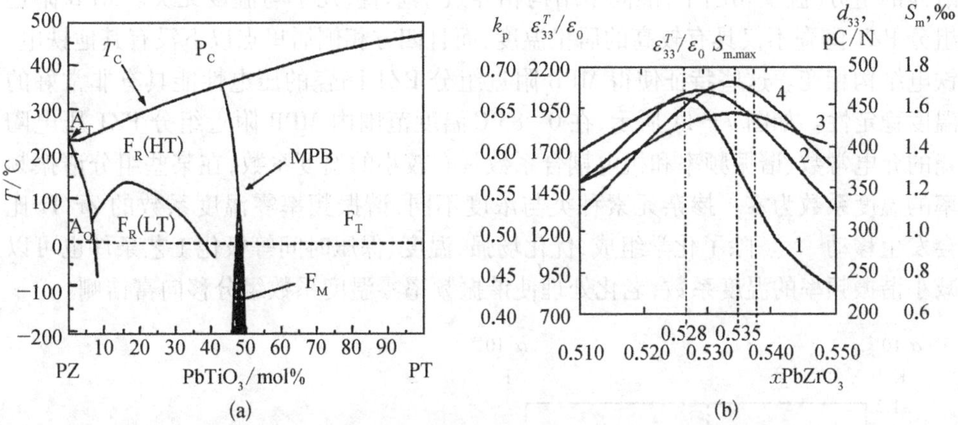

图 7-8　PZT 固溶体钙钛矿的相图与物理性质[629]。(a) 组分-温度结构相图和(b) 不同组分介电常数 $\varepsilon_{33}^T/\varepsilon_0$(1)、压电常数 d_{33}(2)、横向机电耦合系数 k_p(3)与单向应变 S_m(4)物理性质

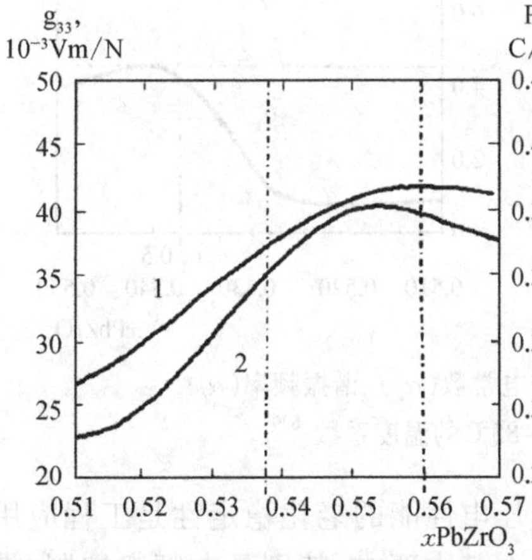

图 7-9　MPB 附近组分 PZT 陶瓷的铁电极化强度 P_r(曲线 1)和压电常数 g_{33}(曲线 2)[629]

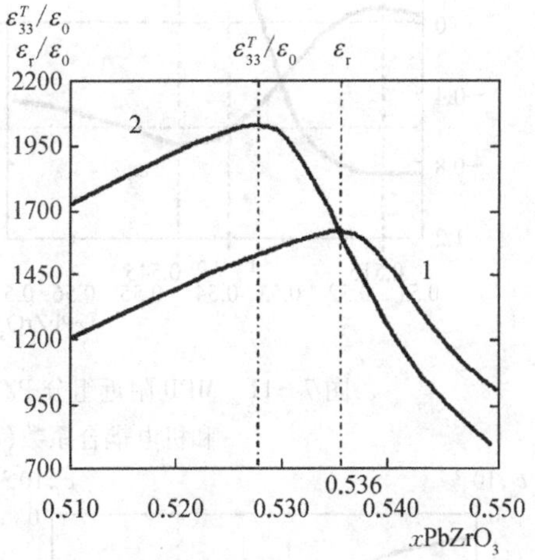

图 7-10　MPB 附近不同组分 PZT 陶瓷极化前(曲线 1)与极化后(曲线 2)的介电常数[629]

在三方相侧降低,ε_{33}^T的峰值向四方相侧偏离 MPB 组分点。

为了满足细化的工程需求,有必要对 PZT 陶瓷进行改性。例如,PZT-5A 是掺杂 Nb_2O_5、PZT-8 是掺杂 $CaFeO_{5/2}$、PZT-4 是协同掺杂 $Bi_2O_3+Fe_2O_3+MnO_2$的锆钛酸铅陶瓷[648]。除了响应性能外,压电陶瓷还必须具有一定的温度稳定性与老化稳定性[69,654,670-674]。由于钛酸铅铁电相是负热膨胀系数,而锆酸铅反铁电相是正热膨胀系数,MPB 附近组分 PZT 固溶体钙钛矿具有近零正热膨胀系数。在 PZT 固溶体的组分-温度相图中，准同型结构相界近乎垂直、几乎与温度无关。MPB 附近组分 PZT 陶瓷不仅具有较高的居里温度，而且四方相侧居里点以下没有其他铁电-铁电结构相变。这些特征使得 MPB 附近组分 PZT 陶瓷的压电性能具有非常好的温度稳定性。如图 7－11 所示，在 0～85℃温度范围内 MPB 附近组分 PZT 压电陶瓷的介电常数、谐振频率和机电耦合系数具有较小的温度系数，在某些组分谐振频率的温度系数为零。掺杂元素种类与浓度不同，谐振频率零温度系数的 Zr/Ti 比会发生移动[672]。除了化学组成，优化场强、温度、保压时间等极化工艺条件也可以减小谐振频率的温度系数，老化处理使谐振频率零温度系数组分移向富锆侧。

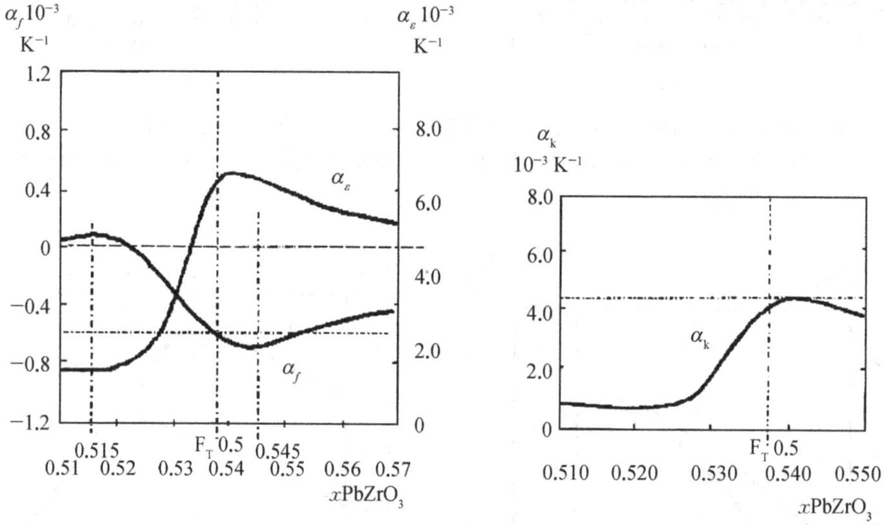

图 7－11　MPB 附近组分 PZT 陶瓷介电常数(α_ε)、谐振频率(α_f)和机电耦合系数(α_k)在 0～85℃的温度系数[629]

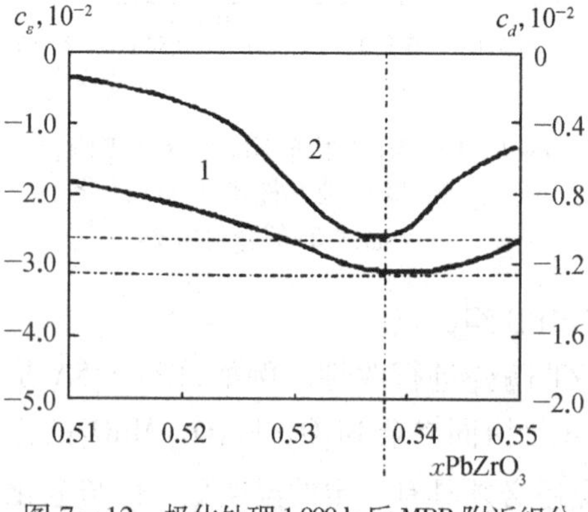

图 7－12　极化处理 1 000 h 后 MPB 附近组分 PZT 陶瓷(1)介电常数 $\varepsilon_{33}^T/\varepsilon_0$ 和(2)压电常数 d_{33} 的老化特性[629]

压电性能的老化稳定性是工程应用的一个基本要求，特别是在频率控制、带通滤波、信号传输与识别等工程领域带有强制性。掺杂 Cr、Mn、U 等元素可以提高 PZT 压电陶瓷的老化稳定性[654,675]。图 7－12 所示为 MPB 附近组分 PZT 陶瓷的介电常数与压电常数在极化 1 000 h 后的老化性能。偏离 MPB 组分点有助于改善 PZT 压电陶瓷的老化性能，四方轴比增大老化性能提高。除了 Zr/Ti 比，缺陷钉扎也是提高压电陶瓷老化稳定性的一种有效方法，它可以降低电畴的弛豫、改善老化性能。例如，不加 Cr 时 PZT 陶瓷的介电常数三个月降低了 10%～15%；添加 1%质量百分比 Cr_2O_3后介电常数几乎不变，谐振频率、反谐振频率的老化特性同时得到改善。

7.2.2 锆钛酸铅基多元固溶体

自 PZT 陶瓷发现以来，构造结构相界成为探索高性能压电陶瓷新材料的一个基本途径。在简单钙钛矿形成的固溶体中，$PbTiO_3-PbHfO_3$、$PbTiO_3-PbSnO_2$等二元系具有准同型结构相界，MPB 附近介电、压电响应增强。当包含复杂钙钛矿时固溶体更加多样，$PbTiO_3-Pb(Mg_{1/3}Nb_{2/3})O_3$、$PbTiO_3-Pb(Zn_{1/3}Nb_{2/3})O_3$、$BaTiO_3-(Bi_{1/2}Na_{1/2})TiO_3$等二元系也相继发现[386,676,677]。在持续探索十多年后人们开始关注三元固溶体，以 $PbZrO_3-PbTiO_3-Pb(Mg_{1/3}Nb_{2/3})O_3$为代表的三元系陶瓷压电响应远远超过了 PZT 二元系，商用 PZT－5H 压电陶瓷即属于该三元系。

$Pb(Mg_{1/3}Nb_{2/3})O_3$(PMN)弛豫铁电体的相变温度 $T_m=-8℃$。如图 7－13(a)所示，PT－PMN 二元固溶体 MPB 组分为 41%原子百分比 PT，通过平滑拱起的一条曲线与 PZT 的 MPB 组分相连为四方相界；三方相界用虚线表示；四方-三方-赝立方三相点位于 0.35PZ－0.38PT－0.27PMN[180,653,660]。受晶粒尺寸等因素影响四方相界会向 PT 方向移动[678]。如图 7－13(b)所示，PZT－PMN 压电陶瓷的机电耦合系数 k_p在 MPB 组分处都存在一个极大值，不同的 MPB 组分 k_p值不同。

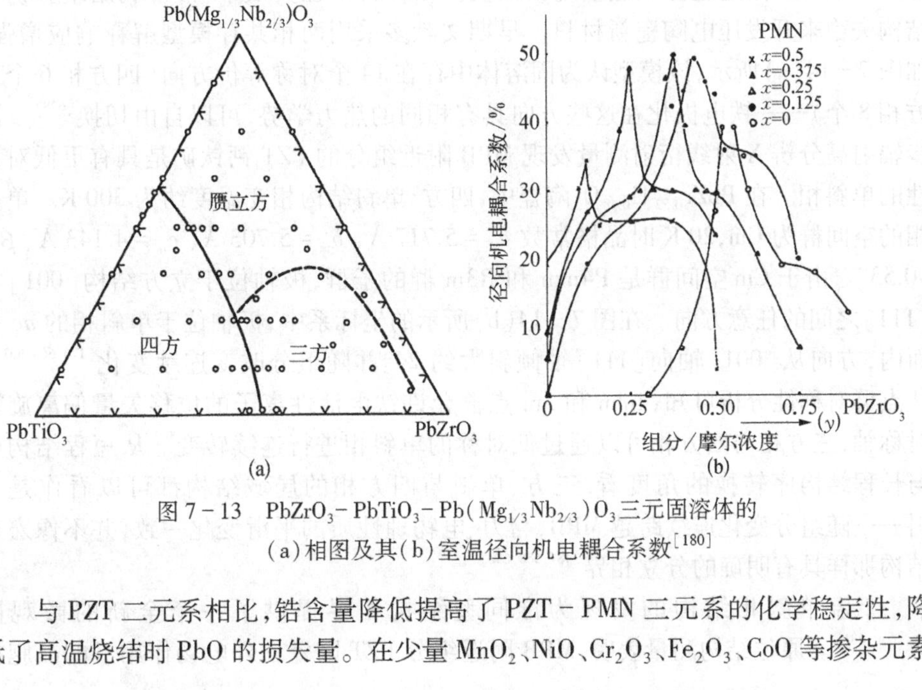

图 7－13 $PbZrO_3-PbTiO_3-Pb(Mg_{1/3}Nb_{2/3})O_3$三元固溶体的(a)相图及其(b)室温径向机电耦合系数[180]

与 PZT 二元系相比，锆含量降低提高了 PZT－PMN 三元系的化学稳定性，降低了高温烧结时 PbO 的损失量。在少量 MnO_2、NiO、Cr_2O_3、Fe_2O_3、CoO 等掺杂元素协同作用下,PZT－PMN 压电陶瓷的致密度可达 96%以上,进一步提高了力、电综合性能[386,653]。例如,在 $Pb(Mg_{1/3}Nb_{2/3})_{0.375}Zr_{0.25}Ti_{0.375}O_3$ 中添加 0.5%质量百分比 NiO,k_p 从 0.48 提高到了 0.64;添加 MnO_2 时 Q_m 从 100 左右剧增到 1 000 以上,谐振频率的温度特性得到改善[653]。在 $Pb(Mg_{1/3}Nb_{2/3})_{0.4375}Zr_{0.125}Ti_{0.4375}O_3$ 中同时添加 0.5%质量百分比 NiO 和 0.5%质量百分比 MnO_2,$k_p = 0.55$、$Q_m = 2\ 000$。采用 Ba、Sr 替代 Pb,可以进一步减少 PbO 的损失、降低气孔率、提高电阻率。每 1%原子百分比 Ba、Sr 替代,居里温度平均下降 10~12℃、介电常数增加;替代量 5%时 k_p 有增大的倾向。与 PZT 二元系类似,适当的四方晶格畸变有利于提高多元固溶体压电陶瓷的介电常数与压电常数[679]。例如,当 Ti 组分在 0.347 8~0.421 8 范围内变化时,实验观测到 $c/a = 1.012$ 的 $Pb_{0.96}Sr_{0.04}[(Mg_{1/3}Nb_{2/3})_{0.20}(Zn_{1/3}Nb_{2/3})_{0.06}Zr_{0.3478}Ti_{0.3922}]O_3$ 陶瓷具有最大介电常数。

有关其他三元固溶体压电陶瓷的性质可查看相关书籍与文献[386]。纵览这些二元、三元、多元固溶体,MPB 附近组分压电陶瓷的介电和压电响应随体系不同差别甚大。该现象显然无法用结构相界这个因素进行解释,必须探索化学元素背后隐藏的化学压、化学键等原理与机制。

7.2.3　准同型结构相界

在钙钛矿固溶体中,组分诱导结构失稳能够增强介电、压电、弹性顺度等物理性质,在 MPB 附近组分响应呈现极大值。在材料工程实践中,常常利用组分诱导结构失稳来开发压电陶瓷新材料。早期文献多采用两相共存模型解释响应增强,如图 7－14(a)所示,该模型认为固溶体中存在 14 个对称等价方向(四方相 6 个三方相 8 个)——铁电极化在这些方向具有相同的热力学势,可以自由切换[628]。同步辐射高分辨 X 射线衍射测量发现 MPB 附近组分的 PZT 钙钛矿是具有更低对称性的单斜相。在 $PbZr_{0.52}Ti_{0.48}O_3$ 陶瓷中,四方-单斜结构相变温度约为 300 K。单斜相的空间群为 Cm,20 K 时晶格常数 $a_m = 5.717$ Å、$b_m = 5.703$ Å、$c_m = 4.143$ Å、$\beta = 90.53°$。由于 Cm 空间群是 P4mm 和 R3m 群的子群,极轴位于立方结构[001]与[111]之间的任意方向。在图 7－14(b)所示的坐标系中,极轴位于单斜相的 ac 平面内,方向从[001]轴向[111]轴倾斜大约 24°并随组分改变连续变化[176,666,667]。从点群对称性分析可知,4mm 和 3m 点群允许铁电活性离子的位移矢量偏离旋转对称轴,三方相与四方相可以通过低对称的单斜相进行连续转变。从短程结构序与长程结构序转换的角度看,三方、单斜与四方相的局域结构都可以看作是单斜——随组分变化连续跨越 MPB,与力、电物理性质的平滑变化一致,并不像宏观结构那样具有明确的分立相界[487,668,680]。

低温单斜相结构的发现为准同型结构相界提供了一个全新的微观图像[630,681]。原位结构测量表明,MPB 附近组分 PZT 陶瓷在外电场作用下的晶胞扩

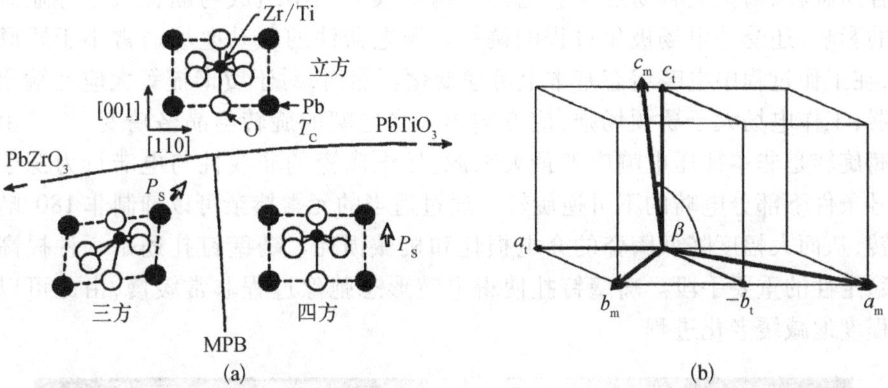

图 7-14 固溶体钙钛矿准同型结构相界的(a)两相共存模型[8,628]与(b)极化旋转模型[665]。其中,晶格矢量的下标 t 表示四方晶胞、m 表示单斜晶胞

张不是沿着宏观对称极化轴方向——不管在四方相还是三方相中都是沿着单斜对称晶格畸变的方向[682]。低场条件下,某些衍射峰对应的宏观形变与晶胞的微观变化本质上是一致的;然而,高场下晶胞的维度延伸对宏观形变的贡献减弱。对 MPB 附近组分 PZN - PT 陶瓷原位结构测量发现,电场作用下衍射峰的相对强度变化主要源于 90°畴旋转,铁电活性离子按单斜对称性位移降低了电畴旋转的能垒、增加了四方相的额外应变;电场作用下衍射峰的位置变化相应于单斜相晶格畸变[683]。理论仿真与实验观测发现钛酸铅在静水压作用下历经四方-单斜-三方-立方结构相变,存在压强诱导的准同型相界[505,684,685]。鉴于化学压与静水压具有等效性,在化学压作用下钛酸铅的高压结构相界能够在 PZT、PMN - PT、PZN - PT 等固溶体陶瓷中稳定存在[293,686]。

Vanderbilt 等采用第一性原理方法计算了有限温度、MPB 附近组分 PZT 的压电性质。以低温单斜相为桥梁连接 MPB 两侧的四方相和三方相,应用单晶数据求和得到了陶瓷的压电常数:

$$d_{33,c}=\int_0^{\frac{\pi}{2}}\left[(d_{31}+d_{15})\sin^2\theta+d_{33}\cos^2\theta\right]\sin\theta\cos\theta\,d\theta \qquad (7-12)$$

式中,下角标 c 表示陶瓷。对 $PbZr_{0.52}Ti_{0.48}O_3$ 计算的结果与实验高度一致,成功解释了四方相侧 PZT 陶瓷的 d_{33} 增强源于 d_{15} 的贡献[680,687]。从方程(7-12)可见,横向分量和剪切分量都对压电陶瓷的纵向分量有贡献,与铁电极化旋转动力学机制一致[688,689]。

除了原子层级晶格结构,如图 7-15 所示,与四方相和三方相相比,MPB 附近组分 PZT 铁电体的电畴尺寸急剧减小到了纳米尺度[657,669,690]。由于 MPB 附近组分 PZT 陶瓷具有细碎的电畴和更大的畴壁密度,在外电场作用下非 180°畴更容易旋转、畴壁更容易运动。电畴结构不仅受化学组成与晶粒尺寸等显微结构的影响，还受外电场极化过程的调控。压电器件的驱动电场通常小于矫顽场强，在工作过程中电畴组态基本上可逆变化。然而，对于贾卡梳等大应变输出作动器，工作电场大于矫顽场强，应变输出来自电畴的旋转与晶格畸变[175]。由于电畴旋转是非本征压电响应的最大来源，压电陶瓷的非线性与电滞行为源于大信号条件下部分电畴的不可逆旋转。通过适当的元素掺杂可以抑制非 180°畴的旋转，从而大幅度降低陶瓷的介电损耗和机械损耗。畴壁钉扎还是一种提高老化稳定性的重要手段。畴壁钉扎使得电畴形态弛豫过程非常缓慢，由此可以极大程度地减缓老化进程[629]。

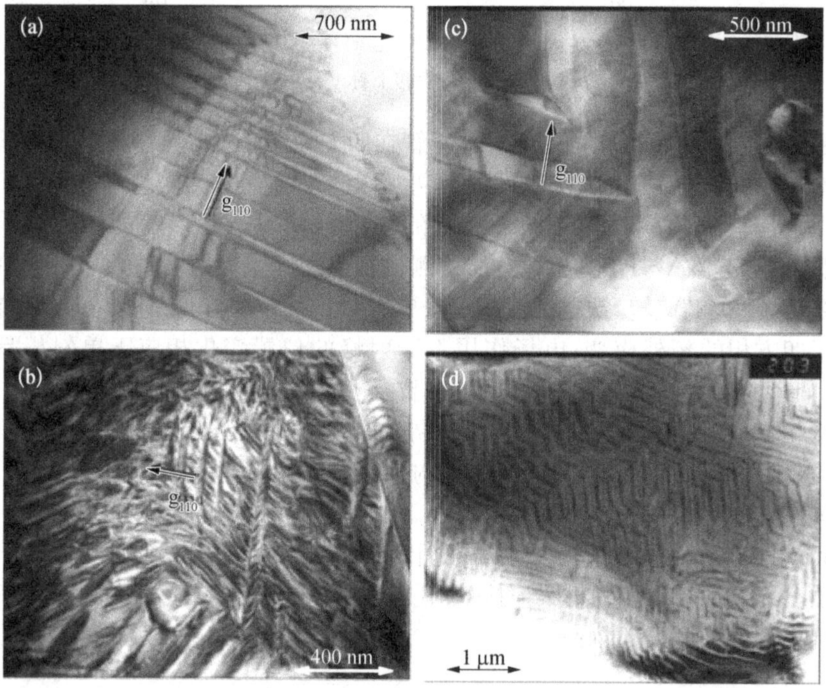

图 7-15　不同组分 PZT 陶瓷的典型畴结构明场电镜图[669]：(a) 四方铁电相 $PbZr_{0.4}Ti_{0.6}O_3$；(b) 近 MPB 铁电相 $PbZr_{0.5}Ti_{0.5}O_3$；(c) 三方铁电相 $PbZr_{0.6}Ti_{0.4}O_3$；(d) 三方铁电-正交反铁电相界 $PbZr_{0.95}Ti_{0.05}O_3$

结合图 7-15 观测结果，采用三方-四方相含量及其电畴机制可以对图 7-9 所示铁电陶瓷极化前后介电常数的变化趋势进行定性解释：在四方相中，由于 90°畴壁活性低而 180°畴的反转占主导地位，组分越趋近相界电畴越细碎、夹持效应越低、响应增强。由于极化增加了 180°畴的含量，介电常数 ε_{33}^T 进一步增大。而在三方相中，71°和 109°畴的畴壁运动占主导地位。锆含量的增加电畴尺寸变大、畴壁密度减小、夹持效应增大、响应降低。极化导致 71°和 109°畴的含量降低,介电常数 ε_{33}^{T} 进一步减小。

对于固溶体钙钛矿,虽然已相继讨论了组成元素的离子半径、A/B 位离子半径比、原子量、A/B 位原子量之差[677]、原胞体积比、离子位移比[691]、结构容忍因子[659,661,692]等因素与相界位置以及相界垂直度之间的关系,但相界位置组分由什么因素决定目前还是一个开放课题。

7.2.4 压电性能调控

化学组成元素及其浓度是控制钙钛矿铁电陶瓷压电性能的本征因素。除此之外,微量元素掺杂可以进一步调控压电响应[651,693],如图 7－16 所示,施主掺杂使压电性能变“软”,而受主掺杂使压电性能变“硬”。对于相同类型的缺陷,缺陷浓度对压电响应的贡献也不能忽视。例如,对于在贫氧气氛中退火处理的 Fe 掺杂 PZT 压电陶瓷,电滞回线与退极化测试发现额外氧空位使材料变得更“软”,这与 Fe 掺杂硬化 PZT 的期望相反[694]。除了组分效应,A 位空位、氧空位等缺陷对铁电陶瓷压电性能的影响不应仅仅归结于电荷补偿和局域晶格畸变,还应包含缺陷对电畴旋转运动的影响。

致密度和晶粒尺寸大小首先反映了陶瓷的烧结状态。目前,商用压电陶瓷的致密度已达到或超过理论密度的 95%。其次,晶粒尺寸大小与分布、晶界等显微结构及其夹持效应还影响晶格畸变,影响电畴组态与电畴旋转能力,不仅影响压电陶瓷的响应性能,还影响材料的温度稳定性、老化稳定性与器件的安全性、可靠性[378,379,695,696]。例如图 7－17 所示,随晶粒尺寸减小介电常数、压电常数降低,机电耦合系数却增大。

压电陶瓷的发展历史表明,减小粒径至亚微米可以改善陶瓷的加工与机械性能,有利于提高多层共烧变压器、作动器的可靠性;然而,减小粒径也会降低响应性能;通过化学组成与掺杂协同设计在保留细晶陶瓷机械性能的同时也能够达到粗晶陶瓷的压电性能。虽然已经认识到化学组成、点缺陷、显微结构对调控压电陶瓷力、电综合性能的重要性,由于数字化描述显微结构等原子系统的组成与状态特征比较困难,相关研究大都停留在定性、半定量描述阶段。

7.2.5 各向异性压电陶瓷

钛酸铅是各向异性压电陶瓷。采用 La、Ca、Sm、Mn、$Co_{1/2}W_{1/2}$ 等元素替代,通过降低 $PbTiO_3$ 铁电相的负热膨胀系数获得了力、电性能优良的各向异性压电陶瓷[349,697-703]。大部分元素替代不仅降低了钙钛矿相的四方晶格畸变,也降低了铁电相变温度。与此相反,$0.6PbTiO_3-0.3Bi(Zn_{0.5}Ti_{0.5})O_3-0.1BiFeO_3$ 固溶体具有更大的

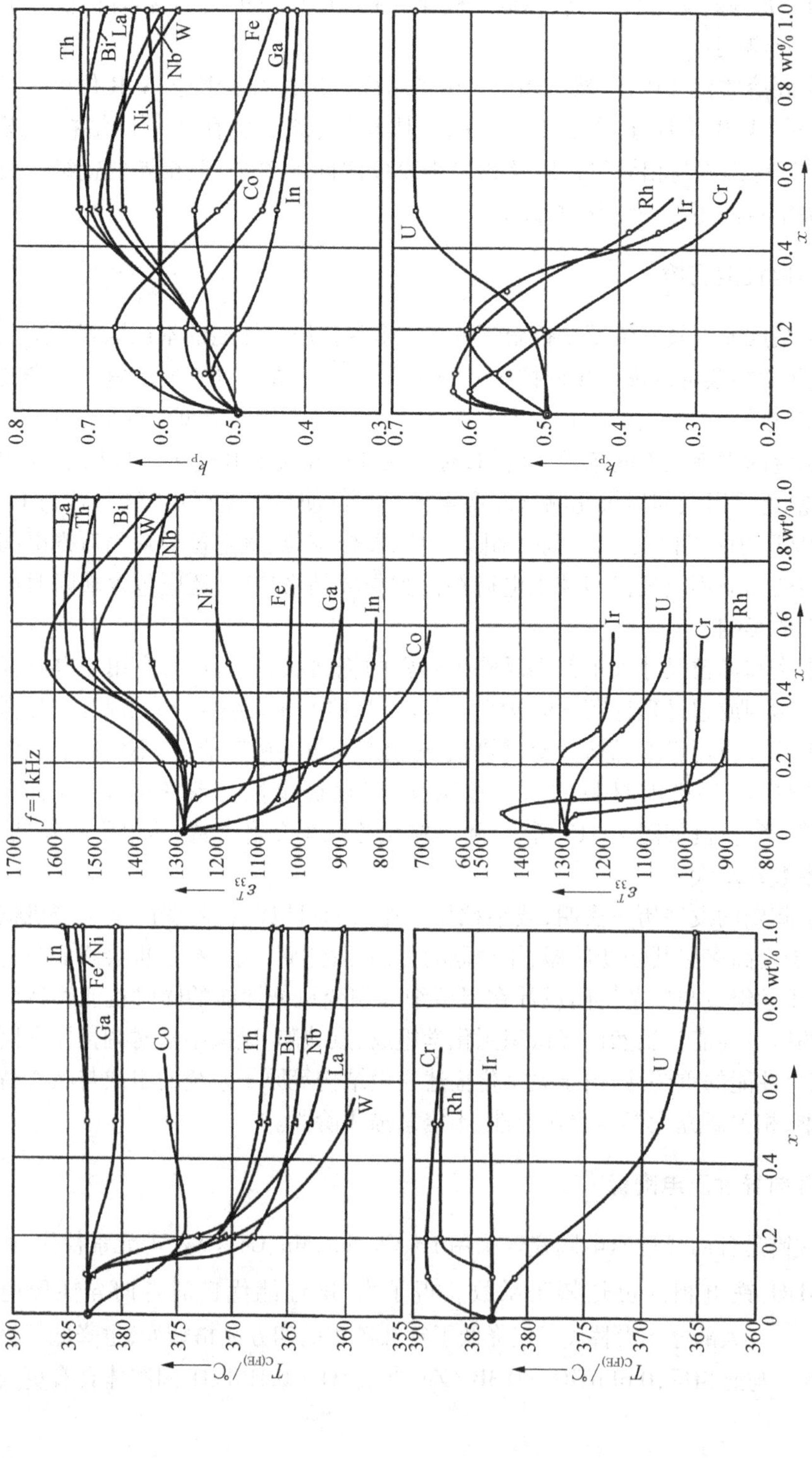

图 7-16　$PbZr_{0.52}Ti_{0.48}O_3$ 压电陶瓷物理性质与掺杂元素及其浓度的关系[693]

注：wt%指质量百分比。

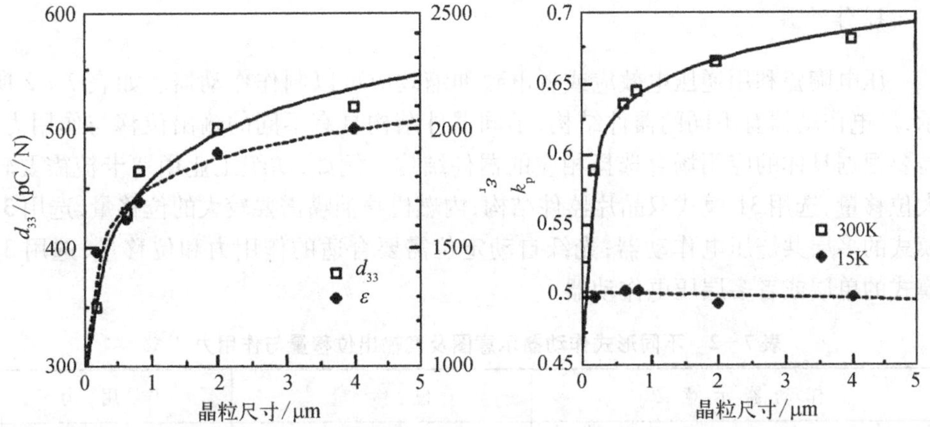

图 7-17 PZT 压电陶瓷物理性质与晶粒尺寸大小的关系[695]

四方晶格畸变、更小的负热膨胀系数,铁电相变居里温度升高,在 180℃、7 kV/mm 直流电场极化后 $d_{33}\approx 2$ pC/N;采用 Ca 取代 Pb 后极化活性提高,实验得到 $Pb_{0.32}Ca_{0.18}Bi_{0.4}(Ti_{0.75}Zn_{0.15}Fe_{0.1})O_3$陶瓷的压电性能为 $d_{33}=80$ pC/N、$\varepsilon_r=380$、$k_t/k_p\to\infty$、$Q_m=50$、$T_C=237$℃;采用 Nb/Mg 组合元素掺杂可以进一步提高压电响应[704]。与传统的改性钛酸铅陶瓷相比,$Pb_{0.6-x}Ca_xBi_{0.4}(Ti_{0.75}Zn_{0.15}Fe_{0.1})O_3$压电陶瓷具有巨各向异性、更小的机械品质因数 Q_m、更大的压电常数。

横向考察铁电陶瓷,可以发现四方晶格畸变与电畴织构并不足以解释钙钛矿陶瓷的压电各向异性差异,各向异性程度与替代元素的种类和浓度密切相关[697-701]。在晶体价键理论中,如方程(3-2)所示,采用化学键的各向异性 s_{B-O1}/s_{B-O2}作为桥梁可以建立元素特征与压电各向异性 d_{33}/d_{31}之间的因果关系。未来,通过完善量化关系与数据库,有望预测式设计不同各向异性的压电陶瓷,去除高频换能器不同振动模态之间的耦合、提高探测指向性等器件性能。

7.2.6 压电陶瓷应用

从能量转换形式分压电器件包括四类:① 电能转换成机械能,如压电作动器、压电蜂鸣器、超声发生器、超声马达、微定位器、扬声器、压电泵、燃油阀等;② 机械能转换成电能,如加速度传感器、压力传感器、麦克风、水听器、点火器等;③ 电能与机械能互换,如声呐、超声检测(B 超、彩超、超声层析成像)、超声探伤等;④ 电能到机械能再到电能转换,如陶瓷滤波器、陶瓷谐振器、压电变压器、声表面波探测器等。它们有的工作在静态,有的工作在动态,还有的工作在谐振状态。本书以作动器、传感器、滤波器、换能器为例简要介绍压电陶瓷的应用。

1. 作动器

压电陶瓷利用逆压电效应或者电致伸缩效应可以制作作动器。如表 7－2 所示，压电作动器有不同的器件结构，不同器件结构具有不同的输出位移与作用力。需要根据具体的应用场合选择相应的器件结构。例如，纺织工业用贾卡梳需要较大位移量，选用 31 模式双晶片器件结构；内燃机喷油嘴需要较大的位移量，选用 33 模式的多层共烧压电作动器；光纤自动定位需要合适的作用力和位移量，选用 33 模式的单层或者多层压电作动器。

表 7－2　不同形式作动器示意图及其输出位移量与作用力[632]

作动器示意图	位移量	作用力
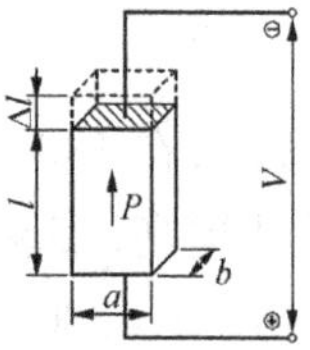	$\Delta l = d_{33} \cdot V$	$F = \frac{a \cdot b}{l} \cdot \frac{d_{33}}{s_{33}^E} \cdot V$
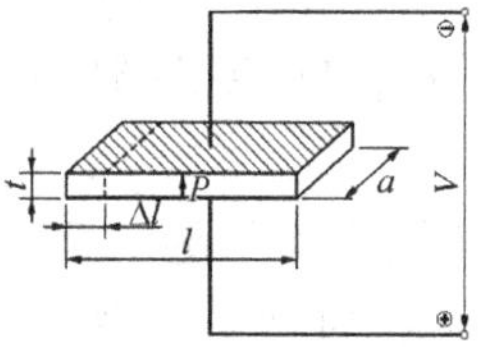	$\Delta l = d_{31} \cdot V \cdot \frac{l}{t}$	$F = a \cdot \frac{d_{31}}{s_{11}^E} \cdot V$
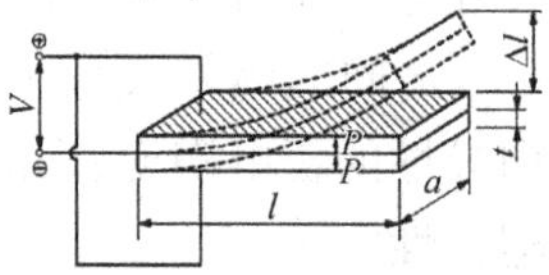	$\Delta l = \frac{3}{4} \cdot \left(\frac{l}{t}\right)^2 \cdot d_{31} \cdot V$	$F = \frac{2t \cdot a}{l} \cdot \frac{d_{31}}{s_{11}^E} \cdot V$
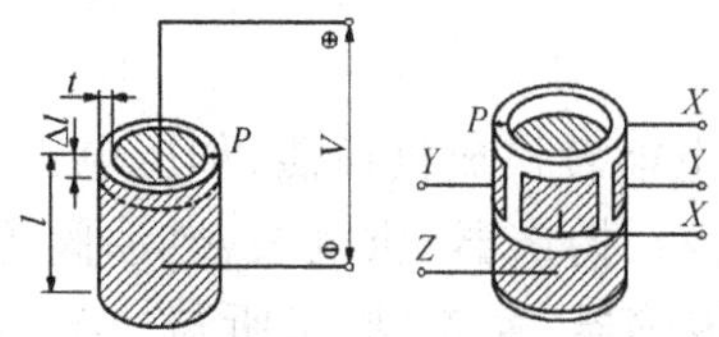	$\Delta l = d_{31} \cdot V \cdot \frac{l}{t}$	
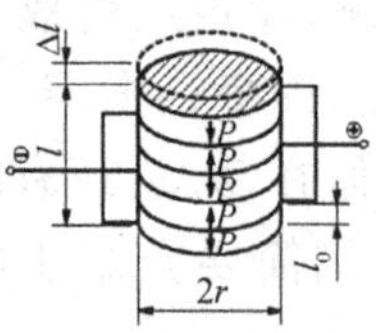	$\Delta l = nd_{33} \cdot V = \frac{l}{l_0} \cdot d_{33} \cdot V$	$F = \frac{l}{l_0^2} \cdot \pi r^2 \cdot \frac{d_{33}}{s_{33}^E} \cdot V$

压电陶瓷多层作动器从制作方式讲主要有两种：一种是采用导电胶黏结堆垛多层作动器。由于受工艺条件限制，陶瓷元件厚度在 0.2~1.0 mm，压电陶瓷充分伸展时工作电压需要 1 000 V。树脂黏结剂是限制作动器在高低温、热冲击等极端场合应用的关键因素。另一种为采用共烧技术制备的多层作动器。由于采用流延厚膜工艺，陶瓷层厚在 20~100 μm，工作电压仅需 40~200 V。材料、器件、封装一体化的单片式共烧技术使得作动器的响应时间、位移精度、工作温度范围、工作环境、耐压性能、器件寿命等都获得极大提升。如图 7－18 所示，与双晶片作动器相比，多层作动器在相同电压下具有较小的位移输出，具有更大的作用力。

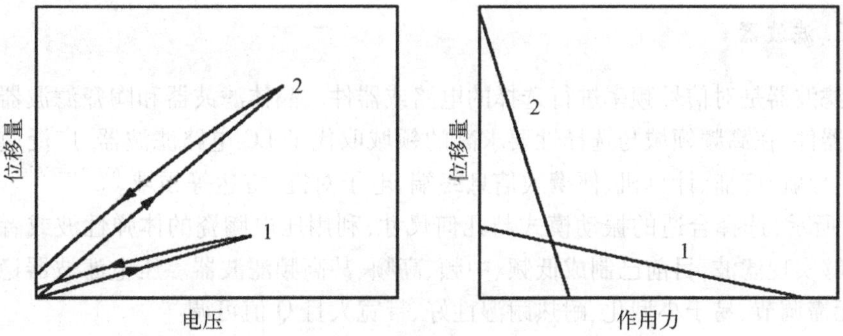

图 7－18　多层压电陶瓷作动器(1)与双晶片压电作动器(2)输出特性示意图[632]

2. 加速度传感器

传感器是指能够感受外界物理量的变化并按一定的规律转换成可用输出信号的器件。传感器决定了装备与外界环境交互的能力，是装备智能化的硬件基础。其中，压电加速度传感器或者振动传感器基于压电效应测量振动、冲击、速度、位移、倾斜等物理变化。如图 7－19 所示，压电加速度传感器常用的器件结构有压缩式与剪切式两种，常用于一般运动环境、高频振动环境、低频振动环境、冲击环境、微振动环境、小物体振动环境、高温环境、低温环境、辐射环境、系统运转监测等。与机械式、光学式加速度传感器相比，压电加速度传感器具有灵敏度高、体积小和重量轻、带域宽、高频响应以及动态响应特性好、机械强度高、环境适应性好、不需要电源等特点。

基于压电超声波发生器与检波器的超声回波测量法已广泛应用于管道和容器壁厚测量，可直观地监测腐蚀情况。倒车雷达大都采用压电超声回波测距。

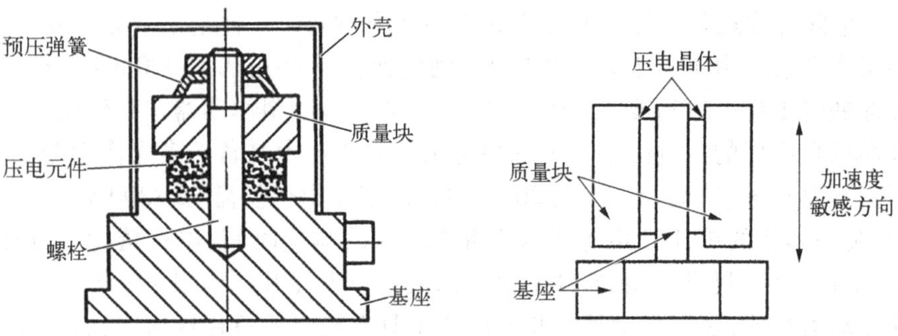

图 7 - 19　压电加速度传感器结构图

3. 滤波器

滤波器是对信号频率进行选择的电路或器件。晶体滤波器和陶瓷滤波器属于压电器件,在高频领域与选择性要求高的领域取代了 LC 电路滤波器,广泛应用于通信、导航、广播、计算机、便携式信息终端、电子对抗、雷达等领域[632,705-709]。如表7-3 所示,选择合适的振动模式与几何尺寸,利用压电陶瓷的体弹性波或者表面波能够实现滤波,目前已制成低频、中频、高频、甚高频滤波器。压电滤波器稳定性高、无需调节、易于小型化、耐热耐湿性好、带宽大且 Q 值可调。

表 7 - 3　不同振动模及其可用的频率波段[632,705,706]

振动模	频率/Hz	1k	10k	100k	1M	10M	100M	1G
弯曲模		■■■■						
长度模				■■■				
平面扩展模				■■				
厚度模					■■■			
能阱厚度模						■■■		
声表面波						■■■■		

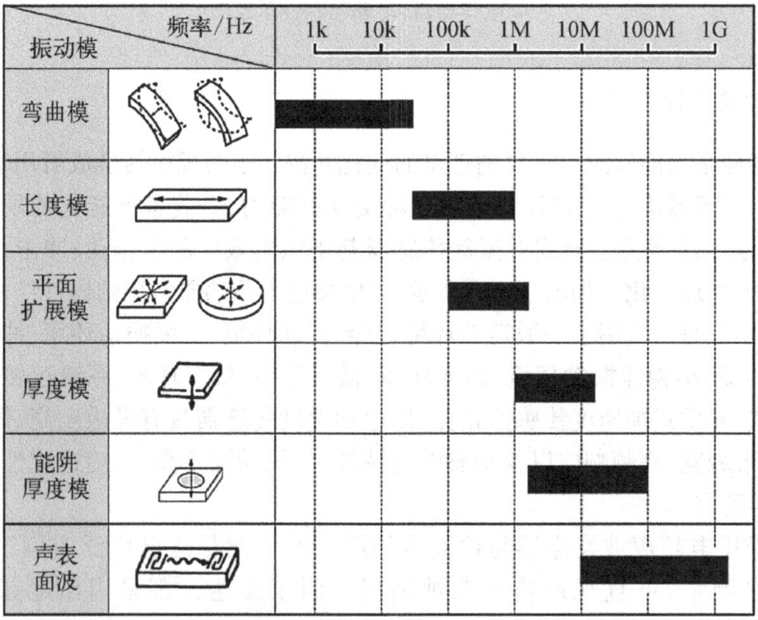

注:箭头表示放大的振动方向。

高质量频率控制器件要求压电陶瓷谐振频率的温度与老化稳定性高、机电耦合系数大、机械品质因数高,高频应用时还要求介电常数小、致密度高、片内一致性好。如表 7-3 所示,2 MHz 以上高频器件必须利用厚度振动,滤波器的中心频率主要由陶瓷的厚度决定。由于 PZT 压电陶瓷厚度振动常常受径向振动影响,不同谐波之间的耦合将产生寄生振动,降低滤波器的品质。因此,边长与厚度相近的矩形片或者直径与厚度相近的圆片不利于 PZT 压电陶瓷滤波器的小型化。为了抑制寄生振动,一种方法是利用厚度振动的能阱模式。通过选择适当的电极面积与板材厚度,可以把振动限制在电极之间获得单纯的厚度振动模态。对于图 7-20 所示分割电极能阱滤波器,振动模式有对称和反对称两种。通过这两个模式之间的耦合可以制作带通滤波器,在一块陶瓷片上通过电极连接可以制作高选择性单片式滤波器[386,706]。振动模式不同谐振频率的温度系数有差异。改变锆钛比可以调节谐振频率的温度系数,获得每一振动模的零温度系数。

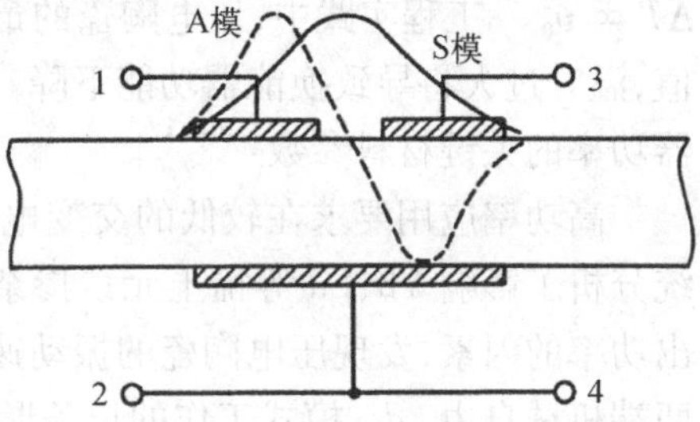

图 7-20 分割电极双能阱模滤波器剖面图[706]。A 表示反对称模,S 表示对称模

如果 $k_{31}(k_p)$ 小到可忽略不计时,厚度振动将不再受径向振动影响,振动模态变得单纯。采用各向异性钛酸铅压电陶瓷已实现甚高频陶瓷滤波器,10 MHz 以上谐振器的性能优于 PZT 陶瓷。如图 7-21 所示,由于小泊松比的压电陶瓷基频不能产生能阱模,钛酸铅陶瓷更适合制作三阶泛音谐振器,从而提高了滤波器的中心频率。压电陶瓷体波滤波器的中心频率上限受陶瓷基板尺寸与机械强度的控制。

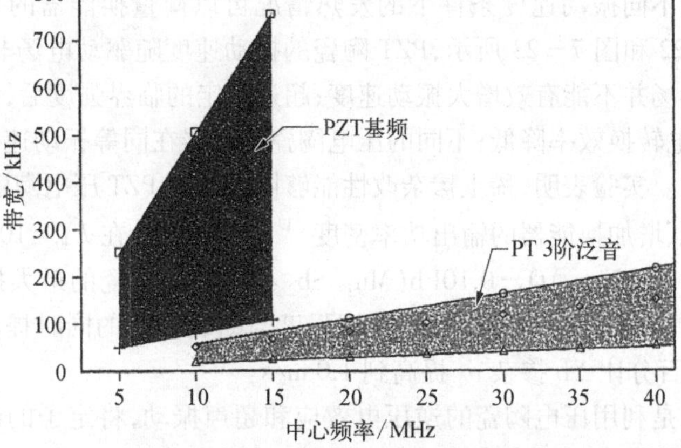

图 7-21 厚度振动压电陶瓷滤波器中心频率与带宽之间的关系[708]

由于改性钛酸铅陶瓷的机械性能优于 PZT,可加工制作厚度低于 100 μm、中心频率接近 100 MHz 的滤波器。

4. 超声换能器

在压电变压器、压电马达、超声焊接、超声清洗等系统中,由于输出功率与振动速度平方呈正比,压电换能器通常工作在较高的振动速度。振动速度增大将产生大量的热量、换能器系统的温度升高,温度变化 ΔT 与振动速度 v_0 间的关系为 $\Delta T \propto v_0^2$。工程实践中,压电陶瓷的最大振动速度通常定义为 $\Delta T = 20℃$ 时的 v_0 值,温升过大将导致换能器功能下降。因此,压电陶瓷的最大振动速度是提高换能器功率的关键材料参数[710-713]。

高功率应用要求在较低的交变电场下获得尽可能高的 v_0。Uchino 课题组系统分析了影响 Yb、Eu 等稀土元素掺杂 PZT－PMN、PZT－PMS 压电陶瓷换能器输出功率的因素,发现压电陶瓷的振动速度 v_0 与低场参数之间存在制约关系。对于两端机械自由、d_{31} 模式工作的长条形样品(例如 42 mm×7 mm×1 mm),在 E_{d0} 电场下振动速度 v_0 可以表示为

$$v_0 = \frac{4}{\pi}\sqrt{\frac{\varepsilon_{33}^T}{\rho}}k_{31}Q_{\mathrm{m}}E_{\mathrm{d0}} = \frac{4}{\pi}\frac{d_{31}}{\sqrt{\rho s_{11}^E}}Q_{\mathrm{m}}E_{\mathrm{d0}} \tag{7-13}$$

式中,ρ 为陶瓷密度;E_{d0} 为驱动电场强度。由方程(7－13)可知,在提高 d_{31} 和 Q_{m} 的同时降低 s_{11}^E,或者协同提高机械品质因数 Q_{m} 和机电耦合系数 k_{31},可增大振动速度 v_0。上述目标通过提高陶瓷致密度、控制晶粒尺度、调整陶瓷组分与掺杂等技术可以实现。

通过测量不同振动速度条件下的发热情况可以衡量换能器的可靠性和稳定性。如图 7－22 和图 7－23 所示,PZT 陶瓷的振动速度随驱动电场非线性增加,单纯依靠驱动电场并不能有效增大振动速度;超过一定的临界强度后,增大驱动电场徒增损耗、机电转换效率降低;不同的压电陶瓷换能器在同等振动速度条件下发热情况差别很大。实验表明,稀土掺杂改性能够协同提高 PZT 压电陶瓷的 Q_{m} 和 k_{31}、提高强场性能、增加换能器的输出功率密度[713-717]。例如,在 $E_{\mathrm{d0}} = 10$ kV/m 交变电场下,$0.90Pb(Zr_{0.52}Ti_{0.48})O_3-0.10Pb(Mn_{1/3}Sb_{2/3})O_3$ 压电陶瓷的最大振动速度 $v_0 \approx 0.8$ m/s,Yb 掺杂在提高陶瓷致密度、机械强度与断裂韧性的同时提高了振动速度 v_0,0.2%摩尔百分比 Yb 掺杂 v_0 提高到 1.0 m/s。

超声电机是利用压电陶瓷的逆压电效应和超声振动,将定子的微观形变通过共振放大和摩擦耦合转换成旋转型电机转子或者直线型电机动子宏观运动的一种全固态电机[718]。这种电机具有响应快、惯性小、控制特性好、低速大扭矩、结构简

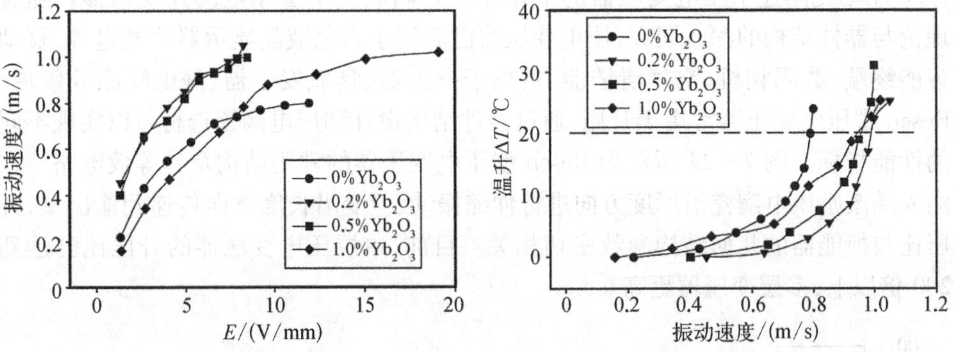

图 7-22 不同摩尔浓度 Yb_2O_3 掺杂 $Pb(Zr_{0.61}Ti_{0.39})_{0.9}(Mn_{1/3}Nb_{2/3})_{0.1}O_3$ 压电陶瓷在不同电场驱动下的振动速度以及不同振动速度时的温度变化[714]

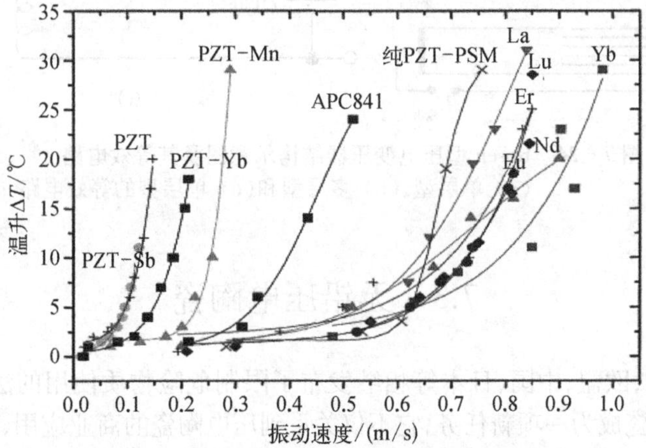

图 7-23 多种 PZT 压电陶瓷振动速度与温升的关系图[717]

单紧凑、设计灵活、低噪声、无电磁干扰等特征，可用于航天器、航空器、汽车、机器人、精密仪器等系统。早在 20 世纪 70 年代初，美国 IBM 公司的 Barth 首先研制成功原理性超声电机；后经过苏联、日本学者的持续努力，超声电机在 80 年代末进入商业应用[719]。优良的固态驱动器要求较大的机械位移（大于 10 μm）和较低的驱动电压（小于 100 V），把较薄的分立驱动器堆垛成多层驱动器是超声电机最常采用的一种方式。

压电变压器是一种通过逆压电效应实现电能到机械能、再通过压电效应实现机械能到电能转化，在此过程中实现电压升降的贴片式电子器件。压电变压器要求压电陶瓷具有高径向耦合系数、机械品质因数和低介电损耗，具有较高的频率、温度和时间稳定性。与传统的电磁式变压器相比，压电变压器具有功率密度高、体积小、升压比大、高频转换效率高、耐高温、电磁干扰小等优点[720-723]。Rosen 于

1956 年率先阐述了压电变压器的工作原理并制成了单层压电陶瓷变压器。随着理论与器件结构的深入研究,压电变压器已商用于彩色液晶显示器背光电源、移动智能终端、数码相机、空气清洁器、负离子发生器、臭氧发生器、静电喷涂等领域。Rosen 型压电变压器常用于升压,通过器件结构设计和压电陶瓷选材可以实现不同的性能指标。图 7－24 所示为 Rosen 型压电变压器的常用结构及其等效电路。在输入端激励压电陶瓷沿厚度方向进行伸缩振动、应变沿长度方向传递到输出端,升压比与换能器的几何结构参数密切相关。目前,单层压电变压器的升压比已达到 200 倍以上,多层变压器更高。

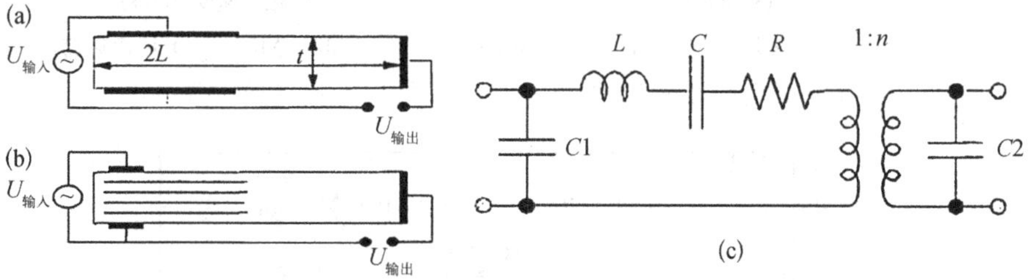

图 7－24　Rosen 型压电变压器结构示意图及其等效电路[720]:
(a) 单层型、(b) 多层型和(c) 单层型的等效电路

7.3　无铅压电陶瓷

21 世纪初,欧盟、中国、日本等相继发布了限制危险物质使用的法令。因此,研发无铅压电陶瓷成为一项新任务,它不仅关系到压电陶瓷的商业应用,还关系到对铁电压电陶瓷基本原理的认知。按晶体结构分无铅陶瓷主要有:钨青铜结构、铋层状结构、钙钛矿层状结构和钙钛矿结构。钨青铜结构无铅陶瓷(如 $Sr_xBa_{1-x}Nb_2O_6$)已在电光、光折变、热释电等领域获得应用;铋层状结构(如 $Bi_4Ti_3O_{12}$、$CaBi_4Ti_4O_{15}$、$SrBi_2Nb_2O_9$)和钙钛矿层状结构(如 $La_2Ti_2O_7$、$Sr_2Nb_2O_7$)无铅陶瓷具有高居里温度、低介电常数、大各向异性等特点,在高温极端环境具有独特优势,是高温压电振动传感器、压力传感器的主要功能元[211,724,725];钙钛矿结构是研发高性能无铅压电陶瓷的重点。

7.3.1　铌酸钾钠固溶体

$(K_{1-x}Na_x)NbO_3$ 固溶体钙钛矿压电陶瓷的研究始于 1959 年。根据结构相似相溶原理,反铁电 $NaNbO_3$ 与铁电 $KNbO_3$ 可以形成连续固溶体。如图 7－25 所示,在 52%、68%摩尔百分比 $NaNbO_3$ 浓度附近可能存在组分诱导的结构相变。然而,由于铌酸钾钠钙钛矿相的高温稳定性较低,烧结过程中碱金属元素容易挥发,铌酸钾钠陶瓷的烧结温度窗口狭窄,很难获得致密的、化学计量比的单相陶瓷。在多晶型铁电相变临界点,铁电极化方向将发生旋转,介电与压电响应增强[138]。

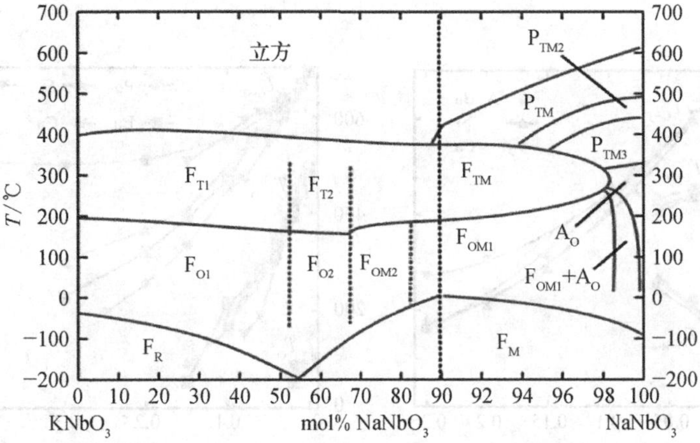

图 7-25 $KNbO_3-NaNbO_3$二元固溶体相图

为了提高 KNN 陶瓷的致密度以及压电响应性能,人们从制备方法、K/Na 组分比、元素替代、多元固溶、掺杂等方面开展了广泛的实验研究[209,210]。例如,通过调节 K/Na 组分比,KNN 二元固溶体在 $x\approx0.5$ 组分附近获得较大的压电响应 $d_{33}\approx$ 170 pC/N,$0.95(K_{0.42}Na_{0.58})NbO_3-0.05LiSbO_3$(KNN-LS5)三元固溶体的电学性质为 $d_{33}\approx270$ pC/N、$k_p\approx47.2\%$、$T_C\approx364$℃、$\varepsilon_r\approx1\,412$、$\tan\delta\approx2.8\%$。钙钛矿晶体中存在组分诱导的准同型结构相界(MPB)和温度诱导的多晶型结构相界(PPB)两种。不管是组分驱动还是温度驱动的相界,结构相界附近介电响应、压电响应都异常增大。与 MPB 附近组分 PZT 压电陶瓷具有良好的温度稳定性不同,PPB 在增强压电响应的同时天然导致响应性能的温度稳定性较差。

虽然期望在 KNN 固溶体中构建组分诱导的准同型结构相界,然而,绝大多数时候化学组成变化改变的却是 KNN 铁电-铁电多晶型结构相变的温度[726-728]。如图 7-26 所示,在$(Na_{0.5}K_{0.5})NbO_3$中引入 $AZrO_3$(A=Ba、Sr、Ca)第三组元时,立方-四方和四方-正交相变温度降低但正交-三方相变温度升高,当引入 8%~15%摩尔百分比 $AZrO_3$时室温为三方相[729,730];引入 $MTiO_3$($M=Pb$、Ba、Sr、Ca、$Bi_{0.5}Li_{0.5}$)第三组元时,立方-四方、四方-正交和正交-三方相变温度都降低,当 $PbTiO_3$ 含量超过 40% 时立方-四方相变温度反常增大[731]。在$(1-x)(K_{1-y}Na_y)(Nb_{1-z}Sb_z)O_3-xBi_{0.5}(Na_{1-w}K_w)_{0.5}ZrO_3$多元固溶体中,如图 7-27 所示,正交-四方相变温度降低的同时三方-正交相变温度升高,超过临界浓度后融合为一个三方-四方结构相变[214]。多晶型相界趋向室温压电响应异常增大。例如,在$(0.94-x)K_{0.4}Na_{0.6}NbO_3-xBaZrO_3-$

0.06$LiSbO_3$陶瓷中获得 d_{33} = 344 pC/N 的高压电响应；在$(1-x-y)K_{0.5}Na_{0.5}NbO_3-xBaZrO_3-yBi_{0.5}Na_{0.5}TiO_3$陶瓷中获得 d_{33} = 340 pC/N 的高压电响应；在$(1-x)(K_{1-y}Na_y)(Nb_{1-z}Sb_z)O_3-xBi_{0.5}(Na_{1-w}K_w)_{0.5}ZrO_3$陶瓷中获得 $d_{33}\approx$490 pC/N 的高压电响应。

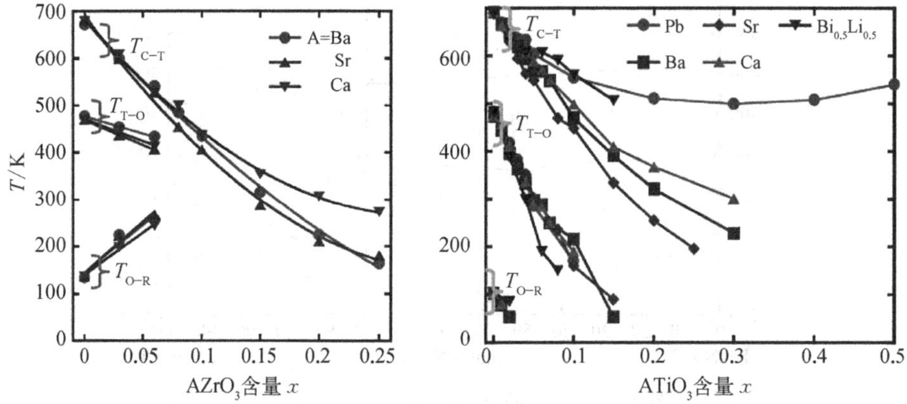

图 7-26　$(Na_{0.5}K_{0.5})NbO_3-ABO_3$准二元固溶体相图[730,731]

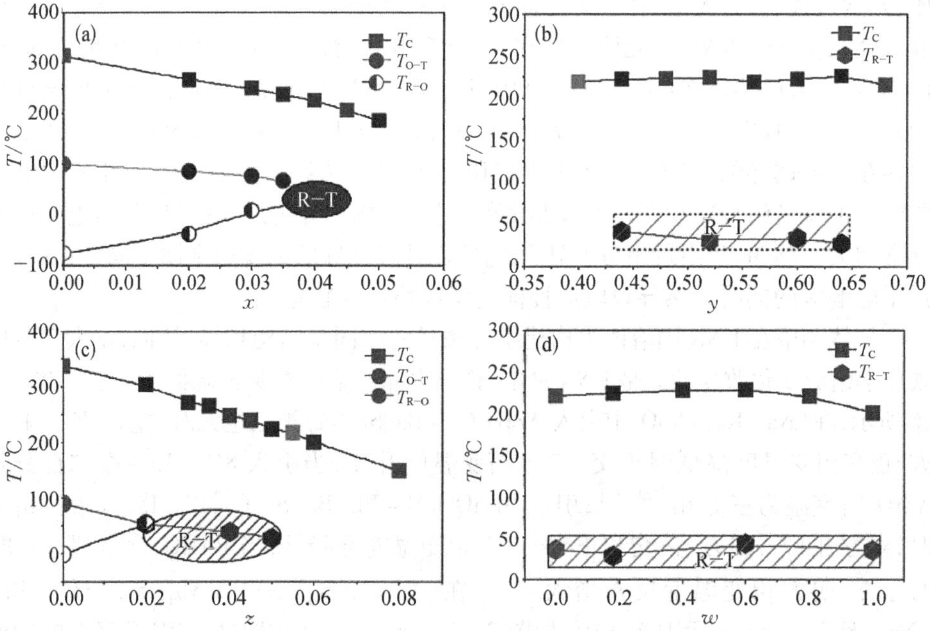

图 7-27　$(1-x)(K_{1-y}Na_y)(Nb_{1-z}Sb_z)O_3-xBi_{0.5}(Na_{1-w}K_w)_{0.5}ZrO_3$固溶体相图[214]：(a) y=0.48、z=0.05、w=0.18；(b) x=0.04、z=0.05、w=0.18；(c) x=0.04、y=0.48、w=0.18；(d) x=0.04、y=0.48、z=0.05

除了化学组成调控相界性质与相变温度，掺杂和微结构控制也是调控 KNN 陶瓷压电性能的常见方法。例如，织构化使得$(K_{0.485}Na_{0.485}Li_{0.03})(Nb_{0.80}Ta_{0.20})O_3$陶瓷的$d_{33}$从 230 pC/N 提高到了 373 pC/N，使得$(K_{0.44}Na_{0.52}Li_{0.04})(Nb_{0.86}Ta_{0.10}Sb_{0.04})O_3$陶瓷的$d_{33}$从 300 pC/N 提高到了 416 pC/N，二者室温都为四方相结构，铁电相变居里温度分别为 323℃和 253℃[732]。

除了压电性能，KNN 陶瓷的透明光学性能、储能性能也获得了关注[733]。采用传统固相反应电子陶瓷工艺可以制备$0.8(K_{0.5}Na_{0.5})NbO_3-0.2Sr(Sc_{0.5}Nb_{0.5})O_3$细晶透明陶瓷，平均晶粒尺寸约为 0.5 μm，可见光透过率约为 60%，能量存储密度约为 2.48 J/cm^3。

7.3.2 钛酸铋钠-钛酸钡固溶体

钛酸钡陶瓷压电响应中等、居里温度较低，在室温附近还存在一个多晶型相界，应用范围受到极大的限制。$(Bi_{0.5}Na_{0.5})TiO_3$在 230℃存在一个三方铁电-反铁电结构相变，在 320℃存在一个反铁电-顺电结构相变，$Bi_{0.5}Na_{0.5}TiO_3$与$BaTiO_3$(BNT－xBT)能够形成连续固溶体[209,210]。如图 7－28 所示，在$x\approx0.07$时存在一个三方-四方准同型结构相界，介电响应具有极大值，在相界两侧相当宽的组分范围内BNT－BT 固溶体在居里温度以下还存在一个铁电-反铁电结构相变[734]。如图 7－29 所示，介电温谱和电滞回线测量表明 0.95BNT－0.05BT 固溶体与 BNT 具有相同的结构相变次序和相变性质。0.94BNT－0.06BT 陶瓷的压电性能$\varepsilon_{33}=580$、$\tan\delta=1.3\%$、$d_{33}=$ 125 pC/N、$k_{33}=55\%$、$T_C=288$℃。在$(Bi_{0.5}(Na,K,Li)_{0.5})TiO_3-BaTiO_3$多元固溶体中，压电性能$d_{33}=200\sim230$ pC/N、$k_p=0.34\sim0.41$。由于存在铁电-反铁电多晶型相界，准同型相界附近组分 BNT－BT 固溶体压电陶瓷的退极化温度较低。

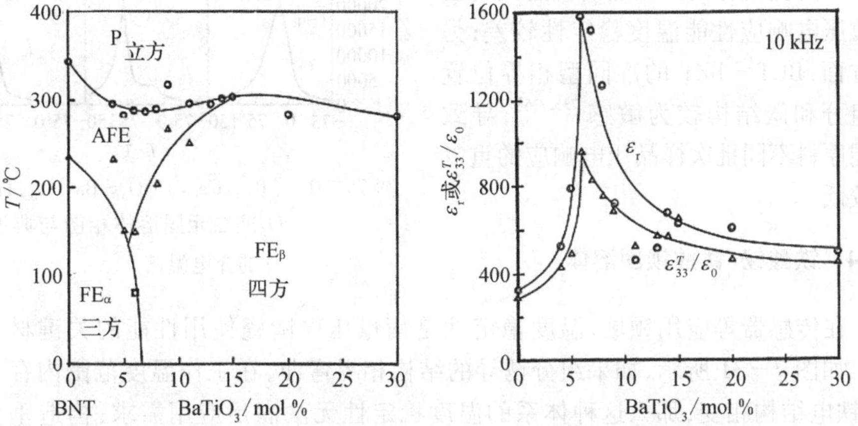

图 7－28 $(Bi_{1/2}Na_{1/2})TiO_3-BaTiO_3$二元固溶体的相图及其室温介电常数[734]

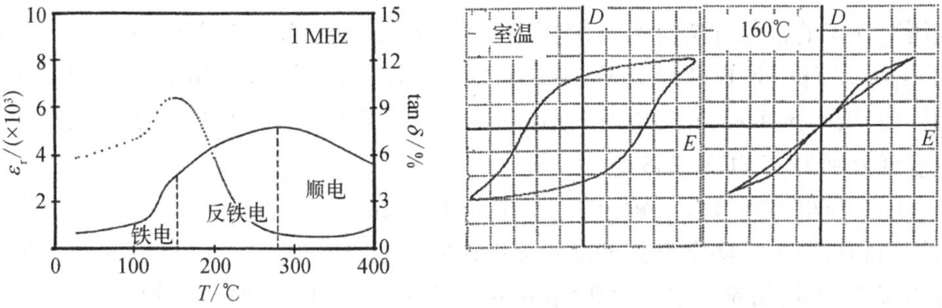

图 7－29 0.95($Bi_{1/2}Na_{1/2}$)TiO_3－0.05$BaTiO_3$固溶体钙钛矿陶瓷的变温介电频谱与不同温度 $D-E$ 电滞回线实验测量结果[734]

7.3.3 钛酸钡钙-锆钛酸钡固溶体

钛酸钡钙-锆钛酸钡(($Ba_{0.7}Ca_{0.3}$)TiO_3－Ba($Zr_{0.2}Ti_{0.8}$)O_3,简称 BCT－BZT)能够形成连续二元固溶体。如图 7－30 所示,随组分变化 BCT－BZT 准二元固溶体存在一个三方-四方结构相变[735]。与 PZT 二元固溶体相比,BCT－BZT 准二元固溶体的三方-四方准同型结构相界不垂直,在不同温度三方-四方相变的临界组分变化较大。对于 0.5BCT－0.5BZT 固溶体,铁电相变温度 $T_C\approx75$℃、三方铁电-四方铁电相变温度在室温附近。一方面,多晶型相界在导致 0.5BCT－0.5BZT陶瓷具有较大压电响应的同时也导致压电响应性能温度稳定性较差;另一方面,BCT－BZT 的准同型相界位置对组分和微结构较为敏感[735,736],导致不同原料不同批次样品压电响应的重复性较低。

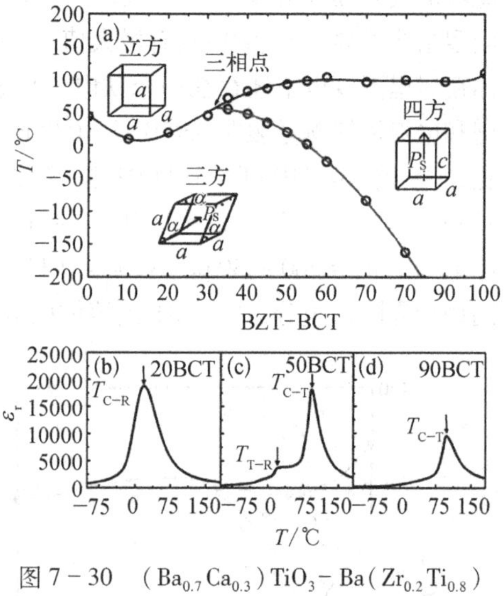

图 7－30 ($Ba_{0.7}Ca_{0.3}$)TiO_3－Ba($Zr_{0.2}Ti_{0.8}$)O_3准二元固溶体相图与典型组分的介电温谱[735]

7.3.4 铁酸铋-钛酸钡固溶体

在传感器等应用领域,温度稳定性是衡量压电陶瓷使用性能的关键材料特性。如图 7－31 所示,如果组分诱导的结构相界弯曲,在工作温度范围内存在铁电-铁电结构相变,那么这种体系的温度稳定性无法满足应用需求;构造垂直的准同型结构相界可以提高压电陶瓷的温度稳定性。与 KNN、BNT－BT、BCT－

BZT 等无铅体系不同,PZT 具有近乎垂直的准同型相界,而且富钛四方相在居里温度以下不存在温度诱导的多晶型相界。因此,发展高温度稳定性的高性能无铅压电陶瓷需要设计具有垂直结构相界或者去除低温铁电-铁电结构相变的新体系[210,691,737]。

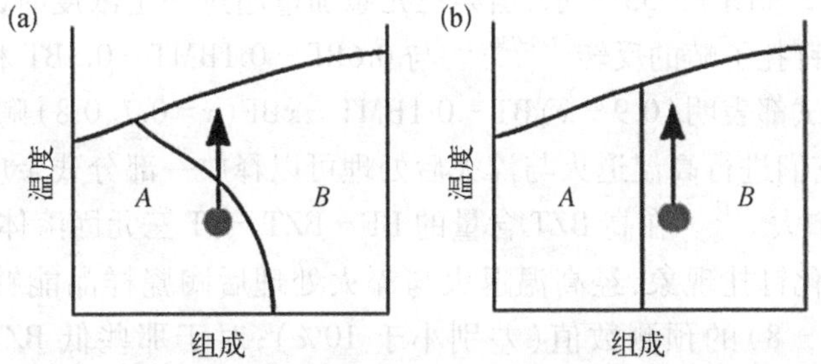

图 7-31　二元固溶体结构相界示意图[210]:(a) 温度稳定性差的弯曲结构相界和(b) 温度稳定性高的垂直结构相界。图中圆点表示感兴趣的组分点,箭头表示温度变化方向

$BiFeO_3$与 $BaTiO_3$能够形成连续固溶体(BF - xBT),在 $x=0.33$ 和 0.92 组分分别存在三方-赝立方和赝立方-四方结构相界,三方-赝立方结构相界附近组分 BF - BT 固溶体具有较高的居里温度,并且在居里温度以下无温度诱导的铁电-铁电结构相变[154,603,738,739]。这种结构相界使得 BF - BT 固溶体是发展高温度稳定性无铅压电陶瓷的优先体系。受样品制备工艺条件、掺杂等因素影响,实验确定的三方-赝立方结构相界组分 x 在 0.23~0.35 范围波动[63,740]。

现实中,BF - BT 铁电陶瓷常常表现为低直流电阻、高介电损耗,无法承载较高的直流电场进行相关性质测量和极化处理。采用 MnO_2 掺杂并优化烧结条件,Leontsev 和 Eitel 在 0.1%质量百分比 MnO_2掺杂的 0.75BF - 0.25BT 陶瓷中观测到 $d_{33}=116$ pC/N、$\varepsilon_r=557$、$\tan\delta=0.046$、$T_C=619$℃[215];程晋荣课题组观测到 1.0%摩尔百分比 Mn 掺杂 0.7BF - 0.3BT 陶瓷性能为 $d_{33}=177$ pC/N、$\varepsilon_r=740$、$\tan\delta=0.045$[63]。需要注意的是,绝大多数文献都未给出陶瓷样品的室温介电常数与损耗数据,未提供室温介电频谱数据以评估样品质量。即使如此,绝大部分文献报道的 BF - xBT($x=0.30$~0.33)陶瓷压电响应 d_{33}在 140~180 pC/N 范围,只有少数文献中 $d_{33}\geqslant 210$ pC/N。例如,粗晶 0.70BF - 0.30BT 陶瓷的 $d_{33}=210$ pC/N、$T_C=514$℃[741,742],$d_{33}=225$ pC/N、$T_C=503$℃[743]。最近,在 Mn 掺杂粗晶 BF - BT 陶瓷中,实验测得纯径向振动模式圆片样品的 $d_{33}=230$ pC/N、室温介电损耗因子 $\tan\delta<0.02$@ 1 kHz[744]。

BF - BT 基三元固溶体能够改善陶瓷的绝缘性、扩展相界调控的组分范围。由于 $Bi(Mg_{1/2}Ti_{1/2})O_3$(BMT)、$Bi(Zn_{1/2}Ti_{1/2})O_3$(BZT)、$Bi(Mg_{2/3}Nb_{1/3})O_3$等钙钛矿是

热力学亚稳相，与 BT、BF、BF－BT 只能形成有限固溶体，随 B 位元素不同固溶限大小不同[601,745-747]；$BaZrO_3$、$Ba(Mg_{1/3}Nb_{2/3})O_3$ 等钙钛矿能与 BF－BT 形成连续固溶体。实验发现，虽然 BF－BT 基三元固溶体陶瓷的绝缘性能获得提高，但压电响应 d_{33}>200 pC/N 依然不是一件容易的事[602,747-752]。

如图 7－32 和图 7－33 所示，当第三元添加量超过一定浓度时，陶瓷样品中出现残余张应力钉扎了畴的反转[749-750]。与 0.6BF－0.1BMT－0.3BT 相比，电滞回线与电滞应变测试都表明 $(0.9-x)$BT－0.1BMT－xBF（x＝0.7、0.8）陶瓷的铁电极化很难反转；对它们进行高温退火与淬火后处理可以释放一部分残余应力、部分极化得以反转、d_{33} 增大[749]。在高 BZT 含量的 BF－BZT－BT 三元固溶体中也观测到了类似的铁电极化钉扎现象，经高温退火与淬火处理后陶瓷样品能够极化，d_{33} 测量值接近方程（2－8）的预测数值（差别小于 10%）；对于那些低 BZT 含量的 BF－BZT－BT 陶瓷，淬火处理对压电响应基本没有影响[170]。

对于 $BiFeO_3$ 系陶瓷，采用三元固溶体策略提高铁酸铋钙钛矿相的热力学稳定性能够稳定、重复获得高直流电阻、低介电损耗的陶瓷[56,199]。在 BF－BT 中加入

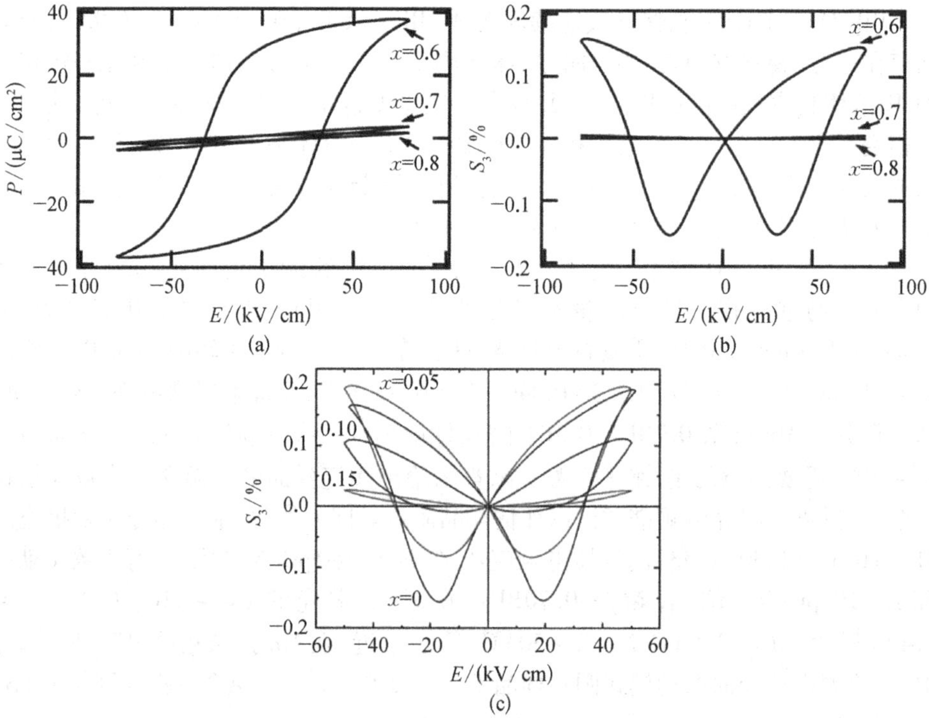

图 7－32　BF－BMT－BT 三元固溶体无铅陶瓷的室温电学性质：（a）、（b）Mn 掺杂$(0.9-x)$BT－0.1BMT－xBF 陶瓷的电滞回线与电滞应变[749]，（c）$(1-x)$(0.67BF－0.33BT)－xBMT 陶瓷的电滞应变[750]。测试频率为 0.1 Hz

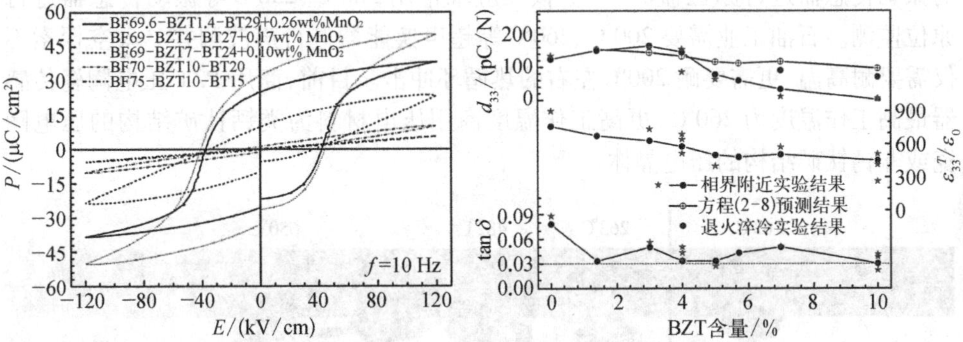

图 7-33 BF-BZT-BT 三元固溶体无铅陶瓷的室温电学性质[170]：
(a) 电滞回线；(b) 压电常数、介电常数与介电损耗

$Bi(Zn_{1/2}Ti_{1/2})O_3$钙钛矿形成三元固溶体就是一个很好的例证。在1%摩尔百分比MnO_2掺杂$(0.70-y)$BF-0.30BT-yBZT 陶瓷中，实验测得 $y=0.05$ 时压电性能为 $d_{33}=139$ pC/N，$k_p=0.31$，$\varepsilon_r=650$，$\tan\delta=0.043$，$T_C=529$℃[753]。晶体结构研究发现 BF-xBT-yBZT 三元固溶体的三方-赝立方结构相界位置受晶粒尺寸影响；在 $0.27\leqslant x\leqslant 0.31/0.01<y<0.05$ 组分范围内，电学研究发现粗晶陶瓷的 $d_{33}\geqslant 145$ pC/N[170,754,755]。优化锰掺杂量和烧结工艺条件，0.22%质量百分比 MnO_2掺杂 0.696BF-0.29BT-0.014BZT 粗晶陶瓷的压电性能为 $d_{33}=150$ pC/N、$k_p=0.36$、$k_t=0.42$、$\varepsilon_{33}^T/\varepsilon_0=660$、$\tan\delta=0.033$、$T_C=513$℃，0.17%质量百分比 MnO_2掺杂 0.69BF-0.27BT-0.04BZT 粗晶陶瓷为 $d_{33}=145$ pC/N、$k_p=0.33$、$k_t=0.41$、$\varepsilon_{33}^T/\varepsilon_0=570$、$\tan\delta=0.034$、$T_C=510$℃，它们具有优良的时间老化和热退极化老化性能[33]。例如，0.17%质量百分比 MnO_2掺杂 0.69BF-0.27BT-0.04BZT 陶瓷样品经三年室温老化后 $d_{33}>140$ pC/N、$\tan\delta\approx 0.033$，在-40～100℃温度范围内厚度谐振频率和径向谐振频率温度系数为-0.9‰、k_t温度系数为 2.3‰。目前，BF-BT 基无铅陶瓷面临的主要问题是如何进一步提高响应性能。

7.4 高温压电陶瓷

在压电传感器种类繁多的应用领域里，航空发动机和燃气轮机、核反应堆、石油测井、太空探索、汽车发动机、石油化工管道等监控需要能在200℃或更高环境温度下实时工作的传感器，用于振动监测、无损检测、流量或液气泄露等监控[211-213]。高温环境对常规电子元件及其系统会带来负面甚至灾难性的影响，而电子系统的高能量耗散与发热会加重这一负面效应和灾难。如图 7-34 所示，航空发动机不同部位的环境温度不同，分别需要工作在 163℃、260℃、482℃和 650℃

的振动传感器进行原位监测[756]。核反应堆常用 360℃、250℃ 等振动传感器进行原位监测。石油工业需要 200℃、260℃ 等超声换能器进行声波测井。太空探索不仅需要耐高温、更需要耐 200℃ 左右的热循环冲击。目前，商用 PZT 压电陶瓷传感器最高工作温度为 260℃，更高工作温度商用压电材料为类钙钛矿结构的压电陶瓷或非钙钛矿结构的压电晶体。

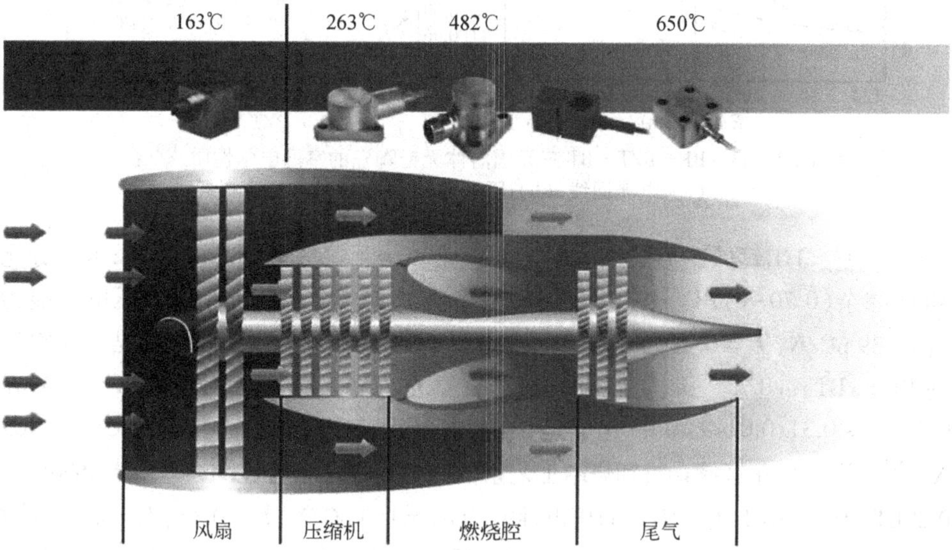

图 7 - 34　航空发动机工作环境温度示意图[756]，蓝色箭头表示冷空气，黄色表示高温压缩空气，红色表示高温燃气

高温压电传感器受材料高温响应能力、高温电阻率、机械强度以及温度稳定性的限制[211,212]。由于不存在畴的老化行为，宽禁带有利于提高电阻率，压电晶体的热稳定性较好。铁电陶瓷不仅压电响应高于晶体，机械强度、成型灵活性、批量生产能力都比晶体材料更胜一筹。二者各有千秋，可以满足不同的工程需求。除了高温电阻率，结构相变也是压电材料高温失效的主要原因。例如，铁电陶瓷的工作温度上限受居里温度限制，超过居里温度材料退极化、压电性消失；石英和 $GaPO_4$ 压电晶体高温发生 α - β 结构相变，β 相中 d_{11} 消失、d_{14} 保持，压电响应不连续。

居里温度限制了压电器件工作温度的上限。通过协同 Zr/Ti 比、掺杂元素与显微结构可以在较大范围内调控 PZT 陶瓷的压电性能。然而，MPB 附近组分 PZT 陶瓷的居里温度不超过 386℃，掺杂与细晶技术进一步降低了居里温度，限制了它们在 260℃ 以上高温环境的应用。由于存在低温三方-高温三方铁电相变或者单斜-四方铁电相变，三方相侧 PZT 压电陶瓷的工作温度上限通常设定为居里温度的一半；而在四方相侧，居里温度以下不存在其他结构相变，PZT 陶瓷的工作温度可达居里温度的三分之二。

设计具有组分诱导结构相界的高居里温度固溶体钙钛矿也是一条开发高性能高温压电陶瓷的可行路径。从图 2－10 至图 2－13 可知，只有少数几种钙钛矿氧化物的居里温度高于 490℃，只有少数几种二元固溶体钙钛矿的居里温度高于 490℃。其中，$PbTiO_3-BiFeO_3$、$PbTiO_3-Bi(Zn_{1/2}Ti_{1/2})O_3$固溶体的居里温度单调增大，$PbTiO_3-BiB^{3+}O_3$、$PbTiO_3-Bi(B^{2+}_{1/2}B^{4+}_{1/2})O_3$（$B^{3+}$=Sc、In、Yb；$B^{2+}$=Mg、Zn；$B^{4+}$=Zr、Ti）固溶体存在一个居里温度的极大值[59,61]。对于表 7－4 所示的二元固溶体，除 $BiFeO_3$外其他含铋钙钛矿氧化物是热力学亚稳相，在常压条件下与 $PbTiO_3$只能形成不连续固溶体[757-759]。

表 7－4 $BiBO_3-PbTiO_3$二元固溶体钙钛矿示例[757]

$BiB^{+3}O_3-PbTiO_3$	$Bi(B^{+2}_{1/2}B^{+4}_{1/2})O_3-PbTiO_3$	$Bi(B^{+2}_{2/3}B^{+5}_{1/3})O_3-PbTiO_3$	$Bi(B^{+2}_{3/4}B^{+6}_{1/4})O_3-PbTiO_3$
$BiFeO_3-PbTiO_3$	$Bi(Mg_{1/2}Ti_{1/2})O_3-PbTiO_3$	$Bi(Mg_{2/3}Nb_{1/3})O_3-PbTiO_3$	$Bi(Mg_{3/4}W_{1/4})O_3-PbTiO_3$
$BiMnO_3-PbTiO_3$	$Bi(Zn_{1/2}Ti_{1/2})O_3-PbTiO_3$	$Bi(Zn_{2/3}Nb_{1/3})O_3-PbTiO_3$	$Bi(Co_{3/4}W_{1/4})O_3-PbTiO_3$
$BiCuO_3-PbTiO_3$	$Bi(Ni_{1/2}Ti_{1/2})O_3-PbTiO_3$	$Bi(Mg_{2/3}Ta_{1/3})O_3-PbTiO_3$	$Bi(Zn_{3/4}W_{1/4})O_3-PbTiO_3$
$BiScO_3-PbTiO_3$	$Bi(Co_{1/2}Ti_{1/2})O_3-PbTiO_3$	$Bi(Zn_{2/3}Ta_{1/3})O_3-PbTiO_3$	
$BiInO_3-PbTiO_3$	$Bi(Mg_{1/2}Zr_{1/2})O_3-PbTiO_3$	$Bi(Co_{2/3}Ta_{1/3})O_3-PbTiO_3$	
$BiGaO_3-PbTiO_3$	$Bi(Zn_{1/2}Zr_{1/2})O_3-PbTiO_3$	$Bi(Co_{2/3}Nb_{1/3})O_3-PbTiO_3$	
$BiYbO_3-PbTiO_3$	$Bi(Mg_{1/2}Sn_{1/2})O_3-PbTiO_3$		

经初步实验筛选发现，结构相界附近组分 $0.5BiSc_{1/2}Fe_{1/2}O_3-0.5PbTiO_3$固溶体的 $T_C\approx425$℃，$0.64PbTiO_3-0.36BiScO_3$ 固溶体的 $T_C\approx450$℃，$0.67BiFeO_3-0.33PbTiO_3$ 的 $T_C\approx630$℃。受钙钛矿相稳定性、陶瓷样品漏电等问题制约，它们的电学特性研究多处于起步阶段。

7.4.1 钛酸铅-钪酸铋固溶体

$PbTiO_3-BiScO_3$（PT－BS）是研究较早较多的钙钛矿型高温压电陶瓷。如图 7－35 所示，0.64PT－0.36BS 为四方-三方结构相界，MPB 附近组分陶瓷具有精细电畴结构[661,759,760]。电学测试表明 MPB 附近组分陶瓷压电响应具有极大值，其中 0.64PT－0.36BS 陶瓷的性能为 T_C = 450℃、$\varepsilon^T_{33}/\varepsilon_0$ = 2 010、$\tan\delta$ = 0.027、d_{33} = 460 pC/N、k_p = 0.56，0.66PT－0.34BS 陶瓷为 T_C = 460℃、$\varepsilon^T_{33}/\varepsilon_0$ = 1 370、d_{33} = 260 pC/N、k_p = 0.43[761]。0.57PT－0.43BS 单晶的性能为 T_C = 402℃、$\varepsilon^T_{33}/\varepsilon_0$ = 3 000、$\tan\delta$ = 0.04、d_{33} = 1 150 pC/N、k_{31} = 0.52[762]。Sc/Ti 比不同、掺杂元素不同 PT－BS 陶瓷的热稳定性差别较大，采用 Mn 掺杂时四方相 PT－BS 陶瓷表现出高温、高功率应用的潜力[763-766]。

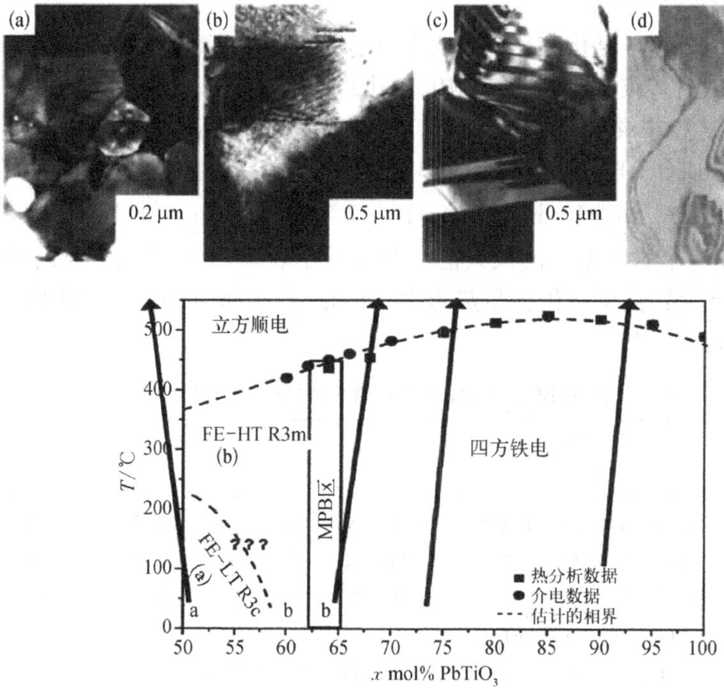

图 7 - 35　$PbTiO_3$ - $BiScO_3$ 二元固溶体相图以及不同相区的典型畴结构[760]

由于钪元素资源稀少、价格较高，通过其他元素替代也能获得类似的压电性能。例如，0.55$PbTiO_3$ - 0.45Bi($Sc_{0.50}Fe_{0.50}$)O_3 陶瓷性能为 T_C = 440℃、ε_r = 1 130、$\tan\delta$ = 0.033、d_{33} = 298 pC/N、k_p = 0.49，0.50$PbTiO_3$ - 0.50Bi($Sc_{0.30}Fe_{0.70}$)O_3 为 T_C = 451℃、ε_r = 684、$\tan\delta$ = 0.030、d_{33} = 172 pC/N、k_p = 0.35[767,768]，0.52(0.35BMT - 0.30BF - 0.35BS) - 0.48PT 为 T_C = 450℃、$\tan\delta$ = 0.036、d_{33} = 328 pC/N、k_p = 0.44[769]。

7.4.2　钛酸铅-铁酸铋固溶体

$BiFeO_3$ - $xPbTiO_3$(BF - PT)二元固溶体的居里温度在 490 ~ 830℃ 内变化，如图 7 - 36 所示，在 x = 0.17 和 0.33 组分固溶体分别从三方相转变为三方/四方两相共存、转变为四方相[770,771]。与 PZT 的准同型结构相界不同，在 x = 0.17 ~ 0.33 组分范围内 BF - PT 是三方与四方两相共存，二者的 X 射线衍射峰能够明确区分。在 PZT、BS - PT 等固溶体中，随 PT 含量降低铁电相负热膨胀系数和四方晶格畸变都减小，在相界处热膨胀系数变为正、$c/a \to 1.0$；而在 BF - PT 固溶体中，随 PT 含量降低铁电相负热膨胀系数和四方晶格畸变都反常增大，在相界处 $c/a \approx 1.18$[58,771,772]。

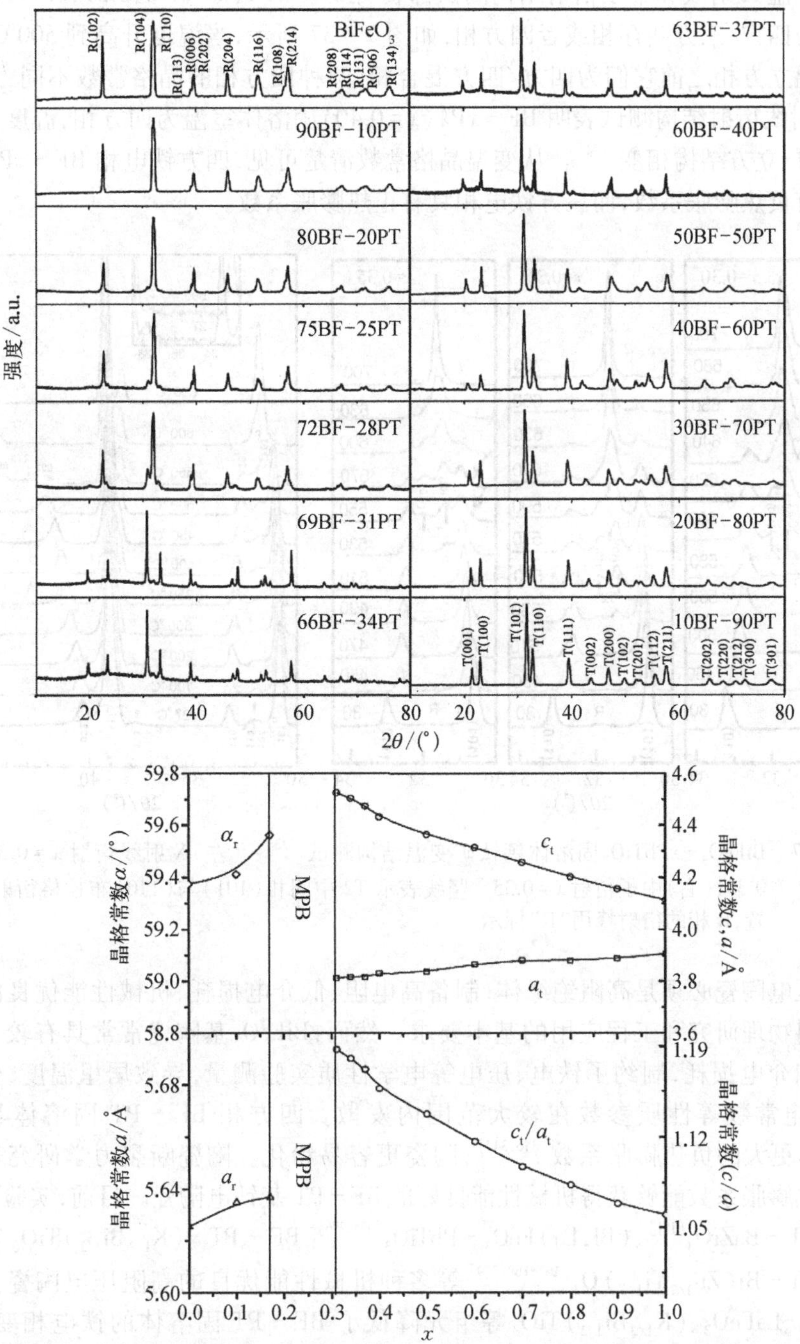

图 7-36 不同组分 BF-PT 二元固溶体的 X 射线衍射图谱及其晶格常数[771]

变温 X 射线和中子衍射结构测试都表明 BF－xPT(x=0.30,0.31,0.35)固溶体室温为四方/三方共存相或者四方相,如图 7－37 所示,当温度升高到 500℃以上、在高温立方相之前它们为四方/四方混合相,两种四方相的晶格常数不同[773]。变温 X 射线衍射结构测试表明 BF－xPT(x=0.40)固溶体室温为四方相,温度升高发生四方-立方结构相变[774]。从变温晶格常数清楚可见,四方铁电相 BF－xPT 固溶体具有负热膨胀系数,而三方铁电相具有正热膨胀系数。

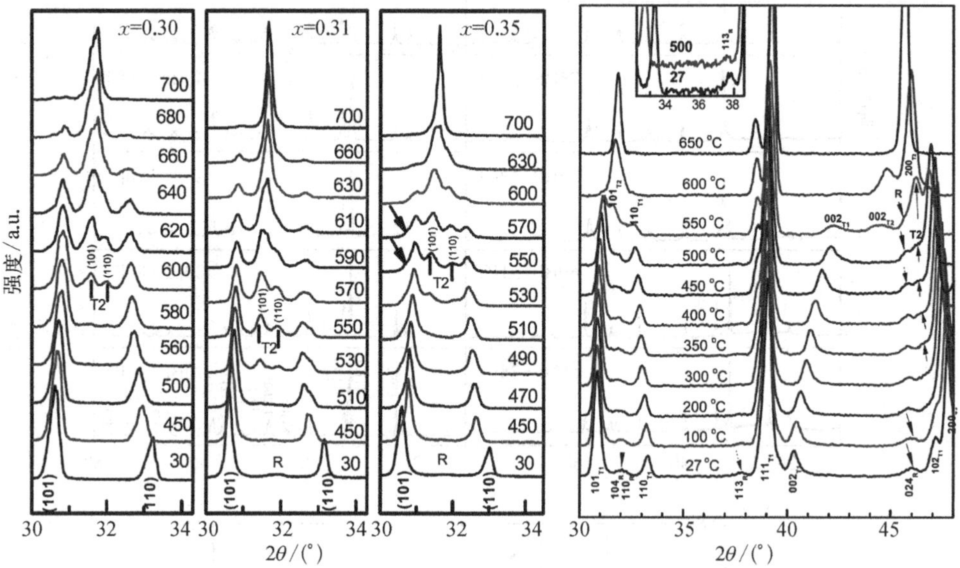

图 7－37　$BiFeO_3$－$xPbTiO_3$ 固溶体钙钛矿变温结构测试[773]:(左)X 射线衍射 x=0.30、0.31、0.35,(右)中子衍射 x=0.35。竖线表示 T2 中间相(101)与(110)布拉格衍射峰的位置,R 相的衍射峰用"R"标示

压电陶瓷必须是高阻绝缘体,制备高电阻、低介电损耗、机械性能优良的陶瓷是材料物理研究和工程应用的基本要求。然而,$BiFeO_3$基陶瓷常常具有较大的漏电流和介电损耗,制约了铁电、压电等电学性质实验测量,导致居里温度、介电常数、压电常数等性质参数在较大范围内发散。四方相 BF－PT 固溶体具有比 $PbTiO_3$更大的负热膨胀系数[346,347],陶瓷更容易粉化。陶瓷断裂力学研究表明降低负热膨胀系数能够获得机械性能良好的 BF－PT 基铁电陶瓷。目前,实验已得到 BF－PT－$BaZrO_3$[181]、(Bi,La)FeO_3－$PbTiO_3$[775,776]、BF－PT－$(K_{1/2}Bi_{1/2})TiO_3$[777,778]、BF－PT－$Bi(Zn_{1/2}Ti_{1/2})O_3$[167-169,779]等多种机械性能优良的高阻压电陶瓷。添加 $BaZrO_3$、$LaFeO_3$、$(K_{1/2}Bi_{1/2})TiO_3$等组元降低了 BF－PT 固溶体的铁电相变温度。与此相反,BF－PT－$Bi(Zn_{1/2}Ti_{1/2})O_3$三元固溶体在结构相界附近居里温度保持在 630℃以上,为高温铁电压电陶瓷研发提供了一个新选项。

$Bi(Zn_{1/2}Ti_{1/2})O_3$是热力学亚稳相,在 6 GPa 高压 900℃可以固相反应合成钙钛矿相[780]。X 射线衍射测量与 Rietveld 分析发现空间群为 P4mm,室温晶格常数为 $a=3.822$ Å、$c=4.628$ Å、$c/a=1.211$。温度升高晶胞体积增大、四方晶格畸变减小:250℃时 $c/a=1.204$,500℃时 $c/a=1.195$。常压下超过 550℃钙钛矿相开始热分解。添加 $Bi(Zn_{1/2}Ti_{1/2})O_3$可以降低 PT 和 BF-PT 四方相的负热膨胀系数,能够制备机械性能优良的 BF-BZT-PT 固溶体陶瓷。借助 BF-PT 二元固溶体的相界信息,可以快速确定 BF-BZT-PT 三元固溶体的结构相界,结果见图 2-38。与 BF-PT 二元固溶体一样,如图 7-38 所示,BF-BZT-PT 三元固溶体也是四方-四方/三方共存结构相界。元素替代、晶粒尺寸和残余应力都可以调控 BF-BZT-PT 三元固溶体的结构相界位置,调控共存相中四方相与三方相的比例[167-169,779,781]。

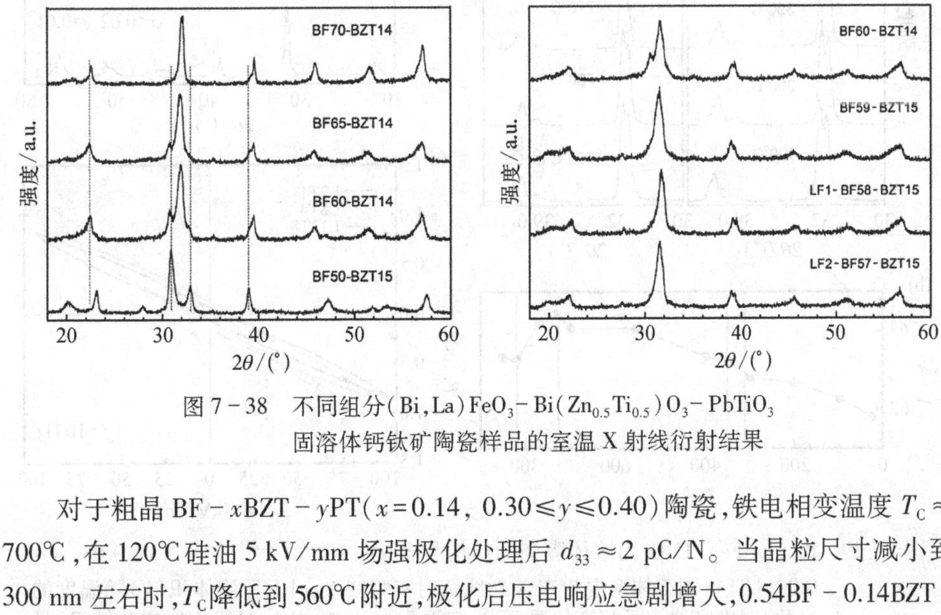

图 7-38 不同组分$(Bi,La)FeO_3-Bi(Zn_{0.5}Ti_{0.5})O_3-PbTiO_3$固溶体钙钛矿陶瓷样品的室温 X 射线衍射结果

对于粗晶 BF-xBZT-yPT($x=0.14$, $0.30\leqslant y\leqslant 0.40$)陶瓷,铁电相变温度 $T_C\approx$ 700℃,在 120℃硅油 5 kV/mm 场强极化处理后 $d_{33}\approx 2$ pC/N。当晶粒尺寸减小到 300 nm 左右时,T_C降低到 560℃附近,极化后压电响应急剧增大,0.54BF-0.14BZT-0.32PT 陶瓷的电学性能为 $\varepsilon_{33}^T/\varepsilon_0=302$、$\tan\delta=0.02$、$d_{33}=30$ pC/N[167]。对于细晶 BF-xBZT-yPT 陶瓷,降低 BZT 或者 PT 组分可以提高铁电相变温度,例如 0.60BF-0.14BZT-0.26PT 细晶陶瓷的性能为 $T_C=590$℃、$\varepsilon_{33}^T/\varepsilon_0=264$、$\tan\delta=0.02$、$d_{33}=16$ pC/N[168],0.70BF-0.04BZT-0.26PT 细晶陶瓷的性能为 $T_C=640$℃、$\varepsilon_{33}^T/\varepsilon_0=183$、$\tan\delta=0.015$、$d_{33}=28$ pC/N[169],后者压电响应优于 K-15 商用钛酸铋陶瓷。

在 BF-BL-LT、BF-BZT-PT、BF-BZT-BT 等固溶体中,变温 XRD 测试表明低温铁电相和高温顺电相具有正的体积热膨胀系数,中间铁弹相具有负体积热膨胀系数。如图 7－39 所示，特殊的相变行为导致这些陶瓷中存在残余张应力，钉扎了铁电极化反转，导致粗晶 BF－BL－LT、BF－BZT－PT、BF－BZT－BT 等铁电陶瓷很难进行极化，d_{33}只有 2 pC/N 或更小。通过减小晶粒大小、快速冷却等方法可以有效降低残余张应力，获得较大的压电响应[167-170]。即使如此，如图 2－40 和图 7－33(b)所示，它们距 $d_{33} = 0.24\varepsilon_{33} - 0.000\,018\varepsilon_{33}^2$ 量化关系预测的压电响应水平还有一定的差距。

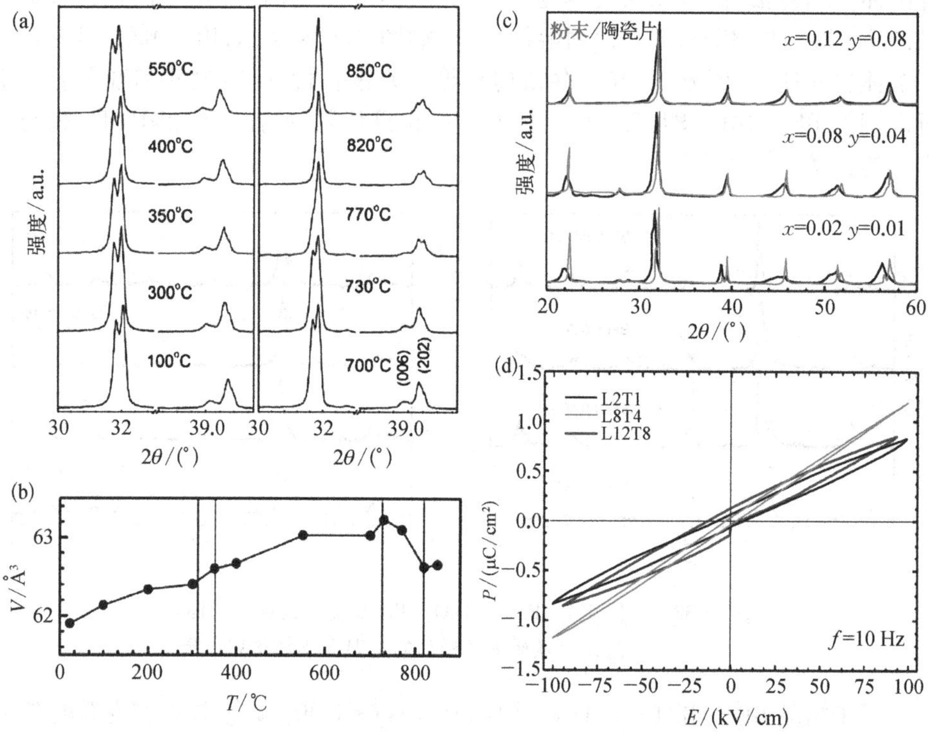

图 7－39　$Bi_{1-x}La_xFe_{1-y}Ti_yO_3$固溶体陶瓷的结构与电学性质[56,199,241]：(a) $x = 0.08$，$y = 0.04$(L8T4)固溶体变温粉末 X 射线衍射实验结果；(b) 原胞体积(V)随温度的变化，图中竖线表示相变位置；(c) 室温陶瓷片/粉末 X 射线衍射实验结果，晶格常数计算表明陶瓷样品中存在约 2% 的体积膨胀；(d) 室温电滞回线测量结果，残余张应力钉扎了铁电极化的反转

加速度传感器、超声换能器等许多压电器件工作在预应力条件下。如图 7－40 所示，与铁电极化平行的压应力导致陶瓷发生部分退极化，剩余极化强度降低、双极应变减小；然而，当压应力垂直外电场方向时，压力会促使电畴沿外电场方向取向[782]。对于那些难极化的铁电陶瓷，可以采用机电耦合极化方法——在电极化的同时在垂直电场方向施加压应力促进电畴反转，该法可以显著降低极化所需的电压并获得可观的压电响应性能[639,783]。

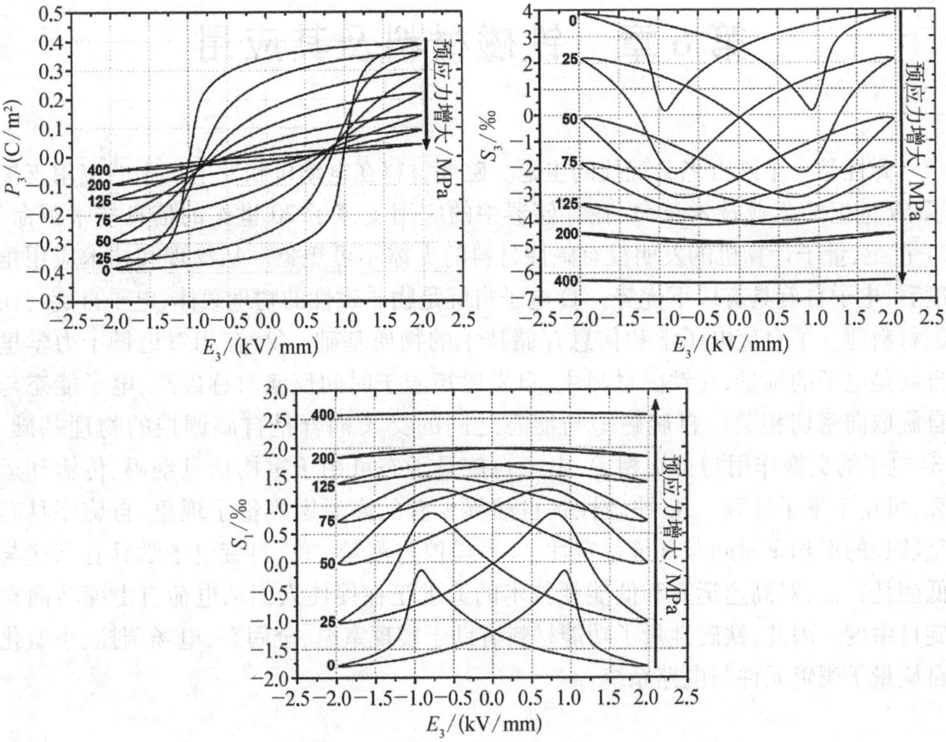

图 7-40　不同预应力条件下铁电极化(P_3)、纵向应变(S_3)和横向应变(S_1)在外电场(E)下的反转行为[782]

综上所述,通过对化学组分进行选择,对陶瓷的晶粒尺寸、冷却速度等进行调控,初步获得了与目前商用类钙钛矿偏铌酸铅和钛酸铋陶瓷具有相当居里温度、但更高压电响应性能的 BF-BZT-BT 和 BF-BZT-PT 铁电压电陶瓷。与 PZT 陶瓷相比,BF-BZT-PT/BT 系高温压电陶瓷新材料一样可以低成本地大规模生产,几乎没有生产设备技术改造负担。

材料设计是一个多目标任务的工程设计,需要协调压电陶瓷的相变温度、介电损耗、电阻率、机械强度、压电响应、声阻抗、热膨胀系数、稳定性、可靠性等多种物理性能。除了响应性能,钙钛矿型 BF-BZT-PT/BT 系高温压电陶瓷的其他性能尚待实验验证。

第 8 章　铁磁材料及其应用

磁性是一个既古老又现代的主题。磁性材料在电动机和发电机中的应用支撑了 19 世纪的工业技术革命，在存储器中的应用支撑了 20 世纪的信息技术革命。21 世纪，量子计算机的发明没有磁性材料的支撑不可想象。从物理和技术应用角度看，电子自旋具有以下优势：① 电子自旋是物质磁性的物理载体，电子自旋与铁磁材料建立了自旋电子学和信息存储技术的物质基础。② 在相对论量子力学里自旋是电子的旋量，在铁磁材料中，自发磁矩源于时间反演对称破缺、电子能态与自旋取向密切相关。自旋磁矩与能态之间的交叉耦合是自旋调控的物理基础。③ 电子的交换作用与自旋相关，电子自旋量子态可用于重构信息编码、传输和运算，可用于量子计算。④ 铁磁性是自然界少有的高温宏观量子现象，自旋序具有足够长的退相干时间与环境稳定性、容易操控与测量。⑤ 自旋电子学具有高速与低能耗特征，对高速运算和低能耗技术的追求正在促使人们从电荷自由度转向自旋自由度。因此，铁磁性量子功能材料有助于实现室温、全固态、电场调控、小型化自旋量子逻辑元件与电路系统。

8.1　物质的磁性

在非相对论极限，自旋是电子的本征角动量，包含“向下”和“向上”两个分量。相对论量子力学——狄拉克方程摆脱了人为引入自旋的尴尬境地，自旋是一种电子总角动量守恒的相对论效应。因此，原子存在固有磁矩是一种量子效应，物质磁性是一种自然界少有的宏观量子现象。

物质磁性来源于原子的磁性，原子磁矩来源于电子和原子核的磁矩。由于原子核的磁矩很小，一般可以忽略；电子磁矩又分为自旋磁矩和轨道磁矩。自旋磁矩来源于电子内禀的自旋角动量，轨道磁矩来源于电子绕原子核旋转的轨道角动量，二者通过自旋-轨道耦合构成原子的总磁矩。根据泡利不相容原理，满壳层原子每个轨道上的电子都是成对出现的，自旋磁矩和轨道磁矩相互抵消，对外不显磁性。因此，原子的磁矩来源于未满壳层电子的固有磁矩。当原子结合成键时，外层 s、p 轨道价电子总是趋向成对，因此物质磁性来源于离子未满 d 壳层或 f 壳层电子。许多情况下，d、f 电子只有少部分是价电子。晶体中，未满壳层电子的轨道方向通常是随机取向的，对外不产生磁性或者说轨道磁矩被“冻结”了。在这种情况下，物质磁性完全来源于未满壳层中的电子自旋。

8.1.1 磁性材料分类

物质的磁性强弱通常采用单位体积内的磁矩总和——磁化强度来 $\boldsymbol{M}$ 表示。在外磁场 $\boldsymbol{H}$ 下,物质的磁化强度可表示为 $\boldsymbol{M}=\chi\boldsymbol{H}$,$\chi$ 为物质的磁化率。物质的磁性不同,磁化率 χ 差别很大。根据磁化率大小以及顺磁相磁化率与温度关系,物质磁性分为以下几类。

1)抗磁性:$\chi<0$,数量级约为 -10^{-5}。在外磁场作用下,一切物质的电子轨道运动都将产生一个附加的拉莫进动、出现附加角动量。根据电磁感应定律,感生磁矩方向与外磁场相反。因此一切物质都具有抗磁性。导带电子有效质量大小不同呈现抗磁性或 Pauli 顺磁性,超导体是完美的抗磁体。

2)顺磁性:$\chi>0$,数量级为 $10^{-5}\sim10^{-3}$。顺磁物质的原子具有固有磁矩、磁矩方向无规分布。在外磁场作用下原子磁矩转向外磁场方向,外磁场撤除后磁化强度立即降为零。由于原子在不同温度热运动能量不同,在相同磁场强度下原子磁矩的取向程度存在差异。大多数顺磁物质的磁化率满足居里定律:$\chi=\dfrac{C}{T}$,式中 C 为居里常数、T 为绝对温度。

3)铁磁性:$\chi\gg0$,数量级为 $10^{1}\sim10^{6}$。在居里温度 T_C 以下,原子磁矩自发平行排列、产生自发磁化;在较小的外磁场作用下磁化强度就能饱和。铁磁材料的磁化过程具有不可逆性,实验测量的 $M-H$ 回线称为磁滞回线。当温度高于 T_C 时,物质将发生铁磁-顺磁相变,顺磁相磁化率满足居里-外斯定律:$\chi=\dfrac{C}{T-\theta}$,顺磁相外斯温度 $\theta\approx T_C$。

4)反铁磁性。在奈尔温度 T_N 以下,原子磁矩自发反平行排列、总磁矩为零。当温度高于 T_N 时,磁化率 χ 也服从居里-外斯定律,线性外推得到的 $\theta<0$ K。当温度低于 T_N 时,磁化率 χ 随温度升高而增大,在 T_N 处出现极大值。

5)亚铁磁性:$\chi>0$,数量级为 $10^{0}\sim10^{3}$。原子磁矩排列方式与反铁磁性相同,由于不同方向磁矩大小不同,在居里温度 T_C 以下像铁磁性一样存在非零净磁矩。顺磁相磁化率在远离 T_C 的高温区与反铁磁性的温度行为相同,$\theta<0$ K。

图 8-1 总结了磁性原子的不同磁矩排列方式以及顺磁相磁化率 χ 与温度 T 的关系。线Ⅰ表示的线性关系对应简单顺磁体,外斯温度 $\theta=0$ K;线Ⅱ表示铁磁体的顺磁相,$\theta\approx T_C$;线Ⅲ表示反铁磁体的顺磁相,外斯温度为负;线Ⅳ表示亚铁磁体的顺磁相,T_C 以上随温度升高 χ^{-1} 循抛物线趋近高温线性区,外斯温度为负。在一定的场强范围内,顺磁和反铁磁材料的磁化强度随外磁场线性变化,铁磁和亚铁磁材料的磁化强度随外磁场变化存在磁滞回线。由此可见,磁滞回线测量无法准确区分磁性物质的类别,顺磁相磁化率的温度关系才是宏观磁性测量区

分物质磁性类别的基本实验方法[144,163]。自旋结构的直接实验测量方法是中子衍射[84,288]。

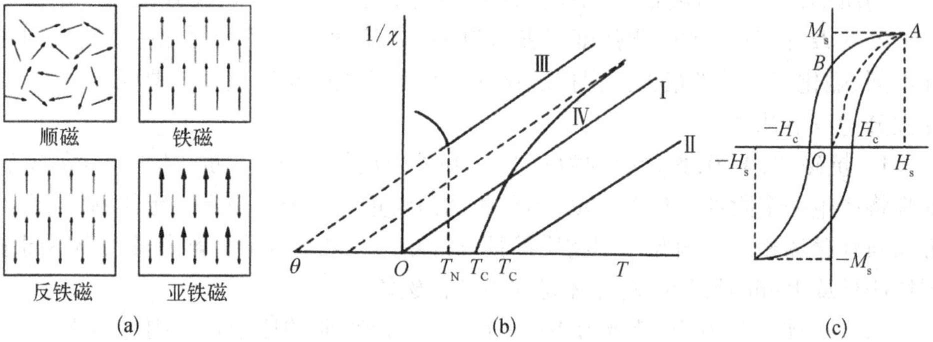

图 8－1　物质的磁现象：(a) 不同磁性物质原子磁矩的排列方式；(b) 顺磁相磁化率与温度的关系，Ⅰ为顺磁性，Ⅱ为铁磁性，Ⅲ为反铁磁性，Ⅳ为亚铁磁性；(c) 磁滞回线，OA 表示初始磁化，A 和 B 分别表示饱和磁化强度(M_s)和剩余磁化强度，H_c 和 H_s 分别表示矫顽磁场强度和饱和磁场强度

8.1.2　自旋磁序

如图 8－2 所示，晶体中的电子自旋序主要有以下几种排列形式：

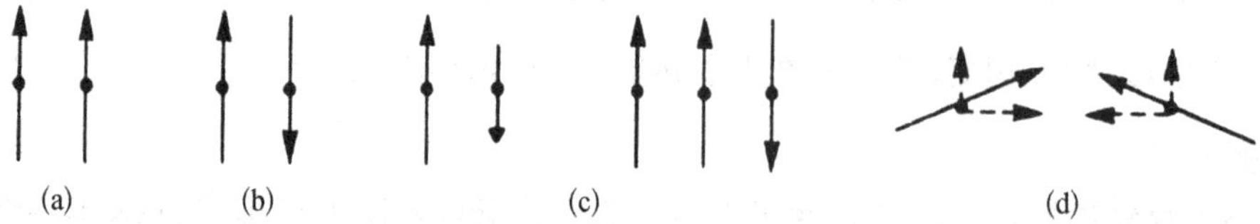

图 8－2　不同自旋磁序示意图[163]：(a) 铁磁；(b) 反铁磁；(c) 亚铁磁；(d) 倾斜反铁磁(寄生弱铁磁)

图 8－2(a)所示为自旋平行排列的铁磁序。铁磁体内通常包含许多自发磁化方向不同的区域——磁畴，总磁化强度等于零；在每一磁畴内自发磁化方向平行于某一结晶轴。在外磁场作用下不同磁畴的磁化方向趋于一致，从而使铁磁体表现出宏观净磁矩。外斯分子场理论认为铁磁体内自旋磁矩是平行排列的，顺磁相的磁化率严格满足居里-外斯定律、外斯温度等于居里温度。事实上，在临界点附近自旋极化存在涨落，Bethe 应用一级近似理论计算发现磁化率在临界点附近存在非线性现象，如图 8－3 所示，由高温线性区外推得到的外斯温度稍大于居里温度。对于铁磁体在不同温度的自发磁化强度 $M_s(T)$，实验数据挖掘发现一个经验关系：$m=[1-s\tau^{\frac{3}{2}}-(1-s)\tau^{\frac{5}{2}}]^{\beta}$，其中 $m=M_s/M_0$、$\tau=T/T_C$、$\beta\approx\dfrac{1}{3}$，在 τm 平面

上约化自发磁化强度的形状由单一参数 s 决定 ($0 < s < 5/2$)；理论研究表明 $M_s(T)$ 形状的控制参数 s 主要由居里温度 T_C、饱和磁化强度 M_0 和自旋波刚度三个参数决定[784]。

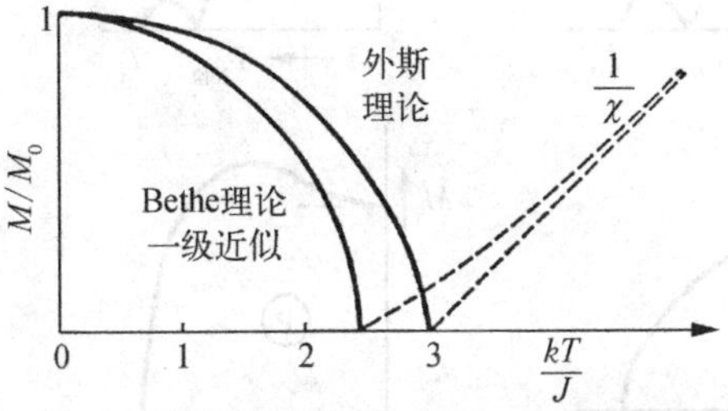

图 8-3 铁磁材料 $M-T$、$\chi^{-1}-T$ 关系的外斯分子场理论与 Bethe 一级近似理论结果比较[144]

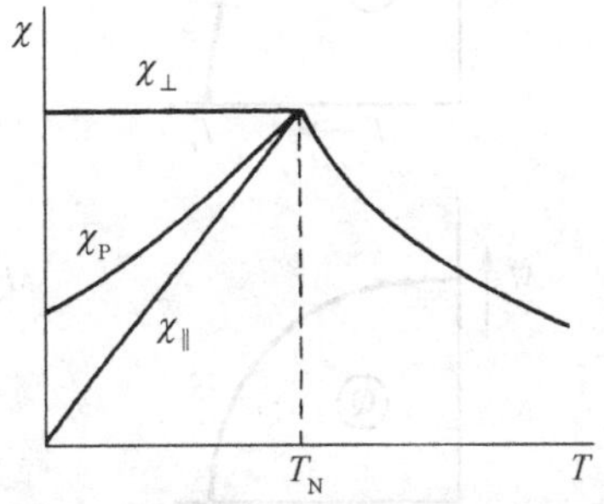

图 8-4 反铁磁材料磁化率与温度关系。$\chi_\parallel$、$\chi_\perp$ 和 χ_p 分别表示平行自旋的磁化率、垂直自旋的磁化率和粉末磁化率

图 8-2(b)为自旋反平行排列的反铁磁序。事实上，很多排列方式都能给出零磁化强度。变温磁化率测量（$\chi-T$ 曲线）可以直接确定反铁磁相变奈尔温度 T_N。如图 8-4 所示，T_N 以上磁化率随温度升高而下降；T_N 以下单晶材料的磁化率具有各向异性，最简单的情形是 $\chi_\parallel$ 随温度变化线性降为零而 $\chi_\perp$ 为常数；多晶材料反铁磁相的磁化率 χ_p 与单晶材料磁化率之间存在 $\chi_p = \frac{2}{3}\chi_\parallel + \frac{1}{3}\chi_\perp$ 关系，$\chi_\parallel$ 和 $\chi_\perp$ 分别表示单晶材料平行和垂直自旋方向的磁化率。

亚铁磁氧化物材料是极具工程价值的磁性材料。在某些晶体中存在两种或两种以上不等价原子位置，例如尖晶石结构中存在不等价的八面体间隙和四面体间隙，石榴石结构中存在不等价的八面体间隙、四面体间隙和十二面体间隙，它们被磁矩大小不同的离子或者磁矩方向不同的离子占据。如图 8-2(c)所示，磁矩不同的两个或多个子晶格将产生非零净剩磁矩 M_s。亚铁磁材料的电子自旋虽然微观上按反铁磁方式排列，宏观上它们却具有铁磁性。由于不同子晶格的自发磁化强度随温度变化趋势不同，T_C 以下亚铁磁体的总磁化强度随温度变化具有如图 8-5所示的不同类型。

如果反平行排列的自旋发生倾斜，如图 8-2(d)所示，将产生一个垂直反铁磁轴的净剩磁矩 M_s，这类材料常常被称为倾斜反铁磁体或寄生弱铁磁体。赤铁矿在 263 K 以下是自旋共线反铁磁、在 263~945 K 是自旋倾斜反铁磁，转变温度称为 Morin 温度。在 Morin 温度附近，自旋磁序很容易被外磁场从共线反铁磁诱导为倾斜反铁磁。

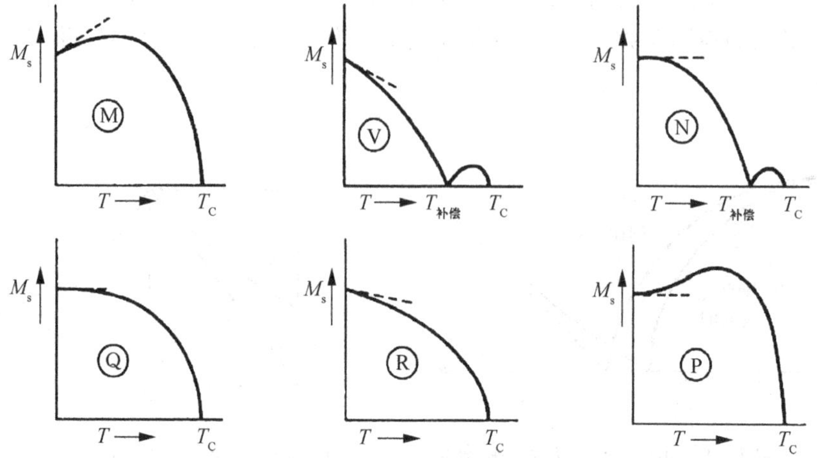

图 8－5　不同类型亚铁磁体的磁化强度-温度关系示意图[144]

对于一个磁性晶体,没有外磁场存在时自发磁化相对于结晶轴存在一个择优取向。在外磁场作用下,磁矩方向将被调制,相应的晶体点群或空间群也发生变化。一般情况下,如果外场方向相对结晶轴方向任意取向,磁对称性将退化为三斜群;如果外场方向平行或垂直于子晶格磁矩,每个子晶格都将产生一个平行于外场方向的磁矩。如图 8－6 所示,对于一个共线两子晶格反铁磁体,由于两个子晶格磁矩相等、方向相反,没有外磁场时净磁矩为零;如果外加一个与自旋平行的弱场,那么平行磁场子晶格的磁矩将大于反平行磁场子晶格的磁矩,对外产生净剩磁矩。该情形为场致亚铁磁性;如果外加一个与自旋垂直的弱场,两个子晶格的磁矩都将发生倾斜,对外也产生一个净剩磁矩。该情形为场致寄生铁磁性;如果外磁场足够强,反平行的自旋将发生反转,此时反铁磁体处于场致铁磁亚稳态。磁矩方向能否被外场调制取决于交换作用与磁晶各向异性的相对大小。如果磁晶各向异性场较

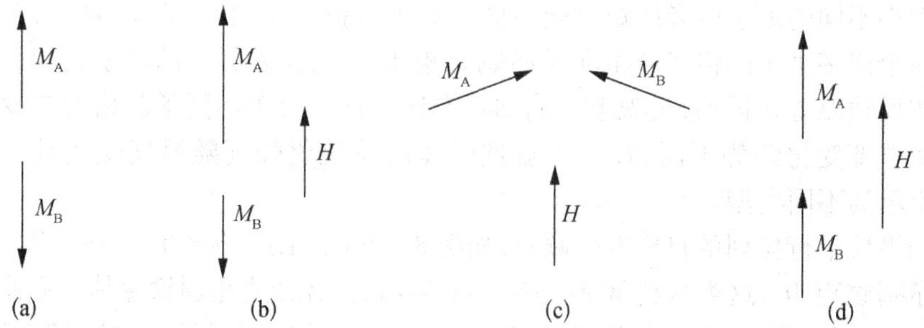

图 8－6　两子晶格反铁磁晶体的自旋磁化示意图:(a) 无外场;(b) 弱外场平行于自旋方向、子晶格磁化强度不再相等;(c) 外场垂直于自旋方向、子晶格自旋倾斜;(d) 强场诱导铁磁亚稳态

小,外磁场将克服磁晶各向异性场而调制磁矩的强度与方向;另一极限情况是磁晶各向异性场较大,外磁场无法改变磁矩方向。

8.1.3 自旋交换作用

经典铁磁理论是外斯在20世纪初提出的分子场理论,他应用内磁场概念成功描述了铁磁材料自发磁化的产生及其随温度的变化关系,获得了高温顺磁相的居里-外斯定律。然而,内磁场或分子场假设缺少物理实在。1928年,海森堡根据氢分子结合能与电子自旋取向有关的量子力学计算提出了自发磁化来源于自旋交换作用。如果交换作用较弱,涨落将导致原子磁矩方向杂乱无序,物质处于顺磁相;如果交换作用强到足以克服涨落,即使在没有外磁场的情况下原子磁矩也将按照一定的规律有序排列、物质具有自旋磁序。从此,磁性是一种宏观量子现象开始深入人心。

自旋交换作用是由电子的全同性以及泡利不相容原理决定的。1926年,海森堡和狄拉克独立地发现了交换作用——如果交换两个全同粒子的标号,它们的波函数必须不变(对称)或者符号相反(反对称)。量子场论中,粒子数统计定理要求两个半整数自旋的费米子不能占据相同的量子态,而整数自旋的多个玻色子可以占据相同的量子态。交换作用的基本原理可以用绕核运动的两电子系统进行说明。系统波函数用电子空间波函数与自旋波函数的乘积来表示。由于泡利不相容原理,交换两个电子的位置坐标时系统波函数必须是反对称的。因此,如果电子空间波函数是对称的,那么自旋波函数必须是反对称的(自旋反平行);如果电子空间波函数是反对称的,那么自旋波函数必须是对称的(自旋平行)。由于与自旋平行或反平行对应的电子空间波函数不同,系统的静电能不同。虽然电子自旋是物质磁性的起源,但交换作用却源于库仑静电作用,交换作用与不同自旋之间的相对取向有关而与自旋的空间取向无关。

要确定一个晶体是哪种自旋磁序,首先需要计算不同磁序晶体的总能量变化。总能量变化包括与自旋磁序相伴的磁致伸缩的贡献,包括有序相与顺磁相的系统能量差。电子的交换反对称要求自旋与轨道之间存在耦合作用,空间波函数对称组合与反对称组合之间的能量差代表了自旋交换作用的强度。在海森堡模型中,自旋交换作用可以用模型哈密顿量$H=-2J_{ij}\boldsymbol{S}_i\cdot\boldsymbol{S}_j$表示,$\boldsymbol{S}_i$和$\boldsymbol{S}_j$分别表示第$i$个和第$j$个原子的自旋算符。当交换作用常数$J>0$时自旋平行排列,系统为铁磁序;当$J<0$时自旋反平行排列,如果不同取向子晶格的自旋量子数相等系统为反铁磁序,如果不同取向子晶格的自旋量子数不相等系统为亚铁磁序;当交换作用常数的符号和大小在空间变化时,系统将呈现自旋空间调制结构。

在海森堡模型中,电子是完全局域的[163]。如果自旋之间还存在反对称交换作用,反对称交换能被 Dzialoshinski 和 Moriya 定义为$E_{12}=J_{\mathrm{DM}}(\boldsymbol{S}_1\times\boldsymbol{S}_2)$。对于两个

等价的原子位置，由于 $E_{12}=E_{21}$，所以 $J_{DM}=0$。反对称交换只有在两个位置不等价时才不为零。产生反对称交换的机制类似于超交换作用机制，要求 d 电子的自旋与轨道之间存在耦合[785]。当同时存在 J_{12} 负交换和 J_{DM} 反对称交换时，两个子晶格不再反平行，自旋存在一个数量级为 $\pi-|J_{DM}/J_{12}|$ 的倾斜角。因此，自旋反对称交换倾向于原子磁矩的非共线排列，是倾斜反铁磁或寄生铁磁的产生机制。

在铁磁晶体中，自旋交换作用使得自旋磁矩平行排列；由于晶格对称性约束，磁性离子的轨道磁矩将沿某些特定的结晶学轴向排列。由于自旋-轨道耦合产生了磁晶各向异性，使得自旋磁矩与轨道磁矩的取向相互影响。磁晶各向异性是晶体材料的本征特性，如果自旋-轨道耦合足够强，自发磁化方向偏离结晶学易反转轴时需要消耗更多的能量。

8.2　电子交换作用

在量子力学中，由于自旋是电子的本征角动量，海森堡哈密顿量中的自旋交换作用实质上是电子交换作用。电子与电子之间不仅存在库仑静电排斥作用，还存在交换作用。处于空间不同位置的两个电子在一瞬间互相对调了位置，这是交换作用的经典描述。量子力学里对调量子态就好像对调了粒子一样，这种交换操作赋予波函数额外的对称性。固体中的电子交换作用与原子中的电子交换作用有相同的物理起源——泡利不相容原理决定了电子的总波函数必须是反对称的，交换作用导致自旋平行与反平行构型具有不同的能量。过渡金属离子内层 d 电子在晶体中存在两方面的后果：一方面是交换作用导致的自旋磁序与磁性能；另一方面是周期场作用导致的电子能带结构与输运性质。电子交换作用对磁性与输运性质的影响既可以相互独立又可以交叉耦合。

由于交换作用要求电子波函数存在交叠，所以它是一种短程作用，通常局域在同一原子的不同轨道或者近邻原子的轨道之间。电子交换作用本质上是一种库仑静电排斥作用，它使得自旋平行的一对电子与自旋反平行的一对电子具有不同的能量。对于原子内同一壳层的电子，泡利不相容原理促使电子自旋倾向于平行排列（洪德法则的第一条规则），这是原子内的直接交换作用。固体中未成对的磁性电子从属于磁性离子，所以也用磁性离子交换作用之类的说法。不同离子间的电子交换作用有两类：一类是相邻磁性离子电子波函数直接交叠产生的交换作用；另一类是磁性离子通过非磁性离子桥接产生的间接交换作用。交换积分可正可负，依赖于磁性离子的自旋组态以及磁性离子对的几何关系。

8.2.1　直接交换作用

20 世纪 20 年代，在用量子力学研究氢分子的结合能时发现，如果考虑泡利不相容原理和电子的交换不变性，氢分子的哈密顿量中必须出现交换作用一项。当电子自旋相对取向发生变化时，交换作用导致氢分子系统的能量改变。

对于氢分子系统，如果两个氢原子的核间距足够大，则可以假设电子是互相独立的，在位置坐标空间两个电子的波函数分别用 $\varphi_A(r_1)$ 和 $\varphi_B(r_2)$ 表示，φ_A 和 φ_B 波函数对应电子的本征态，二者是正交的。应用波函数乘积的反对称组合，可以构造氢分子系统在位置坐标空间的自旋单态波函数：

$$\psi_{1S}=\frac{1}{2}[\varphi_A(r_1)\varphi_B(r_2)+\varphi_B(r_1)\varphi_A(r_2)][\alpha(1)\beta(2)-\beta(1)\alpha(2)] \tag{8-1}$$

应用波函数乘积的对称组合，可以构造氢分子系统的自旋三重态波函数：

$$\psi_{3A}=\frac{1}{\sqrt{2}}[\varphi_A(r_1)\varphi_B(r_2)-\varphi_B(r_1)\varphi_A(r_2)]\begin{cases}\alpha(1)\alpha(2)\\ [\alpha(1)\beta(2)+\beta(1)\alpha(2)]/\sqrt{2}\\ \beta(1)\beta(2)\end{cases} \tag{8-2}$$

采用微扰理论处理氢分子的交换作用，总哈密顿量为

$$H=H^{(0)}+H^{(1)} \tag{8-3}$$

其中，$H^{(0)}=-\frac{\hbar^2}{2m}(\nabla_1^2+\nabla_2^2)-\frac{e^2}{r_{a1}^2}-\frac{e^2}{r_{b2}^2}$，$H^{(1)}=\frac{e^2}{r_{ab}^2}+\frac{e^2}{r_{12}^2}-\frac{e^2}{r_{a2}^2}-\frac{e^2}{r_{b1}^2}$。如图 8-7 所示，$r_{ab}$ 表示原子核之间的排斥作用，r_{12} 表示电子之间的排斥作用，$r_{a1/a2/b1/b2}$ 表示原子核-电子之间的吸引作用。

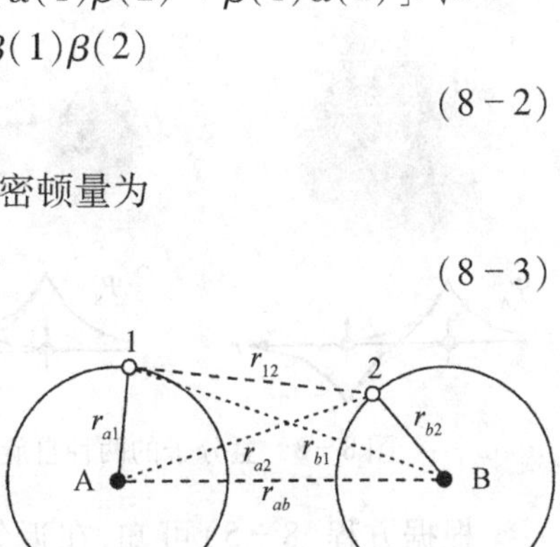

图 8-7 氢分子中原子核与电子、原子核与原子核、电子与电子相互作用示意图

应用方程(8-1)和(8-2)空间波函数可求得库仑积分 U、轨道交叠积分 S_{AB}、电子交换积分 J_{ex} 如下：

$$U=\iint\varphi_A^*(r_1)\varphi_B^*(r_2)H^{(1)}\varphi_A(r_1)\varphi_B(r_2)\mathrm{d}r_1\mathrm{d}r_2$$

$$S_{AB}^2=\int\varphi_A(r_1)\varphi_B(r_2)\mathrm{d}r_1\mathrm{d}r_2$$

$$J_{ex}=\iint\varphi_A^*(r_2)\varphi_B^*(r_1)H^{(1)}\varphi_A(r_1)\varphi_B(r_2)\mathrm{d}r_1\mathrm{d}r_2$$

求解方程(8-3)可以得到氢分子系统的空间对称解 E_S 与空间反对称解 E_A：

$$\left.\begin{aligned} E_S &= 2E_H + \frac{U + J_{ex}}{1 + S_{AB}^2} \\ E_A &= 2E_H + \frac{U - J_{ex}}{1 - S_{AB}^2} \end{aligned}\right\} \tag{8-4}$$

在海森堡模型哈密顿量中，交换常数 J_{AB} 的符号是由三重简并态与单态的能量差通过下式决定的：

$$J_{AB} = \frac{2(US_{AB}^2 - J_{ex})}{1 - S_{AB}^4} \tag{8-5}$$

如图 8－8 所示，氢分子的基态交换积分 J_{ex} 为负，即两个电子的自旋反平行，氢分子是抗磁性。海森堡最早建议，调控原子核间距超过某一临界值时交换积分的符号可以转变为正，此时电子自旋平行、氢分子处于仲氢激发态。

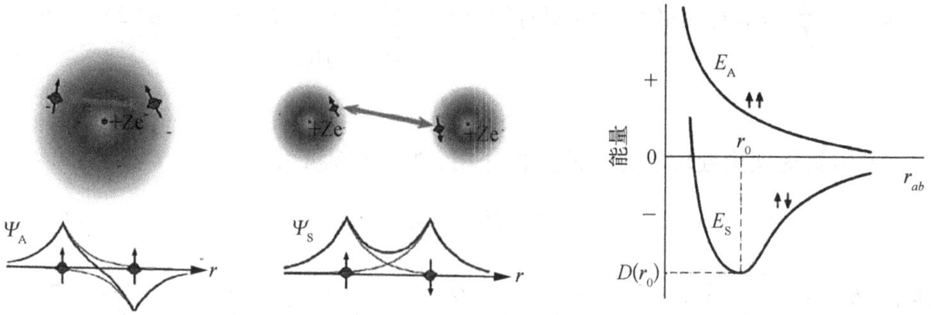

图 8－8　氢分子的两种自旋组态及其系统能量随原子核间距变化示意图

根据方程(8－5)可知，在近邻磁性原子的间距 a 大于轨道半径 $2r$ 的情况下可以形成 $J>0$ 的自旋铁磁序。通过挖掘过渡金属晶体、稀土元素晶体、合金的交换积分 J 与 $(a-2r)$ 之间的关系，如图 8－9 所示，可以发现 $J>0$ 和 $J<0$ 相对应的金属晶体与实际情况一致。Fe、Co、Ni 是铁磁金属，而 Mn 和 Cr 是反铁磁金属。由此可见，交换常数 J 的符号可以通过改变原子间距进行调控。

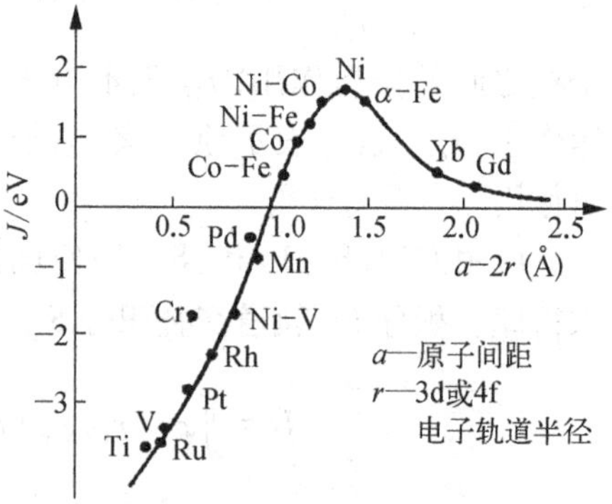

图 8－9　过渡金属晶体、稀土元素晶体与合金材料自旋交换作用的 Slater－Bethe 曲线[145]

8.2.2　间接交换作用

氧化物中，由于磁性离子被氧离子隔开，相邻磁性离子间距太远导致它们的 d

电子、f 电子波函数杂化程度较低。到目前为止，量子力学理论在阐述氧化物磁性时已提出了超交换作用、双交换作用、RKKY 交换等不同模型。超交换作用最初是为了解释绝缘体的磁性时提出的，双交换作用是为了解释铁磁金属中自旋与电子迁移的耦合作用提出的，RKKY 交换是为了解释稀磁材料的磁性时提出的。

在钙钛矿氧化物中，B 位过渡金属离子被位于八面体顶角的六个 O^{2-} 离子包围。过渡金属离子的 3d 电子与氧离子 2p 电子之间的库仑排斥增加了轨道能量，在晶体场作用下过渡金属离子 3d 轨道的自由旋转受到冻结，导致 3d 能级分裂、简并度降低。在正氧八面体情形下，两个 3d 轨道（$d_{x^2-y^2}$和 $d_{3z^2-r^2}$）指向氧离子，另外三个 3d 轨道（d_{xy}、d_{yz}和 d_{zx}）指向氧离子间隙。如图 8 - 10 所示，指向氧离子的两个轨道的能量高于指向氧离子间隙的三个轨道的能量。为方便起见，能量较低的 d_{xy}、d_{zx}和 d_{yz}轨道通称为 t_{2g}轨道、能量较高的 $d_{x^2-y^2}$和 $d_{3z^2-r^2}$轨道通称为 e_g轨道。t_{2g}与 e_g轨道的晶体场分裂能量差用 Δ 表示，分裂程度与过渡金属离子的种类、化学价态以及配位环境（键长和键角）有关。通过晶体场对称性分析能够简化电子波函数的展开形式，简化晶体中自旋磁序与电子能带结构的数值计算问题。表 8 - 1 为常见的 3d 过渡金属离子的电子自旋组态及其轨道分布。

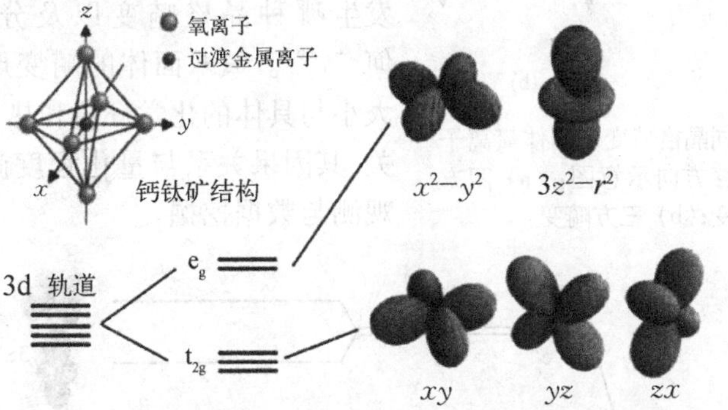

图 8 - 10　正氧八面体晶体场作用过渡金属离子 3d 轨道能级分裂与轨道对称性示意图[164]

表 8 - 1　3d 过渡金属离子的电子组态、自旋量子数(S)、t_{2g}与 e_g轨道电子数一览表

离　子	电子组态	S	t_{2g}电子数	e_g电子数
Sc^{3+}, Ti^{4+}	$3d^0$	0	0	0
Ti^{3+}, V^{4+}	$3d^1$	1/2	1	0
V^{3+}, Cr^{4+}	$3d^2$	1	2	0
Cr^{3+}, Mn^{4+}	$3d^3$	3/2	3	0
Mn^{3+}, Cr^{2+}	$3d^4$	2	3	1
Fe^{3+}, Mn^{2+}	$3d^5$	5/2	3	2

续表

离　子	电子组态	S	t_{2g}电子数	e_g电子数
Fe^{2+}, Co^{3+}	$3d^6$	2	4	2
Co^{2+}	$3d^7$	3/2	5	2
Ni^{2+}	$3d^8$	1	6	2
Cu^{2+}	$3d^9$	1/2	6	3
Zn^{2+}, Cu^{1+}	$3d^{10}$	0	6	4

钙钛矿氧化物常常存在低于立方对称的晶格畸变。四方畸变和三方畸变是比较常见的情形，晶格畸变时八面体顶端氧离子的位移方向如图 8－11 所示，相应的 3d 轨道能级将进一步分裂，结果如图 8－12 所示。实际材料中，3d 轨道能级分裂除了晶体场作用，还需要考虑自旋-轨道耦合以及与晶体场的竞争效应。事实上，晶格畸变与过渡金属离子 3d 轨道能级分裂是一种关联关系，并未回答在什么条件下会发生哪种晶格畸变以及分裂能的大小如何[99,786]。氧八面体的畸变形式和分裂能的大小与具体的化学环境和热力学边界条件有关，其因果关系与量化程度尚需深入的实验观测与数据挖掘。

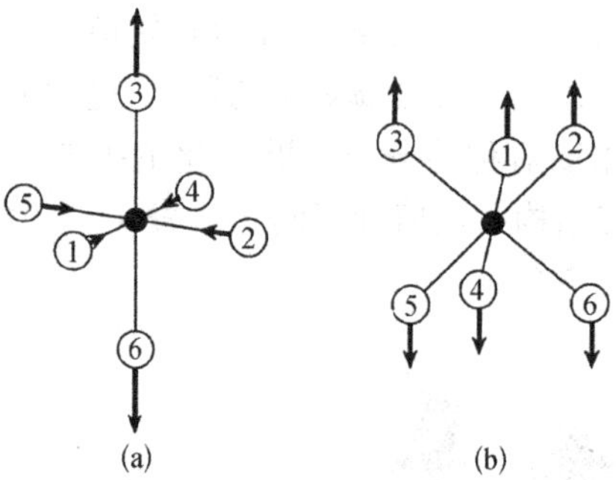

图 8－11　不同晶格畸变八面体氧离子位移方向示意图：(a) 四方畸变；(b) 三方畸变

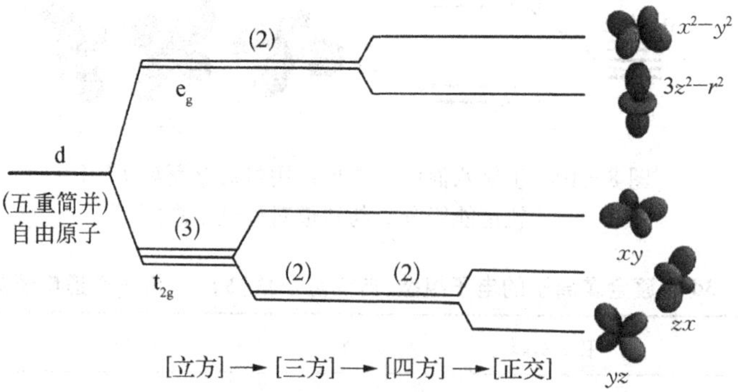

图 8－12　过渡金属阳离子 3d 轨道在不同对称性氧八面体晶体场作用下的能级分裂示意图

1. 超交换作用

1934 年，Kramers 首次提出两个磁性离子的电子波函数通过抗磁离子桥接的交换作用——超交换作用是不良导体自旋交换的基本机制。理论上,超交换作用最初是作为三级微扰引入的。1950 年,Anderson 细化了 Kramers 模型,计算表明两个磁性离子通过抗磁离子桥接的超交换作用通常是反铁磁耦合,成功说明了反铁磁的基本特征[140]。1959 年,在考虑了微扰计算未计入的电子波函数的对称性、不同离子间波函数的正交性、电子的局域性等因素后,Anderson 给出了超交换作用更一般的微观机制,成功解释了超交换作用的低电导特征[142]。

如图 8-13(a)所示,由于空间对称性限制,以 π 键形式结合的 t_{2g} 与 t_{2g} 轨道、t_{2g} 与 e_g 轨道杂化程度较低、超交换作用较弱;当 B-O-B 键角偏离 180°时,$t_{2g}-t_{2g}$ 和 $t_{2g}-e_g$ 轨道杂化程度将发生改变。如图 8-13(b)所示,以 σ 键形式结合的 e_g 与 e_g 轨道杂化程度较高,超交换作用较强。由此可见,对于过渡金属磁性离子通过氧离子桥接的 B d-O 2p-B d 超交换作用,其强度和符号不仅与 d 轨道类型(t_{2g}、e_g)和填充状态有关,还与 B-O-B 的键长和键角有关[787]。

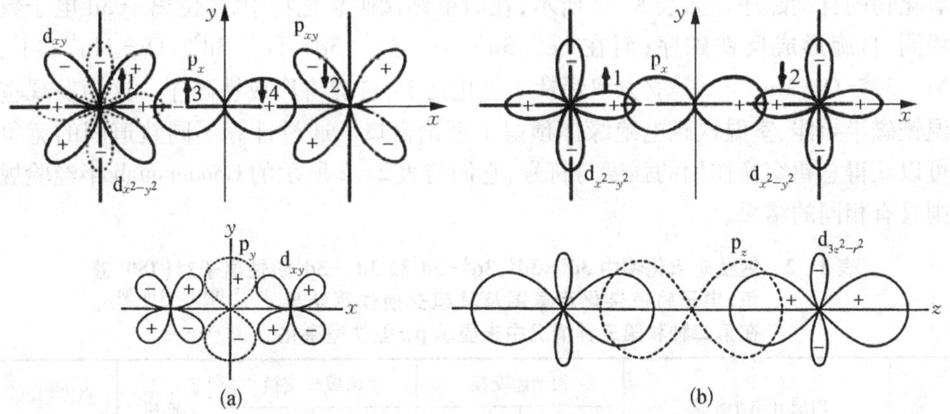

图 8-13 过渡金属离子 d 轨道通过氧离子 p 轨道桥接超交换作用示意图:(a) π 键;(b) σ 键

氧化物中超交换作用可分为两部分:① 描述电子轨道杂化的动能交换(kinetic exchange)作用,该项总是反铁磁耦合;② 描述电子直接交换的势能交换(potential exchange)作用,该项始终是铁磁耦合。动能交换倾向于使电子离域化,而静电排斥作用倾向于使电子局域化。进一步分析超交换作用,可以发现[103,142,146,147,162,788,789]:

1) d 电子的动能交换作用比势能交换作用强,常常导致氧化物自旋反铁磁耦合。

2) e_g 电子间的动能交换作用强于 t_{2g} 电子间的动能交换作用,这是因为前者通过 σ 键结合而后者通过 π 键结合。由此导致 $3d^5-3d^5$ 离子对自旋磁相变温度高于 $3d^3-3d^3$ 离子对。如图 2-14 所示,$RFeO_3$ 钙钛矿的自旋磁相变温度高达 600 K 以

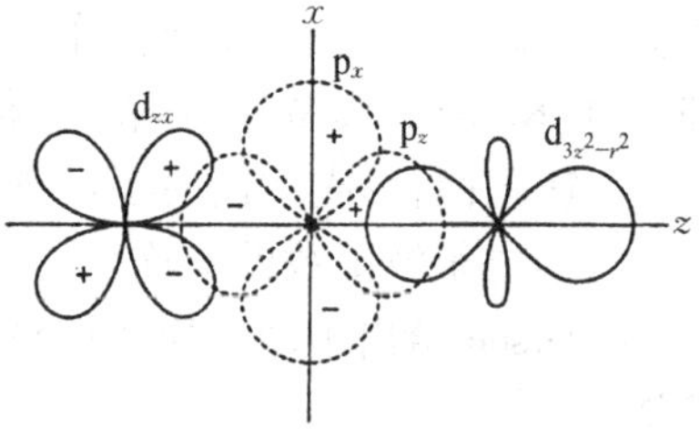

图 8 - 14　$d_{3z^2-r^2}$ - O 2p - d_{zx} 轨道杂化(共价结合)示意图,此时动能交换消失、势能交换是铁磁性的。超交换作用强度比 8 - 13(a)强、比 8 - 13(b)弱,介于二者之间

上,而 $RCrO_3$ 的磁相变温度不高于 300 K[84]。

3) e_g^2 - O - e_g^0 电子的动能交换作用消失,势能交换作用导致铁磁耦合。不同对称性轨道之间的杂化形式如图 8 - 14 所示,这是 Goodenough 规则预测 $3d^5$ - $3d^3$ 和 $3d^8$ - $3d^3$ 离子对自旋铁磁耦合的基础。

4) 等数量自旋向上和自旋向下 d 电子对超交换作用没有贡献。这可以解释 Ni^{2+} - O - Mn^{4+} 离子对在键角严重偏离 180°时自旋排列仍为铁磁性的实验事实。

早在 1956 年,基于磁性离子对的电子组态与晶格对称性,Goodenough 获得了一组关于超交换作用符号的半经验规则,这些规则已被实验证明能成功预测许多氧化物的自旋磁序。如表 8 - 2 所示,在简单钙钛矿氧化物中,B 位离子 3d 电子数相同、自旋形成反铁磁序;而在 Fe^{3+} $3d^5$ - O - Cr^{3+} $3d^3$、Fe^{3+} $3d^5$ - O - Mn^{4+} $3d^3$、Ni^{2+} $3d^8$ - O - Mn^{4+} $3d^3$ 等立方双钙钛矿氧化物中,自旋将形成铁磁序。这为发现室温铁磁半导体、室温铁磁电绝缘体预留了理论窗口。通过计算不同轨道间的竞争可以获得总超交换作用的强度与符号,它们与表 2 - 2 所示的 Goodenough 半经验规则具有相同的结果。

表 8 - 2　钙钛矿氧化物中 $3d^5$ - $3d^5$、$3d^3$ - $3d^3$ 和 $3d^5$ - $3d^3$ 磁性离子对(180°键角)电子轨道杂化示意图及其超交换作用结果[34,35,103,145,146,788]。在第二种和第三种情况中未显示 pπ 型轨道杂化

类	内层 d 电子组态	相干超交换		离域超交换		总和	强度(K)(氧化物)
		pσ	pπ	pσ	pπ		
#1	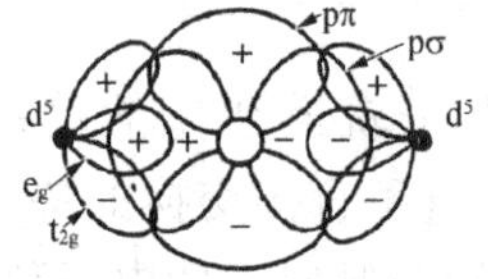	强↑↓	弱↑↓	强↑↓	弱↑↓	↑↓	~740
#2	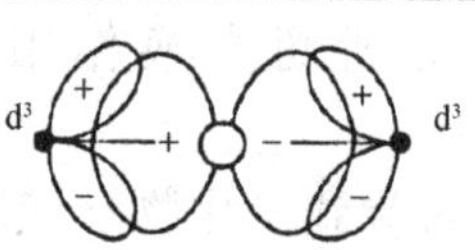	弱↑↓	弱↑↓	—	弱↑↓	↑↓	~290
#3	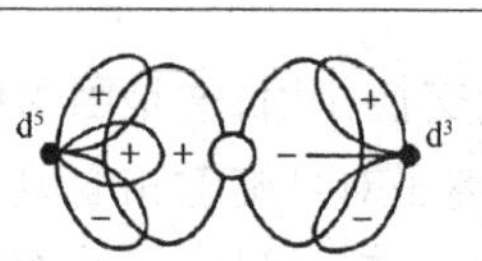	中等↑↑	弱↑↓	中等↑↑	弱↑↓	↑↑	~480

当钙钛矿氧化物存在晶格畸变、B 位离子间键角低于 180°时，Goodenough 规则需要适当修正[163]。例如，理论计算表明 Bi_2FeCrO_6 双钙钛矿三方相的自旋是反铁磁排列[161,162]，实验发现一定组分范围内的 $BiFeO_3-BiCrO_3-PbTiO_3$ 固溶体双钙钛矿是室温亚铁磁序、Fe－O－Cr 室温键角约为 160°[34]。广泛的实验观测发现 $3d^5-3d^3$ 磁性离子对的超交换作用符号和强度与双钙钛矿氧化物 B 位离子间的键角密切相关，自旋磁序可以在亚铁磁-自旋阻挫-铁磁间变化[35]。对于 La_2NiMnO_6 双钙钛矿，$Ni^{2+}-O-Mn^{4+}$ 键角虽然在 158°～162°范围内，但变温磁性和中子衍射结构测量都表明 La_2NiMnO_6 双钙钛矿是自旋铁磁序。

除了晶格畸变导致双钙钛矿氧化物的自旋磁序在亚铁磁-自旋阻挫-铁磁之间变化外，各向异性超交换作用还会导致自旋倾斜产生空间调制结构。从磁性离子的 d 电子组态与晶格对称性出发，钙钛矿氧化物的自旋磁序与轨道磁序存在如图 8－15 所示的几种理想构型[103,790]。如果存在自旋-轨道耦合，轨道序将影响自旋序，比如铁性轨道序诱导自旋反铁磁序、交替排列的轨道序诱导自旋铁磁序。$BiMnO_3$ 钙钛矿就是轨道序诱导自旋铁磁序的一个典型例子[149]。总之，磁性离子电子组态与晶格对称性协同决定了超交换作用的符号和强度，控制键长和键角可以调控电子波函数的杂化程度，从而调控物质的自旋磁序与磁相变温度[791]。

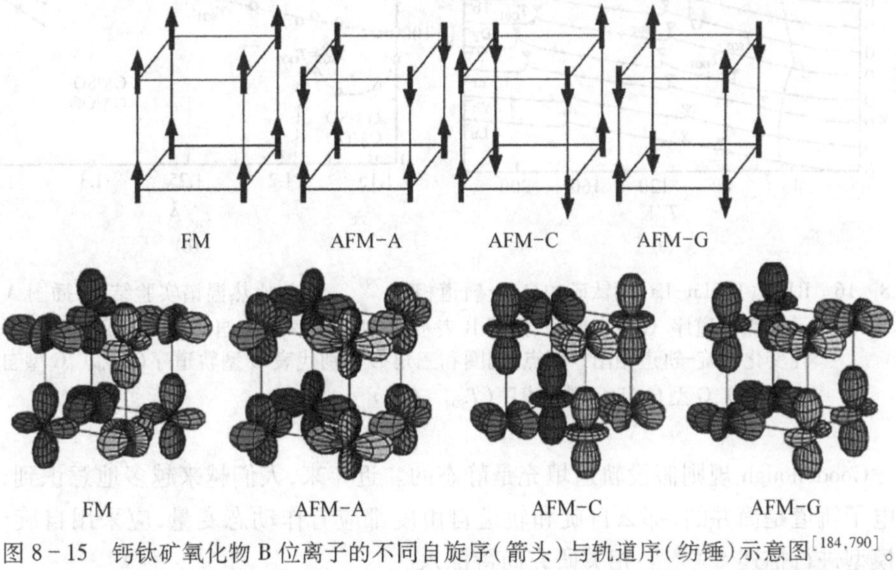

图 8－15　钙钛矿氧化物 B 位离子的不同自旋序（箭头）与轨道序（纺锤）示意图[184,790]。FM 为自旋铁磁序；AFM 为自旋反铁磁序，A 型（面间反铁磁面内铁磁）、C 型（面间铁磁面内反铁磁）和 G 型（面间和面内都是反铁磁）

晶格畸变对轨道简并、对自旋磁序的影响与钙钛矿氧化物的化学环境和热力学边界条件密切相关。例如，X 射线衍射和中子衍射测量都发现赝立方 $LaTiO_3$ 晶

体中存在 $GdFeO_3$ 型晶格畸变，它降低了 Ti^{3+} 离子 $3d^1$ 电子 t_{2g} 轨道的简并度，稳定了 G 型反铁磁超交换作用[792-794]。另外，晶格-轨道耦合还可能导致价带顶的 d 轨道具有轨道序[794-796]。例如，RVO_3 是空间群 Pbnm 正交钙钛矿，具有 $GdFeO_3$ 型晶格畸变，呈现出复杂的轨道序与自旋序。如图 8－16 所示，变温比热谱测量发现 RVO_3(R＝Lu、Yb、Er、Y、Dy) 钙钛矿是 C 型轨道序/G 型自旋序，而 RVO_3(R＝La、Ce、Pr、Nd、Sm、Gd、Tb) 是 G 型轨道序/C 型自旋序，自旋和轨道相变温度都随 R 离子半径非线性变化[797]。R 离子半径较大时，晶格畸变较小，自旋为 C 型反铁磁序，$LaVO_3$ 属于此类；R 离子半径较小时自旋为 G 型反铁磁序。YVO_3 的基态位于 C 型与 G 型自旋磁序的分界处。

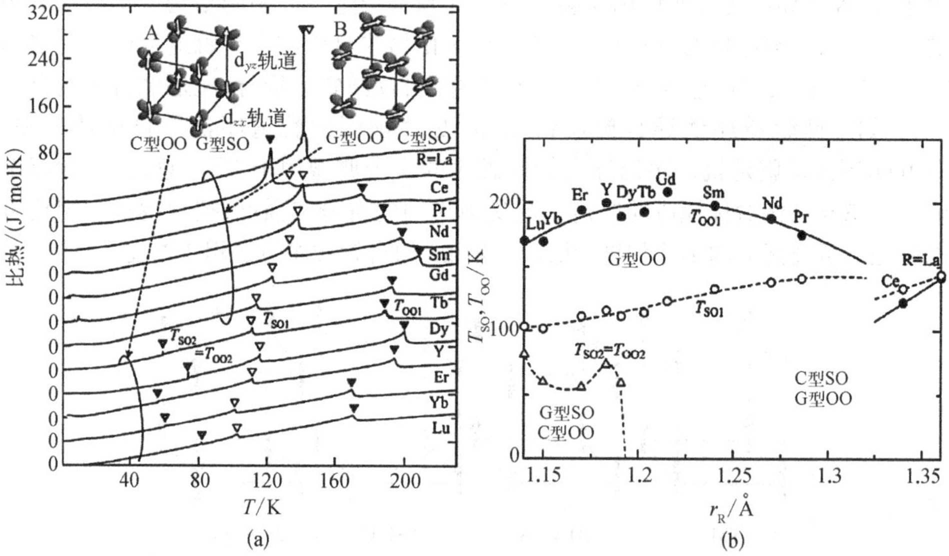

图 8－16　RVO_3(R＝Lu-La) 钙钛矿的自旋-轨道相变[797]。(a) 比热温谱实验结果，插图 A 表示 C 型轨道序/G 型自旋序、插图 B 表示 G 型轨道序/C 型自旋序。(b) 随 R 离子半径变化自旋-轨道相图。圆点、圆圈和三角形分别代表 G 型轨道序(T_{OO1})、C 型自旋序(T_{SO1})、G 型自旋/C 型轨道序($T_{SO2}=T_{OO2}$)

Goodenough 规则假设轨道填充是静态的。近年来，人们越来越多地意识到，如果电子轨道是简并的，那么自旋和轨道自由度都应看作动态变量，应采用自旋-轨道模型进行描述[166,786]。相关研究尚待深入。

2. 双交换作用

双交换作用最早是 Zener 为了综合考虑钙钛矿锰氧化物磁性与电输运性质时提出来的[798,799]。根据洪德规则，如果电子在跃迁过程中不改变自旋方向，那么电子很容易在不同磁性离子间进行传导,这种物质具有铁磁金属性。图 8-17(a)所示为 $Mn^{3+}-O-Mn^{4+}$ 磁性离子对的双交换作用,p-d 轨道杂化降低了电子跃迁动能项,自旋铁磁排列有利于电子在不同离子间进行迁移。与双交换作用不同,超交换作用的 d 电子并不在两个磁性离子间实际发生迁移,电子束缚在过渡金属离子上。如图 8-17(b)所示,当 d 电子局域在磁性离子上时,$Mn^{3+}-O-Mn^{4+}$ 超交换作用导致自旋反铁磁耦合。

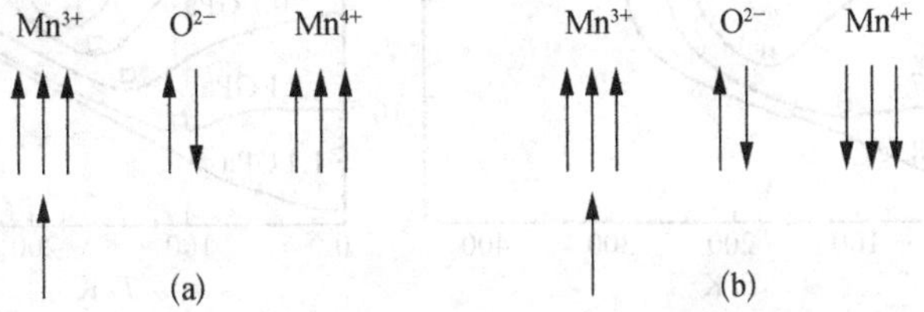

图 8-17　双交换与超交换示意图[787]:(a) 当 Mn^{3+} 离子的 e_g 电子能够自由巡游到临近的 Mn^{4+} 离子时,磁性离子间是双交换作用、自旋铁磁耦合;(b) 当 e_g 电子局域在 Mn^{3+} 离子上时,磁性离子间是超交换作用、自旋反铁磁耦合

在 $La_{1-x}Sr_xMnO_3$ 固溶体钙钛矿中,同时存在两种价态的锰离子,其中 Mn^{4+} 的总自旋 $S=3/2$、浓度为 $100x\%$,剩余的为总自旋 $S=2$ 的 Mn^{3+}[106,800]。如图 8-18 所示,自旋磁序和输运性质与化学组成、温度、压强等密切相关:当 $x<0.14$ 时,随温度降低 $La_{1-x}Sr_xMnO_3$ 存在一个顺磁绝缘-反铁磁绝缘相变;在 $0.14\leqslant x\leqslant 0.17$ 组分范围内,$La_{1-x}Sr_xMnO_3$ 存在顺磁绝缘-铁磁金属-铁磁绝缘两个温度诱导的相变,相变温度高低与化学组成有关;$x\geqslant 0.175$ 时,$La_{1-x}Sr_xMnO_3$ 只有一个顺磁绝缘-铁磁金属相变;$La_{1-x}Sr_xMnO_3$($x=0.15$、0.16)的铁磁金属-铁磁绝缘相变温度 T_{MI} 随压强增大降低。双交换作用模型假设电子在不同离子之间存在迁移,并未回答在什么条件下电子存在迁移、什么条件下电子保持局域。事实上,Sr 替代 La 不仅改变 Mn^{4+} 的浓度,不同半径离子替代引入的化学压还改变晶格常数、键长和键角等晶体结构,而外加压强仅仅改变晶格常数、键长和键角等晶体结构。对照图 8-17 所示的超交换作用与双交换作用物理模型可知,压应力(静水压和化学压)导致的 d 电子局域程度变化才是诱导铁磁绝缘-铁磁金属电子结构相变的内在物理机制。

双交换作用虽然是为了解释掺杂钙钛矿锰氧化物的铁磁金属性提出来的,但事实并不总是如此。磁带记录材料 CrO_2 是铁磁金属,饱和磁矩为每分子式 $2.0\mu_B$,低温电阻率具有 T^2 温度依赖关系。形式上看,CrO_2 中的铬离子是四价,两个 3d 电子占据 t_{2g} 轨道、$S=1$ 的局域自旋在超交换作用下应该是反铁磁莫特绝缘体。显然,基于超交换作用的预测与实验结果不一致。Korotin 等人理论计算分析后认为 CrO_2 中同时存在局域 d 电子和巡游 d 电子,与掺杂钙钛矿锰氧化物类似,双交换作

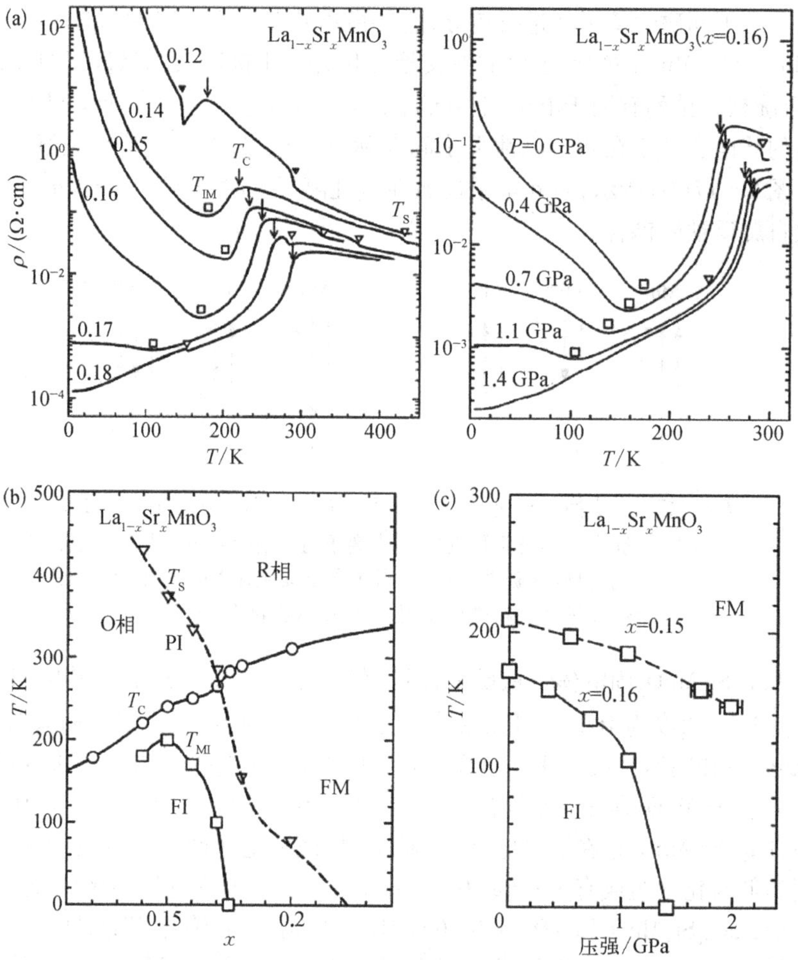

图 8 - 18　$La_{1-x}Sr_xMnO_3$钙钛矿晶体的输运性质与结构相图[106]：(a) 不同组分、不同压强条件下变温电阻率实验结果；(b) 晶体结构、自旋磁序与输运性质随 Sr 组分变化，圆、三角形和正方形分别代表磁相变居里温度 T_C、正交(O)-三方(R)晶体结构相变温度 T_S 和金属-绝缘相变温度 T_{MI}，虚线和实线分别是晶体和电子结构相界；(c) $La_{1-x}Sr_xMnO_3$($x=0.15$、0.16)金属-绝缘相变温度 T_{MI} 随压强的变化。PI、FI 和 FM 分别代表顺磁绝缘态、铁磁绝缘态和铁磁金属态

用稳定了自旋铁磁序[801]。第一性原理电子能带结构计算发现 CrO_2 是铁磁半金属，与光电子能谱实验结果一致[802,803]。

双交换作用在理解铁磁金属氧化物方面取得了很大的进步[92,105]，然而，现实中铁磁金属氧化物还是比较少见的，大部分氧化物是超交换作用主导的反铁磁绝缘体或亚铁磁绝缘体。即使如此，如图 8 - 18 所示，自然界还是存在一些低温铁磁绝缘态[804-807]。现有实验数据表明，化学组成、压强、温度等热力学条件对电子的局域化、对自旋交换作用的影响并不像双交换作用描述的那样简单直接耦合，电子能带结构与自旋磁序既相互独立又可能存在交叉耦合，对其存在条件的探索将有助于尽早发现室温铁磁半导体、室温铁磁电体等量子功能新材料。

3. RKKY 交换作用

1954 年，Ruderman 和 Kittle 在解释 ^{119}Ag 的核磁共振谱线增宽现象时提出了传导电子的自旋极化效应。Kasuya 和 Yosida 在研究 Mn－Cu 合金、稀土金属和合金的磁性时把传导电子的自旋极化效应进一步发展为 s－f、s－d 电子间的间接交换作用。通常，d 电子和 f 电子是局域电子，它们与 s 传导电子之间的直接交换作用使得 s 电子的自旋极化在空间呈现如图 8－19 所示振荡式衰减，自旋极化传导电子再与另一个磁性离子上的 d 电子或者 f 电子直接交换从而使磁性离子间的自旋产生耦合，这种依靠传导电子自旋极化产生的交换作用称为 RKKY 交换作用。

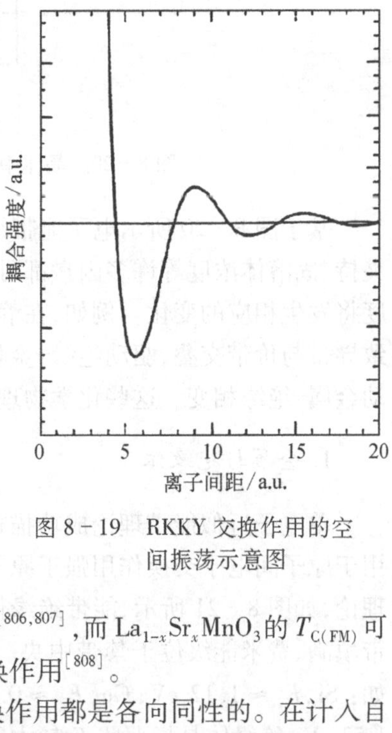

图 8－19 RKKY 交换作用的空间振荡示意图

在氧化物中，最外层的 s、p 电子是价电子，4f、5f、3d 和 4d 电子通常是局域电子，局域程度与电子-原子核间距密切相关。在局域电子与价电子都对磁性有贡献的化合物中，如在 EuO 稀土氧化物中，RKKY 间接交换作用是目前广泛接受的机制。与 d 电子间的双交换作用相比，RKKY 交换作用较弱，自旋有序温度较低。实验表明 EuO 的铁磁相变居里温度 $T_{C(FM)} = 77\ K$[806,807]，而 $La_{1-x}Sr_xMnO_3$ 的 $T_{C(FM)}$ 可高于室温。稀磁半导体材料大多基于 RKKY 交换作用[808]。

在不计自旋-轨道耦合时，以上各种间接交换作用都是各向同性的。在计入自旋-轨道耦合后，磁性离子间会出现各向异性交换作用。自旋-轨道耦合是磁晶各向异性的重要来源，也是自旋倾斜的重要物理机制，它可以导致自旋磁序呈现螺旋形、摆线形等空间调制结构。

8.2.3 电子能带结构

孤立原子的电子能级是量子化的。当原子密堆形成晶体时，不同原子各电子壳层间存在一定程度的轨道杂化，最外层电子轨道杂化程度最高，内层电子轨道杂化程度逐层降低。轨道杂化导致电子不再完全局域于某一原子，而是在整个晶体中运动,这种变化称之为电子共有化运动。如图 8 - 20 所示,随着原子间距减小,电子能级从原子的分立能级扩展为晶体的能带,不同能带之间的带隙大小与原子间距有关。

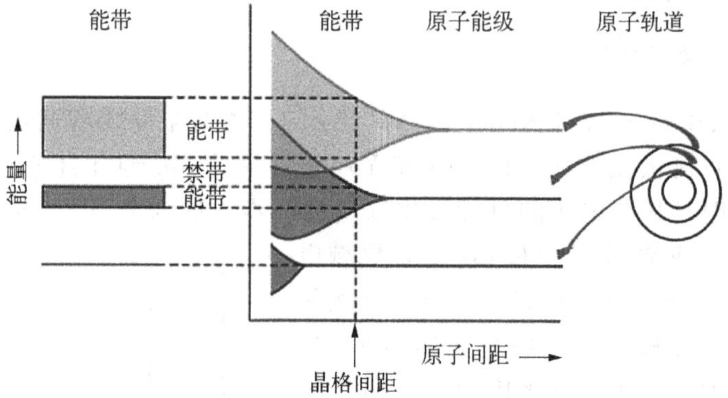

图 8 - 20　晶体中电子的共有化运动能带形成示意图

基于图 8 - 20 所示电子能带结构形成的物理图像可知,热力学边界条件、衬底夹持、固溶体浓度等许多因素都可导致原子间距发生变化,电子能带结构与禁带宽度将发生相应的变化。例如,在静水压下原子间距减小,能带展宽与带隙减小将导致导带与价带交叠、驱动绝缘-金属电子结构相变;固溶体钙钛矿中化学压也会驱动金属-绝缘相变。这些化学物理过程为人工调控电输运性质奠定了理论基础。

1. 金属与绝缘体

单电子近似能带理论成功描述了许多晶体的电子能带结构与输运性质,它适用于原子间电子交换作用强于原子内电子交换作用的情形。根据固体的能带结构理论,如图 8 - 21 所示,能带绝缘体是指晶体中存在一个电子的禁带,导带为空价带填满、费米能级位于禁带中央。半导体是指那些禁带宽度 E_g 较小的绝缘体,例如: Si, $E_g \approx 1.12$ eV; Ge, $E_g \approx 0.66$ eV; GaAs, $E_g \approx 1.42$ eV; $CH_3NH_3PbI_3$, $E_g \approx 1.53$ eV。绝缘体是指那些 E_g 较大的材料,比如: $\alpha - Al_2O_3$, $E_g \approx 8.0$ eV; $KTaO_3$, $E_g \approx 3.5$ eV; $SrTiO_3$, $E_g \approx 3.25$ eV; $BaTiO_3$, $E_g \approx 3.2$ eV; $CH_3NH_3PbCl_3$, $E_g \approx 2.97$eV。有时候,E_g 较大的材料也称为宽禁带半导体,比如: GaN, $E_g \approx 3.44$ eV; 金刚石, $E_g \approx 5.47$ eV。金属导体是指电子未填满一个能带、部分能态为空,此时费米能级位于导带内部。对于半金属(semi-metal),虽然费米面也位于导带内,但由于费米面附近的电子态密度较低,导致电学性质介于金属导体与半导体之间。半金属具有金属光泽但性脆。在实空间,绝缘态是电子局域化的结果,金属态是电子公有化的结果;在动量空间,局域电子波函数多用 Wannier 轨道函数描述,金属中的电子多用平面波函数描述。

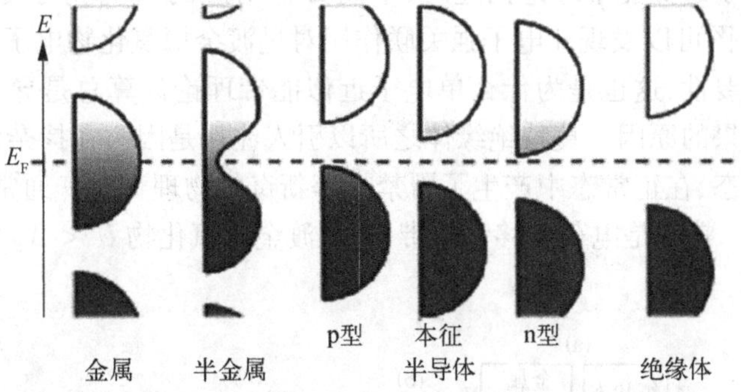

图 8-21 电子能带结构示意图：金属、半金属（semi-metal）、半导体与绝缘体，E_F 表示费米能级

传统能带理论忽略了电子间的相互作用，通过单电子与周期结构之间的相互作用得到了电子的能带结构，然后再引入电子关联作用加以修正。这种处理适用于电子简并能大大超过电子关联能的弱关联电子体系。对于理想离子晶体，电子交换作用可以忽略，化学键主要来源于静电作用；对于共价晶体或者共价-离子混合晶体，电子交换作用在化学键中起主导作用。在过渡金属氧化物中，静电作用与电子交换作用之间的竞争可以导致 d 电子发生局域-巡游转变；晶体场作用和电子关联作用协同能够导致未满的 d 能带发生分裂，晶体从单电子近似能带理论预测的金属态变为莫特绝缘态。Mott 最早指出该效应并成功解释了 NiO、MnO、CoO 等氧化物的绝缘性，因此，由 d 能带分裂形成的绝缘体被称为莫特绝缘体。与能带绝缘体相比，莫特绝缘体中的 d 电子依然保持内禀的原子轨道和电子自旋自由度[164,809,810]。

在包含 3d、4d、5f 电子的强关联系统中，电子关联作用（U）、p-d 轨道杂化（t_{pd}）、d 电子晶体场能级分裂（Δ）、阴离子价带宽度（W）四个因素间的竞争决定了过渡金属氧化物的电子能带结构。采用离子模型，从晶体的马德隆常数和原子的电离能参数可以量化估算 U 和 Δ 的数值，进而定性分析 3d 过渡金属氧化物电子能带结构的本质。虽然离子模型为理解过渡金属氧化物的电学性质提供了一个好的出发点，然而，理论和实验研究都表明只有计入 p-d 轨道杂化才能准确理解它们的电学性质。这是因为轨道杂化导致电子最低能态偏移，影响了带隙的闭合；当阴离子价带宽度与带隙大小可比时，计算过程不能忽略能带宽度参数。

如图 8-22 所示，Zaanen 和 Mineshige 等总结了过渡金属氧化物能带结构与 U、Δ 等参数的关系[811,812]。当 $U < \Delta$ 时禁带是莫特型的，由 d 电子能级分裂形成的上下 Hubbard 带间存在带隙，$E_g \propto U$；当 $U > \Delta$ 时禁带是电荷转移型的，O 2p 形成的价带与 d 电子上 Hubbard 导带间存在带隙，$E_g \propto \Delta$。对于大 U 值且 $\Delta < W/2$，系统是金属性的，这种氧化物具有较强的共价结合特征；当 $U = 0$ 或者交换关联作

用可以用单电子近似能带理论描述时，不同 Δ 值对应的 E_g 都等于零，系统是金属性的。从 ZSA 图可以发现 d 电子强关联作用对过渡金属氧化物电子能带结构计算的必要性和重要性，这也是为什么单电子近似能带理论计算总是导致异常小带隙或者金属性结果的原因。莫特绝缘体之所以引人注目是因为在掺杂铜氧化物中发现了高温超导态、在正常态中产生了赝禁带等新奇的物理现象。通常，重过渡金属氧化物 $U > \Delta$，它们是电荷转移型禁带；轻过渡金属氧化物 $U < \Delta$，它们是莫特型禁带。

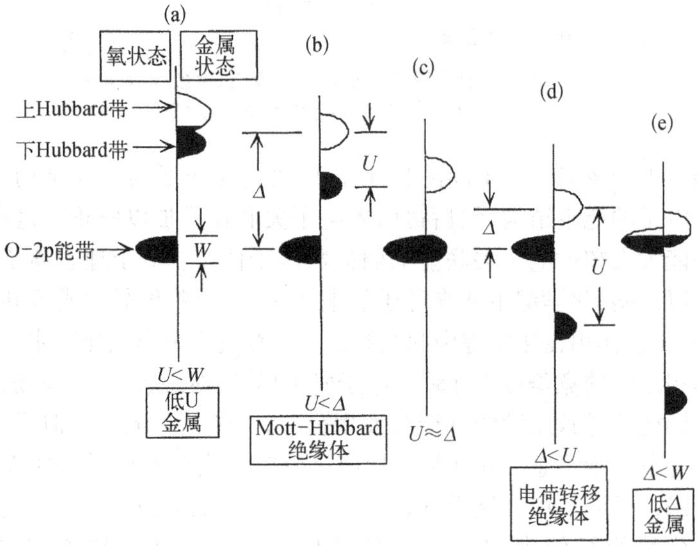

图 8－22　过渡金属氧化物电子能带结构 ZSA 图[812]。U、Δ 和 W 分别表示 d 电子关联能、d 电子能级分裂与氧离子价带宽度

对 3d 过渡金属钙钛矿氧化物密度泛函近似第一性原理理论计算表明：莫特绝缘体的电子禁带确实是由 d 能带 Hubbard 分裂形成的；如图 8－23 所示，电荷转移绝缘体的带隙是由 O 2p－M 3d 轨道杂化形成的价带与空上 Hubbard 导带间的能量差决定的。Sarma 等理论计算了 d 轨道对价带顶和导带底的贡献率[813]，他们发现在 $LaMnO_3$、$LaFeO_3$、$LaCoO_3$ 中 d 轨道对价带顶（导带底）的贡献率分别为 58%（73%）、44%（76%）和 70%（76%）。值得注意的是，$LaMO_3$ 系列钙钛矿 3d 过渡金属氧化物的价带顶都存在相当程度的 p－d 杂化、它们是离子键与共价键混合晶体。

拓扑绝缘体是凝聚态物理的一个崭新概念，是指那些受时间反演对称保护晶体体内为绝缘态、表面为金属态的一类量子材料[814,815]。由于过渡金属钙钛矿氧化物中存在自旋-轨道-晶格耦合作用，禁带宽度可以在较大的范围内调控，能否设计出负禁带宽度实现能带反转，能否设计出拓扑绝缘体是值得思考与探索的一个方向[816-818]。

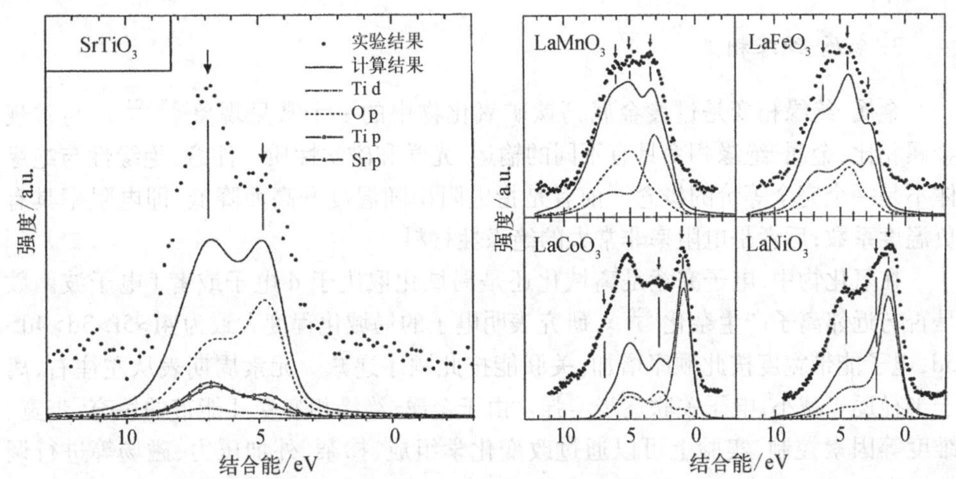

图 8-23　$SrTiO_3$ 与 $LaMO_3$(M=Mn、Fe、Co、Ni)钙钛矿氧化物的 X 射线光电子能谱[813]：实线和圆点分别为计算和实验结果。其中，过渡金属 3d 轨道贡献部分为点划线、O 2p 轨道贡献部分为虚线所示。特征峰位置用箭头表示

2. 铁磁半金属

在莫特理论中，由于 d 电子关联作用 U 的能量在 7~10 eV 范围，可以假设 $d_i^n d_j^n \leftrightarrow d_i^{n-1} d_j^{n+1}$($i$ 和 j 表示过渡金属离子的位置)电荷涨落被抑制。该思想奠定了不同能量尺度磁性绝缘体物理性质的理论基础，对低能量尺度自旋行为与高能量尺度电荷行为的区分也是 Anderson 超交换作用理论和 Goodenough 半经验规则成功的基础。对于电子强关联系统，电子能带结构与自旋取向密切相关。如图 8-24 所示，铁磁半金属(half-metal)的主要特征是一种自旋为金属态而另一种自旋为绝缘态，或者说费米能级位于一种自旋的导带内另一种自旋的带隙中，费米面附近的传导电子高度自旋极化，极化率为 100%[819]。钙钛矿氧化物半金属大多具有电荷转移型电子能带。

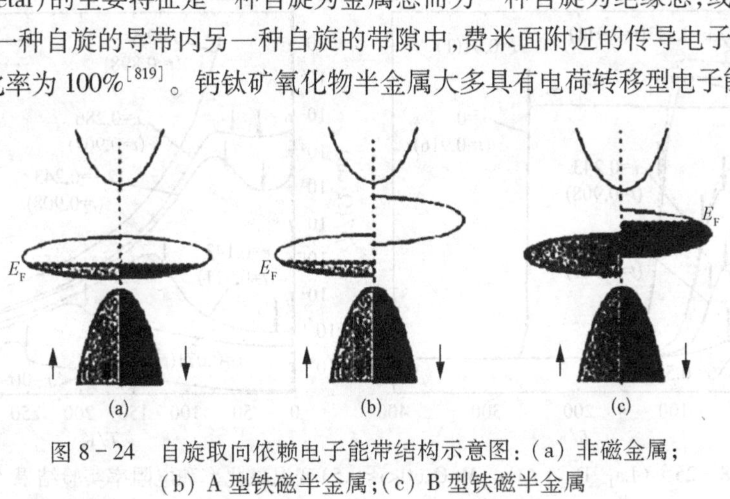

图 8-24　自旋取向依赖电子能带结构示意图：(a) 非磁金属；(b) A 型铁磁半金属；(c) B 型铁磁半金属

3. 金属-绝缘相变

金属-绝缘相变是过渡金属钙钛矿氧化物中的一个常见现象[820-822]。与常规金属相比,金属-绝缘相变具有不同的输运、光学和磁学性质。注意,绝缘性与绝缘体不是一个完全等价的概念。前者是指电阻率随温度升高而降低,即电阻率具有负温度系数;后者是电阻率非常大的绝缘性材料。

在氧化物中,电子究竟是离域化还是局域化取决于 d 电子或者 f 电子波函数是否与近邻离子产生杂化[822]。研究表明电子的局域化程度大致为 4f>5f>3d>4d>5d,电子能带宽度按此顺序增加,关联能按此顺序递减。元素周期表从左往右,离子半径逐步减小,电子关联逐步增强。由于金属-绝缘相变受 d 能带的填充、带宽、维度等因素控制,实验上可以通过改变化学组成、掺杂、外加压力、磁场等进行调控。在 $R_{1-x}A_xMnO_3$(R 是三价稀土元素、A 是二价碱土金属)、$La_{1-x}Sr_xCoO_3$、$La_{1-x}Ca_xCrO_3$、$La_{1-x}Sr_xVO_3$ 等钙钛矿氧化物中广泛存在组分诱导金属-绝缘相变[111,823-828]。$LaMnO_3$ 钙钛矿是电荷转移型绝缘体,$t_{2g}^3e_g^1$ 电子形成 A 型自旋反铁磁序。如图 8-25 所示,对于 $(La_{1-x}Dy_x)_{0.7}Ca_{0.3}MnO_3$ 固溶体,除 $x=0.5$ 组分外钙钛矿在磁相变温度 T_C 都存在铁磁金属-顺磁绝缘相变[112]:当 $t>0.913$ 时 T_C 与 t 成正比,当 $t<0.907$ 时钙钛矿低温为自旋玻璃相,当 t 介于 0.907 与 0.913 时,钙钛矿磁性相在低温出现自旋玻璃态。在 $R_{0.7}A_{0.3}MnO_3$ 钙钛矿氧化物中,如图 8-26 和 8-27所示,固定掺杂载流子浓度,实验发现铁磁相变居里温度与 A 位稀土离子的平均半径相关,Mn 离子间的电子跃迁概率是 Mn-O-Mn 键角和 Mn-O 键长的函数[111,112]。广泛的实验研究表明,$R_{1-x}A_xMnO_3$ 钙钛矿的磁相变温度和磁电阻效应还受离子无序(相分离)、氧缺量、晶界、晶格畸变等多种因素影响。

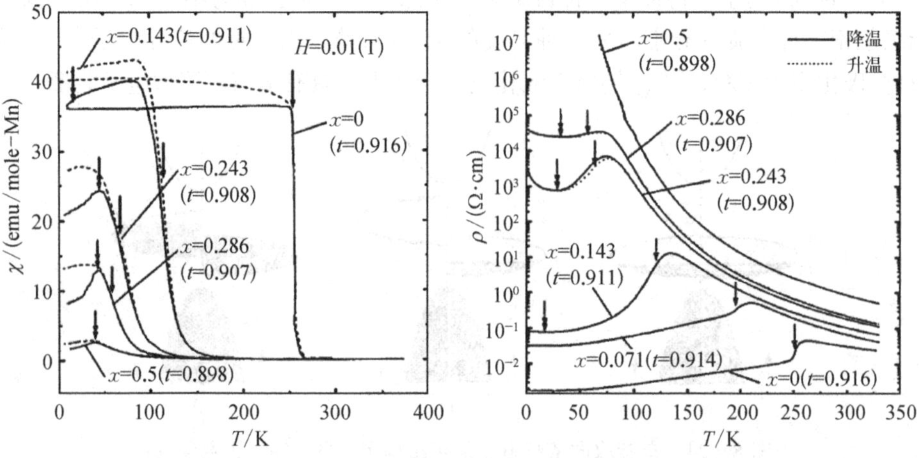

图 8-25　$(La_{1-x}Dy_x)_{0.7}Ca_{0.3}MnO_3$($0<x<0.5$)变温磁化率和电阻率实验结果[112]

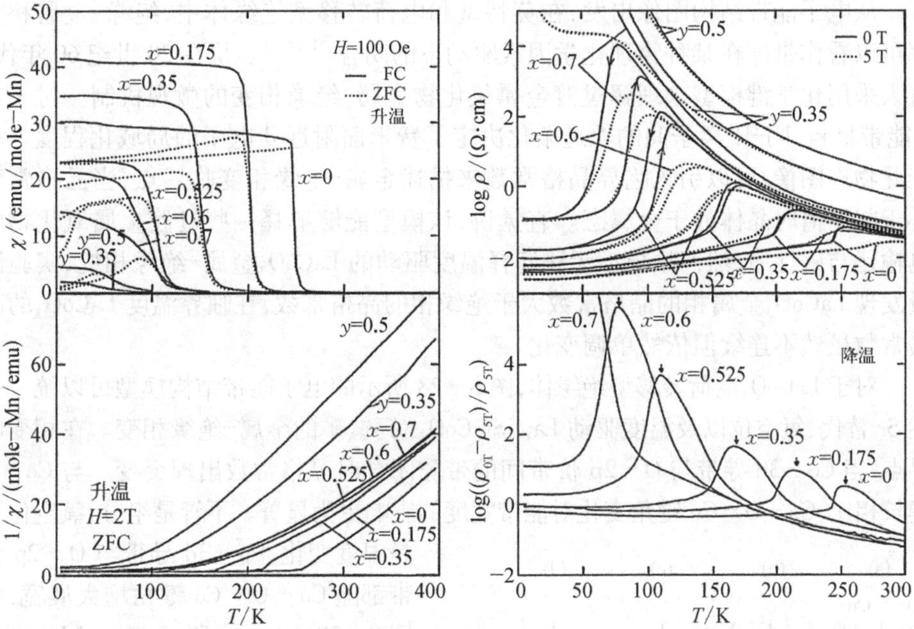

图 8-26　$La_{0.7-x}Pr_xCa_{0.3}MnO_3$($x=0$、0.175、0.35、0.525、0.6、0.7)和 $La_{0.7-y}Y_yCa_{0.3}MnO_3$($y=0.35$、0.5)陶瓷的磁化率、不同磁场下的电阻率以及磁电阻[111]

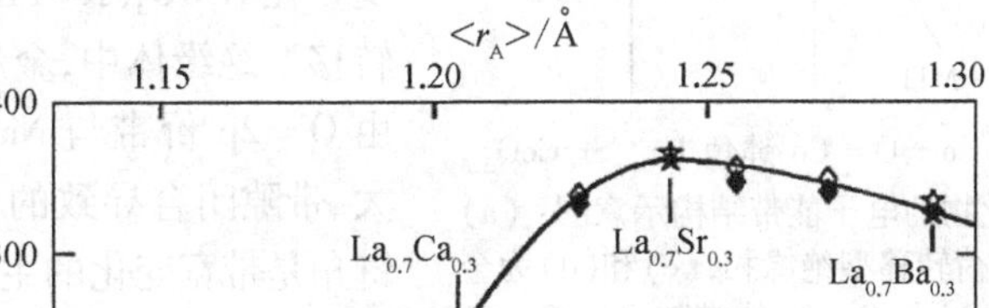

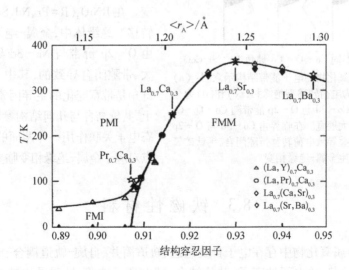

图 8-27　$R_{0.7}A_{0.3}MnO_3$钙钛矿氧化物的铁磁相变温度与结构容忍因子、A 位离子平均半径的关系[111]。空心代表在 100 Oe 磁场下磁化率测量确定的相变温度 T_C^M,实心代表电阻率测量相变温度 T_C^ρ,二者都为加热过程测量数据

从电子能带结构图像出发，在莫特型和电荷转移型绝缘体中，绝缘-金属相变都可以看作带隙在某种物理化学因素驱动下的闭合[811,829]。早在 20 世纪 60 年代，有人采用化学键模型来理解过渡金属氧化物金属-绝缘相变的微观机制。对于窄 d 能带材料，阴-阳离子间的轨道杂化决定了费米面附近 d 电子的局域化程度。基于此物理图像，可以引入临界晶格常数来描述金属-绝缘相变临界点，当晶格常数小于临界值时晶体处于金属态。直觉讲，该模型能够解释一些过渡金属氧化物的电输运与磁性质，然而该模型无法解释温度驱动的 $LaCoO_3$ 金属-绝缘相变，实验测量发现 $LaCoO_3$ 金属相的晶格常数大于绝缘相的晶格常数，在临界温度 $LaCoO_3$ 的晶格常数虽然不连续但依然单调变化。

对于 $LaCoO_3$ 电荷转移型绝缘体，图 8 - 28 所示的电子能带结构模型可以统一描述 Sr 替代、氧空位以及温度驱动 $La_{1-x}Sr_xCoO_{3-\delta}$ 钙钛矿的金属-绝缘相变。在相变临界点，当 Co - 3d 导带与 O - 2p 价带间的带隙闭合时晶格常数出现突变。与 Co - O 键长相比，Co - O - Co 键角变化对能带宽度的影响更为显著。不管是组分、氧空位还是温度变化，Co - 3d 导带与 O - 2p 价带都随 Co - O - Co 键角增大展宽，如图 8 - 28(b)、(c) 所示，Co - 3d 与 O - 2p 能带在临界角发生交叠导致带隙闭合，钙钛矿氧化物发生绝缘-金属相变。在 $RNiO_3$（R = Pr、Nd、Sm、Eu）电荷转移型绝缘体中，金属-绝缘相变也是由 O - 2p 价带与 Ni - 3d 导带宽度增大、带隙闭合导致的，其中 Ni - O - Ni 键角是带宽变化的主导因素[829]。事实上，共价结合与几何结构参数变化是动态电子关联作用一体两面的结果，突变点对应于金属-绝缘相变临界点。

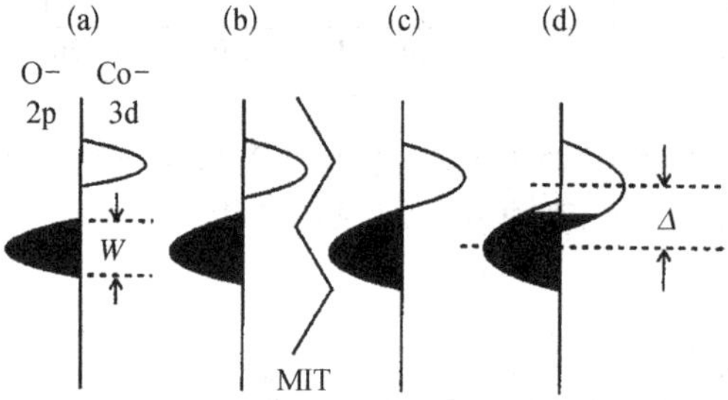

图 8 - 28　不同 Co - O - Co 键角 $La_{1-x}Sr_xCoO_{3-\delta}$ 钙钛矿氧化物的电子能带结构示意图：(a) 和 (b) 为电荷转移型绝缘相，(c) 和 (d) 为金属相。Co - 3d 与 O - 2p 能带随 Co - O - Co 键角增大展宽。在临界角 Co - 3d 与 O - 2p 能带交叠导致电荷转移带隙闭合，钙钛矿氧化物发生金属-绝缘相变

8.3　铁磁性材料

过渡金属氧化物中存在电子自旋组态、轨道简并、自旋-轨道耦合、电子的局域化-离域化趋势、价电子的离子-共价结合、铁电离子位移、铁弹晶格畸变等多种因素的共存、竞争与耦合，由此产生了丰富的磁电功能特性[790,830]。在室温铁磁性材料家族中，铁磁金属、铁磁半金属材料已经发现存在不少体系，但铁磁半导体、铁磁-铁电多重铁性体、铁磁电体等量子材料仍知之甚少[324]。

8.3.1　铁磁半导体

铁磁半导体是研制低功耗自旋电子学器件的必要功能元。在已知化合物中，自旋铁磁序常常与金属态、自旋反铁磁序与绝缘态相伴。即使如此，EuS T_C = 16 K[805]、EuO T_C = 77 K[806,807]、$BiMnO_3$ T_C = 105 K[804]、$CdCr_2Se_4$ T_C = 130 K[831]等低温铁磁半导体的存在还是为人类打开了一扇窗口。工程应用除了关注自旋磁序及其强度外，还需要关注铁磁相变居里温度的高低、是否易于进行 p 型化和 n 型化，新材料还要易于与现有半导体器件集成[14,324]。

室温铁磁半导体之所以难发现受限于半导体与铁磁性对材料的晶体结构、化学键以及电子结构存在看似矛盾要求的认知[14]。事实上，钙钛矿氧化物中 d 电子是局域还是巡游并不是自旋铁磁序成立的前提条件。在同时存在局域 d 电子和巡游 d 电子的钙钛矿氧化物中，即使双交换机制导致自旋铁磁序、大部分组分是金属性的情况下仍然存在少部分组分是低温铁磁绝缘体[106,832,833]。如图 8－18 所示，$La_{1-x}Sr_xMnO_3$($0.14 \leqslant x < 0.175$)是低温铁磁绝缘体。

Ni^{2+} 和 Mn^{4+} 离子的电子组态分别为 $3d^8(t_{2g}^6e_g^2)$ 和 $3d^3(t_{2g}^3e_g^0)$，根据 Anderson 超交换作用理论和 Goodenough 规则可知 R_2NiMnO_6(R 为三阶镧系稀土元素、Y、Bi)双钙钛矿中存在铁磁半导体[28]。如图 8－29 所示，晶体结构测量表明 La_2NiMnO_6 陶瓷是 Mn^{4+} 和 Ni^{2+} 离子 NaCl 型有序分布的双钙钛矿：室温为单斜结构、空间群

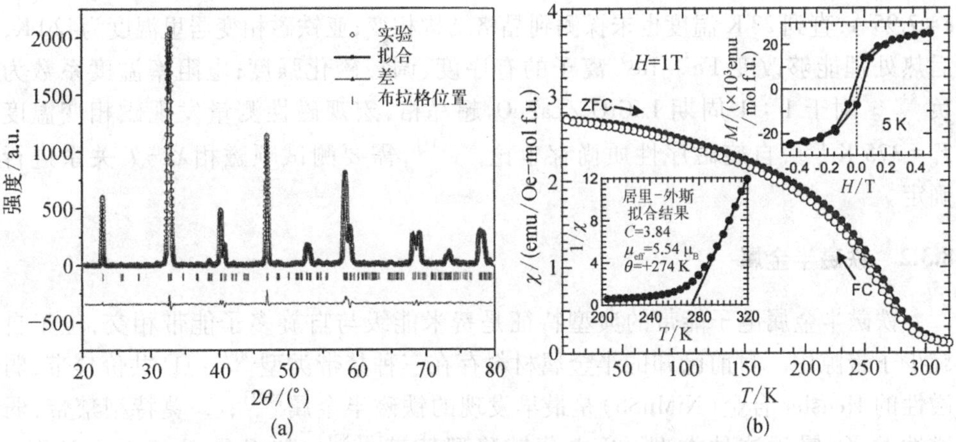

图 8－29　La_2NiMnO_6 双钙钛矿氧化物结构与磁性测试结果[834]。(a) 粉末 X 射线衍射与 Rietveld 精细结构分析。(b) 零场冷(ZFC)与场冷(FC)变温磁化率，测试磁场强度为 1 T。插图分别为低温磁滞回线(右上)和高温磁化率导数随温度的变化(左下)，直线表示居里-外斯定律拟合结果：C 为居里常数；θ 为外斯温度；μ_{eff} 为有效顺磁矩；M 为磁化强度；H 为磁场强度

$P2_1/n$: $a=5.5148$ Å、$b=5.4616$ Å、$c=7.7415$ Å、$\beta=89.899°$、$V=233.17$ Å^3;高温为三方结构、空间群 $R\bar{3}$[834,835]。从室温开始冷却,除了衍射强度变化,中子衍射未探测到新衍射峰。衍射谱分析表明 Mn^{4+} 与 Ni^{2+} 离子自旋平行排列,原子磁矩分别为 $3.0(2)\mu_B$ 和 $1.9(3)\mu_B$;Ni－O－Mn 键角在 159°～162°范围内变化。变温磁性测量发现 La_2NiMnO_6 双钙钛矿在 $T_{C(FM)}\approx280$ K 发生铁磁相变,顺磁相磁化率满足居里-外斯定律,外斯温度为 274 K;低温饱和磁化强度为每分子式 $4.96\mu_B$,接近理论值。电阻率测试表明它是半导体: 室温电阻率约为 10^2 Ω·cm 量级,随温度升高电阻率降低。La_2NiMnO_6 双钙钛矿的化学价对反位无序不敏感,饱和磁矩随反位无序度增大而减小[836-838]。

对于固相反应合成的 R_2NiMnO_6(R＝Pr、Nd、Sm、Gd、Tb、Dy、Ho、Y)系列陶瓷样品,结构分析表明它们都是空间群 $P2_1/n$ 的单斜双钙钛矿[90,91,102]。Ni－O－Mn 键角随稀土离子半径减小而减小,铁磁相变居里温度降低,结果见图 8－30。根据宏观变温磁化强度测量结果与顺磁相外斯温度可知 R＝Y、Pr、Nd、Sm 双钙钛矿为自旋铁磁序;根据居里温度以下 $M-T$ 结果可知 R＝Gd、Tb、Dy、Ho 双钙钛矿存在组分偏聚导致的两种磁性相,因而导致 $\chi-T$ 关系直接外推得到的外斯温度低于居里温度。吸光度测试表明 R_2NiMnO_6 双钙钛矿具有直接带隙,$E_g\approx$ 1.0 eV[102]。

双钙钛矿氧化物 B 位离子组合多样,绝大多数为自旋反铁磁排列[28]。例如,高压合成 Pb_2FeReO_6 双钙钛矿是空间群 I4/m 四方相,室温晶格常数为 $a=5.62$ Å、$c=7.95$ Å,直到 23 K 温度也未探测到晶格结构相变;亚铁磁相变居里温度为420 K,后热处理能够改变 Fe^{3+}/Re^{5+} 离子的有序度、调控磁化强度;电阻率温度系数为负[839]。对于 1∶1 周期 $LaCrO_3/LaFeO_3$ 超晶格,宏观磁性测量发现磁相变温度 $T_C=375$ K[153],自旋磁序性质尚存争论[840-843],需要测试顺磁相 $\chi-T$ 关系进行确定。

8.3.2　铁磁半金属

铁磁半金属电子能带的典型特征是费米能级与自旋多子能带相交,位于自旋少子带隙中。目前已知的半金属材料存在三种禁带类型[819]: ① 共价禁带,弱磁性的 Heusler 合金(NiMnSb)是最早发现的铁磁半金属[802];② 莫特型禁带,弱磁性 Fe_3O_4 属于这种类型;③ 电荷转移型禁带[92,801],如 CrO_2、$La_{0.7}Ca_{0.3}MnO_3$、$La_{0.7}Sr_{0.3}MnO_3$、Sr_2CrReO_6 和 Sr_2FeMoO_6。由于半金属性起源各不相同,因此它的外场调控行为及其对无序、表面/界面的敏感度大不相同。在分析实验结果时必须注意实际使用的自旋极化度测量方法对实验结果的影响。例如,Andreev 反射法测量 $La_{0.7}Sr_{0.3}MnO_3$ 的自旋极化度为 78%,但自旋分辨光电子能谱测量的自旋极化度为

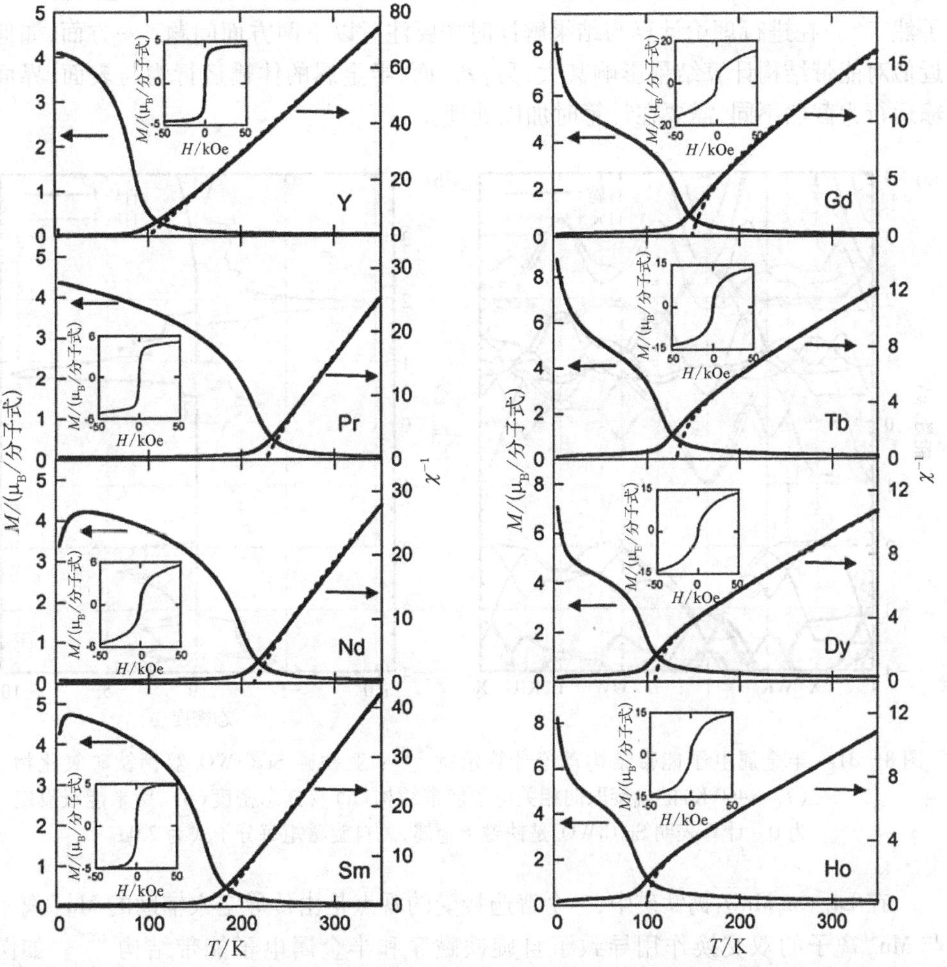

图 8-30 R_2NiMnO_6(R=Pr、Nd、Sm、Gd、Tb、Dy、Ho、Y)系列双钙钛矿的宏观磁性实验结果[90]。变温磁性测量所用磁场强度为 10 kOe,插图磁滞回线为 5 K 温度测量结果

100%[844,845]。与 CrO_2不同,钙钛矿氧化物的表面是非化学计量比的,可能存在重构。因此,对表面敏感的测量方法所得结果将包含表面结构的相关信息。自旋极化电子能带结构理论计算[846]和自旋分辨光电子能谱实验[845]相结合是确定半金属性的常用方法。

与铁磁金属——Fe、Co、Ni 的自旋极化为 40%~50%相比,铁磁半金属的输运性质完全由自旋多子决定,理论上费米能级附近电子 100%自旋极化。鉴于半金属的实验探索非常冗繁,电子能带结构理论计算就显得特别重要。图 8-31 所示为

Sr_2CrWO_6双钙钛矿铁磁半金属能带结构与态密度的理论计算结果,半金属性一目了然[846]。在进行理论计算与结果解读时需要注意以下两方面问题:一方面,如何近似对能带结构计算结果影响甚大;另一方面,半金属的体输运行为与表面、界面输运行为截然不同,需要在计算时加以处理。

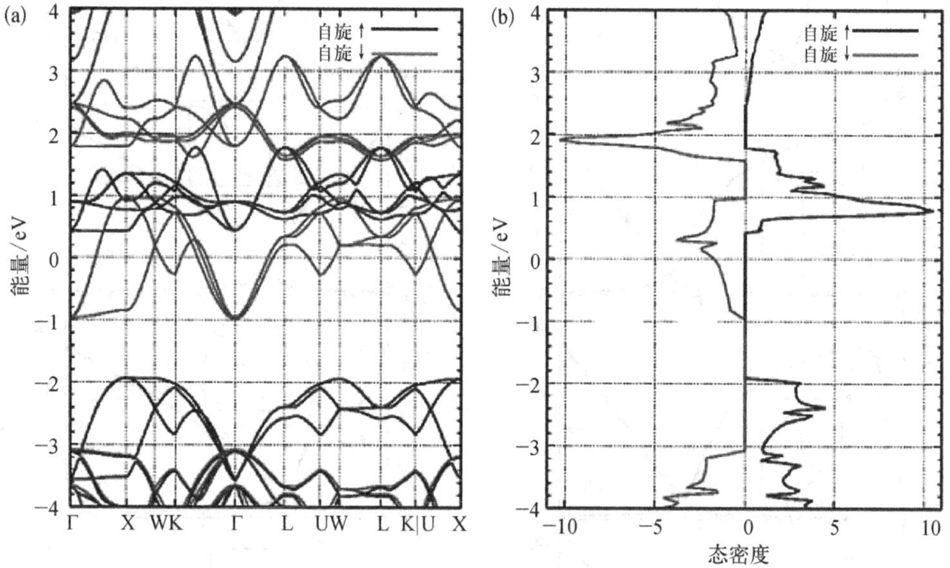

图 8 - 31　半金属电子能带结构理论计算示例[846]:亚铁磁 Sr_2CrWO_6 双钙钛矿氧化物($T_C \approx 460$ K)的自旋取向相关电子能带结构(a)及其态密度(b),费米能级设定为 0。计算表明 Sr_2CrWO_6是铁磁半金属,总自旋磁矩每分子式为 $2.0\mu_B$

在 $La_{1-x}Sr_xMnO_3$钙钛矿中,一个普遍接受的观点是由传导空穴辅助的 Mn^{3+}离子与 Mn^{4+}离子的双交换作用导致了自旋铁磁序和半金属电子能带结构[107]。如图 8 - 32 所示,应用自旋分辨光电子能谱,实验测量直接观测到了 $La_{0.7}Sr_{0.3}MnO_3$铁磁薄膜的半金属特征:在居里温度($T_{C(FM)} \approx 350$ K)以下,费米面附近不同自旋取向态密度存在明显的区别:自旋多子表现出金属性的费米截止,而结合能在 0.6 eV 左右时自旋少子的电子光谱消失;在居里温度以上,不同自旋方向的电子光谱没有差别[845]。

磁电阻效应是在外磁场作用下电阻率变化的物理现象,定义为 $MR=[\rho(H)-\rho(0)]/\rho(0)\times 100\%$。如图 8 - 33 所示,钙钛矿氧化物的磁电阻效应在相变温度附近具有极大值[105,108,847,848]。正是钙钛矿氧化物的巨磁电阻效应让人们意识到了自旋与电子强关联耦合的重要性[107,845]。由于过渡金属氧化物很难获得理想化学计量比的样品,氧空位等晶格缺陷会破坏钙钛矿的能带结构,增加了实验确认半金属性的困难[849,850]。混合价锰氧化物的元素偏析还会造成相分离,电子输运具有渗流特征[240]。

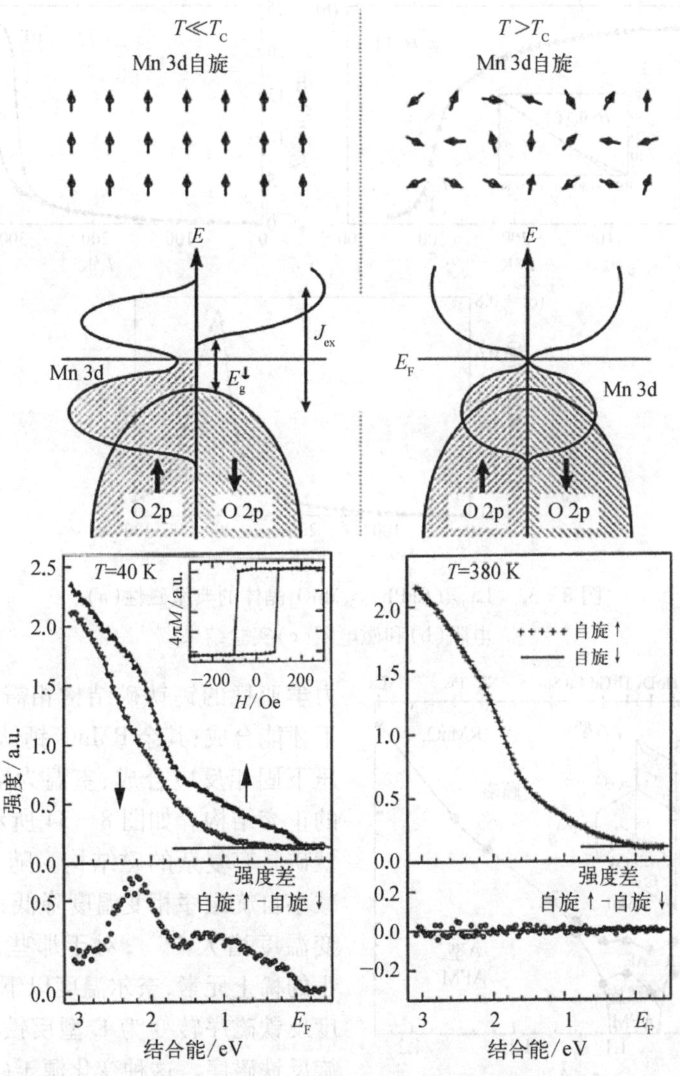

图 8-32 铁磁半金属 $La_{0.7}Sr_{0.3}MnO_3$ 薄膜的自旋磁序和能带结构示意图以及自旋分辨光电子能谱实验测量结果[845]

由铁磁半金属制作的自旋电子学器件具有很高的能量利用效率和信息准确性。目前仅知 $La_{1-x}Sr_xMnO_3$、Sr_2FeMoO_6 等少数几种钙钛矿氧化物具有室温自旋极化传导电子。

1. 固溶体钙钛矿

$RMnO_3$(R=Y、Ho、Er、Tm、Yb、Lu 稀土元素)是空间群 $P6_3cm$ 的六角结构，热

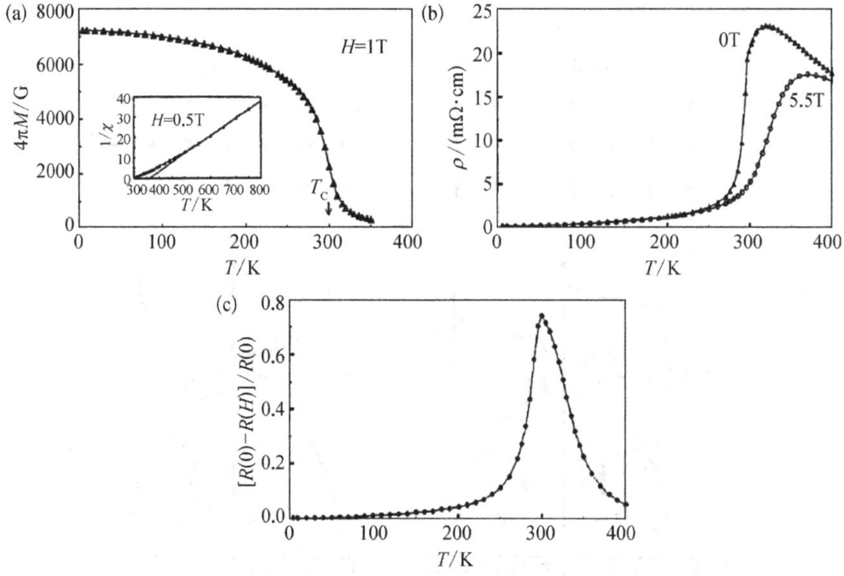

图 8－33　$La_{0.65}(CaPb)_{0.35}MnO_3$晶体的典型磁性(a)、电阻(b)和磁电阻(c)实验结果[847]

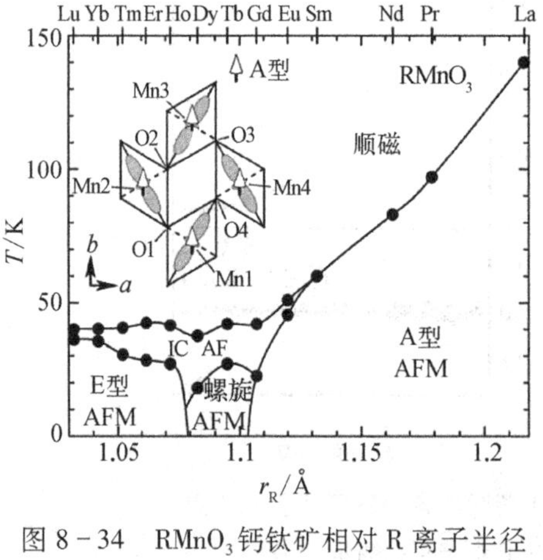

图 8－34　$RMnO_3$钙钛矿相对 R 离子半径的磁相图[85]，插图表示 *ab* 面内 MnO_2骨架、$d_{3x^2-r^2}/d_{3y^2-r^2}$轨道序和自旋序，其中轨道分布沿 Mn－O 长键方向、虚线表示 Mn－O 短键

力学亚稳的钙钛矿结构相需在高压条件下才能合成；其余 $RMnO_3$钙钛矿可以在常压下固相反应合成、室温为空间群 Pnma 的正交结构。如图 8－34 所示，$RMnO_3$钙钛矿具有复杂的磁结构。随 R 离子半径减小自旋磁序相变温度降低、轨道磁序相变温度增大[85,99]；对于那些离子半径较小的稀土元素，奈尔温度以下自旋从无公度反铁磁序转变为 E 型反铁磁序或者螺旋反铁磁序。这种变化源于(001)平面内 Mn－O－Mn 键的 t_{2g}电子超交换作用与 e_g电子超交换作用之间的竞争，随稀土离子半径减小 e_g 电子超交换作用强度下降[282,851]。

$LaMnO_3$是 A 型反铁磁绝缘体、奈尔温度 $T_N=141$ K，e_g轨道在 *xy* 平面内、沿 *x* 和 *y* 方向交替排列，750 K 发生一级正交-正交结构相变、低温正交相为轨道有序相[852,853]。$CaMnO_3$是 G 型反铁磁绝缘体、$T_N=120$ K。$CaMnO_3$钙钛矿中 Mn 的化学价接近 4+，高温退火并淬火处理可以在样品中引入氧空位、产生 Mn^{3+} 离子。$CaMnO_{3-\delta}$（δ 介于 0~0.11）是 n 型半导体、$T_N\approx$ 125 K，氧空位浓度增大热激活能降低，在 $CaMnO_{2.89}$ 样品中实验测量到约 40%的负磁电阻效应[849]。与 $LaMnO_3$ 和 $AMnO_3$（A = Ca、Sr、Ba）的反铁磁绝缘相不同，$La_{1-x}A_xMnO_3$ 钙钛矿的自旋磁序与电导之间存在强烈的耦合、$0.2<x<0.5$ 时转变为铁磁金属、具有巨磁电阻效应，典型例子如图 8-35 所示。

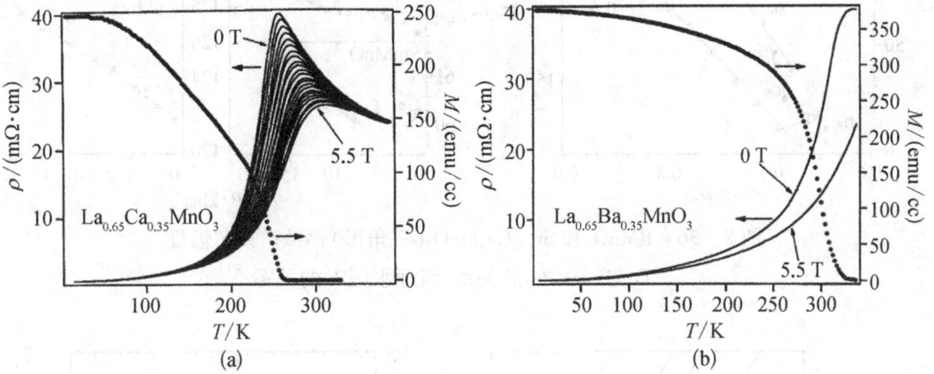

图 8-35 $La_{0.65}A_{0.35}MnO_3$（A=Ca、Ba）钙钛矿的磁性和输运性质实验结果[854]：不同磁场作用下的体电阻率，磁场范围 0~5.5 T、磁场变化步长 0.25 T；磁化强度测试时的磁场强度为 50 G

对于 $Sr_{1-x}Ca_xMnO_3$（$0<x<1$）钙钛矿，随 A 位离子平均半径减小室温晶体结构依次从立方（$Pm\bar{3}m$）转变为四方（I4/mcm，$x\approx0.3$）、转变为正交（Pbnm，$x\approx0.4$）。磁性测量表明它们都是自旋反铁磁序，$Sr_{1-x}Ca_xMnO_3$ 的 T_N 在 125~233 K 范围变化、$Sr_{1-x}Ba_xMnO_3$ 在 212~233 K 范围变化[87,88]。对于 $Sr_{1-x}Ca_xMnO_3$ 和 $RMnO_3$（R = La、Pr、Sm）钙钛矿，如图 8-36 所示，T_N 随 Mn-O-Mn 键弯曲（$180°-\phi$）减小、随静水压增大 T_N 升高。综合考察图 2-14、图 8-34 和图 8-36 结果可以发现，对于自旋反铁磁钙钛矿锰氧化物，化学压和静水压是奈尔温度 T_N 高低的控制因素，它们通过控制 Mn-O 键长与 Mn-O-Mn 键角来调控 π 型超交换作用的强度。

在 $La_{1-x}Sr_xMnO_3$ 固溶体中，如图 8-18 和图 8-37 所示，Sr 替代浓度增加钙钛矿具有不同的晶体结构、磁结构与电输运性质，组分不同存在反铁磁绝缘态、铁磁绝缘态和铁磁金属态[310,855]。在 $La_{1-x}Ca_xMnO_3$ 固溶体中，如图 8-38 所示，Ca 浓度不同存在自旋倾斜反铁磁绝缘、铁磁绝缘、铁磁金属和反铁磁绝缘等不同的物态。Zener 的双交换作用虽然解释了铁磁金属态的存在，然而，它并未描述电阻率的高低、磁电阻效应的正负、电子相变与自旋磁相变温度的高低等物理性质。Goodenough 认为，通过 Mn 3d-O 2p 轨道杂化能够建立自旋磁序、晶格结构、电子输运与磁相变温度之间的关系[103]。综合图 2-15、图 8-18、图 8-27 和图 8-37 所示结果可以发现，除了化学压，3d 过渡金属离子电子组态的歧化及其浓度变化

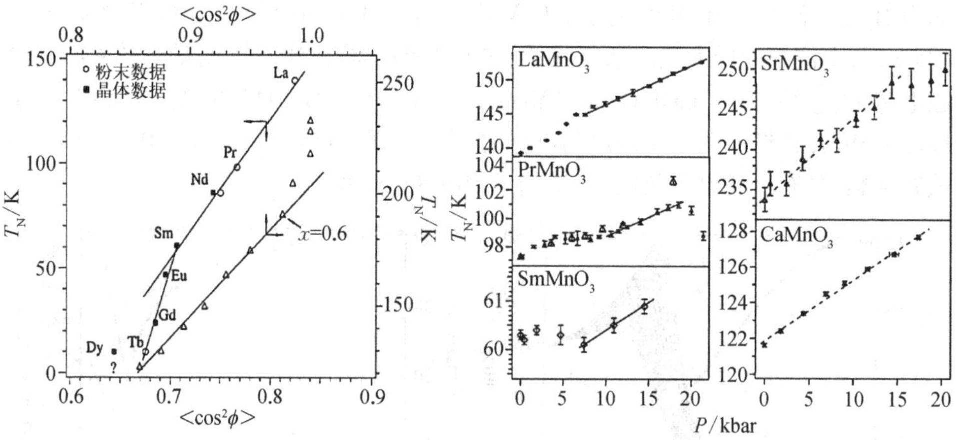

图 8-36　$RMnO_3$和$Sr_{1-x}Ca_xMnO_3$（三角形）钙钛矿奈尔温度 T_N与$\langle \cos^2\phi \rangle$的关系、与静水压 P 的关系[87]

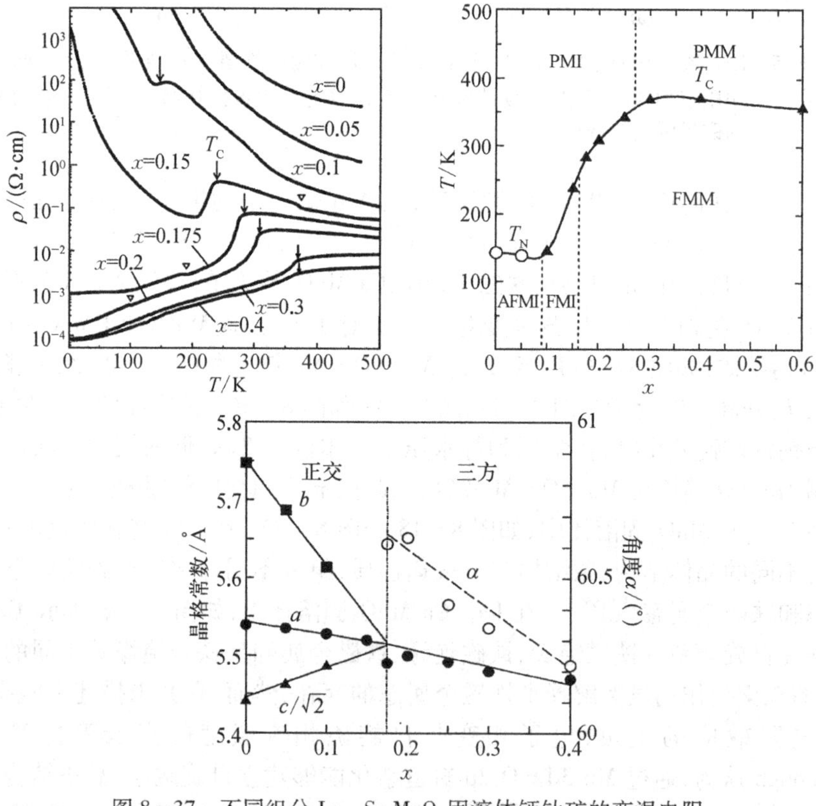

图 8-37　不同组分 $La_{1-x}Sr_xMnO_3$固溶体钙钛矿的变温电阻率及其磁结构、晶体结构（室温）实验结果[108]

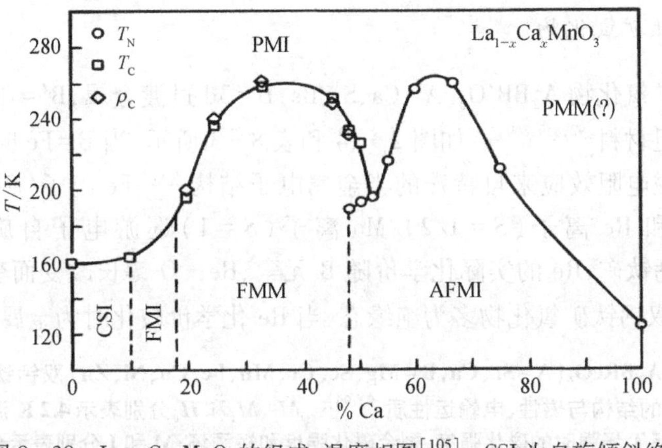

图 8-38 $La_{1-x}Ca_xMnO_3$的组成-温度相图[105]：CSI 为自旋倾斜绝缘体、FMI 为铁磁绝缘体、FMM 为铁磁金属、AFMI 为反铁磁绝缘体、PMI 为顺磁绝缘体、PMM 为顺磁金属。自旋磁相变温度从变温磁性和变温电阻率测试确定[110]

也深刻影响 Mn 3d－O 2p 轨道杂化、影响 d 电子在不同离子间的跃迁概率，它们协同作用决定了钙钛矿自旋磁序与电子输运性质间不同的耦合状态[105,108,109]。

理论和实验研究发现 Mn－O 键的共价结合与电子系统的半金属性是产生磁电阻效应的重要物理机制[114,164,827]。在局域自旋密度近似理论计算中，计入 Mn 3d－O 2p 轨道杂化能够正确预测 $CaMnO_3$与 $LaMnO_3$基态的晶体结构和磁对称性，晶格畸变是 $LaMnO_3$产生反铁磁绝缘态的必要条件。在 $La_{1-x}Ca_xMnO_3$钙钛矿中，Mn 3d－O 2p 轨道杂化与自旋强相关，电子占据的 Mn 3d 轨道与 O 2p 轨道成键杂化形成能带，而空 Mn 3d 轨道与 O 2p 轨道反键排斥存在一个带隙，从而形成铁磁半金属能带结构[856]。对于 $R_{1-x}A_xMnO_3$固溶体钙钛矿，不同化学压诱导的轨道杂化程度差异导致它们具有不同的磁相变温度、电阻率以及磁电阻效应。光电子能谱测试表明 $La_{0.65}A_{0.35}MnO_3$(A＝Ba、Ca)钙钛矿的电子轨道杂化以及电子的局域化能力随 A 位离子变化[854]。

$LaCrO_3$是 T_N＝293 K 的 G 型反铁磁体，室温导电性比较差、高温导电性良好，常用于制作发热元件和燃料电池的接线柱[824,825]。碱土金属元素替代 La 导致奈尔温度降低，其中 $La_{1-x}Ca_xCrO_3$($0\leqslant x\leqslant 0.5$)的 $dT_N/dx=-210$ K/x，$La_{1-x}Sr_xCrO_3$的 $dT_N/dx=-90$ K/x。$LaCrO_3$、$La_{0.95}Sr_{0.05}CrO_3$和 $La_{0.8}Ca_{0.2}CrO_3$分别在 526 K、413 K 和 600 K 发生正交-三方结构相变。$LaCrO_3$与 $CaMnO_3$具有相同的自旋反铁磁序，$La_{1-x}Ca_xMnO_3$与 $LaMn_{1-x}Cr_xO_3$钙钛矿都是 $3d^3-3d^4$自旋系统。与 $La_{1-x}Ca_xMnO_3$具有高电导率不同，$LaMn_{1-x}Cr_xO_3$电导率非常低，二者具有不同的 3d 电子离域能力；中子衍射测量发现 $LaMn_{1-x}Cr_xO_3$在一定组分范围内是自旋亚铁磁序[857,858]。

2. 双钙钛矿氧化物

双钙钛矿氧化物 $A_2BB'O_6$(A = Ca、Sr、Ba，B = 3d 过渡金属，B′ = Re、Mo)是一类重要的磁电阻材料[92,859,860]。如图 2 − 14 和表 8 − 3 所示，当 B = Fe 时，磁相变温度高于室温。磁电阻效应来自特殊的半金属电子结构——Fe 离子(S = 5/2)局域电子自旋向上和 Re 离子(S = 1/2)/Mo 离子(S = 1)巡游电子自旋向下。对于 A_2BReO_6 双钙钛矿，Re 的实际化学价随 B 元素、Re − O 键长改变而变化，当 Re 为 +5、+6 价时双钙钛矿氧化物多为绝缘态，当 Re 化学价歧化时为金属态[95,96,289]。

表 8 − 3 A_2BReO_6(A = Sr、Ca，B = Mg、Sc、Cr、Mn、Fe、Co、Ni、Zn)双钙钛矿氧化物的结构与磁性、电输运性质[92,96]。M_s、M_r和 H_c分别表示 4.2 K 温度测量的 5 T 场强时的磁化强度、剩余磁化强度和矫顽场；M 和 I 分别表示金属态和绝缘态。B 位离子化学价是用键长数据和方程(3 − 2)计算得到的

A	B	化学价		晶格结构			磁性能					电阻率
		Re	B	空间群	有序度/%	自旋磁序	M_s μ_B	M_r μ_B	H_c T	T_C/T_N K		$\rho_{300\,K}$/ (Ω·cm)
Sr	Mg	5.92		I4/m	100	AF		0.000 5	0.2	320	I	1 000
Sr	Sc	5.00	3.47	$P2_1/n$	100	AF		0	0	75	I	1 000
Sr	Cr	5.36	3.07	I4/m	76.7	F	0.86	0.3	1.7	635	M	0.02
Sr	Mn	6.00	2.01	$P2_1/n$	100	F	2.8	2.2	1.9	120	I	200
Sr	Fe	5.30	2.83	I4/m	100	F	2.6	1.6	0.2	400	M	0.01
Sr	Co	5.97	1.93	I4/m	100	AF		0	0	65	I	5
Sr	Ni	5.80	2.81	I4/m	100	F	1	0.8	0.3	18	I	2 000
Sr	Zn	5.96/ 5.93		I4/m+ $P2_1/n$	100	AF		0.05	1.9	20	I	1 000
Ca	Cr	5.11	3.00	$P2_1/n$	86.3	F	0.8	0.43	3.1	360	I	0.34
Ca	Mn	5.92	1.95	$P2_1/n$	100	F	0.9	0.5	4	110	I	100
Ca	Fe	5.37	2.61	$P2_1/n$	100	F	2.2	1.6	0.8	525	M/I	0.03
Ca	Co	5.90	1.80	$P2_1/n$	100	F	0.6	0.26	0.7	130	I	1 000
Ca	Ni					F	0.2	0.1	2.8	140	I	1 000

在表 8 − 3 所示双钙钛矿氧化物中，如图 8 − 39 所示，Sr_2MReO_6(M = Cr、Fe)为室温铁磁半金属、具有磁电阻效应。对于 $Sr_2Fe_{1-x}Cr_xReO_6$固溶体双钙钛矿，增加 Cr 含量晶胞体积收缩但居里温度单调升高；在 5～650 K 温度范围内，随温度降低晶胞体积单调减小，即使在立方−四方结构相变临界点晶胞体积也连续变化[861]。从 Ba_2FeReO_6、Sr_2FeReO_6到 Ca_2FeReO_6，双钙钛矿的晶体结构从立方转变为四方、转变为单斜，低温电子输运性质从金属性(Ba、Sr)转变为绝缘性(Ca)，铁磁相变温度 T_C 从 303 K 增大到 525 K[98]。与立方 Ba_2FeReO_6、四方 Sr_2FeReO_6双钙钛矿相比，穆斯

保尔谱测试表明单斜晶格畸变导致的 Re^{5+} t_{2g}^2 轨道分裂是 Ca_2FeReO_6 双钙钛矿绝缘性的起因[862]。光电子能谱测量发现 Ca_2FeReO_6 双钙钛矿在 150 K 以下存在一个大约 50 meV 的窄带隙。如图 8-40 所示，随 Ca 含量增大 $Sr_{2-x}Ca_xFeReO_6$ 固溶体双钙钛矿在居里温度以下存在一个组分驱动的铁磁金属-铁磁绝缘相变[93]。

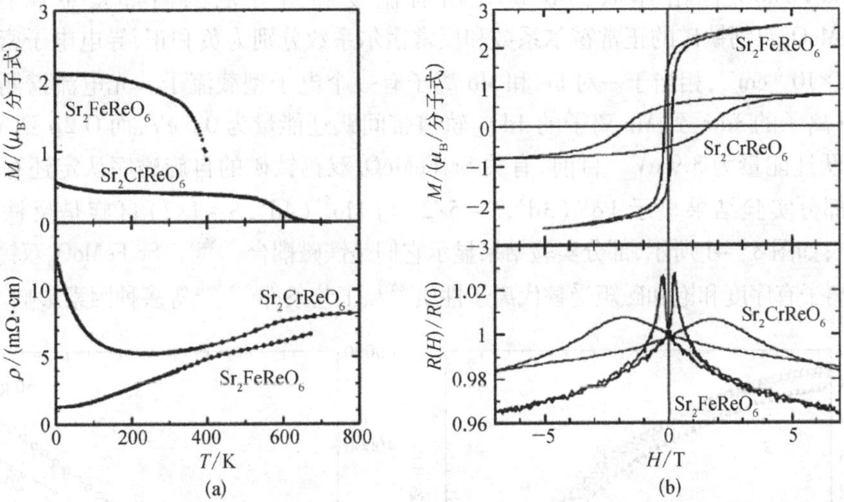

图 8-39 Sr_2MReO_6（M = Cr、Fe）双钙钛矿氧化物的宏观磁性和输运性质实验结果[96]：(a) 变温磁化强度 M（外磁场强度 1 T）和电阻率 ρ；(b) 4.2 K 温度磁致回线和磁电阻 $R(H)/R(0)$

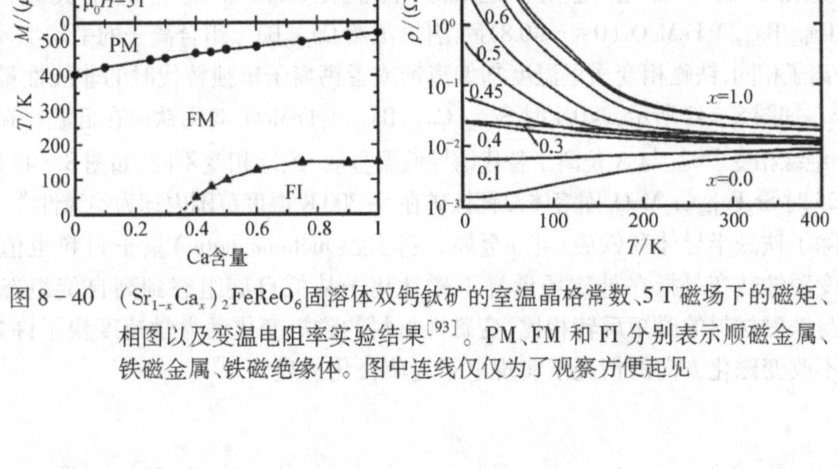

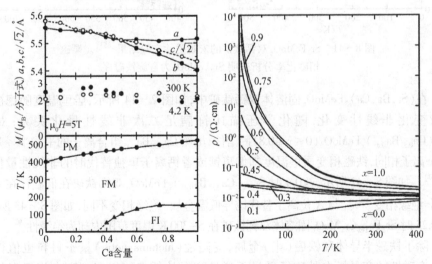

图 8-40 $(Sr_{1-x}Ca_x)_2FeReO_6$ 固溶体双钙钛矿的室温晶格常数、5 T 磁场下的磁矩、相图以及变温电阻率实验结果[93]。PM、FM 和 FI 分别表示顺磁金属、铁磁金属、铁磁绝缘体。图中连线仅仅为了观察方便起见

与 Ca_2FeReO_6 相比，Ca_2FeMoO_6 也为单斜相、B 位离子具有相似的键角，但 Ca_2FeMoO_6 在所有温度范围内都是金属性、铁磁相变温度 $T_C = 365$ K。Sr_2FeReO_6 和 Sr_2FeMoO_6 双钙钛矿都是铁磁半金属，二者的磁相变温度相近，都具有室温隧道磁电阻效应[92,863,864]。与部分组分 $Sr_{2-x}Ca_xFeReO_6$ 存在温度诱导金属-绝缘相变不同，$Sr_{2-x}Ca_xFeMoO_6$ 固溶体双钙钛矿在所有温度和组分范围内都是金属性[92]。Sr_2FeMoO_6 双钙钛矿的正常霍尔系数和反常霍尔系数分别为负和正，导电电子密度约为 1.1×10^{22} cm^{-3}，相当于一对 Fe 和 Mo 离子有一个电子型载流子。光电流谱测量发现 Fe 离子的 3d e_g 到 Mo 离子的 4d t_{2g} 轨道带间跃迁能量为 0.5 eV，而 O 2p 到 Mo t_{2g} 带间跃迁能量为 3.9 eV。目前，有关 Sr_2FeMoO_6 双钙钛矿的自旋磁序认定还存在分歧：部分实验结果显示 $Fe^{3+}(3d^5, S=5/2)$ 与 $Mo^{5+}(4d^1, S=1/2)$ 自旋是反铁磁耦合[94]；如图 8－41 所示，部分实验结果显示它们是铁磁耦合[92,863]。Sr_2FeMoO_6 双钙钛矿 B 位离子有序度和饱和磁矩受替代离子性质[865]、工艺条件[838,866]等多种因素影响。

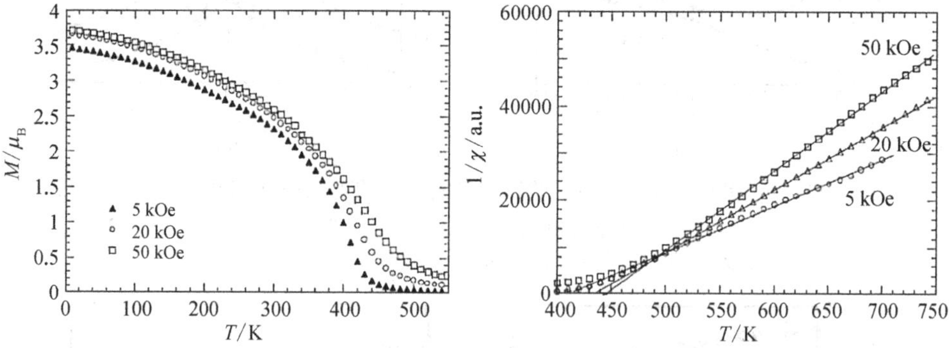

图 8－41　Sr_2FeMoO_6 双钙钛矿的宏观磁性实验结果[863]。顺磁相磁化率分析表明 Sr_2FeMoO_6 为自旋铁磁序

在 $(Sr,Ba,Ca)_2FeMoO_6$ 固溶体双钙钛矿中，如图 2－14 所示，居里温度随锶被替代量变化非线性变化，随化学压描述符满足二次非线性量化关系；对于 $Sr_{2-x}(Ca_{0.55}Ba_{0.45})_xFeMoO_6$ $(0\leqslant x\leqslant0.8)$ 固溶体，虽然 $Ca_{0.55}Ba_{0.45}$ 组合离子的平均半径几乎与 Sr 离子相同，铁磁相变居里温度却偏离钡或者钙离子单独替代时的非线性量化关系[867]。如图 8－42 所示，$x<0.4$ 时 $Sr_{2-x}(Ca_{0.55}Ba_{0.45})_xFeMoO_6$ 双钙钛矿在低温存在一个金属-绝缘相变[868]。与 A 位离子替代诱导低温金属-绝缘相变不同，如图 8－43 所示，$x\geqslant0.25$ 时 $Sr_2Fe_{1-x}Cr_xMoO_6$ 固溶体双钙钛矿在 5~300 K 温度范围内却为绝缘性[92]。

除了铁磁半导体和铁磁（半）金属，变磁性（metamagnetic）量子材料也值得关注。变磁性转变是指在外磁场诱导下磁性离子从低自旋组态到高自旋组态的变化。与铁磁材料的磁矩反转相比，变磁性材料的磁矩变化动力学速度快了许多，可以在不改变磁化方向的情况下实现电子自旋极化的反转[819]。

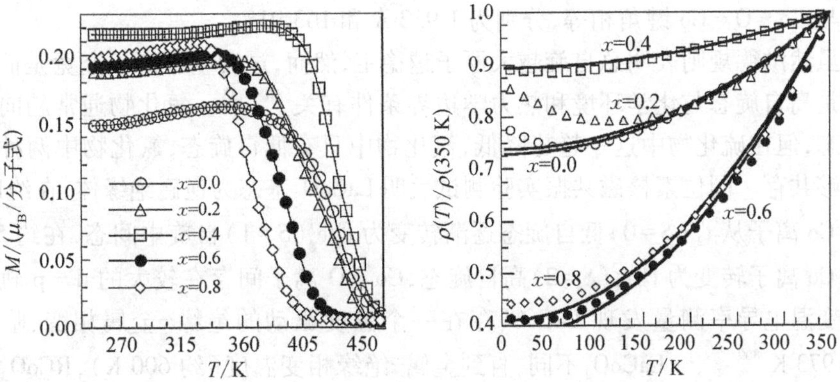

图 8-42　$Sr_{2-x}(Ca_{0.55}Ba_{0.45})_xFeMoO_6$固溶体双钙钛矿的宏观磁性和电阻率实验结果[868]

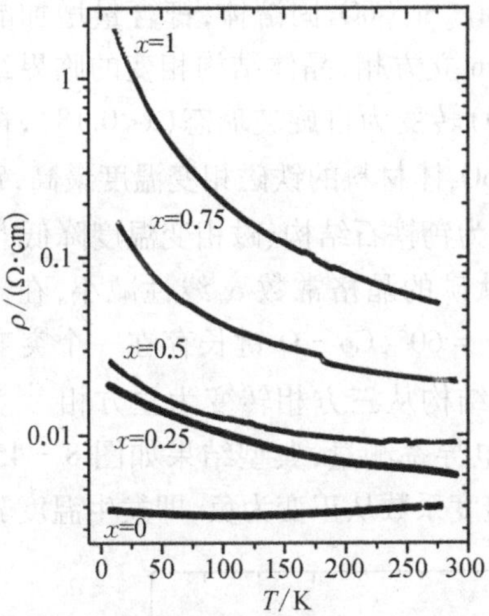

图 8-43　$Sr_2Fe_{1-x}Cr_xMoO_6$双钙钛矿的变温电阻率实验结果[92]

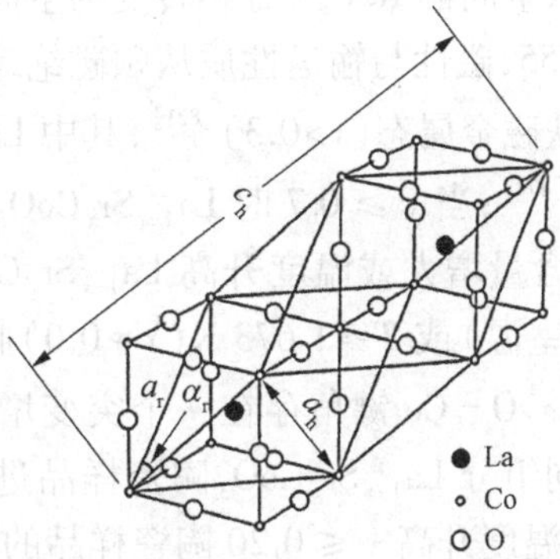

图 8-44　$LaCoO_3$钙钛矿晶体结构示意图[812,869]。a_r和α_r表示三方晶胞的晶格常数，a_h和c_h表示六方晶胞的晶格常数

8.3.3　变磁性材料

$LaCoO_3$钙钛矿氧化物既是电子导体也是氧离子导体，可以用作固态燃料电池的阴极材料、氧离子渗透膜等。与其他过渡金属离子高自旋组态不同，钴离子存在自旋组态的变化，可以通过离子替代、温度、压强、磁场等进行磁性与输运性质的调控。如图 8-44 所示，$LaCoO_3$钙钛矿在室温为空间群 R$\bar{3}$c 三方结构：a_r = 5.378 Å、α_r = 60.8°。在三方晶格中，2a 位 La 离子和 2b 位 Co 离子位置受对称性约束始终保持不变，只有 6e 位氧离子位置可变。CoO_6八面体绕立方对角线反向旋转，Co-O

键长与 Co－O－Co 键角相等，分别为 1.932 Å 和 163.91°。

虽然洪德规则表明总自旋越大原子越稳定，然而，过渡金属离子究竟是低自旋态还是高自旋态与化学环境和热力学边界条件有关[870-873]。氧化物通常趋向于高自旋态，但在硫化物中这一趋势降低，氰化物中只有低自旋态，氮化物中两种自旋态能够共存。同位素核磁共振实验测试表明 $LaCoO_3$ 基态为逆磁绝缘体，在约100 K 温度 Co 离子从 $t_{2g}^6(S=0)$ 低自旋态逐渐转变为 $t_{2g}^5e_g^1(S=1)$ 自旋中间态，在约 500 K 温度 Co 离子转变为 $t_{2g}^4e_g^2(S=2)$ 高自旋态，Co－O 离子间存在较大的 d－p 轨道杂化。变温电导率测量发现 $LaCoO_3$ 存在一个温度驱动的绝缘-金属相变、临界点 $T_{MI}\approx973$ K[869]。与 $LaCoO_3$ 不同，直到金属-绝缘相变温度（约 600 K），$RCoO_3$（R＝Nd、Sm、Eu）钙钛矿的 Co^{3+} 离子都处于低自旋态。

采用碱土金属离子（Ca^{2+}、Sr^{2+}、Ba^{2+}）替代 La^{3+} 离子，$La_{1-x}A_xCoO_3$ 固溶体具有丰富的晶体、电子和磁结构变化[874-877]。对于 $La_{1-x}Sr_xCoO_3$ 固溶体，锶含量增加晶体结构从空间群 $R\bar{3}c$ 三方相转变为空间群 $Pm\bar{3}m$ 立方相，晶体结构相变的临界组分 $x_c\approx0.55$；磁性与输运性质从顺磁绝缘态（$x=0$）转变为自旋玻璃态（$x<0.18$），再转变为铁磁金属态（$x>0.3$）[821]，其中 $La_{0.5}Sr_{0.5}CoO_3$ 体材料的铁磁相变温度最高，T_C＝262 K[878]；当 $x\geqslant0.7$ 时 $La_{1-x}Sr_xCoO_{3-\delta}$ 固溶体为钙铁石结构、磁相变温度降低[879]。随 Sr 含量增大或温度升高 $La_{1-x}Sr_xCoO_{3-\delta}$ 钙钛矿的晶格常数 α_r 线性减小，在 x_c＝0.55（室温）或 $T\approx1\,673$ K（$x=0.0$）临界点，$\alpha_r=60°$，Co－O 键长存在一个突变减小，Co－O－Co 键角存在一个突变增大，晶体结构从三方相转变为立方相[812,869]。对不同组分 $La_{1-x}Sr_xCoO_3$ 陶瓷样品进行变温电导率测量，典型结果如图 8－45 所示，随温度升高 $x\leqslant0.20$ 陶瓷样品的电导率温度系数从正变为负，即发生温度驱动

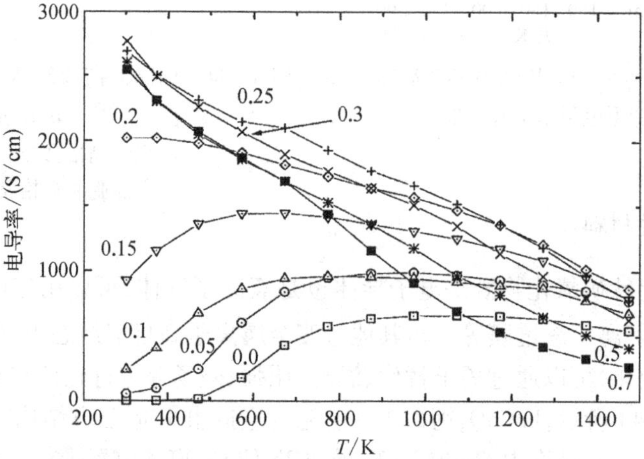

图 8－45　不同组分 $La_{1-x}Sr_xCoO_3$ 钙钛矿氧化物陶瓷的变温电导率实验结果[812]

的绝缘-金属相变；$0.25 \leqslant x \leqslant 0.7$ 组分样品的电导率温度系数在实验温度范围内都为负，即 $La_{1-x}Sr_xCoO_3$ 钙钛矿是金属。在室温附近，电导率温度系数随 Sr 替代量的增大也从正变为负，即发生组分驱动的绝缘-金属相变；受制备工艺条件影响，实验测得的金属-绝缘相变临界组分 x_c 在 0.18~0.30 范围内波动。

对不同 Sr 浓度、不同还原气氛热处理的 $La_{1-x}Sr_xCoO_{3-\delta}$ 钙钛矿，应用 X 射线衍射测量和 Rietveld 结构精修得到了不同温度晶格常数、Co－O 键长和 Co－O－Co 键角[812,869]。对比分析 $La_{1-x}Sr_xCoO_{3-\delta}$ 钙钛矿晶格参数与电输运性质之间的关系，不管是 Sr 浓度(x)、温度(T)还是氧缺量(δ)驱动的绝缘-金属相变，如图 8－46 所示，实验发现晶胞体积和 Co－O 键长的变化趋势与相变没有确定的对应关系。在绝缘-金属相变临界点附近，金属相侧的 Co－O 键长都比绝缘相侧的要短，存在一个不连续的收缩。而在远离相变临界点，Co－O 键长具有不同的变化趋势：随 x 和 P_{O_2} 增加而减小，但随 T 升高而增大。与 Co－O 键长的变化趋势不同，从绝缘相向金属相转变过程中 Co－O－Co 键角都随 x、P_{O_2} 和 T 增加而增大，具有相同的临界值(约 165°)。结构测试表明 Co－O－Co 键角是决定 $La_{1-x}Sr_xCoO_{3-\delta}$ 钙钛矿氧化物 Co 3d 与 O 2p 轨道杂化程度的主要结构参数，Co－O－Co 键角增大导致 Co 3d 与 O 2p 能带展宽，如图 8－28 所示，在临界角能带交叠导致电荷转移带隙闭合，发生绝缘-金属相变。需要说明的是，$La_{1-x}Sr_xCoO_{3-\delta}$ 钙钛矿发生绝缘-金属相变时，除了晶格的具体构型——Co－O 键长和 Co－O－Co 键角存在些许变化，晶格对称性并没有发生变化。

$La_{1-x}Sr_xCoO_{3-\delta}$ 钙钛矿氧化物有两种途径保持电中性：一种是通过 Co^{3+} 离子氧化为 Co^{4+} 离子产生电子空穴；另一种是产生氧空位。Jonker 和 Van Santen 研究了不同氧气氛条件下 $La_{1-x}Sr_xCoO_{3-\delta}$ 中的氧含量，实验发现 $x < 0.5$ 时 Co^{3+} 离子氧化是优先电荷补偿机制，$x > 0.5$ 时氧空位是主要的电荷补偿机制[812]。对于 $La_{0.7}Sr_{0.3}CoO_{3-\delta}$，如果多余电荷只是通过 Co^{3+} 离子氧化进行补偿，电中性要求每化学式有 3.3 个氧离子；如果氧离子数小于 3.3，意味着钙钛矿晶格中 Co^{3+} 离子的氧化与氧空位同时存在。在 1 473 K、$P_{O_2} \leqslant 10^{-2}$ atm 或者 1 273 K、$P_{O_2} \leqslant 4\times10^{-3}$ atm 条件下退火，$La_{0.7}Sr_{0.3}CoO_{3-\delta}$ 钙钛矿存在热分解；在 1 073 K 较低氧分压下退火 $La_{0.7}Sr_{0.3}CoO_{3-\delta}$ 钙钛矿是稳定的。在 $P_{O_2} \leqslant 2\times10^{-3}$ atm 条件下高温退火并快速冷却，$La_{0.7}Sr_{0.3}CoO_{3-\delta}$ 钙钛矿的室温电导率从金属性变为绝缘性。例如，在 $P_{O_2} = 1\times10^{-3}$ atm、1 073 K 退火并以 100 K/h 快速冷却，样品中含有较多的氧空位，成分分析确定化学式为 $La_{0.7}Sr_{0.3}CoO_{2.94}$，电导率测量发现在 473 K 附近发生金属-绝缘相变[869]。

$La_{1-x}Sr_xCoO_{3-\delta}$ 陶瓷的电输运性质受烧结温度、时间、氧气氛、冷却速度等工艺条件的影响比较显著[869,880]：对于低 Sr 含量的绝缘相，提高烧结温度电阻率会增加，在氧气氛下热处理却降低了电阻率；对于高 Sr 含量的金属相恰恰相反，提高烧

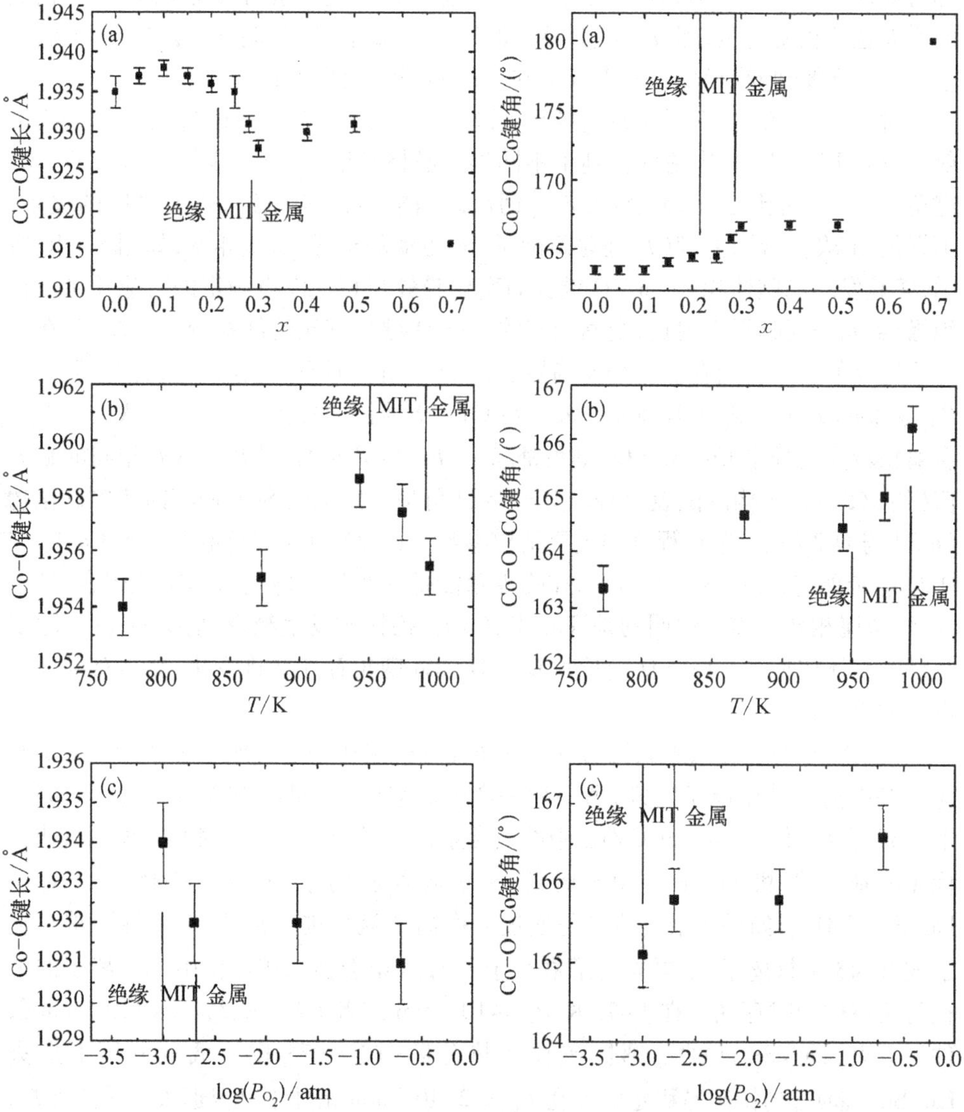

图 8-46　不同 Sr 浓度(x)、温度(T)、氧分压热处理 $La_{1-x}Sr_xCoO_{3-\delta}$ 固溶体钙钛矿的 Co-O 键长与 Co-O-Co 键角实验测量结果[869]：(a) 室温、$P_{O_2}=2\times10^{-1}$ atm；(b) $x=0$、$P_{O_2}=2\times10^{-1}$ atm；(c) $x=0.3$、室温、不同 P_{O_2} 氧分压。在 $0.55\leqslant x\leqslant0.70$ 组分区 $\alpha_r=60°$(室温)，晶体为立方相；在 $x\leqslant0.55$ 组分区 $\alpha_r>60°$(室温)，晶体为三方相、c_h/a_h 随 α_r 增大而逐渐减小

结温度电阻率会降低。由于氧空位的含量与显微结构、元素分布等因素交叉影响电阻率的变化,目前对制备工艺条件的分析仍然停留在定性阶段。

通常,$La_{0.5}Sr_{0.5}CoO_{3-\delta}$陶瓷的室温电阻率在 90 $\mu\Omega\cdot cm$ 量级。与体材料相比,由于氧含量、衬底失配等因素影响,薄膜的铁磁相变温度降低。例如,在 $LaAlO_3$(100)衬底上外延生长 $La_{0.5}Sr_{0.5}CoO_3$ 薄膜,铁磁相变温度随工艺条件不同在 240~262 K 内变化[881]。铁磁相变温度还随老化时间延长而降低,这可能与薄膜材料中氧含量随时间的变化有关。透射光谱测量发现 $La_{0.5}Sr_{0.5}CoO_3$ 薄膜的直接禁带宽度 $E_g \approx$ 0.74 eV。

8.4 自旋电子学

自场效应晶体管(MOSFET)发明以来,制程工艺的提升减小了晶体管的面积,使得集成电路芯片上的器件越来越密集、电路线宽越来越窄,在降低功耗的同时提升了计算能力。然而,当制程工艺降到 20 nm 以下时,晶体管由于栅极太短、绝缘层太薄,漏电流增大反而增加了芯片功耗,栅控能力下降恶化了电路性能。与 MOSFET 相比,鳍式场效应晶体管(FinFET)通过增加栅极接触面积同时降低了漏电流和动态功耗。采用 FinFET 结构,2019 年台积电 7 nm 工艺开始批量生产,英特尔推出了 10 nm 工艺微处理器。在几纳米尺度,电子的波动性、器件的量子效应开始起主导作用,半导体集成电路已抵达经典-量子物理边界。

与晶体管以电子电荷为信息载体不同,自旋电子学是以电子自旋为信息载体。自旋向上与自旋向下电子具有不同的能量,正是这个能量差奠定了自旋信息处理技术的基石。不同自旋取向电子在外磁场作用下产生塞曼分裂,而自旋-轨道耦合使得铁磁绝缘体(半导体)中的电子产生类似外场作用的能级分裂——这种自发能级分裂称为交换分裂。与电子自旋 1/2 不同,半导体中空穴是 3/2 自旋,因此,空穴比电子具有更强的自旋-轨道耦合作用,空穴的交换分裂大于电子,对外场更加敏感。由于铁磁半导体在自旋注入、传输和探测方面可以保持更长的自旋扩散长度与自旋退相干寿命,铁磁半导体比铁磁(半)金属在自旋量子逻辑运算方面更具竞争优势[882-884]。

不管是自旋与电荷相结合还是单独运用自旋,都将给信息技术带来革命性变化。自旋电子学最早始于纳米结构材料与器件研究,自旋的传统应用基于自旋取向。目前,自旋电子学的发展主要包括两个方面:一是深入理解和灵活控制磁性半导体的自旋自由度,包括自旋注入、传输、操控、探测等物理规律与技术,开发高性能自旋电子学器件;二是开发居里温度在室温以上的铁磁半导体等新材料。

1. 自旋阀

自旋极化电流注入半导体的相关研究催生了自旋电子学这门学科[885,886]。一个常用的方法是从铁磁金属经绝缘势垒层隧穿自旋极化电子注入半导体。典型的器件结构如 Al/Al_2O_3/铁磁金属三明治结构,隧道电流的自旋极化源于费米面附近不同自旋取向电子间存在态密度差。由于铁磁金属与半导体之间的电导率失配不影响隧穿过程,隧穿自旋注入似乎是最有效的机制。应用铁磁绝缘体(FI)、铁磁半导体(FS)也可以制作自旋滤波器[887-889]。对于图 8-47(a)所示两端自旋滤波器,由于铁磁绝缘体的交换分裂,不同自旋取向载流子具有不同的势垒高度,可以实现单一自旋取向载流子的传输和注入。对于图 8-47(b)所示铁磁半导体制作的 p-n 结也可以实现零磁场自旋过滤。如果再联用铁磁金属作为自旋探测器,就可以获得与磁化构型有关的伏安特性,用作磁电阻器件。

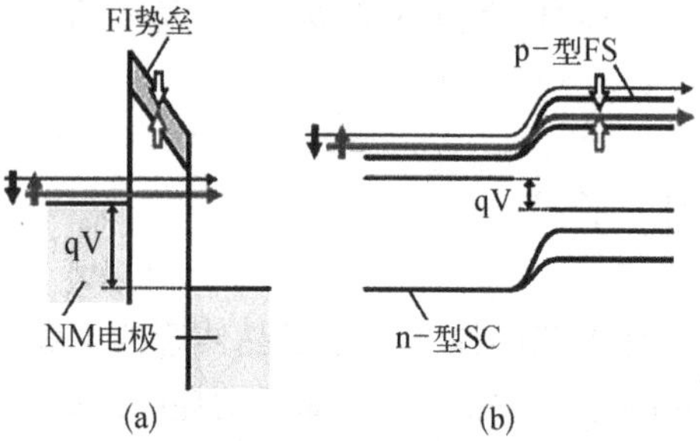

图 8-47　自旋滤波器结构示意图[237]:(a) 铁磁绝缘体势垒自旋阀;(b) 铁磁半导体/传统半导体二极管。FI、FS、SC、NM 和 V 分别表示铁磁绝缘体、铁磁半导体、半导体、非磁金属和费米面电势差

早在 1967 年,Esaki 等研究了非磁金属/铁磁绝缘体/非磁金属三明治结构自旋隧道结,在零磁场条件下获得了非常高的自旋极化度,实现了自旋极化载流子的电注入[890]。EuO 铁磁绝缘体的交换分裂能 $\Delta E_{ex} \approx 0.6$ eV。交换分裂导致不同自旋取向电子具有不同的隧穿势垒高度——自旋向上电子的势垒低于自旋向下电子的势垒。给定隧道结势垒层厚度,隧穿电流 J 与势垒高度 ϕ 的关系为: $J_{\uparrow(\downarrow)} \propto \exp[-\phi^{1/2}_{\uparrow(\downarrow)}]$,自旋极化度 $P=(J_\uparrow - J_\downarrow)/(J_\uparrow + J_\downarrow)$。由于隧穿电流随势垒高度的降低呈指数增加,因此铁磁绝缘层能够有效过滤从非磁金属层注入的自旋向下电子、产生自旋向上极化电流[891,892]。自旋分辨 X 射线吸收光谱测试发现 Al/EuO/Al三明治结构电流的自旋极化度可达 100%。应用 EuS($T_{C(FM)}=16.6$ K)和 EuSe($T_N=4.6$ K)势垒层也观察到了自旋过滤效应。零磁场条件下 EuS 势垒层的自旋极化度达 85%。由于 EuSe 是场致铁磁绝缘体,应用 EuSe 作为势垒层时自旋极化度与外磁场强度有关:零场时自旋极化度为零,自旋极化度随磁场强度增加而增大,在 1 T 场强时自旋极化度接近 100%。

2. 量子比特

量子信息技术的核心是应用量子态的叠加性和相干性重构信息编码、传输和运算的基本原理。与电子计算机相比,量子计算机具有超强并行计算能力、更高运算速度、更大存储与传输容量,也更安全。早期的量子计算机,实际上是用量子力学语言描述的经典电子计算机,并未用到量子力学的本质特性——量子态的叠加性和相干性。直到 1994 年,Shor 提出一种量子质因子分解算法,才证明了量子计算机能够完成对数运算,速度远胜于电子计算机。

不同于二进制电子计算机,量子计算机应用的是量子比特(qubit),它不仅可以像电子计算机那样处在二进制状态,还可以处在叠加态。DiVincenzo 认为量子计算机的物化需要同时满足以下几个条件:可标度的量子信息物理载体、简单的初始化基准态、较长的退相干时间、完备的量子逻辑门电路、高效的量子比特信息测量[229,230]。对于量子计算机的物理架构,竞争性方案包括原子与光腔相互作用、冷陷阱束缚离子、量子点操纵、超导约瑟夫森结量子干涉、电子自旋、核磁共振等。在已知的量子比特信息载体中,许多两态量子系统属于微观系综,量子态的存在与调控需要低温、激光、磁场等庞大的外部设备。从 DiVincenzo 判据和量子计算机的市场竞争特征可知,电子自旋是最具竞争力的量子比特信息载体,它不仅运算速度快、具有足够的退相干时间、容易被外场操控,更重要的是它能够在室温宏观系综中存在与运行。室温铁磁性量子功能材料可以为量子计算机工程系统提供一个室温、全固态方案。

3. 量子逻辑元件

电子信息系统中基本的逻辑单元有与门、或门和非门三种,可以用电阻、电容、二极管、三极管、场效应管等分立元件构建而成,也可以将门电路的所有器件与连接导线制作在同一块半导体基片上。与经典布尔逻辑门电路相对应,需要构建量子逻辑门电路进行自旋量子态的变换与逻辑运算。到目前为止,采用稀磁半导体、铁磁(半)金属等材料已成功试制了自旋二极管(spin-diode)、自旋晶体管(spin transistor)等逻辑元件并验证了自旋量子逻辑运算的技术可行性。

自旋电子学的核心是自旋注入、操控和探测。由于缺少室温铁磁半导体材料,人们退而求其次探索了铁磁金属/绝缘层/半导体异质结、铁磁金属/半导体界面、金属/低温铁磁半导体界面等器件结构以产生自旋极化电流。在铁磁绝缘体中,自旋波能够在没有电荷输运的情况下长距离传输自旋及其携带的信息。铁磁电体不仅同时具有铁磁序和铁电序、磁电效应,还为自旋提供了一种全新的调控途径——自旋电注入、电反转和电探测[887]。自旋晶体管包括自旋阀晶体管(SVT)、磁性隧道晶体管(MTT)、自旋滤波晶体管(SFT)和自旋场效应晶体管(spin - FET)等不同的原理与结构。其中,自旋场效应晶体管的核心思想是通过栅电场控制自旋流的开关与取向,而不是通过外磁场控制自旋取向。采用铁磁电功能元,栅电场直接控制自旋取向在原理与技术上是完全可行的。

铁磁半导体不仅在制作自旋滤波器方面具有优势，更是制作自旋逻辑元件不可或缺的材料。面对绝大多数工程系统的运行环境（-40~80℃），室温铁磁半导体材料长久以来都是一片空白。近两年来，在 $3d^5-3d^3/d^0$ 固溶体双钙钛矿氧化物中，本书作者发现 $0.5BiFeO_3-0.5(Sr_{0.8}Pb_{0.2})(Cr_{1/2}Nb_{1/2})O_3$ 是一种室温铁磁半导体（居里温度 $T_{C(FM)}\approx 470$ K、外斯温度 $\theta=462$ K），在 $0.50BiFeO_3-0.25A_1MnO_3-0.25A_2TiO_3$（$A_1$=Ca、Sr、Ba，$A_2$=Ba、Pb）和 $0.5BiFeO_3-0.5(Sr_{1-x}Pb_x)(Cr_{1/2}Nb_{1/2})O_3$ 体系中广泛存在室温自旋阻挫铁磁半导体和亚铁磁半导体[34,35]。这些发现为设计制作室温电子自旋量子逻辑元件及其电路奠定了物质基础。

第 9 章 磁电材料及其应用

晶体在外电场作用下磁矩发生变化或者在外磁场作用下电偶极矩发生变化，物质的这种磁电效应最早是皮埃尔·居里在 1894 年提出来的。然而，直到 20 世纪 60 年代初，磁电效应才首次在顺电-反铁磁 Cr_2O_3 氧化物中获得实验验证[893,894]。1994 年，Schmid 提出了多重铁性（multiferroics）概念，用来描述单相化合物中同时存在两种或两种以上铁性序的物质现象[6]。多重铁性材料之所以引人注目，不仅仅是因为它可能具有较强的磁电效应，它还可能具有磁场反转铁电极化或者电场反转磁矩物理性质。目前已知的多重铁性化合物有二百多种。然而，绝大部分化合物至少有一种铁性相是低温相，绝大部分还是自旋反铁磁序[895,896]；室温铁磁-铁电多重铁性化合物不仅知之甚少，相关研究还莫衷一是。

9.1 铁电序与自旋磁序共存

人工合成多重铁性化合物始于 20 世纪 60 年代[897]。Smolenskii 等在铁电钙钛矿氧化物中应用磁性离子替代策略，发现了亚铁磁-铁电 $Pb(Fe_{2/3}W_{1/3})O_3$、反铁磁-铁电 $Pb(Fe_{1/2}Ta_{1/2})O_3$、$Pb(Fe_{1/2}Nb_{1/2})O_3$ 和 $BiFeO_3$ 氧化物。变温磁性测量发现 $Pb(Fe_{1/2}Nb_{1/2})O_3$ 钙钛矿在 $T_N = 158$ K 存在反铁磁相变，中子衍射测量证明它是 B 位离子无序分布的 G 型反铁磁体。$Pb(Fe_{2/3}W_{1/3})O_3$ 钙钛矿的 B 位离子局域 1∶1 有序，在 $T_{C(FM)} = 383$ K 温度以下具有自旋亚铁磁序，在 $T_{m(E)} = 190$ K 以下为铁电相。与复杂钙钛矿 B 位离子无序相比，B 位离子有序是实现自旋亚铁磁序的前提。X 射线衍射和磁性测量表明 $Pb((Fe,Sc)_{2/3}W_{1/3})O_3$ 钙钛矿的 B 位阳离子有序度高于 $Pb(Fe_{2/3}W_{1/3})O_3$[159]。

铁电性、铁磁性和多重铁性都是中心反演对称破缺的产物。基于第一性原理理论计算，Cohen 在 1990 年提出 B 位过渡金属离子 d^0 轨道与氧 2p 轨道杂化是 $BaTiO_3$ 和 $PbTiO_3$ 钙钛矿铁电性产生的微观物理机制[79,80]；Hill（Spaldin）在 2000 年提出"化学排斥规则"（chemical exclusion rule）——钙钛矿氧化物 B 位过渡金属离子产生铁电性要求 d^0 电子组态，而磁性要求部分填充的 d^n 组态在化学上是不兼容的[12]；2019 年，Spaldin 和 Ramesh 把上述不兼容现象重新命名为铁电性与磁性之间的"禁忌"（contraindication）[13]。为了避开上述矛盾，最近二十多年来，多重铁性单相材料的探索转向了寻找产生铁电性的新机制。时至今日，已有 $6s^2$ 孤对电子（$BiMnO_3$、$BiFeO_3$、Bi_2NiMnO_6、Bi_2CrFeO_6[898-900]）、几何铁电性（六角 $YMnO_3$[901,902]、

$HoMnO_3$[903])、磁场驱动自旋阻挫体系晶格畸变(钙钛矿稀土锰氧化物 $RMnO_3$[904-907]、正交 RMn_2O_5[908])、电荷有序(钙钛矿$(Pr,Ca)MnO_3$[909,910])、电子铁电性(尖晶石结构 $CdCr_2S_4$[911]、$CoCr_2O_4$[912]、$MgCr_2O_4$、$LuFe_2O_4$[913])和应变工程($(LuFeO_3)_m/(LuFe_2O_4)_1$超晶格[914])等多种新机制见诸文献。在磁性氧化物中，场致铁电失稳和 A 位孤对电子铁电失稳是研究较多的两种机制。

9.1.1　场致铁电失稳

在具有自旋螺旋序的磁性材料中，外磁场诱导电极化是产生铁电性的一种重要方法。理论和实验研究表明，外磁场能够在钙钛矿结构 $RMnO_3$、正交结构RMn_2O_5和梯状结构 $Ni_3V_2O_8$[915] 氧化物中诱导出铁电极化。例如，空间群为 Pbnm 的正交 $TbMnO_3$钙钛矿是一种自旋阻挫系统，超交换作用在 MnO_2平面内是近邻铁磁耦合、次近邻反铁磁耦合，反铁磁相变温度 $T_N = 41$ K。在强磁场作用下自旋磁序受到破坏，在 28 K 以下温度产生铁电极化。中子衍射测量发现顺电相自旋结构是无公度纵向调制的，铁电相中存在无公度横向调制的自旋螺旋密度波。如图 9－1 所示，横向调制的自旋螺旋密度波破坏了空间中心反演对称操作，在 $TbMnO_3$钙钛矿中诱导了磁电序[916,917]。自旋螺旋序是顺时针方向还是逆时针方向由电极化方向控制、与 Mn－O－Mn 键角关联，在降温冷却过程中外加弱电场也可以控制自旋螺旋序的方向[905,917,918]。

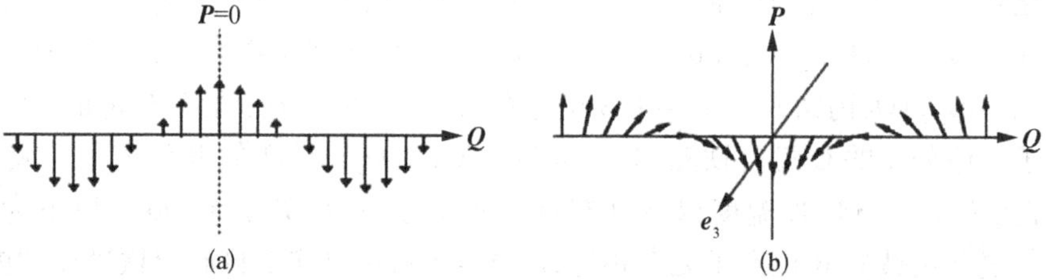

图 9－1　自旋密度波与场致铁电性的关系[917]：(a) 正旋自旋密度波不能诱导电极化和 (b) 螺旋自旋密度波能够诱导与自旋旋转轴 $\boldsymbol{e}_3$ 和波矢 $\boldsymbol{Q}$ 垂直的电极化 $\boldsymbol{P}$

虽然场致磁电序的发现是令人鼓舞的，但它通常只在 50 K 以下温度存在[851,906,919,920]。

9.1.2　孤对电子铁电失稳

孤对电子铁电失稳机制源于原子级别材料复合的思想，旨在通过 A 位离子产生铁电性、B 位离子产生磁性，常见于铋系和铅系钙钛矿。

1. *铁酸铋钙钛矿*

$BiFeO_3$是目前广泛研究的室温多重铁性体，反铁磁奈尔温度 $T_N = 370$℃、铁电

居里温度 $T_{C(FE)}=830℃$。室温时晶体为三方结构、空间群 R3c,三方晶胞晶格常数为 $a_r=5.638$ Å、$\alpha_r=59.348°$、$Z=2$,六方晶胞为 $a_h=5.581$ Å、$c_h=13.876$ Å、$Z=6$;氧八面体绕 3 重轴旋转,旋转角 $\pm\alpha=13.8°$,Fe－O 键长为 1.952 Å 和 2.105 Å,Fe－O－Fe 键角为 154.1°;铋离子和铁离子沿 3 重旋转轴($[001]_h$或者$[111]_c$)偏离对称中心,位移量分别为 0.54 Å 和 0.13 Å,$6s^2$孤对电子与 O^{2-} 2p 轨道杂化增大了 Bi^{3+} 离子偏离对称中心的位移量,增大了铁电极化强度[921,922]。

采用 Bi_2O_3或者 $Bi_2O_3/B_2O_3-Fe_2O_3$熔盐法能够生长 $BiFeO_3$单晶[923]。对于室温电阻率 6×10^8 Ω·m 的高阻单晶样品,如图 9－2 所示,实验测得剩余极化强度 $P_{[012]}=60$ μC/cm²、矫顽场强 $E_c=12$ kV/cm;外推饱和极化强度 $P_{[001]}\approx100$ μC/cm²[924]。连续测量电滞回线时饱和极化场强与矫顽场强逐渐增大,剩余极化强度降低,样品越来越难反转,直至漏电流过大难以继续测试。在电滞回线连续测量过程中,光学显微观察发现压电效应导致的机械应力诱发了微裂纹,限制了畴壁运动。$BiFeO_3$单晶样品在 190 K 温度以下相对介电常数为 65,在 190～370 K 温度范围内电导率的热激活能为 0.50 eV。

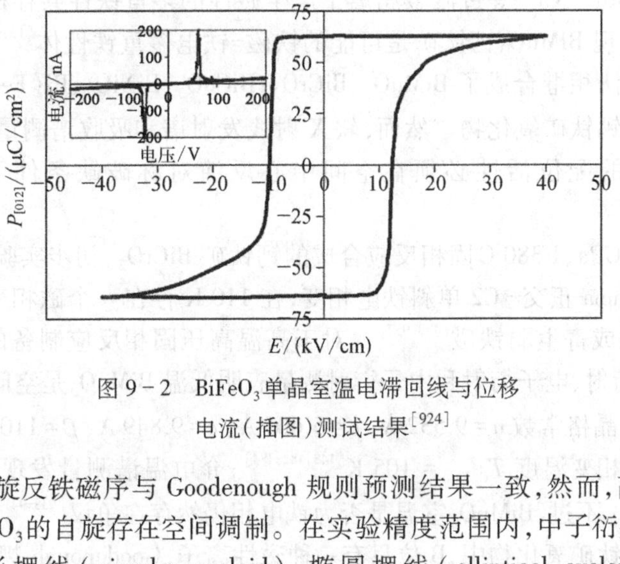

图 9－2 $BiFeO_3$单晶室温电滞回线与位移电流(插图)测试结果[924]

铁酸铋自旋反铁磁序与 Goodenough 规则预测结果一致,然而,高分辨中子衍射探测到 $BiFeO_3$的自旋存在空间调制。在实验精度范围内,中子衍射无法区分调制结构是圆形摆线(circular cycloid)、椭圆摆线(elliptical cycloid)还是自旋波[925,926]。核磁共振分析表明 $BiFeO_3$的反铁磁自旋序存在一个无公度长程摆线状空间调制结构[927–929]。自旋在包含 3 重旋转轴的$(1\bar{1}0)$平面内摆动,波矢 $\boldsymbol{q}$ 沿$[110]$方向、周期 $\lambda=620$ Å。$BiFeO_3$的自旋空间调制结构可以用 Lifshitz 相对不变量和方程描述:

$$\cos\theta(x)=sn\left(\pm\frac{4K(m)}{\lambda}x,\ m\right)$$

其中 $\theta(x)$ 是自旋相对 c 轴摆动的角度，x 是自旋在前进方向的位置坐标；$sn(x, m)$ 是 Jacobian 椭圆函数，m 是参数，$K(m)$ 是第一类完全椭圆积分[470,930]。

由于存在无公度自旋摆线状空间调制结构，铁酸铋反铁磁体没有净剩磁矩[468]。虽然文献中提出了 Fe^{2+}/Fe^{3+} 混合价效应、离子替代化学压效应、薄膜衬底夹持应变效应、纳米粒子晶粒尺寸效应等多种机制可以破坏无公度自旋调制结构，但在量化确定临界条件之前，这些机制仅仅停留在假设阶段。在未证明无公度自旋调制结构破坏前，对 $BiFeO_3$ 陶瓷和薄膜实验中观测到的弱铁磁信号的认定必须十分小心，要当心样品中磁性杂质相的干扰[931-935]。例如，在 $BiFeO_3$ 薄膜中曾观察到一种自旋玻璃态，不同氧气氛退火处理对比实验发现它是由氧化铁纳米团簇导致的。除了小心控制样品制备过程、提高样品质量外，核磁共振分析能够确认自旋调制结构是否完全被破坏。

2. 铋系简单钙钛矿

在 $BiFeO_3$ 的启发下，Spaldin 等提出 A 位 Bi^{3+} 离子 $6s^2$ 孤对电子配位活性产生铁电性，B 位 Mn^{3+}、Cr^{3+} 等过渡金属离子产生磁性的多重铁性共存机制，第一性原理理论计算发现 $BiMnO_3$ 钙钛矿是可能的铁磁-铁电多重铁性体[12,900]。采用高温高压固相反应法相继合成了 $BiMnO_3$、$BiCrO_3$、$BiCoO_3$、$BiNiO_3$、$Bi(Fe,Cr)O_3$ 等系列热力学亚稳相钙钛矿氧化物。然而，软 X 射线发射谱和吸收谱测量发现 Bi^{3+} 离子 $6s^2$ 孤对电子的配位活性必须在空间中心反演对称破缺条件下才能产生电极化[936]。

对于在 6 GPa、1 380℃ 固相反应合成的钙钛矿 $BiCrO_3$，初步实验在 440 K 附近观测到一个 Pnma 正交- C2 单斜铁电相变，在 110 K 存在一个磁相变、低温磁性相为 G 型反铁磁或寄生弱铁磁[483,937]。对于高温高压固相反应制备的 $BiMnO_3$ 陶瓷样品，X 射线衍射、电子衍射和中子衍射测量表明低温 $BiMnO_3$ 是空间群为 C2 的单斜钙钛矿[149]，晶格常数 $a = 9.532$ Å、$b = 5.605$ Å、$c = 9.849$ Å、$\beta = 110.60°$；变温磁性测量发现铁磁相变温度 $T_{C(FM)} = 105$ K[148,482-484]；介电温谱测量发现铁电相变温度 $T_{C(FE)} \approx 760$ K。不过，$BiMnO_3$ 室温是否为铁电相仍然存在争议[938-941]。

在简单钙钛矿氧化物中，B 位只有一种磁性离子，Goodenough 规则预测它们是自旋反铁磁序；然而，当存在自旋-轨道-晶格耦合时不能简单套用 Goodenough 规则，$BiMnO_3$ 钙钛矿即是一个这样的例子。理论和实验分析表明晶格畸变与空 $d_{x^2-y^2}$ 轨道序导致 $BiMnO_3$ 形成自旋铁磁序，在六个 Mn－O－Mn 超交换作用链中四个是铁磁、两个是反铁磁，自旋沿[010]方向共线平行排列、磁矩为 $3.2\mu_B$[149]。Sc 替代 Mn 降低了 $BiMnO_3$ 的铁磁相变居里温度，降低了饱和磁矩[942]。$BiNiO_3$ 钙钛矿为亚铁磁绝缘体，居里温度为 290 K、外斯温度为 −262 K，自旋亚铁磁序源于 Ni 离子的电荷歧化[261,481]。

3. 铁铬酸铋双钙钛矿

根据 Goodenough 规则和孤对电子机制，$Fe^{3+}-Cr^{3+}$离子对与Bi^{3+}形成双钙钛矿氧化物有可能是铁磁-铁电多重铁性体。第一性原理理论计算表明，Bi_2FeCrO_6双钙钛矿在空间群为 R3 时超交换作用符号为负、自旋反平行排列、基态饱和磁矩为每分子式 $2\mu_B$，基态铁电极化强度为 79.6 $\mu C/cm^2$[161,162]。

由于Bi_2FeCrO_6双钙钛矿是热力学亚稳相，需要高温高压固相反应才能合成陶瓷样品。对于 6 GPa 高压、1 000℃高温固相反应合成的陶瓷样品，晶体结构、穆斯堡尔谱、磁性测量都表明 B 位 Fe^{3+}、Cr^{3+}离子是无序分布的，化学式为$Bi(Fe_{1/2}Cr_{1/2})O_3$、空间群与$BiFeO_3$相同[150,151]。磁性测量发现在 130 K 以下温度$Bi(Fe_{1/2}Cr_{1/2})O_3$陶瓷为反铁磁耦合的自旋玻璃态。精细结构分析表明 Bi 离子和 Fe/Cr 离子沿 3 重旋转轴的铁电位移量分别为 0.58 Å 和 0.22 Å，采用离子模型估算的铁电极化强度为 63 $\mu C/cm^2$。常压下，$Bi(Fe_{1/2}Cr_{1/2})O_3$陶瓷在 400℃以上开始分解。

根据晶胞结构参数推算，如果在(001)取向$SrTiO_3$衬底上外延生长$Bi(Fe_{1/2}Cr_{1/2})O_3$薄膜，面内晶格失配将提供约 0.7%的应力，当薄膜厚度小于 300 nm 时可以期待应力稳定钙钛矿相[943]。与体材料不同，外延生长的$Bi(Fe_{1/2}Cr_{1/2})O_3$薄膜为类四方结构相，面内晶格常数 $a=b=3.905$ Å、面外 $c=3.965$ Å。磁学和电学测量表明$Bi(Fe_{1/2}Cr_{1/2})O_3$薄膜样品中存在杂相，有较大的漏电流。对于在(111)取向$SrTiO_3$衬底上以单层外延模式生长的 1/1 周期$BiFeO_3/BiCrO_3$人工超晶格薄膜，磁滞回线测量室温饱和磁矩为 $1.7\mu_B$/分子式[944]。由此可见，B 位离子有序分布是制备Bi_2FeCrO_6双钙钛矿的关键[152]。

4. 锰镍酸铋双钙钛矿

与Bi_2FeCrO_6双钙钛矿一样，Bi_2NiMnO_6双钙钛矿也是热力学亚稳相，需要在高温高压下合成[100]。即使如此，所制样品仍然存在少量杂相，例如，在 6 GPa 高压、800℃高温条件下合成的样品有 3%非钙钛矿相。同步辐射 X 射线衍射测量与 Rietveld 精细结构分析发现，Bi_2NiMnO_6在室温是空间群 C2 的单斜双钙钛矿，Ni^{2+}和Mn^{4+}离子在 B 位按 NaCl 型有序分布，晶格常数 $a=9.464\,6(4)$ Å、$b=5.423\,0(2)$ Å、$c=9.543\,1(4)$ Å、$\beta=107.823(2)°$，原子位置坐标见表 9-1。根据原子位置参数计算可知 Ni 离子有两种化学价，分别为 2.14 和 2.17，Mn 离子的化学价为 3.62；采用离子模型计算的铁电极化强度为 20 $\mu C/cm^2$。在 500 K 温度时晶体空间群为 $P2_1/n$，晶格常数 $a=5.404\,1(2)$ Å、$b=5.566\,9(1)$ Å、$c=7.733\,8(2)$ Å、$\beta=90.184(2)°$。介电温谱测量发现Bi_2NiMnO_6陶瓷在 485 K 附近存在一个铁电结构相变。

表 9-1　Bi_2NiMnO_6双钙钛矿的原子位置结构参数[100]。空间群为 C2(A-5)，热振动参数 B 对同种原子取相同数值，氧的热振动参数在拟合过程中固定不变

原子	位置	x	y	z	$B/\text{Å}^2$
Bi(1)	4c	0.133(1)	−0.023(12)	0.378(1)	0.672(5)
Bi(2)	4c	0.369(1)	0.035(12)	0.123(1)	0.672(=Bi(1))
Ni(1)	2a	0	0	0	0.40(7)
Ni(2)	2b	0.5	0.015(2)	0.5	0.40(=Ni(1))
Mn	4c	0.243(3)	0.013(13)	0.749(3)	0.40(=Ni(1))
O(1)	4c	0.111(5)	−0.061(15)	0.849(6)	0.8
O(2)	4c	0.420(4)	0.042(14)	0.680(5)	0.8
O(3)	4c	0.146(9)	0.276(18)	0.636(9)	0.8
O(4)	4c	0.333(4)	0.242(14)	0.413(5)	0.8
O(5)	4c	0.377(5)	0.204(12)	0.899(5)	0.8
O(6)	4c	0.162(8)	0.216(17)	0.126(9)	0.8

Goodenough 规则预测 $Ni^{2+}-O-Mn^{4+}$键角在近 180°时超交换作用符号为正、自旋为铁磁序。即使 Ni－O－Mn 键角偏离 180°，如图 9-3 所示，变温磁性测量发现 Bi_2NiMnO_6双钙钛矿在 140 K 存在一个铁磁相变，外斯温度与居里温度相近，表明 $Ni^{2+}-O-Mn^{4+}$超交换作用的符号为正(相关讨论见 8.2.3 节)；磁滞回线测量发现 5 K 温度饱和磁矩为 $4.1\mu_B$/分子式，接近 $Ni^{2+}(S=1)$和 $Mn^{4+}(S=3/2)$自旋铁磁序的理论值($5.0\mu_B$/分子式)。热处理对 Ni^{2+}和 Mn^{4+}离子有序度和饱和磁矩存在强烈影响，这是因为 Ni－O－Ni 和 Mn－O－Mn 的超交换作用是负，阳离子反位无序分布将降低饱和磁矩。

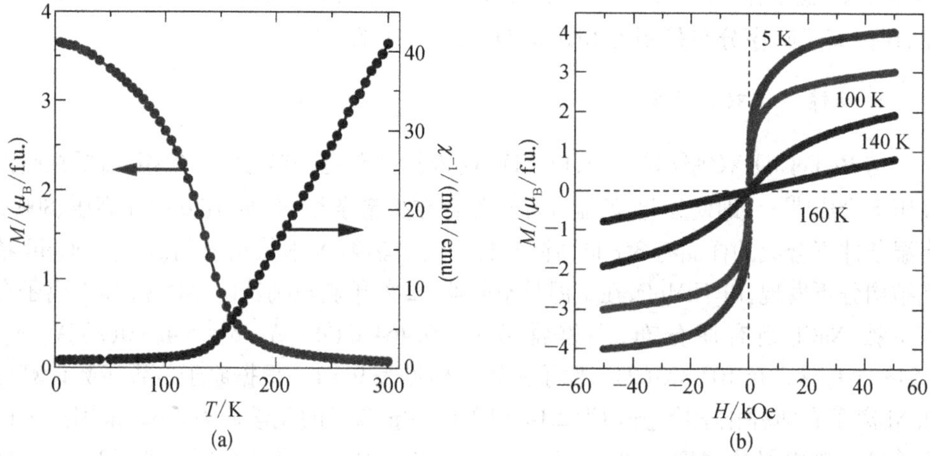

图 9-3　Bi_2NiMnO_6双钙钛矿的磁性质[100,101]：(a) 10 kOe 磁场下的变温磁性。顺磁相磁化率遵守居里-外斯定律，外斯温度约为 140 K；(b) 不同温度 M－H 测量。在 5 K、100 K和 140 K 温度时存在磁滞回线，160 K 时 M－H 为顺磁性的线性关系

根据对称性判据可知,点群为 2 的双钙钛矿氧化物允许铁电极化与自旋铁磁序共存[8,115,163]。理论预测和实验测试都表明空间群 C2 的 Bi_2NiMnO_6 双钙钛矿在 140 K 以下是铁磁-铁电多重铁性体。另外,高压合成铁磁 Bi_2CoMnO_6 和亚铁磁 Bi_2CuMnO_6 双钙钛矿的 $T_{C(FM)}$ 分别为 95 K 和 340 K[100]。

5. 固溶体钙钛矿

形成固溶体钙钛矿也是实现不同物理性质共存的一种有效技术途径。然而,不从基本原理出发、不从化学组成-结构-性质因果关系出发,仅仅采用磁滞回线实验测量进行自旋磁序认定时存在明显的不确定性。例如,对于 $BiFeO_3-ATiO_3$(A=Ba、Pb)固溶体钙钛矿,有些文献报道它们是反铁磁性,有些报道它们具有弱铁磁性[154,753,771,776,945–947]。根据超交换作用与晶格对称性关系判断,$Fe^{3+}\ 3d^5-Ti^{4+}\ 3d^0$ 渗流网络与 $BiFeO_3$ 具有相同的自旋反铁磁序、奈尔温度随 Ti^{4+} 离子浓度增加降低;当 Ti^{4+} 离子浓度超过阈值后、固溶体钙钛矿呈现自旋玻璃态或顺磁态。高分辨中子衍射测试表明在 4~600 K 温度范围内 $0.8BiFeO_3-0.2BaTiO_3$ 固溶体的自旋为共线 G 型反铁磁排列[948]。为了澄清室温铁磁信号的来源,可以用磁铁对陶瓷粉末进行分类。Kumar 等采用 X 射线衍射在那些磁铁吸起的粉末中探测到了六角铁氧体磁性杂质相;对于那些磁铁不吸的粉末,宏观磁性测试表明它们是反铁磁体[949]。在 $BiFeO_3-CaTiO_3-Bi(Mg_{1/2}Ti_{1/2})O_3$ 固溶体陶瓷样品中 X 射线衍射与宏观磁性测试也探测到了尖晶石铁氧体磁性杂质相的存在[155,156]。由于 X 射线衍射与宏观磁性测试对磁性杂质相的探测灵敏度不同,在进行结构与物理性质分析时需要充分考虑这些因素。

即使获得了单一钙钛矿相,在进行自旋磁序类型判断时,不从原子密堆系统的特征、对称性以及顺磁相外斯温度出发仍然无法区分铁磁、亚铁磁与倾斜反铁磁自旋磁序。晶体的点群对称性允许自旋倾斜、倾斜反铁磁体具有寄生弱铁磁性,但顺磁相外斯温度与共线反铁磁体的特征完全相同。从图 2-24 所示变温磁性测量可以看到,升温过程中三个组分样品的磁化率都具有反铁磁相变的尖(cusp)峰,降温过程中样品具有典型的场致亚铁磁相变特征;室温磁滞回线测量表明 $Bi_{0.98}La_{0.02}Fe_{0.99}Ti_{0.01}O_3$ 固溶体为反铁磁,而 Sr 替代 $BiFeO_3$ 基固溶体为寄生弱铁磁,磁化强度随外场强度增加而增大。与 $BiFeO_3-ATiO_3$(A=Ba、Pb)固溶体钙钛矿不同,$BiFeO_3-ATiO_3$(A=Sr、Ca)和 $(Bi_{1-x}La_x)FeO_3$ 固溶体在一定的浓度范围内呈现寄生弱铁磁[156–158]。这种差异缘于不同离子替代化学压诱导氧八面体具有不同的晶格畸变[160]。

9.1.3 体积失配铁电失稳

目前,学界还未对钙钛矿过渡金属氧化物铁电序的产生及其与自旋磁序的共存机制达成共识[909]。在实验观测范式下,铁性序大都被看作原子密堆系统在某种微观机制控制下对称破缺的结果。对于那些典型的钙钛矿铁电体——$BaTiO_3$、$PbTiO_3$、$KNbO_3$、$(Bi_{0.5}Na_{0.5})TiO_3$、$Pb(Mg_{1/3}Nb_{2/3})O_3$、$Pb(Zn_{1/3}Nb_{2/3})O_3$,B 位阳离子多是 d^0 电子组态的过渡金属离子。基于这些现象,先有 Cohen 理论计算揭示、后有 Kuroiwa 等实验证实 B 位离子 d^0 轨道与氧 $2p^6$ 轨道杂化对铁电失稳的贡献。在量子力学框架中,这些与氧 $2p^6$ 轨道杂化的过渡金属离子的 d^0 轨道实际上是价电子轨道。把外层 d^0 价电子轨道与磁性离子内层 d^n 电子轨道混为一谈犯了概念性错误。同样地,钙钛矿氧化物中 Pb^{2+} 离子、Bi^{3+} 离子与氧离子轨道杂化也是价电子的行为,不完全是内层 $6s^2$ 孤对电子的行为。随温度、压强等热力学边界条件变化,轨道杂化是动态变化的,在铁电失稳临界点轨道杂化程度与空间分布存在一个突变。有关铁电失稳体积失配机制的更多讨论见本书第 2.3 节。

与原子的晶格结构主要由价电子行为决定不同,Anderson 超交换作用和 Goodenough 规则讨论的是磁性离子内层 d^n 轨道电子的行为[146,147]。晶体场作用降低了磁性离子 d 轨道的简并度,在磁相变前后磁性离子具有确定的轨道填充状态,对称性决定了磁性离子对之间电子交换作用的强弱、决定了自旋的相对取向[142]。对于大部分磁性离子,电子的自旋组态不随温度变化改变。当自旋序与轨道序之间存在较强耦合时,平行排列的轨道序与自旋反铁磁序相伴,交替排列的轨道序与自旋铁磁序相伴。经典例子如 $KCuF_3$ 和 $BiMnO_3$,自旋在 ab 面内弱铁磁耦合,沿 c 轴强反铁磁耦合对应于轨道序在 ab 面内交替排列,沿 c 轴平行排列。显然,热力学边界条件与价电子协同作用决定的晶体结构深刻影响着磁性离子对内层 d^n 电子之间的超交换作用强度与符号,决定了化合物的自旋磁序类型。由于 Goodenough 规则仅仅描述了磁性离子对在一些特定情形下的超交换作用结果,因此,当晶格畸变较大时超交换作用的强度与符号不能从对称性分析确定,需要进行具体的计算或者直接由实验测定。

量子力学第一性原理理论计算表明,轨道杂化(共价结合)对钙钛矿氧化物的铁电失稳和自旋磁序产生起着至关重要的作用:价电子间的共价结合减弱了离子间的短程库仑排斥作用,稳定了铁电活性离子偏离对称中心位置;磁性离子对内层 d^n 电子之间的超交换作用——轨道杂化进一步降低了原子系统的总能量[83,103]。由于电子壳层不同,内层 d 电子与氧 2p 的轨道杂化远弱于价电子与氧的轨道杂化,因此,前者对晶格结构的贡献远小于后者。磁性离子对内层 d^n 电子之间的轨道杂化程度不仅与原子系统的晶格对称性有关,还与键长和键角有关,自旋-轨道-晶格之间的交叉作用是自旋序、轨道序与晶格序耦合的物理基础[143],它们的存在条件及其作用强度尚待探索。

铁性序的调控包括至少以下三方面的内容:一是存在的温度范围,用相变温度表示;二是序参量的强弱,用极化强度表示;三是序参量对外场的响应能力,用极化率、耦合系数等表示。对于特定的化合物体系,常常通过离子替代来调控磁性离子之间的键长、键角与结合强度。在量子力学框架下,离子种类与比例选择是材料设计的主动行为、是原子密堆系统变化的因,而原子间的键长、键角与键强受晶体对称性的主动约束,是原子密堆系统在一定热力学边界条件下的果。铁电序与离子的价电子行为密切相关、是原子尺度的晶格序,自旋序是磁性离子内层电子的行为结果、是亚原子尺度的电子序,它们是不同空间尺度、不同时间尺度、不同粒子系统的集体行为,在晶体中能够和谐共生、交叉耦合。

9.2 磁电效应

物质的磁电效应主要集中在以下两部分:$H = \alpha_{ij}\langle P_i\rangle\langle M_j\rangle + \beta_{ijk}\langle P_i\rangle\langle M_jM_k\rangle$。当$\langle M\rangle = 0$时一级效应$\alpha_{ij}$消失;由于二级耦合系数$\beta_{ijk}$正比于$\langle M^2\rangle$,在顺磁相中依然可以观测到磁电效应。

9.2.1 朗道唯象理论

晶体的磁电效应可以用朗道热力学唯象理论进行描述[10,895]。自由能F对电场分量E_i和磁场分量H_i的泰勒展开如下:

$$-F(\boldsymbol{E},\boldsymbol{H}) = -F_0 + P_i^{\mathrm{s}}E_i + M_i^{\mathrm{s}}H_i + \frac{1}{2}\varepsilon_0\varepsilon_{ij}E_iE_j + \frac{1}{2}\mu_0\mu_{ij}H_iH_j + \alpha_{ij}E_iH_j + \frac{\beta_{ijk}}{2}E_iH_jH_k + \frac{\gamma_{ijk}}{2}H_iE_jE_k + \cdots$$

P_i^{s}和M_i^{s}分别表示自发电极化和磁化分量;$\boldsymbol{\varepsilon}$、$\boldsymbol{\mu}$和$\boldsymbol{\alpha}$分别为介电常数、磁导率和一级磁电张量,$\boldsymbol{\beta}$和$\boldsymbol{\gamma}$为二级磁电张量。自由能$F(\boldsymbol{E},\boldsymbol{H})$对电场、磁场求导可以获得晶体的极化强度$P_i(H_j)$和磁化强度$M_i(E_j)$:

$$P_i(H_j) = -\frac{\partial F}{\partial E_i} = P_i^{\mathrm{s}} + \varepsilon_0\varepsilon_{ij}E_j + \alpha_{ij}H_j + \frac{\beta_{ijk}}{2}H_jH_k + \gamma_{ijk}H_jE_k + \cdots$$

$$M_i(E_j) = -\frac{\partial F}{\partial H_i} = M_i^{\mathrm{s}} + \mu_0\mu_{ij}H_j + \alpha_{ij}E_j + \beta_{ijk}E_jH_k + \frac{\gamma_{ijk}}{2}E_jE_k + \cdots$$

外电场为零时磁场诱导的电极化为

$$P_i(H_j) = \alpha_{ij}H_j + \frac{\beta_{ijk}}{2}H_jH_k$$

式中,α_{ij}和β_{ijk}分别为一级和二级磁电张量系数。理论计算发现一级磁电张量系数的上限由下式决定[950]：

$$\alpha_{ij}^2 \leqslant \varepsilon_0\mu_0\varepsilon_{ii}\mu_{jj}$$

由此可见，要想获得大的磁电张量系数，需要设计高介电常数和高磁导率的晶体材料。与线性介质相比，多重铁性介质同时拥有高介电常数和高磁导率，从而具有较强的磁电效应。一般来说，磁导率按顺磁→反铁磁→寄生弱铁磁→亚铁磁→铁磁依次增加，这是探索铁磁-铁电多重铁性材料的一个理论出发点。诚如 $NiSO_4 \cdot 6H_2O$ 顺磁晶体实验结果所示，二级磁电张量系数 β_{ijk} 和 γ_{ijk} 没有类似的约束[951]。

9.2.2　磁电张量系数

根据 Neumann 原理，磁电张量矩阵必须满足晶体的对称性。因此，通过对称性分析可以获得那些非零张量系数。由于磁化强度 M_i 是一阶轴矢、电场强度 E_j 是一阶极矢，因此线性磁电效应是二阶轴张量。诱导磁化强度 M_i 与外电场强度 E_j 之间的关系为

$$M_i = \sum_j \alpha_{ij}E_j$$

由于第Ⅱ类 Heesch - Shubnikov 点群的所有轴矢为空，属于该类点群的晶体都不存在磁电效应。只有第Ⅰ类和第Ⅲ类 58 个磁点群存在磁电效应，磁电张量对称性分析结果见表 9 - 2[8,163,266,267]。

表 9 - 2　线性磁电效应张量系数对称性分析结果一览表

点　群	磁 电 张 量	点　群	磁 电 张 量
1, $\bar{1}'$	$\begin{bmatrix}\alpha_{11} & \alpha_{12} & \alpha_{13}\\ \alpha_{21} & \alpha_{22} & \alpha_{23}\\ \alpha_{31} & \alpha_{32} & \alpha_{33}\end{bmatrix}$	2, m′, 2/m′	$\begin{bmatrix}\alpha_{11} & \alpha_{12} & 0\\ \alpha_{21} & \alpha_{22} & 0\\ 0 & 0 & \alpha_{33}\end{bmatrix}$
2′, m, 2′/m	$\begin{bmatrix}0 & 0 & \alpha_{13}\\ 0 & 0 & \alpha_{23}\\ \alpha_{31} & \alpha_{32} & 0\end{bmatrix}$	222, m′m′2, m′m′m′	$\begin{bmatrix}\alpha_{11} & 0 & 0\\ 0 & \alpha_{22} & 0\\ 0 & 0 & \alpha_{33}\end{bmatrix}$
22′2′, mm2, (m′m2′), m′mm	$\begin{bmatrix}0 & \alpha_{12} & 0\\ \alpha_{21} & 0 & 0\\ 0 & 0 & 0\end{bmatrix}$	4, $\bar{4}'$, 4/m′, 3, $\bar{3}'$, 6, $\bar{6}'$, 6/m′	$\begin{bmatrix}\alpha_{11} & \alpha_{12} & 0\\ -\alpha_{12} & \alpha_{11} & 0\\ 0 & 0 & \alpha_{33}\end{bmatrix}$
4′, $\bar{4}$, 4′/m′	$\begin{bmatrix}\alpha_{11} & \alpha_{12} & 0\\ \alpha_{12} & -\alpha_{11} & 0\\ 0 & 0 & 0\end{bmatrix}$	422, 4m′m′, $\bar{4}'$2m′, 4/m′m′m′, 32, 3m′, $\bar{3}'$m′, 622, 6m′m′, $\bar{6}'$m′2, 6/m′m′m′	$\begin{bmatrix}\alpha_{11} & 0 & 0\\ 0 & \alpha_{11} & 0\\ 0 & 0 & \alpha_{33}\end{bmatrix}$

续表

点群	磁电张量	点群	磁电张量
4′22′，(4′mm′)，$\bar{4}$2m，($\bar{4}$2′m′)，4′/m′mm′	$\begin{bmatrix} \alpha_{11} & 0 & 0 \\ 0 & -\alpha_{11} & 0 \\ 0 & 0 & 0 \end{bmatrix}$	42′2′，4mm，$\bar{4}$′2′m，4/m′mm，32′，3m，$\bar{3}$′m，62′2′，6mm，$\bar{6}$′m2′，6/m′mm，	$\begin{bmatrix} 0 & \alpha_{12} & 0 \\ -\alpha_{12} & 0 & 0 \\ 0 & 0 & 0 \end{bmatrix}$
23，m′3，432，$\bar{4}$′3m′，m′3m′	$\begin{bmatrix} \alpha_{11} & 0 & 0 \\ 0 & \alpha_{11} & 0 \\ 0 & 0 & \alpha_{11} \end{bmatrix}$	其他点群	$\begin{bmatrix} 0 & 0 & 0 \\ 0 & 0 & 0 \\ 0 & 0 & 0 \end{bmatrix}$

线性磁电效应是指外加电场作用下磁矩的变化或者外加磁场作用下电极化强度的变化。对于后者，通过电流积分测得诱导电极化强度，再通过公式 $\alpha = \partial P/\partial H$ 计算线性磁电张量系数；测量电压也可以直接通过公式 $\alpha = \partial E/\partial H$ 计算磁电系数。电学测量磁电效应的最大挑战在于样品的电阻率[7]。如果样品电阻率不足够大就无法外加强直流电场，而且位移电流与输运电流叠加也影响数据分析。对于多畴样品，不能忽视畴组态对实验结果和数据分析的影响。由于磁电阻效应对磁电容或磁介电响应的贡献，不考虑晶格对称性与样品品质直接进行磁电容测量会对磁电效应研究徒增干扰[938-940,952]。只有在磁点群确定的条件下，材料的磁电行为才能很好地被理解；只有考虑了样品的对称性才能获得具有物理意义的磁电张量系数。

对于多重铁性化合物，一级磁电效应不仅表现为电(磁)场诱导磁矩(电偶极矩)的变化，还可以表现为电场反转(旋转)磁矩方向或磁场反转铁电极化方向。在 Heesch－Shubnikov 点群中，只有表 3－7 所示 13 个点群允许铁电序与铁磁序的共存。在钙钛矿结构中，只有 2、3、4、m′m′2、3m′、4m′m′、m′m2′、2′、m、m′十个点群允许铁磁序-铁电序共存[896]。其中，只有 2、3、4、m′m′2、3m′、4m′m′六个点群允许铁电极化和磁矩方向与极轴平行，如图 9－4 所示，多重铁性体铁电极化和自旋磁矩方向存在四种可能的组态；如果二者之间存在耦合，如图 9－5 所示，铁磁电体的铁电极化和自旋磁矩方向只存在两种可能的组态。

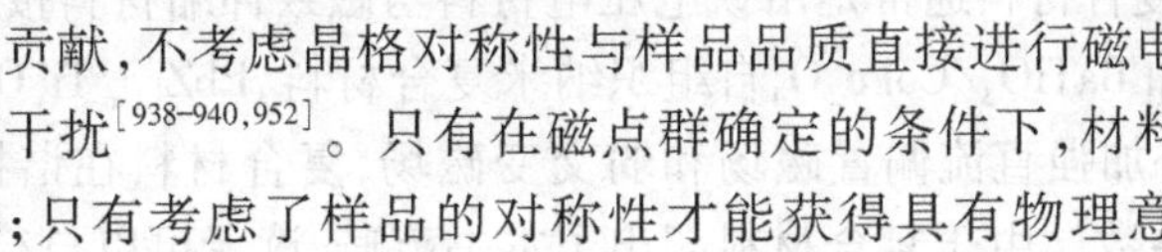

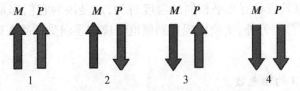

图 9－4　铁磁/亚铁磁-铁电多重铁性体的铁电序参量与铁磁序参量的四种组合状态

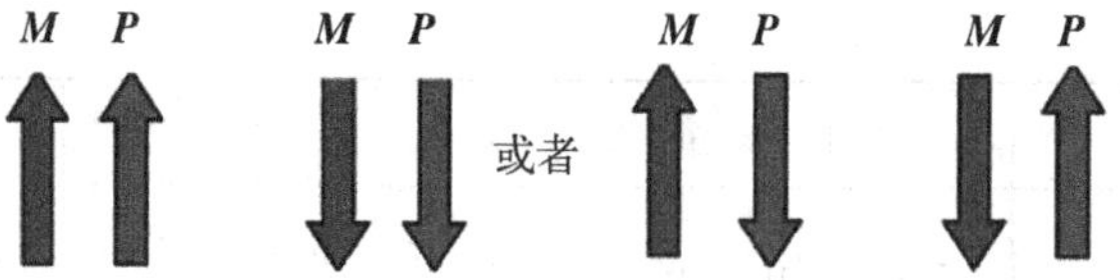

图 9-5　铁磁电体的铁电序参量与铁磁序参量的两种组合状态

由量子力学哈密顿量可知,自旋-轨道-晶格不同自由度之间的交叉作用是单相材料磁电效应的物理基础。与磁电复合材料通过宏观应变传递耦合作用不同,单相化合物通过微观晶格畸变也可以实现铁电极化与自旋磁矩之间的交叉耦合:电致伸缩效应改变了 B-O 键的长度与角度、超交换作用因此发生变化,从而导致磁化强度或者磁矩方向改变。

9.2.3　材料实例

在已知的多重铁性单相材料中,绝大多数材料要么磁相变温度远低于室温,要么为反铁磁序或寄生铁磁序,磁电效应太弱无法进行工程应用[9,10,13,896,898]。与单相化合物不同,磁电复合材料通常是由铁电压电材料与磁致伸缩材料按一定方式复合而成的[953,954],例如 $BaTiO_3/CoFe_2O_4$ 自组织纳米复合材料、$PbZr_{1-x}Ti_xO_3/Tb_{1-x}Dy_xFe_2$ 层状复合材料。外加强直流偏置磁场和弱交变磁场,复合材料在谐振频率具有非常大的磁电耦合系数。由于复合材料超出了本书范畴,读者可以自行查阅相关文献。

历史上,首次观测到磁电效应的化合物是顺电-反铁磁 Cr_2O_3 晶体;首次观测到电场旋转磁矩、磁场反转铁电极化的化合物是寄生弱铁磁-铁电 $Ni_3B_7O_{13}I$ 晶体;研究最多的室温多重铁性化合物是反铁磁-铁电 $BiFeO_3$ 晶体。

1. Cr_2O_3 的磁电效应

Cr_2O_3 晶体的反铁磁奈尔温度为 307 K、磁点群为 $\bar{3}'m'$。如表 9-2 所示,对称性分析可知磁电张量只有 α_{11} 和 α_{33} 两个系数不为零。Folen 等首先把 Cr_2O_3 单晶放置在一个交变电场中测量磁矩的变化,得到了不同温度的磁电系数 $\alpha_{\perp}$ 和 $\alpha_{/\!/}$;随后,Rado 和 Folen 进一步测量了磁场诱导 Cr_2O_3 晶体的磁电效应[955-957]。如图 9-6 所示,正、逆磁电效应具有几乎相同的温度行为,这是因为它们都是热力学自由能 E_iH_j 项的结果[956]。另外,实验也观察到磁电效应的强弱受样品在磁场下退火处理条件的影响。

2. $Ni_3B_7O_{13}I$ 的磁电效应

$Ni_3B_7O_{13}I$ 晶体是低温多重铁性体,铁电相变温度 $T_{C(FE)}=400$ K、寄生铁磁相变

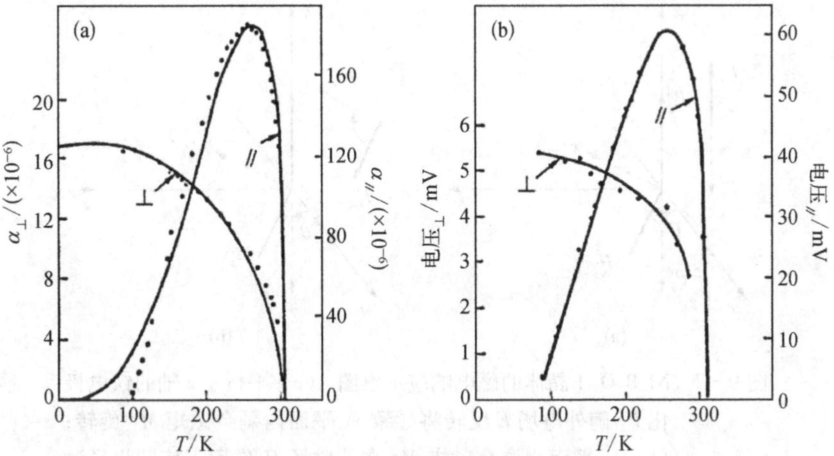

图 9-6 不同温度 Cr_2O_3单晶的磁电效应[955,956]:
点和线分别代表实验与理论结果

温度 $T_{C(FM)} = 61$ K。在 $Ni_3B_7O_{13}I$ 晶体中,Asher 等直接观测到铁电极化在外磁场作用下的反转[958,959]。考虑立方点群 43m1′到单斜点群 m 的变化,可以发现铁电极化分量 P_i 与磁矩分量 M_j 之间存在耦合,耦合项 $F_{ME} = \alpha_0(P_xM_yM_z + P_yM_xM_z + P_zM_xM_y)$。最小化 $F + F_{ME} + F_E$ 自由能可以得到以下状态方程:

$$\frac{P_z}{\chi_0^E} - E_z \cong -\alpha_0(M_s^{\perp})^2\sin\theta\cos\theta \tag{9-4}$$

式中,$M_s^{\perp}$ 为 xy 平面内的磁矩分量,θ 为如图 9-7(a)所示 $M_s^{\perp}$ 与 x 轴之间的夹角。从方程(9-4)可见,电场作用下铁电极化反转($E_z \to -E_z$, $P_z \to -P_z$)将导致 xy 平面内的 $M_s^{\perp}$ 旋转 90°$\left(\theta \to \theta + \frac{\pi}{2}\right)$。在 56 K 温度外加 5 kV/cm 电场实验观察到了剩余磁矩的旋转。

外加与剩余磁矩方向垂直的磁场可以实现铁电极化反转的逆效应,在 $T_{C(FM)}$ 附近最小化 $F + F_{ME} + F_M$ 自由能可以得到逆效应的状态方程:

$$\left[\frac{M_s}{\chi_0^M} - H_y\right]\sin\theta \cong -\alpha_0(M_s^{\perp})P_z\cos\theta \tag{9-5}$$

如图 9-7(b)所示,磁场作用下 $M_s^{\perp}$ 旋转 90°$\left(\theta = \frac{\pi}{4} \to \theta + \frac{\pi}{2}\right)$,$P_z$ 必须反向方程(9-5)才能保持不变。从方程(9-5)出发可以得到 $\alpha_{zy} = 0\,(T > T_{C(FM)})$ 和 $\alpha_{zy} \cong (T_{C(FM)} - T)^{3/2}\,(T < T_{C(FM)})$。

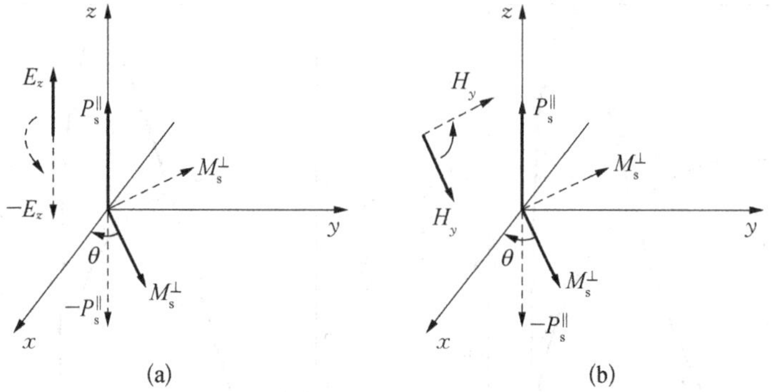

图 9－7　$Ni_3B_7O_{13}I$ 晶体的磁电响应示意图：（a）平行于 z 轴的铁电极化 $P_s^{\parallel}$ 随外电场 E 反转将导致 xy 平面内剩余磁矩 $M_s^{\perp}$ 旋转；（b）xy 平面内剩余磁矩 $M_s^{\perp}$ 在外磁场 H_y 作用下旋转将导致平行于 z 轴的铁电极化 $P_s^{\parallel}$ 反转[960]

3. $BiFeO_3$的磁电效应

$BiFeO_3$晶体的磁点群是 3m，对称性分析可知一级磁电张量系数只有 $\alpha_{21} = -\alpha_{12}$ 不为零。然而，无公度自旋摆线状调制结构的存在禁戒了一级磁电效应。实验观测到了二级磁电效应，在 4 K 温度时非线性磁电耦合系数 $\beta_{111} = 5.0\times10^{-11}$、$\beta_{113} = 8.1\times10^{-11}$、$\beta_{311} = 0.3\times10^{-11}$、$\beta_{333} = 2.1\times10^{-11}$ C/(m^{2}kOe^2)[961]。在 10～180 K 温度范围内、不同脉冲磁场下测量 $BiFeO_3$单晶薄片的电极化强度，实验发现在超过临界磁场强度 H_c后铁酸铋存在一级磁电效应[962,963]。如图 9－8 所示，当 $H<H_c\approx200$ kOe 时电极化强度 P_a和 P_b都随外磁场强度非线性变化；当外磁场高于 H_c后 P_a存在一个突变，$P_a\propto\alpha_{12}H$ 表明自旋调制结构已破坏。电子自旋共振测试表明在强磁场下 $BiFeO_3$晶体转变为均匀自旋序。由 P_a随磁场变化的斜率计算得到 $BiFeO_3$的一级磁电耦合系数 $\alpha_{12} = -(0.029\pm0.003)\times10^{-6}$ C/(m^{2}kOe)[961–963]。

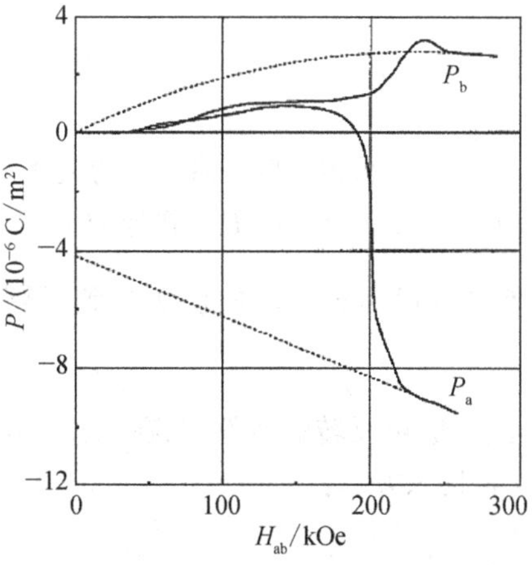

图 9－8　$BiFeO_3$单晶在 20 K 时不同轴向电极化分量（P_a和 P_b）随外磁场变化的实验结果[963]。其中磁场方向位于自旋摆线调制面内并与 a 轴和 b 轴呈 45°夹角。虚线表示磁场 $H>250$ kOe 实验数据的线性和抛物线外推结果

理论分析和实验观测都表明破坏无公度自旋摆线状调制结构是 $BiFeO_3$晶体呈现

一级磁电效应的前提[962-965]。除了强磁场技术，人们试图采用A位/B位元素替代、晶粒尺寸、薄膜应变调控等方法来破坏自旋调制结构，以实现均匀反铁磁序或者倾斜反铁磁序、释放铁酸铋晶体的一级磁电效应。例如，采用稀土元素替代Bi元素，在正交固溶体钙钛矿中观测到了一级磁电效应，耦合系数的大小与替代元素有关[929,966,967]。对于铁酸铋基多重铁性体，如果样品电阻率较低，Maxwell-Wagner空间电荷效应会干扰磁电效应的测量与数据分析[968]。图9-8实验之所以要在低温测量就是为了冻结空间电荷的影响。

9.3 双钙钛矿多重铁性体

由于晶体材料的铁性序及其交叉耦合效应必须满足特定的点群对称性，因此，材料设计首先在于获得所需的晶体对称性，其次才是通过晶格缺陷、显微结构等手段调控序参量的大小及其响应性能。从工程需求出发，设计高温单相铁磁-铁电多重铁性材料和铁磁电材料是当务之急。基于2.3节数据挖掘结果和2.4节材料设计策略，如图9-9所示，从简单钙钛矿氧化物转向双钙钛矿氧化物，通过选择合适的B位磁性离子对、选择合适的化学元素构建晶体点群为2、3或4的双钙钛矿氧化物，能够实现铁电序与铁磁序的室温共存，进而实现电场反转磁矩和磁场反转铁电极化的一级磁电效应。

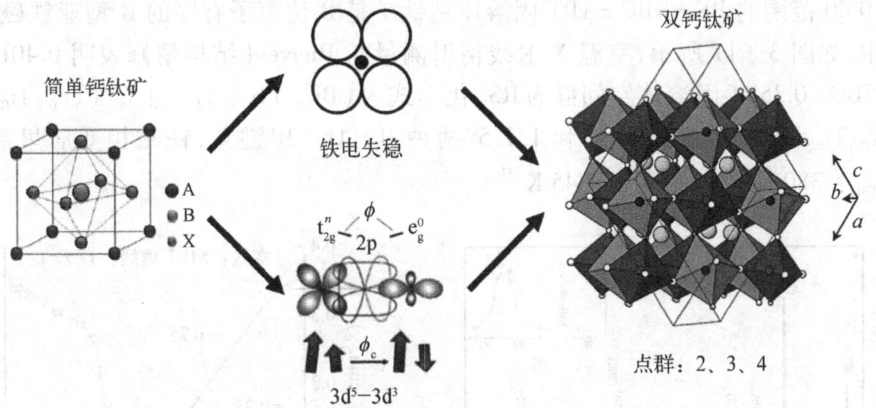

图9-9 基于体积失配铁电失稳机制与$3d^5-3d^3$磁性离子对自旋磁序的双钙钛矿铁磁-铁电多重铁性体设计策略

9.3.1 自旋磁序调控

如8.2.3节所述，对于Fe^{3+} $3d^5-O-Cr^{3+}$ $3d^3$磁性离子对的超交换作用，d电子间的动能交换总是反铁磁耦合、势能交换总是铁磁耦合，二者间的竞争决定了总超交换作用的符号。由于势能交换强烈依赖磁性离子对间的键角，钙钛矿晶格畸变存在一个临界键角使得 Fe^{3+} $3d^5$ - O - Cr^{3+} $3d^3$ 超交换作用从铁磁耦合转变为反铁磁耦合[34]。理论计算发现，立方 Bi_2FeCrO_6 双钙钛矿的总超交换作用是自旋铁磁耦合，而在三方相中，铁弹性的氧八面体旋转、B 位离子铁电位移等晶格畸变导致 Fe - O - Cr 键弯曲，总超交换作用转变为反铁磁耦合[161,162]。现实中存在两种情境会导致这种变化：一种是当铁电-顺电结构相变温度低于磁相变温度时，铁电相变导致的键角变化可能使 Fe^{3+} $3d^5$ - O - Cr^{3+} $3d^3$ 网络的自旋序从立方顺电相的铁磁变为铁电相的亚铁磁；另一种是通过离子替代引入的化学压调控 Fe^{3+} $3d^5$ - O - Cr^{3+} $3d^3$ 键角，有可能在铁电相中实现铁磁耦合。键角作为单一控制变量调控自旋磁序的铁磁-反铁磁转变现象已在(Se，Te)CuO_3 固溶体钙钛矿[969,970]和 A_2CrSbO_6(A = Ca、Sr)固溶体双钙钛矿[971]中观测到。$SeCuO_3$ 钙钛矿的基态是自旋铁磁序，采用 Te 离子替代 Se 离子时负化学压导致 Cu - O - Cu 键弯曲，在约 127°临界角时超交换作用的符号从正变为负、自旋磁序从铁磁转变为反铁磁。即使自旋磁序未发生变化，晶格畸变也会导致自旋倾斜、剩余磁矩减小。

采用固溶体技术不仅可以在常压下固相反应合成 Bi_2FeCrO_6 基双钙钛矿，还可以通过 B - O - B′键角与键长来控制超交换作用的符号，实现铁磁和亚铁磁自旋磁序。其中，$BiFeO_3$ - $BiCrO_3$ - $PbTiO_3$ 固溶体双钙钛矿是重要的高温多重铁性候选体系。如图 2 - 39 和图 9 - 10 所示，变温磁性测量表明组分在 $0.25 \leqslant x \leqslant 0.33$、$0.25 \leqslant y \leqslant 0.40$ 范围的 BF - xBC - yPT 固溶体钙钛矿是 B 位离子有序的 R 型亚铁磁体。其中，如图 3 - 11 所示，室温 X 射线衍射测量与 Rietveld 结构精修表明 0.40BF - 0.25BC - 0.35PT 固溶体空间群为 R3、化学式为 $(Bi_{0.65}Pb_{0.35})_{1.85}\square_{0.15}((Fe_{0.8}Ti_{0.2}),(Cr_{0.5}Ti_{0.5}))O_6$、存在 168.6°和 157.5°两种 B - O - B′键角，铁磁相变居里温度 $T_{C(FM)}$ = 380 K、外斯温度 θ = -45 K[34]。

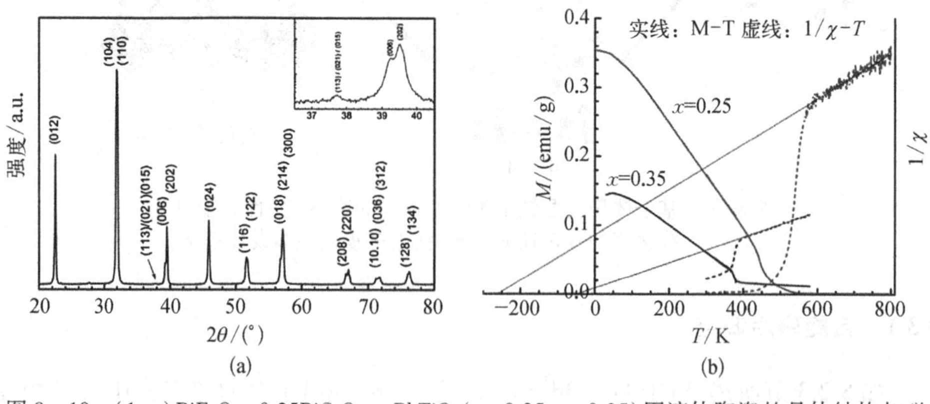

图 9 - 10　(1-x)$BiFeO_3$ - 0.25$BiCrO_3$ - $x$$PbTiO_3$($x$ = 0.25，x = 0.35)固溶体陶瓷的晶体结构与磁性实验结果[34]：(a) 0.40BF - 0.25BC - 0.35PT 陶瓷粉末室温 X 射线衍射图，(hkl)表示空间群 R3 三方晶格的米勒指数；(b) 变温宏观磁性测量结果

与点群 3m 复杂钙钛矿只能为反铁磁序或者寄生弱铁磁序不同，点群 3 双钙钛矿允许自旋（亚）铁磁序与铁电序共存。宏观磁性与结构测试证明组分在 $0.25 \leqslant x \leqslant 0.33$、$0.25 \leqslant y \leqslant 0.40$ 范围的 BF－xBC－yPT 固溶体形成了 B 位离子有序空间群 R3 的双钙钛矿。采用离子极化模型和表 3－12 所示离子位置坐标计算发现，0.40BF－0.25BC－0.35PT 固溶体双钙钛矿的铁电极化强度为 0.25 μC/cm^2。已知 $BiFeO_3$、$BiCrO_3$ 和 $PbTiO_3$ 的 $T_{C(FE)}$ 分别为 830℃（1 103 K）、167℃（440 K）和 490℃（763 K），运用 Vegard 规则线性近似估算 BF－0.25BC－yPT（$0.25 \leqslant y \leqslant 0.40$）固溶体的 $T_{C(FE)}$ 在 420～480℃ 范围内。变温 X 射线衍射测量发现 0.40BF－0.25BC－0.35PT 固溶体在 400～600℃ 温度范围内存在一个铁电－顺电结构相变[34]。

对于 0.50BF－0.25BC－0.25PT 固溶体，采用 La 替代 Bi，如图 9－11 所示，三方晶格畸变随 La 含量增大而减小，当 25% 原子百分比 La 替代时固溶体为赝立方结构，自旋磁序从 R 型转变为 N 型亚铁磁。

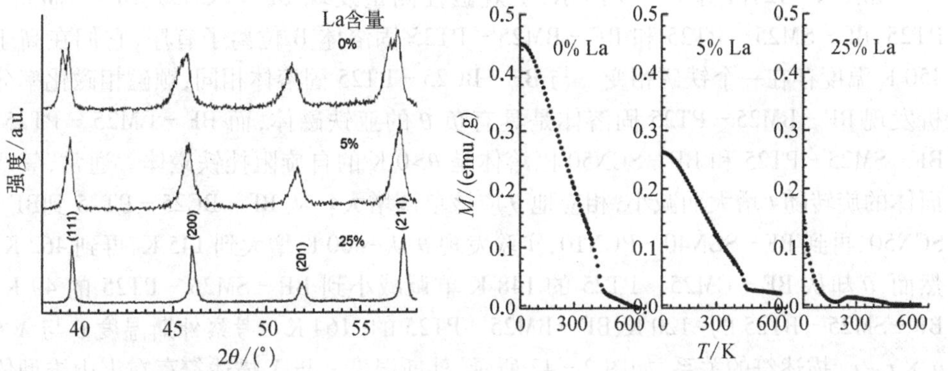

图 9－11 La 替代 0.50BF－0.25BC－0.25PT 固溶体的 X 射线衍射与变温磁性测试结果。镧替代浓度增加晶体结构从三方转变为赝立方，自旋亚铁磁序从 R 型变为 N 型

9.3.2 铁磁-亚铁磁转变

如表 2－4 所示，在 $3d^5-3d^3/d^0$ 系双钙钛矿氧化物中，不同大小 A 位离子和 B 位 d^0 离子引入的化学压都可以调控 B－O－B′键角、进行自旋磁序调控。结构容忍因子经常用来预测钙钛矿的晶格畸变趋势。以 0.50BF－0.25BC－0.25PT（BF－BC25－PT25）固溶体为参考点，根据表 3－1 离子半径数据计算可知，BF－BC25－PT25（0.856）＜ $0.50BiFeO_3-0.25CaMnO_3-0.25PbTiO_3$（BF－CM25－PT25）＜ $0.5BiFeO_3-0.5Sr(Cr_{1/2}Nb_{1/2})O_3$（BF－SCN50）＜ $0.5BiFeO_3-0.5(Sr_{0.8}Pb_{0.2})(Cr_{1/2}Nb_{1/2})O_3$（BF－SCN40－PCN10）＜ $0.5BiFeO_3-0.5(Sr_{0.7}Pb_{0.3})(Cr_{1/2}Nb_{1/2})O_3$（BF－SCN35－PCN15）＜ $0.50BiFeO_3-0.25SrMnO_3-0.25PbTiO_3$（BF－SM25－

PT25) < 0.50 $BiFeO_3$ - 0.25 $SrMnO_3$ - 0.25 $BaTiO_3$ (BF - SM25 - BT25) < 0.50 $BiFeO_3$ - 0.25 $BaMnO_3$ - 0.25 $PbTiO_3$ (BF - BM25 - PT25, 0.903)，结构容忍因子依次增大。由于 $Ba(Cr_{1/2}Nb_{1/2})O_3$ (BCN)、$Pb(Cr_{1/2}Nb_{1/2})O_3$ (PCN)、$SrMnO_3$ (SM) 和 $BaMnO_3$ (BM) 钙钛矿是热力学亚稳相，BF - BCN、BF - PCN、BF - SM - PT 和 BF - BM - PT 是不连续固溶体。X 射线衍射测试表明 BF - BCN50 和 BF - PCN50 已超过固溶限，而 0.5 $BiFeO_3$ - 0.25 $AMnO_3$ - 0.25 $ATiO_3$ (A = Pb、Ba、Sr、Ca) 在固溶限内；BF - CM25 - PT25 固溶体在室温是单斜结构，而 BF - SCN50、BF - SM25 - BT25、BF - SM25 - PT25 和 BF - BM25 - PT25 是赝立方结构。室温拉曼散射测量表明 BF - SCN50 与 BF - BC25 - PT25 具有相似的局域结构，而 BF - CM25 - PT25、BF - SM25 - BT25、BF - SM25 - PT25 和 BF - BM25 - PT25 具有相似的局域结构。根据拉曼散射选择定则与点群对称性关系可知，赝立方 BF - SCN50 固溶体是点群 3 双钙钛矿，而单斜 BF - CM25 - PT25、赝立方 BF - SM25 - BT25、BF - SM25 - PT25 和 BF - BM25 - PT25 固溶体是点群 2 双钙钛矿[35]。

如图 9 - 12 和图 9 - 13 所示，宏观磁性测量发现 BF - SCN50、BF - CM25 - PT25、BF - SM25 - PT25 和 BF - BM25 - PT25 固溶体 B 位离子有序，它们在高于 450 K 温度存在一个铁磁相变。与 BF - BC25 - PT25 固溶体相同，顺磁相磁化率分析发现 BF - BM25 - PT25 固溶体是具有负 θ 的亚铁磁体，而 BF - CM25 - PT25、BF - SM25 - PT25 和 BF - SCN50 固溶体是 $\theta > 0$ K 的自旋阻挫铁磁体。通常，氧八面体的旋转随 t 增大而减小，相应地 θ 应该单调增大。从 BF - BC25 - PT25 到 BF - SCN50、再到 BF - SCN40 - PCN10，实验发现 θ 从 -400 K 增大到 145 K、再到 462 K；然而，θ 却从 BF - CM25 - PT25 的 148 K 单调减小到 BF - SM25 - PT25 的 49 K、BF - SM25 - BT25 的 -120 K、BF - BM25 - PT25 的 -164 K。考察外斯温度 θ 与 $X = \mu \times r_A / r_B$ 描述符的关系，如图 2 - 42 所示，外斯温度 θ 与 X 描述符存在火山锥型依赖关系。以 $X \approx 8.22$ 为中心向两侧延伸，θ 逐渐从约等于居里温度、小于居里温度的正值变到负值，即在 $X \approx 8.22$ 附近的化学组成为铁磁性、两侧近邻为自旋阻挫铁磁、再远为亚铁磁[35]。

图 9 - 12 和图 9 - 13 实验结果同时表明，外斯温度与 A 位元素、制备工艺条件等密切相关。例如，实验发现 BF - SM25 - ST25 固溶体是自旋反铁磁序（B 位离子无序），而且自旋磁序不随工艺条件变化而改变；对于 $BiFeO_3$ - (Sr, Pb) $(Cr_{0.5}Nb_{0.5})O_3$ 固溶体，随样品制备条件不同自旋磁序可以在铁磁与自旋阻挫之间转换。这些实验结果表明离子电荷、大小、电子组态、r_A/r_B 等因素[285,972]在分析 B 位离子能否有序分布时是不充分的。与 B 位 1∶1 有序双钙钛矿相比，一方面，反位缺陷、离子偏聚不仅降低有序度、严重时还将导致磁性相分离，此时实验将观测到不同磁性相信号的线性叠加，顺磁相磁化率分析得到的外斯温度是这些不同磁性相叠加的结果。提高粉料预烧温度或者后退火处理样品，如图 9 - 12(a) 所示，BF - SCN50 固溶体

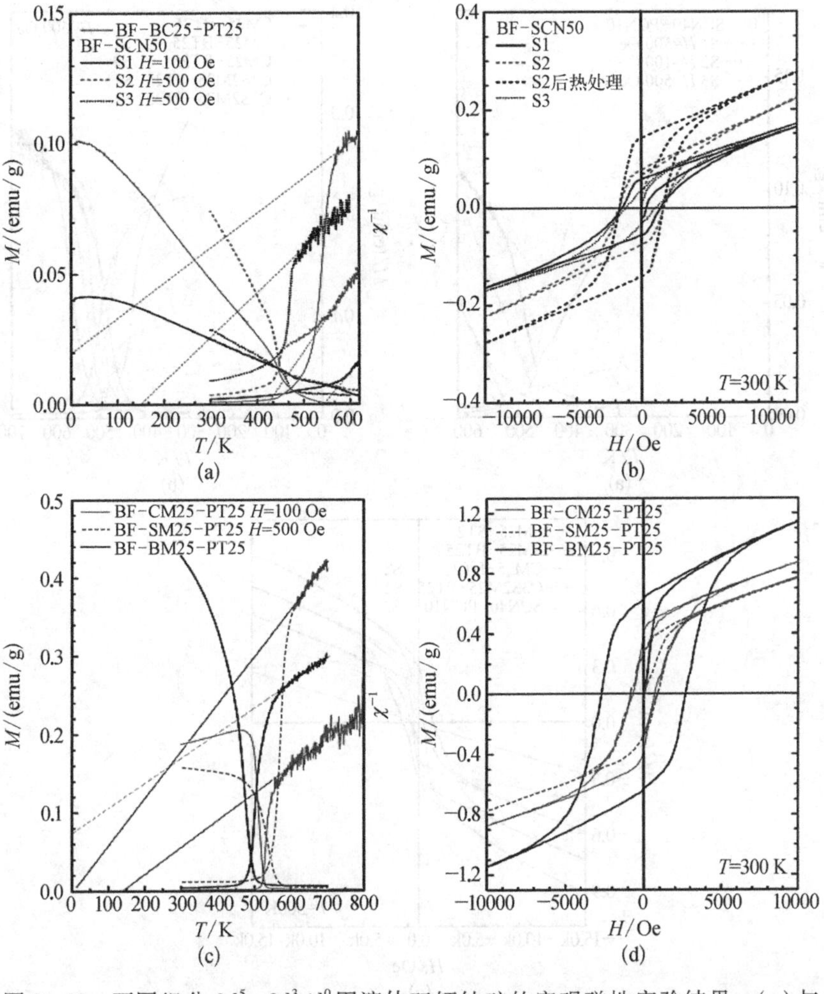

图 9-12 不同组分 $3d^5-3d^3/d^0$ 固溶体双钙钛矿的宏观磁性实验结果。(a)与(b)BF-BC25-PT25 固溶体和不同工艺条件制备 BF-SCN50 固溶体的磁性：S1 样品在 900℃预烧、S3 样品在1 000℃预烧、S2 样品采用 S1 和 S3 的预烧料混合后烧结。S1 和 S2 样品同时包括铁磁相和自旋阻挫相、S3 样品是单一自旋阻挫相。后热处理增大了 S2 样品的磁化强度。(c)与(d)BF-CM25-PT25 和 BF-SM25-PT25 固溶体是自旋阻挫铁磁相、BF-BM25-PT25 是亚铁磁相。

从铁磁与自旋阻挫两相共存转变为自旋阻挫单相。另一方面，由自旋-轨道-晶格耦合作用导致的自旋倾斜也受材料制备工艺条件的影响，θ 数值也可以反映自旋倾斜的程度。例如，通过增加样品的预烧次数和预烧温度，如图 9-13(a)与(b)所示，实验观测到 BF-C3S2M25-PT25 固溶体的 θ 从-412 K 增大到-33 K、BF-CM25-BT25 固溶体从-161 K 增大到-76 K、BF-SCN40-PCN10 固溶体从 251 K

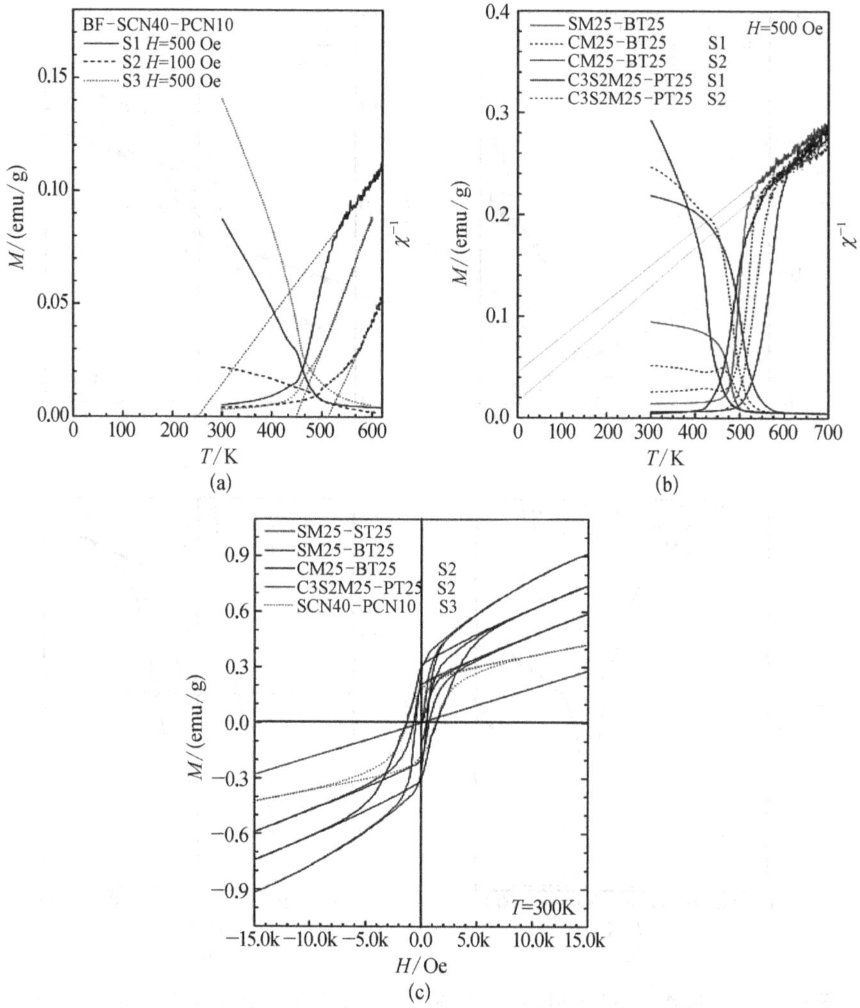

图 9－13　不同组分不同工艺条件 $3d^5-3d^3/d^0$ 固溶体双钙钛矿的宏观磁性实验结果。(a) BF－SCN40－PCN10 固溶体陶瓷：S1 样品在 900℃ 预烧、S2 样品在 1 000℃ 预烧、S3 样品在 1 000℃ 预烧两次。S1 是单一自旋阻挫铁磁体、S2 和 S3 是铁磁体，其中 S2 中包含少量自旋阻挫铁磁相。(b) 与 (c) BF－SM25－BT25、BF－CM25－BT25 和 BF－C3S2M25－PT25 固溶体陶瓷：S1 样品两次预烧、S2 样品三次预烧。它们是 B 位有序的亚铁磁体。BF－SM25－ST25 固溶体陶瓷是 B 位无序的反铁磁体

增大到 448 K（$\theta \approx T_{C(FM)}$）。因此，在考察图 2－42 所示每一组分双钙钛矿氧化物的外斯温度以及进行数据挖掘和预测时不能忽视样品状态信息。

晶体结构包含原子几何排列的对称性、晶胞参数、离子间距、键长、键角等特征量，它们既受晶体的化学组成因果因素控制，又受晶粒大小、晶粒比表面积、晶粒夹

持等显微结构非本征因素的影响。其中,化学组成与对称性是决定钙钛矿氧化物自旋磁序的本征因素。前者不需要经过昂贵的电子结构仿真就能选定,后者则由制备工艺条件决定。实践中,这些复杂因素导致的自旋磁性已超出对称性与晶格畸变的一般性关联,需要具体的系统化的测量来详细确定。因此,在小数据挖掘自旋磁序与化学组成之间的因果关系时必须仔细考察数据背后的多种物理因素,只有这样才能获得有意义的结果。

基于晶格畸变诱导的 $3d^5-3d^3$ 过渡金属离子对之间的铁磁-反铁磁竞争性超交换作用,自旋阻挫铁磁性预示着这些双钙钛矿氧化物中存在着较强的自旋-轨道-晶格耦合,它奠定了磁电效应呈展的物理基础。为了早日发现室温铁磁电体,需要进一步生产不同组分双钙钛矿氧化物的结构与物理性质数据,尤其需要开展精细 X 射线/中子衍射测量,通过 Rietveld 精修获得晶格结构和磁结构的详细数据。

9.3.3 多重铁性半导体

采用紫外-可见-近红外反射光谱测量发现 $0.5BiFeO_3-0.5(Sr_{1-x}A_x)(Cr_{1/2}Nb_{1/2})O_3$(A=Pb、Ba)和 $BiFeO_3-BiCrO_3-PbTiO_3$ 固溶体陶瓷的禁带宽度 $E_g\approx$ 1.63 eV,$0.5BiFeO_3-0.25AMnO_3-0.25ATiO_3$(A=Pb、Ba、Sr、Ca)固溶体陶瓷的 E_g 在 0.75~1.0 eV 范围内,结果见图 2-42。变温电阻率测量表明这些固溶体陶瓷具有正温度系数。综合磁性、禁带宽度与电阻率测量可知,$3d^5-3d^3/d^0$ 双钙钛矿氧化物中存在室温铁磁、自旋阻挫铁磁和亚铁磁半导体[35,36]。

对于 BF-BC25-PT35 固溶体,Rietveld 计算发现双钙钛矿晶格中存在大约 15%原子百分比的 A 位空位,化合价计算发现铬离子高于+3 价。这就是说,由于铬离子化学价在高温烧结阶段升高,晶格中将产生大量 A 位空位,多余的铋离子将被泵除出晶格。不同温度介电频谱测量表明 BF-0.25BC-yPT 陶瓷有一个明显的介电损耗弛豫峰,激活能计算表明只有一种缺陷。由于较小的禁带宽度和大量的 A 位空位,BF-BC-PT 陶瓷的直流电阻率较低,无法承载高直流电场进行 $P-E$ 电滞回线测量。因此,对于铁电/多重铁性半导体材料,铁电性应该从结构对称性出发,而不是直接从电滞回线测量出发进行认定。

作为电介质的铁电、多重铁性和铁磁电材料必须是强绝缘体,只有这样才能外加强直流电场用于反转铁电极化而不是导致电输运行为。要获得高阻材料需要从禁带宽度和缺陷两个方面进行考虑,前者是能否获得高阻的基础,后者主要受缺陷化学和制备工艺条件影响。由于磁性过渡金属离子容易变价,在材料合成和陶瓷烧结过程中增加了获得预期化学价态的困难。要进行磁电效应实验测量,要么发展能够抑制铬离子变价的材料制备方法以获得高阻样品,要么考虑双钙钛矿氧化物的半导体行为探索不同的测试原理、设计不同的测试系统。

一级磁电效应既可以提供磁能与电能的直接转换,用于制作磁场传感器、磁电换能器等元件[9,898]，又可以提供铁电极化的磁场反转和磁矩的电场反转，用于制作电写-磁读新型存储器、电场调控自旋量子逻辑门等元器件。与霍尔效应磁场传感器相比，磁电效应磁场传感器结构简单，一个传感器的基本结构就是一个片式电容器。与铁电存储器、磁存储器相比，由于铁电极化和磁矩可以同时用于存储数据，所以多重铁性材料作为功能元的四态存储器存储密度更高[973]。铁磁电材料虽然只有两态，但它可以实现电写磁读工作方式，避免铁电随机存储器的复杂读取电路、避免磁存储器数据写入时的磁场产生器，从而简化存储器的系统结构、提高读写速度、降低功耗。与光、磁场、电流场等反转磁矩方式不同，铁磁电材料可用于研制电场调控自旋滤波器、电场调控自旋固态量子逻辑门等量子元件。

综上所述，对称性分析表明具有点群 2、3 或 4 的双钙钛矿氧化物铁电序参量和铁磁序参量都与极轴平行，它们最可能具有电场反转磁矩、磁场反转铁电极化一级磁电效应。然而，对称性分析无法直接回答双钙钛矿氧化物是否存在磁电效应，目前电学测量又遇到样品低电阻问题。因此，室温多重铁性体和室温铁磁电体的研究仍然任重道远。

第10章　光电材料及其应用

发展绿色能量转换与存储技术能够降低化石燃料的消耗，减轻环境污染，保障人类社会的可持续发展。其中，研制高效、稳定、环保、低成本的光伏材料，发展太阳能光伏电池技术，对生态环境保护具有重大战略意义。近年来，以 $CH_3NH_3PbI_3$ 为代表的卤化物钙钛矿太阳能光伏电池技术发展迅速，在降低太阳能发电成本方面效果显著，有望改变与化石能源发电的竞争态势。钙钛矿氧化物具有透明导电功能、光吸收功能和光生载流子空间分离功能，全氧化物钙钛矿太阳能光伏电池能够提高器件各功能层的匹配及其工艺兼容性，有望进一步降低工艺成本。同时，钙钛矿氧化物催化材料的性价比高于贵金属，在电解水、电化学储能等工程领域也有广阔的应用前景。

10.1　透明导电氧化物

透明导电氧化物是一种在可见光光谱范围透过率高、电阻率低的薄膜材料，包括 SnO_2、ZnO、In_2O_3、$\beta-Ga_2O_3$、CdO 等简单氧化物和 $In_2O_3-SnO_2$(ITO)、$MgGa_2O_4$、$BaSnO_3$、$CuAlO_2$、$InGaZnO_4$等多元氧化物[974-976]。其中，ITO 薄膜是一种典型的商用透明导电材料，它在短波段吸收率较高，在长波段反射率较高，在可见光波段透射率最高。以 100 nm 厚 ITO 薄膜为例，在 400～900 nm 波长范围平均透射率高达 92.8%。透明导电氧化物是制作太阳能光伏电池、平板显示、触摸屏、智能电话、固体光源、光波导等器件的关键功能材料。

大多数透明导电氧化物是通过重掺杂宽禁带半导体制作的。例如，In_2O_3是一种宽禁带直接带隙半导体，Sn 掺杂将在导带底形成 n 型杂质能级，增加 Sn 含量，费米能级不断上移至导带底部甚至进入导带内，由此提供了类似金属的导电性。在重掺杂半导体中，等离激元屏蔽频率 ω_p 和电导率 σ 由载流子的有效质量 m^* 与浓度 n 控制：

$$\omega_p = \frac{e}{2\pi \cdot \sqrt{\varepsilon_0 \varepsilon_r}} \cdot \sqrt{\frac{n}{m^*}} \tag{10-1}$$

$$\sigma = \frac{e^2 \cdot \tau \cdot n}{m^*} \tag{10-2}$$

式中，e 是电子电荷；τ 为载流子寿命。ω_p与 σ 的竞争限制了 n 与 m^* 的优化空间：

提高载流子浓度、降低载流子有效质量可以最大化 σ，但也付出了增大 ω_p、降低可见光反射边的代价。通常，自由载流子的反射边——等离激元屏蔽频率保持在近红外光谱区。

重掺杂在增加载流子浓度的同时，电离杂质散射和晶界散射降低了载流子的迁移率。因此，重掺杂半导体透明导电材料的最大电导率存在物理极限，综合性能通常用优值因子 ϕ_{TC} 描述：

$$\phi_{TC} = T^{10}/R_s \tag{10-3}$$

其中，T 为平均透光率；R_s 为方块电阻。另外，重掺杂半导体透明导电材料还存在掺杂元素溶解度较低、掺杂元素有毒（氟、HF）、工程用量激增导致价格升高等限制因素。

1. 强关联过渡金属氧化物

在强关联过渡金属钙钛矿氧化物中，通过控制 B 位离子的电子组态、轨道能级和能带宽度可以调控电荷转移禁带宽度、等离激元屏蔽频率和电导率[977-979]。例如，$4d^2$ 电子组态的 Mo^{4+} 离子比 $3d^1$ 组态的 V^{4+} 离子具有更高的能带填充度，可以增加载流子浓度、提高电导率；足够强的电子关联作用保证 ω_p 低于可见光。Mo^{4+} 4d－O^{2-} 2p 轨道杂化使得 Mo－O 间的电荷转移能在近紫外波段，增大了可见光的透过率。对 $SrVO_3$、$CaVO_3$、$SrMoO_3$、$CaMoO_3$ 等钙钛矿实验研究表明，通过调控电子关联作用能够使 ω_p 移出可见光谱范围，高载流子浓度使材料具有足够大的电导率。有关强关联钙钛矿氧化物透明导体的设计原则见图 10－1。与金属和重掺杂半导体相比，增大载流子有效质量不失为一种开发高电导率、高透光率透明导电薄膜材料的新途径。

对于分子束外延制备的低缺陷 $SrVO_3$ 薄膜，室温电阻率 ρ 低达 32 μΩ·cm，在 50～300 K 区间满足 $\rho(T)=\rho_0 + AT^2$ 费米液体行为，其中 ρ_0 是杂质散射决定的残余电阻，A 与电子关联强度有关[980]。如图 10－2 和表 10－1 所示，采用激光脉冲沉积法制备的 $SrMoO_3$ 薄膜的透明导电性能优于 $SrVO_3$。另外，通过 A 位离子还可以调控 MoO_6 八面体的畸变，进一步平衡 ω_p 与 σ。这些初步研究表明强关联过渡金属钙钛矿氧化物为开发超薄集成电路所需的透明导电材料提供了一个新方向。

2. 锡酸镧钡透明导电氧化物

$BaSnO_3$ 是空间群 $Pm\bar{3}m$、晶格常数 $a=4.117$ Å 的立方钙钛矿。La 掺杂 $BaSnO_3$ 是 n 型半导体。电子能带结构计算表明 La 掺杂引入的电子能态位于 $BaSnO_3$ 的导带内，几乎不影响由 Sn 5s 轨道组成的导带的能量色散关系。Sr 替代 Ba 增大了 $BaSnO_3$ 的 E_g，少量的 Pb、Bi 替代 Ba 降低了 $BaSnO_3$ 的 E_g[981]。

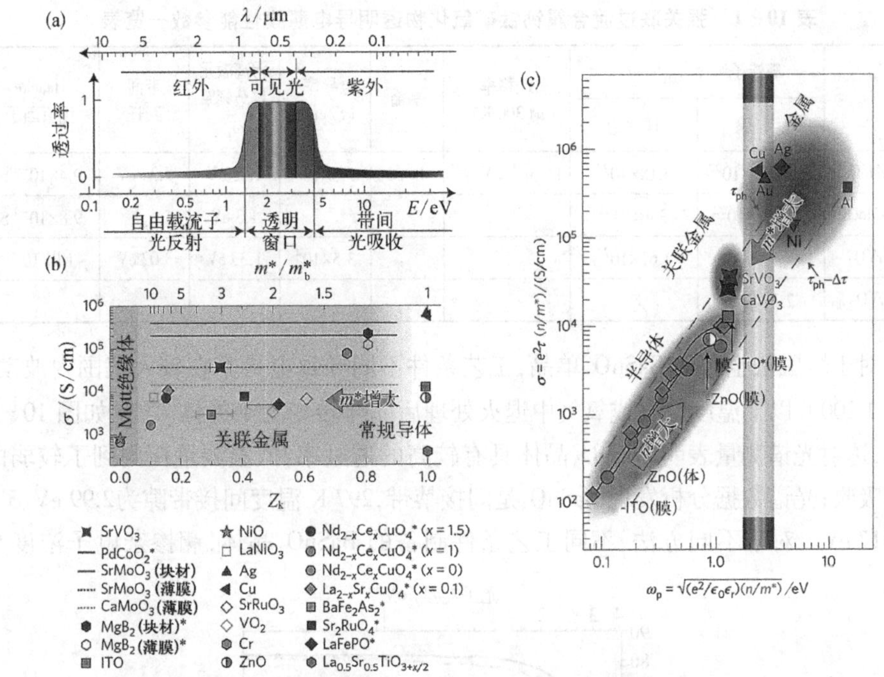

图 10-1 透明导电材料的设计规则[978]。(a)透明窗口光谱示意图。低于 1.75 eV 为红外波段自由载流子光反射,高于 3.25 eV 为紫外波段电子带间跃迁光吸收,1.75～3.25 eV为可见光透明窗口。(b)不同有效质量重整系数 Z_k 材料的电导率 σ。$Z_k = m_b^*/m^*$,其中 m_b^* 表示电子间无关联作用时载流子的有效质量;* 标注的材料电导率为面内电导率。(c)不同透明导电材料在优化条件下电导率 σ 与等离激元屏蔽频率 ω_p 之间的关系。强关联透明导电金属氧化物介于常规金属与重掺杂宽带半导体之间,通过调控电子关联作用可以平衡电导率与自由载流子的反射

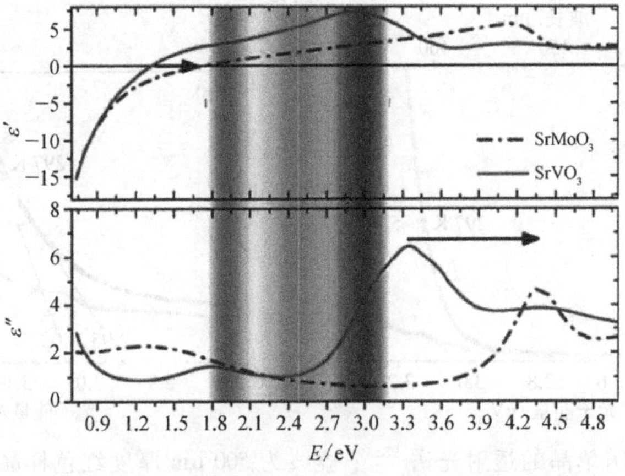

图 10-2 $SrMoO_3$(点划线)和 $SrVO_3$(实线)钙钛矿薄膜的复介电常数[979]:ε'和 ε''分别为实部与虚部

表 10-1　强关联过渡金属钙钛矿氧化物透明导电薄膜性能参数一览表

	载流子浓度 n_{eff}/cm^{-3}		迁移率 μ(300 K)	寿命	电导率/(S/cm)	等离激元屏蔽频率 ω_p	带间跃迁	Haacke 优值因子
	实　验	理　论						
d^2 $SrMoO_3$	$3.15(7)\times10^{22}$	3.18×10^{22}	11 cm^2/(V·s)	19 ps	5.6×10^4	1.73 eV	4.34 eV	9.4×10^{-4} S
d^2 $CaMoO_3$	$2.4(2)\times10^{22}$	3.4×10^{22}				1.3 eV		9.8×10^{-4} S
d^1 $SrVO_3$		1.67×10^{22}			3.5×10^4	1.33 eV	3.02 eV	~1.9×10^{-4} S
$d^{1,2}$ $SrVO_{2.90}$	2.2×10^{22}							

对于熔融法生长的 $BaSnO_3$ 单晶，工艺条件不同导致电导率在较大范围内波动，当在 1 200℃以上温度空气或氧气中退火处理后晶体转变为绝缘体[982]。如图 10-3 所示，透射光谱测量表明 $BaSnO_3$ 晶体具有较高的透过率，低温测量探测到了较弱的缺陷吸收；光谱数据分析发现 $BaSnO_3$ 是间接禁带，297 K 温度间接带隙为2.99 eV、5 K 为 3.17 eV。对于不同方法、不同工艺条件制备的 $BaSnO_3$ 晶体，镧掺杂电子浓度在

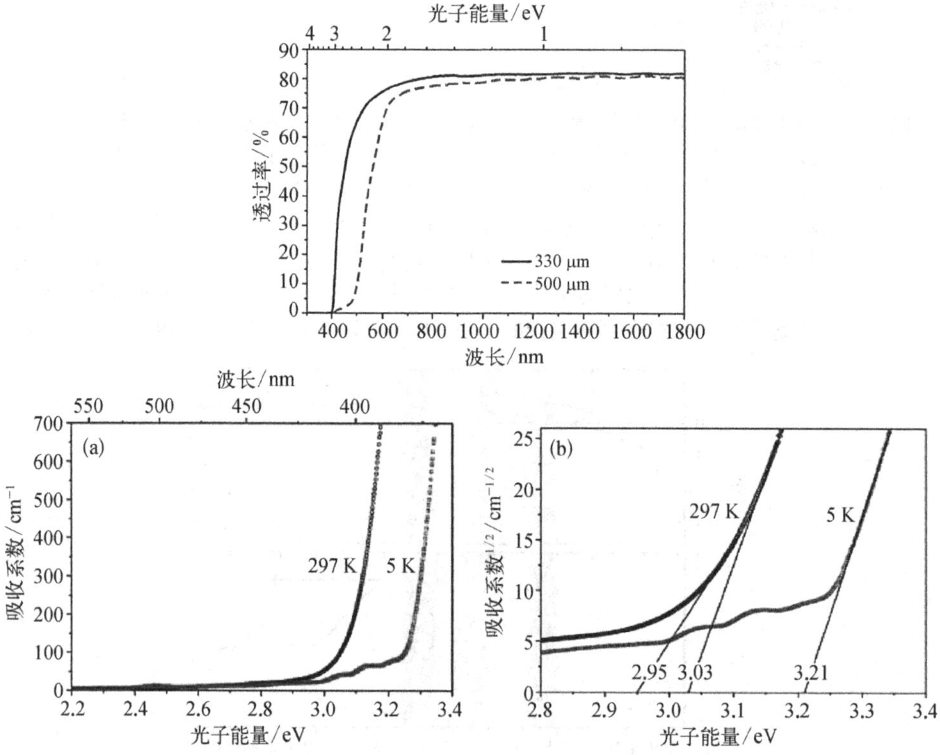

图 10-3　$BaSnO_3$ 单晶的透射光谱[982]：虚线为 500 μm 厚度红色样品的结果、实线为 330 μm 厚度无色样品结果。150 μm 厚无色 $BaSnO_3$ 单晶(a) 在不同温度的吸收光谱以及(b) 间接禁带宽度计算结果

$10^{19}\sim10^{20}\ cm^{-3}$水平时电子迁移率高于200 $cm^2/(V\cdot s)$[983]。(Ba,La)SnO_3的室温电子迁移率高于许多同等电子浓度透明导电氧化物的迁移率：In_2O_3 约160 $cm^2/(V\cdot s)$，SnO_2约 50 $cm^2/(V\cdot s)$，ZnO 约 100 $cm^2/(V\cdot s)$。对于电子浓度 $2\times10^{20}\ cm^{-3}$ 的(Ba,La)SnO_3 晶体，室温电导率高达 10^4 S/cm，优值因子接近 ITO 的最好水平。

$BaSnO_3$陶瓷通常采用固相反应法在 1 200～1 580℃高温合成，La 掺杂固溶限为5.2%原子百分比[984]。由于 SnO_2在 1 300℃以上温度热分解为 SnO 气体和氧气，增大氧分压能够抑制部分 SnO 升华，但效果有限。如果制备高度分散的超微细粉末，$Ba_{1-x}La_xSnO_3$的晶化温度可以降到 500℃以下。采用过氧化物前驱体合成方法，Huang 等实现了 300℃温度晶化制备 $BaSnO_3$薄膜[985]。Shin 等系统探索了过氧化物前驱体的制备工艺条件，通过制备预晶化、高度分散的超微细纳米粉，实现了在300℃以下温度晶化制备 $Ba_{1-x}La_xSnO_3$透明导电薄膜[986]。预晶化过氧化物纳米粉的制备过程如下：在 50℃温度把 $BaCl_2$、$SnCl_2$、$La(NO_3)_3$原料溶解在 30%浓度 H_2O_2 水溶液中，用氨水调整溶液的 pH 到 1～10 范围即可得到大量白色沉淀物。如图 10－4 所示，实验确定 50℃、30%H_2O_2水溶液搅拌 1 h 是优化的预晶化条件。这

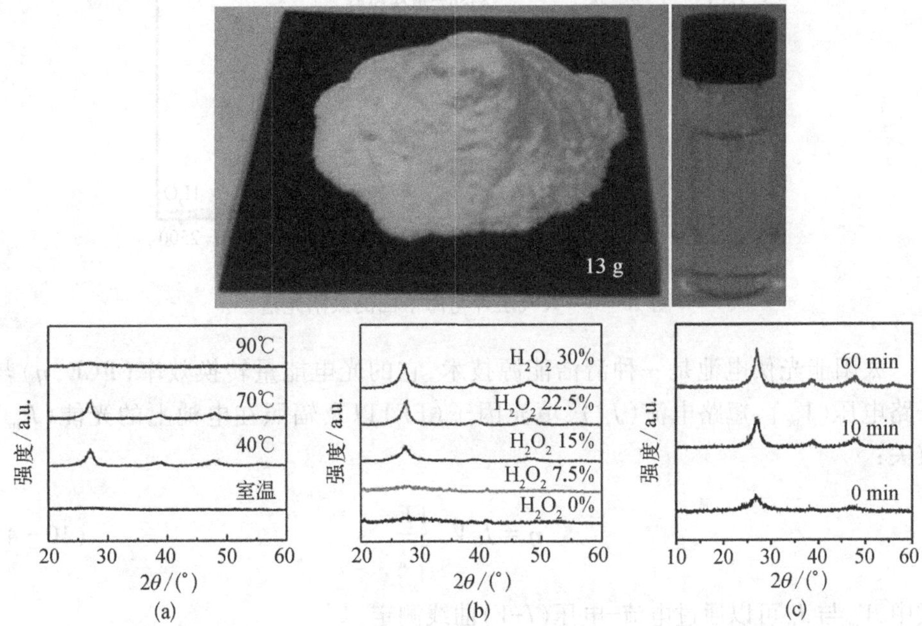

图 10－4 预晶化白色过氧化物纳米粉及其无色透明乙二醇甲醚溶胶，不同工艺条件制备纳米粉的 X 射线衍射测量结果[986]：(a) 不同温度预晶化结果(双氧水溶液浓度 30%、反应时间 60 min)；(b) 不同浓度双氧水溶液预晶化结果(反应温度 50℃、时间 60 min)；(c) 不同反应时间预晶化结果(双氧水溶液浓度 30%、反应温度 50℃)。

些预晶化的白色过氧化物纳米粉在乙二醇甲醚溶剂中具有很好的分散性，可制得透明无色胶体溶液；X 射线衍射测试表明这些预晶化的过氧化物纳米粉已形成类钙钛矿结构的空间网络，在 200℃ 温度煅烧 30 min 即可完全转变为钙钛矿晶体；而非晶纳米粉即使在 500℃ 高温也无法结晶为钙钛矿结构。与体材料相比，(Ba, La)SnO_3薄膜的电子迁移率有所降低。

10.2 光伏材料

太阳能是一种可靠的、取之不尽用之不竭的可再生清洁能源。如图 10－5 所示，不管是在大气层外还是在地球海平面，在 300～1 350 nm 波段的光吸收材料都可以最大限度利用太阳光谱。

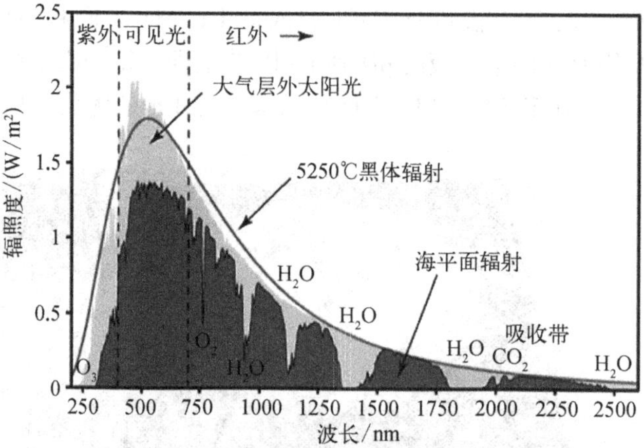

图 10－5　大气层外与海平面的太阳光谱

太阳能光伏电池是一种清洁能源技术，它的光电能量转换效率(PCE, η)与开路电压(V_{oc})、短路电流(J_{sc})、填充因子(FF)以及辐照在电池上的光能(P_{in})有关：

$$\eta = J_{sc} V_{oc} \frac{FF}{P_{in}} \tag{10-4}$$

式中，V_{oc}与 J_{sc}可以通过电流-电压(I-V)曲线测定。

目前，高纯晶体硅 p－n 结太阳能光伏电池是市场上的主打产品，η 超过了 26%。在新一代薄膜光伏电池中，出现了非晶或微晶硅、CdTe、$CuIn_xGa_{1-x}Se_2$(CIGS)、砷化镓、卤化物钙钛矿等竞争性材料。在这些太阳能光伏电池中，光生载流子都是在 p－n结内建电场驱动下实现空间分离的。光生载流子在抵达收集电极前会受到声子、缺陷等非弹性散射，这些弛豫过程导致能量损失、导致开路电压 V_{oc} 低于半导体的禁带宽度 E_g。在不考虑其他材料参数的情况下，Shockley 和 Queisser 用 E_g 计算了 p－n 结光伏电池的理论转换效率[987-989]。如图 10－6 实线所示，当 E_g 在 1.1～1.4 eV 范围时可以权衡开路电压与太阳光谱吸收之间的矛盾，单结电池 η 的理论极限为 33%。目前，E_g<1.4 eV 的钙钛矿光伏材料所知甚少，而 E_g<1.1 eV 的尚是一片空白[217]。

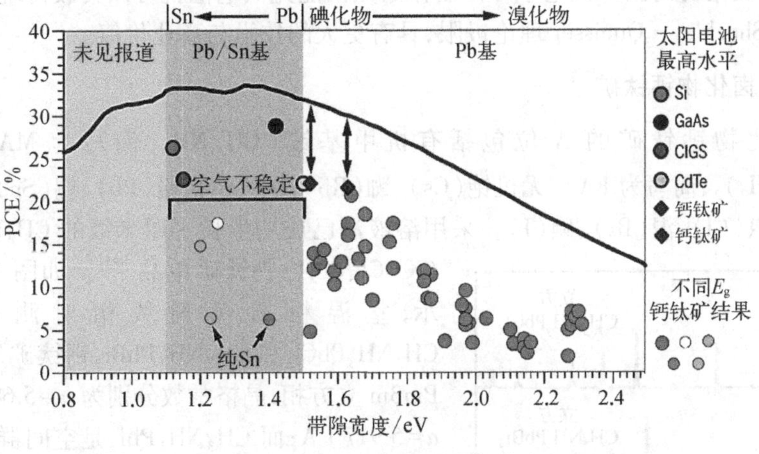

图 10－6　单结太阳能电池光电能量转换效率的 Shockley－Queisser 极限以及多种半导体材料的实验结果[217]

与 p－n 结界面光伏效应不同，体光伏效应是铁电体等非中心对称材料中的一种物理现象[990,991]。当前理论认为铁电体光伏效应基于位移电流微观机制[992-994]，具有以下特征：① 载流子的空间分离驱动力是电子与空穴波函数的相干演化(coherent evolution)。② 与 p－n 结载流子的飘移扩散机制不同，位移电流是通过波函数演化快速传播到收集电极的，由于位移电流属于热载流子效应，电子与空穴的空间分离不依赖内电场，因此能够产生高于禁带宽度的光生电压。③ 位移电流仅仅依赖体材料非中心对称、能够在单相材料中实现。理论上，整个材料体都是光生载流子空间分离活性区，不像 p－n 结那样只是局限在界面附近。

禁带宽度和带边态密度大小决定了铁电材料对入射光的俘获能力；一旦激发，光生载流子将通过波函数的相干演化进行传播，离域化的导带和价带电子波函数能使光生载流子从体内快速传播到收集电极。对位移电流第一性原理理论计算发现，虽然铁电极化是光激发位移电流的必要条件，但极化强度并不能用于量度位移电流的大小和方向[994]。这是因为位移电流和铁电极化对晶格对称性的要求不同，净宏观光生电流要求材料整体是极性的。通过元素替代、外加应变、降低维度等方法能够对氧化物钙钛矿的带隙、电子态密度、宏观极性进行调控，以提升铁电半导体太阳能光伏电池的光电能量转换效率。

按组成元素划分，钙钛矿光伏材料有两大类：一类是卤化物钙钛矿，另一类是氧化物钙钛矿。与卤化物钙钛矿相比，氧化物钙钛矿不仅力、热、光和化学稳定性远远超过应用需求的 20~25 年，更重要的是氧化物钙钛矿可以提供半导体 p－n 结光伏和铁电体光伏两种物理机制。如果在一个电池结构内实现两种光伏机制的叠加，应用氧化物钙钛矿铁电半导体制作的太阳能光伏电池就可以突破传统 p－n 结电池的 Shockley－Queisser 理论极限，具有更大的技术与商业价值。

10.2.1　卤化物钙钛矿

卤化物钙钛矿的 A 位包括有机甲基铵（CH_3NH_3，简写为 MA）、甲脒（$CH(NH_2)_2$，简写为 FA）、无机铯（Cs）、铷（Rb），B 位包括铅（Pb）、锡（Sn），X 位包括卤素氯（Cl）、溴（Br）、碘（I）。采用溶液法已成功生长了厘米级的 $CH_3NH_3PbX_3$（X＝Cl、Br、I）钙钛矿单晶[995]。如图 10－7 所示，室温粉末 X 射线衍射测试表明 $CH_3NH_3PbCl_3$ 和 $CH_3NH_3PbBr_3$ 钙钛矿是空间群 $Pm\bar{3}m$ 立方相，晶格常数分别为 $a=5.6855$ Å 和 $a=5.9171$ Å；而 $CH_3NH_3PbI_3$ 是空间群 I4/m 四方相，$a=8.8725$ Å、$c=12.547$ Å。温度不同 $CH_3NH_3PbI_3$ 钙钛矿存在三个相：327 K 以上是立方相；在 162~327 K 是四方相；在 162 K 以下是正交相。对于立方－四方－正交结构相变，点群分析可知它们都是中心对称的顺电相[115]。

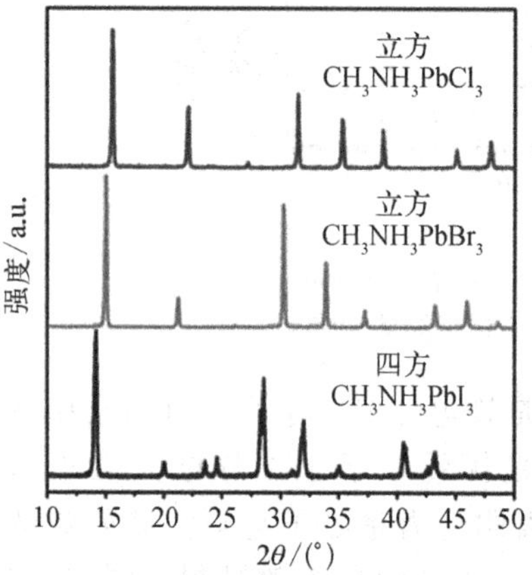

图 10－7　$CH_3NH_3PbX_3$（X＝Cl、Br、I）钙钛矿单晶的室温粉末 X 射线衍射谱[995]

对于 $CH_3NH_3PbX_3$（X＝Cl、Br、I）钙钛矿单晶，如图 10－8 所示，急剧下降的吸收边表明这些单晶材料不存在激子吸收和带边吸收，缺陷浓度较低，Tauc 关系拟合表明它们是直接禁带半导体。随卤素离子半径增加，吸收边红移、禁带宽度减小。电学测量表明 $CH_3NH_3PbX_3$（X＝Br、I）单晶材料的电子陷阱浓度在 $10^{10}\sim10^{11}\ cm^{-3}$ 数量级，比 Si（$10^{13}\sim10^{14}\ cm^{-3}$）、CdTe（$10^{11}\sim10^{13}\ cm^{-3}$）、CIGS（$\sim10^{13}\ cm^{-3}$）等无机半导体材料低许多。有关卤化物钙钛矿单晶材料的结构参数、吸收边起始波长（$\lambda_{起始}$）、禁带宽度、发光峰峰位、陷阱密度、载流子浓度、迁移率等物理性质总结见表 10－2。对于 $CH_3NH_3PbI_3$ 多晶薄膜，较低的载流子浓度导致较低的电导率，暗电导率约为 7.8×10^{-6} S/m、迁移率约为 0.141 $cm^2/(V\cdot s)$；光辐照下电导率可增加到 4×10^{-5} S/m，迁移率升高到 13.122 $cm^2/(V\cdot s)$。

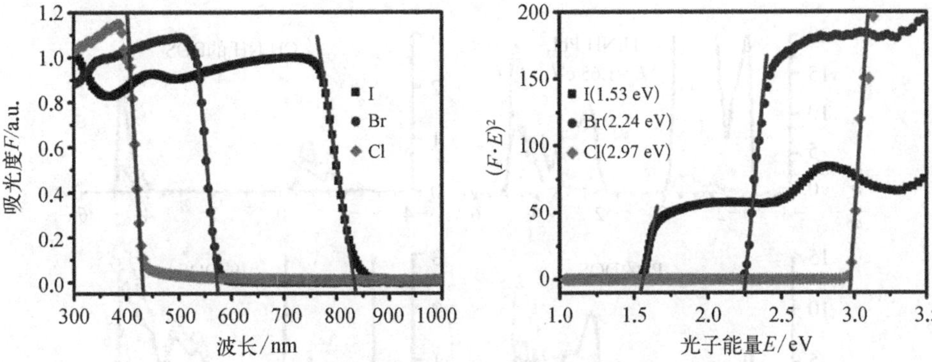

图 10-8 $CH_3NH_3PbX_3$(X=Cl、Br、I)钙钛矿单晶的紫外-可见-近红外吸收光谱与光学禁带宽度[995]

表 10-2 $CH_3NH_3PbX_3$(X=Cl、Br、I)钙钛矿单晶物理性质一览表,括号中 e 和 h 分别表示电子和空穴

X	离子半径/Å	晶格常数/Å	$\lambda_{起始}$/nm	E_g/eV	PL 峰位/nm	电子陷阱密度/cm^{-3}	空穴陷阱密度/cm^{-3}	载流子浓度/cm^{-3}	载流子迁移率/[cm^2/(V·s)]
Cl	1.81	a=5.685 5	431	2.97	402			5.1×10^9(e)	179(e)
Br	1.96	a=5.917 1	574	2.24	537	1.1×10^{11}	2.6×10^{10}	3.87×10^{12}(h)	4.36(h)
I	2.20	a=8.872 5 c=12.547	836	1.53	784	4.8×10^{10}	1.8×10^9	8.8×10^{11}(h)	34(h)

1. 能带结构调控

采用密度泛函理论对 $CH_3NH_3PbI_3$ 钙钛矿电子能带结构进行计算,结果表明它是直接禁带、价带顶和导带底都位于布里渊区中心 Γ 点。如图 10-9 所示,态密度计算发现 $CH_3NH_3PbI_3$ 钙钛矿的价带主要由碘的 5p 轨道、导带主要由铅的 6p 轨道组成,甲基铵的能态低于价带顶约 4.5 eV。由于铅的 6p 轨道与碘的 5p 轨道之间不存在明显的杂化,因此铅与碘键合较弱,导致 $CH_3NH_3PbI_3$ 化学稳定性低,容易形成点缺陷。

离子替代形成固溶体不仅能减小禁带宽度、增强光吸收,还可以降低空穴有效质量、提高空穴迁移率[996]。理论计算表明 $Ba_2SbB_{1-x}V_xO_6$(B=Nb、Ta)[22]、$SrSnS_3$-$SrSnSe_3$[23]、$FAPbI_3$-$MAPbBr_3$[997]、$FASnI_3$-$MAPbI_3$、$CsSnBr_3$-$CsSnI_3$ 等固溶体钙钛矿的禁带宽度在 0.9~1.6 eV 范围内可调[998,999]。对于 $MAPb_{1-x}Sn_xI_3$ 固溶体钙钛矿,能带结构计算发现锡替代铅在价带顶产生了由锡 5s 轨道形成的额外能带,随着替代量增加该能带宽度和态密度都增大,从而降低了禁带宽度、增加了可见光的吸收。$MAPb_{1-x}Sn_xI_3$ 固溶体在 x=0.50 时性能最优,E_g 从 1.65 eV 降低到了 1.3 eV。然而,Sn^{2+} 离子的氧化会导致高浓度缺陷,降低载流子寿命。而且,Sn 基卤化物钙钛

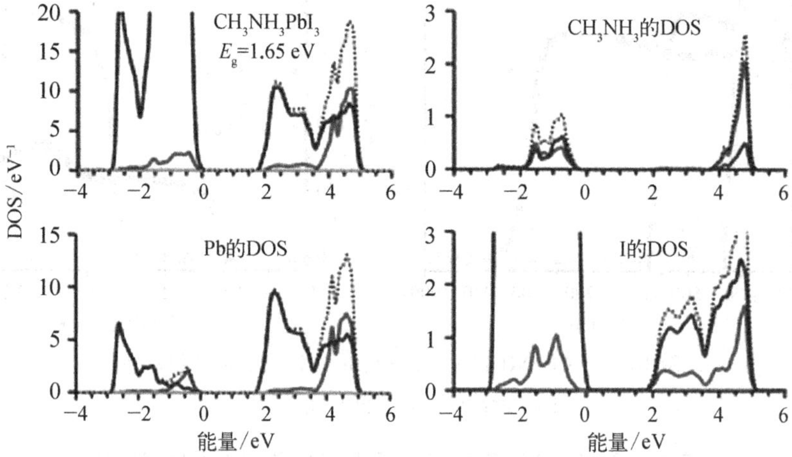

图 10-9　$CH_3NH_3PbI_3$钙钛矿四方相的总态密度(DOS)以及不同格点的态密度理论计算结果[996]。黑色点线为总态密度,绿色、蓝色和红色分别为 d、p 和 s 轨道

矿结晶速度过快,不容易制备均匀致密薄膜材料。实验发现,添加硫氰酸胍能够改善 $0.6FASnI_3-0.4MAPbI_3$固溶体钙钛矿的结构与光电性能[999]。这是因为硫氰酸胍在钙钛矿晶界形成了均匀的二维膜,在钝化晶界的同时提高了固溶体钙钛矿的稳定性,大幅降低了 Sn 空位缺陷浓度、降低了表面复合率,不仅载流子寿命超过 1 μs,扩散长度也从 500 nm 提高到了 2.5 μm。应用这些窄禁带钙钛矿薄膜能够提高单结太阳能光伏电池的短路电流和开路电压。

2. 电池结构

最初,钙钛矿太阳能光伏电池结构是在多孔 TiO_2(或者多孔 Al_2O_3)支架中填充 $CH_3NH_3PbI_3$钙钛矿。由于需要高温热处理工艺,多孔氧化物支架限制了低熔点塑料等柔性衬底的选用。自 2012 年平面结型全固态光伏电池结构引入以来,钙钛矿太阳能光伏电池的结构基本上没有本质的变化。目前,卤化物钙钛矿太阳能光伏电池认证的光电转换效率已超过 25%。如图 10-10 所示,平面结型电池是通过在透明导电玻璃、塑料等衬底上采用薄膜工艺逐层沉积电子(空穴)选择性吸收层、涂敷钙钛矿光吸收层、再沉积空穴(电子)选择性吸收层和金属电极制作完成的。在单结基础上还发展了多结级联电池,后者通过选用两种禁带宽度的光吸收层、单片式地堆垛在一起以期提高光电能量转换效率[999-1001]。

对于图 10-10 所示平面结型电池结构,在短路电流已达极限的情况下提高开路电压和填充因子方能进一步提高光电转换效率,这就要求深入理解载流子的复

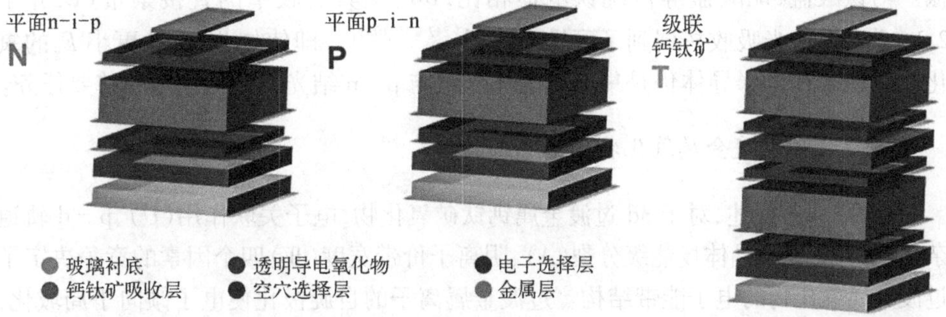

图 10-10 平面结型钙钛矿光伏电池结构示意图[217]。N 指 n-i-p 型，堆垛次序为透明导电氧化物/电子吸收层/钙钛矿层/空穴吸收层/金属电极；P 指 p-i-n 型，堆垛次序为透明导电氧化物/空穴吸收层/钙钛矿层/电子吸收层/金属电极；T 指单片式级联电池，每个电池仍然是 n-i-p 或 p-i-n 结构

合机制并降低载流子的复合率。综合运用 FA 替代 MA、Br 替代 I 等组分调控手段与降低深能级陷阱密度工艺手段能够提高卤化物钙钛矿材料的电学性能。通过优化不同功能层之间的界面质量、调控卤化物钙钛矿的禁带宽度，采用溶液沉积和真空沉积两种方法制备的全卤化物钙钛矿级联电池的 η 分别达到 17% 和 18%，硅-卤化物钙钛矿级联电池的 η 超过 23%。

稳定性是制约卤化物钙钛矿太阳能光伏电池市场化的最大障碍[279]。在光照、湿度、受热等条件下，$CH_3NH_3PbX_3$ 钙钛矿很容易化学分解，导致电池的性能退化、寿命缩短[1002-1004]。热失重测量发现 $CH_3NH_3PbX_3$ 单晶材料的热分解温度分别为 214℃(Cl)、257℃(Br) 和 240℃(I)。紫外辐照时多孔 TiO_2 在传输电子的同时还催化了卤化物钙钛矿的分解反应。与 TiO_2 相比，采用 La 掺杂 $BaSnO_3$ 薄膜能够降低紫外辐照卤化物钙钛矿的分解，在全太阳光谱照射下电池运行一千小时后性能退化不到 10%[986]。然而，卤化物钙钛矿电池寿命要达到 20 年的市场需求仍然任重道远。

与卤化物钙钛矿相比，氧化物钙钛矿的热分解温度通常高于 1 000℃，而且与其他氧化物功能层在工艺兼容和电子能带结构匹配方面具有天然优势。如 2.4.3 节所述，通过固溶体方法能够把氧化物钙钛矿的带隙调控到 0.9~1.4 eV 范围内，因此，发展氧化物钙钛矿太阳能光伏电池材料与技术大有前景。

10.2.2 铁电半导体

铁电体光伏效应研究已有 50 多年的历史。光电流测量的早期实验被赋予了光损伤效应、反常光伏效应、光电流效应、非线性光学效应等不同的名称[225,1005-1007]。由于氧化物钙钛矿铁电体的禁带宽度通常较大，例如 $BaTiO_3$、$KNbO_3$、$Pb(Zr,Ti)O_3$ 铁电体的 E_g>3.0 eV，高电阻率与紫外波段光吸收使得铁电体光伏能量转换效率非常低。与钛酸盐、铌酸盐等传统铁电体相比，$BiFeO_3$具有较窄的直接禁带（E_g介于 2.2～2.7 eV），光吸收拓展到了可见光波段[242-245,1008]。即使如此，设计更小 E_g的氧化物钙钛矿铁电半导体仍是集成铁电体光伏与 p－n 结光伏电池技术的首要任务。

1. 钙钛矿过渡金属氧化物的电子结构

如 8.2.4 节所述，对于 3d 过渡金属钙钛矿氧化物，电子关联作用（U）、p－d 轨道杂化（t_{pd}）、d 电子晶体场能级分裂（Δ）、阴离子价带宽度（W）四个因素的竞争决定了过渡金属氧化物的电子能带结构。过渡金属离子的自旋极化使电子倾向于局域化，轨道杂化使电子倾向于离域化，二者的竞争决定了电输运能力。如图 2－32 所示，钙钛矿氧化物中电子的局域-离域竞争结果由 3d 轨道的电子填充数决定、并与晶格畸变有关[829]。其中，轨道杂化在增大 p 能带和 d 能带宽度的同时降低了 U 和 Δ 值，t_{pd}与 B－O－B 键角、与 A 离子的种类密切相关。B－O－B 键角增大 t_{pd}增大，在临界角电荷转移带隙闭合、钙钛矿氧化物发生绝缘-金属电子结构相变。表 10－3 总结了 $LaMO_3$系列 3d 过渡金属钙钛矿氧化物的结构与部分物理性质实验结果。布拉维点阵从正交、单斜、三方到四方，晶格畸变包括氧八面体的呼吸、旋转和倾斜；d 电子组态从 d^0 到 d^8；电子结构涵盖了能带型绝缘体、莫特型绝缘体、电荷转移型绝缘体和金属；自旋磁序包含 A 型、C 型、G 型反铁磁、顺磁（La(Co→Cu)O_3）和抗磁（$LaScO_3$）。

表 10－3　$LaMO_3$系列 3d 过渡金属钙钛矿氧化物结构-性能一览表[184,829]：晶体结构，O、M、R 和 T 分别代表正交、单斜、三方和四方；3d 轨道电子组态；电子结构，I 和 M 分别代表绝缘体和金属，Band－、Mott－和 CT－分别代表能带型、莫特型和电荷转移型绝缘体；磁结构，DM、PM 和 AFM 分别代表逆磁、顺磁和反铁磁

	$LaScO_3$	$LaTiO_3$	$LaVO_3$	$LaCrO_3$	$LaMnO_3$	$LaFeO_3$	$LaCoO_3$	$LaNiO_3$	$LaCuO_3$
晶体结构	O－Pnma	O－Pnma	M－$P2_1/b$	O－Pnma	O－Pnma	O－Pnma	R－$R\bar{3}c$	R－$R\bar{3}c$	T－P4/m
3d 电子组态	d^0	$t_{2g}^{\uparrow}$	$t_{2g}^{\uparrow\uparrow}$	$t_{2g}^{\uparrow\uparrow\uparrow}$	$t_{2g}^{\uparrow\uparrow\uparrow}e_g^{\uparrow}$	$t_{2g}^{\uparrow\uparrow\uparrow}e_g^{\uparrow\uparrow}$	$t_{2g}^{\uparrow\downarrow\uparrow\downarrow\uparrow\downarrow}e_g^{0}$	$t_{2g}^{\uparrow\downarrow\uparrow\downarrow\uparrow\downarrow}e_g^{\uparrow}$	$t_{2g}^{\uparrow\downarrow\uparrow\downarrow\uparrow\downarrow}e_g^{\uparrow\downarrow}$
电子结构	Band－I	Mott－I	Mott－I	Mott/CT－I	CT－I	CT－I	CT－I	M	M
磁结构	DM	G－AFM（自旋）G－AFM（轨道）	C－AFM（自旋）G－AFM（轨道）	G－AFM	A－AFM（自旋）C－AFM（轨道）	G－AFM	PM	PM	PM
离子磁矩（μ_B）		0.46	1.3	2.8	3.7	4.6			
相变温度（T_N）		146 K	145 K	290 K	140 K	750 K			

对于电子能带结构的各种计算方法，表 10－3 所示的 $LaMO_3$ 钙钛矿都是极具挑战的对象。在第一性原理理论计算中，屏蔽杂化密度泛函近似为大部分 3d 过渡金属钙钛矿氧化物的复杂物理行为仿真提供了有效的计算工具。不过，局域密度泛函近似对 $LaNiO_3$ 和 $LaCuO_3$ 的顺磁金属态已可进行很好的处理。采用屏蔽杂化密度泛函近似对 $LaMO_3$ 系列钙钛矿的电子能态密度进行计算，结果见图 10－11。与 X 射线光电子能谱、X 射线吸收谱实验结果相比，屏蔽杂化密度泛函近似在能带宽度与特征峰位置方面较好地再现了大部分体系的实验结果，对 $LaCrO_3$ 和 $LaFeO_3$ 绝缘体、$LaNiO_3$ 和 $LaCuO_3$ 金属的计算还存在一些不足。Sarma 等采用局域自旋密度近似计算了 $SrTiO_3$ 和 $LaMO_3$（M＝Mn、Fe、Co 和 Ni）钙钛矿氧化物的基态与单电子激发态态密度[813]，计算结果以及与实验结果对比见图 8－23。禁带宽度结果偏小是密度泛函近似理论的通病，图8－23是经扩展修正禁带宽度后的态密度计算结果。除了禁带宽度和光谱强度，局域自旋密度近似对 X 射线光电子能谱特征峰位置和宽度的计算结果与实验高度一致，尤其是紫外波段的角动量特征。需要强调的是，计入晶格畸变是仿真再现不同自旋磁序、绝缘态和金属态的关键。尤其是在 $LaMnO_3$ 体系中，晶格畸变是 A 型自旋反铁磁序稳定的关键，在无畸变的晶格中自旋铁磁序更稳定。

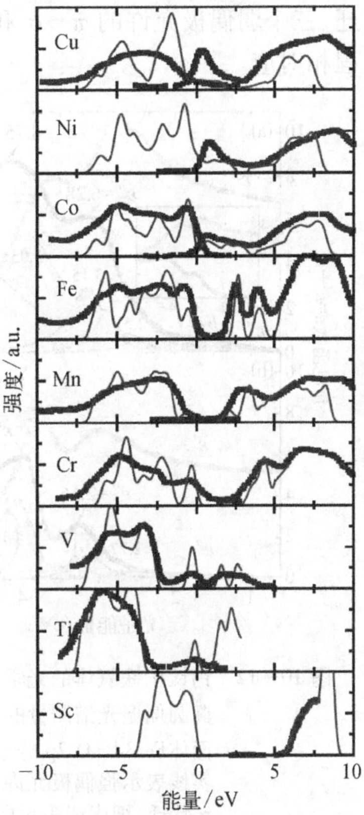

图 10－11 $LaMO_3$ 系列 3d 过渡金属钙钛矿氧化物电子态密度理论计算（红色实线）与 X 射线光电子能谱、X 射线吸收谱实验结果（蓝色圆点）对比[184]

$LaCrO_3$ 中 Cr^{3+} 离子的电子组态为 $t_{2g}^{\uparrow\uparrow\uparrow}$，它是自旋 G 型反铁磁绝缘体。光学测量发现 $LaCrO_3$ 的电子能带是莫特型与电荷转移型共存，禁带宽度为 3.4 eV。$LaMnO_3$ 中的 Mn^{3+} 离子是 $t_{2g}^3e_g^1$ 高自旋态，晶格畸变导致 e_g 轨道能级分裂形成电子禁带，导致自旋 A 型-轨道 C 型反铁磁序。理论计算表明 $LaMnO_3$ 中的电子关联不仅诱导了轨道序，反过来电子的局域化也增强了晶格畸变。$LaFeO_3$ 中的 Fe^{3+} 离子是 $t_{2g}^{\uparrow\uparrow\uparrow}e_g^{\uparrow\uparrow}$ 高自旋态，自旋 G 型反铁磁排列；$LaFeO_3$ 是电荷转移型绝缘体，自旋向上的 Fe e_g 轨道与 O 2p 轨道杂化形成价带，自旋向下空 t_{2g} 轨道形成导带，$E_g \approx 2.2$ eV。$LaCoO_3$ 具有复杂的磁、电行为：低温时 $LaCoO_3$ 是逆磁绝缘体，Co^{3+} 离子为 $t_{2g}^{\uparrow\downarrow\uparrow\downarrow\uparrow\downarrow}e_g^0$ 低自旋组态，

总自旋 $S=0$；温度升高 Co^{3+} 离子转变为中间自旋态（$t_{2g}^5e_g^1$，$S=1$）或高自旋态（$t_{2g}^4e_g^2$，$S=2$），相应地 $LaCoO_3$ 转变为顺磁性；在 500 K 温度附近，磁性异常伴随着绝缘-金属相变[820]。实验测量发现 $LaCoO_3$ 是直接禁带，$E_g \approx 0.1$ eV[813,1009]。

2. 铁酸铋钙钛矿的电子结构

铁酸铋是电荷转移型直接带隙半导体，电子在从价带跃迁到导带的过程中不需要声子参与，适合用作太阳能电池的光吸收功能层。对不同物质形态与品质的样品，实验测得 E_g 在 2.0～2.8 eV 范围内波动[1010,1011]。如图 10－12 所示，从椭圆偏振光谱测量所得 $BiFeO_3$ 与 $Y_{0.95}Bi_{0.05}FeO_3$ 的介电常数可知，在大于带隙能量区存在两个带间电荷转移吸收峰，峰位分别在 3.0 eV 和 4.0 eV 左右。分子轨道理论分析可知，Fe 离子与 O 离子间存在三个强偶极允许的 σ－σ 和 π－π 跃迁、三个弱偶极允许的 π－σ 和 σ－π 跃迁，与介电常数虚部的六个电子跃迁过程相对应。

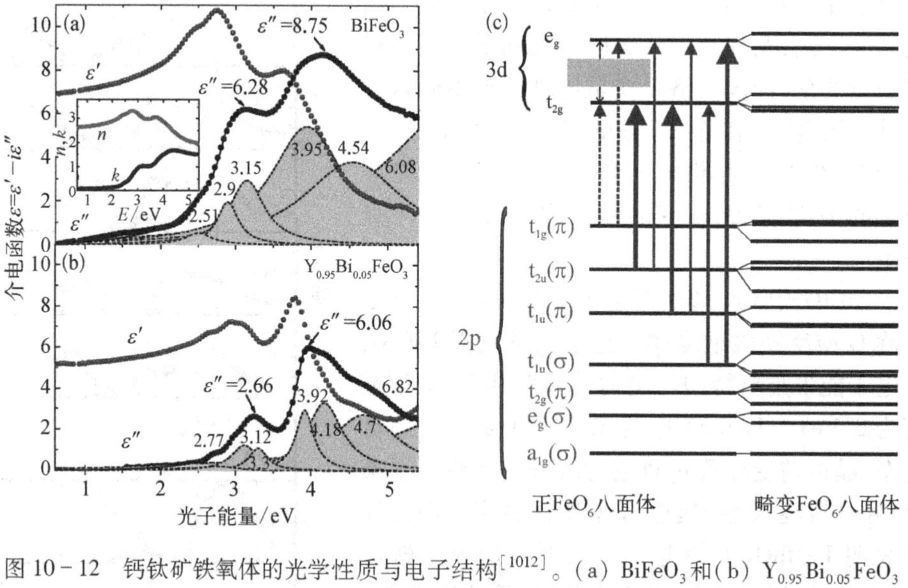

图 10－12　钙钛矿铁氧体的光学性质与电子结构[1012]。(a) $BiFeO_3$ 和 (b) $Y_{0.95}Bi_{0.05}FeO_3$ 椭圆偏振光谱测量的介电常数，插图表示折射率 n 和消光系数 k。(c) FeO_6 八面体Fe 3d－O 2p 分子轨道能级示意图。箭头表示 O 2p－Fe 3d 带间跃迁、粗实线表示强偶极允许 σ－σ 和 π－π 跃迁，细实线表示弱偶极允许 π－σ 和 σ－π 跃迁，细虚线表示弱偶极禁戒电子跃迁

除了带间吸收，反射光谱、椭圆偏振光谱、X 射线光电子能谱等多种方法都在铁酸铋中探测到两个弱的带内吸收峰。如图 10－13 所示，在 1.39 eV 和 1.92 eV 附近观测到两个明显的带内吸收峰；2.2 eV 以上带边源于从 O^{2-} 2p－Fe^{3+} 3d 自旋多

子轨道杂化形成的价带到 Fe^{3+} 3d 自旋少子轨道形成的导带的光吸收。在立方钙钛矿中,Fe^{3+}离子的 5 个局域 d 电子形成高自旋基态($^6A_{1g}$),一级近似下晶体场使得^4G 激发态分裂为$^4T_{1g}$、$^4T_{2g}$和简并的$^4E_g/^4A_{1g}$能级。对称性分析表明,$^6A_{1g}\rightarrow{}^4T_{1g}$和$^6A_{1g}\rightarrow{}^4T_{2g}$电子跃迁光吸收在中心对称晶体中是自旋禁戒和偶极禁戒的,这是因为局域电子跃迁将导致 Fe^{3+}离子的总自旋从基态 $S=5/2$ 变为激发态 $S=3/2$;中心对称破缺导致自旋禁戒和偶极禁戒选择定则发生弛豫。由于 $BiFeO_3$铁电体的空间中心反演对称破缺弛豫了 Fe^{3+}离子局域电子跃迁的选择定则,实验观测到了$^6A_{1g}\rightarrow{}^4T_{1g}$(约 1.39 eV)和$^6A_{1g}\rightarrow{}^4T_{2g}$(约 1.92 eV)电子跃迁光吸收[1011-1013]。与中心对称 $RFeO_3$(R=Y、Er 等稀土元素)相比,铁酸铋的$^4T_{1g}$子带存在明显的偏振特性,而且$^4T_{1g}$和$^4T_{2g}$子带吸收系数也增大了三倍多。

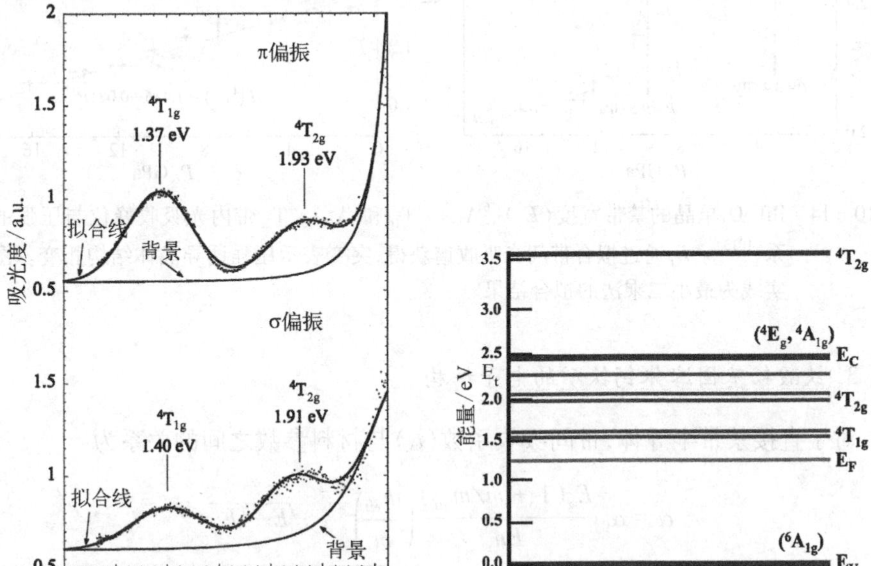

图 10-13 $BiFeO_3$单晶偏振光吸收谱与 Fe^{3+}离子局域 d 电子晶体场分裂能级示意图[1011-1013]。π 和 σ 分别代表偏振光的电场分量平行和垂直铁电极化方向。蓝色波浪线代表两个高斯型光吸收与一个洛伦兹型带边吸收叠加的拟合结果。E_V和 E_C分别为价带顶和导带底能量位置,E_F表示费米能级位置,E_t是缺陷能级,$^6A_{1g}$、$^4T_{1g}$、$^4T_{2g}$、^4E_g和^4A_g为 Fe^{3+}离子局域 d 电子晶体场分裂各子能带

如图 10-14 所示,静水压实验发现禁带宽度随压强(P)增大而减小:当压强低于 3.4 GPa 时,三方相禁带宽度按 $E_g=2.49-0.058P$ 关系线性减小;在 3.4~9.5 GPa 压强范围内,$E_g=2.35$ eV 几乎不随压强变化;当压强超过 9.6 GPa 时 E_g急

剧降低，18 GPa 时 $E_g \approx 2.0$ eV。$^4T_{1g}$和$^4T_{2g}$吸收带随压强升高峰位按 $E(^4T_{1g}) = 1.416 - 0.021P$ 和 $E(^4T_{2g}) = 1.926 - 0.019P$ 关系红移，吸收强度在 0~18 GPa 范围内变化不明显。在晶体结构相变临界点，$^4T_{1g}$和$^4T_{2g}$吸收带的峰位与强度不存在突变或异常变化。由于压强增大带隙变窄，带间强吸收将覆盖局域电子带内弱吸收，吸收谱线形变得不再那么直观，需要进行解析。

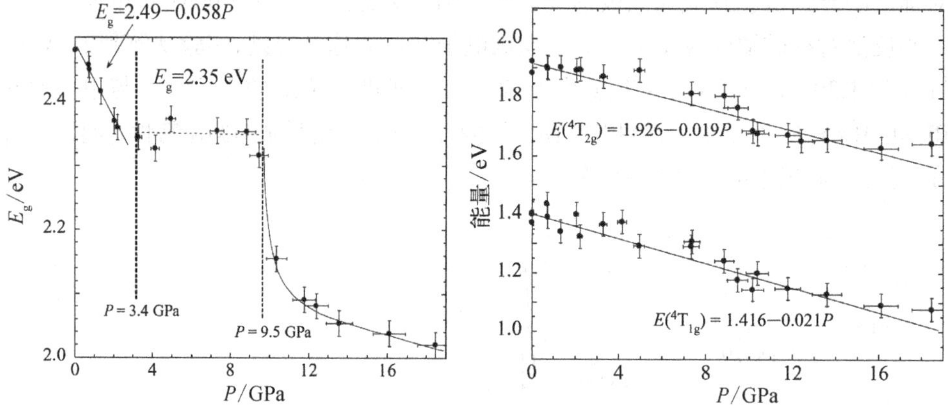

图 10－14　$BiFeO_3$单晶的禁带宽度(E_g)、$^6A_{1g} \to ^4T_{1g}$和$^6A_{1g} \to ^4T_{2g}$带内光吸收峰位与压强的关系[1013]。E_g通过拟合带间光吸收谱获得，突变表示压强诱导晶体结构相变。图中实线为最小二乘法的拟合结果

3. 铁酸铋基固溶体钙钛矿的电子结构

对于直接禁带半导体，带间吸收系数(α)与材料参数之间的关系为

$$\alpha = \alpha_0 \frac{E_g(1 + m/m_{eff})}{En_r}\left(\frac{m_{eff}}{m}\right)^{3/2}\sqrt{E - E_g}$$

式中，$\alpha_0 = 8.77 \times 10^4\ m^{-1}eV^{-1/2}$；$m$ 为自由电子质量($m = 9.109 \times 10^{-31}$ kg)；m_{eff}为导带电子和价带空穴的有效质量(此处假设二者相等)；n_r是材料的光折射率；E 为光子能量。通过紫外-可见-近红外反射光谱测量获得不同波长的吸光度，可以描述材料的光吸收能力并用于确定禁带宽度。图 10－15 给出了部分 $BiFeO_3$基固溶体的室温吸光度实验结果及其相应的能带结构。如图 10－15(a)所示，对于 BF98－LF1－LT1、BF85－LF5－BN1N2、BF85－LF5－BNN 和 BF90－LF4－LM6 固溶体钙钛矿，实验观测到 240 nm、365 nm、496 nm、650 nm 和 880 nm 五个吸收峰，除了强度差异外元素替代对吸收峰位几乎没有影响。而在 BF－BZT－BT 和 BF－BZT－PT 体系中，240 nm、365 nm 和 496 nm 三个吸收峰肉眼不易分辨，650 nm 和 880 nm 两个吸收峰清晰可见。与图 10－12 和图 10－13 铁酸铋光谱相

比,元素替代在改变吸收带边位置的同时增强了带内吸收。在 200~1 400 nm 光谱范围内,BF-LF4-SM6 和 BF-SM25-PT25 固溶体表现出较强的光吸收,未观察到明显的吸收峰。

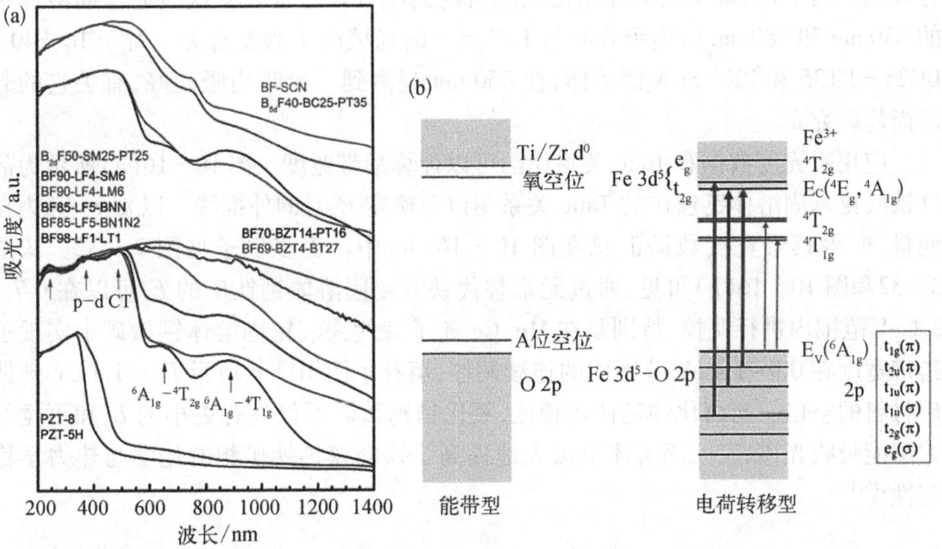

图 10-15 钙钛矿氧化物的(a)吸收光谱和(b)能带结构示意图[186]。实验包括 $BiFeO_3$-$Sr(Cr_{0.5}Nb_{0.5})O_3$(BF-SCN)、$BiFeO_3$-$BiCrO_3$-$PbTiO_3$(BF-BC-PT)、$BiFeO_3$-$Bi(Zn_{0.5}Ti_{0.5})O_3$-$PbTiO_3$(BF-BZT-PT)、$BiFeO_3$-$Bi(Zn_{0.5}Ti_{0.5})O_3$-$BaTiO_3$(BF-BZT-BT)、$BiFeO_3$-$SrMnO_3$-$PbTiO_3$(BF-SM-PT)、$BiFeO_3$-$LaFeO_3$-$SrMnO_3$(BF-LF-SM)、$BiFeO_3$-$LaFeO_3$-$LaMnO_3$(BF-LF-LM)、$BiFeO_3$-$LaFeO_3$-$Ba(B_{1/2}Nb_{1/2})O_{2.75}$(B=Ni、Zn、Mg,BF-LF-BMN)、$BiFeO_3$-$LaFeO_3$-$Ba(B_{1/3}Nb_{2/3})O_3$(B=Ni、Zn、Mg,BF-LF-BM1N2)、$BiFeO_3$-$LaFeO_3$-$LaTiO_3$(BF-LF-LT)和 PZT 等多种固溶体钙钛矿。对于电荷转移型绝缘体,三个 p-d 带间电荷转移跃迁(p-d CT)和两个带内局域电子跃迁($^6A_{1g}\rightarrow{}^4T_{1g}$和$^6A_{1g}\rightarrow{}^4T_{2g}$)分别用灰色箭头和黑色箭头标示

对应图 10-15(b)所示能带结构,240 nm、365 nm 和 496 nm 三个吸收峰源于 p-d 带间电荷转移跃迁,650 nm 和 880 nm 两个带内吸收峰分别源于局域电子$^6A_{1g}\rightarrow{}^4T_{2g}$和$^6A_{1g}\rightarrow{}^4T_{1g}$子带间跃迁。在铁酸铋基铁电固溶体中,元素替代形成的不均匀晶格畸变增大了 Fe^{3+} 离子局域电子跃迁几率,替代元素不同带内光吸收峰强存在差异。与 $BiFeO_3$ 相比,图 10-15(a)所示 BF98-LF1-LT1、BF85-LF5-BN1N2、BF85-LF5-BNN、BF90-LF4-LM6、BF-BZT-BT 和 BF-BZT-PT 固溶体 650 nm 和 880 nm 吸收峰的增强源于不均匀铁电晶格畸变,这与拉曼散射光谱测量它们是铁电体的结论一致[36,186]。图 10-15 同时给出了商用 PZT-5H 和

PZT－8 压电陶瓷材料的吸光度测量结果。商用压电陶瓷通常都添加一定量的杂质元素来进行电学性能调控，在 PZT－5H 和 PZT－8 压电陶瓷中分别形成 A 位空位和氧空位。然而，仅在紫外波段观测到 PZT 压电陶瓷的一个吸收边，在禁带内没有观测到与空位、杂质元素等晶格缺陷对应的吸收。这也表明铁酸铋基固溶体中的 650 nm 和 880 nm 带内吸收峰与 Fe^{3+} 离子的局域电子激发有关。对于 B_{5d}F40－BC25－PT35 和 BF－SCN 固溶体，在 760 nm 观测到一个带边吸收峰，有关它的起源尚待研究。

应用吸光度数据和 Tauc 关系作图可以计算禁带宽度。图 10－16(a)所示为部分铁酸铋基固溶体钙钛矿的 Tauc 关系图以及确定 E_g 时的外推线。以 $\mu\times r_A/r_B$ 为自变量，所得禁带宽度数据汇总在图 10－16(b)中。更多例子见图 2－32。从图 2－32和图 10－16(b)可见，通过元素替代铁酸铋固溶体钙钛矿的 E_g 可以在 0.7~2.1 eV 范围内进行调控，特别是在 Mn、Co 离子替代铁酸铋固溶体钙钛矿中实现了禁带宽度在 0.9~1.4 eV 范围内的连续调控，填补了图 10－6 所示 $E_g\leqslant 1.1$ eV 钙钛矿材料的空白。与卤化物钙钛矿相比，氧化物钙钛矿不仅具有更小的 E_g 和更宽的太阳能吸收光谱，三元固溶体也极大地提高了铁酸铋钙钛矿相的化学与热力学稳定性[56,199]。

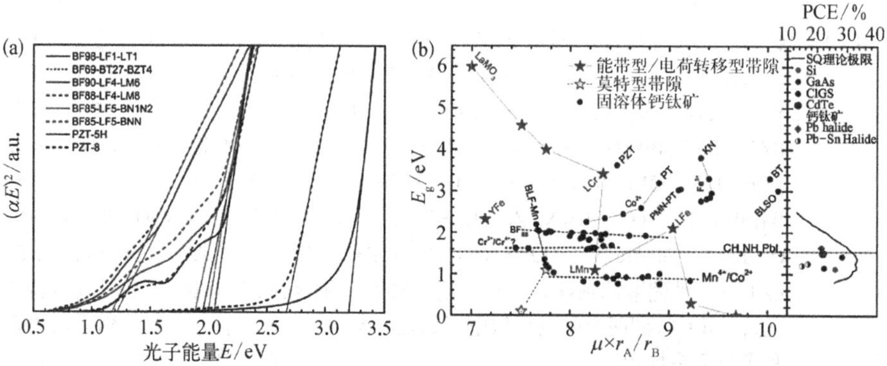

图 10－16　固溶体钙钛矿氧化物的光学禁带宽度[36]：(a) E_g 计算的 Tauc 图和(b) E_g 与 $\mu\times r_A/r_B$ 系综描述符、与单 p－n 结太阳能光伏电池的理论能量转换效率(PCE)之间的关系。图中的线段和虚线是为了观察与描述的方便

4. 铁酸铋基固溶体钙钛矿的电输运性质

如 2.3.5 节所述，钙钛矿氧化物的电输运性质由禁带宽度决定，受晶格缺陷的影响。介电频谱测量反映了偶极子极化、离子极化、电子极化、界面极化、空间电荷迁移等不同物理过程对介电性质的贡献，结合样品信息可以探测晶格缺陷的存在。对于不同禁带宽度氧化物钙钛矿，室温介电频谱可以直观地衡量它们的绝缘性以

及晶格缺陷效应,部分典型实验结果见图 10－17。对于 $E_g \approx 1.9$ eV 的铁酸铋基固溶体,0.17%质量百分比 MnO_2 掺杂 BF69－BT27－BZT4 陶瓷的介电损耗在 $\tan\delta \approx 0.03$ 水平,而 BF98－LF1－LT1 和 BF－BZT14－PT 陶瓷的介电损耗更低($\tan\delta \approx 0.02$),电阻率测试表明它们具有良好的绝缘性。人为引入空位等晶格缺陷可以降低激活能、提高电导率[222,1014]。例如,Ni^{3+} 离子有较小的离子半径,通常只在 $La^{3+}Ni^{3+}O_3$ 钙钛矿中稳定存在,半径较大的 Ni^{2+} 在 $BaNi_{1/3}Nb_{2/3}O_3$ 和 $BaNi_{1/2}Nb_{1/2}O_{2.75}$ 中是稳定的。热力学自由能计算表明 $KNbO_3 - xBaNi_{1/2}Nb_{1/2}O_{2.75}$ 固溶体优先形成氧空位。与化学计量比 BF85－LF5－BM1N2($M = Ni^{2+}$、Mg^{2+}、Zn^{2+})固溶体不同,通过控制 M^{2+}/Nb^{5+} 配比可以在 BF85－LF5－BMN 固溶体中事先引入 1.7%原子百分比的氧空位。因此,如图 10－17(a)所示,BF85－LF5－BNN 陶瓷的低频大介电损耗与峰位在 1.6 kHz 的强介电弛豫峰自然可以归结于氧空位的运动。考虑到铋的挥发性与配料时化学计量比的偏离,BF85－LF5－BN1N2 陶瓷相对较小的低频介电损耗与峰位在 39 kHz 的弱介电弛豫峰源于低浓度的 A 位空位和氧空位。

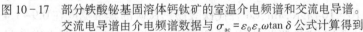

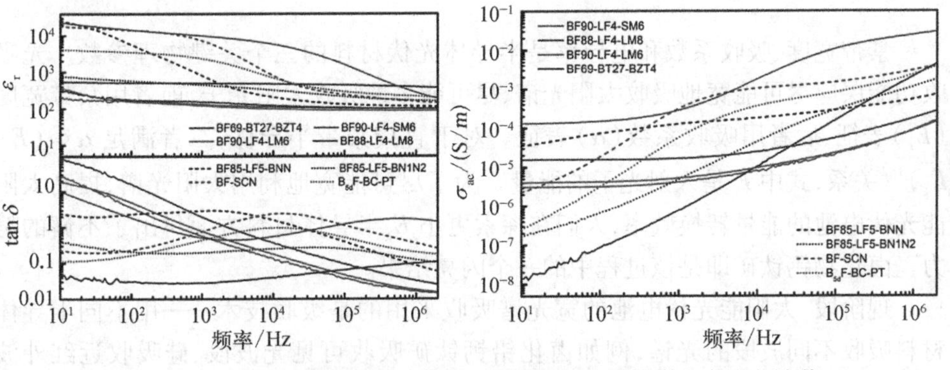

图 10－17 部分铁酸铋基固溶体钙钛矿的室温介电频谱和交流电导谱。交流电导谱由介电频谱数据与 $\sigma_{ac} = \varepsilon_0\varepsilon_r\omega\tan\delta$ 公式计算得到

电介质的交流电导可以用 $\sigma_{ac} = \varepsilon_0\varepsilon_r\omega\tan\delta$ 关系和介电频谱数据进行计算。对于禁带宽度较小的电介质陶瓷,Jonscher 认为交流电导对频率的依赖源于可动电荷的弛豫过程,交流电导率与直流电导率的关系为 $\sigma_{ac} = \sigma_{dc} + A\omega^n$,式中 A 是色散系数、n 是无量纲频率指数[198,1015]。如图 10－17 所示,对于 BF－LF4－LM 陶瓷,介电频谱测量未观察到与晶格缺陷短程跳跃对应的介电弛豫峰;BF－LF4－LM 陶瓷的交流电导率 σ_{ac} 满足 Jonscher 关系,低频区存在一个与频率无关的平台,等于陶瓷的直流电导率 σ_{dc}。从图 10－17 可知,BF88－LF4－LM8 和 BF90－LF4－LM6 陶瓷的 σ_{dc} 分别为 1.78×10^{-5} S/m 和 5.36×10^{-6} S/m。采用伏安法直接测量这两个样品,结果分别为 $\sigma_{dc} = 2.00\times10^{-5}$ S/m 和 5.68×10^{-6} S/m,二者数值相近。由此可见,BF－

LF4 - LM 陶瓷的直流电导率 σ_{dc} 与 $CH_3NH_3PbI_3$ 卤化物钙钛矿薄膜的暗电导率(7.8×10^{-6} S/m)在相同的数量级。更多实验数据表明,Mn 替代铁酸铋基固溶体钙钛矿的暗电导率可在 $10^{-4}\sim10^{-6}$ S/m 范围内变化。含 A 位空位的铁酸铋钙钛矿常常为 p 型半导体[1016,1017],初步的霍尔效应测量表明图 10 - 17 所示的 BF - LF4 - LM 陶瓷是 p 型半导体,这与采用低纯度铋原料以及高温烧结时铋挥发的工艺意图一致。

10.2.3 全氧化物电池技术

与传统电力技术相比,现有的太阳能光伏电池技术在价格上并无竞争优势,商业推广依赖政府补贴。为了达到与电网同价,在扩大太阳能光伏电池产能的同时降低材料成本和制造成本势在必行。氧化物材料家族具有制造太阳能光伏电池所需的各种功能,它们化学稳定、无毒无害、储量丰富,能在大气环境中低成本加工制造。在转换效率足够高条件下,全氧化物太阳能光伏电池技术必将脱颖而出[1018]。

1. 全钙钛矿氧化物电池技术

禁带宽度、吸收系数和电导率是半导体光伏材料的三个关键物理参数。光吸收功能层应尽可能宽地吸收太阳光谱、尽可能多地吸收太阳光子,前者用禁带宽度(E_g)表征、后者用吸收系数(α)表征。对于直接禁带半导体,二者满足 $\alpha\propto(E-E_g)^{1/2}$ 关系,式中 E 是入射光子的能量。为了尽可能宽地利用太阳光谱、提高太阳能光伏电池的能量转换效率,人们在探索更小 E_g 半导体材料方面付出了不懈的努力。卤化物钙钛矿即是该过程中的一个闪亮结果。

现阶段,太阳能光伏电池的宽光谱吸收采用的是级联技术——用不同半导体材料吸收不同波段的光谱,例如卤化铅钙钛矿吸收可见光波段、硅吸收近红外波段。如图 10 - 16 所示,Mn、Co 替代铁酸铋钙钛矿的禁带宽度在 0.9 ~ 1.4 eV 范围内实现了连续调控,它能吸收紫外-可见-近红外较宽波段的太阳光谱,不仅为研究氧化物钙钛矿光吸收功能层提供了选项,也为探索氧化物钙钛矿半导体和铁电半导体太阳能光伏电池提供了机遇。

太阳能光伏电池的不同功能层对材料有不同的要求:透明导电窗口不仅需要尽可能宽、尽可能高的光谱透过率,还需要尽可能高的电导率或者特定类型载流子传输功能;光吸收层需要合适的光学禁带宽度、尽可能高的光吸收系数;光生载流子空间分离层需要有效的电荷分离以及尽可能低的复合率;载流子收集层需要特定类型载流子传输功能、尽可能高的迁移率。对于这些不同要求,氧化物钙钛矿都提供了相应的选项,例如(Ba,La)SnO_3是透明导体、(Bi,La)(Fe,Mn)O_3和(Bi,La,A)(Fe,Mn,Ti)O_3(A = Ca、Sr、Ba)固溶体是窄禁带铁电半导体、(La,Sr)CoO_3和

$SrRuO_3$是金属导体,从而为研制全钙钛矿氧化物太阳能光伏电池提供了材料基础。

2. 铁电半导体光伏材料

传统的氧化物钙钛矿铁电体都是宽禁带绝缘体,高电阻率虽然是实验测试铁电极化的先决条件却也极大地降低了铁电体光伏的能量转换效率。为了尽可能宽地吸收太阳光谱能量,需要把铁电体的禁带宽度减小到近红外波段。如图 10-5 所示,这是因为地球海平面附近的太阳能量集中在 300~1 350 nm 光谱波段,相应的半导体禁带宽度 $E_g \approx 0.9$ eV。在过渡金属钙钛矿氧化物中,如图 2-32 和图 10-16 所示,实验发现 E_g是由 B 位过渡金属离子的 d 电子数决定的、A 位离子的影响较小,其中 $3d^5$ Fe^{3+} 氧化物钙钛矿的 $E_g \approx 2.2$ eV,而 $3d^4$ Mn^{3+}、$3d^3$ Mn^{4+}、$3d^6$ Co^{3+} 氧化物钙钛矿的 $E_g < 1.1$ eV;采用 Mn 离子、Co 离子替代 $BiFeO_3$中 Fe 离子可以减小固溶体钙钛矿的禁带宽度,E_g大小与替代浓度密切相关。采用非铁电活性离子替代在降低氧化物钙钛矿 E_g的同时,铁电相变居里温度 T_C也相应降低,由图 2-13 所示 $T_{C(FE)}$与 $\mu \times r_A/r_B$ 系综描述符的量化关系可知,通过控制替代离子的浓度可以使 $T_{C(FE)}$保持在室温以上。因此,通过选择合适的替代离子浓度,在 Mn^{4+}、Co^{2+} 等磁性离子替代 $BiFeO_3$ 系固溶体钙钛矿中成功创制出一系列窄禁带室温铁电半导体[36,186]。

对于铁电半导体,除了禁带宽度外以下几个问题也需要特别关注:① 铁电性的认定。通过禁带宽度和晶格空位调控,铁酸铋基固溶体钙钛矿的电阻率变化可达几个数量级。必须走出电滞回线测量认定铁电性的误区,因为低阻半导体无法施加高直流电场进行极化反转测量,通常看到的是漏电行为。从晶格对称性构效关系出发认定铁电性才是更本质的方法。② 电荷输运机制。当前理论认为铁电体光伏是位移电流机制、半导体光伏是漂移电流机制;离域化的电子能态有利于提高载流子迁移率、强局域态不利于位移电流的传输。在铁电半导体功能层内,如何协调位移电流和漂移电流输运机制需要进一步澄清。③ 光伏机制。由于铁酸铋钙钛矿相热力学稳定性低,铁酸铋材料常常表现出高漏电、高介电损耗行为,这给铁酸铋的极化处理和光伏响应测量带来很大的不确定性。当前文献中存在体光伏效应与界面光伏效应之争[244,245]。④ 极化(poling)新机制。与铁电半导体无法施加高直流电场进行极化处理不同,铁磁电半导体具有磁电效应,可以用磁场代替电场极化实现单极性。

3. 集成铁电-半导体光伏电池

在位移电流理论中,空间中心反演对称破缺是产生位移电流的必要条件,实空间单极性是体光伏效应的充要条件。由于铁电极化的可反转性,电畴结构的形成使得铁电材料在实空间是各向同性的,需要进行极化处理才能得到单极性。对铁电半导体而言,低电阻率导致陶瓷材料无法承载高直流电场,极化处理存在技术上的困难。因此,只有克服这一技术悖论才能实现铁电体光伏与半导体 p－n 结光伏的单片式集成。根据钙钛矿氧化物的能带宽度与输运性质,如图 10－18 所示,我们初步设计了一种单片式集成铁电体光伏和半导体 p－n 结光伏的太阳能电池结构。光学窗口和上电极可选用 $Ba_{0.95}La_{0.05}SnO_3$ 透明导电钙钛矿,它在 400～1 300 nm 波段内具有宽广的太阳光谱透过率;n 型铁电半导体可选用(BiLa)FeO_3－Ba($B_{1/2}Nb_{1/2}$)$O_{2.75}$(B = Ni^{2+}、Mg^{2+}、Zn^{2+})等含氧空位的固溶体钙钛矿,它们的禁带宽度 $E_g \approx 1.9$ eV,可以吸收一部分紫外–可见太阳光谱;p 型铁电半导体可选用 Bi 缺量的 $BiFeO_3$－A_1MnO_3－A_2TiO_3(A_1 = Ca、Sr、Ba,A_2 = Sr、Ba、Pb)固溶体钙钛矿,它们的 $E_g \approx 0.9$ eV,可吸收紫外–可见–近红外太阳光谱;背电极可选用(La,Sr)CoO_3、$LaNiO_3$、$SrRuO_3$ 等钙钛矿导电氧化物。对于图 10－18 所示的电池结构,我们建议利用 p－n 结的内电场以及反向电压增强内电场性质进行铁电半导体的极化处理。在实现半导体 p－n 结光伏效应与铁电体光伏效应正向叠加的基础上,应用铁电体光伏效应开路电压高于禁带宽度的特征,单片式集成两种光伏机制有望突破光电转换效率的 Shockley－Queisser 理论极限。

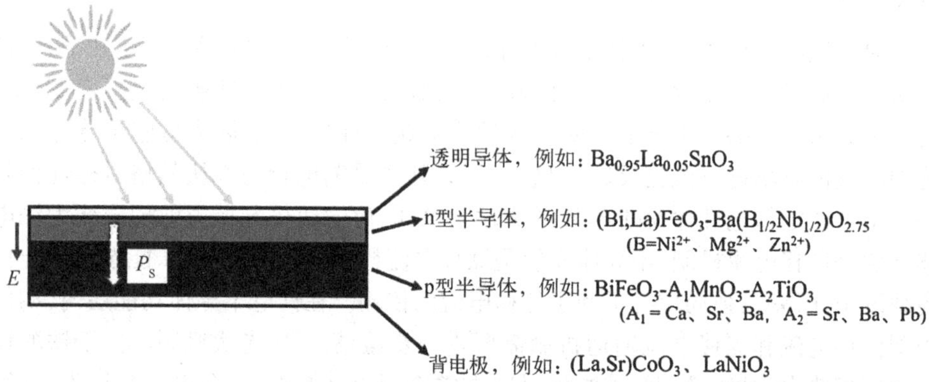

图 10－18　全钙钛矿氧化物集成半导体 p－n 结光伏与铁电体光伏太阳能电池结构示意图。图中 E 表示 p－n 结内建电场方向,P_S 表示铁电极化方向

10.3　钙钛矿氧化物催化剂

清洁能源开发和环境污染治理两大问题都离不开高性价比的催化剂。建立过渡金属钙钛矿氧化物电子结构与催化性能之间的因果关系能够帮助工程师快速高效开发工业催化剂,包括合理设定表面能、预测催化活性、优化碳(氮、氧)化学反

应动力学过程。钙钛矿氧化物之所以能开发高活性、高稳定性和低成本催化剂新材料，是因为钙钛矿结构具有非常强的元素包容性，极大地扩展了催化性能的调控空间，还允许使用地球上的丰量贱金属元素替代贵金属元素制备催化剂[5,219,1019]。

10.3.1 本征催化活性

CO、NO 和 O_2的表面吸附与三个经典的化学反应有关——CO 的氧化、NO 的氧化和电解制氧，这些反应涵盖了空气净化、尾气处理、电化学能量转换与存储等许多工程技术。配位化学为分析催化活性提供了基本理论。例如，对于 CO 氧化反应，研究表明它在 Pt、Pd、Rh 等贵金属催化剂表面按 Langmuir - Hinshelwood 机制逐步推进：表面吸附 CO、与吸附的游离氧离子反应生成 CO_2、CO_2脱附；在氧化物催化剂表面是空位辅助的 Mars-van Krevelen 反应机制——表面吸附的 CO 与近邻的晶格氧离子结合形成 CO_2，在此过程中同时形成表面氧空位[1020-1023]。在 Co 替代 $SrTiO_3$表面，密度泛函理论计算表明较低的氧空位形成能可以触发 Mars-van Krevelen 催化反应机制。鉴于氧化反应速率与 CO 和 O_2的表面吸附能密切相关，Sabatier 提出了一个催化剂设计原则——催化剂与中间产物间的结合要既不强又不弱[5,1024]。为此，在设计催化剂新材料时，合适的 e_g轨道电子填充数、B 位离子化学价、B - O 键结合能等参数被用于权衡反应物吸附与脱附的能力。

1. 催化活性的 B 位离子描述符

过渡金属离子的 e_g和 t_{2g}轨道、σ 和 π 键、σ^* 和 π^* 反键概念是描述钙钛矿氧化物催化活性前线轨道理论的一部分。钙钛矿氧化物 B 位过渡金属离子按八面体构型与六个 O^{2-}离子成键，3d 轨道与氧 2p 轨道形成 σ 键和 π 键。键能与轨道对称性密切相关。相似的概念也适用于钙钛矿氧化物的表面离子。如图 10 - 19(a)所示，裸露在表面的 B 位离子缺少一个顶点氧离子，BO_5配位构型破坏了轨道的对称性，e_g和 t_{2g}轨道具有不同的能量。由于五配位过渡金属离子的 e_g轨道垂直面向表面吸附的分子和中间产物，它是化学反应的催化活性点位。e_g轨道状态依赖于过渡金属离子的电子组态。例如，3d 过渡金属离子 Cr^{3+}、Mn^{3+}、Fe^{3+}、Co^{3+}、Ni^{3+} 的 e_g轨道电子填充数分别是 0、1、2、1、1。当 CO、NO 或者 O_2吸附在钙钛矿氧化物表面时，吸附分子与 B 位离子 e_g轨道的结合强度高于与 t_{2g}轨道的结合。如图 10 - 19(b) ~ (d)所示，CO 分子 σ 轨道的孤对电子能捐赠给过渡金属离子的 e_g轨道，与此相反，CO 分子的 π^* 反键轨道能从钙钛矿氧化物的 t_{2g}轨道接收电子；NO 和 O_2分子更倾向于 π^* 反键轨道与 B 位离子的 e_g轨道结合。由此可见，e_g轨道的电子填充数决定了表面吸附分子结合能的大小，降低 e_g轨道填充的电子数相当于增加表面吸附能。

从能量角度看，CO 的氧化反应动力学是由 CO 与 O 在催化剂表面的结合能控

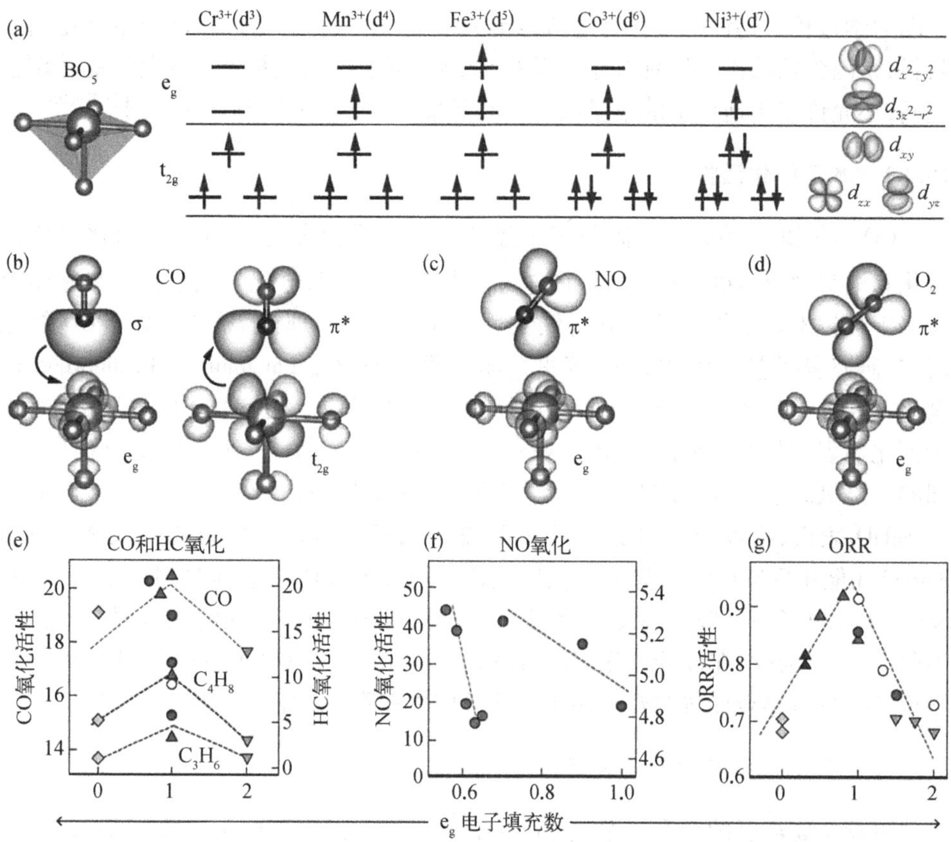

图 10-19 钙钛矿氧化物 B 位过渡金属离子的电子组态及其催化活性[5]。(a) 表面 BO_5配位构型与部分 3d 过渡金属离子的电子组态;(b) CO 分子与表面离子的 σ 键和 π^* 反键吸附;(c) NO 分子的 π^* 反键吸附;(d) O_2分子 π^* 反键吸附;(e) e_g轨道电子填充数与 CO、C_3H_6、C_4H_8氧化反应活性之间的关系;(f) 不同数量 e_g轨道电子填充 $La_xMnO_{3+\delta}$(橙色)和 $La_{1-x}Sr_xCoO_3$(蓝绿色)的 NO 氧化反应催化活性;(g) 电解水氧还原反应(ORR)催化活性与 e_g轨道电子填充数之间的关系。图中黄色表示 B 位离子为 Cr、橙色为 Mn、蓝绿色为 Co、绿色为 Fe、白色为 Ni、紫色为固溶体

制的。如图 10-19(e)所示,CO 氧化反应活性与过渡金属离子 e_g轨道填充电子数之间存在火山锥形依赖关系,$LaCoO_3$($e_g \approx 1$)和 $La_{0.7}Pb_{0.3}MnO_3$($e_g \approx 0.7$)应具有最高的催化活性[1025]。元素替代可以调控过渡金属离子的化合价,从而调控 e_g轨道填充电子数及其催化活性。在 $La_xSr_{1-x}MnO_3$ 和 $La_xSr_{1-x}CoO_3$ 固溶体钙钛矿中,CO 氧化反应的催化活性随 e_g轨道填充电子数从 0.2 到 0.8 逐渐升高[1026]。另外,CO 的氧化反应还可以看作是复杂、有毒碳氢化合物氧化反应的模板。丙烯(C_3H_6)和异丁烯(C_4H_8)的氧化反应活性与 e_g轨道填充电子数也存在火山锥形依赖关系,

$e_g \approx 1$ 的钙钛矿氧化物具有最大的催化活性。另外,反应机理研究还需澄清反应速率的限制步骤究竟是游离氧的吸附还是 CO 与 O 的结合。

与 CO 氧化类似,NO 在钙钛矿氧化物表面的氧化也是通过空位辅助 Mars-van Krevelen 机制进行的。如图 10-19(f)所示,在 $La_xMnO_{3+\delta}$ 和 $La_{1-x}Sr_xCoO_3$ 表面,NO 的氧化反应活性随 e_g 轨道电子数降低而增大[1027,1028]。即使 NO 和 CO 氧化反应的活性与 e_g 轨道电子填充数之间的规律有所不同,e_g 轨道电子填充数依然是指导 NO 氧化反应催化剂设计的好描述符。

与气体的氧化反应一样,e_g 轨道电子填充数也能描述电解水析氧反应(OER)和氧还原反应(ORR)催化活性的大小。在碱性电解液中,析氧反应包括 OH^- 吸附到催化剂表面、OH^- 氧化以及产物 O_2 从催化剂表面脱附,氧还原反应机制包括 O_2 置换 OH 形成 OOH 和 O、OH 再生成[1029-1031]。析氧反应包括多步过程,每一步都有可能成为制约反应速率的瓶颈,O-H 键断裂与 O=O 键形成的动力学过程较慢以及过电位较高导致电解水的总效率显著降低[1032]。如图 2-7 和 10-19(g)所示,析氧反应和氧还原反应的本征催化活性都与 e_g 轨道填充电子数具有火山锥形依赖关系,当 e_g 电子数约等于 1.2 时,钙钛矿氧化物具有最高析氧反应催化活性[5,1033,1034]。在此规律指导下,相继发现了 $Ba_{0.5}Sr_{0.5}Co_{0.8}Fe_{0.2}O_{3-\delta}$、$SrNb_{0.1}Co_{0.7}Fe_{0.2}O_3$、$CaCu_3Fe_4O_{12}$ 等高活性钙钛矿氧化物催化剂[39,1035-1037]。

虽然催化剂表面准确的吸附点位还不是很清楚,但存在大量氧化还原活性点位却是不争的事实。如图 10-20 所示,催化剂表面氧的结合能是决定析氧反应和氧还原反应动力学的主要因素。太弱的表面吸附导致从 OH^- 到 O_2 置换成为制约反应速率的瓶颈,太强的吸附导致 O_2 和 OH^- 的再生成为制约反应速率的瓶颈。$LaCrO_3$ 中 e_g^0 电子组态导致 B-O_2 结合太强、$LaFeO_3$ 中 e_g^2 电子组态导致 B-O_2 结合太弱,而 e_g^1 电子组态的 $LaMnO_3$、$LaCoO_3$ 和 $LaNiO_3$ 具有较高的氧还原反应催化活性。

综上所述,3d 过渡金属离子 e_g 轨道电子填充数是 CO 和 NO 氧化反应、电解水析氧反应和氧还原反应本征催化活性的因果描述符。通过控制钙钛矿氧化物的化学组成与缺陷状态可以调控 e_g 轨道电子数、可以预测设计钙钛矿氧化物催化剂新材料。然而,分子轨道理论在确定钙钛矿氧化物 e_g 轨道电子数时遇到了不小的困难,它只能半定量近似描述 e_g 轨道电子的填充情况。这是因为钙钛矿氧化物不是单纯的离子晶体、具有一定程度的共价结合[1038,1039],而且 e_g 轨道电子填充状态还受自旋组态、晶体结构、热力学边界条件的影响。例如,$Ba_{0.5}Sr_{0.5}Co_{0.8}Fe_{0.2}O_{3-\delta}$ 和 $La_{0.2}Sr_{0.8}CoO_{3-\delta}$ 钙钛矿在电解反应过程中晶体结构会从氧八面体共顶点连接的晶态转变为共边连接的非晶态,该变化类似于金属氧化物的电沉积[1040,1041]。比表面积的增加以及在表面生成羟基氧化物都对催化活性有贡献[1042]。

分子轨道理论不仅在处理金属与氧的共价结合时遇到了极大的困难,而且分

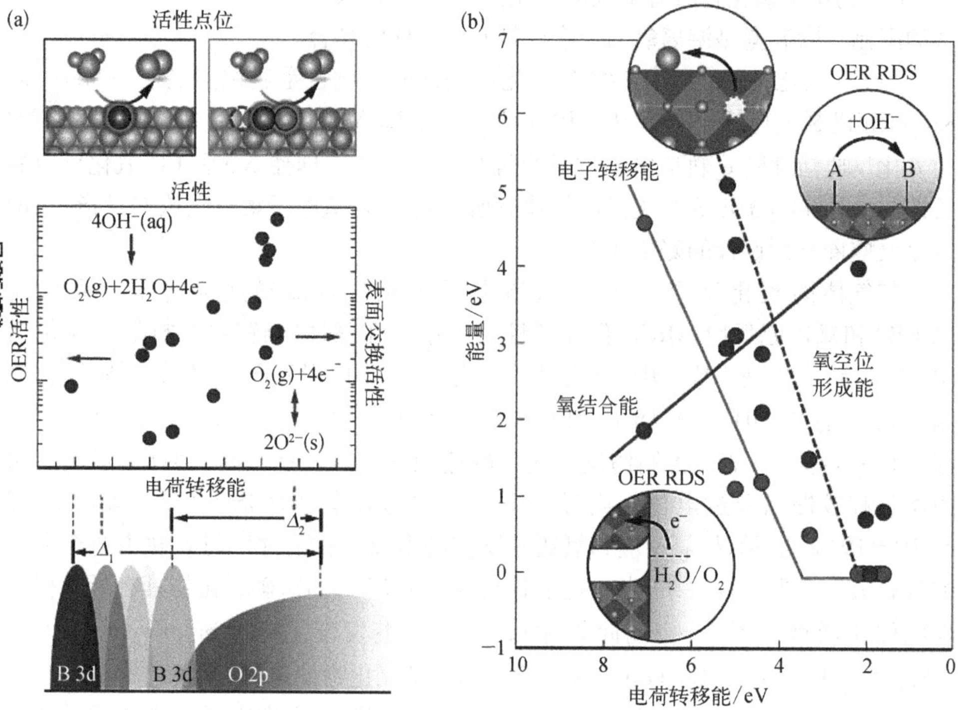

图 10 - 20　钙钛矿氧化物析氧反应催化活性与电荷转移能的关系以及反应机制分析[5]。(a) 3d过渡金属析氧反应活性位、电荷转移能以及析氧反应活性(红色)和表面交换活性(蓝色)与电荷转移能(Δ)之间的关系。(b) 每步反应的能量与电荷转移能之间的关系,氧空位形成能(蓝色)、氧结合能(红色)和电子转移能(灰色)

子轨道理论仅仅把过渡金属离子作为催化活性点位。事实上,在共价结合较强的钙钛矿氧化物中过渡金属离子和氧离子都是催化活性点位。与分子轨道理论相比,电子能带结构理论在描述金属与氧的离子-共价混合键、电子自旋组态、表面吸附结合能、晶体结构的稳定性等方面更加准确。目前,电子能带结构理论已开始用于计算分析钙钛矿氧化物的催化性能,详细内容请参考相关文献[39,1029,1041,1043]。

2. 催化活性的 A 位离子描述符

除了 e_g 轨道电子数,催化活性的大小还与过渡金属离子-氧离子的结合能密切相关[30]。在钙钛矿晶格中,A 位离子通过氧离子与 B 位离子桥接,是 B 位离子最重要的化学环境,A - O 离子间的轨道杂化必然影响 B 位离子的电子结构,导致 B 位离子化学价和 B - O 键结合能变化。因此,选择不同 A 位离子是调控 B 位离子状态的最重要的手段。如 3.1.2 节所示,离子电负性可以从离子半径和电离能数据计算得到[254],因此,电负性描述符在量度钙钛矿氧化物 B 位离子化学价与 B - O

键结合能时优于离子半径描述符。如图 10－21 所示,实验研究发现,与 A 位离子半径相比,A 位离子电负性(AIE)确实是钙钛矿钴氧化物析氢反应(HER)催化活性的好描述符,二者具有火山锥形依赖关系;当 A 位离子电负性约等于 2.33 时,对应的$(Gd_{0.5}La_{0.5})BaCo_2O_{5.5+\delta}$钙钛矿具有最大的催化活性[1024]。

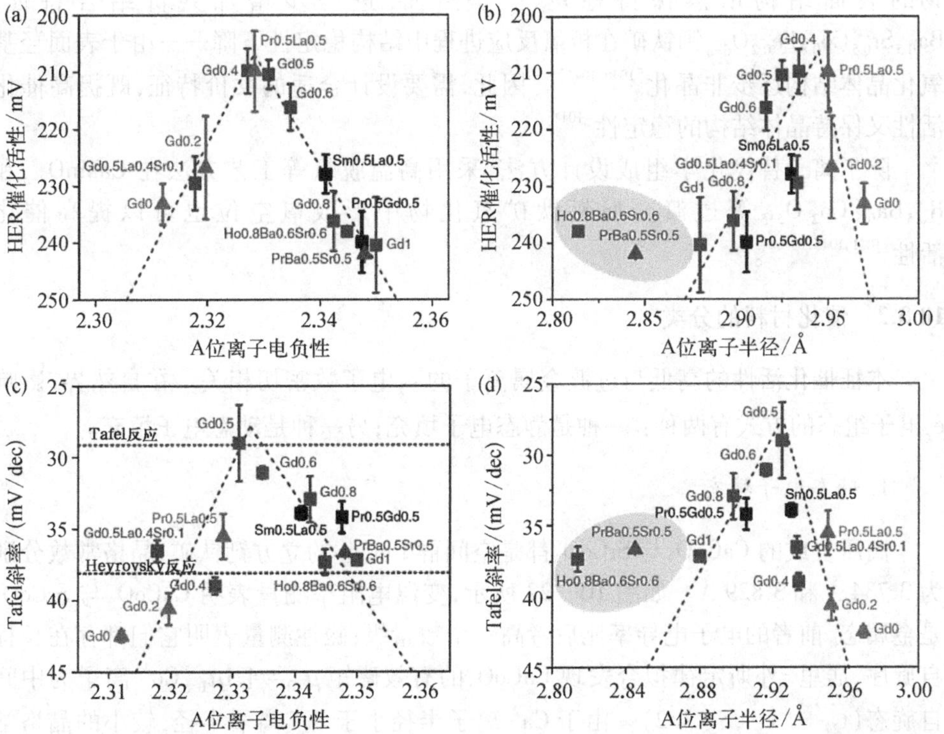

图 10－21 钴钙钛矿氧化物析氢反应(HER)的本征催化活性[1024]。以 10 mA/cm^2电流密度过电势(overpotential)描述的 HER 催化活性随 A 位离子电负性(a)和 A 位离子半径(b)变化趋势;Tafel 斜率随 A 位离子电负性(c)和 A 位离子半径(d)变化趋势。由 Tafel 斜率估算的反应速率的限制步骤在(c)图中分别用粉红色和紫色虚线表示。误差棒表示三次独立测量结果的标准偏差,三角形和正方形分别表示简单钙钛矿和双钙钛矿结构,绿色表示 Sr 替代,黑色表示不同稀土元素替代钙钛矿氧化物

综合软 X 射线吸收谱测量与密度泛函理论计算可知,中等程度的 A 位离子电负性(AIE≈2.33)使得 B 位离子具有满足 Sabatier 原则最优的电子能态。在析氢反应中,氧空位和 Co 离子是吸附 H_2O 分子、脱附 H_2 的活性点位,适当的 Co 离子化学价能够权衡不同活性点位的数量,以此满足 Sabatier 催化剂设计原则。如果 Co 离子化学价高于+3.25,氧空位浓度下降将增大吸附 H_2O 分子阻力;如果 Co 离子化学价低于+3.25,Co^{4+} 离子数量太少不利于 H_2分子脱附。根据图 10－21 所揭示的规律,在钙钛矿钴氧化物中可以预测设计出 AIE ≈ 2.33 的 $Ba_{0.4}Ca_{0.6}Gd_{0.4}La_{0.6}Co_2O_{5.5+\delta}$和

$Ba_{0.5}Ca_{0.5}Pr_{0.5}La_{0.5}Co_2O_{5.5+\delta}$催化剂,实验测试表明它们与($Gd_{0.5}La_{0.5}$)$BaCo_2O_{5.5+\delta}$具有相同的 HER 催化活性,也位于火山锥尖位置。

共价结合对钙钛矿氧化物催化剂综合性能的影响是一把双刃剑。从 $LaCoO_3$ 到 $Pr_{0.5}Ba_{0.5}CoO_{3-\delta}$,增加共价结合特征在提高析氧反应催化活性的同时钙钛矿氧化物的表面结构依然保持稳定[1034]。然而,进一步增加共价结合特征,$Ba_{0.5}Sr_{0.5}Co_{0.8}Fe_{0.2}O_{3-\delta}$钙钛矿在析氧反应进程中结构稳定性下降——由于表面羟基氧化晶体结构逐步非晶化[1040,1041]。因此,需要设计合适的共价特征,既提高催化活性又保持晶体结构的稳定性[1044]。

除了离子替代化学组成设计方法,采用高温脱氧等工艺方法在 $CaMnO_{3-\delta}$和 $R_{0.5}Ba_{0.5}Co_2O_{5+\delta}$ 等过渡金属钙钛矿氧化物中形成氧空位也可以提高催化活性[1041,1045,1046]。

10.3.2　催化材料的分类

本征催化活性的高低与过渡金属离子的 e_g电子数密切相关。在自然界,影响 e_g电子组态的方式有两种:一种是静态电子填充;另一种是动态电子填充。

1. 静态电子填充

高压合成的 $CaCoO_3$与 $SrCoO_3$都是空间群 $Pm\bar{3}m$ 的立方钙钛矿,晶格常数分别为 3.734 Å 和 3.829 Å。如图 10 - 22 所示,变温电阻率测量表明 $CaCoO_3$与 $SrCoO_3$是金属态,前者的电子电导率比后者高一个数量级;磁性测量表明它们都存在长程自旋序,居里-外斯定律拟合发现 $CaCoO_3$的有效磁矩 $\mu_{eff}=4.1\mu_B$,Co^{4+}离子为中间自旋态($t_{2g}^{\uparrow\uparrow\uparrow\downarrow}e_g^{\uparrow}$,$S=3/2$)。由于 Ca^{2+}离子半径小于 Sr^{2+}离子半径,较小的晶格常数和表面 Co - O 键长在增强 $CaCoO_3$催化活性的同时也提高了结构稳定性。析氧反应测试表明 $CaCoO_3$比 $SrCoO_3$具有更高的催化活性,虽然它们具有几乎相同的触发电势[1047]。

与金属性 $ACoO_3$(A = Ca、Sr)钙钛矿相比,$LaCoO_3$钙钛矿(空间群 $R\bar{3}c$,$a=5.445$ Å、$c=13.093$ Å)是电荷转移型绝缘体,Co^{3+}离子在低温是低自旋态($t_{2g}^{\uparrow\downarrow\uparrow\downarrow\uparrow\downarrow}e_g^0$,$S=0$),在高温是高自旋态($t_{2g}^{\uparrow\downarrow\uparrow\uparrow}e_g^{\uparrow\uparrow}$,$S=2$);尖晶石结构 Co_3O_4(空间群 $Fd\bar{3}m$,$a=7.81$ Å)中的 Co^{3+}离子也是低自旋态。$CaCoO_3$、$SrCoO_3$与 $LaCoO_3$钙钛矿的 Co - O 键长分别为 1.867 Å、1.915 Å 和 1.930 Å,变化趋势与 A 位离子半径大小趋势一致;Co - O 键越长、Co 3d - O 2p 轨道杂化程度越低、能带宽度越窄、共价结合越弱,3d 电子局域性增加导致电子电导率和催化活性降低。

应变也可以改变过渡金属离子 3d 轨道的对称性、调控 e_g 轨道填充电子数[1048,1049]。在 $LaNiO_3$钙钛矿中,Ni^{3+}离子处于 $t_{2g}^6e_g^1$低自旋态,e_g^1电子组态接近高催

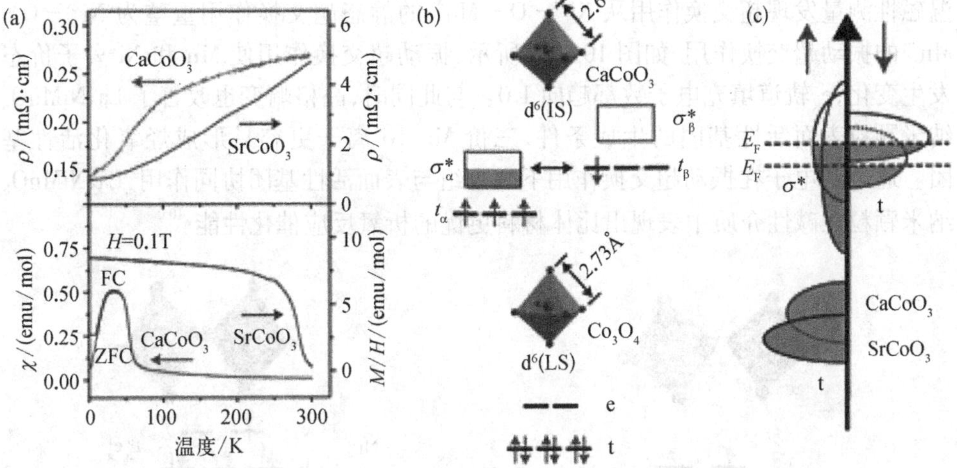

图 10-22 高压合成 $CaCoO_3$ 和 $SrCoO_3$ 钙钛矿的磁性与输运性质[1047]。(a) 变温电阻率与磁化率;(b) $ACoO_3$($A = Ca$、Sr) 和 Co_3O_4 氧八面体中心 Co 离子的电子自旋组态;(c) $CaCoO_3$ 和 $SrCoO_3$ 电子能带结构示意图。LS 和 IS 分别表示低自旋态和中间自旋态

化活性的理想状态。在压应力条件下 $LaNiO_3$ 外延薄膜的析氧反应和氧还原反应催化性能都得到大幅提升。X 射线光电子能谱测量和理论计算表明催化性能的提升源于压应变导致 e_g 轨道分裂、诱导表面原子从 $e_g = 1$ 增加到 $e_g \approx 1.2$,从而提高了 $LaNiO_3$ 薄膜的催化活性[1050,1051]。

除了催化活性,催化性能还包括电导率、离子迁移率、稳定性等多项指标[1052]。高电导率有利于降低接触电阻,因此,合理设计氧化物的配位结构,降低氧空位的形成能、改善电子输运性能也能提高催化性能[1034,1053,1054]。例如,采用氧化法可以调控 $Sr_2Co_2O_5$ 的钙铁石结构,制备富含氧空位的 $SrCoO_{2.75}$ 钙钛矿。在大幅提高电导率的同时,催化剂表面也形成了更多的 Co 烃氧化物活性点位,使得 $SrCoO_{2.75}$ 催化的析氧反应具有较低的活化势能和较小的 Tafel 斜率。在 $SrCo_{1-x}Ru_xO_{3-\delta}$($x = 0.0$~$1.0$)固溶体钙钛矿中,实验发现 $Co^{3+}-O-Ru^{5+}$ 超交换作用使得 $SrCo_{0.9}Ru_{0.1}O_{3-\delta}$ 具有 Co^{3+}/Co^{4+}、Ru^{5+}、O_2^{2-}/O^- 等多个析氧反应活性点位,具有较高的电导率和金属-氧共价结合能,催化活性超过了 RuO_2 和很多钙钛矿氧化物催化剂,具有较低的过电位和优异的耐久性。

2. 动态电子填充

在双钙钛矿氧化物中,B 位不同阳离子之间的超交换作用为电子结构以及输运性质创造了一种新的调控方法,也为钙钛矿氧化物催化剂的性能优化与机理研

究提供了一种新思路。对于 La_2NiMnO_6 双钙钛矿，当颗粒尺寸减小到 33 nm 时，变温磁性测量发现超交换作用从 $Ni^{2+}-O-Mn^{4+}$ 的静态超交换作用重整为 $Ni^{3+}-O-Mn^{3+}$ 的振动超交换作用，如图 10-23 所示，振动超交换作用使 Mn 和 Ni 离子价态发生变化，e_g 轨道填充电子数都趋向 1.0。与此同时，晶格畸变也改善了 La_2NiMnO_6 纳米颗粒表面活性基团的生成条件，三价 Mn/Ni 离子更容易形成烃氧化活性基团。通过 e_g 电子在振动超交换作用下的重组与表面活性基团协同作用，La_2NiMnO_6 纳米颗粒在碱性介质中表现出比体材料更优的析氧反应催化性能[1055]。

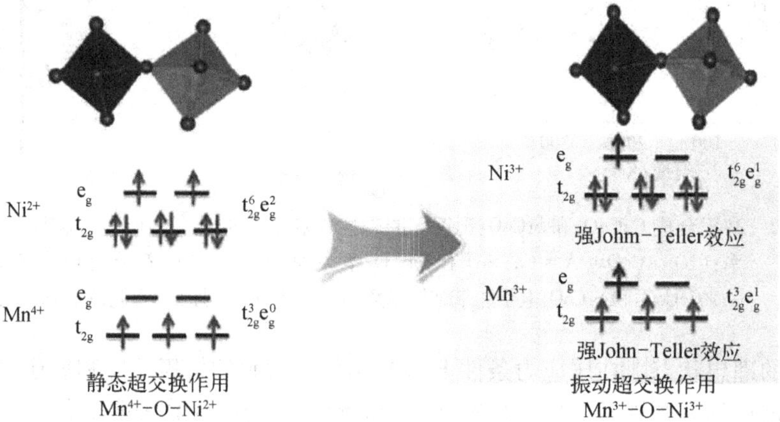

图 10-23　La_2NiMnO_6 双钙钛矿氧化物静态和振动超交换作用电子组态以及氧八面体畸变示意图[1055]

与储量稀少、价格昂贵的贵金属催化剂相比，由于 3d 过渡金属离子独特的电子组态以及钙钛矿氧化物的多变性，过渡金属钙钛矿氧化物催化剂具有低过电位、高性价比、高催化活性。因此，过渡金属钙钛矿氧化物是开发高性价比催化剂的富矿区。

参考文献

[1] Ramadass N. ABO_3-type oxides — Their structure and properties — A bird's eye view. Mater Sci Eng, 1978, 36: 231 - 239.

[2] Guo R Y, Bhalla A S. Perovskite: Lessons from its history and its crystal chemistry. Ceram Trans, 2000, 104: 3 - 40.

[3] Hirose K, Sinmyo R, Hernlund J. Perovskite in earth's deep interior. Science, 2017, 358: 734 - 738.

[4] Szuromi P, Grocholski B. Natural and engineered perovskites. Science, 2017, 358: 732 - 733.

[5] Hwang J, Rao R R, Giordano L, et al. Perovskites in catalysis and electrocatalysis. Science, 2017, 358: 751 - 756.

[6] Schmid H. Multi-ferroic magnetoelectrics. Ferroelectrics, 1994, 162: 317 - 338.

[7] Spaldin N A, Fiebig M. The renaissance of magnetoelectric multiferroics. Science, 2005, 309: 391 - 392.

[8] Newnham R E. Properties of materials — Anisotropy, symmetry, structure. New York: Oxford University Press, 2005.

[9] Eerenstein W, Mathur N D, Scott J F. Multiferroic and magnetoelectric materials. Nature, 2006, 442: 759 - 765.

[10] Fiebig M. Revival of the magnetoelectric effect. J Phys D: Appl Phys, 2005, 38: R123 - R152.

[11] Scott J F. Applications of modern ferroelectrics. Science, 2007, 315: 954 - 959.

[12] Hill N A. Why are there so few magnetic ferroelectrics? J Phys Chem B, 2000, 104: 6694 - 6709.

[13] Spaldin N A, Ramesh R. Advances in magnetoelectric multiferroics. Nature Mater, 2019, 18: 203 - 212.

[14] Wolf S A, Awschalom D D, Buhrman R A, et al. Spintronics: A spin-based electronics vision for the future. Science, 2001, 294: 1488 - 1495.

[15] Agrawal A, Choudhary A. Perspective: Materials informatics and big data: Realization of the "fourth paradigm" of science in materials science. APL Mater, 2016, 4: 053208.

[16] 于剑，褚君浩.数据科学范式下的钙钛矿结构铁电新材料研究.科技导报，2019，37(11)：71 - 81.

[17] Holdren J P. Materials genome initiative for global competitiveness. Washington DC: NSTC, 2011.

[18] Jain A, Ong S P, Hautier G, et al. Commentary: The materials project: A materials genome approach to accelerating materials innovation. APL Mater, 2013, 1: 011002.

[19] Chakraborty S, Xie W, Mathews N, et al. Rational design: A high-throughput computational screening and experimental validation methodology for lead-free and emergent hybrid perovskites. ACS Energy Lett, 2017, 2: 837 - 845.

[20] Armiento R, Kozinsky B, Hautier G, et al. High-throughput screening of perovskite alloys for piezoelectric performance and thermodynamic stability. Phys Rev B, 2014, 89: 134103.

[21] Butler K T, Frost J M, Skelton J M, et al. Computational materials design of crystalline solids. Chem Soc Rev, 2016, 45: 6138 - 6146.

[22] Sun Q D, Wang J, Yin W J, et al. Bandgap engineering of stable lead-free oxide double perovskites for photovoltaics. Adv Mater, 2018, 30: 1705901.

[23] Ju M G, Dai J, Ma L, et al. Perovskite chalcogenides with optimal bandgap and desired optical absorption for photovoltaic devices. Adv Energy Mater, 2017, 7: 1700216.

[24] Ramprasad R, Batra R, Pilania G, et al. Machine learning in materials informatics: Recent applications and prospects. npj Comput Mater, 2017, 3: 54.

[25] Ghiringhelli L M, Vybiral J, Levchenko S V, et al. Big data of materials science: Critical role of the

descriptor. Phys Rev Lett, 2015, 114: 105503.
[26] Kajita S, Ohba N, Jinnouchi R, et al. A universal 3D voxel descriptor for solid-state material informatics with deep convolutional neural networks. Sci Rep, 2017, 7: 16991.
[27] Jain A, Hautier G, Ong S P, et al. New opportunities for materials informatics: Resources and data mining techniques for uncovering hidden relationships. J Mater Res, 2016, 31: 977 – 994.
[28] Tiittanen T, Vasala S, Karppinen M. Assessment of magnetic properties of $A_2B'B''O_6$ double perovskites by multivariate data analysis techniques. Chem. Commun, 2019, 55: 1722 – 1725.
[29] Pilania G, Mannodi-Kanakkithodi A, Uberuaga B P, et al. Machine learning bandgaps of double perovskites. Sci Rep, 2016, 6: 19375.
[30] Hong W T, Welsch R E, Shao-Horn Y. Descriptors of oxygen-evolution activity for oxides: A statistical evaluation. J Phys Chem C, 2016, 120: 78 – 86.
[31] Yuan R H, Liu Z, Balachandran P V, et al. Accelerated discovery of large electrostrains in $BaTiO_3$-based piezoelectrics using active learning. Adv Mater, 2018, 30: 1702884.
[32] Strelcov E, Belianinov A, Hsieh Y H, et al. Constraining data mining with physical models: Voltage- and oxygen pressure-dependent transport in multiferroic nanostructures. Nano Lett, 2015, 15: 6650 – 6657.
[33] Yu J, Li J, Jiang Y L, et al. Data-mining driven design for novel perovskite-type piezoceramics. 2018 IEEE-ISAF. IEEE Xplore DOI: 10.1109/ISAF.2018.8463245.
[34] Yu J, Itoh M. Physics-guided data-mining driven design of room-temperature multiferroic perovskite oxides. Phys Status Solidi (RRL), 2019, 13: 1900028.
[35] Yu J, Ning H P, Wu Q. Room temperature ferromagnetic spin ordering in multiferroic double perovskite oxides. 2021 IEEE-ISAF. IEEE Xplore DOI: 10.1109/ISAF51943.2021.9477357.
[36] 吴强，宁欢颇，于剑. $BiFeO_3$系固溶体钙钛矿窄禁带铁电半导体光伏材料研究. 科学通报，2021，66: 4045 – 4053.
[37] Kohsaka Y, Taylor C, Wahl P, et al. How Cooper pairs vanish approaching the Mott insulator in $Bi_2Sr_2CaCu_2O_{8+\delta}$. Nature, 2008, 454: 1072 – 1078.
[38] Hüfner S, Hossain M A, Damascelli A, et al. Two gaps make a high-temperature superconductor? Rep Prog Phys, 2008, 71: 062501.
[39] Suntivich J, May K J, Gasteiger H A, et al. A perovskite oxide optimized for oxygen evolution catalysis from molecular orbital principles. Science, 2011, 334: 1383 – 1385.
[40] Pearl J, Mackenzie D. The book of why: The new science of cause and effect. Basic Books, 2018.
[41] Anderson P W. More is different: Broken symmetry and the nature of the hierarchical structure of science. Science, 1972, 177: 393 – 396.
[42] 冯端，金国钧. 凝聚态物理学中的基本概念. 物理学进展，2000，20: 1 – 21.
[43] 杨振宁. 现代物理学中的对称原理//杨振宁文集. 上海: 华东师范大学出版社，1998: 95 – 102.
[44] Yang C N. Einstein's impact on theoretical physics. Phys Today, 1980, 33: 42 – 50.
[45] Yang C N. Symmetry and physics. Proc Am Phil Soc, 1996, 140: 267 – 288.
[46] Rampling J. More than 2,000 years of elements: A prehistory of the periodic table. Nature, 2019, 565: 563 – 564.
[47] Scerri E. Can quantum ideas explain chemistry's greatest icon? Nature, 2019, 565: 557 – 559.
[48] Page Y L. Data mining in and around crystal structure databases. MRS Bull, 2006, 31: 991 – 994.
[49] Abrahams S C. Structure relationship to dielectric, elastic and chiral properties. Acta Cryst A, 1994, 50: 658 – 685.
[50] Resta R. Macroscopic polarization in crystalline dielectrics: The geometric phase approach. Rev Mod Phys, 1994, 66: 899 – 916.
[51] Cohen R E. Theory of ferroelectrics: A vision for the next decade and beyond. J Phys Chem Solids, 2000, 61:

139 - 146.

[52] Matar S F. *ab initio* investigations in magnetic oxides. Prog Solid State Chem, 2003, 31: 239 - 299.

[53] Armiento R, Kozinsky B, Fornari M, et al. Screening for high-performance piezoelectrics using high-throughput density functional theory. Phys Rev B, 2011, 84: 014103.

[54] Morf R, Schneider T, Stoll E. Nonuniversal critical behavior and its suppression by quantum fluctuations. Phys Rev B, 1977, 16: 462 - 469.

[55] Thomas N W. A new global parameterization of perovskite structures. Acta Cryst B, 1998, 54: 585 - 599.

[56] Zhang L L, Yu J, Itoh M. Structural phase transitions of robust insulating $Bi_{1-x}La_xFe_{1-y}Ti_yO_3$ multiferroics. J Appl Phys, 2014, 115: 123523.

[57] Yu J, An F F, Cao F. Ferroic phase transition of tetragonal $Pb_{0.6-x}Ca_xBi_{0.4}(Ti_{0.75}Zn_{0.15}Fe_{0.1})O_3$ ceramics: Factors determining Curie temperature. Jpn J Appl Phys, 2014, 53: 051501.

[58] Sai Sunder V V S S, Halliyal A, Umarji A M. Investigation of tetragonal distortion in the $PbTiO_3$- $BiFeO_3$ system by high-temperature X-ray diffraction. J Mater Res, 1995, 10: 1301 - 1306.

[59] Suchomel M R, Davies P K. Enhanced tetragonality in $xPbTiO_3-(1-x)Bi(Zn_{1/2}Ti_{1/2})O_3$ and related solid solution systems. Appl Phys Lett, 2005, 86: 262905.

[60] Rupprecht G, Bell R O. Dielectric constant in paraelectric perovskites. Phys Rev, 1964, 135: A748 - A752.

[61] Stringer C J, Shrout T R, Randall C A, et al. Classification of transition temperature behavior in ferroelectric $PbTiO_3$- Bi(Me′Me″)O_3 solid solutions. J Appl Phys, 2006, 99: 024106.

[62] Adachi M, Akishige Y, Deguchi K, et al. Perovskite-type oxides, in Landolt-Börnstein numerical data and functional relationships in science and technology: Ferroelectrics and related substances. Group 3 Volume 36, Subvolume A1, 2001: 67 - 505.

[63] Wei J X, Fu D Y, Cheng J R, et al. Temperature dependence of the dielectric and piezoelectric properties of $xBiFeO_3-(1-x)BaTiO_3$ ceramics near the morphotropic phase boundary. J Mater Sci, 2017, 52: 10726 - 10737.

[64] Nomura S, Kaneta K, Kuwata J, et al. Phase transition in the $PbTiO_3-A(B_{2/3}Nb_{1/3})O_3$ (A=La, Bi; B=Zn, Mg) solid solutions. Mater Res Bull, 1982, 17: 1471 - 1475.

[65] Smith R T, Achenbach G D, Gerson R, et al. Dielectric properties of solid solution of $BiFeO_3$ with Pb(Zr,Ti)O_3 at high temperature and high frequency. J Appl Phys, 1968, 39: 70 - 74.

[66] Gerson R, Chou P C, James W J. Ferroelectric properties of $PbZrO_3$- $BiFeO_3$ solid solutions. J Appl Phys, 1967, 38: 55 - 60.

[67] Miura S, Marutake M, Unoki H, et al. Composition dependence of the phase transition temperatures in the mixed crystal systems near $SrTiO_3$. J Phys Soc Jpn, 1975, 38: 1056 - 1060.

[68] Cava R J. Dielectric materials for applications in microwave communications. J Mater Chem, 2001, 11: 54 - 62.

[69] Kudo T, Yazaki T, Naito F, et al. $Pb(Co_{1/3}Nb_{2/3})O_3-PbTiO_3-PbZrO_3$ solid solution ceramics. J Am Ceram Soc, 1970, 53: 326 - 328.

[70] Lee K S, Choi J H, Lee J Y, et al. Domain formation in epitaxial Pb(Zr,Ti)O_3 thin films. J Appl Phys, 2001, 90: 4095 - 4102.

[71] Uchino K, Sadanaga E, Hirose T. Dependence of the crystal structure on particle size in barium titanate. J Am Ceram Soc, 1989, 72: 1555 - 1558.

[72] Zhao Z, Buscaglia V, Viviani M, et al. Grain-size effects on the ferroelectric behavior of dense nanocrystalline $BaTiO_3$ ceramics. Phys Rev B, 2004, 70: 024107.

[73] Arlt G, Hennings D, de With G. Dielectric properties of fine-grained barium titanate ceramics. J Appl Phys, 1985, 58: 1619 - 1625.

[74] Frey M H, Payne D A. Grain-size effect on structure and phase transformations for barium titanate. Phys Rev

B, 1996, 54: 3158 – 3168.
[75] Qi T T, Grinberg I, Rappe A M. Correlations between tetragonality, polarization, and ionic displacement in $PbTiO_3$-derived ferroelectric perovskite solid solutions. Phys Rev B, 2010, 82: 134113.
[76] Shirane G, Suzuki K, Takeda A. Phase transitions in solid solutions of $PbZrO_3$ and $PbTiO_3$(II) X-ray study. J Phys Soc Jpn, 1952, 7: 12 – 18.
[77] Kuroiwa Y, Aoyagi S, Sawada A, et al. Evidence for Pb-O covalency in tetragonal $PbTiO_3$. Phys Rev Lett, 2001, 87: 217601.
[78] Abe T, Kim S W, Moriyoshi C, et al. Visualization of spontaneous electronic polarization in Pb ion of ferroelectric $PbTiO_3$ by synchrotron-radiation X-ray diffraction. Appl Phys Lett, 2020, 117: 252905.
[79] Cohen R E, Krakauer H. Lattice dynamics and origin of ferroelectricity in $BaTiO_3$: Linearized-augmented-plane-wave total-energy calculations. Phys Rev B, 1990, 42: 6416 – 6423.
[80] Cohen R E. Origin of ferroelectricity in perovskite oxides. Nature, 1992, 358: 136 – 138.
[81] Zhong W, King-smith R D, Vanderbilt D. Giant LO-TO splittings in perovskite ferroelectrics. Phys Rev Lett, 1994, 72: 3618 – 3621.
[82] Kaczmarek W, Polomska M, Pajak Z. Phase diagram of ($Bi_{1-x}La_x$)FeO_3 solid solution. Phys Lett A, 1974, 7: 227 – 228.
[83] Goodenough J B. Localized versus collective d electrons and Néel temperatures in perovskite and perovskite-related structures. Phys Rev, 1967, 164: 785 – 789.
[84] Cox D E. Neutron diffraction determination of magnetic structures. IEEE Trans Magnet, 1972, 8: 161 – 182.
[85] Tachibana M, Shimoyama T, Kawaji H, et al. Jahn-Teller distortion and magnetic transitions in perovskite $RMnO_3$(R = Ho, Er, Tm, Yb, and Lu). Phys Rev B, 2007, 75: 144425.
[86] Sardar K, Lees M R, Kashtiban R J, et al. Direct hydrothermal synthesis and physical properties of rare-earth and yttrium orthochromite perovskites. Chem Mater, 2011, 23: 48 – 56.
[87] Zhou J S, Goodenough J B. Exchange interactions in the perovskites $Ca_{1-x}Sr_xMnO_3$ and $RMnO_3$(R = La, Pr, Sm). Phys Rev B, 2003, 68: 054403.
[88] Chmaissem O, Dabrowski B, Kolesnik S, et al. Relationship between structural parameters and the Néel temperature in $Sr_{1-x}Ca_xMnO_3$($0<x<1$) and $Sr_{1-y}Ba_yMnO_3$($y<0.2$). Phys Rev B, 2001, 64: 134412.
[89] Daniels L M, Weber M C, Lees M R, et al. Structures and magnetism of the rare-earth orthochromite perovskite solid solution $La_xSm_{1-x}CrO_3$. Inorg Chem, 2013, 52: 12161 – 12169.
[90] Booth R J, Fillman R, Whitaker H, et al. An Investigation of structural, magnetic and dielectric properties of R_2NiMnO_6(R = rare earth, Y). Mater Res Bull, 2009, 44: 1559 – 1564.
[91] Kakarla D C, Jyothinagaram K M, Das A K, et al. Dielectric and magnetodielectric properties of R_2NiMnO_6 (R = Nd, Eu, Gd, Dy, and Y). J Am Ceram Soc, 2014, 97: 2858 – 2866.
[92] Serrate D, De Teresa J M, Ibarra M R. Double perovskites with ferromagnetism above room temperature. J Phys: Condens Matter, 2007, 19: 023201.
[93] Kato H, Okuda T, Okimoto Y, et al. Metal-insulator transition of ferromagnetic ordered double perovskites: $(Sr_{1-y}Ca_y)_2FeReO_6$. Phys Rev B, 2002, 65: 144404.
[94] Patterson F K, Moeller C W, Ward R. Magnetic oxides of molybdenum (V) and tungsten (V) with the ordered perovskite structure. Inorg Chem, 1963, 2: 196 – 198.
[95] Kato H, Okuda T, Okimoto Y, et al. Metallic ordered double-perovskite Sr_2CrReO_6 with maximal Curie temperature of 635 K. Appl Phys Lett, 2002, 81: 328 – 330.
[96] Kato H, Okuda T, Okimoto Y, et al. Structural and electronic properties of the ordered double perovskites A_2MReO_6 (A = Sr, Ca; M = Mg, Sc, Cr, Mn, Fe, Co, Ni, Zn). Phys Rev B, 2004, 69: 184412.
[97] Philipp J B, Majewski P, Alff L, et al. Structural and doping effects in the half-metallic double perovskite A_2CrWO_6 (A = Sr, Ba, and Ca). Phys Rev B, 2003, 68: 144431.

[98] De Teresa J M, Serrate D, Blasco J, et al. Impact of cation size on magnetic properties of $(AA')_2FeReO_6$ double perovskites. Phys Rev B, 2004, 69: 144401.

[99] Kimura T, Ishihara S, Shintani H, et al. Distorted perovskite with e_g^1 configuration as a frustrated spin system. Phys Rev B, 2003, 68: 060403(R).

[100] Azuma M, Takata K, Saito T, et al. Designed ferromagnetic, ferroelectric Bi_2NiMnO_6. J Am Chem Soc, 2005, 127: 8889－8892.

[101] Shimakawa Y, Azuma M, Ichikawa N. Multiferroic compounds with double perovskite structures. Materials, 2011, 4: 153－168.

[102] Sheikh M S, Ghosh D, Dutta A, et al. Lead free double perovskite oxides Ln_2NiMnO_6(Ln=La, Eu, Dy, Lu), a new promising material for photovoltaic application. Mater Sci Eng B, 2017, 226: 10－17.

[103] Goodenough J B. Theory of the role of covalence in the perovskite-type manganites [La, M(II)]MnO_3. Phys Rev, 1955, 100: 564－573.

[104] Bokov V A, Grigoryan N A, Bryzhina M F, et al. Effect of lattice distortions on the magnetic behavior of perovskite-type manganites. Phys Status Solidi (b), 1968, 28: 835－847.

[105] Rao C N R, Cheetham A K, Mahesh R. Giant magnetoresistance and related properties of rare-earth manganates and other oxide systems. Chem Mater, 1996, 8: 2421－2432.

[106] Moritomo Y, Asamitsu A, Tokura Y. Enhanced electron-lattice coupling in $La_{1-x}Sr_xMnO_3$ near the metal-insulator phase boundary. Phys Rev B, 1997, 56: 12190－12195.

[107] Salamon M B, Jaime M. The physics of manganites: Structure and transport. Rev Mod Phys, 2001, 73: 583－628.

[108] Urushibara A, Moritomo Y, Arima T, et al. Insulator-metal transition and giant magnetoresistance in $La_{1-x}Sr_xMnO_3$. Phys Rev B, 1995, 51: 14103－14109.

[109] Dabrowski B, Xiong X, Bukowski Z, et al. Structure-properties phase diagram for $La_{1-x}Sr_xMnO_3$($0.1\leqslant x\leqslant 0.2$). Phys Rev B, 1999, 60: 7006－7017.

[110] Schiffer P, Ramirez A P, Bao W, et al. Low temperature magnetoresistance and the magnetic phase diagram of $La_{1-x}Ca_xMnO_3$. Phys Rev Lett, 1995, 75: 3336－3339.

[111] Hwang H Y, Cheong S W, Radaelli P G, et al. Lattice effects on the magnetoresistance in doped $LaMnO_3$. Phys Rev Lett, 1995, 75: 914－917.

[112] Terai T, Kakeshita T, Fukuda T, et al. Electronic and magnetic properties of $(La\text{-}Dy)_{0.7}Ca_{0.3}MnO_3$. Phys Rev B, 1998, 58: 14908－14912.

[113] Rodriguez-Martinez L M, Attfield J P. Cation disorder and size effects in magnetoresistive manganese oxide perovskites. Phys Rev B, 1996, 54: R15622－R15625.

[114] Zhou J P, McDevitt J T, Zhou J S, et al. Effect of tolerance factor and local distortion on magnetic properties of the perovskite manganites. Appl Phys Lett, 1999, 75: 1146－1148.

[115] Aizu K. Possible species of ferromagnetic, ferroelectric, and ferroelastic crystals. Phys Rev B, 1970, 2: 754－772.

[116] Lines M E, Glass A M. Principles and applications of ferroelectrics and related materials. Oxford: Clarendon Press, 2001.

[117] Cracknell A P. Shubnikov point groups and the property of 'ferroelasticity'. Acta Cryst A, 1972, 28: 597－601.

[118] Burns G, Scott B A. Lattice modes in ferroelectric perovskites: $PbTiO_3$. Phys Rev B, 1973, 7: 3088－3101.

[119] Stein D M, Suchomel M R, Davies P K. Enhanced tetragonality in $(x)PbTiO_3-(1-x)Bi(B'B'')O_3$ systems: $Bi(Zn_{3/4}W_{1/4})O_3$. Appl Phys Lett, 2006, 89: 132907.

[120] Chen J, Hu P H, Sun X Y, et al. High spontaneous polarization in $PbTiO_3-BiMeO_3$ systems with enhanced tetragonality. Appl Phys Lett, 2007, 91: 171907.

[121] Shirane G, Suzuki K. On the phase transition in barium-lead titanate (1). J Phys Soc Jpn, 1951, 6: 274 - 278.

[122] Qi T T, Grinberg I, Rappe A M. First-principles investigation of the highly tetragonal ferroelectric material $Bi(Zn_{1/2}Ti_{1/2})O_3$. Phys Rev B, 2009, 79: 094114.

[123] Jonker G H, van Santen J H. Properties of barium titanate in connection with its crystal structure. Science, 1949, 109: 632 - 635.

[124] Abrahams S C, Kurtz S K, Jamieson P B. Atomic displacement relationship to Curie temperature and spontaneous polarization in displacive ferroelectrics. Phys Rev, 1968, 172: 551 - 553.

[125] Abrahams S C. Systematic prediction of new ferroelectrics in space groups $P3_1$ and $P3_2$. Acta Cryst B, 2003, 59: 541 - 556.

[126] Balachandran P V, Shearman T, Theiler J, et al. Predicting displacements of octahedral cations in ferroelectric perovskites using machine learning. Acta Cryst B, 2017, 73: 962 - 967.

[127] Yashima M, Omoto K, Chen J, et al. Evidence for (Bi, Pb) - O covalency in the high T_C ferroelectric $PbTiO_3$ - $BiFeO_3$ with large tetragonality. Chem Mater, 2011, 23: 3135 - 3137.

[128] Ravy S, Itié J P, Polian A, et al. High-pressure study of X-ray diffuse scattering in ferroelectric perovskites. Phys Rev Lett, 2007, 99: 117601.

[129] Yacoby Y, Girshberg Y. Ti off-center displacements and the oxygen isotope-induced phase transition in $SrTiO_3$. Phys Rev B, 2008, 77: 064116.

[130] Itoh M, Wang R, Inaguma Y, et al. Ferroelectricity induced by oxygen isotope exchange in strontium titanate perovskite. Phys Rev Lett, 1999, 82: 3540 - 3543.

[131] Itoh M, Wang R P. Quantum ferroelectricity in $SrTiO_3$ induced by oxygen isotope exchange. Appl Phys Lett, 2000, 76: 221 - 223.

[132] Wang R P, Itoh M. Suppression of the quantum fluctuation in ^{18}O-enriched strontium titanate. Phys Rev B, 2001, 64: 174104.

[133] Haeni J H, Irvin P, Chang W, et al. Room-temperature ferroelectricity in strained $SrTiO_3$. Nature, 2004, 430: 758 - 761.

[134] Lemanov V V, Smirnova E P, Tarakanov E A. Ferroelectricity in $SrTiO_3$: Pb. Ferroelectrics Lett, 1997, 22: 69 - 73.

[135] Lemanov V V. Phase transitions in $SrTiO_3$ quantum paraelectric with impurities. Ferroelectrics, 1999, 226: 133 - 146.

[136] 陈孝琛.铁电体自发极化的键模型——钙钛矿、钨青铜矿铁电体自发极化强度 P_s 的计算.科学通报, 1982,27: 153 - 155.

[137] Megaw H D, Darlington C N W. Geometrical and structural relations in the rhombohedral perovskites. Acta Cryst A, 1975, 31: 161 - 173.

[138] Slater J C. The Lorentz correction in barium titanate. Phys Rev, 1950, 78: 748 - 761.

[139] Chen J, Nittala K, Forrester J S, et al. The role of spontaneous polarization in the negative thermal expansion of tetragonal $PbTiO_3$-based compounds. J Am Chem Soc, 2011, 133: 11114 - 11117.

[140] Anderson P W. Antiferromagnetism. Theory of superexchange interaction. Phys Rev, 1950, 79: 350 - 356.

[141] Anderson P W. An approximate quantum theory of the antiferromagnetic ground state. Phys Rev, 1952, 86: 694 - 701.

[142] Anderson P W. New approach to the theory of superexchange interactions. Phys Rev, 1959, 115: 2 - 13.

[143] Terakura K. Magnetism, orbital ordering and lattice distortion in perovskite transition-metal oxides. Prog Mater Sci, 2007, 52: 388 - 400.

[144] Adachi K. Magnetism of compounds: Localised spin system. Tokyo: Shokabo, 2004.

[145] Goodenough J B. Magnetism and the chemical bond. New York: John Wiley, 1963.

[146] Goodenough J B, Wold A, Arnott R J, et al. Relationship between crystal symmetry and magnetic properties of ionic compounds containing Mn^{3+}. Phys Rev, 1961, 124: 373-384.

[147] Kanamori J. Superexchange interaction and symmetry properties of electron orbitals. J Phys Chem Solids, 1959, 10: 87-98.

[148] Chi Z H, Xiao C J, Feng S M, et al. Manifestation of ferroelectromagnetism in multiferroic $BiMnO_3$. Appl Phys Lett, 2005, 98: 103519.

[149] dos Santos A M, Cheetham A K, Atou T, et al. Orbital ordering as the determinant for ferromagnetism in biferroic $BiMnO_3$. Phys Rev B, 2002, 66: 064425.

[150] Suchomel M R, Thomas C I, Allix M, et al. High pressure bulk synthesis and characterization of the predicted multiferroic $Bi(Fe_{1/2}Cr_{1/2})O_3$. Appl Phys Lett, 2007, 90: 112909.

[151] Zhu J L, Yang H X, Feng S M, et al. The multiferroic properties of $Bi(Fe_{1/2}Cr_{1/2})O_3$ compound. Int J Modern Phys B, 2013, 27: 1362023.

[152] Wold A, Croft W. Preparation and properties of the systems $LnFe_xCr_{1-x}O_3$ and $LaFe_xCo_{1-x}O_3$. J Phys Chem, 1959, 63: 447-448.

[153] Ueda K, Tabata H, Kawai T. Ferromagnetism in $LaFeO_3-LaCrO_3$ superlattices. Science, 1998, 280: 1064-1066.

[154] Yang S C, Kumar A, Petkov V, et al. Room-temperature magnetoelectric coupling in single-phase $BaTiO_3-BiFeO_3$ system. J Appl Phys, 2013, 113: 144101.

[155] Mandal P, Pitcher M J, Alaria J, et al. Designing switchable polarization and magnetization at room temperature in an oxide. Nature, 2015, 525: 363-366.

[156] Mandal P, Pitcher M J, Alaria J, et al. Controlling phase assemblage in a complex multi-cation system: Phase-pure room temperature multiferroic $(1-x)BiTi_{(1-y)/2}Fe_yMg_{(1-y)/2}O_3-xCaTiO_3$. Adv Func Mater, 2016, 26: 2523-2531.

[157] Goossens D J, Weekes C J, Avdeev M, et al. Crystal and magnetic structure of $(1-x)BiFeO_3-xSrTiO_3$ (x= 0.2, 0.3, 0.4 and 0.8). J Solid State Chem, 2013, 207: 111-116.

[158] Zheng W L, Zhang L L, Lin Y, et al. Ferroic phase transitions and switching properties of modified $BiFeO_3-SrTiO_3$ multiferroic perovskites. J Mater Sci: Mater Electron, 2016, 27: 12067-12073.

[159] Wongmaneerung R, Tan X, McCallum R W, et al. Cation, dipole, and spin order in $Pb(Fe_{2/3}W_{1/3})O_3$-based magnetoelectric multiferroic compounds. Appl Phys Lett, 2007, 90: 242905.

[160] Ederer C, Spaldin N A. Weak ferromagnetism and magnetoelectric coupling in bismuth ferrite. Phys Rev B, 2005, 71: 060401(R).

[161] Baettig P, Spaldin N A. *ab initio* prediction of a multiferroic with large polarization and magnetization. Appl Phys Lett, 2005, 86: 012505.

[162] Baettig P, Ederer C, Spaldin N A. First principles study of the multiferroics $BiFeO_3$, Bi_2FeCrO_6, and $BiCrO_3$: Structure, polarization, and magnetic ordering temperature. Phys Rev B, 2005, 72: 214105.

[163] Cracknell A P. Magnetism in crystalline materials: Applications of the theory of groups of cambiant symmetry. Oxford: Pergamon Press, 1975.

[164] Tokura Y, Nagaosa N. Orbital physics in transition metal oxides. Science, 2000, 288: 462-467.

[165] Bertaut E F. Lattice theory of spin configuration. J Appl Phys, 1962, 33: 1138-1143.

[166] Oles A M, Horsch P, Feiner L F, et al. Spin-orbital entanglement and violation of the Goodenough-Kanamori rules. Phys Rev Lett, 2006, 96: 147205.

[167] Hou X B, Yu J. Perovskite-structured $BiFeO_3-Bi(Zn_{1/2}Ti_{1/2})O_3-PbTiO_3$ solid solution piezoelectric ceramics with Curie temperature about 700℃. J Am Ceram Soc, 2013, 96: 2218-2224.

[168] Zhang L L, Hou X B, Yu J. Ferroelectric and piezoelectric properties of high temperature $(Bi,La)FeO_3-Bi(Zn_{1/2}Ti_{1/2})O_3-PbTiO_3$ ceramics at rhombohedral/tetragonal coexistent phase. Jpn J Appl Phys, 2015,

54: 081501.

[169] Zheng W L, Yu J. Residual tensile stresses and piezoelectric properties in $BiFeO_3$ - $Bi(Zn_{1/2}Ti_{1/2})O_3$ - $PbTiO_3$ ternary solid solution perovskite ceramics. AIP Adv, 2016, 6: 085314.

[170] Lin Y, Zhang L L, Zheng W L, et al. Structural phase boundary of $BiFeO_3$ - $Bi(Zn_{1/2}Ti_{1/2})O_3$ - $BaTiO_3$ lead-free ceramics and their piezoelectric properties. J Mater Sci: Mater Electron, 2015, 26: 7351 - 7360.

[171] 姜英龙,李军,于剑.数据挖掘驱动的 $BiFeO_3$ - $BaTiO_3$ 铁电陶瓷元素替代效应.科学通报,2018,63: 3229 - 3240.

[172] Noda Y, Otake M, Nakayama M. Descriptors for dielectric constants of perovskite-type oxides by materials informatics with first-principles density functional theory. Sci Tech Adv Mater, 2020, 21: 92 - 99.

[173] 杜刚.压电陶瓷在变温强场下铁电畴翻转的研究.北京：中国科学院大学博士学位论文,2013.

[174] Liu G, Dong J, Zhang L Y, et al. Phase evolution in $(1-x)(Na_{0.5}Bi_{0.5})TiO_3$ - $xSrTiO_3$ solid solutions: A study focusing on dielectric and ferroelectric characteristics. J Materiomics, 2020, 6: 677 - 691.

[175] Chen J G, Daniels J E, Jian J, et al. Origin of large electric-field-induced strain in pseudo-cubic $BiFeO_3$ - $BaTiO_3$ ceramics. Acta Mater, 2020, 197: 1 - 9.

[176] Liu M, Hisa K J, Sardela Jr M R. *In situ* X-ray diffraction study of electric-field-induced domain switching and phase transition in PZT - 5H. J Am Ceram Soc, 2005, 88: 210 - 215.

[177] Yamaguchi H. Behavior of electric-field-induced strain in PT-PZ-PMN ceramics. J Am Ceram Soc, 1999, 82: 1459 - 1462.

[178] Yamamoto T. Ferroelectric properties of the $PbZrO_3$ - $PbTiO_3$ system. Jpn J Appl Phys, 1996, 35: 5104 - 5108.

[179] Kulcsar F. Electromechanical properties of lead titanate zirconate ceramics with lead partially replaced by calcium or strontium. J Am Ceram Soc, 1959, 42: 49 - 51.

[180] Ouchi H, Nagano K, Hayakawa S. Piezoelectric properties of $Pb(Mg_{1/3}Nb_{2/3})O_3$ - $PbTiO_3$ - $PbZrO_3$ solid solution ceramics. J Am Ceram Soc, 1965, 48: 630 - 635.

[181] Li Q, Dong Y J, Cheng J R, et al. Enhanced dielectric and piezoelectric properties in $BaZrO_3$ modified $BiFeO_3$ - $PbTiO_3$ high temperature ceramics. J Mater Sci: Mater Electron, 2016, 27: 7100 - 7104.

[182] Fan L, Chen J, Li S, et al. Enhanced piezoelectric and ferroelectric properties in the $BaZrO_3$ substituted $BiFeO_3$ - $PbTiO_3$. Appl Phys Lett, 2013, 102: 022905.

[183] Ohno H, Chiba D, Matsukura F, et al. Electric-field control of ferromagnetism. Nature, 2000, 408: 944 - 946.

[184] He J G, Franchini C. Screened hybrid functional applied to $3d^0 \rightarrow 3d^8$ transition-metal perovskites $LaMO_3$ (M = Sc-Cu): Influence of the exchange mixing parameter on the structural, electronic, and magnetic properties. Phys Rev B, 2012, 86: 235117

[185] Arima T, Tokura Y, Torrance J B. Variation of optical gaps in perovskite-type 3d transition-metal oxides. Phys Rev B, 1993, 48: 17006 - 17009.

[186] Jiang Y L, Ning H P, Yu J. Optical bandgap tuning of ferroelectric semiconducting $BiFeO_3$-based oxide perovskites via chemical substitution for photovoltaics. AIP Adv, 2018, 8: 125334.

[187] Liu H, Chen J, Jiang X X, et al. Controllable negative thermal expansion, ferroelectric and semiconducting properties in $PbTiO_3$ - $Bi(Co_{2/3}Nb_{1/3})O_3$ solid solutions. J Mater Chem C, 2017, 5: 931 - 937.

[188] Pascual-Gonzalez C, Schileo G, Murakami S, et al. Continuously controllable optical band gap in orthorhombic ferroelectric $KNbO_3$ - $BiFeO_3$ ceramics. Appl Phys Lett, 2017, 110: 172902.

[189] Kingery W D, Bowen H K, Uhlmann D R. Introduction to ceramics. 2nd ed. New York: John Wiley & Sons, Inc., 1976.

[190] Elissalde C, Ravez J. Ferroelectric ceramics: Defects and dielectric relaxations. J Mater Chem, 2001, 11: 1957 - 1967.

[191] Bidault O, Goux P, Kchikech M. et al. Space-charge relaxation in perovskites. Phys Rev B, 1994, 49: 7868 - 7873.

[192] Liu J J, Duan C G, Mei W N, et al. Dielectric properties and Maxwell-Wagner relaxation of compounds $ACu_3Ti_4O_{12}$ (A = Ca, $Bi_{2/3}$, $Y_{2/3}$, $La_{2/3}$). J Appl Phys, 2005, 98: 093703.

[193] Tsurumi T, Li J, Hoshina T, et al. Ultrawide range dielectric spectroscopy of $BaTiO_3$-based perovskite dielectrics. Appl Phys Lett, 2007, 91: 182905.

[194] Cha S H, Han H H. Effects of Mn doping on dielectric properties of Mg-doped $BaTiO_3$. J Appl Phys, 2006, 100: 104102.

[195] Yu J, Chu J H. Progress and prospect for high temperature single phase magnetic ferroelectrics. Chin Sci Bull, 2008, 53: 2097 - 2112.

[196] Kozakov A T, Kochur A G, Googlev K A, et al. X-ray photoelectron study of the valence state of iron in iron-containing single crystal ($BiFeO_3$, $PbFe_{1/2}Nb_{1/2}O_3$) and ceramic ($BaFe_{1/2}Nb_{1/2}O_3$) multiferroics. J Electron Spectrosc Relat Phenom, 2011, 184: 16 - 23.

[197] Abe K, Sakai N, Takahashi J, et al. Leakage current properties of cation-substituted $BiFeO_3$ ceramics. Jpn J Appl Phys, 2010, 49: 09MB01.

[198] Wu J G, Wang J. Ferroelectric and impedance behavior of La-and Ti-codoped $BiFeO_3$ thin films. J Am Ceram Soc, 2010, 93: 2795 - 2803.

[199] Zhang L L, Yu J. Robust insulating La and Ti co-doped $BiFeO_3$ multiferroic ceramics. J Mater Sci: Mater Electron, 2016, 27: 8725 - 8733.

[200] Lu Z L, Wang G, Bao W C, et al. Superior energy density through tailored dopant strategies in multilayer ceramic capacitors. Energy Environ Sci, 2020, 13: 2938 - 2948.

[201] Stephenson V, Franagan C E. Electrical conduction in polycrystalline lead zirconate-titanate. J Chem Phys, 1961, 34: 2203 - 2204.

[202] Ezis A, Burt J G, Krakowski R A. Oxygen concentration cell measurements of ionic transport numbers in PZT ferroelectrics. J Am Ceram Soc, 1970, 53: 521 - 524.

[203] Glower D, Heckman R C. Conduction-ionic or electronic-in $BaTiO_3$. J Chem Phys, 1964, 41: 877 - 879.

[204] Takahashi T, Iwahara H. Ionic conduction in perovskite-type oxide solid solution and its application to the solid electrolyte fuel cell. Energy Conversion, 1971, 11: 105 - 111.

[205] Wu P, Xiong Y, Sun L, et al. Enhancing thermoelectric performance of the $CH_3NH_3PbI_3$ polycrystalline thin films by using the excited state on photoexcitation. Org Electron, 2018, 55: 90 - 96.

[206] Yashima M, Nomura K, Kageyama H, et al. Conduction path and disorder in the fast oxide-ion conductor $(La_{0.8}Sr_{0.2})(Ga_{0.8}Mg_{0.15}Co_{0.05})O_{2.8}$. Chem Phys Lett, 2003, 380: 391 - 396.

[207] 于剑.工程设计基础.北京：人民教育出版社,2022.

[208] Haertling G H. Ferroelectric ceramics: History and technology. J Am Ceram Soc, 1999, 82: 797 - 818.

[209] Shrout T R, Zhang S J. Lead-free piezoelectric ceramics: Alternatives for PZT? J Electroceram, 2007, 19: 111 - 124.

[210] Rödel J, Jo W, Seifert K T P, et al. Perspective on the development of lead-free piezoceramics. J Am Ceram Soc, 2009, 92: 1153 - 1177.

[211] Zhang S J, Yu F P. Piezoelectric materials for high temperature sensors. J Am Ceram Soc, 2011, 94: 3153 - 3170.

[212] Fritze H. High-temperature piezoelectric crystals and devices. J Electroceram, 2011, 26: 122 - 161.

[213] Stevenson T, Martin D G, Cowin P I. Piezoelectric materials for high temperature transducers and actuators. J Mater Sci: Mater Electron, 2015, 26: 9256 - 9267.

[214] Wang X P, Wu J G, Xiao D Q, et al. Giant piezoelectricity in potassium-sodium niobate lead-free ceramics. J Am Chem Soc, 2014, 136: 2905 - 2910.

[215] Leontsev S O, Eitel R E. Dielectric and piezoelectric properties in Mn-modified $(1-x)BiFeO_3-xBaTiO_3$ ceramics. J Am Ceram Soc, 2009, 92: 2957-2961.
[216] Snaith H J. Present status and future prospects of perovskite photovoltaics. Nature Mater, 2018, 17: 372-376.
[217] Correa-Baena J P, Saliba M, Buonassisi T, et al. Promises and challenges of perovskite solar cells. Science, 2017, 358: 739-744.
[218] Xiao Z W, Meng W W, Wang J B, et al. Searching for promising new perovskite-based photovoltaic absorbers: The importance of electronic dimensionality. Mater Horiz, 2017, 4: 206-216.
[219] Yin W J, Weng B C, Ge J, et al. Oxide perovskites, double perovskites and derivatives for electrocatalysis, photocatalysis, and photovoltaics. Energy Environ Sci, 2019, 12: 442-462.
[220] Sun Q D, Yin W J, Wei S H. Searching for stable perovskite solar cell materials using materials genome techniques and high-throughput calculations. J Mater Chem C, 2020, 8: 12012-12035.
[221] Jain A, Voznyy O, Sargent E H. High-throughput screening of lead-free perovskite-like materials for optoelectronic applications. J Phys Chem C, 2017, 121: 7183-7187.
[222] Grinberg I, Vincent West D, Torres M, et al. Perovskite oxides for visible-light-absorbing ferroelectric and photovoltaic materials. Nature, 2013, 503: 509-512.
[223] Fridkin V M. Bulk photovoltaic effect in noncentrosymmetric crystals. Cryst Rep, 2001, 46: 654-658.
[224] Tu S C, Wang F T, Chien R R, et al. Dielectric and photovoltaic phenomena in tungsten-doped $Pb(Mg_{1/3}Nb_{2/3})_{1-x}Ti_xO_3$ crystal. Appl Phys Lett, 2006, 88: 032902.
[225] Yuan Y B, Xiao Z G, Yang B, et al. Arising applications of ferroelectric materials in photovoltaic devices. J Mater Chem A, 2014, 2: 6027-6041.
[226] Chen F S. Optically induced change of refractive indices in $LiNbO_3$ and $LiTaO_3$. J Appl Phys, 1969, 40: 3389-3396.
[227] Qin M, Yao K, Liang Y C. High efficient photovoltaics in nanoscaled ferroelectric thin films. Appl Phys Lett, 2008, 93: 122904.
[228] Ladd T D, Jelezko F, Laflamme R, et al. Quantum computers. Nature, 2010, 464: 45-53.
[229] DiVincenzo D P. Quantum computation. Science, 1995, 270: 255-261.
[230] Loss D, DiVincenzo D P. Quantum computation with quantum dots. Phys Rev A, 1998, 57: 120-126.
[231] DiVicenzo D P, Bacon D, Kempe J, et al. Universal quantum computation with the exchange interaction. Nature, 2000, 408: 339-342.
[232] Debnath S, Linke N M, Figgatt C, et al. Demonstration of a small programmable quantum computer with atomic qubits. Nature, 2016, 536: 63-66.
[233] Feng M, D'Amico I, Zanardi P, et al. Spin-based quantum-information processing with semiconductor quantum dots and cavity QED. Phys Rev A, 2003, 67: 014306.
[234] Gupta J A, Knobel R, Samarth N, et al. Ultrafast manipulation of electron spin coherence. Science, 2001, 292: 2458-2461.
[235] Eisenstein J P, Pfeiffer L N, West K W. Quantum Hall spin diode. Phys Rev Lett, 2017, 118: 186801.
[236] Neumann P, Kolesov R, Naydenov B, et al. Scalable quantum register based on coupled electron spins in a room temperature solid. Nature Phys, 2010, 6: 249-253.
[237] Sugahara S, Nitta J. Spin-transistor electronics: An overview and outlook. Proc IEEE, 2010, 98: 2124-2154.
[238] Friedman J S, Wessels B W, Querlioz D, et al. High-performance computing based on spin-diode logic. Proc SPIE, 2014, 9167: 91671J.
[239] Torii Y, Matsumoto H. The formation of cubic $Pb(Cr_{1/2}Nb_{1/2})O_3$ and hexagonal $Ba(Cr_{1/2}Nb_{1/2})O_3$. J Ceram Assoc Jpn, 1975, 83: 227-232.

[240] Uehara M, Mori S, Chen C H, et al. Percolative phase separation underlies colossal magnetoresistance in mixed valent manganites. Nature, 1999, 399: 560 - 563.
[241] Zhang L L, Yu J. Residual tensile stress in robust insulating rhombohedral $Bi_{1-x}La_xFe_{1-y}Ti_yO_3$ multiferroic ceramics and its ability to pin ferroelectric polarization switching. Appl Phys Lett, 2015, 106: 112907.
[242] Choi T, Lee S, Choi Y J, et al. Switchable ferroelectric diode and photovoltaic effect in $BiFeO_3$. Science, 2009, 324: 63 - 66.
[243] Yi H T, Choi T, Choi S G, et al. Mechanism of the switchable photovoltaic effect in ferroelectric $BiFeO_3$. Adv Mater, 2011, 23: 3403 - 3407.
[244] Hung M, Tu C S, Yen W D, et al. Photovoltaic phenomena in $BiFeO_3$ multiferroic ceramics. J Appl Phys, 2012, 111: 07D912.
[245] Tu S, Hung C M, Xu Z R, et al. Calcium-doping effects on photovoltaic response and structure in multiferroic $BiFeO_3$ ceramics. J Appl Phys, 2013, 114: 124105.
[246] Goodenough J B. Spin-orbit-coupling effects in transition-metal compounds. Phys Rev, 1968, 171: 466 - 479.
[247] Callister Jr. W D, Rethwisch D G.材料科学与工程基础(原著第四版).郭福,马立民,等译.北京：化学工业出版社,2018.
[248] Ralls K M, Courtney T H, Wulff J. Introduction to materials science and engineering. New York: John Wiley & Sons, Inc. 1976: 22.
[249] Wang S G, Qiu Y X, Fang H, et al. The challenge of the so-called electron configurations of the transition metals. Chem Eur J, 2006, 12: 4101 - 4114.
[250] Slater J C. Atomic shielding constants. Phys Rev, 1930, 36: 57 - 64.
[251] Shannon R D, Prewitt C T. Effective ionic radii in oxides and fluorides. Acta Cryst B, 1969, 25: 925 - 946.
[252] Shannon R D. Revised effective ionic radii and systematic studies of interatomic distances in halides and chalcogenides. Acta Cryst A, 1976, 32: 751 - 767.
[253] 柳田博明.电子陶瓷材料.东京：技报堂,1975：7 - 8.
[254] Li K Y, Xue D F. Estimation of electronegativity values of elements in different valence states. J Phys Chem A, 2006, 110: 11332 - 11337.
[255] Li K Y, Wang X T, Zhang F F, et al. Electronegativity identification of novel superhard materials. Phys Rev Lett, 2008, 100: 235504.
[256] Hoffmann R. How chemistry and physics meet in the solid state. Angew Chem Int Ed, 1987, 26: 846 - 878.
[257] Evans A G. Fracture in ceramic materials: Toughening mechanisms, machining damage, shock. New Jersey: Noyes Publications, 1984.
[258] Brown I D, Wu K K. Empirical parameters for calculating cation-oxygen bond valences. Acta Cryst B, 1976, 32: 1957 - 1959.
[259] Brown I D, Altermatt D. Bond-valence parameters obtained from a systematic analysis of the Inorganic Crystal Structure Database. Acta Cryst B, 1985, 41: 244 - 247.
[260] Brese N E, O'Keeffe M. Bond-valence parameters for solids. Acta Cryst B, 1991, 47: 192 - 197.
[261] Woodward P M, Cox D E, Moshopoulou E, et al. Structural studies of charge disproportionation and magnetic order in $CaFeO_3$. Phys Rev B, 2000, 62: 844 - 855.
[262] Veithen M, Gonze X, Ghosez P. Electron localization: Band-by-band decomposition and application to oxides. Phys Rev B, 2002, 66: 235113.
[263] Dall'Olio S, Dovesi R, Resta R. Spontaneous polarization as a Berry phase of the Hartree-Fock wave function: The case of $KNbO_3$. Phys Rev B, 1997: 10105 - 10114.
[264] Wood E A. Polymorphism in potassium niobate, sodium niobate, and other ABO_3 compounds. Acta Cryst, 1951, 4: 353 - 362.

[265] Mitchell R H, Bay T. Perovskites modern and ancient. Ontario: Almaz Press, 2002.
[266] Birss R R. Symmetry and magnetism. Amsterdam: North-Holland Publishing Company. 1964.
[267] Bradley C J, Cracknell A P. The mathematical theory of symmetry in solids. Oxford: Clarendon Press, 1972.
[268] Gautschi G. Piezoelectric sensorics. Berlin Heidelberg New York: Springer-Verlag, 2002.
[269] Yamaguchi T, Tsushima K. Magnetic symmetry of rare-earth orthochromites and orthoferrites. Phys Rev B, 1973, 8: 5187-5198.
[270] Ascher E. Interactions between magnetization and polarization: Phenomenological symmetry considerations on boracites, J Phys Soc Jpn, 1970, 28: 7-14.
[271] Burbank R D, Evans H T. The crystal structure of hexagonal barium titanate. Acta Cryst, 1948, 1: 330-336.
[272] Unoki J, Sakudo T. Electron spin resonance of Fe^{3+} in $SrTiO_3$ with special reference to the 110 K phase transition. J Phys Soc Jpn, 1967, 23: 546-552.
[273] Redfern S A T. High-temperature structural phase transitions in perovskite ($CaTiO_3$). J Phys: Condens Matter, 1996, 8: 8267-8275.
[274] Kennedy B J, Howard C J, Chakoumakos B C. Phase transitions in perovskite at elevated temperature — A powder neutron diffraction study. J Phys: Condens Matter, 1999, 11: 1479-1488.
[275] Kennedy B J, Hunter B A. High temperature phases of $SrRuO_3$. Phys Rev B, 1998, 58: 653-658.
[276] Kennedy B J, Howard C J, Chakoumakos B C. High temperature phase transitions in $SrZrO_3$. Phys Rev B, 1999, 59: 4023-4027.
[277] Yamanaka T, Hirai N, Komatsu Y. Structure change of $Ca_{1-x}Sr_xTiO_3$ perovskite with composition and pressure. Am Mineralogist, 2002, 87: 1183-1189.
[278] Qin S, Becerro A I, Seifert F, et al. Phase transitions in $Ca_{1-x}Sr_xTiO_3$ perovskites: Effects of composition and temperature. J Mater Chem, 2000, 10: 1609-1615.
[279] Sun Q D, Yin W J. Thermodynamic stability trend of cubic perovskites. J Am Chem Soc, 2017, 139: 14905-14908.
[280] Geller S. Crystallographic studies of perovskite-like compounds. IV. Rare earth scandates, vanadites, galliates, orthochromites. Acta Cryst, 1957, 10: 243-248.
[281] Kanke Y, Navrotsky A. A calorimetric study of the lanthanide aluminum oxides and the lanthanide gallium oxides: Stability of the perovskites and the garnets. J Solid State Chem, 1998, 141: 424-436.
[282] Zhou J S, Goodenough J B. Universal octahedral-site distortion in orthorhombic perovskite oxides. Phys Rev Lett, 2005, 94: 065501.
[283] Chamberland B L, Sleight A W, Weiher J F. Preparation and characterization of $BaMnO_3$ and $SrMnO_3$ polytypes. J. Solid State Chem, 1970, 1: 506-511.
[284] King G, Woodward P M. Cation ordering in perovskites. J Mater Chem, 2010, 20: 5785-5796.
[285] Anderson M T, Greenwood K B, Taylor G A, et al. B-cation arrangements in double perovskites. Prog Solid State Chem, 1993, 22: 197-233.
[286] Iwakura H, Einaga H, Teraoka Y. Relationship between cation arrangement and photocatalytic activity for Sr-Al-Nb-O double perovskite. Inorg Chem, 2010, 49: 11362-11369.
[287] Vasala S, Karppinen M. $A_2B'B''O_6$ perovskites: A review. Prog Solid State Chem, 2015, 43: 1-36.
[288] Harrison W T A, Reis K P, Jacobson A J, et al. Syntheses, structures, and magnetism of barium/rare-earth/bismuth double perovskites. Crystal structures of Ba_2MBiO_6 (M = Ce, Pr, Nd, Tb, Yb) by powder neutron diffraction. Chem Mater, 1995, 7: 2161-2167.
[289] Sleight A W, Weiher J F. Magnetic and electrical properties of Ba_2MReO_6 ordered perovskites. J Phys Chem Solids, 1972, 33: 679-687.
[290] Swaffer M, Slater P R, Gover R K B, et al. La_2MgGeO_6: A novel Ge based perovskite synthesized under

ambient pressure. Chem Commun, 2002, 1776 - 1777.
[291] Ramesha K, Sebastian L, Eichhorn B, et al. Pb_2FeReO_6: New defect pyrochlore oxide with a geometrically frustrated Fe/Re sublattice. J Mater Chem, 2003, 13: 2011 - 2014.
[292] Selbach S M, Tolchard J R, Fossdal A, et al. Non-linear thermal evolution of the crystal structure and phase transitions of $LaFeO_3$ investigated by high temperature X-ray diffraction. J Solid State Chem, 2012, 196: 249 - 254.
[293] Rouquette J, Haines J, Bornand V, et al. Pressure tuning of the morphotropic phase boundary in piezoelectric lead zirconate titanate. Phys Rev B, 2004, 70: 014108.
[294] 赵菁,Ross N L, Angel R J.高温高压下钙钛矿晶体结构变化.物理,2006,35: 461 - 465.
[295] 秦善,王汝成.钙钛矿(ABX_3)型结构畸变的几何描述及其应用.地质学报,2004,78(3): 345 - 351.
[296] Glazer A M. The classification of tilted octahedral in perovskites. Acta Cryst B, 1972, 28: 3384 - 3391.
[297] Glazer A M. Simple way of determining perovskite structures. Acta Cryst A, 1975, 31: 756 - 762.
[298] Woodward P M. Octahedral tilting in perovskites I. Geometrical considerations. Acta Cryst B, 1997, 53: 32 - 43.
[299] Woodward P M. Octahedral tilting in perovskites II. Structure stabilizing forces. Acta Cryst B, 1997, 53: 44 - 66.
[300] Lufaso M W, Woodward P M. Jahn-Teller distortion, cation ordering and octahedral tilting in perovskites. Acta Cryst B, 2004, 60: 10 - 20.
[301] Howard C J, Stokes H T. Group theoretical analysis of octahedral tilting in perovskites. Acta Cryst B, 1998, 54: 782 - 789.
[302] Woodward D I, Reaney I M. Electron diffraction of tilted perovskites. Acta Cryst B, 2005, 61: 387 - 399.
[303] Howard C J, Kennedy B J, Woodward P M. Ordered double perovskites — A group-theoretical analysis. Acta Cryst B, 2003, 59: 463 - 471.
[304] Gómez-Pérez A, Hoelzel M, Muñoz-Noval Á, et al. Effect of internal pressure and temperature on phase transitions in perovskite oxides: The case of the solid oxide fuel cell cathode materials of the $La_{2-x}Sr_xCoTiO_6$ series. Inorg Chem, 2016, 55: 12766 - 12774.
[305] Megaw H D. Refinement of the structure of $BaTiO_3$ and other ferroelectrics. Acta Cryst, 1962, 15: 972 - 973.
[306] Nelmes R J, Kuhs W F. The crystal structure of tetragonal $PbTiO_3$ at room temperature and at 700 K. Solid State Commun, 1985, 54: 721 - 723.
[307] Aleksandrov K S. The sequences of structural phase transitions in perovskites. Ferroelectrics, 1976, 14: 801 - 805.
[308] Aleksandrov K S. Mechanism of the ferroelectric and structural phase transitions, structural distortions in perovskites. Ferroelectrics, 1978, 20: 61 - 67.
[309] Wang Z L, Kang Z C. Functional and smart materials: Structural evolution and structure analysis. New York: Plenum Press, 1998, 93 - 149.
[310] Asamitsu A, Moritomo Y, Tomioka Y, et al. A structural phase transition induced by an external magnetic field. Nature, 1995, 373: 407 - 409.
[311] Zhou Q D, Kennedy B J. High temperature structural studies of Ba_2BiTaO_6. Solid State Sci, 2005, 7: 287 - 291.
[312] Lufaso M W, Macquart R B, Lee Y, et al. Pressure-induced phase transition and octahedral tilt system change of Ba_2BiSbO_6. J Solid State Chem, 2006, 179: 917 - 922.
[313] Wallwork K S, Kennedy B J, Zhou Q D, et al. Pressure and temperature-dependent structural studies of Ba_2BiTaO_6. J Solid State Chem, 2005, 178: 207 - 211.
[314] Vogt T, Hriljac J A, Hyatt N C, et al. Pressure-induced intermediate-to-low spin state transition in $LaCoO_3$.

Phys Rev B, 2003, 67: 140401(R).

[315] Vankó G, Rueff J P, Mattila A, et al. Temperature- and pressure-induced spin-state transitions in $LaCoO_3$. Phys Rev B, 2006, 73: 024424.

[316] Shames A I, Rozenberg E, Martin C, et al. Crystallographic structure and magnetic ordering in $CaMn_{1-x}Ru_xO_3$ ($x \leqslant 0.40$) manganites: Neutron diffraction, ac susceptibility, and electron magnetic resonance studies. Phys Rev B, 2004, 70: 134433.

[317] Markovich V, Auslender M, Fita I, et al. Interplay between itinerant and localized states in $CaMn_{1-x}Ru_xO_3$ ($x \leqslant 0.5$) manganites. Phys Rev B, 2006, 73: 014416.

[318] Anderson M T, Vaughey J T, Poeppelmeier K R. Structural similarities among oxygen-deficient perovskites. Chem Mater, 1993, 5: 151 – 165.

[319] Coey J M D, Viret M, von Molnár S. Mixed-valence manganites. Adv Phys, 1999, 48: 167 – 293.

[320] Rae D, Thompson J G, Withers R L, et al. Structure refinement of commensurately modulated bismuth titanate, $Bi_4Ti_3O_{12}$. Acta Cryst B, 1990, 46: 474 – 487.

[321] Nalini G, Subbanna G N, Guru Row T N. Studies on n = 2 Aurivillius phases: Structure of the series $Bi_{3-x}La_xTiNbO_9$ ($0 \leqslant x \leqslant 1$). Mater Chem Phys, 2003, 82: 663 – 671.

[322] Irie H, Miyayama M, Kudo T. Structure dependence of ferroelectric properties of bismuth layer-structured ferroelectric single crystals. J Appl Phys, 2001, 90: 4089 – 4094.

[323] Demina A N, Cherepanov V A, Petrov A N, et al. Phase equilibria and crystal structures of mixed oxides in the La-Mn-Ni-O system. Inorg Mater, 2005, 41: 736 – 742.

[324] Felser C, Fecher G H, Balke B. Spintronics: A challenge for materials science and solid state chemistry. Angew Chem Int Ed, 2007, 46: 668 – 699.

[325] 牟柏林,杨阳.铁基钙钛矿化合物 $AFeO_3$(A = Ca, Sr, Ba)的光催化性能.硅酸盐学报,2006,34: 1151 – 1153.

[326] Berastegui P, Eriksson S G, Hull S. A neutron diffraction study of the temperature dependence of $Ca_2Fe_2O_5$. Mater Res Bull, 1999, 34: 303 – 314.

[327] Krüger H, Kahlenberg V, Petříček V, et al. High-temperature structural phase transition in $Ca_2Fe_2O_5$ studied by *in-situ* X-ray diffraction and transmission electron microscopy. J Solid State Chem, 2009, 182: 1515 – 1523.

[328] Uesu Y, Sakemi Y, Kobayashi J. Phase transition of $PbTiO_3$ in the low temperature region. Jpn J Appl Phys, 1981, 20S4: 55 – 58.

[329] Lytle F W. X-ray diffractometry of low-temperature phase transformations in strontium titanate. J Appl Phys, 1964, 35: 2212 – 2215.

[330] 中井泉,泉富士夫.粉末 X 射线解析实践(第二版).东京:朝仓书店,2009.

[331] Ivanov S A, Nordblad P, Mathieu R, et al. Structural and magnetic properties of the ordered perovskite Pb_2CoTeO_6. Dalton Trans, 2010, 39: 11136 – 11148.

[332] Momma K, Izumi F. VESTA 3 for three-dimensional visualization of crystal, volumetric and morphology data. J Appl Cryst, 2011, 44: 1272 – 1276.

[333] Mittemeijer F J 材料科学基础.刘永长,余黎明,马宗青译.北京:机械工业出版社,2013.

[334] Davidge R W. Mechanical behavior of ceramics. Cambridge: Cambridge University Press, 1979.

[335] Wang L, Sakka Y, Shao Y, et al. Coexistence of A- and B-site vacancy compensation in La-doped $Sr_{1-x}Ba_xTiO_3$. J Am Ceram Soc, 2010, 93: 2903 – 2908.

[336] McGibbon M M, Browning N D, McGibbon A J, et al. Direct determination of grain boundary atomic structure in $SrTiO_3$. Science, 1994, 266: 102 – 104.

[337] Fujimoto M, Kingery W D. Microstructures of $SrTiO_3$ internal boundary layer capacitors during and after processing and resultant electrical properties. J Am Ceram Soc, 1985, 68: 169 – 173.

[338] Urek S, Drofenik M. PTCR behaviour of highly donor doped $BaTiO_3$. J Euro Ceram Soc, 1999, 19: 913-916.

[339] Wodo O, Broderick S, Rajan K. Microstructural informatics for accelerating the discovery of processing-microstructure-property relationships. MRS Bull, 2016, 41: 603-609.

[340] McDowell D L, LeSar R A. The need for microstructure informatics in process-structure-property relations. MRS Bull, 2016, 41: 587-593.

[341] Richert C, Huber N. A review of experimentally informed micromechanical modeling of nanoporous metals: From structural descriptors to predictive structure-property relationships. Materials, 2020, 13: 3307.

[342] Song X Y, Sun Z H, Huang Q Z, et al. Adjustable zero thermal expansion in antiperovskite manganese nitride. Adv Mater, 2011, 23: 4690-4694.

[343] Mohn P. A century of zero expansion. Nature, 1999, 400: 18-19.

[344] Margadonna S, Prassides K, Fitch A N. Zero thermal expansion in a prussian blue analogue. J Am Chem Soc, 2004, 126: 15390-15391.

[345] Chen J, Xing X R, Yu R B, et al. Structure and enhancement of negative thermal expansion in the $PbTiO_3$-$CdTiO_3$ system. Appl Phys Lett, 2005, 87: 231915.

[346] Chen J, Xing X R, Sun C, et al. Zero thermal expansion in $PbTiO_3$-based perovskites. J Am Chem Soc, 2008, 130: 1144-1145.

[347] Chen J, Xing X R, Liu G R, et al. Structure and negative thermal expansion in the $PbTiO_3$-$BiFeO_3$ system. Appl Phys Lett, 2006, 89: 101914.

[348] Chen J, Fan L L, Ren Y, et al. Unusual transformation from strong negative to positive thermal expansion in $PbTiO_3$-$BiFeO_3$ perovskite. Phys Rev Lett, 2013, 110: 115901.

[349] Duran P, Fdez Lozano J F, Capel F, et al. Large electromechanical anisotropic modified lead titanate ceramics. J Mater Sci, 1988, 23: 4463-4469.

[350] Badrinarayanan P, Ahmad M I, Akinc M. Synthesis, processing, and characterization of negative thermal expansion zirconium tungstate nanoparticles with different morphologies. Mater Chem Phys, 2011, 131: 12-17.

[351] Yamada I, Marukawa S, Murakami M, et al. "True" negative thermal expansion in Mn-doped $LaCu_3Fe_4O_{12}$ perovskite oxides. Appl Phys Lett, 2014, 105: 231906.

[352] Azuma M, Oka K, Nabetani K. Negative thermal expansion induced by intermetallic charge transfer. Sci Tech Adv Mater, 2015, 16: 034904.

[353] Palai R, Katiyar R S, Schmid H, et al. β phase and γ-β metal-insulator transition in multiferroic $BiFeO_3$. Phys Rev B, 2008, 77: 014110.

[354] Griffith A A. The phenomena of rupture and flow in solids. Phil Trans Roy Soc Lond A, 1920, 221: 163-198.

[355] Davidge R W. The mechanical properties and design data for engineering ceramics. Ceram Int, 1975, 1: 75-80.

[356] 龚江宏.陶瓷材料断裂力学.北京：清华大学出版社,2001.

[357] Anstis G R, Chantikul P, Lawn B R, et al. A critical evaluation of indentation techniques for measuring fracture toughness: I, direct crack measurements. J Am Ceram Soc, 1981, 64: 533-538.

[358] Coble R L, Kingery W D. Effect of porosity on physical properties of sintered alumina. J Am Ceram Soc, 1956, 39: 377-385.

[359] Pohanka R C, Rice R W, Walker B E. Effect of internal stress on the strength of $BaTiO_3$. J Am Ceram Soc, 1976, 59: 71-74.

[360] Rice R W, Freiman S W, Becher P F. Grain-size dependence of fracture energy in ceramics: I, experiment. J Am Ceram Soc, 1981, 64: 345-349.

[361] Rice R W, Freiman S W. Grain-size dependence of fracture energy in ceramics: II, a model for noncubic materials. J Am Ceram Soc, 1981, 64: 350 – 354.

[362] Rice R W, Pohanka R C. The grain size dependence of spontaneous cracking in ceramics. J Am Ceram Soc, 1979, 62: 559 – 563.

[363] Piezo Technologies. Fine grain ceramics without the compromises.

[364] Hannink R H J, Kelly P M, Muddle B C. Transformation toughening in zirconia-containing ceramics. J Am Ceram Soc, 2000, 83: 461 – 487.

[365] Yip S. The strongest size. Nature, 1998, 391: 532 – 533.

[366] Miyoshi T, Funakubo H. Effect of grain size on mechanical properties of full-dense $Pb(Zr,Ti)O_3$ ceramics. Jpn J Appl Phys, 2010, 49: 09MD13.

[367] Foster C M, Li Z, Buckett M, et al. Substrate effects on the structure of epitaxial $PbTiO_3$ thin films prepared on MgO, $LaAlO_3$ and $SrTiO_3$ by metalorganic chemical vapor deposition. J Appl Phys, 1995, 78: 2607 – 2622.

[368] Schneider G A. Influence of electric field and mechanical stresses on the fracture of ferroelectrics. Ann Rev Materi Res, 2007, 37: 491 – 538.

[369] Schaufele A B, Heinz Hardtl K. Ferroelastic properties of lead zirconate titanate ceramics. J Am Ceram Soc, 1996, 79: 2637 – 2640.

[370] McMeeking R M, Evans A G. Mechanics of transformation-toughening in brittle materials. J Am Ceram Soc, 1982, 65: 242 – 246.

[371] Subbarao E C, Srikanth V, Cao W, et al. Domain switching and microcracking during poling of lead zirconate titanate ceramics. Ferroelectrics, 1993, 145: 271 – 281.

[372] Chung H, Shin B, Kim H G. Grain-size dependence of electrically induced microcracking in ferroelectric ceramics. J Am Ceram Soc, 1989, 72: 327 – 329.

[373] Pohanka R C, Freiman S W, Bender B A. Effect of the phase transformation on the fracture behavior of $BaTiO_3$. J Am Ceram Soc, 1978, 61: 72 – 75.

[374] Winzer S R, Shankar N, Ritter A P. Designing cofired multilayer electrostrictive actuators for reliability. J Am Ceram Soc, 1989, 72: 2246 – 2257.

[375] Lee J S, Choi M S, Han H S, et al. Effects of internal electrode composition on the reliability of low-firing PMN-PZT multilayer ceramic actuators. Sensors and Actuators A, 2009, 154: 97 – 102.

[376] Kim S B, Kim D Y, Kim J J, et al. Effect of grain size and poling on the fracture mode of lead zirconate titanate ceramics. J Am Ceram Soc, 1990, 73: 161 – 163.

[377] Zhang Z W, Raj R. Influence of grain size on ferroelastic toughening and piezoelectric behavior of lead zirconate titanate. J Am Ceram Soc, 1995, 78: 3363 – 3368.

[378] Randall C A, Kim N, Kucera J, et al. Intrinsic and extrinsic size effects in fine-grained morphotropic-phase-boundary lead zirconate titanate ceramics. J Am Ceram Soc, 1998, 81: 677 – 688.

[379] Kamel T M, de With G. Grain size effect on the poling of soft $Pb(Zr,Ti)O_3$ ferroelectric ceramics. J Euro Ceram Soc, 2008, 28: 851 – 861.

[380] Weston T B, Webster A H, McNamara V M. Lead zirconate lead titanate piezoelectric ceramics with iron oxide additions. J Am Ceram Soc, 1969, 52: 253 – 257.

[381] Mchale A E. Phase diagrams and ceramic processes. Dordrecht: Springer, 1997: 1 – 7.

[382] Aldinger F, Kalz H J. The importance of chemistry in the development of high-performance ceramics. Angew Chem Int Ed, 1987, 26: 371 – 381.

[383] Goldman A. Ferrite processing viewed through the eyes of chemists and ceramists. In Electronic ceramics, ed by Levinson L M. New York: Marcel Dekker, 1988: 87 – 93.

[384] Lee J W, Cho Y S, Amarakoon V R W. Improved magnetic properties and growth anisotropy of chemically

modified Sr ferrites. J Appl Phys, 1999, 85: 5696－5698.
[385] Okazaki K. Ceramic engineering for dielectrics. 3rd ed. Tokyo: Gakken-sha Publishing Co. Ltd, 1983.
[386] 田中哲郎.压电陶瓷材料.陈俊彦,王余君译.北京：科学出版社,1982.
[387] 守吉佑介,笹本忠,植松敬三,等.陶瓷的烧结.2 版.东京：内田老鹤圃,1998.
[388] Ishidate T, Abe S, Takahashi H, et al. Phase diagram of $BaTiO_3$. Phys Rev Lett, 1997, 78: 2397－2400.
[389] Maitre A, Francois M, Gachon J C. Experimental study of the Bi_2O_3－Fe_2O_3 pseudo-binary system. JPEDAV, 2004, 25: 59－67.
[390] Bendale P, Venigalla S, Ambrose J R, et al. Preparation of barium titanate films at 55℃ by an electrochemical method. J Am Ceram Soc, 1993, 76: 2619－2627.
[391] Neubrand A, Lindner R, Hoffmann P. Room-temperature solubility behavior of barium titanate in aqueous media. J Am Ceram Soc, 2000, 83: 860－864.
[392] Testino A, Buscaglia M T, Buscaglia V, et al. Kinetics and mechanism of aqueous chemical synthesis of $BaTiO_3$ particles. Chem Mater, 2004, 16: 1536－1543.
[393] Chien A T, Speck J S, Lange F F, et al. Low temperature/low pressure hydrothermal synthesis of barium titanate: Powder and heteroepitaxial thin films. J Mater Res, 1995, 10: 1784－1789.
[394] Her Y S, Matijević E, Chon M C. Preparation of well-defined colloidal barium titanate crystals by the controlled double-jet precipitation. J Mater Res, 1995, 10: 3106－3114.
[395] Her Y S, Lee S H, Matijević E. Continuous precipitation of monodispersed colloidal particles. II. SiO_2, $Al(OH)_3$, and $BaTiO_3$. J Mater Res, 1996, 11: 156－161.
[396] Shimooka H, Kuwabara M. Preparation of dense $BaTiO_3$ ceramics from sol-gel-derived monolithic gels. J Am Ceram Soc, 1995, 78: 2849－2852.
[397] Fan H J, Knez M, Scholz R, et al. Influence of surface diffusion on the formation of hollow nanostructures induced by the Kirkendall effect: The basic concept. Nano Lett, 2007, 7: 993－997.
[398] Horita T, Sakai N, Kawada T, et al. Grain-boundary diffusion of strontium in $(La,Ca)CrO_3$ perovskite-type oxide by SIMS. J Am Ceram Soc, 1998, 81: 315－320.
[399] Nakajima H. The discovery and acceptance of the Kirkendall effect: The result of a short research career. JOM, 1997, 49: 15－19.
[400] Mukherjee J L, Wang F Y. Kinetics of solid-state reaction of Bi_2O_3 and Fe_2O_3. J Am Ceram Soc, 1971, 54: 31－34.
[401] Rojac T, Bencan A, Malic B, et al. $BiFeO_3$ ceramics: Processing, electrical, and electromechanical properties. J Am Ceram Soc, 2014, 97: 1993－2011.
[402] Bernardo M S, Jardiel T. Peiteado M, et al. Reaction pathways in the solid state synthesis of multiferroic $BiFeO_3$. J Euro Ceram Soc, 2011, 31: 3047－3053.
[403] Yin Y D, Rioux R M, Erdonmez C K, et al. Formation of hollow nanocrystals through the nanoscale Kirkendall effect. Science, 2004, 304: 711－714.
[404] He T O, Wang W C, Yang X L, et al. Inflating hollow nanocrystals through a repeated Kirkendall cavitation process. Nature Commun, 2017, 8: 1261.
[405] Fan H J, Knez M, Scholz R, et al. Monocrystalline spinel nanotube fabrication based on the Kirkendall effect. Nature Mater, 2006, 5: 627－631.
[406] Cogan S, Holmes D S, Rose R M. On the elimination of Kirkendall voids in superconducting composites. Appl Phys Lett, 1979, 35: 557－559.
[407] Yokomizo Y, Takahashi T, Nomura S. Ferroelectric properties of $Pb(Zn_{1/3}Nb_{2/3})O_3$. J Phys Soc Jpn, 1970, 28: 1278－1284.
[408] 李标荣.电子陶瓷工艺原理.武汉：华中工学院出版社,1986.
[409] Beck C, Härtl W, Hempelmann R. Size-controlled synthesis of nanocrystalline $BaTiO_3$ by a sol-gel type

hydrolysis in microemulsion-provided nanoreactors. J Mater Res, 1998, 13: 3174 - 3180.
[410] O'Brien S, Brus L, Murray C B. Synthesis of monodisperse nanoparticles of barium titanate: Toward a generalized strategy of oxide nanoparticle synthesis. J Am Chem Soc, 2001, 123: 12085 - 12086.
[411] Kamiya H, Gomi K, Iida Y, et al. Preparation of highly dispersed ultrafine barium titanate powder by using microbial-derived surfactant. J Am Ceram Soc, 2003, 86: 2011 - 2018.
[412] Miyoshi T. Preparation of full-dense Pb(Zr,Ti)O_3 ceramics by aerosol deposition. J Am Ceram Soc, 2008, 91: 2098 - 2104.
[413] Selbach S M, Einarsrud M A, Tybell T, et al. Synthesis of $BiFeO_3$ by wet chemical methods. J Am Ceram Soc, 2007, 90: 3430 - 3434.
[414] Safari A, Allahverdi M, Akdogan E K. Solid freeform fabrication of piezoelectric sensors and actuators. J Mater Sci, 2006, 41: 177 - 198.
[415] German R M. Sintering theory and practice. New York: John Wiley & Sons, Inc. 1996.
[416] Heinrich J G, Gomes C M. Introduction to ceramics processing (lecture manuscript). TU Clausthal.
[417] Smay J E, Lewis J A. Structural and property evolution of aqueous-based lead zirconate titanate tape-cast layers. J Am Ceram Soc, 2001, 84: 2495 - 2500.
[418] Gardini D, Deluca M, Nagliati M, et al. Flow properties of PLZTN aqueous suspensions for tape casting. Ceram Int, 2010, 36: 1687 - 1696.
[419] 周东祥,陈文仿,龚树萍,等.水基流延法制备片式 PTC 陶瓷.电子元件与材料,2007,26: 4 - 6.
[420] 尧巍华,谭小球,魏群,等.PZT 压电陶瓷水基流延浆料的制备.2004 年中国电子学会第十三届电子元件学术年会论文集,2004: 195 - 198.
[421] Ashby M, Shercliff H, Cebon D. Materials: Engineering, science, processing and design. 北京: 科学出版社,2008.
[422] Chen I W, Wang X H. Sintering dense nanocrystalline ceramics without final-stage grain growth. Nature, 2000, 404: 168 - 171.
[423] Luo W D, Pan J Z. Effects of surface diffusion and heating rate on first-stage sintering that densifies by grain-boundary diffusion. J Am Ceram Soc, 2015, 98: 3483 - 3489.
[424] Wang X H, Chen P L, Chen I W. Two-step sintering of ceramics with constant grain-size, I. Y_2O_3. J Am Ceram Soc, 2006, 89: 431 - 437.
[425] Wang X H, Deng X Y, Bai H L, et al. Two-step sintering of ceramics with constant grain-size, II: $BaTiO_3$ and Ni-Cu-Zn Ferrite. J Am Ceram Soc, 2006, 89: 438 - 443.
[426] Dong Y H, Yang H B, Zhang L, et al. Ultra-uniform nanocrystalline materials via two-step sintering. Adv Func Mater, 2021, 31: 2007750.
[427] Fang J, Wang X H, Tian Z B, et al. Two-step sintering: An approach to broaden the sintering temperature range of alkaline niobate-based lead-free piezoceramics. J Am Ceram Soc, 2010, 93: 3552 - 3555.
[428] Kingon A I, Srinivasan S. Lead zirconate titanate thin films directly on copper electrodes for ferroelectric, dielectric and piezoelectric applications. Nature Mater, 2005, 4: 233 - 237.
[429] Ueda I, Ikegam S. Piezoelectric properties of modified $PbTiO_3$ ceramics. Jpn J Appl Phys, 1968, 7: 236 - 242.
[430] An F F, Yu J. Electrical properties of high Curie point $Pb_{0.6}Bi_{0.4}(Ti_{0.75}Zn_{0.15}Fe_{0.10})O_3$ ceramics. J Am Ceram Soc, 2010, 93: 1569 - 1571.
[431] An F F, He W Z, Wang T T, et al. Preparation and electrical properties of modified lead titanate ceramics. Ferroelectrics, 2010, 409: 62 - 65.
[432] Moon R L, Fulrath R M. Vaporization and surface phases in the lead zirconate-lead titanate system. J Am Ceram Soc, 1969, 52: 565 - 566.
[433] Berlincourt D, Krueger H, Jaffe B. Stability of phases in modified lead zirconate with variation in pressure,

electric field, temperature and composition. J Phys Chem Solids, 1964, 25: 659 – 674.

[434] Atkin R B, Fulrath R M. Point defects and sintering of lead zirconate-titanate. J Am Ceram Soc, 1971, 54: 265 – 270.

[435] Schönecker A, Gesemann H J, Seffner L. Low-sintering PZT-ceramics for advanced actuators. IEEE-ISAF, 1996: 263 – 266. IEEE Xplore, DOI: 10.1109/ISAF.1996.602746.

[436] Yoon C B, Lee S H, Lee S M, et al. Co-firing of PZN-PZT flextensional actuators. J Am Ceram Soc, 2004, 87: 1663 – 1668.

[437] Randall C A, Kelnberger A, Yang G Y, et al. High strain piezoelectric multilayer actuators — A material science and engineering challenge. J Electroceram, 2005, 14: 177 – 191.

[438] Maiwa H, Kimura O, Shoji K, et al. Low temperature sintering of PZT ceramics without additives via an ordinary ceramic route. J Euro Ceram Soc, 2005, 25: 2383 – 2385.

[439] Ahn C W, Song H C, Park S H, et al. Low temperature sintering and piezoelectric properties in $Pb(Zr_xTi_{1-x})O_3-Pb(Zn_{1/3}Nb_{2/3})O_3-Pb(Ni_{1/3}Nb_{2/3})O_3$ ceramics. Jpn J Appl Phys, 2005, 44: 1314 – 1321.

[440] Kondo M, Kurihara K. Sintering behavior and surface microstructure of PbO-rich $PbNi_{1/3}Nb_{2/3}O_3-PbTiO_3-PbZrO_3$ ceramics. J Am Ceram Soc, 2001, 84: 2469 – 2474.

[441] Ahn C W, Song H C, Nahm S, et al. Effect of ZnO and CuO on the sintering temperature and piezoelectric properties of a hard piezoelectric ceramic. J Am Ceram Soc, 2006, 89: 921 – 925.

[442] Gan B K, Yao K. Structure and enhanced properties of perovskite ferroelectric PNN-PZN-PMN-PZ-PT ceramics by Ni and Mg doping. Ceram Int, 2009, 35: 2061 – 2067.

[443] Seo S B, Lee S H, Yoon C B, et al. Low-temperature sintering and piezoelectric properties of $0.6Pb(Zr_{0.47}Ti_{0.53})O_3-0.4Pb(Zn_{1/3}Nb_{2/3})O_3$ ceramics. J Am Ceram Soc, 2004, 87: 1238 – 1243.

[444] Gan B K, Yao K, He X J. Complex oxide ferroelectric ceramics $Pb(Ni_{1/3}Nb_{2/3})O_3-Pb(Zn_{1/3}Nb_{2/3})O_3-Pb(Mg_{1/3}Nb_{2/3})O_3-PbZrO_3-PbTiO_3$ with a low sintering temperature. J Am Ceram Soc, 2007, 90: 1186 – 1192.

[445] Wang T T, Yu J. Piezoelectric properties of $Pb_{0.85}Bi_{0.15}(Zr_{0.442}Ti_{0.483}Zn_{0.075})O_3$ ceramics. Ferroelectrics, 2010, 408: 20 – 24.

[446] He W Z, Yu J. Piezoelectric properties of $Pb_{0.98}Bi_{0.02}Zr_{0.51}Ti_{0.48}Zn_{0.01}O_3$ ceramics. Jpn J Appl Phys, 2011, 50: 025802.

[447] Yue R F, Hou X B, He W Z, et al. Piezoelectric properties of fine-grained $Pb(Mg_{1/3}Nb_{2/3})O_3-Pb(Zr,Ti)O_3-Bi(Zn_{1/2}Ti_{1/2})O_3$ quaternary solid solution ceramics, Jpn J Appl Phys, 2013, 52: 061502.

[448] Soejima J, Sato K, Nagata K. Preparation and characteristics of ultrasonic transducers for high temperature using $PbNb_2O_6$. Jpn J Appl Phys, 2000, 39: 3083 – 3085.

[449] Soejima J, Nagata K. $PbNb_2O_6$ ceramics with tungsten bronze structure for low Q_m piezoelectric material. Jpn J Appl Phys, 2001, 40: 5747 – 5751.

[450] Guerra J De los S, Venet M, Garcia D, et al. Dielectric properties of $PbNb_2O_6$ ferroelectric ceramics at cryogenic temperatures. Appl Phys Lett, 2007, 91: 062915.

[451] Venet M, Vendramini A, Garcia D, et al. Tailoring of the lead metaniobate ceramic processing. J Am Ceram Soc, 2006, 89: 2399 – 2404.

[452] Yokosuka M. Dielectric and piezoelectric properties of hot-pressed $Pb_{1-x}Ba_xNb_2O_6$ ceramics. Jpn J Appl Phys, 1983, 22S: 43 – 46.

[453] Subbarao E C, Shirane G, Jona F. X-ray, dielectric, and optical study of ferroelectric lead metatantalate and related compounds. Acta Cryst, 1960, 13: 226 – 231.

[454] Lee H S, Kimura T. Sintering behavior of lead metaniobate. Ferroelectrics, 1997, 196: 137 – 140.

[455] Kato M, Kimura T. Effects of La_2O_3 on the microstructure and piezoelectric properties of $PbNb_2O_6$.

Ferroelectrics, 2001, 263: 353 - 358.

[456] Shuk P, Wiemhofer H D, Guth U, et al. Oxide ion conducting solid electrolytes based on Bi_2O_3. Solid State Ionics, 1996, 89: 179 - 196.

[457] Sammes N M, Tompsett G A, Näfe H, et al. Bismuth based oxide electrolytes — Structure and ionic conductivity. J Euro Ceram Soc, 1999, 19: 1801 - 1826.

[458] Blower S K, Greaves C. The structure of $\beta - Bi_2O_3$ from powder neutron diffraction data. Acta Cryst C, 1988, 44: 587 - 589.

[459] Hull S, Norberg S T, Tucker M G, et al. Neutron total scattering study of the δ and β phases of Bi_2O_3. Dalton Trans, 2009, 40: 8737 - 8745.

[460] Abrahams I, Bush A J, Chan S C M, et al. Stabilisation and characterisation of a new β_{III}- phase in Zr-doped Bi_2O_3. J Mater Chem, 2001, 11: 1715 - 1721.

[461] Valant M, Axelsson A K, Alford N. Peculiarities of a solid-state synthesis of multiferroic polycrystalline $BiFeO_3$. Chem Mater, 2007, 19: 5431 - 5436.

[462] Liu Y H, Li J B, Liang J K, et al. Phase diagram of the $Bi_2O_3 - Cr_2O_3$ system. Mater Chem Phys, 2008, 112: 239 - 243.

[463] Warda S A, Pietzuch W, Massa W, et al. Color and constitution of Cr^{VI}-doped Bi_2O_3 phases: The structure of $Bi_{14}CrO_{24}$. J Solid State Chem, 2000, 149: 209 - 217.

[464] Selbach S M, Einarsrud M A, Grande T. On the thermodynamic stability of $BiFeO_3$. Chem Mater, 2009, 21: 169 - 173.

[465] Shamir N, Gurewitz E, Shaked H. The magnetic structure of $Bi_2Fe_4O_9$ - Analysis of neutron diffraction measurements. Acta Cryst A, 1978, 34: 662 - 666.

[466] Wang Y P, Zhou L, Zhang M F, et al. Room-temperature saturated ferroelectric polarization in $BiFeO_3$ ceramics synthesized by rapid liquid phase sintering. Appl Phys Lett, 2004, 84: 1731 - 1733.

[467] Lin Y H, Jiang Q H, Wang Y, et al. Enhancement of ferromagnetic properties in $BiFeO_3$ polycrystalline ceramic by La doping. Appl Phys Lett, 2007, 90: 172507.

[468] Pradhan A K, Zhang K, Hunter D, et al. Magnetic and electrical properties of single-phase multiferroic $BiFeO_3$. J Appl Phys, 2005, 97: 093903.

[469] Chen F, Zhang Q F, Li J H, et al. Sol-gel derived multiferroic $BiFeO_3$ ceramics with large polarization and weak ferromagnetism. Appl Phys Lett, 2006, 89: 092910.

[470] Lebeugle D, Colson D, Forget A, et al. Room-temperature coexistence of large electric polarization and magnetic order in $BiFeO_3$ single crystals. Phys Rev B, 2007, 76: 024116.

[471] Achenbach G D, James W J, Gerson R. Preparation of single-phase polycrystalline $BiFeO_3$. J Am Ceram Soc, 1967, 50: 437.

[472] Zhang S T, Lu M H, Wu D, et al. Larger polarization and weak ferromagnetism in quenched $BiFeO_3$ ceramics with a distorted rhombohedral crystal structure. Appl Phys Lett, 2005, 87: 262907.

[473] Perejón A, Masó N, West A R, et al. Electrical properties of stoichiometric $BiFeO_3$ prepared by mechanosynthesis with either conventional or spark plasma sintering. J Am Ceram Soc, 2013, 96: 1220 - 1227.

[474] Yang H, Jain M, Suvorova N A, et al. Temperature-dependent leakage mechanisms of $Pt/BiFeO_3/SrRuO_3$ thin film capacitors. Appl Phys Lett, 2007, 91: 072911.

[475] Lee S U, Kim S S, Jo H K, et al. Electrical properties of Cr-doped $BiFeO_3$ thin films fabricated on the p-type Si (100) substrate by chemical solution deposition. J Appl Phys, 2007, 102: 044107.

[476] Pabst G W, Martin L W, Chu Y H, et al. Leakage mechanisms in $BiFeO_3$ thin films. Appl Phys Lett, 2007, 90: 072902.

[477] Naganuma H, Okamura S. Structural, magnetic, and ferroelectric properties of multiferroic $BiFeO_3$ film

fabricated by chemical solution deposition. J Appl Phys, 2007, 101: 09M103.
[478] Qi X D, Dho J H, Tomov R, et al. Greatly reduced leakage current and conduction mechanism in aliovalent-ion-doped $BiFeO_3$. Appl Phys Lett, 2005, 86: 062903.
[479] Yuan G L, Or S W. Enhanced piezoelectric and pyroelectric effects in single-phase multiferroic $Bi_{1-x}Nd_xFeO_3$ (x=0-0.15) ceramics. Appl Phys Lett, 2006, 88: 062905.
[480] Belik A A. Polar and nonpolar phases of $BiMO_3$: A review. J Solid State Chem, 2012, 195: 32-40.
[481] Ishiwata S, Azuma M, Takano M, et al. High pressure synthesis, crystal structure and physical properties of a new Ni(II) perovskite $BiNiO_3$. J Mater Chem, 2002, 12: 3733-3737.
[482] Sugawara F, Iiida S, Syono Y, et al. New magnetic perovskites $BiMnO_3$ and $BiCrO_3$. J Phys Soc Jpn, 1965, 20: 1529.
[483] Niitaka S, Azuma M, Takano M, et al. Crystal structure and dielectric and magnetic properties of $BiCrO_3$ as a ferroelectromagnet. Solid State Ionics, 2004, 172: 557-559.
[484] Sugawara F, Iiida S, Syono Y, et al. Magnetic properties and crystal distortions of $BiMnO_3$ and $BiCrO_3$. J Phys Soc Jpn, 1968, 25: 1553-1558.
[485] Matthias B T. Ferroelectricity. Science, 1951, 113: 591-596.
[486] Herber R F, Schneider G A. Surface displacements and surface charges on Ba_2CuWO_6 and $Ba_2Cu_{0.5}Zn_{0.5}WO_6$ ceramics induced by local electric fields investigated with scanning probe microscopy. J Mater Res, 2007, 22: 193-200.
[487] Frantti J, Ivanov S, Eriksson S, et al. Phase transitions of $Pb(Zr_xTi_{1-x})O_3$ ceramics. Phys Rev B, 2002, 66: 064108.
[488] Resta R. Theory of the electric polarization in crystals. Ferroelectrics, 1992, 136: 51-55.
[489] Resta R. Modern theory of polarization in ferroelectrics. Ferroelectrics, 1994, 151: 49-58.
[490] Resta R. Electrical polarization and orbital magnetization: The modern theories. J Phys: Condens Matter, 2010, 22: 123201.
[491] Martin R M, Ortiz G. Recent developments in the theory of electric polarization in solids. Solid State Commun, 1997, 102: 121-126.
[492] Kohn W, Sham L J. Self-consistent equations including exchange and correlation effects. Phys Rev, 1965, 140: A1133-A1138.
[493] King-Smith R D, Vanderbilt D. Theory of polarization of crystalline solids. Phys Rev B, 1993, 47: 1651-1654.
[494] Vanderbilt D, King-smith R D. Electric polarization as a bulk quantity and its relation to surface charge. Phys Rev B, 1993, 48: 4442-4455.
[495] Resta R, Posternak M, Baldereschi A. Quantum mechanism of polarization in perovskites. Ferroelectrics, 1995, 164: 153-159.
[496] Weyrich H. "Frozen" phonon calculations: Lattice dynamics and instabilities. Ferroelectrics, 1990, 104: 183-194.
[497] Resta R, Posternak M, Baldereschi A. Towards a quantum theory of polarization in ferroelectrics: The case of $KNbO_3$. Phys Rev Lett, 1993, 70: 1010-1013.
[498] Hewat W. Soft modes and the structure, spontaneous polarization, and Curie constants of perovskite ferroelectrics: Tetragonal potassium niobate. J Phys C Solid State Phys, 1973, 6: 1074-1084.
[499] Saghi-Szabo G, Cohen R E, Krakauer H. First-principles study of piezoelectricity in $PbTiO_3$. Phys Rev Lett, 1998, 80: 4321-4324.
[500] Saghi-Szabo G, Cohen R E, Krakauer H. First-principles study of piezoelectricity in tetragonal $PbTiO_3$ and $PbZr_{1/2}Ti_{1/2}O_3$. Phys Rev B, 1999, 59: 12771-12776.
[501] Miyazawa H, Natori E, Shimoda T, et al. Relationship between lattice deformation and polarization in

$BaTiO_3$. Jpn J Appl Phys, 2001, 40: 5809 – 5811.

[502] Posternak M, Resta R, Baldereschi A. Role of covalent bonding in the polarization of perovskite oxides: The case of $KNbO_3$. Phys Rev B, 1994, 50: 8911 – 8914(R).

[503] Ghosez P, Michenaud J P, Gonze X. Dynamical atomic charges: The case of ABO_3 compounds. Phys Rev B, 1998, 58: 6224 – 6240.

[504] Xie L, Zhu J. The electronic structures, Born effective charges, and interatomic force constants in $BaMO_3$ (M= Ti, Zr, Hf, Sn): A comparative first-principles study. J Am Ceram Soc, 2012, 95: 3597 – 3604.

[505] Wu Z G, Cohen R E. Pressure-induced anomalous phase transitions and colossal enhancement of piezoelectricity in $PbTiO_3$. Phys Rev Lett, 2005, 95: 037601.

[506] Merz W J. The electric and optical behavior of $BaTiO_3$ single-domain crystals. Phys Rev, 1949, 76: 1221 – 1225.

[507] Ogata Y, Tsuda K, Akishige Y, et al. Refinement of the crystal structural parameters of the intermediate phase of h-$BaTiO_3$ using convergent-beam electron diffraction. Acta Cryst A, 2004, 60: 525 – 531.

[508] Shirane G, Hoshino S. On the phase transition in lead titanate. J Phys Soc Jpn, 1951, 6: 265 – 270.

[509] Shirane G, Hoshino S, Suzuki K. X-ray study of the phase transition in lead titanate. Phys Rev, 1950, 80: 1105 – 1106.

[510] Kobayashi J, Ueda R. X-ray study of phase transition of ferroelectric $PbTiO_3$ at low temperature. Phys Rev, 1955, 99: 1900 – 1901.

[511] Shirane G, Sawaguchi E, Tagagi Y. Dielectric properties of lead zirconate. Phys Rev, 1951, 84: 476 – 480.

[512] Jona F, Shirane G, Mazzi F, et al. X-ray and neutron diffraction study of antiferroelectric lead zirconate, $PbZrO_3$. Phys Rev, 1957, 105: 849 – 855.

[513] Glazer A M, Roleder K, Dec J. Structure and disorder in single-crystal lead zirconate, $PbZrO_3$. Acta Cryst. B 1993, 53: 846 – 852.

[514] Setter N, Cross L E. The role of B-site cation disorder in diffuse phase transition behavior of perovskite ferroelectrics. J Appl Phys, 1980, 51: 4356 – 4360.

[515] Randall C A, Bhalla A S, Shrout T R, et al. Classification and consequences of complex lead perovskite ferroelectrics with regard to B-site cation order. J Mater Res, 1990, 5: 829 – 834.

[516] Smolenskii G A. Physical phenomena in ferroelectrics with diffused phase transition. J Phys Soc Jpn, 1970, 28S: 26 – 30.

[517] Uchino K, Nomura S. Critical exponents of the dielectric constants in diffused-phase-transition crystals. Ferroelectrics Lett, 1982, 44: 55 – 61.

[518] Grinberg I, Juhás P, Davies P K, et al. Relationship between local structure and relaxor behavior in perovskite oxides. Phys Rev Lett, 2007, 99: 267603.

[519] Fu D S, Taniguchi H, Itoh M, et al. Relaxor $Pb(Mg_{1/3}Nb_{2/3})O_3$: A ferroelectric with multiple inhomogeneities. Phys Rev Lett, 2009, 103: 207601.

[520] Samara G A. The relaxational properties of compositionally disordered ABO_3 perovskites. J Phys: Condens Matt, 2003, 15: R367 – R411.

[521] Craciun F, Galassi C, Birjega R. Electric-field-induced and spontaneous relaxor-ferroelectric phase transitions in $(Na_{1/2}Bi_{1/2})_{1-x}Ba_xTiO_3$. J Appl Phys, 2012, 112: 124106.

[522] Prosandeev S, Wang D W, Akbarzadeh A R, et al. Field-induced percolation of polar nanoregions in relaxor ferroelectrics. Phys Rev Lett, 2013, 110: 207601.

[523] Lemanov V V, Sotnikov A V, Smirnova E P, et al. Perovskite $CaTiO_3$ as an incipient ferroelectric. Solid State Commun, 1999, 110: 611 – 614.

[524] Müller K A, Burkard H. $SrTiO_3$: An intrinsic quantum paraelectric below 4 K. Phys Rev B, 1979, 19: 3593 – 3602.

[525] Barrett J H. Dielectric constant in perovskite type crystals. Phys Rev, 1952, 86: 118-120.

[526] Dec J, Kleemann W. From Barrett to generalized quantum Curie-Weiss law. Solid State Commun, 1998, 106: 695-699.

[527] Kvyatkovskii O E. Theory of isotope effect in displacive ferroelectrics. Solid State Commun, 2001, 117: 455-459.

[528] Nakamura T, Shan Y J, Sun P H, et al. The cause of high-temperature quantum paraelectricity in some perovskite titanates. Solid State Ionics, 1998, 108: 53-58.

[529] Lemanov V V, Smirnova E P, Syrnikov P P, et al. Phase transitions and glasslike behavior in $Sr_{1-x}Ba_xTiO_3$. Phys Rev B, 1996, 54: 3151-3157.

[530] Ménoret C, Kiat J M, Dkhil B, et al. Structural evolution and polar order in $Sr_{1-x}Ba_xTiO_3$. Phys Rev B, 2002, 65: 224104.

[531] Burkard H, Müller K A. $Sr_{1-x}Ca_xTiO_3$: An XY quantum ferroelectric with transition to randomness. Phys Rev Lett, 1984, 52: 2289-2292.

[532] Smirnova E P, Sotnikov A V, Kunze R, et al. Interrelation of antiferrodistortive and ferroelectric phase transitions in $Sr_{1-x}A_xTiO_3$(A=Ba, Pb). Solid State Commun, 2005, 133: 421-425.

[533] Höchli U T, Weibel H E, Boatner L A. Quantum limit of ferroelectric phase transitions in $KTa_{1-x}Nb_xO_3$. Phys Rev Lett, 1977, 39: 1158-1161.

[534] Rytz D, Châtelain A, Höchli U T. Elastic properties in quantum ferroelectric $KTa_{1-x}Nb_xO_3$. Phys Rev B, 1983, 27: 6830-6840.

[535] Rytz D, Höchli U T, Bilz H. Dielectric susceptibility in quantum ferroelectrics. Phys Rev B, 1980, 22: 359-364.

[536] Hidaka T, Oka K. Isotope effect on $BaTiO_3$ ferroelectric phase transitions. Phys Rev B, 1987, 35: 8502-8508.

[537] Mcquarrie M. Studies in the system (Ba,Ca,Pb)TiO_3. J Am Ceram Soc, 1957, 40: 35-41.

[538] Durst G, Grotenhuis M, Barkow A G. Solid solubility study of barium, strontium, and calcium titanates. J Am Ceram Soc, 1950, 33: 133-139.

[539] Abebe M, Brajesh K, Mishra A, et al. Structural perspective on the anomalous weak-field piezoelectric response at the polymorphic phase boundaries of (Ba,Ca)(Ti,M)O_3 lead-free piezoelectrics (M=Zr, Sn, Hf). Phys Rev B, 2017, 96: 014113.

[540] Mitsui T, Westphal W B. Dielectric and X-ray studies of $Ca_xBa_{1-x}TiO_3$ and $Ca_xSr_{1-x}TiO_3$. Phys Rev, 1961, 124: 1354-1359.

[541] Jaffe B, Cook W R, Jaffe H. Piezoelectric ceramics. London: Academic Press, 1971.

[542] Íñiguez J, Vanderbilt D. First-principles study of the temperature-pressure phase diagram of $BaTiO_3$. Phys Rev Lett, 2002, 89: 115503.

[543] Zhong W, Vanderbilt D. Competing structural instabilities in cubic perovskites. Phys Rev Lett, 1995, 74: 2587-2590.

[544] Venturini E L, Samara G A, Itoh M, et al. Pressure as a probe of the physics of ^{18}O-substituted $SrTiO_3$. Phys Rev B, 2004, 69: 184105.

[545] Wang R P, Sakamoto N, Itoh M. Effects of pressure on the dielectric properties of $SrTi^{18}O_3$ and $SrTi^{16}O_3$ single crystals. Phys Rev B, 2000, 62: R3577-R3580.

[546] Venturini E L, Samara G A, Kleemann W. Pressure as a probe of dielectric properties and phase transition of doped quantum paraelectrics: $Sr_{1-x}Ca_xTiO_3$($x=0.007$). Phys Rev B, 2003, 67: 214102.

[547] Lemanov V V, Phase transition in perovskite solid solution with incipient ferroelectrics. Ferroelectrics, 2004, 302: 169-173.

[548] Wang R P, Inaguma Y, Itoh M. Dielectric properties and phase transition mechanisms in $Sr_{1-x}Ba_xTiO_3$ solid

solution at low doping concentration. Mater Res Bull, 2001, 36: 1693 – 1701.

[549] Rapoport E. Pressure dependence of the orthorhombic-cubic transformation in lead zirconate. Phys Rev Lett, 1966, 17: 1097 – 1099.

[550] Sawaguchi E. Ferroelectricity versus antiferroelectricity in the solid solutions of $PbZrO_3$ and $PbTiO_3$. J Phys Soc Jpn, 1953, 8: 615 – 629.

[551] Ishikawa K, Yoshikawa K, Okada N. Size effect on the ferroelectric phase transition in $PbTiO_3$ ultrafine particles. Phys Rev B, 1988, 37: 5852 – 5855.

[552] Hoshina T, Kakemoto H, Tsurumi T, et al. Size and temperature induced phase transition behaviors of barium titanate nanoparticles. J Appl Phys, 2006, 99: 054311.

[553] Amorín H, Jiménez R, Ricote J, et al. Apparent vanishing of ferroelectricity in nanostructured $BiScO_3$–$PbTiO_3$. J Phys D: Appl Phys, 2010, 43: 285401.

[554] Akdogan E K, Rawn C J, Porter W D, et al. Size effects in $PbTiO_3$ nanocrystals: Effect of particle size on spontaneous polarization and strains. J Appl Phys, 2005, 97: 084305.

[555] Tsunekawa S, Ito S, Mori T, et al. Critical size and anomalous lattice expansion in nancrystalline $BaTiO_3$ paticles. Phys Rev B, 2000, 62: 3065 – 3070.

[556] Tsunekawa S, Ishikawa K, Li Z Q, et al. Origin of anomalous lattice expansion in oxide nanoparticles. Phys Rev Lett, 2000, 85: 3440 – 3443.

[557] Yu J, Chu J H. Nanocrystalline barium titanate. In Encyclopedia of nanoscience and nanotechnology. ed by Nalwa H S. Califonia: American Scientific Publishers, 2011, 17: 27 – 64.

[558] McCauley D, Newnham R E, Randall C A. Intrinsic size effects in a barium titanate glass-ceramic. J Am Ceram Soc,1998, 81: 979 – 987.

[559] Hsiang H I, Yen F S. Effect of crystallite size on the ferroelectric domain growth of ultrafine $BaTiO_3$ powders. J Am Ceram Soc, 1996, 79: 1053 – 1060.

[560] Ren S B, Lu C J, Liu J S, et al. Size-related ferroelectric-domain-structure transition in a polycrystalline $PbTiO_3$ thin film. Phys Rev B, 1996, 54: 14337 – 14340.

[561] Song T K, Kim J, Kwun S I, Size effects on the quantum paraelectric $SrTiO_3$ nanocrystals. Solid State Commun, 1996, 97: 143 – 147.

[562] Kwun S I, Song T K. Nano-size effects on the quantum paraelectric $SrTiO_3$ fine particles. Ferroelectrics, 1997, 197: 125 – 130.

[563] Sirenko A A, Bernhard C, Golnik A, et al. Soft-mode hardening in $SrTiO_3$ thin films. Nature, 2000, 404: 373 – 376.

[564] Hoffmann S, Waser R. Control of the morphology of CSD-prepared $(Ba,Sr)TiO_3$ thin films. J Euro Ceram Soc, 1999, 19: 1339 – 1343.

[565] Cochran W. Crystal stability and the theory of ferroelectricity. Adv Phys, 1960, 9: 387 – 423.

[566] Cochran W. Lattice vibrations. Rep Prog Phys, 1963, 1: 1 – 45.

[567] Burns G. Lattice modes in ferroelectric perovskites. II. $Pb_{1-x}Ba_xTiO_3$ including $BaTiO_3$. Phys Rev B, 1974, 10: 1951 – 1959.

[568] Železny V, Cockayne E, Petzelt J, et al. Temperature dependence of infrared-active phonons in $CaTiO_3$: A combined spectroscopic and first-principles study. Phys Rev B, 2002, 66: 224303.

[569] Dougherty T P, Wiederrecht G P, Nelson K A, et al. Femtosecond resolution of soft mode dynamics in structural phase transitions. Science, 1992, 258: 770 – 774.

[570] Scott J F. Soft-mode spectroscopy: Experimental studies of structural phase transitions. Rev Mod Phys, 1974, 46: 83 – 128.

[571] Müller K A, Berlinger W, Waldner F. Characteristic structural phase transition in perovskite-type compounds. Phys Rev Lett, 1968, 21: 814 – 817.

[572] Kunz M, Brown I D. Out-of-center distortions around octahedrally coordinated d^0 transition metals. J Solid State Chem, 1995, 115: 395 – 406.

[573] Ghosez P, Cockayne E, Waghmare U V, et al. Lattice dynamics of $BaTiO_3$, $PbTiO_3$ and $PbZrO_3$: A comparative first-principles study. Phys Rev B, 1999, 60: 836 – 843.

[574] Migoni R, Bilz H, Bauerle D. Origin of Raman scattering and ferroelectricity in oxide perovskites. Phys Rev Lett, 1976, 37: 1155 – 1158.

[575] Bilz H, Benedek G, Bussmann-Holder A. Theory of ferroelectricity: The polarizability model. Phys Rev B, 1987, 35: 4840 – 4849.

[576] Sepliarsky M, Stachiotti M G, Migoni R L. Structural instability in $KTaO_3$ and $KNbO_3$ described by the nonlinear oxygen polarizability model. Phys Rev B, 1995, 52: 4044 – 4049.

[577] Comes R, Lambert M, Guinier A. The chain structure of $BaTiO_3$ and $KNbO_3$. Solid State Commun, 1968, 6: 715 – 719.

[578] Chaves A S, Barreto F C S, Nogueira R A, et al. Thermodynamics of an eight-site order-disorder model for ferroelectrics. Phys Rev B, 1976, 13: 207 – 212.

[579] Zalar B, Laguta V V, Blinc R. NMR evidence for the coexistence of order-disorder and displacive components in barium titanate. Phys Rev Lett, 2003, 90: 037601.

[580] Zalar B, Lebar A, Seliger J, et al. NMR studies of disorder in $BaTiO_3$ and $SrTiO_3$. Phys Rev B, 2005, 71: 064107.

[581] Ravel B, Stern E A, Vedrinskii R I, et al. Local structure and the phase transitions of $BaTiO_3$. Ferroelectrics, 1998, 206: 407 – 430.

[582] Stern E A. Character of order-disorder and displacive components in barium titanate. Phys Rev Lett, 2004, 93: 037601.

[583] Tai R Z, Namikawa K, Sawada A, et al. Picosecond view of microscopic-scale polarization clusters in paraelectric $BaTiO_3$. Phys Rev Lett, 2004, 93: 087601.

[584] Sicron N, Ravel B, Yacoby Y, et al. Nature of the ferroelectric phase transition in $PbTiO_3$. Phys Rev B, 1994, 50: 13168 – 13180.

[585] Silva N P, Chaves A S, Sà Barreto F C, et al. Influence of tunnelling on the thermodynamics of an eight-site order-disorder ferroelectric model. Phys Rev B, 1979, 20: 1261 – 1272.

[586] Yamanaka T, Nakamoto Y, Ahart M, et al. Pressure dependence of electron density distribution and d – p – π hybridization in titanate perovskite ferroelectrics. Phys Rev B, 2018, 97: 144109.

[587] Kohn W, Sham L J. Quantum density oscillations in an inhomogeneous electron gas. Phys Rev A, 1965, 138: 1617 – 1625.

[588] Perdew P, Burk K, Ernzerhof M. Generalized gradient approximation made simple. Phys Rev Lett, 1966, 77: 3865 – 3868.

[589] Singh J, Boyer L L. First principles analysis of vibrational modes in $KNbO_3$. Ferroelectrics, 1992, 136: 95 – 103.

[590] Waghmare U V, Rabe K M. *Ab initio* statistical mechanics of the ferroelectric phase transition in $PbTiO_3$. Phys Rev B, 1997, 55: 6161 – 6173.

[591] Grinberg I, Rappe A M. Local structure and macroscopic properties in $PbMg_{1/3}Nb_{2/3}O_3$ – $PbTiO_3$ and $PbZn_{1/3}Nb_{2/3}O_3$ – $PbTiO_3$ solid solutions. Phys Rev B, 2004, 70: 220101(R).

[592] Zhong W, Vanderbilt D, Rabe K M. Phase transitions in $BaTiO_3$ from first principles. Phys Rev Lett, 1994, 73: 1861 – 1864.

[593] Kreisel J, Bouvier P, Dkhil B, et al. High-pressure X-ray scattering of oxides with a nanoscale local structure: Application to $Na_{1/2}Bi_{1/2}TiO_3$. Phys Rev B, 2003, 68: 014113.

[594] Pandey D, Singh A P, Tiwari V S. Developments in ferroelectric ceramics for capacitor applications. Bull

Mater Sci, 1992, 15: 391 - 402.

[595] Nayak M, Ezhilvalavan S, Tseng T Y. High-permittivity (Ba,Sr)TiO_3 thin films. in Handbook of thin films ed by Nalwa H S. California: Academic Press, 2002, 3: 99 - 167.

[596] Zeb A, Milne S J. High temperature dielectric ceramics: A review of temperature-stable high-permittivity perovskites. J Mater Sci: Mater Electron, 2015, 26: 9243 - 9255.

[597] 曲喜新.电子元件材料手册.北京：电子工业出版社,1989.

[598] Tsurumi T. Past and future of multi-layered ceramics capacitors (MLCCs). IEEE 2021 joint ISAF-ISIF-PFM virtual conference, May 16 - 21, 2021.

[599] Chazono H, Kishi H. DC-electrical degradation of the BT-based material for multilayer ceramic capacitor with Ni internal electrode: Impedance analysis and microstructure. Jpn J Appl Phys, 2001, 40: 5624 - 5629.

[600] Watson J, Castro G. A review of high-temperature electronics technology and applications. J Mater Sci: Mater Electron, 2015, 26: 9226 - 9235.

[601] Wu L W, Wang X H, Shen Z B, et al. Ferroelectric to relaxor transition in $BaTiO_3$ - Bi($Zn_{2/3}Nb_{1/3}$)O_3 ceramics. J Am Ceram Soc, 2017, 100: 265 - 275.

[602] Huang C C, Cann D. Phase transitions and dielectric properties in Bi($Zn_{1/2}Ti_{1/2}$)O_3 - $BaTiO_3$ perovskite solid solutions. J Appl Phys, 2008, 104: 024117.

[603] Guo X Z, Wu Y G, Zou Y N, et al. Effects of addition of $BiFeO_3$ on phase transition and dielectric properties of $BaTiO_3$ ceramics. J Mater Sci: Mater Electron, 2012, 23: 1072 - 1076.

[604] Huang C C, Cann D, Tan X, et al. Phase transitions and ferroelectric properties in $BiScO_3$-Bi($Zn_{1/2}Ti_{1/2}$)O_3-$BaTiO_3$ solid solutions. J Appl Phys, 2007, 102: 044103.

[605] Raengthon N, Sebastian T, Cumming D, et al. $BaTiO_3$ - Bi($Zn_{1/2}Ti_{1/2}$)O_3 - $BiScO_3$ ceramics for high-temperature capacitor applications. J Am Ceram Soc, 2012, 95: 3554 - 3561.

[606] Kolodiazhnyi T, Tachibana M, Kawaji H, et al. Persistence of ferroelectricity in $BaTiO_3$ through the insulator-metal transition. Phys Rev Lett, 2010, 104: 147602.

[607] Capurso J S, Schulze W A. Piezoresistivity in PTCR barium titanate ceramics: I, Experimental findings. J Am Ceram Soc, 1998, 81: 337 - 346.

[608] V'yunov O I, Belous A G. Phase transformation in the synthesis of Ba($Ti_{1-x}M_x$)O_3-based PTCR ceramic. J Euro Ceram Soc, 1999, 19: 935 - 938.

[609] Niimi H, Ishikawa T, Mihara K, et al. Effects of Ba/Ti ratio on positive temperature coefficient of resistivity characteristics of donor-doped $BaTiO_3$ fired in reducing atmosphere. Jpn J Appl Phys, 2007, 46: 675 - 680.

[610] Desu S B, Payne D A. Interfacial segregation in perovskites: II, Experimental evidence. J Am Ceram Soc, 1990, 73: 3398 - 3406.

[611] Desu S B, Payne D A. Interfacial segregation in perovskites: III, Microstructure and electrical properties. J Am Ceram Soc, 1990, 73: 3407 - 3415.

[612] Desu S B, Payne D A. Interfacial segregation in perovskites: IV, Internal boundary layer devices. J Am Ceram Soc, 1990, 73: 3416 - 3421.

[613] Lin C F, Hu C T, Lin I N. Defects restoration during cooling and annealing in PTC type barium titanate ceramics. J Mater Sci, 1990, 25: 3029 - 3033.

[614] 祝炳和.$BaTiO_3$半导瓷 PTC 现象的机理研究进展.电子元件与材料,2003,22: 21 - 27.

[615] Bell A. What have ferroelectrics ever done for us? IEEE 2021 joint ISAF-ISIF-PFM virtual conference, May 16 - 21, 2021.

[616] Fiedziuszko S J, Hunter I C, Itoh T, et al. Dielectric materials, devices, and circuits. IEEE Trans Microwave Theory Technol, 2002, 50: 706 - 720.

[617] Reaney I M, Iddles D. Microwave dielectric ceramics for resonators and filters in mobile phone networks. J Am Ceram Soc, 2006, 89: 2063 - 2072.

[618] Feteira A, Iddles D, Price T, et al. High-permittivity and low-loss microwave dielectric ceramics based on $(x)RE(Zn_{1/2}Ti_{1/2})O_3-(1-x)CaTiO_3$ (RE=La and Nd). J Am Ceram Soc, 2011, 94: 817-821.

[619] Ubic R, Hu Y, Abrahams I. Neutron and electron diffraction studies of $La(Zn_{1/2}Ti_{1/2})O_3$ perovskite. Acta Cryst B, 2006, 62: 521-529.

[620] Xu Y B, Liu T, He Y Y, et al. Dielectric properties of $Ba_{0.6}Sr_{0.4}TiO_3-La(B_{0.5}Ti_{0.5})O_3$ (B=Mg, Zn) ceramics. IEEE Trans UFFC, 2009, 56: 2343-2350.

[621] Cho S Y, Youn H J, Lee H J, et al. Contribution of structure to temperature dependence of resonant frequency in the $(1-x)La(Zn_{1/2}Ti_{1/2})O_3-xATiO_3$ (A=Ca, Sr) system. J Am Ceram Soc, 2001, 84: 753-758.

[622] Yeo D H, Kim J B, Moon J H, et al. Dielectric properties of $(1-x)CaTiO_3-xLa(Zn_{1/2}Ti_{1/2})O_3$ ceramics at microwave frequencies. Jpn J Appl Phys, 1996, 35: 663-667.

[623] Kipkoech E R, Azough F, Freer R. Microstructural control of microwave dielectric properties in $CaTiO_3-La(Mg_{1/2}Ti_{1/2})O_3$ ceramics. J Appl Phys, 2005, 97: 064103.

[624] Seabra M P, Ferreira V M, Zheng H, et al. Structure property relations in $La(Mg_{1/2}Ti_{1/2})O_3$-based solid solutions. J Appl Phys, 2005, 97: 033525.

[625] Roberts S. Dielectric and piezoelectric properties of barium titanate. Phys Rev, 1947, 71: 890-895.

[626] Haertling H, Land C E. Hot-pressed $(Pb,La)(Zr,Ti)O_3$ ferroelectric ceramics for electrooptic applications. J Am Ceram Soc, 1971, 54: 1-11.

[627] Haertling H, Land C E. Improved hot-pressed electrooptic ceramics in the $(Pb,La)(Zr,Ti)O_3$ system. J Am Ceram Soc, 1971, 54: 303-309.

[628] Newnham R E. Phase transformations in smart materials. Acta Cryst A, 1998, 54: 729-737.

[629] Heywang W, Lubitz K, Wersing W. Piezoelectricity: Evolution and future of a technology.北京：北京大学出版社,2012.

[630] Damjanovic D. Contributions to the piezoelectric effect in ferroelectric single crystals and ceramics. J Am Ceram Soc, 2005, 88: 2663-2676.

[631] 富士陶瓷株式会社.压电陶瓷(技术手册).

[632] FDK株式会社.压电陶瓷(技术资料)BZ-TEJ001-0211.

[633] Schäufele A B, Härdtl K H. Ferroelastic properties of lead zirconate titanate ceramics. J Am Ceram Soc, 1996, 79: 2637-2640.

[634] Uchino K, Zheng J H, Chen Y H, et al. Loss mechanisms and high power piezoelectrics. J Mater Sci, 2006, 41: 217-228.

[635] Gerthsen P, Hardtl K H, Schmidt N A. Correlation of mechanical and electrical losses in ferroelectric ceramics. J Appl Phys, 1980, 51: 1131-1134.

[636] Sasaki Y, Takahashi S, Hirose S. Relationship between mechanical loss and phases of physical constants in lead-zirconate-titanate ceramics. Jpn J Appl Phys, 1997, 36: 6058-6061.

[637] Li J Y, Rogan R C, Üstündag E, et al. Domain switching in polycrystalline ferroelectric ceramics. Nature Mater, 2005, 4: 776-781.

[638] Wan S, Bowman K. Modeling of electric field induced texture in lead zirconate titanate ceramics. J Mater Res, 2001, 16: 2306-2313.

[639] Berlincourt D, Krueger H H A. Domain processes in lead titanate zirconate and barium titanate ceramics. J Appl Phys, 1959, 30: 1804-1810.

[640] Tsurumi T, Kumano Y, Ohashi N, et al. 90° domain reorientation and electric-field-induced strain of tetragonal lead zirconate titanate ceramics. Jpn J Appl Phys, 1997, 36: 5970-5975.

[641] Tani T, Watanabe N, Takatori K, et al. Piezoelectric and dielectric properties for doped lead zirconate titanate ceramics under strong electric field. Jpn J Appl Phys, 1994, 33: 5352-5355.

[642] Cross L E. Ferroelectric materials for electromechanical transducer applications. Jpn J Appl Phys, 1993, 34: 2525 - 2532.

[643] Acosta M, Novak N, Rojas V, et al. $BaTiO_3$-based piezoelectrics: Fundamentals, current status, and perspectives. Appl Phys Rev, 2017, 4: 041305.

[644] Ueda I. Effects of additives on piezoelectric and related properties of $PbTiO_3$ ceramics. Jpn J Appl Phys, 1972, 11: 450 - 462.

[645] Takahashi M. Electrical resistivity of lead zirconate titanate ceramics containing impurities. Jpn J Appl Phys, 1971, 10: 643 - 651.

[646] Wu L, Wu T S, Wei C C, et al. The DC resistivity of modified PZT ceramics. J Phys C: Solid State Phys, 1983, 16: 2823 - 2932.

[647] Rukmini H R, Choudhary R N P, Rao V V. Effect of doping pairs (La, Na) on structural and electrical properties of PZT ceramics. Mater Chem Phys, 1998, 55: 108 - 114.

[648] Berlincourt D. Piezoelectric ceramic compositional development. J Acoust Soc Am, 1992, 91: 3034 - 3040.

[649] Yin Z W. Ferroelectric ceramics research in China. Ferroelectrics, 1981, 35: 161 - 166.

[650] Park S H, Ural S, Ahn C W, et al. Piezoelectric properties of Sb-, Li-, and Mn-substituted $Pb(Zr_xTi_{1-x})O_3$-$Pb(Zn_{1/3}Nb_{2/3})O_3$-$Pb(Ni_{1/3}Nb_{2/3})O_3$ ceramics for high-power applications. Jpn J Appl Phys, 2006, 45: 2667 - 2673.

[651] Kulcsar F. Electromechanical properties of lead titanate zirconate ceramics modified with certain three- or five-valent additions. J Am Ceram Soc, 1959, 42: 343 - 349.

[652] Park H Y, Nam C H, Seo I T, et al. Effect of MnO_2 on the piezoelectric properties of the $0.75Pb(Zr_{0.47}Ti_{0.53})O_3$-$0.25Pb(Zn_{1/3}Nb_{2/3})O_3$ ceramics. J Am Ceram Soc, 2010, 93: 2537 - 2540.

[653] Ouchi H, Nishida M, Hayakawa S. Piezoelectric properties of $Pb(Mg_{1/3}Nb_{2/3})O_3$-$PbTiO_3$-$PbZrO_3$ ceramics modified with certain additives. J Am Ceram Soc, 1966, 49: 577 - 582.

[654] Uchida N, Ikeda T. Studies on $Pb(Zr-Ti)O_3$ ceramics with addition of Cr_2O_3. Jpn J Appl Phys, 1967, 6: 1292 - 1299.

[655] Ikeda T, Okano T. Piezoelectric ceramics of $Pb(Zr-Ti)O_3$ modified by $A^{1+}B^{5+}O_3$ or $A^{3+}B^{3+}O_3$. Jpn J Appl Phys, 1964, 3: 63 - 71.

[656] Ikeda T, Tanaka Y, Ayakawa T, et al. Precipitation of zirconia phase in niobium-modified ceramics of lead zirconate-titanate. Jpn J Appl Phys, 1964, 3: 581 - 587.

[657] Zheng H, Reaney I M, Lee W E, et al. Effects of octahedral tilting on the piezoelectric properties of strontium/barium/niobium-doped soft lead zirconate titanate ceramics. J Am Ceram Soc, 2002, 85: 2337 - 2344.

[658] Ikeda T. A few quarternary systems of perovskite type $A^{2+}B^{4+}O_3$ solid solutions. J Phys Soc Jpn, 1959, 14: 1286 - 1294.

[659] Suchomel M R, Davies P K. Predicting the position of the morphotropic phase boundary in high temperature $PbTiO_3$-$Bi(B'B'')O_3$ based dielectric ceramics. J Appl Phys, 2004, 96: 4405 - 4410.

[660] Ouchi H. Piezoelectric properties and phase relations of of $Pb(Mg_{1/3}Nb_{2/3})O_3$-$PbTiO_3$-$PbZrO_3$ ceramics with barium or strontium substitutions. J Am Ceram Soc, 1968, 51: 169 - 176.

[661] Eitel R E, Randall C A, Shrout T R, et al. New high temperature morphotropic phase boundary piezoelectrics based on $Bi(Me)O_3$-$PbTiO_3$ ceramics. Jpn J Appl Phys, 2001, 40: 5999 - 6002.

[662] Yamashita Y, Hosono Y. Material design of high-dielectric-constant and large-electromechanical-coupling-factor relaxor-based piezoelectric ceramics. Jpn J Appl Phys, 2005, 44: 7046 - 7049.

[663] Yamashita Y J, Hosono Y. High dielectric constant and large electromechanical coupling factor relaxor-based piezoelectric ceramics. Jpn J Appl Phys, 2004, 43: 6679 - 6682.

[664] Shirane G, Suzuki K. Crystal structure of $Pb(Zr-Ti)O_3$. J Phys Soc Jpn, 1952, 7: 333.

[665] Noheda B, Cox D E, Shirane G, et al. A monoclinic ferroelectric phase in the $PbZr_{1-x}Ti_xO_3$ solid solution. Appl Phys Lett, 1999, 74: 2059 – 2061.

[666] Noheda B, Gonzalo J A, Cross L E, et al. Tetragonal-to-monoclinic phase transition in a ferroelectric perovskite: The structure of $PbZr_{0.52}Ti_{0.48}O_3$. Phys Rev B, 2000, 61: 8687 – 8695.

[667] Noheda B, Cox D E, Shirane G, et al. Stability of the monoclinic phase in the ferroelectric perovskite $PbZr_{1-x}Ti_xO_3$. Phys Rev B, 2000, 63: 014103.

[668] Glazer M, Thomas P A, Baba-Kishi K Z, et al. Influence of short-range and long-range order on the evolution of the morphotropic phase boundary in $Pb(Zr_{1-x}Ti_x)O_3$. Phys Rev B, 2004, 70: 184123.

[669] Woodward D I, Knudsen J, Reaney I M. Review of crystal and domain structures in the $PbZr_xTi_{1-x}O_3$ solid solution. Phys Rev B, 2005, 72: 104110.

[670] Banno H, Tsunooka T. Piezoelectric properties and temperature dependences of resonant frequency of WO_3–MnO_2-modified ceramics of $Pb(Zr,Ti)O_3$. Jpn J Appl Phys, 1967, 6: 954 – 962.

[671] Klimov V V, Savenkova G E, Didkovskaja O S, et al. Investigation of ferroelectric materials for electric filters. Ferroelectrics, 1974, 7: 383 – 384.

[672] Zhong W L, Zhang P L, Liu S D. Piezoelectric ceramics with high coupling and high temperature stability. Ferroelectrics, 1990, 101: 173 – 177.

[673] Lee G M, Kim B H. Effects of thermal aging on temperature stability of $Pb(Zr_yTi_{1-y})O_3+x(wt.\%)Cr_2O_3$ ceramics. Mater Chem Phys, 2005, 91: 233 – 236.

[674] Uchida N, Ikeda T. The aging characteristics in perovskite-type ferroelectric ceramics. Jpn J Appl Phys, 1968, 7: 1219 – 1226.

[675] Thomann H. Stabilization effects in piezoelectric lead titanate zirconate ceramics. Ferroelectrics, 1972, 4: 141 – 146.

[676] Park S E, Shrout T R. Characteristics of relaxor-based piezoelectric single crystals for ultrasonic transducers. IEEE Trans UFFC, 1997, 44: 1140 – 1147.

[677] Yamashita Y, Hosono Y, Harada K, et al. Effect of molecular mass of B-site ions on electromechanical coupling factors of lead-based perovskite piezoelectric materials. Jpn J Appl Phys, 2000, 39: 5593 – 5596.

[678] Kobune M, Maekawa Y, Mineshige A, et al. Refined position of the morphotropic phase boundary and compositional search of $Pb(Mg_{1/3}Nb_{2/3})O_3$ – $PbZrO_3$ – $PbTiO_3$ ceramics for piezoelectric applications. J Ceram Soc Jpn, 2006, 114: 241 – 246.

[679] Wang C H. Physical and electrical properties of $Pb_{0.96}Sr_{0.04}[(Zr_{0.74-x}Ti_x)(Mg_{1/3}Nb_{2/3})_{0.20}(Zn_{1/3}Nb_{2/3})_{0.06}]O_3$ ceramics near the morphotropic phase boundary. Jpn J Appl Phys, 2003, 42: 4455 – 4456.

[680] Bellaiche L, Garcia A, Vanderbilt D. Finite-temperature properties of $Pb(Zr_{1-x}Ti_x)O_3$ alloys from first principles. Phys Rev Lett, 2000, 84: 5427 – 5430.

[681] Rouquette J, Haines J, Bornand V, et al. Pressure-induced rotation of spontaneous polarization in monoclinic and triclinic $PbZr_{0.52}Ti_{0.48}O_3$. Phys Rev B, 2005, 71: 024112.

[682] Guo R, Cross L E, Park S E, et al. Origin of the high piezoelectric response in $PbZr_{1-x}Ti_xO_3$. Phys Rev Lett, 2000, 84: 5423 – 5426.

[683] Noheda B, Cox D E, Shirane G, et al. Polarization rotation via a monoclinic phase in the piezoelectric 92% $PbZn_{1/3}Nb_{2/3}O_3$ – 8% $PbTiO_3$. Phys Rev Lett, 2001, 86: 3891 – 3894.

[684] Kornev I A, Bellaiche L, Bouvier P, et al. Ferroelectricity of perovskites under pressure. Phys Rev Lett, 2005, 95: 196804.

[685] Anhart M, Somayazulu M, Cohen R E, et al. Origin of morphotropic phase boundaries in ferroelectrics. Nature, 2008, 451: 545 – 548.

[686] Damjanovic D, Klein N, Li J, et al. What can be expected from lead-free piezoelectric materials? Funct

Mater Lett, 2010, 3: 5 – 13.
[687] Bellaiche L, García A, Vanderbilt D. Electric-field induced polarization paths in Pb($Zr_{1-x}Ti_x$) O_3 alloys. Phys Rev B, 2001, 64: 060103(R).
[688] Rabe K M. Think locallly, act globally. Nature Mater, 2002, 1: 147 – 148.
[689] Cao W W. The strain limits on switching. Nature Mater, 2005, 4: 727 – 728.
[690] Schönau K A, Schmitt L A, Knapp M, et al. Nanodomain structure of Pb[$Zr_{1-x}Ti_x$] O_3 at its morphotropic phase boundary: Investigations from local to average structure. Phys Rev B, 2007, 75: 184117.
[691] Xue D Z, Balachandran P V, Wu H J, et al. Material descriptors for morphotropic phase boundary curvature in lead-free piezoelectrics. Appl Phys Lett, 2017, 111: 032907.
[692] Grinberg I, Suchomel M R, Davies P K, et al. Predicting morphotropic phase boundary locations and transition temperatures in Pb- and Bi-based perovskite solid solutions from crystal chemical data and first-principles calculations. J Appl Phys, 2005, 98: 094111.
[693] Takahashi S. Effects of impurity doping in lead zirconate-titanate ceramics. Ferroelectrics, 1982, 41: 143 – 156.
[694] Granzow T, Suvaci E, Kungl H, et al. Deaging of heat-treated iron-doped lead zirconate titanate ceramics. Appl Phys Lett, 2006, 89: 262908.
[695] Hackenberger W S, Kim N, Randall C A, et al. Processing and structure-property relationships for fine grained ceramics. IEEE-ISAF, 1996, 903 – 906.
[696] Yamamoto T, Tanaka R, Okazaki K, et al. Ferroelectric properties of Pb ($Zr_{0.53}Ti_{0.47}$) O_3 ceramics synthesized by partial oxalate method (using $Zr_{0.53}Ti_{0.47}O_2$ hydrothermal produced powder as a core of Pb($Zr_{0.53}Ti_{0.47}$) O_3). Jpn J Appl Phys, 1989, 28S: 63 – 66.
[697] Takeuchi H, Jyomura S. Highly anisotropic piezoelectric ceramics and their application in ultrasonic probes. IEEE Ultrasonics Symp, 1985, 605 – 613.
[698] Duran P, Fdez Lozano J F, Capel F, et al. Large electromechanical anisotropic modified lead titanate ceramics. J Mater Sci, 1989, 24: 447 – 452.
[699] Wersing W, Lubitz K, Mohaupt J. Anisotropic piezoelectric effect in modified $PbTiO_3$ ceramics. IEEE Trans UFFC, 1989, 36: 424 – 433.
[700] Xue W R, Kim J N, Jang S J, et al. Temperature behavior of dielectric and electromechanical coupling properties of samarium modified lead titanate ceramics. Jpn J Appl Phys, 1985, S24: 718 – 720.
[701] Ichinose N, Fuse Y, Yamada Y, et al. Piezoelectric anisotropy in the modified $PbTiO_3$ ceramics. Jpn J Appl Phys, 1989, S28: 87 – 90.
[702] de Villiers D R, Schmid H K. Piezoelectricity and microstructures of modified lead titanate ceramics. J Mater Sci, 1990, 25: 3215 – 3220.
[703] Chandra A, Pandey D, Mathews M D, et al. Large negative thermal expansion and phase transition in ($Pb_{1-x}Ca_x$) TiO_3($0.30 \leqslant x \leqslant 0.45$) ceramics. J Mater Res, 2005, 20: 350 – 356.
[704] An F F, Cao F, Yu J. Piezoelectric properties of Ca-modified $Pb_{0.6}Bi_{0.4}$($Ti_{0.75}Zn_{0.15}Fe_{0.10}$) O_3 ceramics. Ceram Int, 2012, 38S: 211 – 214.
[705] Murata manufacturing Co. Ltd. Ceramic filter (CERAFIL ®) application manual. 2001.
[706] Fujishima S. Piezoelectric ceramics for filters and resonator applications. Jpn J Appl Phys, 1985, 24S: 56 – 59.
[707] Fujishima S. The history of ceramic filters. IEEE Trans UFFC, 2000, 47: 1 – 7.
[708] Yamashita Y, Sakano S, Toba I. TE harmonic overtone mode energy-trapped ceramic filter with narrow frequency tolerance. Jpn J Appl Phys, 1997, 36: 6096 – 6102.
[709] Inoue T, Utsumi K, Suzuki M, et al. Trapped-energy piezoelectric ceramic resonator and filter with internal electrodes. Jpn J Appl Phys, 1987, 26: 147 – 149.

[710] Katsuno M, Fuda Y, Tamura M. High-power ceramic materials for piezoelectric transformers. Electron Commun Jpn, 1999, 82: 86 - 92.

[711] Funakubo T, Tomikawa Y. Characteristics of multilayer piezoelectric actuator made of high Q material for application to ultrasonic linear motor. Jpn J Appl Phys, 2002, 41: 7144 - 7148.

[712] Ise O, Satoh K, Mamiya Y. High power characteristics of piezoelectric ceramics in $Pb(Mn_{1/3}Nb_{2/3})O_3-PbTiO_3-PbZrO_3$ system. Jpn J Appl Phys, 1999, 38: 5531 - 5534.

[713] Gao Y K, Chen Y H, Ryu J H, et al. Eu and Yb substituent effects on the properties of $Pb(Zr_{0.52}Ti_{0.48})O_3-Pb(Mn_{1/3}Sb_{2/3})O_3$ ceramics: Development of a new high-power piezoelectric with enhanced vibrational velocity. Jpn J Appl Phys, 2001, 40: 687 - 693.

[714] Ryu J H, Kim H W, Uchino K, et al. Effect of Yb addition on the sintering behavior and high power piezoelectric properties of $Pb(Zr,Ti)O_3-Pb(Mn,Nb)O_3$. Jpn J Appl Phys, 2003, 42: 1307 - 1310.

[715] Kawai H, Sasaki Y, Inoue T, et al. High power transformer employing piezoelectric ceramics. Jpn J Appl Phys, 1996, 35: 5015 - 5017.

[716] Tashiro S, Ikehiro M, Igarashi H. Influence of temperature rise and vibration level on electromechanical properties of high-power piezoelectric ceramics. Jpn J Appl Phys, 1997, 36: 3004 - 3009.

[717] Gao Y K, Uchino K, Viehland D. Time dependence of the mechanical quality factor in "hard" lead zirconate titanate ceramics: Development of an internal dipolar field and high power origin. Jpn J Appl Phys, 2006, 45: 9119 - 9124.

[718] Uchino K. Piezoelectric ultrasonic motors: Overview. Smart Mater Struct, 1998, 7: 273 - 285.

[719] 施军丽,文贵印,黄楠.超声波电动机研制的关键技术.机电工程技术,2004,33: 29 - 31.

[720] de Vries J W C, Jedeloo P, Porath R. Co-fired piezoelectric multilayer transformers. IEEE-ISAF, 1996, 173 - 176.

[721] Fuda Y, Kumasaka K, Katsuno M, et al. Piezoelectric transformer for cold cathode fluorescent lamp inverter. Jpn J Appl Phys, 1997, 36: 3050 - 3052.

[722] Chang K T. Finding electrical characteristics of a piezoelectric transformer through open-circuit operation. Jpn J Appl Phys, 2004, 43: 6204 - 6211.

[723] Yang J S. Piezoelectric transformer structural modeling-A review. IEEE Trans UFFC, 2007, 54: 1154 - 1170.

[724] 王天资,周志勇,李伟,等.高温压电振动传感器及陶瓷材料研究应用进展.传感器与微系统,2020,39: 1 - 4.

[725] 周志勇,陈涛,董显林.超高居里温度钙钛矿层状结构压电陶瓷研究进展.无机材料学报,2018,33: 251 - 258.

[726] Wu J G, Xiao D Q, Zhu J G. Potassium-sodium niobate lead-free piezoelectric materials: Past, present, and future of phase boundaries. Chem Rev, 2015, 115: 2559 - 2595.

[727] Zheng T, Wu J G, Xiao D Q, et al. Recent development in lead-free perovskite piezoelectric bulk materials. Prog Mater Sci, 2018, 98: 552 - 624.

[728] Lv X, Zhu J G, Xiao D Q, et al. Emerging new phase boundary in potassium sodium-niobate based ceramics. Chem Soc Rev, 2020, 49: 671 - 707.

[729] Wang R P, Bando H, Katsumata T, et al. Tuning the orthorhombic-rhombohedral phase transition temperature in sodium potassium niobate by incorporating barium zirconate. Phys Status Solidi (RRL), 2009, 3: 142 - 144.

[730] Wang R P, Bando H, Kidate M, et al. Effects of A-site ions on the phase transition temperatures and dielectric properties of $(1-x)(Na_{0.5}K_{0.5})NbO_3-xAZrO_3$ solid solutions. Jpn J Appl Phys, 2011, 50: 09ND10.

[731] Wang R P, Bando H, Itoh M. Universality in phase diagram of $(K,Na)NbO_3-MTiO_3$ solid solutions. Appl Phys Lett, 2009, 95: 092905.

[732] Saito Y, Takao H, Tani T, et al. Lead-free piezoceramics. Nature, 2004, 432: 84 – 87.
[733] Qu B Y, Du H L, Yang Z T. Lead-free relaxor ferroelectric ceramics with high optical transparency and energy storage ability. J Mater Chem C, 2016, 4: 1795 – 1803.
[734] Takenaka T, Maruyama K, Sakata K. $(Bi_{1/2}Na_{1/2})TiO_3-BaTiO_3$ system for lead-free piezoelectric ceramics. Jpn J Appl Phys, 1991, 30: 2236 – 2239.
[735] Liu W F, Ren X B. Large piezoelectric effect in Pb-free ceramics. Phys Rev Lett, 2009, 103: 257602.
[736] Zhang L, Zhang M, Wang L, et al. Phase transitions and the piezoelectricity around morphotropic phase boundary in $Ba(Zr_{0.2}Ti_{0.8})O_3-x(Ba_{0.7}Ca_{0.3})TiO_3$ lead-free solid solution. Appl Phys Lett, 2014, 105: 162908.
[737] Zuo R Z, Qi H, Fu J. Morphotropic $NaNbO_3-BaTiO_3-CaZrO_3$ lead-free ceramics with temperature-insensitive piezoelectric properties. Appl Phys Lett, 2016, 109: 022902.
[738] Kim S, Khanal G P, Nam H W, et al. Structural and electrical characteristics of potential candidate lead-free $BiFeO_3-BaTiO_3$ piezoelectric ceramics. J Appl Phys, 2017, 122: 164105.
[739] Lee M H, Kim D J, Park J S, et al. High-performance lead-free piezoceramics with high Curie temperatures. Adv Mater, 2015, 27: 6976 – 6982.
[740] Wei Y X, Wang X T, Zhu J T, et al. Dielectric, ferroelectric, and piezoelectric properties of $BiFeO_3-BaTiO_3$ ceramics. J Am Ceram Soc, 2013, 96: 3163 – 3168.
[741] Cheng S, Zhao L, Zhang B P, et al. Lead-free $0.7BiFeO_3-0.3BaTiO_3$ high-temperature piezoelectric ceramics: Nano – $BaTiO_3$ raw powder leading to a distinct reaction path and enhanced electrical properties. Ceram Int, 2019, 45: 10438 – 10447.
[742] Cheng S, Zhang B P, Zhao L, et al. Enhanced insulating and piezoelectric properties of $0.7BiFeO_3-0.3BaTiO_3$ leadfree ceramics by optimizing calcination temperature: Analysis of Bi^{3+} volatilization and phase structures. J Mater Chem C, 2018, 6: 3982 – 3989.
[743] Xun B W, Song A Z, Yu J R, et al. Lead-free $BiFeO_3-BaTiO_3$ ceramics with high Curie temperature: Fine compositional tuning across the phase boundary for high piezoelectric charge and strain coefficients. ACS Appl Mater Interfaces, 2021, 13: 4192 – 4202.
[744] 陈建国等.一种铁酸铋–钛酸钡二元高温压电陶瓷材料及其制备方法和应用.中国: 202110698422.0, 2021 – 6 – 23.
[745] Triamnak N, Yimnirun R, Pokorny J, et al. Relaxor characteristics of the phase transformation in $(1-x)BaTiO_3-xBi(Zn_{1/2}Ti_{1/2})O_3$ perovskite ceramics. J Am Ceram Soc, 2013, 96: 3176 – 3182.
[746] Chen J G, Cheng J R. High electric-induced strain and temperature-dependent piezoelectric properties of 0.75BF –0.25BZT lead-free ceramics. J Am Ceram Soc, 2016, 99: 536 – 542.
[747] Liu Z, Zheng T, Zhao C L, et al. Composition design and electrical properties in $BiFeO_3-BaTiO_3-Bi(Zn_{0.5}Ti_{0.5})O_3$ lead-free ceramics. J Mater Sci: Mater Electron, 2017, 28: 13076 – 13083.
[748] Wada S, Yamato K, Pulpan P, et al. Piezoelectric properties of high Curie temperature barium titanate-bismuth perovskite-type oxide system ceramics. J Appl Phys, 2010, 108: 094114.
[749] Fujii I, Mitsui R, Nakashima K, et al. Structural, dielectric, and piezoelectric properties of Mn doped $BaTiO_3-Bi(Mg_{1/2}Ti_{1/2})O_3-BiFeO_3$ ceramics. Jpn J Appl Phys, 2011, 50: 09ND07.
[750] Yabuta H, Shimada M, Watanabe T, et al. Microstructure of $BaTiO_3-Bi(Mg_{1/2}Ti_{1/2})O_3-BiFeO_3$ piezoelectric ceramics. Jpn J Appl Phys, 2012, 51: 09LD04.
[751] Murakami S, Wang D, Mostaed A, et al. High strain (0.4%) $Bi(Mg_{2/3}Nb_{1/3})O_3-BaTiO_3-BiFeO_3$ lead-free piezoelectric ceramics and multilayers. J Am Ceram Soc, 2018, 101: 5428 – 5442.
[752] Zheng D G, Zuo R Z, Zhang D S, et al. Novel $BiFeO_3-BaTiO_3-Ba(Mg_{1/3}Nb_{2/3})O_3$ lead-free relaxor ferroelectric ceramics for energy-storage capacitors. J Am Ceram Soc, 2015, 98: 2692 – 2695.
[753] Zheng Q J, Guo Y Q, Lei F Y, et al. Microstructure, ferroelectric, piezoelectric and ferromagnetic properties

of $BiFeO_3-BaTiO_3-Bi(Zn_{0.5}Ti_{0.5})O_3$ lead free multiferroic ceramics. J Mater Sci: Mater Electron, 2014, 25: 2638 - 2648.

[754] Lin Y, Zhang L L, Yu J. Piezoelectric and ferroelectric property in Mn-doped $0.69BiFeO_3-0.04Bi(Zn_{1/2}Ti_{1/2})O_3-0.27BaTiO_3$ lead-free piezoceramics. J Mater Sci: Mater Electron, 2016, 27: 1955 - 1965.

[755] Lin Y, Zhang L L, Yu J. Stable piezoelectric property of modified $BiFeO_3-BaTiO_3$ lead-free piezoceramics. J Mater Sci: Mater Electron, 2015, 26: 8432 - 8441.

[756] PCB Piezotronics Inc. Sensors for power generation & reciprocating equipment monitoring: Pressure sensors & accelerometers for precision measurement requirements. 2015.

[757] Choi S M, Stringer C J, Shrout T R, et al. Structure and property investigation of a Bi-based perovskite solid solution: $(1-x)Bi(Ni_{1/2}Ti_{1/2})O_3-xPbTiO_3$. J Appl Phys, 2005, 98: 034108.

[758] Chen J, Tan X L, Jo W, et al. Temperature dependence of piezoelectric properties of high - T_C $Bi(Mg_{1/2}Ti_{1/2})O_3-PbTiO_3$. J Appl Phys, 2009, 106: 034109.

[759] Inaguma Y, Miyaguchi A, Yoshida M, et al. High-pressure synthesis and ferroelectric properties in perovskite-type $BiScO_3-PbTiO_3$ solid solution. J Appl Phys, 2004, 95: 231 - 235.

[760] Randall C A, Eitel R E, Shrout T R, et al. Transmission electron microscopy investigation of the high temperature $BiScO_3-PbTiO_3$ piezoelectric ceramic system. J Appl Phys, 2003, 93: 9271 - 9274.

[761] Eitel R E, Randall C A, Shrout T R, et al. Preparation and characterization of high temperature perovskite ferroelectrics in the solid-solution $(1-x)BiScO_3-xPbTiO_3$. Jpn J Appl Phys, 2002, 41: 2099 - 2104.

[762] Zhang S J, Randall C A, Shrout T R. Characterization of perovskite piezoelectric single crystals of $0.43BiScO_3-0.57PbTiO_3$ with high Curie temperature. J Appl Phys, 2004, 95: 4291 - 4295.

[763] Chen S, Dong X L, Mao C L, et al. Thermal stability of $(1-x)BiScO_3-xPbTiO_3$ ceramics for high temperature piezoelectric sensor applications. J Am Ceram Soc, 2006, 89: 3270 - 3272.

[764] Chen S, Dong X L, Yang H, et al. Effects of niobium doping on the microstructure and electrical properties of $0.36BiScO_3-0.64PbTiO_3$ ceramics. J Am Ceram Soc, 2007, 90: 477 - 482.

[765] Chen J G, Shi H D, Liu G X, et al. Temperature dependence of dielectric, piezoelectric and elastic properties of $BiScO_3-PbTiO_3$ high temperature ceramics with morphotropic phase boundary (MPB) composition. J Alloy Comp, 2012, 537: 280 - 285.

[766] Chen J G, Hu Z Q, Shi H D, et al. High-power piezoelectric characteristics of manganese-modified $BiScO_3-PbTiO_3$ high-temperature piezoelectric ceramics. J Phys D: Appl Phys, 2012, 45: 465303.

[767] Sterianou I, Reaney I M, Sinclair D C, et al. High-temperature $(1-x)BiSc_{1/2}Fe_{1/2}O_3-xPbTiO_3$ piezoelectric ceramics. Appl Phys Lett, 2005, 87: 242901.

[768] Sterianou I, Sinclair D C, Reaney I M, et al. Investigation of high Curie temperature $(1-x)BiSc_{1-y}Fe_yO_3-xPbTiO_3$ piezoelectric ceramics. J Appl Phys, 2009, 106: 084107.

[769] Sebastian T, Sterianou I, Sinclair D C, et al. High temperature piezoelectric ceramics in the $Bi(Mg_{1/2}Ti_{1/2})O_3-BiFeO_3-BiScO_3-PbTiO_3$ system. J Electroceram, 2010, 25: 130 - 134.

[770] Fedulov S A, Ladyzhinskii P B, Pyatigorskaya I L, et al. Complete phase diagram of the $PbTiO_3-BiFeO_3$ system. Sov Phys-Solid State, 1964, 6: 375 - 378.

[771] Zhu W M, Guo H Y, Ye Z G. Structural and magnetic characterization of multiferroic $(BiFeO_3)_{1-x}(PbTiO_3)_x$ solid solutions. Phys Rev B, 2008, 78: 014401.

[772] Ranjan R, Raju K A. Unconventional mechanism of stabilization of a tetragonal phase in the perovskite ferroelectric $(PbTiO_3)_{1-x}(BiFeO_3)_x$. Phys Rev B, 2010, 82: 054119.

[773] Kothai V, Senyshyn A, Ranjan R. Competing structural phase transition scenarios in the giant tetragonality ferroelectric $BiFeO_3-PbTiO_3$: Isostructural vs multiphase transition. J Appl Phys, 2013, 113: 084102.

[774] Bhattacharjee S, Taji K, Moriyoshi C, et al. Temperature-induced isostructural phase transition, associated

large negative volume expansion, and the existence of a critical point in the phase diagram of the multiferroic $(1-x)BiFeO_3-xPbTiO_3$ solid solution system. Phys Rev B, 2011, 84: 104116.

[775] Leist T, Granzow T, Jo W, et al. Effect of tetragonal distortion on ferroelectric domain switching: A case study on La-doped $BiFeO_3-PbTiO_3$ ceramics. J Appl Phys, 2010, 108: 014103.

[776] Freitas V F, Santos I A, Botero E, et al. Piezoelectric characterization of $(0.6)BiFeO_3-(0.4)PbTiO_3$ multiferroic ceramics. J Am Ceram Soc, 2011, 94: 754－758.

[777] Bennett J, Bell A J, Stevenson T J, et al. Tailoring the structure and piezoelectric properties of $BiFeO_3-(K_{0.5}Bi_{0.5})TiO_3-PbTiO_3$ ceramics for high temperature applications. Appl Phys Lett, 2013, 103: 152901.

[778] Bennett J, Shrout T R, Zhang S J, et al. Variation of piezoelectric properties and mechanisms across the relaxor-like/ferroelectric continuum in $BiFeO_3-(K_{0.5}Bi_{0.5})TiO_3-PbTiO_3$ ceramics. IEEE Trans UFFC, 2015, 62: 33－45.

[779] Hou X B, Yu J. Novel $0.50(Bi_{1-x}La_x)FeO_3-0.35PbTiO_3-0.15Bi(Zn_{1/2}Ti_{1/2})O_3$ piezoelectric ceramics for high temperature high frequency filters. Jpn J Appl Phys, 2013, 52: 061501.

[780] Suchomel M R, Fogg A M, Allix M, et al. Bi_2ZnTiO_6: A lead-free closed-shell polar perovskite with a calculated ionic polarization of 150 $\mu C/cm^2$. Chem Mater, 2006, 18: 4987－4989.

[781] Woodward D I, Reaney I M, Eitel R E, et al. Crystal and domain structure of the $BiFeO_3-PbTiO_3$ solid solution. J Appl Phys, 2003, 94: 3313－3318.

[782] Zhou D Y, Kamlah M, Munz D. Effects of uniaxial prestress on the ferroelectric hysteretic response of soft PZT. J Euro Ceram Soc, 2005, 25: 425－432.

[783] Granzow T, Kounga A B, Aulbach E, et al. Electromechanical poling of piezoelectrics. Appl Phys Lett, 2006, 88: 252907.

[784] Kuz'min M D, Richter M, Yaresko A N. Factors determining the shape of the temperature dependence of the spontaneous magnetization of a ferromagnet. Phys Rev B, 2006, 73: 100401(R).

[785] Moriya T. Anisotropic superexchange interaction and weak ferromagnetism. Phys Rev, 1960, 120: 91－98.

[786] Solovyev I V. Lattice distortion and magnetic ground state of $YTiO_3$ and $LaTiO_3$. Phys Rev B, 2004, 69: 134403.

[787] de Lacheisserie T, Gignoux D, Schlenker M. Magnetism: Fundamentals, materials and applications. New York: Springer-Verlag Inc, 2002.

[788] Goodenough J B. An interpretation of the magnetic properties of the perovskite-type mixed crystals $La_{1-x}Sr_xCoO_{3-\lambda}$. J Phys Chem Solids, 1958, 6: 287－297.

[789] Weihe H, Güdel H U. Quantitative interpretation of the Goodenough-Kanamori rules: A critical analysis. Inorg Chem, 1997, 36: 3632－3639.

[790] Hotta T, Yunoki S, Mayr M, et al. A-type antiferromagnetic and C-type orbital-ordered states in $LaMnO_3$ using cooperative Jahn-Teller phonons. Phys Rev B, 1999, 60: R15009.

[791] Zhou J S, Alonso J A, Muonz A, et al. Magnetic structure of $LaCrO_3$ perovskite under high pressure from *in situ* neutron diffraction. Phys Rev Lett, 2011, 106: 057201.

[792] Cheng J G, Sui Y, Zhou J S, et al. Transition from orbital liquid to Jahn-Teller insulator in orthorhombic perovskites $RTiO_3$. Phys Rev Lett, 2008, 101: 087205.

[793] Mochizuki M, Imada M. Orbital-spin structure and lattice coupling in $RTiO_3$ where R＝La, Pr, Nd, and Sm. Phys Rev Lett, 2003, 91: 167203.

[794] Cwik M, Lorenz T, Baier J, et al. Crystal and magnetic structure of $LaTiO_3$: Evidence for nondegenerate t_{2g} orbitals. Phys Rev B, 2003, 68: 060401(R).

[795] Zhou J S, Ren Y, Yan J Q, et al. Frustrated superexchange interaction versus orbital order in a $LaVO_3$ crystal. Phys Rev Lett, 2008, 100: 046401.

[796] Solovyev I V. Lattice distortion and magnetism of $3d-t_{2g}$ perovskite oxides. Phys Rev B, 2006, 74: 054412.

[797] Miyasaka S, Okimoto Y, Iwama M, et al. Spin-orbital phase diagram of perovskite-type RVO_3(R = rare-earth ion or Y). Phys Rev B, 2003, 68: 100406(R).
[798] Zener C. Interaction between the d-shells in the transition metals. II. Ferromagnetic compounds of manganese with perovskite structure. Phys Rev, 1951, 82: 403 – 405.
[799] Anderson P W, Hasegawa H. Considerations on double exchange. Phys Rev, 1955, 100: 675 – 681.
[800] Saitoh T, Bocquet A E, Mizokawa T, et al. Electronic structure of $La_{1-x}Sr_xMnO_3$ studied by photoemission and X-ray-absorption spectroscopy. Phys Rev B, 1995, 51: 13942 – 13951.
[801] Korotin M A, Anisimov V I, Khomskii D I, et al. CrO_2: A self-doped double exchange ferromagnet. Phys Rev Lett, 1998, 80: 4305 – 4308.
[802] de Groot R A, Mueller F M, van Engen P G, et al. New class of materials: Half-metallic ferromagnets. Phys Rev Lett, 1983, 50: 2024 – 2027.
[803] Kämper K P, Schmitt W, Güntherodt G, et al. CrO_2 – A new half-metallic ferromagnet? Phys Rev Lett, 1987, 59: 2788 – 2791.
[804] Ideue T, Onose Y, Katsura H, et al. Effect of lattice geometry on magnon Hall effect in ferromagnetic insulators. Phys Rev B, 2012, 85: 134411.
[805] Goncharenko I N, Mirebeau I. Ferromagnetic interactions in EuS and EuSe studied by neutron diffraction at pressures up to 20.5 GPa. Phys Rev Lett, 1998, 80: 1082 – 1085.
[806] Matthias B T, Bozorth R M, van Vleck J H. Ferromagnetic interaction in EuO. Phys Rev Lett, 1961, 7: 160 – 161.
[807] McGuire T R, Shafer M W. Ferromagnetic europium compounds. J Appl Phys, 1964, 35: 984 – 988.
[808] Ohno H. Making nonmagnetic semiconductors ferromagnetic. Science, 1998, 281: 951 – 956.
[809] Tokura Y, Okimoto Y, Yamaguchi S, et al. Thermally induced insulator-metal transition in $LaCoO_3$: A view based on the Mott transition. Phys Rev B, 1998, 58: R1699 – R1702.
[810] Craco L, Laad M S, Leoni S, et al. Theory of the orbital-selective Mott transition in ferromagnetic $YTiO_3$ under high pressure. Phys Rev B, 2008, 77: 075108.
[811] Zaanen J, Sawatzky G A, Allen J W. Band gaps and electronic structure of transition-metal compounds. Phys Rev Lett, 1985, 55: 418 – 421.
[812] Mineshige A, Inaba M, Yao T, et al. Crystal structure and metal-insulator transition of $La_{1-x}Sr_xCoO_3$. J Solid State Chem, 1996, 121: 423 – 429.
[813] Sarma D D, Shanthi N, Barman S R, et al. Band theory for ground-state properties and excitation spectra of perovskites. Phys Rev Lett, 1995, 75: 1126 – 1129.
[814] Moore J E. The birth of topological insulators. Nature, 2010, 464: 194 – 198.
[815] Qi X L, Zhang S C. Topological insulators and superconductors. Rev Mod Phys, 2011, 83: 1057 – 1110.
[816] Mong R S K, Essin A M, Moore J E. Antiferromagnetic topological insulators. Phys Rev B, 2010, 81: 245209.
[817] Weeks C, Franz M. Topological insulators on the Lieb and perovskite lattices. Phys Rev B, 2010, 82: 085310.
[818] Watanabe Y, Okano M, Masuda A. Surface conduction on insulating $BaTiO_3$ crystal suggesting an intrinsic surface electron layer. Phys Rev Lett, 2001, 86: 332 – 335.
[819] Fang M, de Wijs G A, de Groot R A. Spin-polarization in half-metals (invited). J Appl Phys, 2002, 91: 8340 – 8344.
[820] Imada M, Fujimori A, Tokura Y. Metal-insulator transitions. Rev Mod Phys, 1998, 70: 1039 – 1263.
[821] Raccah P M, Goodenough J B. A localized-electron to collective-electron transition in the system (La,Sr)CoO_3. J Appl Phys, 1968, 39: 1209 – 1210.
[822] Raccah P M, Goodenough J B. First-order localized-electron⇆collective-electron transition in $LaCoO_3$. Phys

Rev, 1967, 155: 932 - 942.

[823] Miyasaka S, Okuda T, Tokura Y. Critical behavior of metal-insulator transition in $La_{1-x}Sr_xVO_3$. Phys Rev Lett, 2000, 85: 5388 - 5391.

[824] Tezuka K, Hinatsu Y, Nakamura A, et al. Magnetic and neutron diffraction study on perovskites $La_{1-x}Sr_xCrO_3$. J Solid State Chem, 1998, 141: 404 - 410.

[825] Neumeier J J, Terashita H. Magnetic, thermal and electrical properties of $La_{1-x}Ca_xCrO_3(0 \leqslant x \leqslant 0.5)$. Phys Rev B, 2004, 70: 214435.

[826] Caciuffo R, Rinaldi D, Barucca G, et al. Structural details and magnetic order of $La_{1-x}Sr_xCoO_3(x \leqslant 0.3)$. Phys Rev B, 1999, 59: 1068 - 1078.

[827] Tokura Y. Origins of colossal magnetoresistance in perovskite-type manganese oxides (invited) J Appl Phys, 1996, 79: 5288 - 5291.

[828] Okuda T, Asamitsu A, Tomioka Y, et al. Critical behavior of the metal-insulator transition in $La_{1-x}Sr_xMnO_3$. Phys Rev Lett, 1998, 81: 3203 - 3206.

[829] Torrance B, Lacorre P, Nazzal A I, et al. Systematic study of insulator-metal transitions in perovskites $RNiO_3$ (R=Pr, Nd, Sm, Eu) due to closing of charge-transfer gap. Phys Rev B, 1992, 45: 8209 - 8212.

[830] Goodenough J B. Perspective on engineering transition-metal oxides. Chem Mater, 2014, 26: 820 - 829.

[831] Lehmann H W, Harbeke G. Semiconducting and optical properties of ferromagnetic $CdCr_2S_4$ and $CdCr_2Se_4$. J Appl Phys, 1967, 38: 946.

[832] Argyriou D N, Mitchell J F, Potter C D, et al. Lattice effects and magnetic order in the canted ferromagnetic insulator $La_{0.875}Sr_{0.125}MnO_{3+\delta}$. Phys Rev Lett, 1996, 76: 3826 - 3829.

[833] Nojiri H, Kaneko K, Motokawa M, et al. Two ferromagnetic phases in $La_{1-x}Sr_xMnO_3(x \sim 1/8)$. Phys Rev B, 1999, 60: 4142 - 4148.

[834] Rogado N S, Li J, Sleight A W, et al. Magnetocapacitance and magnetoresistance near room temperature in a ferromagnetic semiconductor: La_2NiMnO_3. Adv Mater, 2005, 17: 2225 - 2227.

[835] Bull C L, Gleeson D, Knight K S. Determination of B-site ordering and structural transformations in the mixed transition metal perovskites La_2CoMnO_6 and La_2NiMnO_6. J Phys: Condens Matter, 2003, 15: 4927 - 4936.

[836] Dass R I, Yan J Q, Goodenough J B. Oxygen stoichiometry, ferromagnetism, and transport properties of $La_{2-x}NiMnO_{6+\delta}$. Phys Rev B, 2003, 68: 064415.

[837] Pal S, Sharada G, Goyal M, et al. Effect of anti-site disorder on magnetism in La_2NiMnO_6. Phys Rev B, 2018, 97: 165137.

[838] Nasir M, Khan M, Kumar S, et al. The effect of high temperature annealing on the antisite defects in ferromagnetic La_2NiMnO_6 double perovskite. J Magnet Magnet Mater, 2019, 483: 114 - 123.

[839] Nishimura K, Azuma M, Hirai S, et al. Synthesis and physical properties of double perovskite Pb_2FeReO_6. Inorg Chem, 2009, 48: 5962 - 5966.

[840] Pickett W E, Meijer G I, Ueda K, et al. Technical comments: Ferromagnetic superlattices. Science, 1998, 281: 1571a.

[841] Ueda K, Tabata H, Kawai T. Control of magnetic properties in $LaCrO_3-LaFeO_3$ artificial superlattices. Appl Phys Lett, 2001, 89: 2847 - 2851.

[842] Chakraverty S, Ohtomo A, Okuyama D, et al. Ferrimagnetism and spontaneous ordering of transition metals in double perovskite La_2CrFeO_6 films. Phys Rev B, 2011, 84: 064436.

[843] Gray B, Lee H N, Liu J, et al. Local electronic and magnetic studies of an artificial La_2FeCrO_6 double perovskite. Appl Phys Lett, 2010, 97: 013105.

[844] Soulen Jr. R J, Byers J M, Osofsky M S, et al., Measuring the spin polarization of a metal with a superconducting point contact. Science, 1998, 282: 85 - 88.

[845] Park J H, Vescovo E, Kim H J, et al. Direct evidence for a half-metallic ferromagnet. Nature, 1998, 392: 794-796.

[846] Zhang J, Ji W J, Xu J, et al. Giant positive magnetoresistance in half-metallic double-perovskite Sr_2CrWO_6 thin films. Sci Adv, 2017, 3: e1701473.

[847] Liu J Z, Chang I C, Irons S, et al. Giant magnetoresistance at 300 K in single crystals of $La_{0.65}(PbCa)_{0.35}MnO_3$. Appl Phys Lett, 1995, 66: 3218-3220.

[848] Gutiérrez J, Peña A, Barandiarán J M, et al. Structural and magnetic properties of $La_{0.7}Pb_{0.3}(Mn_{1-x}Fe_x)O_3$ $(0\leqslant x\leqslant 0.3)$ giant magnetoresistance perovskites. Phys Rev B, 2000, 61: 9028-9035.

[849] Zeng Z, Greenblatt M, Croft M. Large magnetoresistance in antiferromagnetic $CaMnO_{3-\delta}$. Phys Rev B, 1999, 59: 8784-8788.

[850] Wu H P, Ma Y M, Qian Y, et al. The effect of oxygen vacancy on the half-metallic nature of double perovskite Sr_2FeMoO_6: A theoretical study. Solid State Commun, 2014, 177: 57-60.

[851] Zhou J S, Goodenough J B. Unusual evolution of the magnetic interactions versus structural distortions in $RMnO_3$ perovskites. Phys Rev Lett, 2006, 96: 247202.

[852] Wollan E O, Koehler W C. Neutron diffraction study of the magnetic properties of the series of perovskite-type compounds $[(1-x)La, xCa]MnO_3$. Phys Rev, 1955, 100: 545-563.

[853] Rodríguez-Carvajal J, Hennion M, Moussa F, et al. Neutron-diffraction study of the Jahn-Teller transition in stoichiometric $LaMnO_3$. Phys Rev B, 1998, 57: R3189-R3192.

[854] Mcllroy D N, Waldfried C, Zhang J D, et al. Comparison of the temperature-dependent electronic structure of the perovskites $La_{0.65}A_{0.35}MnO_3$ (A=Ca, Ba). Phys Rev B, 1996, 54: 17438-17451.

[855] Plate M, Bondino F, Zacchigna M, et al. Lattice effects in the ferromagnetic insulating phase of manganites. Phys Rev B, 2005, 72: 085102.

[856] Pickett W E, Singh D J. Electronic structure and half-metallic transport in the $La_{1-x}Ca_xMnO_3$ system. Phys Rev B, 1996, 53: 1146-1160.

[857] Bents U H. Neutron diffraction study of the magnetic structures for the perovskite-type mixed oxides $La(Mn,Cr)O_3$. Phys Rev, 1957, 106: 225-230.

[858] Barrozo P, Aguiar J A. Ferromagnetism in Mn half-doped $LaCrO_3$ perovskite. J Appl Phys, 2013, 113: 17E309.

[859] Kobayashi K I, Kimura T, Sawada H, et al. Room-temperature magnetoresistance in an oxide material with an ordered double-perovskite structure. Nature, 1998, 395: 677-680.

[860] Kobayashi K I, Kimura T, Tomioka Y, et al. Intergrain tunneling magnetoresistance in polycrystals of the ordered double perovskite Sr_2FeReO_6. Phys Rev B, 1999, 59: 11159-11162.

[861] De Teresa J M, Serrate D, Ritter C, et al. Investigation of the high Curie temperature in Sr_2CrReO_6. Phys Rev B, 2005, 71: 092408.

[862] Gopalakrishnan J, Chattopadhyay A, Ogale S B, et al. Metallic and nonmetallic double perovskites: A case study of A_2FeReO_6 (A=Ca, Sr, Ba). Phys Rev B, 2000, 62: 9538-9542.

[863] Martínez B, Navarro J, Balcells L, et al. Electronic transfer in Sr_2FeMoO_6 perovskites. J Phys: Condens Matter, 2000, 12: 10515-10521.

[864] Tomioka Y, Okuda T, Okimoto Y, et al. Magnetic and electronic properties of a single crystal of ordered double perovskite Sr_2FeMoO_6. Phys Rev B, 2000, 61: 422-427.

[865] Chen L, Xue J M, Wang J. Effects of Ni doping on B-site ordering and magnetic behaviors of double perovskite Sr_2FeMoO_6. J Electroceram, 2006, 16: 351-355.

[866] Sakuma H, Taniyama T, Kitamoto Y, et al. Cation order and magnetic properties of double perovskite Sr_2FeMoO_6. J Appl Phys, 2003, 93: 2816-2819.

[867] Galasso F S, Douglas F C, Kasper R J. Relationship between magnetic Curie points and cell sizes of solid

solutions with the ordered perovskite structure. J Chem Phys, 1966, 44: 1672 – 1674.
[868] Sher F, Venimadhav A, Blamire M G, et al. Cation size variance effects in magnetoresistive Sr_2FeMoO_6 double perovskites. Chem Mater, 2005, 17: 176 – 180.
[869] Mineshige A, Kobune M, Fujii S, et al. Metal-insulator transition and crystal structure of $La_{1-x}Sr_xCoO_3$ as functions of Sr-content, temperature, and oxygen partial pressure. J Solid State Chem, 1999, 142: 374 – 381.
[870] Itoh M, Hashimoto J, Yamaguchi S, et al. Spin state and metal-insulator transition in $LaCoO_3$ and $RCoO_3$ (R = Nd, Sm and Eu). Phys B: Condens Matt, 2000, 281 – 282: 510 – 511.
[871] Korotin M A, Ezhov S Y, Solovyev I V, et al. Intermediate-spin state and properties of $LaCoO_3$. Phys Rev B, 1996, 54: 5309 – 5316.
[872] Yamaguchi S, Okimoto Y, Tokura Y. Bandwidth dependence of insulator-metal transitions in perovskite cobalt oxides. Phys Rev B, 1996, 54: R11022 – R11025.
[873] Qian Y, Wu H P, Lu R F, et al. Effect of high-pressure on the electronic and magnetic properties in double perovskite oxide Sr_2FeMoO_6. J Appl Phys, 2012, 112: 103712.
[874] Millange F, Caignaert V, Domengès B, et al. Order-disorder phenomena in new $LaBaMn_2O_{6-x}$ CMR perovskites. Crystal and magnetic structure. Chem Mater, 1998, 10: 1974 – 1983.
[875] Rautama E L, Boullay P, Kundu A K, et al. Cationic ordering and microstructural effects in the ferromagnetic perovskite $La_{0.5}Ba_{0.5}CoO_3$: Impact upon magnetotransport properties. Chem Mater, 2008, 20: 2742 – 2750.
[876] Fauth F, Suard E, Caignaert V. Intermediate spin state of Co^{3+} and Co^{4+} ions in $La_{0.5}Ba_{0.5}CoO_3$ evidenced by Jahn-Teller distortions. Phys Rev B, 2001, 65: 060401.
[877] Nakajima T, Ichihara M, Ueda Y. New A-site ordered perovskite cobaltite $LaBaCo_2O_6$: Synthesis, structure, physical property and cation order-disorder effect. J Phys Soc Jpn, 2005, 74: 1572 – 1577.
[878] Pietosa J, Wisniewski A, Puzniak R, et al. Pressure effect on magnetic and structural properties of $La_{1-x}Sr_xCoO_{3-\delta}$. Phys Rev B, 2009, 79: 214418.
[879] Kolesnik S, Dabrowski B, Mais J, et al. Tuning of magnetic and electronic states by control of oxygen content in lanthanum strontium cobaltites. Phys Rev B, 2006, 73: 214440.
[880] Hsu H W, Chang Y H, Chen G J. Effect of oxygen deficiency on the magnetic, electrical, and magnetoresistive properties of $La_{0.7}Sr_{0.3}CoO_{3-\delta}$. Jpn J Appl Phys, 2000, 39: 61 – 65.
[881] Manna K, Samal D, Elizabeth S, et al. Tuning the ferromagnetic transition temperature in $La_{0.5}Sr_{0.5}CoO_3$ thin films. J Appl Phys, 2013, 114: 083904.
[882] Oestreich M. Injecting spin into electronics. Nature, 1999, 402: 735 – 736.
[883] Fiederling R, Keim M, Reuscher G, et al. Injection and detection of a spin-polarized current in a light-emitting diode. Nature, 1999, 402: 787 – 790.
[884] Ohno Y, Young D K, Beschoten B, et al. Electrical spin injection in a ferromagnetic semiconductor heterostructure. Nature, 1999, 402: 790 – 792.
[885] Prinz G, Hathaway K. Magnetoelectronics. Phys Today, 1995, 48: 24 – 25.
[886] Prinz G A. Magnetoelectronics. Science 1998, 282, 1660 – 1663.
[887] Béa H, Gajek M, Bibes M, et al. Spintronics with multiferroics. J Phys: Condens Matter, 2008, 20: 434221.
[888] Gajek M, Bibes M, Barthélémy A, et al. Spin filtering through ferromagnetic $BiMnO_3$ tunnel barriers. Phys Rev B, 2005, 72: 020406(R).
[889] Fusil S, Garcia V, Barthélémy A, et al. Magnetoelectric devices for spintronics. Annu Rev Mater Res, 2014, 44: 91 – 116.
[890] Esaki L, Stiles P J, von Molnar S. Magnetointernal field emission in junctions of magnetic insulators. Phys

Rev Lett, 1967, 19: 852 - 854.

[891] Moodera J S, Meservey R, Hao X. Variation of the electron-spin polarization in EuSe tunnel junctions from zero to near 100% in a magnetic field. Phys Rev Lett, 1993, 70: 853 - 856.

[892] Santos T S, Moodera J S. Observation of spin filtering with a ferromagnetic EuO tunnel barrier. Phys Rev B, 2004, 69: 241203(R).

[893] Dzyaloshinskii I E. The magnetoelectric effect in antiferromagnetic materials. Sov Phys JETP, 1959, 10: 628 - 629.

[894] Astrov D N. The magnetoelectric effect in antiferromagnetics. Sov Phys JETP, 1960, 11: 708 - 709.

[895] Smolenskii G A, Chupis I E. Ferroelectromagnets. Sov Phys Usp, 1982, 25: 475 - 493.

[896] Agyei A K, Birman J L. On the linear magnetoelectric effect. J Phys: Condens Matter, 1990, 2: 3007 - 3020.

[897] Smolenskii G A, Bokov V A. Coexistence of magnetic and electric ordering in crystals. J Appl Phys, 1964, 35: 915 - 918.

[898] Catalan G, Scott J F. Physics and applications of bismuth ferrite. Adv Mater, 2009, 21: 2463 - 2485.

[899] Hill N A, Bättig P, Daul C. First principles search for multiferroism in $BiCrO_3$. J Phys Chem B, 2002, 106: 3383 - 3388.

[900] Hill N A, Filippetti A. Why are there any magnetic ferroelectrics? J Magn Magn Mater, 2002, 242 - 245: 976 - 979.

[901] Lee S, Pirogov A, Han J H, et al. Direct observation of a coupling between spin, lattice and electric dipole moment in multiferroic $YMnO_3$. Phys Rev B, 2005, 71: 180413(R).

[902] Sugie H, Iwata N, Kohn K. Magnetic ordering of rare earth ions and magnetic-electric interaction of hexagonal $RMnO_3$(R = Ho, Er, Yb or Lu). J Phys Soc Jpn, 2002, 71: 1558 - 1564.

[903] Lottermoser T, Lonkai T, Amann U, et al. Magnetic phase control by an electric field. Nature, 2004, 430: 541 - 544.

[904] Kimura T, Goto H, Shintani K, et al. Magnetic control of ferroelectric polarization. Nature, 2003, 426: 55 - 58.

[905] Kenzelmann M, Harris A B, Jonas S, et al. Magnetic inversion symmetry breaking and ferroelectricity in $TbMnO_3$. Phys Rev Lett, 2005, 95: 087206.

[906] Kimura T, Lawes G, Goto T, et al. Magnetoelectric phase diagrams of orthorhombic $RMnO_3$(R = Gd, Tb, and Dy). Phys Rev B, 2005, 71: 224425.

[907] Goto T, Kimura T, Lawes G, et al. Ferroelectricity and giant magnetocapacitance in perovskite rare-earth manganites. Phys Rev Lett, 2004, 92: 257201.

[908] Hur N, Park S, Sharma P A, et al. Electric polarization reversal and memory in a multiferroic material induced by magnetic fields. Nature, 2004, 429: 392 - 395.

[909] Ederer C, Spaldin N A. Magnetoelectrics: A new route to magnetic ferroelectrics. Nature Mater, 2004, 3: 849 - 851.

[910] Efremov D V, van den Brink J, Khomskii D I. Bond-versus site-ordering and possible ferroelectricity in manganites. Nature Mater, 2004, 3: 853 - 856.

[911] Hemberger J, Lunkenheimer P, Fichtl R, et al. Relaxor ferroelectricity and colossal magnetocapacitive coupling in ferromagnetic $CdCr_2S_4$. Nature, 2005, 434: 364 - 367.

[912] Yamasaki Y, Miyasaka S, Kaneko Y, et al. Magentic reversal of the ferroelectric polarization in a multiferroic spinel oxide. Phys Rev Lett, 2006, 96: 207204.

[913] Ikeda N, Ohsumi H, Ohwada K, et al. Ferroelectricity from iron valence ordering in the charge-frustrated system $LuFe_2O_4$. Nature, 2005, 436: 1136 - 1138.

[914] Mundy J A, Brooks C M, Holtz M E, et al. Atomically engineered ferroic layers yield a room-temperature

magnetoelectric multiferroic. Nature, 2016, 537: 523 - 527.

[915] Lawes G, Harris A B, Kimura T, et al. Magnetically driven ferroelectric order in $Ni_3V_2O_8$. Phys Rev Lett, 2005, 95: 087205.

[916] Katsura H, Nagaosa N, Balatsky A V. Spin current and magnetoelectric effect in noncollinear magnets. Phys Rev Lett, 2005, 95: 057205.

[917] Mostovoy M. Ferroelectricity in spiral magnets. Phys Rev Lett, 2006, 96: 067601.

[918] Yamasaki Y, Sagayama H, Goto T, et al. Electric control of spin helicity in a magnetic ferroelectric. Phys Rev Lett, 2007, 98: 147204.

[919] Tokura Y, Seki S. Multiferroics with spiral spin orders. Adv Mater, 2010, 22: 1554 - 1565.

[920] Tokura Y. Multiferroics as quantum electromagnets. Science, 2006, 312: 1481 - 1482.

[921] Kubel F, Schmid H. Structure of a ferroelectric and ferroelastic monodomain crystal of the perovskite $BiFeO_3$. Acta Cryst B, 1990, 46: 698 - 702.

[922] Palewicz A, Przenioslo R, Sosnovska I, et al. Atomic displacements in $BiFeO_3$ as a function of temperature: Neutron diffraction study. Acta Cryst B, 2007, 63: 537 - 544.

[923] Kubel F, Schmid H. Growth, twinning and etch figures of ferroelectric/ferroelastic dendritic bismuth iron oxide, $BiFeO_3$, single domain crystals. J Crystal Growth, 1993, 129: 515 - 524.

[924] Lebeugle D, Colson D, Forget A, et al. Very large spontaneous electric polarization in $BiFeO_3$ single crystals at room temperature and its evolution under cycling fields. Appl Phys Lett, 2007, 91: 022907.

[925] Sosnowska I, Przenioslo R, Fischer P, et al. Neutron diffraction studies of the crystal and magnetic structures of $BiFeO_3$ and $Bi_{0.93}La_{0.07}FeO_3$. J Magn Magn Mater, 1996, 160: 384 - 385.

[926] Przenioslo R, Regulski M, Sosnowska I. Modulation in multiferroic $BiFeO_3$: Cycloidal, elliptical or SDW? J Phys Soc Jpn, 2006, 75: 084718.

[927] Sosnovska I, Peterlin-Neumaier T, Steichele E. Spiral magnetic ordering in bismuth ferrite. J Phys C: Solid State Phys, 1982, 15: 4835 - 4846.

[928] Zalessky A V, Frolov A A, Khimich T A, et al. ^{57}Fe NMR study of spin-modulated magnetic structure in $BiFeO_3$. Europhys Lett, 2000, 50: 547 - 551.

[929] Zalesskii A V, Frolov A A, Khimich T A, et al. Composition-induced transition of spin-modulated structure into a uniform antiferromagnetic state in a $Bi_{1-x}La_xFeO_3$ system studied using ^{57}Fe NMR. Phys Solid State, 2003, 45: 141 - 145.

[930] Przenioslo R, Palewicz A, Regulski M, et al. Does the modulated magnetic structure of $BiFeO_3$ change at low temperatures? J Phys: Condens Matter, 2006, 18: 2069 - 2075.

[931] Wang J, Neaton J B, Zheng H, et al. Epitaxial $BiFeO_3$ multiferroic thin film heterostructures. Science, 2003, 299: 1719 - 1722.

[932] Eerenstein W, Morrison F D, Dho J, et al. Comment on "Epitaxial $BiFeO_3$ multiferroic thin film heterostructures". Science, 2005, 307: 1203a.

[933] Wang J, Neaton J B, Zheng H, et al. Response to Comment on "Epitaxial $BiFeO_3$ multiferroic thin film heterostructures". Science, 2005, 307: 1203b.

[934] Béa H, Bibes M, Fusil S, et al. Investigation on the origin of the magnetic moment of $BiFeO_3$ thin films by advanced X-ray characterizations. Phys Rev B, 2006, 74: 020101.

[935] Siwach P K, Singh H K, Singh J, et al. Anomalous ferromagnetism in spray pyrolysis deposited multiferroic $BiFeO_3$ films. Appl Phys Lett, 2007, 91: 122503.

[936] McLeod J A, Pchelkina Z V, Finkelstein L D, et al. Electronic structure of $BiMO_3$ multiferroics and related oxides. Phys Rev B, 2010, 81: 144103.

[937] Belik A A, Iikubo S, Kodama K, et al. Neutron powder diffraction study on the crystal and magnetic structures of $BiCrO_3$. Chem Mater, 2008, 20: 3765 - 3769.

[938] Montanari E, Calestani G, Righi L, et al. Structural anomalies at the magnetic transition in centrosymmetric $BiMnO_3$. Phys Rev B, 2007, 75: 220101(R).

[939] Kimura T, Kawamoto S, Yamada I, et al. Magnetocapacitance effect in multiferroic $BiMnO_3$. Phys Rev B, 2003, 67: 180401(R).

[940] Belik A A, Iikubo S, Yokosawa T, et al. Origin of the monoclinic-to-monoclinic phase transition and evidence for the centrosymmetric crystal structure of $BiMnO_3$. J Am Chem Soc, 2007, 129: 971-977.

[941] Atou T, Chiba H, Ohoyama K, et al. Structure determination of ferromagnetic perovskite $BiMnO_3$. J Solid State Chem, 1999, 145: 639-642.

[942] Belik A A, Yokosawa T, Kimoto K, et High-pressure synthesis and properties of solid solutions between $BiMnO_3$ and $BiScO_3$. Chem Mater, 2007, 19: 1679-1689.

[943] Nechache R, Harnagea C, Pignolet A, et al. Growth, structure, and properties of epitaxial thin films of first-principles predicted multiferroic Bi_2FeCrO_6. Appl Phys Lett, 2006, 89: 102902.

[944] Ichikawa N, Arai M, Imai Y, et al. Multiferroism at room temperature in $BiFeO_3/BiCrO_3$(111) artificial superlattices. Appl Phys Express, 2008, 1: 101302.

[945] Singh A, Senyshyn A, Fuess H, et al. Magnetic transitions and site-disordered induced weak ferromagnetism in $(1-x)BiFeO_3-xBaTiO_3$. Phys Rev B, 2014, 89: 024108.

[946] Chen J G, Qi Y F, Shi G Y, et al. Diffused phase transition and multiferroic properties of $0.57(Bi_{1-x}La_x)FeO_3-0.43PbTiO_3$ crystalline solutions. J Appl Phys, 2008, 104: 064124.

[947] Cotica L F, Freitas V F, Protzek O A, et al. Tuning ferroic states in La doped $BiFeO_3-PbTiO_3$ displacive multiferroic compounds. J Appl Phys, 2014, 116: 034107.

[948] Singh A, Senyshyn A, Fuess H, et al. Neutron powder diffraction study of nuclear and magnetic structures of multiferroic $(Bi_{0.8}Ba_{0.2})(Fe_{0.8}Ti_{0.2})O_3$: Evidence for isostructural phase transition and magnetoelastic and magnetoelectric couplings. Phys Rev B, 2011, 83: 054406.

[949] Kumar A, Kumar A, Saha S, et al. Ferromagnetism in the multiferroic alloy systems $BiFeO_3-BaTiO_3$ and $BiFeO_3-SrTiO_3$: Intrinsic or extrinsic? Appl Phys Lett, 2019, 114: 022902.

[950] Brown Jr. W F, Hornreich R M, Shtrikman S. Upper bound on the magnetoelectric susceptibility. Phys Rev, 1968, 168: 574-577.

[951] Hou S L, Bloembergen N. Paramagnetoelectric effects in $NiSO_4 \cdot 6H_2O$. Phys Rev, 1965, 138: A1218-A1226.

[952] Yokosawa T, Belik A A, Asaka T, et al. Crystal symmetry of $BiMnO_3$: Electron diffraction study. Phys Rev B, 2008, 77: 024111.

[953] Zheng H, Wang J, Lofland S E, et al. Multiferroic $BaTiO_3-CoFe_2O_4$ nanostructures. Science, 2004, 303: 661-663.

[954] Zavaliche F, Zheng H, Mohaddes-Ardabili L, et al. Electric field-induced magnetization switching in epitaxial columnar nanostructures. Nano Lett, 2005, 5: 1793-1796.

[955] Folen V J, Rado G T, Stalder E W. Anisotropy of the magnetoelectric effect in Cr_2O_3. Phys Rev Lett, 1961, 6: 607-608.

[956] Rado G T. Mechanism of the magnetoelectric effect in an antiferromagnet. Phys Rev Lett, 1961, 6: 609-610.

[957] Rado G T, Folen V J. Magnetoelectric effects in antiferromagnetics. J Appl Phys, 1962, 33: 1126-1132.

[958] Ascher E, Rieder H, Schmid H, et al. Some properties of ferromagnetoelectric nickel-iodine boracite, $Ni_3B_7O_{13}I$. J Appl Phys, 1966, 37: 1404-1405.

[959] Clin M, Rivera J, Schmid H. Reexamination of the magnetoelectric effect in nickel-iodine boracite $(Ni_3B_7O_{13}I)$. Ferroelectrics, 1990, 108: 207-212.

[960] Tolédano P, Schmid H, Clin M, et al. Theory of the low-temperature phases in boracites: Latent

antiferromagnetism, weak ferromagnetism, and improper magnetostructural couplings. Phys Rev B, 1985, 32: 6006-6038.

[961] Tabares-Munoz C, Rivera J P, Bezinges A, et al. Measurement of the quadratic magnetoelectric effect on single crystalline $BiFeO_3$. Jpn J Appl Phys, 1985, 24S: 1051-1053.

[962] Popov Y F, Kadomtseva A M, Vorob'ev G P, et al. Discovery of the linear magnetoelectric effect in magnetic ferroelectric $BiFeO_3$ in a strong magnetic field. Ferroelectrics, 1994, 162: 135-140.

[963] Popov Y F, Kadomtseva A M, Krotov S S, et al. Features of the magnetoelectric properties of $BiFeO_3$ in high magnetic fields. Low Temp Phys, 2001, 27: 478-479.

[964] Ruette B, Zvyagin S, Pyatakov A P, et al. Magnetic-field-induced phase transition in $BiFeO_3$ observed by high-field electron spin resonance: Cycloidal to homogeneous spin order. Phys Rev B, 2004, 69: 064114.

[965] Wojdeł J C, Íñiguez J. Magnetoelectric response of multiferroic $BiFeO_3$ and related materials from first-principles calculations. Phys Rev Lett, 2009, 103: 267205.

[966] Zhang S T, Pang L H, Zhang Y, et al. Preparation, structures, and multiferroic properties of single phase $Bi_{1-x}La_xFeO_3(x=0-0.40)$ ceramics. J Appl Phys, 2006, 100: 114108.

[967] Murashov V A, Rakov D N, Ekonomov N A, et al. Quadratic magnetoelectric effect in $(Bi,La)FeO_3$ single crystals. Sov Phys Solid State, 1990, 32: 1255-1256.

[968] Catalan G. Magnetocapacitance without magnetoelectric coupling. Appl Phys Lett, 2006, 88: 102902.

[969] Subramanian M A, Ramirez A P, Marshall W J. Structural tuning of ferromagnetism in a 3D cuprate perovskite. Phys Rev Lett, 1999, 82: 1558-1561.

[970] Lawes G, Ramirez A P, Varma C M, et al. Magnetodielectric effects from spin fluctuations in isostructural ferromagnetic and antiferromagnetic systems. Phys Rev Lett, 2003, 91: 257208.

[971] Retuerto M, Garcia-Hernández M, Martínez-Lope M J, et al. Switching from ferro- to antiferromagnetism in A_2CrSbO_6 (A = Ca, Sr) double perovskites: A neutron diffraction study. J Mater Chem, 2007, 17: 3555-3561.

[972] Rijssenbeek J T, Saito T, Malo S, et al. Effect of explicit cationic size and valence constraints on the phase stability of 1: 2 B-site-ordered perovskite ruthenates. J Am Chem Soc, 2005, 127: 675-681.

[973] Gajek M, Bibes M, Fusil S, et al. Tunnel junctions with multiferroic barriers. Nature Mater, 2007, 6: 296-302.

[974] Fortunato E, Ginley D, Hosono H, et al. Transparent conducting oxides for photovoltaics. MRS Bull, 2007, 32: 242-247.

[975] Yanagi H, Kawazoe H, Kudo A, et al. Chemical design and thin film preparation of p-type conductive transparent oxides. J Electroceram, 2000, 4: 407-414.

[976] Hosono H. Exploring electro-active functionality of transparent oxide materials. Jpn J Appl Phys, 2013, 52: 090001.

[977] Poeppelmeier K R, Rondinelli J M. Metals amassing transparency. Nature Mater, 2016, 15: 132-134.

[978] Zhang L, Zhou Y J, Guo L, et al. Correlated metals as transparent conductors. Nature Mater, 2016, 15: 204-210.

[979] Stoner J L, Murgatroyd P A E, O'Sullivan M, et al. Chemical control of correlated metals as transparent conductors. Adv Func Mater, 2019, 29: 1808609.

[980] Shoham L, Baskin M, Han M G, et al. Scalable synthesis of the transparent conductive oxide $SrVO_3$. Adv Electron Mater, 2020, 6: 1900584.

[981] Lee S, Wang H, Gopal P, et al. Systematic band gap tuning of $BaSnO_3$ via chemical substitutions: The role of clustering in mixed-valence perovskites. Chem Mater, 2017, 29: 9378-9385.

[982] Galazka Z, Uecker R, Irmscher K, et al. Melt growth and properties of bulk $BaSnO_3$ single crystals. J Phys: Condens Matt, 2017, 29: 075701.

[983] Kim J, Kim U, Kim T H, et al. Physical properties of transparent perovskite oxides (Ba,La)SnO_3 with high electrical mobility at room temperature. Phys Rev B, 2012, 86: 165205.

[984] Huang T, Nakamura T, Itoh M, et al. Electrical properties of $BaSnO_3$ in substitution of antimony for tin and lanthanum for barium. J Mater Sci, 1995, 30: 1556–1560.

[985] Huang D, Wang X D, Shi Q, et al. A facile peroxo-precursor synthesis method and structure evolution of large specific surface area mesoporous $BaSnO_3$. Inorg Chem, 2015, 54: 4002–4010.

[986] Shin S S, Yeom E J, Yang W S, et al. Colloidally prepared La-doped $BaSnO_3$ electrodes for efficient, photostable perovskite solar cells. Science, 2017, 356: 167–171.

[987] Shockley W, Queisser H J. Detailed balance limit of efficiency of p-n junction solar cells. J Appl Phys, 1961, 32: 510–519.

[988] Kirchartz T, Rau U. What makes a good solar cell? Adv Energy Mater, 2018, 8: 1703385.

[989] Rühle S. Tabulated values of the Shockley-Queisser limit for single junction solar cells. Solar Energy, 2016, 130: 139–147.

[990] Yang S Y, Seidel J, Byrnes S J, et al. Above-bandgap voltages from ferroelectric photovoltaic devices. Nature Nanotech, 2010, 5: 143–147.

[991] Liu F D, Wang W T, Wang L, et al. Ferroelectric-semiconductor photovoltaics: Non-pn junction solar cells. Appl Phys Lett, 2014, 104: 103907.

[992] von Baltz R, Kraut W. Theory of the bulk photovoltaic effect in pure crystals. Phys Rev B, 1981, 23: 5590–5596.

[993] Tan L Z, Zheng F, Young S M, et al. Shift current bulk photovoltaic effect in polar materials — Hybrid and oxide perovskites and beyond. npj Comput Mater, 2016, 2: 16026.

[994] Young S M, Rappe A M. First principles calculation of the shift current photovoltaic effect in ferroelectrics. Phys Rev Lett, 2012, 109: 116601.

[995] Liu Y C, Yang Z, Cui D, et al. Two-inch-sized perovskite $CH_3NH_3PbX_3$(X=Cl, Br, I) crystals: Growth and characterization. Adv Mater, 2015, 27: 5176–5183.

[996] Kanhere P, Chakraborty S, Rupp C J, et al. Substitution induced band structure shape tuning in hybrid perovskites ($CH_3NH_3Pb_{1-x}Sn_xI_3$) for efficient solar cell applications. RSC Adv, 2015, 5: 107497–107502.

[997] Jeon N J, Noh J H, Yang W S, et al. Compositional engineering of perovskite materials for high-performance solar cells. Nature, 2015, 517: 476–480.

[998] Chakraborty S, Xie W, Mathews N, et al. Rational design: A high-throughput computational screening and experimental validation methodology for lead-free and emergent hybrid perovskites. ACS Energy Lett, 2017, 2: 837–845.

[999] Tong J H, Song Z N, Kim D H, et al. Carrier lifetimes of >1 μs in Sn-Pb perovskites enable efficient all-perovskite tandem solar cells. Science, 2019, 364: 475–479.

[1000] Bailie C D, Christoforo M G, Mailoa J P, et al. Semi-transparent perovskite solar cells for tandems with silicon and CIGS. Energy Environ Sci, 2015, 8: 956–963.

[1001] Eperon G E, Leijtens T, Bush K A, et al. Perovskite-perovskite tandem photovoltaics with optimized band gaps. Science, 2016, 354: 861–865.

[1002] Hu L, Shao G, Jiang T, et al. Investigation of the interaction between perovskite films with moisture via *in situ* electrical resistance measurement. ACS Appl Mater Interfaces, 2015, 7: 25113–25120.

[1003] Huang W X, Manser J S, Kamat P V, et al. Evolution of chemical composition, morphology, and photovoltaic efficiency of $CH_3NH_3PbI_3$ perovskite under ambient conditions. Chem Mater, 2016, 28: 303–311.

[1004] Stoumpos C C, Kanatzidis M G. Halide perovskites: Poor man's high-performance semiconductors. Adv

Mater, 2016, 28: 5778 – 5793.
[1005] Glass A M, von der Linde D, Negran T J. High-voltage bulk photovoltaic effect and photorefractive process in $LiNbO_3$. Appl Phys Lett, 1974, 25: 233 – 235.
[1006] Koch W T H, Munser R, Ruppel W, et al. Anomalous photovoltage in $BaTiO_3$. Ferroelectrics, 1976, 13: 305 – 307.
[1007] Dalba G, Soldo Y, Rocca F, et al. Giant bulk photovoltaic effect under linearly polarized X-ray synchrotron-radiation. Phys Rev Lett, 1995, 74: 988 – 991.
[1008] Tu C S, Chen C S, Chen P Y, et al. Raman vibrations, domain structures, and photovoltaic effects in A-site La-modified $BiFeO_3$ multiferroic ceramics. J Am Ceram Soc, 2016, 99: 674 – 681.
[1009] Bhide V G, Rajoria D S, Rama Rao G, et at. Mössbauer studies of the high-spin-low-spin equilibria and the localized-collective electron transition in $LaCoO_3$. Phys Rev B, 1972, 6: 1021 – 1031.
[1010] Mocherla P S V, Karthik C, Ubic R, et al. Tunable bandgap in $BiFeO_3$ nanoparticles: The role of microstrain and oxygen defects. Appl Phys Lett, 2013, 103: 022910.
[1011] Ramachandran B, Dixit A, Naik R, et al. Charge transfer and electronic transitions in polycrystalline $BiFeO_3$. Phys Rev B, 2010, 82: 012102.
[1012] Pisarev R V, Moskvin A S, Kalashnikova A M, et al. Charge transfer transitions in multiferroic $BiFeO_3$ and related ferrite insulators. Phys Rev B, 2009, 79: 235128.
[1013] Gómez-Salces S, Aguado F, Rodríguez F, et al. Effect of pressure on the band gap and the local FeO_6 environment in $BiFeO_3$. Phys Rev B 2012, 85: 144109.
[1014] Masó N, West A R. Electrical properties of Ca-doped $BiFeO_3$ ceramics: From p-type semiconduction to oxide-ion conduction. Chem Mater, 2012, 24: 2127 – 2132.
[1015] Jonscher A K. The ‘universal’ dielectric response. Nature, 1977, 267: 673 – 679.
[1016] Xu Q, Sobhan M, Yang Q, et al. The role of Bi vacancies in the electrical conduction of $BiFeO_3$: A first-principles approach. Dalton Trans, 2014, 43: 10787 – 10793.
[1017] Paudel T R, Jaswal S S, Tsymbal E Y. Intrinsic defects in multiferroic $BiFeO_3$ and their effect on magnetism. Phys Rev B, 2012, 85: 104409.
[1018] Rühle S, Anderson A Y, Barad H N, et al. All-oxide photovoltaics. J Phys Chem Lett, 2012, 3: 3755 – 3764.
[1019] Peña M A, Fierro J L G. Chemical structures and performance of perovskite oxides. Chem Rev, 2001, 101: 1981 – 2017.
[1020] Shao Z, Haile S M. A high-performance cathode for the next generation of solid-oxide fuel cells. Nature, 2004, 431: 170 – 173.
[1021] Over H, Kim Y D, Seitsonen A P, et al. Atomic-scale structure and catalytic reactivity of the RuO_2(110) surface. Science, 2000, 287: 1474 – 1476.
[1022] Dowden D A. Crystal and ligand field models of solid catalysts. Catal Rev, 1972, 5: 1 – 32.
[1023] Engel T, Ertl G. Elementary steps in the catalytic oxidation of carbon monoxide on platinum metals. Adv Catal, 1979, 28, 1 – 78.
[1024] Guan D Q, Zhou J, Huang Y C, et al. Screening highly active perovskites for hydrogen-evolving reaction via unifying ionic electronegativity descriptor. Nature Commun, 2019, 10: 3755.
[1025] Voorhoeve R J H, Johnson Jr. D W, Remeika J P, et al. Perovskite oxides: Materials science in catalysis. Science, 1977, 195: 827 – 833.
[1026] Chan K S, Ma J, Jaenicke S, et al. Catalytic carbon monoxide oxidation over strontium, cerium and copper-substituted lanthanum manganates and cobaltates. Appl Catal A, 1994, 107, 201 – 227.
[1027] Chen J, Shen M, Wang X, et al. The influence of nonstoichiometry on $LaMnO_3$ perovskite for catalytic NO oxidation. Appl Catal B, 2013, 134 – 135, 251 – 257.

[1028] Choi O, Penninger M, Kim C H, et al. Experimental and computational investigation of effect of Sr on NO oxidation and oxygen exchange for $La_{1-x}Sr_xCoO_3$ perovskite catalysts. ACS Catal, 2013, 3: 2719 – 2728.

[1029] Suntivich J, Gasteiger H A, Yabuuchi N, et al. Design principles for oxygen-reduction activity on perovskite oxide catalysts for fuel cells and metal-air batteries. Nature Chem, 2011, 3: 546 – 550.

[1030] Bockrls J, Otagawa T. Mechanism of oxygen evolution on perovskites. J Phys Chem, 1983, 87: 2960 – 2971.

[1031] Grimaud A, Hong W T, Shao-Horn Y, et al. Anionic redox processes for electrochemical devices. Nature Mater, 2016, 15: 121 – 126.

[1032] Mirzakulova E, Khatmullin R, Walpita J, et al. Electrode-assisted catalytic water oxidation by a flavin derivative. Nature Chem, 2012, 4: 794 – 801.

[1033] Parsons R. The rate of electrolytic hydrogen evolution and the heat of adsorption of hydrogen. Trans Faraday Soc, 1958, 54: 1053 – 1063.

[1034] Grimaud A, May K J, Carlton C E, et al. Double perovskites as a family of highly active catalysts for oxygen evolution in alkaline solution. Nature Commun, 2013, 4, 2439.

[1035] Zhu Y L, Zhou W, Chen Z G, et al. $SrNb_{0.1}Co_{0.7}Fe_{0.2}O_{3-\delta}$ perovskite as a next-generation electrocatalyst for oxygen evolution in alkaline solution. Angew Chem Int Ed, 2015, 54: 3897 – 3901.

[1036] Yagi S, Yamada I, Tsukasaki H, et al. Covalency-reinforced oxygen evolution reaction catalyst. Nature Commun, 2015, 6: 8249.

[1037] Jung J, Jeong H Y, Kim M G, et al. Fabrication of $Ba_{0.5}Sr_{0.5}Co_{0.8}Fe_{0.2}O_{3-\delta}$ catalysts with enhanced electrochemical performance by removing an inherent heterogeneous surface film layer. Adv Mater, 2015, 27: 266 – 271.

[1038] Hong W T, Stoerzinger K A, Lee Y L, et al. Charge-transfer-energy-dependent oxygen evolution reaction mechanisms for perovskite oxides. Energy Environ Sci, 2017, 10: 2190 – 2200.

[1039] Suntivich J, Hong W T, Lee Y L, et al. Estimating hybridization of transition metal and oxygen states in perovskites from O K-edge X-ray absorption spectroscopy. J Phys Chem C, 2014, 118: 1856 – 1863.

[1040] May K J, Carlton C E, Stoerzinger K A, et al. Influence of oxygen evolution during water oxidation on the surface of perovskite oxide catalysts. J Phys Chem Lett, 2012, 3: 3264 – 3270.

[1041] Risch M, Grimaud A, May K J, et al. Structural changes of cobalt-based perovskites upon water oxidation investigated by EXAFS. J Phys Chem C, 2013, 117: 8628 – 8635.

[1042] Fabbri E, Nachtegaal M, Binninger T, et al. Dynamic surface self-reconstruction is the key of highly active perovskite nano-electrocatalysts for water splitting. Nature Mater, 2017, 16: 925 – 931.

[1043] Hwang J, Akkiraju K, Corchado-García J, et al. A perovskite electronic structure descriptor for electrochemical CO_2 reduction and the competing H_2 evolution reaction. J Phys Chem C, 2019, 123: 24469 – 24476.

[1044] Hua B, Sun Y F, Li M, et al. Stabilizing double perovskite for effective bifunctional oxygen electrocatalysis in alkaline conditions. Chem Mater, 2017, 29: 6228 – 6237.

[1045] Mueller D N, Machala M L, Bluhm H, et al. Redox activity of surface oxygen anions in oxygen-deficient perovskite oxides during electrochemical reactions. Nature Commun, 2015, 6: 6097.

[1046] Hardin W G, Slanac D A, Wang X, et al. Highly active, nonprecious metal perovskite electrocatalysts for bifunctional metal-air battery electrodes. J Phys Chem Lett, 2013, 4: 1254 – 1259.

[1047] Li X, Wang H, Cui Z M, et al. Exceptional oxygen evolution reactivities on $CaCoO_3$ and $SrCoO_3$. Sci Adv, 2019, 5: eaav6262.

[1048] Pesquera D, Herranz G, Barla A, et al. Surface symmetry-breaking and strain effects on orbital occupancy in transition metal perovskite epitaxial films. Nature Commun, 2012, 3: 1189.

[1049] Tebano A, Aruta C, Sanna S, et al. Evidence of orbital reconstruction at interfaces in ultrathin

$La_{0.67}Sr_{0.33}MnO_3$ films. Phys Rev Lett, 2008, 100: 137401.
[1050] Petrue J R, Cooper V R, Freeland J W, et al. Enhanced bifunctional oxygen catalysis in strained $LaNiO_3$ perovskites. J Am Chem Soc, 2016, 138: 2488 – 2491.
[1051] Chakhalian J, Rondinelli J M, Liu J, et al. Asymmetric orbital-lattice interactions in ultrathin correlated oxide films. Phys Rev Lett, 2011, 107: 116805.
[1052] Su C, Wang W, Chen Y B, et al. $SrCo_{0.9}Ti_{0.1}O_{3-\delta}$ as a new electrocatalyst for the oxygen evolution reaction in alkaline electrolyte with stable performance. ACS Appl Mater Interfaces, 2015, 7: 17663 – 17670.
[1053] Irvine J T S, Neagu D, Verbraeken M C, et al. Evolution of the electrochemical interface in high-temperature fuel cells and electrolysers. Nature Energy, 2016, 1: 15014.
[1054] Wu J C, Guo Y Q, Liu H F, et al. Room-temperature ligancy engineering of perovskite electrocatalyst for enhanced electrochemical water oxidation. Nano Research, 2019, 12: 2296 – 2301.
[1055] Tong Y, Wu J C, Chen P Z, et al. Vibronic superexchange in double perovskite electrocatalyst for efficient electrocatalytic oxygen evolution. J Am Chem Soc, 2018, 140: 11165 – 11169.